中子俘获疗法
原理与应用

Neutron Capture Therapy
Principles and Applications

〔德〕沃尔夫冈·A. G. 索尔文
(Wolfgang A. G. Sauerwein)
〔德〕安德烈·维蒂格
(Andrea Wittig) 编
〔荷〕雷蒙德·莫斯
(Raymond Moss)
〔日〕中川佳宣
(Yoshinobu Nakagawa)

陈朝斌　傅世年　梁天骄　李建霖　译

科学出版社
北　京

图字：01-2021-6007 号

内 容 简 介

硼中子俘获疗法（BNCT）是一种"药-械结合"的二元靶向治疗方法，针对扩散、转移、多发、复发等癌症，具有潜在治愈的可能性。本书包括 7 个部分，共 32 章，全面介绍了中子俘获疗法在中子源、掺硼药物、剂量测定、硼分布测定、辐射生物物理、临床试验以及组织和管理等方面所涉及的原理、进展，以及存在的问题和未来发展展望等内容，并且提供了比较翔实的科学研究数据。

本书是迄今为止完整覆盖 BNCT 相关学科和研究主题的一本著作，可供 BNCT 技术研发人员（中子照射设备、硼药、治疗配套技术等）和临床应用人员（医生、物理师、治疗技师等），以及核技术应用、肿瘤放疗相关学科的高校师生及其他感兴趣者参考。

First published in English under the title
Neutron Capture Therapy: Principles and Applications
edited by Wolfgang A.G. Sauerwein, Andrea Wittig, Raymond Moss and Yoshinobu Nakagawa
Copyright © Springer-Verlag Berlin Heidelberg, 2012
This edition has been translated and published under licence from
Springer-Verlag GmbH, part of Springer Nature.

Springer-Verlag GmbH, part of Springer Nature takes no responsibility and shall not be made liable for the accuracy of the translation.

图书在版编目(CIP)数据

中子俘获疗法: 原理与应用/(德) 沃尔夫冈·A.G 索尔文等编; 陈朝斌等译. —北京: 科学出版社, 2022.9
书名原文: Neutron Capture Therapy: Principles and Applications
ISBN 978-7-03-073073-2

Ⅰ.①中… Ⅱ.①沃…②陈… Ⅲ.①硼-中子俘获-放射疗法 Ⅳ.①R815

中国版本图书馆 CIP 数据核字（2022）第 162128 号

责任编辑：周　涵　田轶静／责任校对：彭珍珍
责任印制：吴兆东／封面设计：无极书装

科学出版社 出版
北京东黄城根北街 16 号
邮政编码：100717
http://www.sciencep.com
北京建宏印刷有限公司印刷
科学出版社发行　各地新华书店经销
*
2022 年 9 月第 一 版　开本：720×1000 B5
2025 年 2 月第二次印刷　印张：33
字数：666 000
定价：298.00 元
（如有印装质量问题，我社负责调换）

原编者

沃尔夫冈·A. G. 索尔文
德国
D-45122，埃森
杜伊斯堡-埃森大学
埃森大学医院
放射肿瘤科，中子俘获团队

安德烈·维蒂格
德国
马尔堡
马尔堡-菲利普斯大学
放射治疗和放射肿瘤学系

雷蒙德·莫斯
荷兰
佩滕
欧盟委员会
联合研究中心，能源研究所

中川佳宣
日本
香川
善通寺
香川国立儿童医院神经外科

译者

陈朝斌
东阳光研究院

傅世年
散裂中子源科学中心

梁天骄
散裂中子源科学中心

李建霖
东阳光研究院

译 者 序

硼中子俘获疗法 (BNCT) 是一种可用于治疗恶性肿瘤的"药–械结合"的二元靶向治疗方法。BNCT 通过对吸收了硼药的肿瘤组织进行选择性中子照射，在细胞内 ^{10}B 俘获热中子发生裂变核反应，放射出 α 粒子和 ^{7}Li 粒子杀死肿瘤细胞。BNCT 针对恶性脑癌、复发性头颈癌、恶性黑色素瘤、转移肝癌、骨肉瘤等开展了临床试验，结果表明 BNCT 具有更好的治疗效果和更少的并发症，明显提高了患者的生存期。针对扩散、转移、多发、复发等癌症，具有潜在治愈的可能性。2020 年 3 月，日本住友的 BNCT 治疗设备、日本斯特拉制药公司 (Stella Pharma Corporation) 的硼苯基丙氨酸 (BPA) 型硼药正式在日本获批上市，2020 年 6 月 BNCT 列入日本国家医保，标志着 BNCT 作为新型肿瘤治疗方法开始正式临床应用。

中国已有多家科研院所及企业开展 BNCT 技术开发及产业化推广，期望将 BNCT 发展成为一种临床可用的肿瘤治疗手段。然而，BNCT 是一种高度复杂的肿瘤放疗模式，其研发和应用过程涉及加速器物理、核工程与核技术、制药学及药理学、辐射探测与辐射防护、计算机及信息技术、辐射生物学、放射肿瘤学、临床医学等多学科交叉和多领域专家的共同参与。BNCT 的顺利发展需要多行业领域 (研发、制造、监管、医疗、教育、科普) 以及多学科知识背景人员的广泛参与。

本书全面介绍了中子俘获疗法在中子源、掺硼药物、剂量测定、硼分布测定、辐射生物物理、临床试验以及组织和管理等方面所涉及的原理、进展，以及存在的问题和未来发展展望等内容，并且提供了比较翔实的研究数据。本书是迄今为止完整覆盖 BNCT 相关学科和研究主题的一本著作，一定程度上它也代表了 BNCT 领域目前的知识水平，适合于 BNCT 相关领域人员参考和学习。

感谢科学出版社出版这本译著，感谢相关编辑的辛勤付出。感谢东阳光研究院唐新发院长、张英俊副院长，以及参与 BNCT 项目的同事在本书翻译及校核过程中所给予的支持和帮助，他们是乔磊、张熹寅、李国威、林育胜、卢荣春、谢洪明、林兴龙、赵步文、朱应怀。特别感谢广东省"珠江人才计划"的"硼中子俘获治疗肿瘤装备研发及产业化"项目 (2017ZT07S225) 提供出版经费支持。

译 者
2022 年 4 月

原书前言

硼中子俘获疗法 (BNCT) 是基于非放射性同位素硼-10 以极高概率俘获热中子的能力。这种核反应产生两种高线性能量转移 (LET) 粒子 (He-4 和 Li-7),其射程范围仅限于单个细胞的直径。这为靶向单个肿瘤细胞并高效地摧毁它们提供了可能性,同时也避免了损伤其他含有较少硼-10 的组织。这种在细胞水平上的放射治疗可以提供非常精确的剂量递送,从而有效地治疗肿瘤并减少副作用。它也有可能成功治疗那些实际上无法治愈的癌症。

近年来,常规放射肿瘤学在提高精度方面取得了重大进展。然而,辐射剂量仍必须输送到指定的体积中,其中也必然包含一定的正常组织。更重要的是,医生们必须确定这个体积,这取决于可用的成像方式,而且每个医生确定的体积也会有所不同。BNCT 以单个细胞为靶点,有可能解决传统放疗的这些固有问题。

然而,BNCT 的成功取决于两个条件:硼-10 原子优先被吸收到每个癌细胞中,以及大量热中子进入靶区。为了实现这些技术和生物学前提,BNCT 需要多学科的科学支持,需要医学与生物学、核物理与医学物理、化学与药理学、数学与信息技术的合作。

本书汇集了 BNCT 领域许多著名的临床医生和科学家,他们合作撰写了涵盖 BNCT 所有主题的章节。本书被设计成 BNCT 的指南,为读者提供一个明确、权威和全面的主题回顾。对于编辑来说,协调这种多学科、多文化的方法是一项具有挑战性的任务。读者可能会欣赏由此产生的多样性,但他也会认识到在 BNCT 报告中需要进一步发展标准化。

BNCT 经过 50 多年的研究,目前已取得实质性进展:基于医院的加速器提供的高强度超热中子束将有助于临床试验,并将允许更多的患者参与此类试验。这为制药行业创造了一个有吸引力的市场,这是 BNCT 任何新药开发的必经之路。因此我们看到一个伟大的未来,我们真诚地希望,经过所有必要的努力来出版这本书,将有助于推进 BNCT 各个方面的发展。在此,借此机会向松冈礼子 (Reiko Matsuoka) 女士表示感谢,她从一开始就支持和陪伴了 BNCT 的发展。松冈礼子作为畠中 (Hatanaka) 教授的秘书踏入这个领域,在畠中教授去世后,她推动了国际中子俘获疗法学会的发展,支持世界各地的学术会议的举办,促进了日本和日本之外科学家之间的交流。她持续自愿参与幕后工作,为许多在该领域工作的同事提供了巨大的支持。

感谢所有的作者，他们进行了多次改写和修订。非常感谢施普林格公司（Springer-Verlag）出版这本书。特别感谢我们的助理编辑梅克·斯托克（Meike Stoeck）给予的亲切而坚定的支持，她陪伴着我们度过了很长一段艰苦时光。也要感谢项目协调员威尔玛·麦克休（Wilma McHugh）和项目经理麦当娜·塞缪尔（Madona Samuel）女士，他们用一份简洁的手稿将这本书交到读者手中。

德国埃森	沃尔夫冈·A. G. 索尔文
德国马尔堡	安德烈·维蒂格
荷兰佩滕	雷蒙德·莫斯
日本香川	中川佳宣

缩 略 词

缩略词	含义说明	章节举例
1 SD	一个标准偏差	14.1
2D	二维	10.3
3D	三维	9.2.7
A-150	肌肉组织的塑料替代材料	13.3.1
AB-BNCT	基于加速器的硼中子俘获疗法	3.1
BBB	血脑屏障	8.2.4.1
NCT-FNT	中子俘获增强快中子治疗	13.1
BNCT 或 NCT	硼中子俘获疗法或中子俘获疗法	1.1
BNL/BMRR	布鲁克海文国家实验室/布鲁克海文医学研究反应堆	20.4
BPA-F	硼苯基丙氨酸果糖络合物	8.3.2.2
BSH	硼酸钠	1.3、8.2
BUGLE	中子和光子多群截面库	13.2.2
CBE	复合生物效应 (因子)	16.2.3.4
CT	计算机断层扫描，CT 图像，CT 值	16.2.1.1
CTV	临床靶区体积	15.4
D-D、D-T	氘–氘聚变反应、氘–氚聚变反应	3.2.2、4.1
DORT	二维离散纵坐标输运程序 (确定性方法)	13.2.1、13.2.2
DVH	剂量–体积直方图	16.3.3
FCB	裂变转换射束	2.2
FiR-1	芬兰研究反应堆，位于埃斯波奥塔涅米	2.1.2
Fluental	中子慢化材料，由 AlF_3、Al 和 LiF 组成	3.4.1
GBM	多形性胶质母细胞瘤	2.1.1、20.1
GMP	良好的生产规范	32.4.3
GTV	肿瘤区体积	15.4
HFR	高通量反应堆 (荷兰佩滕)	1.4
IAEA	国际原子能机构	8.3.4.2
IC_{50}	达到 50% 抑制效果时抑制剂的浓度	7.1.2.6

续表

缩略词	含义说明	章节举例
ICP-AES	电感耦合等离子体原子发射光谱法	8.2.5.2
ICP-MS	电感耦合等离子体质谱法	9.2.2
ICRU	国际辐射单位和测量委员会	13.3.1
IPG	固相 pH 梯度	10.2
LC-MS/MS	液相色谱串联质谱	10.3
LET	线性能量转移	1.5
MC	蒙特卡罗方法	14.3.1.5
MCNP	一款用于计算中子、光子、电子或它们的组合的蒙特卡罗粒子输运程序	13.2.1、13.2.2
MRI	磁共振成像	9.2.7、12.1
MRS	磁共振波谱	12.1
MudPIT	多维蛋白质识别技术	9.2.6.1
PET	正电子发射断层摄影术	9.2.8、11.1
PGNAA	瞬发伽马中子活化分析	31.3.1
PGRA	瞬发伽马射线分析	9.2.1
PMMA	聚甲基丙烯酸甲酯	13.2.2
PTFE	聚四氟乙烯 (特氟龙)	3.3
PTV	计划靶区体积	15.4
PVDF	聚偏氟乙烯	13.3
QA	质量保证	14.5、32.8
RBE	相对生物效应	3.2.1、15.3
SDS-PAGE	十二烷基硫酸钠聚丙烯酰胺凝胶电泳	10.2、10.3
SERA	放射治疗应用的模拟环境 (INL&MSU)	16.2.1.2
SOP	标准操作程序	8.2.3
TE	组织等效	14.3.1.1
TLD	热释光剂量计	13.4.2
TPS	治疗计划系统	14.4、16.1
TRIGA	美国通用原子公司开发的研究用反应堆	1.5、13.2.2
VTT	芬兰技术研究中心	20.4、20.5

单位制说明

符号	含义说明	章节举例
b 或 barn	靶恩，核反应截面，$1\text{ b} = 10^{-28}\text{ m}^2$	1.1、13.2.1
Gy(w) 或 Gy_w	等效光子剂量，乘以 RBE 的物理剂量	2.3
Gy-Eq	同 Gy(w)	3.3
mM	"mmol/l" 的简写，即毫摩尔每升	7.1.1.1、9.2.8
mTorr	压强，$1\text{ mTorr} = 10^{-3}\text{ Torr} = 0.1333\text{ Pa}$	4.2
n/s 或 $\text{n}\cdot\text{s}^{-1}$	中子产额或中子注量，即"中子/秒"	4.2、4.5、5.2
$\text{n}\cdot\text{cm}^{-2}\cdot\text{s}^{-1}$	中子通量，即"中子/(平方厘米·秒)"	2.1.1、2.1.4
$\text{n}/(\text{cm}^2\cdot\text{s}\cdot\text{u})$	单位对数能降通量，"u"为对数能降	13.2.2
ppb	浓度质量百分比，1 ppb = 十亿分之一	9.2.2
ppm	浓度质量百分比，1 ppm = 百万分之一	6.1、7.1.2.3

目　　录

第 1 章　中子俘获疗法的原理和根源 · 1
1.1　原理 · 1
1.2　美国早期临床应用 · 3
1.3　在日本的开拓性工作 · 4
1.4　基于反应堆的超热中子源和前瞻性临床试验 · 5
1.5　BNCT 主流之外 · 6
1.6　未来展望 · 7
参考文献 · 8

第一部分　中　子　源

第 2 章　基于裂变反应堆的中子俘获疗法照射设施 · 21
2.1　简介 · 21
　　2.1.1　射束特性 · 21
　　2.1.2　射束监控 · 23
　　2.1.3　照射设施和患者支持 · 24
　　2.1.4　小结 · 26
2.2　使用反应堆实现超热中子 NCT 的方法 · 27
2.3　目前一些超热中子照射设施的性能 · 28
2.4　最先进的超热中子照射设施 · 32
2.5　总结 · 35
参考文献 · 36

第 3 章　基于加速器的 BNCT · 41
3.1　简介 · 41
3.2　AB-BNCT 中产生中子的各种核反应 · 42
　　3.2.1　$^7Li(p,n)^7Be$ 和 $^9Be(p,n)^9B$ 吸热反应 · 42
　　3.2.2　氘诱发放热反应 · 45
3.3　射束整形组件 · 46
3.4　加速器和设施 · 47
　　3.4.1　静电加速器 · 48

3.4.2　动态电场加速器 49
　3.5　总结与结论 49
　参考文献 50
第 4 章　BNCT 用紧凑型中子发生器 54
　4.1　简介 54
　4.2　用于中子产生的射频驱动等离子体源 55
　4.3　高中子产额的紧凑型中子发生器 57
　4.4　同轴中子发生器慢化体设计 60
　4.5　BNCT 用次临界中子增殖器 62
　4.6　小结 63
　参考文献 63
第 5 章　锎-252 BNCT 中子源 65
　5.1　锎-252 的物理性质 65
　5.2　医疗用锎-252 中子源 67
　5.3　锎-252 放射源的剂量学特性 67
　5.4　锎-252 放射源的临床应用 68
　参考文献 69

第二部分　硼

第 6 章　硼化学 73
　6.1　简介 73
　6.2　硼元素 74
　　　6.2.1　结构 74
　　　6.2.2　物理性能 75
　　　6.2.3　化学性质 76
　6.3　硼化合物的类别 76
　　　6.3.1　硼-氧化合物 76
　　　6.3.2　其他硼杂原子化合物 78
　　　6.3.3　金属硼化物 81
　6.4　硼烷 82
　　　6.4.1　一般特征 82
　　　6.4.2　硼烷中的化学键 83
　　　6.4.3　硼烷的结构 83
　　　6.4.4　硼烷的制备和反应性 84
　6.5　碳硼烷 88

6.6　有机硼化合物 ·· 88
　　参考文献 ··· 90

第 7 章　硼化合物：新的 BNCT 硼携带剂 ······················ 92
7.1　新的 BNCT 硼携带剂 ··· 92
　　7.1.1　小硼分子 ·· 92
　　7.1.2　硼缀合生物复合物 ·· 96
　参考文献 ··· 104

第 8 章　BNCT 药物：BSH 和 BPA ······························· 110
8.1　简介 ··· 110
8.2　硼酸钠 ·· 111
　　8.2.1　简介 ·· 111
　　8.2.2　物理、化学和药物数据 ···································· 111
　　8.2.3　质量控制 ·· 113
　　8.2.4　动物研究 ·· 115
　　8.2.5　临床研究 ·· 122
8.3　硼苯基丙氨酸 ·· 127
　　8.3.1　简介 ·· 127
　　8.3.2　物理、化学和药物数据 ···································· 127
　　8.3.3　质量控制 ·· 130
　　8.3.4　临床前研究 ··· 132
　　8.3.5　BPA 临床试验 ··· 137
　参考文献 ··· 142

第三部分　分析和成像

第 9 章　BNCT 中的硼分析和硼成像 ····························· 157
9.1　简介 ··· 157
9.2　方法说明 ··· 158
　　9.2.1　瞬发伽马射线能谱法 ······································· 158
　　9.2.2　电感耦合等离子体光谱法 ································· 159
　　9.2.3　高分辨率阿尔法放射自显影术、阿尔法能谱法和中子俘获放射照相术 ·· 160
　　9.2.4　激光后电离二次中性质谱法 ······························ 162
　　9.2.5　电子能量损失光谱法 ······································· 166
　　9.2.6　离子阱质谱和蛋白质组学技术 ··························· 167
　　9.2.7　核磁共振和磁共振成像 ···································· 168

9.2.8　正电子发射断层摄影术 · 170
参考文献 · 174

第 10 章　BNCT 的蛋白质组学研究 · 181
10.1　简介 · 181
10.2　主要蛋白质组学方法概述 · 182
10.3　BNCT 相关结果 · 184
10.4　研究评述 · 188
参考文献 · 189

第 11 章　分析和成像：PET · 192
11.1　简介 · 192
11.2　[^{18}F]FBPA 的放射合成 · 193
11.3　[^{18}F]FBPA 在动物模型中的实验研究 · 194
11.3.1　肿瘤积聚 · 194
11.3.2　细胞分布 · 194
11.3.3　新陈代谢 · 195
11.3.4　^{18}F 放射性的浓度与 ^{10}B 的浓度之间的关系 · · · · · · · · · · · · · · · · 195
11.3.5　动力学分析 · 195
11.4　[^{18}F]FBPA 的临床应用 · 196
11.4.1　恶性肿瘤的临床 [^{18}F]FBPA PET 显像 · 196
11.4.2　BNCT 中 [^{18}F]FBPA 的 PET 成像 · 197
11.4.3　PET 在 BNCT 中的实际应用 · 198
11.5　总结 · 199
参考文献 · 199

第 12 章　硼显像：硼的磁共振局部定量检测与成像 · 203
12.1　简介 · 203
12.2　背景 · 203
12.2.1　灵敏度和空间分辨率 · 204
12.2.2　影响信噪比的因素 · 205
12.3　应用 · 207
12.3.1　^{11}B · 207
12.3.2　^{10}B · 207
12.3.3　^{19}F · 208
12.3.4　^{1}H · 209
12.4　总结 · 210
参考文献 · 211

第四部分 物 理

第 13 章 中子俘获疗法用中子源的物理剂量测定和能谱表征 · 215
13.1 简介 · 215
13.2 中子活化能谱法 · 217
13.2.1 物理和数学基础 · 217
13.2.2 实际应用 · 222
13.3 充气探测器 · 228
13.3.1 离子室 · 228
13.3.2 BF_3 和 ^3He 探测器 · 231
13.3.3 质子反冲能谱仪 · 232
13.3.4 裂变室 · 233
13.4 附加技术 · 233
13.4.1 闪烁体 · 234
13.4.2 热释光剂量计 · 234
13.4.3 凝胶探测器 · 235
13.4.4 过热成核探测器 · 235
13.4.5 半导体探测器 · 237
13.4.6 自给能中子探测器 · 238
参考文献 · 239

第 14 章 中子俘获疗法射束的临床调试 · 244
14.1 简介 · 244
14.2 临床验收 · 245
14.3 调试 · 247
14.3.1 参考条件下的剂量测定 · 247
14.3.2 非参考条件下的剂量测定 · 252
14.4 临床剂量测定 · 252
14.5 质量保证 · 253
参考文献 · 254

第 15 章 BNCT 的处方、记录和报告 · 260
15.1 处方、记录和报告的目的 · 260
15.2 BNCT 与传统光子和电子治疗相比的剂量规格问题 · 261
15.3 剂量组分的不确定性评估和生物加权 · 262
15.4 关于处方、记录和报告的结果建议 · 264
参考文献 · 266

第 16 章　治疗计划 ································· 268
16.1　简介 ····························· 268
16.2　治疗计划的计算方面 ················· 269
16.2.1　患者几何建模方法 ············· 269
16.2.2　中子射束源项定义 ············· 274
16.2.3　剂量计算 ··················· 275
16.2.4　计划系统质量保证和验证 ········ 281
16.2.5　计划系统校准和确认 ··········· 281
16.2.6　治疗计划系统 ················ 284
16.3　临床方面：治疗计划流程 ············· 285
16.3.1　患者数据采集 ················ 285
16.3.2　图像处理 ··················· 286
16.3.3　靶区定义 ··················· 286
16.3.4　模型构建 ··················· 287
16.3.5　射束选择 ··················· 288
16.3.6　计划评估与优化 ·············· 289
16.3.7　剂量处方 ··················· 291
16.3.8　治疗计划质量保证 ············ 291
16.4　治疗交付 ························· 292
16.4.1　患者定位和固定 ·············· 292
16.4.2　用于 ^{10}B 预测的药代动力学模型 ···· 293
16.5　回顾性分析和剂量报告 ··············· 295
16.6　未来方向 ························· 296
参考文献 ···························· 297

第五部分　生　物

第 17 章　BNCT：放射生物学原理的应用 ············ 307
17.1　简介 ····························· 307
17.2　基本放射生物学考虑 ················· 308
17.2.1　伽马射线的放射生物学特性 ······ 309
17.2.2　快中子的放射生物学特性 ········ 311
17.2.3　氮俘获反应产生的质子的放射生物学特性 ··· 312
17.2.4　超热中子束的剂量加权含义 ······ 313
17.3　硼俘获剂的放射生物学特性 ············ 317
17.3.1　正常组织效应 ················ 318

17.3.2　肿瘤反应 ··· 321
　17.4　未来研究要求 ··· 325
　　17.4.1　高、低 LET 辐射之间的相互作用 ································· 325
　　17.4.2　将现有硼化合物用于新的医疗用途 ································· 327
　　17.4.3　新型硼化合物和替代中子源的使用 ································· 327
　参考文献 ··· 328

第 18 章　健康组织的耐受性和 BNCT 理想照射剂量 ····················· 335
　18.1　简介 ··· 335
　18.2　临床经验——抗肿瘤作用 ··· 336
　18.3　临床经验——对正常组织的影响 ··· 338
　18.4　未来战略 ··· 340
　参考文献 ··· 340

第六部分　临 床 应 用

第 19 章　BNCT 临床试验：一项具有挑战性的任务 ······················· 345
　19.1　简介 ··· 345
　19.2　临床试验设计 ··· 347
　　19.2.1　临床前研究 ·· 347
　19.3　临床研究 ··· 348
　　19.3.1　第 0 期 ·· 348
　　19.3.2　第 Ⅰ 期 ·· 348
　　19.3.3　第 Ⅱ 期 ·· 349
　　19.3.4　第 Ⅲ 期 ·· 349
　19.4　法律法规 ··· 349
　19.5　伦理行为 ··· 350
　19.6　安全和质量保证 ·· 350
　参考文献 ··· 351

第 20 章　多形性胶质母细胞瘤的外束 BNCT 治疗 ························ 352
　20.1　简介 ··· 352
　20.2　新诊断 GBM 的多模式治疗 ·· 352
　20.3　BNCT 的基本原理 ··· 353
　20.4　技术方面 ··· 353
　20.5　临床应用 ··· 356
　20.6　与其他治疗方法比较 ·· 358
　参考文献 ··· 358

第 21 章　基于硼酸钠 (BSH) 的术中 BNCT 临床结果 ·················· 363
21.1　简介 ·················· 363
21.2　最先进的治疗方法 ·················· 364
21.3　BNCT 的基本原理 ·················· 364
21.4　技术方面 ·················· 365
21.4.1　剂量规划 ·················· 365
21.4.2　患者和方案 ·················· 365
21.4.3　基于 BSH 的术中 BNCT (IO-BNCT) 程序 ·················· 365
21.5　结果 ·················· 366
21.5.1　热中子和基于 BSH 的 IO-BNCT(1977~1997) ·················· 366
21.5.2　超热中子和基于 BSH 的 IO-BNCT (1998~2004) ·················· 367
21.6　证据水平 ·················· 369
21.7　进一步发展 ·················· 369
参考文献 ·················· 369

第 22 章　BNCT 治疗恶性脑膜瘤 ·················· 371
22.1　简介 ·················· 371
22.2　患者和方法 ·················· 371
22.3　结果 ·················· 372
22.3.1　每位患者的 BNCT 参数 ·················· 372
22.3.2　代表性病例 ·················· 372
22.4　讨论 ·················· 375
参考文献 ·················· 376

第 23 章　髓内脊髓胶质瘤的可行性研究 ·················· 378
23.1　简介 ·················· 378
23.2　最先进的治疗方法 ·················· 378
23.3　BNCT 的基本原理 ·················· 379
23.4　技术方面和结果 ·················· 379
23.4.1　前后和后前照射 ·················· 379
23.4.2　横向和斜向照射 ·················· 383
23.5　证据水平 ·················· 384
23.6　进一步发展 ·················· 384
参考文献 ·················· 384

第 24 章　BNCT 治疗晚期或复发性头颈癌 ·················· 386
24.1　简介 ·················· 386
24.2　最先进的治疗方法 ·················· 386

24.2.1	局部晚期和复发性鳞状细胞癌	386
24.2.2	头颈部非鳞状细胞癌，无恶性黑色素瘤	386

24.3　BNCT 的基本原理　387
 24.3.1　^{18}F-BPA-PET 研究　387

24.4　技术方面和临床应用　388
 24.4.1　BNCT 适应证　388
 24.4.2　治疗流程　388
 24.4.3　BNCT 的照射剂量　388

24.5　结果　389
 24.5.1　川崎医学院的观察结果　389
 24.5.2　在大阪大学获得的结果　390
 24.5.3　赫尔辛基的结果　390

24.6　证据水平　391

24.7　进一步发展　391

参考文献　391

第 25 章　BNCT 在甲状腺癌中的应用研究　393

25.1　简介　393

25.2　实验性"体外"研究　393

25.3　实验性"体内"研究　394

25.4　放射生物学研究　396

25.5　临床研究　396

25.6　最新进展　397

参考文献　397

第 26 章　恶性黑色素瘤　400

26.1　简介　400

26.2　最先进的治疗方法　400

26.3　BNCT 的基本原理　401

26.4　黑色素瘤和 BPA　402

26.5　技术方面　402

26.6　临床应用　404

26.7　结果　404
 26.7.1　皮肤黑色素瘤　404
 26.7.2　黏膜黑色素瘤 (川崎小组)　408

26.8　证据水平　410

26.9　进一步发展　410

参考文献 411

第 27 章 中子俘获疗法在局部复发性乳腺癌中的应用 414
27.1 简介 414
27.2 最先进的治疗方法 414
27.3 BNCT 和临床应用的基本原理 415
27.4 技术方面 416
27.5 结果 416
27.5.1 乳腺癌 BNCT 的体模模型估计 416
27.5.2 乳腺癌 BNCT 的 JCDS 模型估计 418
27.6 证据水平 420
27.7 未来发展 421
参考文献 421

第 28 章 肝转移癌 424
28.1 简介 424
28.1.1 BNCT 概述 424
28.2 肝转移癌作为治疗靶点 425
28.2.1 选择的理由 425
28.2.2 发病率 425
28.2.3 肝内定位 426
28.2.4 肝转移与淋巴结转移 426
28.2.5 肝转移癌治疗的实际情况 426
28.2.6 肝转移患者的真实结果：基于个人经验对当前治疗方法的事实评价 428
28.2.7 结论性评论 435
28.3 BNCT 应用于肝脏肿瘤的技术方面：科学和临床问题 435
28.3.1 物理关注点 436
28.3.2 照射设施和治疗计划 436
28.3.3 测量硼浓度 440
28.3.4 生物关注点 441
28.3.5 手术关注点 447
28.4 临床应用 448
28.4.1 准备工作 448
28.4.2 手术 449
28.4.3 术后随访 450
28.5 结果 454
28.5.1 进一步发展和总结性评论 456

参考文献 ·· 456

第 29 章　BNCT 治疗儿童恶性脑肿瘤 ·· 460
29.1　简介 ·· 460
29.2　热中子束治疗 ·· 461
29.3　说明性案例和结果 ·· 462
29.3.1　病例 1：14 月龄女婴小脑星形细胞瘤（3 级） ············· 462
29.3.2　病例 2：1 岁女孩间变性室管膜瘤 ························ 464
29.4　临床结果 ··· 464
参考文献 ·· 465

第 30 章　血管成形术后血管再狭窄的预防 ···································· 466
30.1　简介 ·· 466
30.2　预防再狭窄的方法 ·· 466
30.3　BNCT 预防再狭窄的应用 ··· 467
30.3.1　血管组织中的硼浓度 ···································· 467
30.3.2　预防再狭窄的疗效 ······································ 469
30.4　展望 ·· 470
参考文献 ·· 471

第 31 章　硼中子俘获滑膜切除术 ··· 473
31.1　简介 ·· 473
31.2　硼中子俘获滑膜切除术 ··· 474
31.3　BNCS 的开发 ·· 475
31.3.1　初步化合物研究 ·· 475
31.3.2　中子束设计 ·· 475
31.3.3　BNCS 患者全身剂量 ··································· 476
31.3.4　钆中子俘获滑膜切除术的潜力 ·························· 476
31.3.5　BNCS 在动物模型中的疗效 ···························· 477
31.4　BNCS 的进一步发展 ·· 478
参考文献 ·· 479

第七部分　组织和管理

第 32 章　核研究反应堆上开展 BNCT 的管理问题 ··························· 485
32.1　简介 ·· 485
32.2　BNCT 设施的跨学科合作 ··· 485
32.3　核部分 ·· 486
32.4　医疗部分 ··· 486

  32.4.1 放射治疗 ………………………………………… 486
  32.4.2 医学物理学 ……………………………………… 487
  32.4.3 制药学 …………………………………………… 487
  32.4.4 其他医学学科 …………………………………… 487
32.5 辐射防护 ………………………………………………… 487
32.6 BNCT 设施的监管事务和许可 ………………………… 488
32.7 保险 ……………………………………………………… 488
32.8 BNCT 的质量保证 ……………………………………… 489
32.9 放射治疗质量保证国际标准 …………………………… 489
  32.9.1 标准操作程序 …………………………………… 491
参考文献 ………………………………………………………… 491
索引 …………………………………………………………… 494

第 1 章　中子俘获疗法的原理和根源

沃尔夫冈·A. G. 索尔文

1.1　原　理

硼中子俘获疗法 (BNCT) 是一种二元形式的放射治疗，它利用非放射性核素硼-10 的高倾向性俘获热中子，从而引起瞬发的核反应 $^{10}B(n,\alpha)^{7}Li$。反应产物具有高的线性能量转移特性 (α 粒子约 150 keV/μm，^{7}Li 核约 175 keV/μm)。这些粒子在水中或组织中的路径长度在 4.5～10 μm 范围内，因此产生的能量沉积仅限于单个细胞的直径。所以，从理论上讲，有可能实现对那些吸收了足够量 ^{10}B 的肿瘤细胞进行选择性照射，并且同时避免损伤正常细胞。基本核反应如下所示：

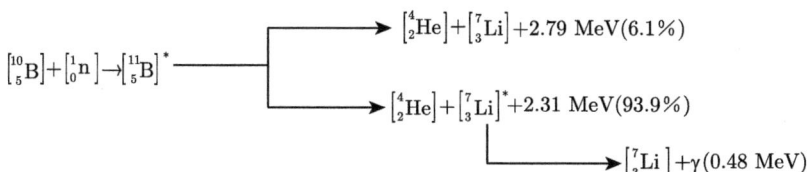

注：* 表示激发态。处于激发态的 ^{11}B 通过裂变退激发。处于激发态的 ^{7}Li 通过放出伽马射线退激发。

1932 年查德威克 (Chadwick) 发现了中子[1]，泰勒 (Taylor) 和戈德哈贝尔 (Goldhaber)1935 年描述了 $^{10}B(n,\alpha)^{7}Li$ 反应[2] 后不久，洛希尔 (Locher) 于 1936 年发表了在癌症治疗中使用中子俘获反应的基本思想："特别是，存在引入少量的强中子吸收剂，用于释放电离能 (一个简单的例子就是将一种可溶无毒的硼、锂、钆或金的化合物注入到一个浅表的癌症中，然后用慢中子轰击)。"

有许多核素具有很高的吸收热中子的特性 (表 1.1)，这些热中子假设可能用于中子俘获治疗。原子核俘获热中子的概率，称为中子俘获截面 (σ_{th})，使用靶恩 (1 b=10^{-28} m^2) 来度量。

表 1.1 中列出的大多数核素通过 (n,γ) 反应与热中子相互作用。由此产生的光子辐照效应并不局限于标记的 "靶细胞"；因此，无法获得假定的中子俘获疗

沃尔夫冈·A. G. 索尔文
德国，埃森，D-45122，杜伊斯堡–埃森大学，埃森大学医院，放射肿瘤科，中子俘获团队
e-mail: w.sauerwein@uni-due.de

法 (NCT) 选择性。另一方面，这样的 γ 辐照可能导致小体积内更均匀的剂量分布。一些作者被这一选项所吸引，特别是对 ^{157}Gd 的高截面感兴趣。综上所述，这种方法似乎也很有吸引力，因为 ^{157}Gd 作为顺磁介质可用于核磁共振成像对比增强。已经进行了大量临床前研究，但并未显示这种方法的真正好处[8-18]。使用 ^{157}Gd(n,γ) 反应时产生的俄歇电子的建议在临床相关的生物学试验中无法实现[19,20]。然而，另一种研究不多的方法是使用 ^{6}Li 和 ^{235}U，其反应产物可能比 ^{10}B 具有更大的生物效应[21-26]。然而，特别是铀的放射性和它对骨骼的附着性，以及铀离子产物的能量范围广，使它难以处理。有人提出将它作为屏蔽好的种子植入物，再结合外部照射一起来克服这些问题，但从未被测试过。由于这两种同位素在军事和战略上的重要性，这两种同位素的应用都受到限制，这可能限制了有关研究以及出版物的发表。

表 1.1 热中子俘获截面高值同位素[4-7]

核素	核反应	热中子截面 $\sigma_{\rm th}$/b
^{3}He	(n,p)	5333
^{6}Li	(n,α)	940
^{10}B	(n,α)	3835
^{113}Cd	(n,γ)	20600
^{135}Xe^a	(n,γ)	2720000
^{149}Sm	(n,γ)	42080
^{151}Eu	(n,γ)	9200
^{155}Gd	(n,γ)	61100
^{157}Gd	(n,γ)	259000
^{147}Hf	(n,γ)	561
^{199}Hg	(n,γ)	2150
^{235}U^a	(n,f)	681
^{241}Pu^a	(n,f)	1380
^{242}Am^a	(n,f)	8000

注：a 放射性的。

中子俘获治疗的基本实验工作和所有临床应用都是基于 ^{10}B。

克鲁格 (Kruger) 在 1940 年发表了关于 BNCT 的第一个实验结果[27]。他在体外用硼酸和中子照射处理肿瘤碎片。在小鼠体内植入后，与对照组相比，这些肿瘤显示出较低的移植效率，对照组分别用硼酸或热中子治疗。同年，扎赫勒 (Zahl) 等人在小鼠肉瘤的含油悬浮液中注射硼酸或硼后，研究了中子俘获疗法 (NCT) 在体内的疗效[28]。很快，提出了 NCT 治疗脑肿瘤的方法[29]，因为那里缺少血脑屏障，这意味着肿瘤中硼化合物的选择性摄取，而正常的大脑会受到保护[30]。研究证实了人脑肿瘤中的硼浓度高于正常脑[31]。

在早期生物学实验 10 年后，首次在人类身上进行了临床应用。BNCT 的临床应用历史可分为四个阶段：

- 1951 年至 1961 年在美国的早期临床应用；
- 1968 年至 20 世纪 80 年代末，畠中 (Hatanaka) 等人在日本的开创性工作；
- 从 20 世纪 90 年代中期开始并仍在进行的前瞻性早期临床试验；
- 从 2012 年开始使用基于加速器的超热中子设施。

1.2 美国早期临床应用

从 1951 年 2 月到 1953 年 1 月，第一批患有恶性胶质瘤 (可能是多形性胶质母细胞瘤) 的患者在布鲁克海文石墨研究反应堆进行了治疗[131-134]。其中 8 名患者曾因脑瘤接受过常规放射治疗。96% 的富 ^{10}B 硼砂作为硼载体。在照射前，通过静脉注射立即给予含有 20 g 硼砂的 100 ml 水溶液。虽然大量的硼砂导致了一些毒性[32,33]，但未观察到严重的辐射诱导副作用。照射分为 1、2 或 4 个分次治疗，间隔 5～6 周。10 例患者中有 9 例临床症状短期改善。所有的患者都死于病情进展。第一组患者的中位生存期为 97 天 (43～185 天)，与光子治疗后的结果相当。

实验人员对反应堆进行了改造，目的是在启动第二个治疗系列之前优化设施，第二批包括 9 名患有高度恶性脑瘤的患者。现在使用的是五硼酸钠，与硼砂相比毒性更小。^{10}B 的给药量高于第一系列。现在，出现了严重的副作用，如无法治疗的头皮放射性皮肤病，有些还伴有深部溃疡[34]。中位生存期为 147 天 (93～337 天)[35]。

对第三批 9 名患者，在放疗前立即将五硼酸钠注入肿瘤半球的颈内动脉，以避免头皮处的高 ^{10}B 浓度。这些患者都没有出现严重的皮肤反应。中位生存期为 96 天 (29～158 天)。这一结果与目前常规放疗后的结果相似[36]。

下一步的目的是缩短照射时间，在此期间肿瘤和大脑之间的 ^{10}B 梯度期望达到最佳值。为了提高注量率，建造了一个紧凑型高通量反应堆，即 5 MW 水慢化布鲁克海文医学研究反应堆 (BMRR)。1959 年至 1961 年，共治疗了 18 例脑瘤患者。采用临时皮瓣反射和 ^{6}Li 屏蔽保护。虽然这种预防措施避免了无法愈合的溃疡，但并不能完全预防放射性皮炎。此外，术后放疗区内发生感染。通过持续引流脑脊液和静脉注射尿素来治疗颅内压升高并发症。然而，18 例患者中有 4 例在放疗后 2 周内死于脑水肿和顽固性休克。中位生存期为 3 个月 (3～170 天)[35,37]。

同一时期，另外 17 例患者 (胶质母细胞瘤 16 例，髓母细胞瘤 1 例) 注射富硼的 4-羧基苯基硼酸后，在麻省理工学院的反应堆上接受照射。其中一些患者接受的是低毒性的十氢硼酸二钠 ($Na_2B_{10}H_{10}$)，它含有更多的硼[38]。这个队列中的中位生存期是 5.7 个月[39]。这与在马萨诸塞州总医院由同一名医生用常规方法治疗的患者的生存时间相似。然而，在几个月内观察到严重的副作用，如急性脑水肿和血管周围纤维化，尤其是出现了脑坏死[39,40]。

1961 年，这些令人失望的结果导致 BNCT 在美国停止了 30 年。对于这些不良结果有几种解释：可用的含硼化合物没有选择性地积聚在肿瘤组织中。有些观察结果只能用血液、大脑和皮肤中高浓度的硼来解释。事故的一个相关部分可能是热中子的深度剂量分布不良导致肿瘤低剂量和皮肤高剂量。然而，另一个重要方面是低估了入射快中子和光子以及患者核反应产生的质子和 γ 对吸收剂量的贡献[36,37,41-43]。还需要提醒的是，在那些日子里，防止大剂量放疗后脑水肿的皮质类固醇还不可用。

1.3 在日本的开拓性工作

1968 年，畠中坦 (Hiroshi Hatanaka) 开始了 BNCT 的革新，将索洛韦 (Soloway) 等人[44,45]最近合成的硼化合物巯基十一氢十二硼酸二钠 $Na_2B_{12}H_{11}SH(BSH)$ 引入临床应用。药物是在动脉内注射的。肿瘤切除后作为术中放疗 (图 1.1) 进行治疗，直接暴露肿瘤床和颅骨屏障[46-49]。畠中报告了令人兴奋的结果，在一小群精心挑选的患有 3 级和 4 级恶性胶质瘤的患者中，5 年生存率为 58%[48]。1989 年，我在巴黎第 17 届国际放射学大会上第一次见到他，他非常担心除了我之外没有人真正欣赏他的工作和成果。我们进行了深入交流，并一起吃了一顿丰盛的晚餐，我从他那里得到了一份打印在电脑纸上的结果，如图 1.2 所示。经过一番犹豫，这些数据激发了全世界在日本以外地区开始新的临床试验的努力。

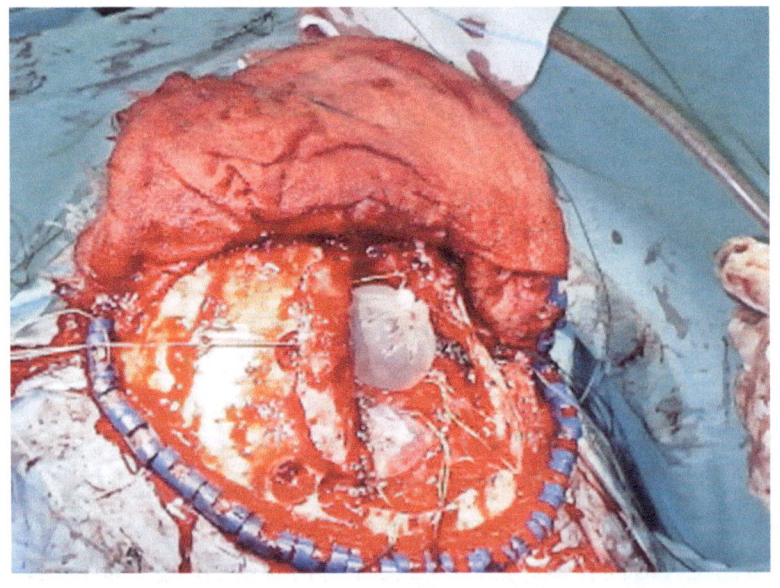

图 1.1 畠中坦和中川佳宣 (Y. Nakagawa) 开展的术中 BNCT

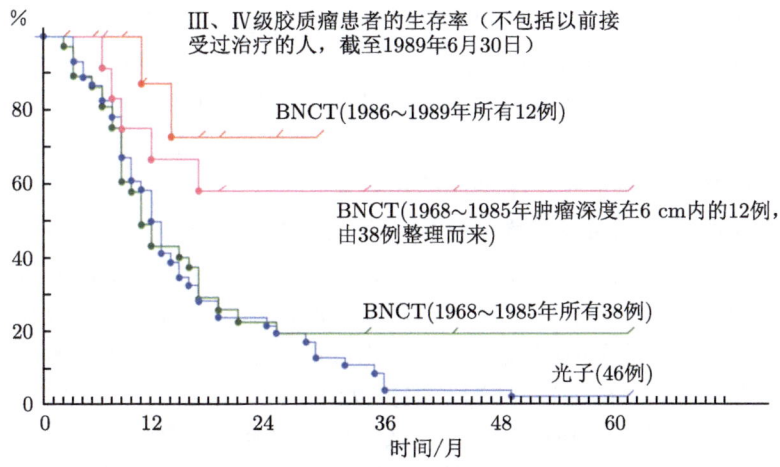

图 1.2　畠中坦 1989 年在巴黎举行的第 17 届国际放射学大会上的打印结果复印件

畠中周围的研究小组提出了许多创新的 BNCT 方法，例如对患者应用重水以获得更好的剂量分布[50,51]，BNCT 用于儿童脑瘤[52]，以及 BSH 的药代动力学[135]，这些方法在这里无法一一提及。

这里必须提到另一位来自日本的先驱者，他引入了 BNCT 临床试验中使用的第二种药物：1987 年，三岛 (Mishima) 开始使用对硼苯丙氨酸 (BPA) 治疗超级恶性黑色素瘤[53-55]。据推测，恶性黑色素瘤产生黑色素的特殊代谢活动可能促进黑色素前体类似物的摄取。即使这个假设没有被证实，BPA 现在也是 BNCT 现代临床试验中最常用的药物。皮肤黑色素瘤的浅表位置也使得热中子束治疗这些肿瘤成为可能。这种途径是将 BNCT 应用于中枢神经系统以外的其他肿瘤的重要步骤。

1.4　基于反应堆的超热中子源和前瞻性临床试验

20 世纪 90 年代初，美国和欧洲开发了超热中子源来治疗深层肿瘤。这些设施为 1994 年在布鲁克海文[56]和剑桥 (MA)[57]，以及 1996 年佩滕开始对照前瞻性临床试验创造了条件[58]。随后，芬兰[59]、瑞典[60]、捷克共和国[61]、日本[62-64]、阿根廷[65]和中国[66]建立了类似的设施，为患者提供治疗。BNCT 的临床适应证扩展到其他疾病，如头颈部肿瘤[67-69]、脑膜瘤[70]、胸膜间皮瘤[71]和肝细胞癌[72]。所有这些临床工作在本章中无法详细描述，但大多数都是本书内容的一部分。

尽管有这些活动，BNCT 仍被视为一种实验模式，为了将这一有希望的想法发展成临床上可行的治疗方法，进一步的研究活动是必要条件。然而，这一时期真正重要的进展是认识到 BNCT 作为一种新的肿瘤治疗方法必须遵循循证医学的正常程序。必须设计临床前研究和临床试验来收集数据，以允许监管当局批准这种治疗模式。临床试验本身是高度复杂的，涉及用于人类患者"新的"、非商业上可买到的药物和常规放疗中未使用的照射束。

围绕着佩滕的高通量反应堆 (HFR)，在欧盟委员会支持的几个研究项目的框架下，第一批强制遵循上述要求的研究小组中的一个成立了。欧盟委员会要求的国际方法导致了这样一种情况：一名德国放射肿瘤学家不得不在欧盟委员会拥有的一个反应堆里对一名法国或奥地利患者进行放射治疗，这种实验药物正在荷兰一家医院制备和应用。在这种情况下，来自欧洲不同国家的监管机构参与其中，必须在组织方面、医学物理和剂量报告、试验设计和统计、辐射防护等各个层面的质量管理方面作出巨大努力[58,73-85]。欧洲癌症研究和治疗组织 (EORTC) 给予的特别支持是克服这些障碍的先决条件[58]。

BNCT 导致了高度复杂的剂量分布，不同剂量组分具有不同的生物学效应。从放射生物学和医学物理学的角度来讨论 BNCT 这一具有挑战性的方面。国际组织开始认识到制定标准的必要性。国际原子能机构于 2001 年发表了一份关于 NCT 的技术文件[86]。在欧盟研究项目的框架内，制定了 BNCT 剂量测定的国际实施规程[87]。不同设施的超热中子射束的放射生物学和剂量学相互比较已经开始[88-91]。

与所有这些努力和科学进步不同的是，一个内在的问题导致了世界范围内的严重集体反对。到目前为止，只有核反应堆产生的 (超) 热中子束的强度足以满足 BNCT 的要求。这些设施很大程度上依赖于政治支持。由于不同的原因，20 世纪 90 年代建造和开放的大部分 BNCT 设施不得不中断患者的治疗。这些关闭是源于政治和经济原因，而不是由于临床结果。BNCT 治疗实际上只有在台湾清华大学 (中国) 的清华开放池式反应堆 (THOR) 和巴里洛切原子中心 (阿根廷) 的 RA-6 反应堆才有可能。

1.5 BNCT 主流之外

在意大利帕维亚 (Pavia) 采用了一种完全不同的方法，即使用 TRIGA 反应堆的热中子孔道来治疗两名患者的移植肝脏，这些患者的肝脏有结直肠癌的多处转移，经过中子照射后的肝脏再移植回患者[92-95]。两名患者中有一人活了好几年。这一成功激发了其他小组进一步评估体外 BNCT 的可能性[96-102]。

在 20 世纪的 70 年代和 80 年代，由于这些粒子的高的线性能量转移 (LET)，快中子疗法被视为抗癌的重要贡献[103-106]。不幸的是，快中子疗法的优点只能在罕见疾病的少数适应证中得到证明 [107-109]。与物质相互作用的快中子在组织中被热化。利用这种热化的成分可以引发中子俘获反应，特别是增强肿瘤细胞的辐射剂量。利用 $^{10}B(n,\alpha)^7Li$ 反应增强肿瘤细胞的辐射效应，可以大大提高快中子的治疗率，避免深度剂量低、准直性差和皮肤保护性差的问题。在多个临床前实验中，已经开发出一种中子俘获增强快中子疗法。尽管结果很有希望，但临床试验从未开始。在初级中子能量相对较低的中子束中，快中子束中的热成分会更大。两个这样的快中子束仍在使用：1978 年安装的埃森医学回旋加速器设施 (图 1.3)，它产生平均能量约为 5.8 MeV 的 d(14 MeV)+Be 快中子 [23,129]，以及最近在慕尼黑安装的快中子治疗设施 FRM II (慕尼黑研究反应堆 II)[130]。BNCT 增强快中子放射治疗在各种临床情况下可能具有很高的治疗效果，这无疑是一个需要研究的领域。

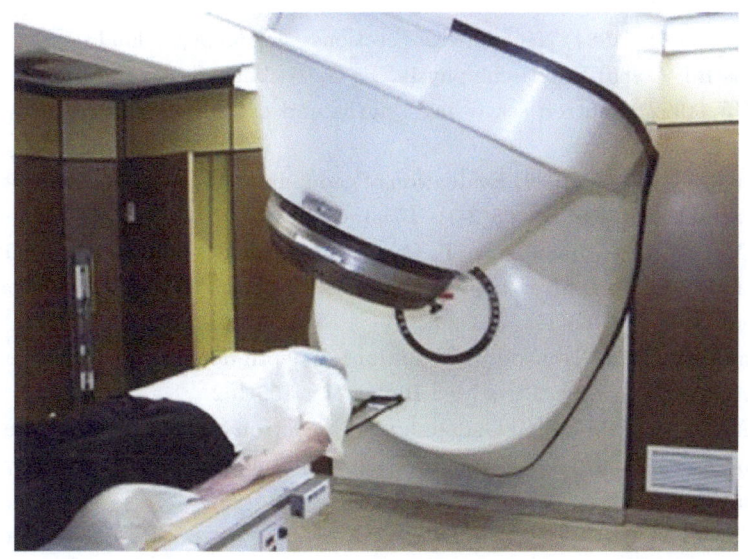

图 1.3　埃森大学医院快中子治疗设施的等中心机架 (德国)

1.6　未来展望

BNCT 成功与失败的关键因素是不同学科之间的合作，从核物理学到外科学，从化学到放射肿瘤学，从数学到放射生物学。如此多样的智慧集合的协同作用，需要专门的协调机构来向前推进。第二个重要方面是可用的可靠的医院中子源。只要这一技术挑战不能实现，BNCT 就不会有真正的进展。在过去，药物方面常常被认为是 BNCT 的瓶颈，但它并不那么重要。已经用于临床试验的两种药物，即 BSH 和 BPA，已经在一些肿瘤和周围正常组织之间提供了一个非常好的硼梯度来设计和继续临床试验。只有当制药行业能够参与到一个药物开发计划中，这一领域才有可能取得真正的进展。这种昂贵的运动的先决条件是要开发的药物有一个市场。只有在每一家大型医院都能使用基于加速器的超热中子射束，才能产生这样的市场。

参 考 文 献

[1] Chadwick J (1932) The existence of a neutron. Proc R Soc London A 136: 692-708
[2] Taylor HJ, Goldhaber M (1935) Detection of nuclear disintegration in a photographic emulsion. Nature (London) 135: 341-348
[3] Locher GL (1936) Biological effects and therapeutic possibilities of neutrons. Am J Roentgenol Radium Ther 36(1): 1-13
[4] Garber DJ, Kinsey RR (1976) Neutron cross sections, 3rd edn. Brookhaven National Laboratory, New York
[5] Mughabghab SF (1984) Neutron cross sections. Academic, Orlando
[6] Kohlrausch F (1986) Praktische physik. B. G. Teubner, Stuttgart
[7] Sears VF (1992) Neutron scattering lengths and cross sections. Neutron News 3(3): 22-37
[8] Brugger RM, Shih JA (1989) Evaluation of gadolinium-157 as a neutron capture therapy agent. Strahlenther Onkol 165(2-3): 153-156
[9] Akine Y, Tokita N, Matsumoto T, Oyama H, Egawa S, Aizawa O (1990) Radiation effect of gadolinium-neutron capture reactions on the survival of Chinese hamster cells. Strahlenther Onkol 166(12): 831-833
[10] Matsumoto T (1992) Transport calculations of depth-dose distributions for gadolinium neutron capture therapy. Phys Med Biol 37(1): 155-162
[11] Shih JA, Brugger RM (1992) Gadolinium as a neutron capture therapy agent. In: Allen BJ, Moore DE, Harrington BV (eds) Progress in neutron capture therapy for cancer. Plenum Press, New York/London, pp 183-186
[12] Khokhlov VF, Yashkin PN, Silin DI, Djorova ES, Lawaczeck R (1995) Neutron capture therapy with gadopentetate dimeglumine: experiments on tumor-bearing rats. Acad Radiol 2(5): 392-398
[13] Hofmann B, Fischer C-O, Lawaczeck R, Platzek J, Semmler W (1999) Gadolinium neutron capture therapy (GdNCT) of melanoma cells and solid tumors with the magnetic resonance imaging contrast agent gadobutrol. Invest Radiol 34(2): 126-133
[14] Tokuuye K, Tokita N, Akine Y, Nakayama H, Sakurai Y, Kobayashi T, Kanda K (2000) Comparison of radiation effects of gadolinium and boron neutron capture reactions. Strahlenther Onkol 176(2): 81-83
[15] Takahashi K, Nakamura H, Furumoto S, Yamamoto K, Fukuda H, Matsumura A, Yamamoto Y (2005) Synthesis and in vivo biodistribution of BPA-Gd-DTPA complex as a potential MRI contrast carrier for neutron capture therapy. Bioorg Med Chem 13(3): 735-743

[16] Salt C, De Stasio G, Schürch S, Casalbore P, Mercanti D, Weinreich R, Kaden TA (2002) Novel DNA-seeking contrast agents for gadolinium neutron capture therapy. In: Sauerwein W, Moss R, Wittig A (eds) Research and development in neutron capture therapy. Monduzzi Editore, Bologna, pp 803-806

[17] Stalpers L, Stecher-Rasmussen F, Kok T, Boes J, van Vliet-Vroegindeweij C, Slotman B, Haveman J (2002) Radiobiology of gadolinium neutron capture therapy. In: Sauerwein W, Moss R, Wittig A (eds) Research and development in neutron capture therapy. Monduzzi Editore, Bologna, pp 825-830

[18] Cerullo N, Bufalino D et al (2009) Progress in the use of gadolinium for NCT. Appl Radiat Isot 67(7-8 Suppl): S157-S160

[19] Martin RF, D'Cunha G, Pardee M, Allen BJ (1988) Induction of double-strand breaks following neutron capture by DNA-bound Gd-157. Int J Radiat Biol 54(2): 205-208

[20] Martin RF, D'Cunha G, Pardee M, Allen BJ (1989) Induction of DNA double-strand breaks by 157-Gd neutron capture. Pigment Cell Res 2(4): 330-332

[21] Luessenhop AJ, Sweet WH, Robinson J (1956) Possible use of the neutron capturing isotope Lithium-6 in the radiation therapy of brain tumors. Am J Roentgenol 76: 376-392

[22] Sauerwein W, Heselmann I, Pöller F, Rassow J, Szypniewski H, Streffer C, Sack H (1992) Neutron capture reactions in a d(14) + Be fast neutron beam. In: Allen BJ, Moore DE, Harrington BV (eds) Progress in neutron capture therapy for cancer. Plenum Press, New York, London, pp 199-202

[23] Sauerwein W (1993) Neutroneneinfangreaktionen zur Optimierung der Strahlentherapie mit schnellen Neutronen. Habiliationsschrift. Medizinische Fakultät der Universität GHS, Essen

[24] Tobias CA, Weymouth PP, Wasserman LR, Stapleton GE (1948) Some biological effects due to nuclear fission. Science 107: 115-118

[25] Passalacqua F (1958) Untersuchungen über das Verhalten schwerer Elemente bei Tieren mit experimentellen Tumoren. Zur Speicherung von U-235-Nitrat in Ehrlich-Tumoren. Fortschr Röntgenstr 89(3): 361-365

[26] Liu HB, Brugger RM, Shih JL (1992) Neutron capture therapy with ^{235}U seeds. Med Phys 19(3): 705-708

[27] Kruger PG (1940) Some biological effects of nuclear disintegration products on neoplastic tissue. Proc Natl Acad Sci USA 26: 181-192

[28] Zahl PA, Cooper FS, Dunning JR (1940) Some in vivo effects of localized nuclear disintegration products on transplantable mouse sarcoma. Proc Natl Acad Sci USA 26(10): 589-598

[29] Zahl PA, Cooper FS (1941) Physical and biological considerations in the use of slow neutrons for cancer therapy. Radiology 37: 673-682

[30] Sweet WH (1951) The uses of nuclear disintegration in the diagnosis and treatment of brain tumor. N Engl J Med 245(23): 875-878

[31] Sweet WH, Javid M (1951) The possible use of slow neutrons plus boron-10 in the therapy of intracranial tumors. Trans Am Neurol Assoc 76: 60-63

[32] Conn HL, Antal BB, Farr LE (1955) The effect of large intravenous doses of sodium borate on the human myocardium as reflected in the electrocardiogram. Circulation 12: 1043-1046

[33] Locksley HB, Farr LE (1955) The tolerance of large doses of sodium borate intravenously by patients receiving neutron capture therapy. J Pharmacol Exp Ther 114: 484-489

[34] Archambeau JO (1970) The effect of increasing exposures of the $^{10}B(n,\alpha)^{7}Li$ reaction on the skin of man. Radiology 94: 178-187

[35] Slatkin DN (1991) A history of boron neutron capture therapy of brain tumours. Brain 114: 1609-1629

[36] Slatkin DN, McChesny DD, Wallace DW (1986) A retrospective study of 457 neurosurgical patients with cerebral malignant glioma at the Massachusetts General Hospital 1952-1981: implications for sequential trials of postoperative therapy. In: Second international symposium on neutron capture therapy, Nishimura, Tokyo, pp 434-446

[37] Sauerwein W (1993) Principles and history of neutron capture therapy. Strahlenther Onkol 169(1): 1-6

[38] Sweet WH, Soloway AH, Brownell GL (1963) Boron-slow neutron capture therapy of gliomas. Acta Radiol (Stockholm) 1: 114-121

[39] Asbury AK, Ojeman RG, Nielsen SL, Sweet WH (1972) Neuropathological study of fourteen cases of malignant brain tumor treated by boron-10 slow neutron capture radiation. J Neuropathol Exp Neurol 31(2): 278-303

[40] Farr LE, Calvo WG, Haymaker WE, Lippincott SW, Yamamoto YL, Stickley EE (1961) Effect of thermal neutrons on the central nervous system (apparent tolerance of central nervous system structures in man). Arch Neurol 4: 246-257

[41] Coderre JA, Glass JD, Micca P, Fairchild RG (1989) Neutron capture therapy for melanoma. Basic Life Sci 50(219): 219-232

[42] Goodman JH, Fairchild RG (1990) Boron neutron capture therapy for cerebral neoplasia. Perspect Neurol Surg 1(1): 93-110

[43] Farr LE (1991) Neutron capture therapy: years of experimentation-years of reflection. Report BNL-47087. Brookhaven National Laboratory, New York

[44] Soloway AH, Hatanaka H, Davis MA (1967) Penetration of brain and brain tumor. VII. Tumor binding sulfhydryl boron compounds. J Med Chem 10: 714-717

[45] Hatanaka T (1969) Future possibility of neutron capture therapy of malignant tumors by use of low energy neutron from nuclear reactors and other sources. Gan No Rinsho 15(4): 367-369

[46] Hatanaka H, Sano K (1972) A revised boron-neutron capture therapy for malignant brain tumors. In: Fusek I, Kunc Z (eds) Present limits in neurosurgery. Czechoslovak Medical Press, Prague, pp 83-85

[47] Hatanaka H (1986) Boron-neutron capture therapy for tumors. Preface. In: Boron-neutron capture therapy for tumors. Nishimura Co. Ltd, Niigata

[48] Hatanaka H (1990) Clinical results of boron neutron capture therapy. Basic Life Sci 54(15): 15-21

[49] Hatanaka H, Sweet WH, Sano K, Ellis F (1991) The present status of boron-neutron capture therapy for tumors. Pure Appl Chem 63(3): 373-374

[50] Takeuchi A, Kadosawa T, Hatanaka H (1988) Application of deuterium water to boron-neutron capture therapy of cerebral gliomas. In: 3rd international symposium on neutron capture therapy, Bremen, 1988, Abstract-book

[51] Nakagawa Y, Hatanaka H, Moritani M, Kitamura K, Matsumoto K, Kobayashi M (1994) Partial deuteration and blood-brain barrier (BBB) permeability. Acta Neurochir Suppl Wien 60(410): 410-412

[52] Nakagawa Y, Pooh K, Kageji T, Kitamura K, Komatsu H, Tsuji F, Hatanaka H, Minobe T (1996) Boron neutron capture therapy for malignant brain tumors in children. Cancer neutron capture therapy. Mishima/Plenum Press, New York/London, pp 725-731

[53] Mishima Y, Ichihashi M, Hatta S, Honda C, Sasase A, Yamamura K, Kanda K, Kobayashi T, Fukuda H (1989) Selective thermal neutron capture therapy and diagnosis of malignant melanoma: from basic studies to first clinical treatment. Basic Life Sci 50(251): 251-260

[54] Mishima Y, Honda C, Ichihashi M, Obara H, Hiratsuka J, Fukuda H, Karashima H, Kobayashi T, Kanda K, Yoshino K (1989) Treatment of malignant melanoma by single thermal neutron capture therapy with melanoma-seeking ^{10}B-compound [letter]. Lancet 2(8659): 388-389

[55] Mishima Y, Ichihashi M, Hatta S, Honda C, Yamamura K, Nakagawa T, Obara H, Shirakawa J, Hiratsuka J, Taniyama K, Tanaka C, Kanda K et al (1989) First human clinical trial of melanoma neutron capture. Diagnosis and therapy. Strahlenther Onkol 165(2-3): 251-254

[56] Chanana AD, Capala J, Chadha M, Coderre JA, Diaz AZ, Elowitz EH, Iwai J, Joel DD, Liu HB, Ma R, Pendzick N, Peress NS, Shady MS, Slatkin DN, Tyson GW, Wielopolski L (1999) Boron neutron capture therapy for glioblastoma multiforme: interim results from the phase I/II dose-escalation studies. Neurosurgery 44(6): 1182-1193

[57] Busse PM, Harling OK, Palmer MR, Kiger WS 3rd, Kaplan J, Kaplan I, Chuang CF, Goorley JT, Riley KJ, Newton TH, Santa Cruz GA, Lu XQ, Zamenhof RG (2003) A critical examination of the results from the Harvard-MIT NCT program phase I clinical trial of neutron capture therapy for intracranial disease. J Neurooncol 62(1-2): 111-121

[58] Sauerwein W, Zurlo A (2002) The EORTC boron neutron capture therapy (BNCT) group: achievements and future projects. Eur J Cancer 38(Suppl 4): S31-S34

[59] Joensuu H, Kankaanranta L, Seppala T, Auterinen I, Kallio M, Kulvik M, Laakso J, Vahatalo J, Kortesniemi M, Kotiluoto P, Seren T, Karila J, Brander A, Jarviluoma E, Ryynanen P, Paetau A, Ruokonen I, Minn H, Tenhunen M, Jaaskelainen J, Farkkila M,

Savolainen S (2003) Boron neutron capture therapy of brain tumors: clinical trials at the finnish facility using boronophe- nylalanine. J Neurooncol 62(1-2): 123-134

[60] Capala J, Stenstam BH, Skold K, Rosenschold PM, Giusti V, Persson C, Wallin E, Brun A, Franzen L, Carlsson J, Salford L, Ceberg C, Persson B, Pellettieri L, Henriksson R (2003) Boron neutron capture therapy for glioblastoma multiforme: clinical studies in Sweden. J Neurooncol 62(1-2): 135-144

[61] Dbaly V, Tovarys F, Honova H, Petruzelka L, Prokes K, Burian J, Marek M, Honzatko J, Tomandl I, Kriz O, Janku I, Mares V (2002) Contemporary state of neutron capture therapy in Czech Republic (part 2). Ces a slov Neurol Neurochir 66/99(1): 60-63

[62] Nakagawa Y, Pooh K, Kobayashi T, Kageji T, Uyama S, Matsumura A, Kumada H (2003) Clinical review of the Japanese experience with boron neutron capture therapy and a proposed strategy using epithermal neutron beams. J Neurooncol 62(1-2): 87-99

[63] Yamamoto T, Matsumura A, Nakai K, Shibata Y, Endo K, Sakurai F, Kishi T, Kumada H, Yamamoto K, Torii Y (2004) Current clinical results of the Tsukuba BNCT trial. Appl Radiat Isot 61(5): 1089-1093

[64] Ono K, Ueda S, Oda Y, Nakagawa Y, Miyatake S, Osawa M, Kobayashi T (1997) Boron neutron capture therapy for malignant glioma at Kyoto University reactor. In: Larsson B, Crawford J, Weinreich R (eds) Advances in neutron capture therapy, vol I. Elsevier Science, Amsterdam, pp 39-45

[65] Gonzalez SJ, Bonomi MR, Santa Cruz GA, Blaumann HR, Calzetta Larrieu OA, Menendez P, Jimenez Rebagliati R, Longhino J, Feld DB, Dagrosa MA, Argerich C, Castiglia SG, Batistoni DA, Liberman SJ, Roth BM (2004) First BNCT treatment of a skin melanoma in Argentina: dosimetric analysis and clinical outcome. Appl Radiat Isot 61(5): 1101-1105

[66] Liu YW, Huang TT, Jiang SH, Liu HM (2004) Renovation of epithermal neutron beam for BNCT at THOR. Appl Radiat Isot 61(5): 1039-1043

[67] Kato I, Ono K, Sakurai Y, Ohmae M, Maruhashi A, Imahori Y, Kirihata M, Nakazawa M, Yura Y (2004) Effectiveness of BNCT for recurrent head and neck malignancies. Appl Radiat Isot 61(5): 1069-1073

[68] Aihara T, Hiratsuka J, Morita N, Uno M, Sakurai Y, Maruhashi A, Ono K, Harada T (2006) First clinical case of boron neutron capture therapy for head and neck malignancies using 18 F-BPA PET. Head Neck 28(9): 850-855

[69] Kankaanranta L, Seppala T, Koivunoro H, Saarilahti K, Atula T, Collan J, Salli E, Kortesniemi M, Uusi-Simola J, Makitie A, Seppanen M, Minn H, Kotiluoto P, Auterinen I, Savolainen S, Kouri M, Joensuu H (2007) Boron neutron capture therapy in the treatment of locally recurred head and neck cancer. Int J Radiat Oncol Biol Phys 69(2): 475-482

[70] Tamura Y, Miyatake S, Nonoguchi N, Miyata S, Yokoyama K, Doi A, Kuroiwa T, Asada M, Tanabe H, Ono K (2006) Boron neutron capture therapy for recurrent malignant meningioma. Case report. J Neurosurg 105(6): 898-903

[71] Suzuki M, Endo K, Satoh H, Sakurai Y, Kumada H, Kimura H, Masunaga S, Kinashi Y, Nagata K, Maruhashi A, Ono K (2008) A novel concept of treatment of diffuse or multiple pleural tumors by boron neutron capture therapy (BNCT). Radiother Oncol 88(2): 192-195

[72] Suzuki M, Sakurai Y, Hagiwara S, Masunaga S, Kinashi Y, Nagata K, Maruhashi A, Kudo M, Ono K (2007) First attempt of boron neutron capture therapy (BNCT) for hepatocellular carcinoma. Jpn J Clin Oncol 37(5): 376-381

[73] Gabel D, Sauerwein W (1994) Clinical implementation of boron neutron capture therapy in Europe. In: Amaldi U, Larsson B (eds) Hadrontherapy in oncology. Elsevier Science, Amsterdam, pp 509-517

[74] Sauerwein W, Hideghéty K, Gabel D, Moss RL (1998) European clinical trials of boron neutron capture therapy for glioblastoma. Nuclear News 41(2): 54-56

[75] Hideghety K, Sauerwein W, Haselsberger K, Grochulla F, Fankhauser H, Moss R, Huiskamp R, Gabel D, de Vries M (1999) Postoperative treatment of glioblastoma with BNCT at the petten irradiation facility (EORTC protocol 11,961). Strahlenther Onkol 175(Suppl 2): 111-114

[76] Gahbauer R, Gupta N, Blue T, Sauerwein W, Wambersie A (2001) Reporting of BNCT irradiation: application of the ICRU recommendations to the specific situation in BNCT. In: Hawthorne MF, Shelly K, Wiersema RJ (eds) Frontiers in neutron capture therapy. Kluwer Academic/Plenum Publishers, New York, pp 565-569

[77] Rassow J, Stecher-Rasmussen F, Voorbraak W, Moss R, Vroegindeweij C, Hideghéty K, Sauerwein W (2001) Comparison of quality assurance for performance and safety characteristics of the facility for boron neutron capture therapy in Petten/NL with medical electron accelerators. Radiother Oncol 59(1): 99-108

[78] Hüsing J, Sauerwein W, Hideghety K, Jöckel KH (2001) A scheme for a dose-escalation study when the event is lagged. Stat Med 20(22): 3323-3334

[79] Sauerwein W (2003) Therapeutic strategies for boron neutron capture therapy (boron imaging). Today's research for tomorrow's treatments-cell factory research projects with clinical relevance: 14-15. Publications Office of the EU Commission EUR20802 ISBN 92-894-5957-3

[80] Verbakel WF, Sauerwein W, Hideghety K, Stecher-Rasmussen F (2003) Boron concentrations in brain during boron neutron capture therapy: in vivo measurements from the phase I trial EORTC 11961 using a gamma-ray telescope. Int J Radiat Oncol Biol Phys 55(3): 743-756

[81] Rassow J, Sauerwein W, Wittig A, Bourhis-Martin E, Hideghéty K, Moss R (2004) Advantage and limitations of weighting factors and weighted dose quantities and their units in boron neutron capture therapy. Med Phys 31(5): 1128-1134

[82] van Rij CM, Sinjewel A, van Loenen AC, Sauerwein WA, Wittig A, Kriz O, Wilhelm AJ (2005) Stability of ^{10}B-L-boronophenylalanine-fructose injection. Am J Health Syst Pharm 62(24): 2608-2610

[83] Vos MJ, Turowski B, Zanella FE, Paquis P, Siefert A, Hideghety K, Haselsberger K, Grochulla F, Postma TJ, Wittig A, Heimans JJ, Slotman BJ, Vandertop WP, Sauerwein W (2005) Radiologic findings in patients treated with boron neutron capture therapy for glioblastoma multiforme within EORTC trial 11961. Int J Radiat Oncol Biol Phys 61(2): 392-399

[84] Wittig A, Moss RL, Stecher-Rasmussen F, Appelman K, Rassow J, Roca A, Sauerwein W (2005) Neutron activation of patients following boron neutron capture therapy of brain tumors at the high flux reactor (HFR) Petten (EORTC Trials 11961 and 11011). Strahlenther Onkol 181(12): 774-782

[85] Sauerwein W, Moss R (eds) 2009 Requirements for boron neutron capture therapy (BNCT) at a nuclear research reactor. EUR 2383 EN. Office for Official Publications of the European Commission, Luxembourg. EUR- Scientific and Technical Research series-ISSN 1018-5593. ISBN 978-92-79-12431-0. DOI 10.2790/11743

[86] IAEA (2001) Current status of neutron capture therapy. IAEA-TECDOC-1223 Technical reports series. International Atomic Energy Agency, Vienna

[87] Järvinnen H, Voorbraak WP, Auterinen I, Gonçalves IC, Grseen S, Kosunen A, Marek M, Mijnheer BJ, Moss RL, Rassow J, Sauerwein W, Savolainen, Serén T, Stecher-Rasmussen F, Uusi-Simola J, Zsolnay EM (2003) Recommendations for the dosimetry of boron neutron capture therapy (BNCT). NRG Report 21425/03.55339/C Petten (NL)

[88] Gueulette J, Binns PJ, De Coster BM, Lu XQ, Roberts SA, Riley KJ (2005) RBE of the MIT epithermal neutron beam for crypt cell regeneration in mice. Radiat Res 164(6): 805-809

[89] Binns PJ, Riley KJ, Harling OK (2005) Epithermal neutron beams for clinical studies of boron neutron capture therapy: a dosimetric comparison of seven beams. Radiat Res 164(2): 212-220

[90] Binns PJ, Riley KJ, Harling OK, Auterinen I, Marek M, Kiger WS 3rd (2004) Progress with the NCT international dosimetry exchange. Appl Radiat Isot 61(5): 865-868

[91] Binns PJ, Riley KJ, Harling OK, Kiger WS III, Munck af Rosenschöld PM, Giusti V, Capala J, Sköld K, Auterinen I, Serén T, Kotiluoto P, Uusi-Simola J, Marek M, Viererbl L, Spurny F (2005) An international dosimetry exchange for boron neutron capture therapy, part I: absorbed dose measurements. Med Phys 32(12): 3729-3736

[92] Zonta A, Prati U, Roveda L, Ferrari C, Valsecchi P, Trotta F, DeRoberto A, Rossella C, Bernardi G, Zonta C, Marchesi P, Pinelli T, Altieri S, Bruschi P, Fossati F, Barni S, Chiari P, Nano R (2000) La terapia per cattura neutronica (BNCT) dei tumori epatici. Boll Soc Med Chir 114(2): 123-144

[93] Nano R, Barni S, Chiari P, Pinelli T, Fossati F, Altieri S, Zonta C, Prati U, Roveda L, Zonta A (2004) Efficacy of boron neutron capture therapy on liver metastases of colon adenocarcinoma: optical and ultrastructural study in the rat. Oncol Rep 11(1): 149-153

[94] Roveda L, Zonta A, Staffieri F, Timurian D, DiVenere B, Bakeine GJ, Crovace A, Prati U (2009) Experimental modified orthotopic piggy-back liver autotransplantation. Appl Radiat Isot 67(7-8 Suppl): S306-S308

[95] Zonta A, Pinelli T, Prati U, Roveda L, Ferrari C, Clerici AM, Zonta C, Mazzini G, Dionigi P, Altieri S, Bortolussi S, Bruschi P, Fossati F (2009) Extra-corporeal liver BNCT for the treatment of diffuse metastases: what was learned and what is still to be learned. Appl Radiat Isot 67(7-8 Suppl): S67-S75

[96] Nievaart VA, Moss RL, Kloosterman JL, van der Hagen TH, van Dam H, Wittig A, Malago M, Sauerwein W (2006) Design of a rotating facility for extracorporal treatment of an explanted liver with disseminated metastases by boron neutron capture therapy with an epithermal neutron beam. Radiat Res 166(1): 81-88

[97] Wittig A, Malago M, Collette L, Huiskamp R, Buhrmann S, Nievaart V, Kaiser GM, Jockel KH, Schmid KW, Ortmann U, Sauerwein WA (2008) Uptake of two ^{10}B-compounds in liver metastases of colorectal adenocarcinoma for extracorporeal irradiation with boron neutron capture therapy (EORTC Trial 11001). Int J Cancer 122(5): 1164-1171

[98] Wittig A, Moss R, Kaiser GM, Malago M, Nievaart V, Sauerwein WA (2009) Boron neutron capture therapy for an explanted organ: the logistical challenges. Appl Radiat Isot 67(7-8 Suppl): S302-S305

[99] Hampel G, Wortmann B, Blaickner M, Knorr J, Kratz JV, Lizon Aguilar A, Minouchehr S, Nagels S, Otto G, Schmidberger H, Schutz C, Vogtlander L (2009) Irradiation facility at the TRIGA Mainz for treatment of liver metastases. Appl Radiat Isot 67(7-8 Suppl): S238-S241

[100] Nagels S, Hampel G, Kratz JV, Aguilar AL, Minouchehr S, Otto G, Schmidberger H, Schutz C, Vogtlander L, Wortmann B (2009) Determination of the irradiation field at the research reactor TRIGA Mainz for BNCT. Appl Radiat Isot 67(7-8 Suppl): S242-S246

[101] Cardoso J, Nievas S, Pereira M, Schwint A, Trivillin V, Pozzi E, Heber E, Monti Hughes A, Sanchez P, Bumaschny E, Itoiz M, Liberman S (2009) Boron biodistribution study in colorectal liver metastases patients in Argentina. Appl Radiat Isot 67(7-8 Suppl): S76-S79

[102] Gadan M, Crawley V, Thorp S, Miller M (2009) Preliminary liver dose estimation in the new facility for biomedical applications at the RA-3 reactor. Appl Radiat Isot 67(7-8 Suppl): S206-S209

[103] Catterall M, Rogers C, Thomlinson RH, Field SB (1971) An investigation into the clinical effects of fast neutrons. Methods and early observations. Br J Radiol 44(524): 603-611

[104] Catterall M, Bewley DK, Sutherland I (1977) Second report on results of a randomized clinical trial of fast neutrons compared with X or gamma rays in the treatment of advanced tumours of head and neck. Br Med J (London) 1: 1642

[105] Battermann JJ (1978) Clinical experience with fast neutrons in Amsterdam. Radiol Clin 47(6): 464-472

[106] Schmitt G, Sauerwein W, Scherer E (1981) Preliminary results of neutron irradiation of soft tissue sarcomas in Essen. J Eur Radiother 2: 119-122

[107] Laramore GE, Krall JM, Griffin TW, Duncan W, Richter MP, Saroja KR, Maor MH, Davis LW (1993) Neutron versus photon irradiation for unresectable salivary gland tumors: final report of an RTOG-MRC randomized clinical trial. Radiation Therapy Oncology Group. Medical Research Council. Int J Radiat Oncol Biol Phys 27(2): 235-240

[108] Lindsley KL, Cho P, Stelzer KJ, Koh WJ, Austin-Seymour M, Russell KJ, Laramore GE, Griffin TW (1996) Clinical trials of neutron radiotherapy in the United States. Bull Cancer Radiother 83 Suppl(Suppl 1): 78s-86s

[109] Wambersie A, Menzel HG (1996) Present status, trends and needs in fast neutron therapy. Bull Cancer Radiother 83 Suppl(Suppl1): 68s-77s

[110] Waterman FM, Kuchnir FT, Skaggs LS, Bewley DK, Page BC, Attix FH (1978) The use of B-10 to enhance the tumour dose in fast-neutron therapy. Phys Med Biol 23(4): 592-602

[111] Wakabayashi H, Yoshii K, Sasuga N, Yanagi H (1983) Mixed dose distributions of fast neutrons and boron neutron captures for the fast neutron beam from YAYOI. In: First international symposium on neutron capture therapy, Brookhaven, 1983, BNL 51730

[112] Kadosawa T, Kawasaki T, Nishimura R, Ohashi F, Takeuchi A (1985) Possible use of fast neutrons in boron neutron capture therapy for expanded or deeply located tumor lesions. In: 2nd international symposium on neutron capture therapy, Nishimura, Tokyo (1986)

[113] Sauerwein W, Ziegler W, Olthoff K, Streffer C, Rassow J, Sack H (1989) Neutron capture therapy using a fast neutron beam: clinical considerations and physical aspects. Strahlenther Onkol 165: 208-210

[114] Ziegler W, Sauerwein W, Streffer C (1989) Fast neutrons from the Essen Cyclotron can be used successfully for neutron capture experiments in vitro. Strahlenther Onkol 165: 210-212

[115] Wagner FM, Koester L (1989) Fast neutrons for BNCT. Strahlenther Onkol 165(2/3): 115-117

[116] Sauerwein W, Ziegler W, Szypniewski H, Streffer C (1990) Boron neutron capture therapy (BNCT) using fast neutrons: effects in two human tumor cell lines. Strahlenther Onkol 166: 26-29

[117] Pöller F, Sauerwein W, Rau D, Wagner FM, Olthoff K, Rassow J, Sack H (1990) Neutronenfluenzmessungen im d(14)+Be- Neutronenstrahlungsfeld des Zyklotrons in Essen. Strahlenther Onkol 166: 426-429

[118] Pöller F, Sauerwein W, Rassow J (1991) Dosimetry and fluence measurements with a new irradiation arrangement for neutron capture therapy of tumours in mice. Radiother

Oncol 21: 179-182

[119] Pöller F, Sauerwein W, Rassow J (1993) Monte Carlo calculation of dose enhancement by neutron capture of ^{10}B in fast neutron therapy. Phys Med Biol 38: 397-410

[120] Laramore GE, Wootton P, Livesey JC, Wilbur DS, Risler R, Phillips M, Jacky J, Buchholz TA, Griffin TW, Brossard S (1994) Boron neutron capture therapy: a mechanism for achieving a concomitant tumor boost in fast neutron radiotherapy. Int J Radiat Oncol Biol Phys 28(5): 1135-1142

[121] Pöller F, Sauerwein W (1995) Monte Carlo simulation of the biological effects of boron neutron capture irradiation with d(14) + Be neutrons in vitro. Radiat Res 142: 98-106

[122] Pöller F, Bauch T, Sauerwein W, Böcker W, Wittig A, Streffer C (1996) Comet assay study of DNA damage and repair of tumour cells following boron neutron capture irradiation with fast d(14) + Be neutrons. Int J Radiat Biol 70: 593-602

[123] Laramore GE, Risler R, Griffin TW, Wootton P, Wilbur DS (1996) Fast neutron radiotherapy and boron neutron capture therapy: application to a human melanoma test system. Bull Cancer Radiother 83 Suppl(Suppl 1): 191s-197s

[124] Ludemann L, Matzen T, Schmidt R, Scobel W (1996) BNCT as a boost for fast neutron therapy? Bull Cancer Radiother 83 Suppl(Suppl 1): 198s-200s

[125] Breteau N, Sauerwein W, Gabel D, Chauvel P (1997) Potentialisation par captures de neutrons pour les glioblasomes inextirpables. J Chim Phys 94: 1872-1880

[126] Pignol JP, Courdi A, Paquis P, Iborra-Brassart N, Fares G, Hachem A, Lonjon M, Breteau N, Sauerwein W, Gabel D, Chauvel P (1997) Potentialisation par Captures de Neutrons pour les glioblastomes inextirpables [Neutron capture enhancement of fast neutron irradiation for unremovable glioblastoma]. J Chim Phys Phys Chim Biol 94(10): 1827-1830

[127] Wittig A, Sauerwein W, Pöller F, Fuhrmann C, Hidghéty K, Streffer C (1998) Evaluation of boron neutron capture effects in cell culture using sulforhodamine-B assay and a colony assay. Int J Radiat Biol 73: 679-690

[128] Pöller F, Wittig A, Sauerwein W (1998) Calculation of boron neutron capture cell inactivation in vitro based on particle track structure and X-ray sensitivity. Radiat Environ Biophys 37: 117-123

[129] Rassow J (1979) Die Zyklotronanlage im Universitätsklinikum Essen CIRCE und PARCE. Biotechnische Umschau 3: 36-46

[130] Wagner F, Kneschaurek P, Kastenmüller A, Loeper-Kabasakal B, Kampfer S, Breitkreutz H, Waschkowski W, Molls M, Petry W (2008) The Munich fission neutron therapy facility MEDAPP at the research reactor FRM II. Strahlenther Onkol 184(12): 643-646

[131] Farr LE, Sweet WH, Locksley HB, Robertson JS (1954) Neutron capture therapy of gliomas using boron-10. Trans Am Neurol Assoc 79: 110-113

[132] Farr LE, Sweet WH, Robertson JS, Foster CG, Locksley HB, Sutherland DL, Mendelsohn ML, Stickley EE (1954) Neutron capture therapy with boron in the treatment of

glioblastoma multiforme. Am J Roent Ther Nucl Med 71: 279-293

[133] Farr LE, Robertson JS, Stickley EE (1954) Physics and physiology of neutron capture therapy. Proc Natl Acad Sci USA 40: 1087-1093

[134] Godwin JT, Farr LE, Sweet WH, Robertson JS (1955) Pathological study of eight patients with glioblastoma multiforme treated by neutron capture therapy using boron 10. Cancer 8: 601-615

[135] Kageji T, Nakagawa Y, Kitamura K, Matsumoto K, Hatanaka H (1997) Pharmacokinetics and boron uptake of BSH ($Na_2B_{12}H_{11}SH$) in patients with intracranial tumors. J Neurooncol 33(1-2): 117-130

第一部分
中子源

第 2 章 基于裂变反应堆的中子俘获疗法照射设施

奥托·K. 哈林和肯特·J. 莱利

2.1 简 介

中子俘获疗法射束设计的主要目标是在靶向的治疗体积中形成低能 (热) 中子的均匀分布，治疗体积可能包括增强肿瘤周围的边缘以及疑似浸润性病变的区域。热中子分布的建成区和展宽区通常很明显，这是由于入射高能中子在穿过含氢组织时通过弹性散射相互作用而减慢。肿瘤剂量适形是通过硼对热中子俘获来实现的，硼是选择性靶向肿瘤并在照射过程中保持。这种二元策略减少了对射束空间剖面复杂裁剪的需要。因此，由于中子射束本身在正常组织中吸收的剂量小于含硼肿瘤的中子俘获，因此治疗体积可远远大于常规放疗。中子射束确实需要准直，以帮助避免照射外围的器官或其他正常组织，这些器官或组织可能对放射敏感，或给药时集聚了一些硼。无论中子是与正常组织构成元素还是正常组织中残留的硼的相互作用，对于治疗体积内外的关键器官，也应限制其非计划中的剂量。正确选择中子束特性有助于实现这些目标。然而，在临床环境中，治疗计划计算是通过模拟各种射束布置、孔径大小，甚至射束过滤措施，在正常组织剂量限值的限制下优化肿瘤剂量。到目前为止，BNCT 的临床试验主要包括对这种实验方式的安全性和可行性的研究，而现有的临床数据不足以充分优化治疗射束递送。因此，尽管已知某些中子射束特性是可取的，但照射设备必须是多功能的，并且能够在获得临床经验时通过权衡取舍射束特性来适应。

2.1.1 射束特性

许多计算研究为 BNCT 中使用的中子射束的理想特性提供了有用的指导[6,9,13,39,47,53,57–59]。NCT 设施的更一般要求已在文献中进行了概述[38]，对

奥托·K. 哈林
美国，马萨诸塞州，剑桥，麻省理工学院，核科学与工程系
e-mail: oharling@mit.edu

肯特·J. 莱利 (✉)
美国，马萨诸塞州，波士顿，马萨诸塞州总医院
e-mail: kriley@rmdinc.com

NCT 的裂变反应堆中子源进行了批判性评论 [20]。

最早的 BNCT 试验使用裂变反应堆的低能热中子，因为这些束流相对容易产生，不想要的快中子和伽马射线污染几乎可以忽略不计。热中子没有足够的能量深入组织，因此固有的、非选择性的射束成分的吸收剂量分布在表面附近达到最大值。根据肿瘤吸收硼的选择性，这些射束对浅表和在组织中深度小于约 4 cm 的相对较浅的肿瘤是有用的。在布鲁克海文 (1951～1961 年) 和麻省理工学院 (1959～1961 年)[50] 的最早人类临床试验中，热中子被用于治疗脑癌，即多形性胶质母细胞瘤 (GBM)。因为慢中子不能充分穿透肿瘤部位，斯维特 (W. Sweet) 博士在这些试验中使用了术中 NCT 照射 [16]，随后在畠中坦博士的领导下，日本继续采用这种方法 [24]。

研究人员认识到外照射放疗的优点，即治疗深部肿瘤 (例如，靠近大脑中线，侧面约 8 cm 深) 而无须手术暴露组织和骨骼，研究人员开始考虑更多高能中子束，能在组织深处达到理想的热中子建成区。中能或超热中子在组织中经历减速，并在组织中更大深度处产生比慢中子更好的热中子分布。优化中子俘获治疗的射束参数很快成为 BNCT 的一个主要研究课题，特别是对入射到患者身上的中子能谱的研究。

关于入射中子能量效应的早期研究，使用蒙特卡罗计算来确定沿代表性体模中心轴的 RBE(相对生物效应) 加权深度剂量公式，并推导出品质因素 (统称为优势参数)，这些参数表明了肿瘤剂量率、治疗选择性和射束穿透力等方面的相对性能 [13]。这些研究使用水或聚乙烯的几何模型来表示临床靶区体积，使用单向和单能中子射束或简化的能谱，且不受有害中子或光子的污染。此外，这些优化必须独立于其他重要参数，如肿瘤大小/位置、组织和肿瘤中的硼摄取量、射束/靶区大小、准直度和剂量加权因子。事实上，通过加深热中子组分的穿透力，即增加射束准直度以及增加靶区对应的治疗端口孔径，可以显著改善品质因素 [57]。限制治疗射野内或附近危及器官的剂量，以及尽量减少可能导致继发性癌症或其他辐射损伤的患者全身照射，孔径大小、准直度和射束位置也是关键方面。随着计算技术的进步，越来越复杂的多参数优化被用于确定诸如肿瘤位置或硼摄取等因素如何影响优化结果 [6,39]。这些研究证实了早期的结果，表明从大约 1 eV 到几十 keV 的大范围内中子能量对外束 NCT 有治疗上的优势，keV 范围似乎对广泛的肿瘤深度和硼摄取有用。似乎并没有一个设计良好的中子能量范围，对所有预想的治疗条件都是最佳的。最佳值是缓慢变化的，取决于肿瘤位置、大小、正常组织限制、硼吸收和其他因素。因此，在目前的发展阶段，由一系列中子能量组成的射束可能最适合于 BNCT，并将灵活性纳入射束递送系统，以便于研究从累积的临床结果中得出的新想法。

随着基于反应堆的 NCT 中心开始开发和利用共振散射过滤部件产生超热中

2.1 简 介

子束,射束强度和源于有害光子和中子的纯度问题之间的必要权衡迅速变得明显。10^8 n/(cm²·s) 的超热射束强度导致大脑中的峰值吸收剂量率约为 0.025 Gy/min,这接近于开始安全相关剂量递增试验的最小可行值,其中规定了 8~10 Gy 的大脑峰值剂量。组织中超热中子的比释动能约为 2×10^{-12} Gy·cm²[18],将有害的光子以及快中子和热中子的总射束比释动能限制在此值的 10% 以下 (2×10^{-13} Gy·cm²),是避免降低治疗射束性能的理想目标。然而,实现这一目标所需的过滤显著降低了射束强度,许多设施设计者发现,接受更高水平的污染是必要的或可行的,因为认识到保留在正常组织中的硼也会导致非选择性剂量。对 7 种不同临床超热中子束的测量研究发现,当硼在正常组织中的滞留量为 18 μg/g(与硼苯丙氨酸相同,BPA) 时,只有在相对较高的污染水平 (大于约 3×10^{-12} Gy·cm²) 时,才会对射束穿透和治疗比产生进一步的有害影响。然而,当组织中保留非常少量的硼时 (例如,目前正在开发的更高级化合物,小于 1 μg/g),除了最低的射束污染水平外,优势参数的所有其他方面的显著变化都很明显[4]。

2.1.2 射束监控

在外照射治疗中,为了可靠且可重复地施行处方剂量,在执行照射野时,需要一种监测和对射束输出进行积分的方法。在 BNCT 中,大部分的吸收剂量来自于中子与组织的相互作用,因此需要一种方法来监测射束传输的中子。许多系统[21,41,51]都使用了铀衬里裂变计数器,因为它们很容易分辨出射束中不可避免地包含的伽马射线,并且可以制造出在超热能量范围内进行取样输出所需的灵敏度,而不会对射束特性产生明显的扰动。由于这些原因,氦或硼气体填充探测器也是一个很好的选择,并已成功地在一些临床中心使用。这些探测器固有地对热中子敏感,因此通常使用热中子吸收罩 (如镉) 来降低这种响应,这种响应可能是由中子在准直器或患者体内向探测器反向散射而产生的。射束本身发射的伽马射线有时造成组织吸收剂量的不可忽略的一部分,因此射束监测系统可能包含对伽马射线敏感的电离室或盖革–米勒探测器。实际上,由于这种剂量成分主要来自束线部件的活化,它通常与射束的中子输出成正比,而伽马射线监测器仅用于记录信息目的。射束监测系统通常配备一台计算机,用于显示和归档整个照射过程中射束监测器的读数。

治疗施行的中子注量也可以通过通常由金组成的活化箔或金属丝进行原位监测,这些金属丝通常被插入手术切除肿瘤后残留的空腔中[1,27]。活化箔对伽马射线不敏感,对于低能量中子,其能量依赖响应与硼中子俘获非常相似。因此,这些测量准确地记录了个体患者未切除肿瘤时的热中子通量,这些信息可用于确定吸收剂量。因为活化金属丝是被动积分剂量计,照射经常暂停以移除金属线 (或者在某些情况下,远程移除金属线) 进行计数 (测量活化),从而确定剩余的照射时间。这些测量也可以通过小型热释光剂量计 (TLD) 进行加强,以原位测量伽马射线剂量。虽然可以将金属线和 TLD 固定在皮肤上来监测外照射,但这种方法对于术中 BNCT 最为实用,因为术中探测器可能被植入肿瘤附近。这种技术需要相对较长的照射时间,以确保有足够的时间完成必要的测量并确定适当的停止时间。

患者照射时定时控制的精度和准确度与射束强度成反比。使用高强度射束的照射时间总是较短的,并且在开始或停止照射时的小误差在所施行野中所占的比例相对较大。随着治疗野变得越来越短,在分钟量级时,需要一个带有安全联锁装置的自动控制系统,以避免人为错误无意中造成与计划照射的显著偏差。

控制 NCT 射束的方法多种多样,但射野始终基于积分射束监测器的读数,虽然射束输出在照射过程中通常是恒定的,但受反应堆运行条件的影响,而反应堆的运行条件每天都会发生变化,特别是在多用途反应堆中。一些研究反应堆,如芬兰的 FiR-1 反应堆,其束流线很短,没有足够的空间来安装射束控制闸门。该反应堆致力于 BNCT 研究,射束输出通过控制反应堆功率进行控制。反应堆逐渐接近满功率,但在这些照射的早期阶段,射束输出不是恒定的,但射束监测器考虑到了这一影响。通过降低反应堆功率或插入所有控制棒紧急停堆,可以迅速终止照射。

在佩滕和麻省理工学院等的设施上,反应堆长时间连续运行,以满足各种实验需要,除非在紧急情况下,改变反应堆功率是不可行的。因此,这些设施采用一系列射束线闸门来开启和关闭射束,即使反应堆处于满功率状态,也能自由进入医疗室。通常至少有一个射束线闸门,它通过足够快的动作来控制照射,从而使照射有一个定义明确的开始和停止时间。

2.1.3 照射设施和患者支持

大多数现有研究反应堆的实验大厅都被一个不易贯穿或扩展的安全壳建筑所包围,因此代表了一个限制医疗设施可用空间的有限边界。NCT 研究中使用的超热射束需要大约 1 m 厚的混凝土屏蔽层,以在设施使用时保持低环境辐射水平,这与反应堆支持的其他实验所需的空间相结合常常严重限制了 NCT 照射和患者支持设施的可用选择。医疗照射室的设计对于减轻固定射束线特有的限制是最重要的,因为它能提供足够的空间来容纳工作人员和设备,并且能够灵活地实现患者身体任何部位任何方向的照射。还需要在治疗室外部设置一个区域,以容纳用于射束监测和控制的设备,该空间必须足够大,以便射束操作人员和负责的医务人员监控患者。每一个部件 (包括屏蔽墙) 的尺寸必须仔细考虑,以避免在满足可用空间限制的同时对其功能造成不利影响。其他重要设施,如放射治疗前和治疗后的模拟设置区或检查和观察室,尽管理想的位置是靠近治疗室,但也可以安置在安全壳建筑外,那里的空间限制不那么严重。

治疗室内的布置由固定的、通常是水平的射束线决定,理想情况下,该射束

2.1 简 介

线应位于距离入口一定距离的房间中心，以避免进出通行困难。在地板上方约腰部高的射束线是工作人员舒适的工作位置，最容易让患者进入或者离开治疗台。BNCT 使用相对较短的患者到射束端口的距离 (几厘米或更少)，因为这些射束在空气中发散很明显，除了佩滕，那里的射束高度准直，30 cm 的空隙不会对射束特性产生不利影响。在前一种情况下，通过锥形准直器将射束引入房间，在孔径附近提供空间，以使患者与射束成任意角度定向，从而使患者更容易定位。这也很方便，因为准直器可以很容易地从医疗室内部接近，因此可以很容易地实现不同尺寸或形状的照射孔。哈佛–麻省理工学院临床试验的照片如图 2.1 所示，图中使用长的凸出准直器，以 3 cm 的小空隙设置侧野照射。

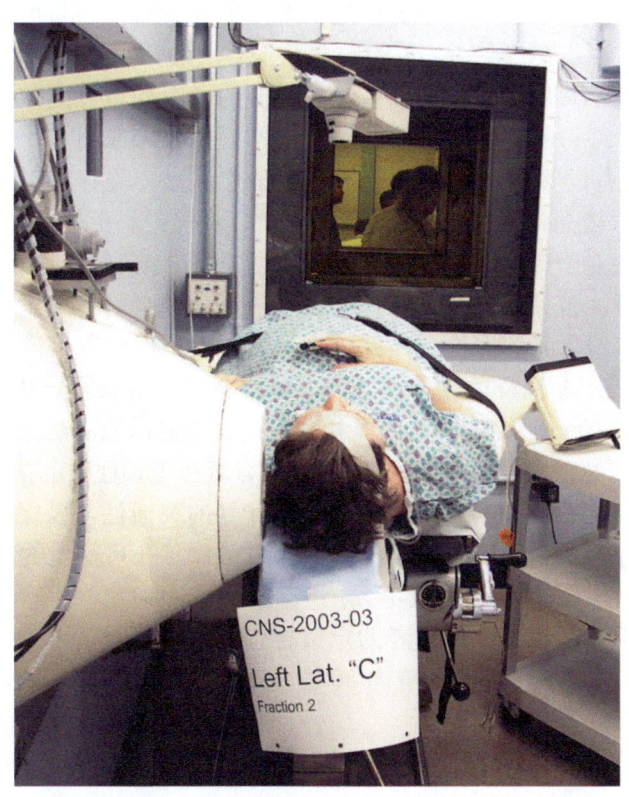

图 2.1 使用哈佛–麻省理工学院裂变转换射束 (MIT FCB) 中长凸出准直器和 3 cm 空隙的侧野照射布置

安装在墙上和天花板上的激光器可照亮射束中心轴，能够使用为传统放射治疗开发的治疗野设置做法，使设置更简单和更有效，提高了患者的舒适度。在麻省理工学院治疗室中使用的轴向指示和射束视角激光器也有助于确定射束进入或退出位置，可作为治疗计划的参考。在芬兰的 FiR-1 反应堆，在治疗室外有更大空间的模拟定位室,设置了射束线模拟器和一个特别设计的对接治疗车,被用来开展患者定位和固定。患者就位后,可以将治疗车移入治疗室,并使用治疗车上对接基座和坐标设置实现精确定位 [29]。

控制台和治疗室之间的双向音频通信对于操作的便利性和安全性都很重要,因此工作人员可以在照射期间方便地与患者进行沟通和监控。同样重要的是,通过闭路电视进行监控。一些设施还配备了一个经过屏蔽的窗户,患者能看到室外,不怕出现断电,有助于让患者安心。

2.1.4 小结

本节描述了使用裂变反应堆源的超热中子照射设施,与目前批准的硼递送药物一起,可对软组织深度约 9 cm 的肿瘤获得有用的治疗效果。

建议未来的 NCT 设施具备以下特点和能力,以便进行高效和富有成果的临床研究,以及最终可能需要更高吞吐量的更常规的临床应用。

(1) 高强度有助于在数分钟内像常规光子疗法一样施行照射野。较短的照射时间也能在相对较短的最佳硼药代动力学窗口期间实现更好的射束时间靶向性。额外的射束强度对于改善其他射束参数 (如准直度、纯度或能量过滤) 非常重要,这些参数最终可能被证明是有利的,并且不可避免地会降低射束输出。短的照射时间也能显著改善患者的舒适度,并减少保持患者正确位置所需的刚性约束。

(2) 使用像 BPA 这样的硼传递药,组织和肿瘤的摄取量分别约为 18 μg/g 和 65 μg/g,深度在 9 cm 左右时,中子射束的纯度和能谱应满足大于 1 的治疗比。

(3) 射束准直良好,射束线的可接近部分靠近患者,且射束孔径范围宽。这将为使用多射束布置的各种治疗部位提供治疗计划的灵活性,以优化肿瘤剂量,同时限制射野内敏感器官的剂量,并使全身照射量保持在可接受的低水平。

(4) 一个大的 (大约 9 m^2 或更大) 屏蔽的医疗照射室,带有一个长的、凸出的射束出口或患者准直器,使患者的定位更容易,并能舒适地为任何设想的肿瘤部位布置射束。图 2.1 说明了在哈佛–麻省理工学院 MIT FCB 上进行脑部侧位照射期间使用的长患者准直器。

(5) NCT 照射设施应能以高利用率可靠运行,如有需要,每天 24 h 和每周 7 天。

(6) 在医学治疗室中观察、监视和与患者沟通的系统是必要的。

(7) 一个自动化的射束监测和控制系统,通过联锁装置精确监测射束输出,确保精确的剂量递送,以帮助确保患者和工作人员的安全。

(8) 一个方便地定位患者和对齐计划照射野的系统是很重要的。

表 2.1 总结了基于这些准则的超热中子照射设施的具体参数。基于反应堆的超热中子设施能够满足或超过这些第一级要求,从而有助于推进 BNCT 的临床研究。

目前,一些设施满足所有这些准则,其他一些设施则满足大多数准则,例如,射束强度或剂量污染。不管参数如何,临床 BNCT 中使用的每一座设施都起着重要的作用,发展这种治疗模式需要积累有价值的信息。目前可用的射束的临床经验是必要的,以指导未来的设计或改进,并帮助判断各种射束参数对维持或可能改善临床性能的相对重要性。目前大多数可用的 BNCT 照射设施都适合于此目的,最好的设备能够适应更先进的临床应用,而这些设备需要更高的患者吞吐量。

表 2.1 BNCT 超热中子照射设备的建议性能特征,针对使用肿瘤硼携带剂 BPA 和相关加权因子的脑肿瘤(或类似软组织)[14]

特征	BPA 所需的设施性能
中子和光子束污染	$<2\times 10^{-12}$ Gy·cm^{2a}
优势深度(有效穿透)	>8 cm
能量	约 0.4 eV$<E<$ 约 10~20 keV
准直(计算的流与通量比)	$J/\Phi>0.75$
射束孔径	尺寸和形状可调,直径 0~16 cm,针对脑部肿瘤
强度,超热中子通量	$\geqslant 2\times 10^9$ n/(cm^2·s)^b
治疗时间	约 10 min
患者定位	通过一个长的凸出的准直器、大的照射室、可视的射野对准工具,可以方便地将射束布置在身体的任何部位
射束控制	输送注量达到处方的 $\pm 1\%$ 保护员工和患者的安全联锁装置
患者支持	可视和音频通信,用于监控患者,紧急情况下快速撤离

注:a 当对中子和光子分别应用 3.2 和 1.0 的加权因子时,相当于 2.8×10^{-12} Gy·cm^2;
b 对于靶区较深的肿瘤,或使用在组织中摄取量较低(但选择性提高了)的更高级化合物时,为了尽可能缩短照射时间,高强度是理想的。

以下各节讨论了使用裂变反应堆作为超热中子源的 NCT 的两种不同方法。介绍了目前基于反应堆超热中子装置的性能,说明了它们是如何满足上述运行特性的,接着介绍了最先进的超热中子照射装置,并作了总结。

2.2 使用反应堆实现超热中子 NCT 的方法

过去,用于 NCT 的中子束设施一般不属于研究或试验反应堆的原始设计规范的一部分。两个例外是麻省理工学院研究反应堆 (MITR)[52] 和现已退役的布鲁克海文医学研究反应堆 (BMRR)[17],这两个反应堆都是在 20 世纪 50 年代开始试运行的,当时人们对 BNCT 的概念产生了初步的兴趣。这些反应堆的 NCT 设施专门为热中子 NCT 设计,并在 20 世纪 50 年代用于早期临床研究。20 世纪 90 年代,美国布鲁克海文[32]和麻省理工学院[46]分别在这些反应堆上建造了超热中子束,随后在 BNCT 的更多新近试验中使用。最近,中国北京一家医院附近建造了一个专门为 NCT 设计的新型小型 (30 kW) 反应堆[19]。这是自 20 世纪 50

年代以来为 BNCT 专门建造的第一座反应堆，可能成为最适合医院选址的现代化设施。

20 世纪 90 年代，人们对 BNCT 的研究兴趣迅速增长，随着外束照射的可行性变得越来越明显，大量的研究或试验反应堆被改造成包含超热中子束。改造这些反应堆最常见的方法是直接使用堆芯作为超热中子束的源[2,7,11,12,33,35,40,46,49]。功率范围从 100 kW 到数兆瓦的反应堆已经成功地用这种方法进行了改造。例子包括芬兰的低功率 (250 kW) 反应堆 FiR-1[2]、1 MW 的美国华盛顿州立大学反应堆[40]和荷兰佩滕[42]的高功率 (45 MW) 试验反应堆 HFR。小型、低功率的超安全反应堆也可以建造，以获得高性能的超热中子束，使用的设计是专门为 BNCT 优化的。这些反应堆只需要 100~300 kW 的裂变功率，因为堆芯中子可以直接用作超热中子束的源。对于这种特殊用途的反应堆，已经提出了一些初步设计[30,31]。这些特殊用途的 NCT 反应堆可以满足 BNCT 的临床研究要求以及更常规的临床治疗要求。

另一种改造现有反应堆实现超热 NCT 的方法是使用一种称为裂变转换器的次临界燃料阵列，最初由里夫 (Rief) 等人[43]提出，位于反应堆堆芯外部，由来自慢化层的热中子驱动。第一个这样的设施，被称为裂变转换射束 (FCB)，是在 MITR 上建造的[22,23,25]。另外还设计了一些基于裂变转换的射束，一个用于 3 MW 的 BMRR[32]，另一个用于 2 MW 的麦克莱伦空军基地反应堆[34]。裂变转换器特别适用于高功率或多用途研究反应堆，堆芯不可移动，并支持广泛的实验。这些反应堆不适合频繁的功率变化或停堆，而这些变化或停堆是在一些没有集成射束线闸门的低功率设施中用于射束控制的。此外，由于某些反应堆中有大量的实验站，在堆芯附近安装一个医疗室来获得必要的超热中子通量通常是不切实际或不可能的。在多用途研究或试验反应堆的初始设计中，可以使用裂变转换器，以帮助容纳所需的实验设施。无论是使用裂变转换器还是直接使用反应堆堆芯，在反应堆初始设计期间仔细考虑 NCT 设施通常会比改造现有反应堆的设施更好、更便宜。

2.3 目前一些超热中子照射设施的性能

表 2.2 总结了 NCT 临床试验中使用的大多数超热中子束的参数和品质因数，以及相应照射设施的相关细节。其他文献[14]详细描述了这些品质因数，是射束性能的最佳指标。更复杂的分析，如相同靶点的治疗计划，显示肿瘤等剂量线，以及给出附近正常组织的剂量，超出了本章的范围。表 2.2 中的数据来自一项实验研究的已发表报告，比较了七种不同的临床超热中子束[4]，以及有关照射设施的

2.3 目前一些超热中子照射设施的性能

表 2.2 不同临床 NCT 中心的设施特征和射束性能品质因子，通过使用 BPA 和一种假设的高级硼化合物（括号内）在空气中和体模内测量确定

反应堆中子源	MIT FCB 无过滤	MIT FCB 锂过滤	Studsvik	FiR-1	BMRR	ReZ	HFR	KUR[a]	JRR-4
优势深度/cm	9.3 (11.3)	9.9 (11.7)	9.7 (11.2)	9.0 (10.5)	9.3 (10.6)	8.6 (9.5)	9.7 (11.0)	8.0	—
优势比	6.0 (11.8)	5.7 (10.7)	5.6 (10.1)	5.8 (10.9)	6.0 (11.9)	4.2 (6.2)	5.4 (9.3)	5.7	—
达 12.5 RBE Gy 时间/min[b]	6.7 (14)	12.5 (25)	19 (31)	28 (52)	38 (77)	24 (31)	66 (104)	44	—
$\varphi_{epi}/(\times 10^9 \text{ n}/(\text{cm}^2 \cdot \text{s}))$	6.4	3.0	1.4	1.2	1.1	0.60	0.33	0.46	2.2
光子污染/($\times 10^{-13}$ Gy·cm^2)	3.6	4.6	12.6	0.9	1.5	10.8	3.8	2.8	2.6
快中子污染/($\times 10^{-13}$ Gy·cm^2)	1.4	2.3	8.3	3.3	2.6	16.9	12.1	6.2	3.1
射束直径/cm	12	14×10(矩形)	14	12	12	12	12	15	
凸出准直器	是	是	否	是	否	否 (高准直)	否	否	
定位角度范围/(°)	180	180	<180	180	<180	180	<180	<180	
医疗室面积/m^2	14		6.4	20	8.8	12.2	7.8	27	

注：假设正常脑组织和肿瘤组织中的硼浓度分别为 18 μg/g 和 65 μg/g，高级化合物（CBE）因子为 1.35，BPA 在脑组织中的复合生物效应因子为 3.2。BPA 超热中子束的优势参数是基于肿瘤和大脑硼浓度分别为 40 μg/g 和 11.4 μg/g，因子为 1.0，中子为 3.2。光子使用的相对生物效应（RBE）因子为 3.8；对于高级化合物，脑组织和肿瘤中的 CBE 均为 3.8。
a 报告的日本京都大学反应堆（KUR）超热中子束的复合生物效应因子后的物理剂量，通常使用 Gy(w) 或 Gy$_w$ 单位来加以区别。
b RBE Gy 表示等效光子剂量，即乘以生物效应因子后的物理剂量。

性能和特点 [1,49,55]。除非另有说明,品质因数 (如有) 都是使用一组共同的剂量转换参数、硼浓度和加权因子得出的,这些参数代表了使用 BPA 和一种高级化合物进行的脑部照射。

如果考虑外部射束照射大脑,优势深度 (AD) 或有效射束穿透应至少超过 8 cm。在斯图兹维克 (Studsvik) 和麻省理工学院 (MIT) 射束的情况下,8~10 mm 厚的纯锂-6 过滤片硬化了中子能谱,并显著增加了 AD,从而提高了最深肿瘤的剂量覆盖率 [5]。然而,锂-6 过滤片确实减少了浅层肿瘤的治疗范围,并且可以使射束强度降低大约 50%,从而增加了治疗时间。因此,采用高强度射束治疗较深的肿瘤,^{6}Li 过滤是最好的选择,在这种情况下,减少的射束输出不会导致过长的照射时间。目前所有可用的超热中子束在 BPA 作用下的 AD 值至少为 8 cm,当采用高级化合物的参数时,其优势深度 (AD) 值显著增加,其中最具穿透力的中子束的 AD 超过 11 cm。

优势比 (AR) 是从射束入口到优势深度的肿瘤与正常组织总剂量比值的平均值。当使用 BPA 时,大多数射束的 AR 在 5~6,这表明肿瘤的平均剂量是正常组织的 5~6 倍。在污染较低的射束中,优势比通常更高,但这种品质因数主要取决于硼吸收参数,在最洁净的射束中,先进化合物的优势比增至近 12。

高射束强度对于缩短治疗时间很重要。短时间照射使患者更舒适,对临床工作人员更高效。较短的治疗野也能减轻由于给药后化合物从组织和肿瘤中被冲出而产生的治疗优势的退化。然而,目前患者的吞吐量受限于 BNCT 可用的临床资源,而不是照射时间或合适中子源的容量和可用性。然而,出于前面所述的原因和未来的发展,高射束强度仍然是值得做的,以便能够进行更大规模、更全面的研究,严格评估这种模式的疗效。表 2.2 列出了迄今为止使用典型的单个射野照射的脑癌试验中,入射的超热中子通量强度以及达到峰值脑剂量 12.5 Gy(w) 的照射时间。照射时间与入射超热中子通量成反比,但二者并不直接成比例。MIT 和 Studsvik 具有最高的射束强度,可以在几分钟内达到耐受剂量,持续时间可与常规的其他形式的放疗野相媲美。其他医疗机构的照射持续时间是麻省理工学院的 2~6 倍,这些对于临床研究来说是可以控制的,但随着临床入组人数的显著增加,这将成为一个限制因素。在使用更好的肿瘤靶向药物的试验中,由于硼在正常组织中的滞留量低,正常组织剂量率较低,因此照射时间也会大大延长。

中子射束特性的量化相对简单,根据迄今为止的临床经验,一些最近建造的设施在强度、射束纯度和治疗效果方面达到了实际的最佳值。然而,这些照射设备的运行特性对于实施临床计划以及最终整合来自转化研究和临床前研究的新思想同样重要。基于反应堆的射束线是固定的 (通常是水平的),但许多设计在射束传输和患者定位方面都具有灵活性,如表 2.2 底部四行所示。BNCT 的脑照射通常采用直径为 12~16 cm 的圆形束孔。在一些设施中使用可变孔径,这有助于减

2.3 目前一些超热中子照射设施的性能

少副作用剂量和改善肿瘤剂量适形,同时限制对危及器官的剂量。

高度准直的中子束也有助于将正常组织剂量降至最低,并与增加射束穿透率有关[4],可以提高对深部肿瘤的覆盖率。良好的准直可以简化患者的定位,并将与射束孔径的剂量衰减相关的不确定性降至最低。在麻省理工学院的 FCB 设施中,超热中子通量以大约 0.7%/mm 的速率减小,而 3 cm 的常规空隙使入射射束的强度降低了约 20%[45]。因此,大约 5 mm 的定位不确定度导致施行剂量的误差高达 3.5%,与其他不确定度来源相当。在佩滕的设施中,患者和射束孔径之间的空隙更大是可行的,那里的中子束具有极高的准直性,在距离射束孔 30 cm 的地方,强度下降不到 20%。在距准直器 30 cm 的空气中测量到的超热中子剖面的半最大全宽 (FWHM) 仅比标称射束孔径宽 10%(或更小)。因此,患者可以在这一距离进行定位,而不会对射束靶向性产生不利影响,轴上定位的不确定性可以忽略不计[42]。

伸入医疗室的射束准直器有助于患者舒适地定位,尤其是在患者肩部可能会受到干扰的颅骨照射中。随着相对强烈和纯净的超热中子束出现,现在更多地考虑了操作特性,例如在芬兰,最近对设施进行了改造,使患者的定位更容易[3]。一个可从照射室内进入的长而凸出的患者准直器,可以很容易地适应不同大小或形状的孔径,提供了更多的射束布置选项和更大的治疗计划的灵活性,并有助于患者在多个疾病部位方便地摆位。一个以射束为中心的大约 9 m² 的医疗治疗室足够大,足以容纳患者的长度,以进行脑部侧位照射。表 2.2 中列出的一些设施比此更大,并且有足够的空间放置患者和相关的监测设备。然而,由于房间的几何结构限制了相对于射束中心线的角度来定位患者,因此可能仍然会阻碍射野布置。JRR-4 的医疗室就是一个例子,它很宽敞,但在射束孔径附近又长又窄,所以患者的位置相对受到限制。表 2.2 中列出了在射束中心线周围定位患者时小于 180° 旋转弧度的设施。

一些设施已经纳入了控制中子能谱的选项,方法是在射束线上增加一个或多个贮槽,可以用低中子吸收的重水填充贮槽来慢化中子[12,49,55]。其他研究小组已经扩增了他们的射束线,以容纳含有固体锂金属的盒子,这种盒子能使中子能谱变硬,并可根据需要添加或移除[5,12]。因此,基于反应堆的射束线可以提取出跨越整个 BNCT 感兴趣的能量范围的中子束,从热中子到高达约 10 keV 的中子,这可能被证明是有利的,因为没有一个中子能量对组织中所有深度的肿瘤都是最佳的。

到目前为止,BNCT 的临床试验都是用基于反应堆的中子源进行的。这反映了上述设施的适用性和相对丰富性,这些设施位于世界各地有研究医院的大城市地区附近的研究反应堆上。目前正在为 BNCT 开发几种加速器中子源,主要是在物理研究实验室。这些项目的研究结果表明,这些源的强度必须比目前可达到的水平增加一个数量级以上,以达到现有的基于反应堆中子源的射束特性[8,10,15,28,56]。

这些局限性主要来自于束流线和中子转换靶研制方面的工程挑战，如果这些问题得到解决，基于加速器的中子源可能成为临床研究的一个有竞争力的选择。基于加速器的中子源比基于反应堆的中子源更容易转移到放射肿瘤学中心。

2.4 最先进的超热中子照射设施

麻省理工学院设计和建造了一个最先进的超热中子照射设备，以满足临床 BNCT 研究设施的所有要求，该设施具有高患者吞吐量，支持更大规模的临床试验或更常规的治疗。建造在 6 MW 的 MITR 上，FCB 提供了一个适合临床研究和大型动物实验的高性能照射设施，每天能够对多个患者进行照射，以支持更大的试验或更多的常规临床实施。选择了一种由次临界燃料阵列组成的基于裂变转换器的中子源，因为反应堆堆芯固定在周围的反射体/慢化体的中心，使得直接接触堆芯中子变得困难。图 2.2 显示了 FCB 超热中子照射设施的等距视图[22,23]。图 2.2 的左下角还描绘了垂直热中子束流线和医疗室，它们包含在 MITR 的原始设计中，为 NCT 研究提供了高质量的热中子射束。该裂变转换器目前已配置使用 11 个标准的 MITR-II 燃料元件 (采用 D_2O 冷却) 产生 120 kW 的功率，其设计和许可运行功率可达 250 kW。因此，未来中子源强度有可能大幅提高，这

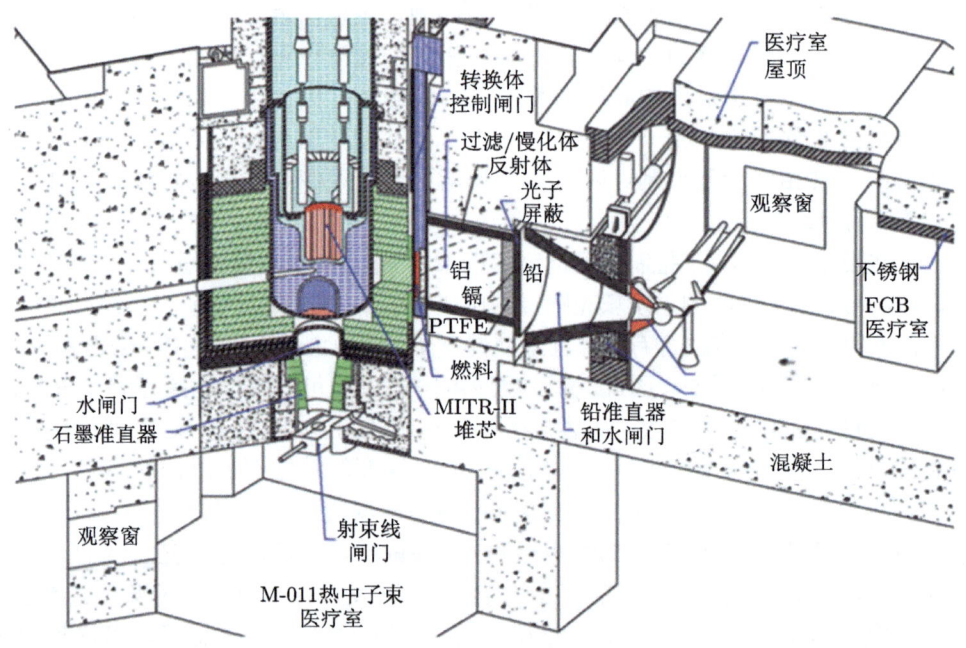

图 2.2　MITR-II 的等距图，描述了垂直热中子束和 (水平) 基于裂变转换器的超热中子束

可以通过使用优化的转换燃料而不是 MITR 燃料元件或通过增加反应堆功率来实现。关于超热中子束的特性和性能的详细信息见文献 [44]。

经过屏蔽的 2.5 m 长水平束流线将中子从转换器引导到治疗室，如图 2.2 所示。束流线包括如下部分：由一系列铝 (81 cm)、特氟龙®(13 cm) 和镉 (0.5 mm) 构成的中子过滤体/慢化体，一块铅材光子屏蔽体 (8 cm)，一个 1.1 m 长的大型锥形准直器 (铅壁厚 15 cm)，以及紧接着一个最终的患者准直器。一项辐射损伤效应的实验研究证实了特氟龙®中所含的氟烷具有化学稳定性，并且材料在 FCB 的预期寿命内将保持足够的机械性能 [23]。0.42 m 长的患者准直器是由铅和掺硼或锂-6(富集 95%的锂-6) 的环氧树脂的混合物制成的，将束流线延伸到屏蔽后的医学治疗室。患者准直器预备有可将卡盒插入束流线的地方，卡盒包含 8 mm 厚的锂金属盘 (也含有 95%的锂-6)。这种过滤体通过去除一些低能的中子使中子束变硬，并能增加对深层肿瘤有用的治疗束穿透力。

中子射束由沿束流线长度安装的三个独立工作的串联闸门控制。从反应堆堆芯附近开始，第一个是转换器控制闸门 (CCS)，它的构成是一层 0.5 mm 厚的镉，然后是一层 6.4 mm 厚的含有天然同位素丰度的硼元素的铝合金板。该闸门通过屏蔽来自 MITR-Ⅱ 反射区的热中子，将转换器中的裂变率 (和射束强度) 在 1%和 100%之间进行调节。转换器燃料的下游是一个 68 cm 长的水箱，当装满轻水时，它提供了有效的中子衰减。接下来是机械闸门，它在治疗过程中可在 3 秒内有效地打开和关闭射束 (将射束强度降低 2~3 个数量级)，由一个大滑板组成，用于填充准直器的一部分，该滑板由 20 cm 厚的硼化 (100 mg/cm^{3}的^{10}B) 高密度 (ρ= 4.0 g/cm^3) 混凝土和 20 cm 铅组成。房间入口有一个短走廊和一个 0.28 m 厚的钢铁门，用于屏蔽以及防止直接的射束照射，钢铁门由一个气动马达驱动，能在 10 秒内打开门。

图 2.3 中的医疗室由 1.1 m 厚的高密度混凝土墙建成，屋顶由 55 cm 高密度混凝土和下方 15 cm 厚的钢板组成。离 FCB 控制台最近的医疗室的墙壁包括一个大窗户，其中含有石英和铅玻璃层以及矿物油，如图 2.3 所示。墙壁和天花板的内表面内衬 2.5 cm 的硼化聚乙烯，以吸收热中子，并减少钢筋混凝土墙和天花板上钢板的活化。1 cm 厚的含硼环氧树脂地面降低了混凝土地板的活化。

在满射束强度运行期间，在与射束相对的后墙壁后面测得的医疗室外剂量当量率最大为 12 μSv/h，没有明显的中子贡献。由于在没有转换器运行的情况下，观测值仅略高于反应堆大厅内约 8 μSv/h 的标称背景辐射值，因此在使用 FCB 时，不需要对实验大厅进行额外的进入控制。在所有闸门关闭的医疗室内，患者位置的剂量当量率为 100 μSv/h(照射后立即增高)，这完全是由束流线发出的光子造成的。反应堆处于满功率状态，在医疗室中远离患者准直器，观察到的一般区域剂量率约为 20 μSv/h，工作人员因此可以自由进入房间，而无须降低反应堆功率。

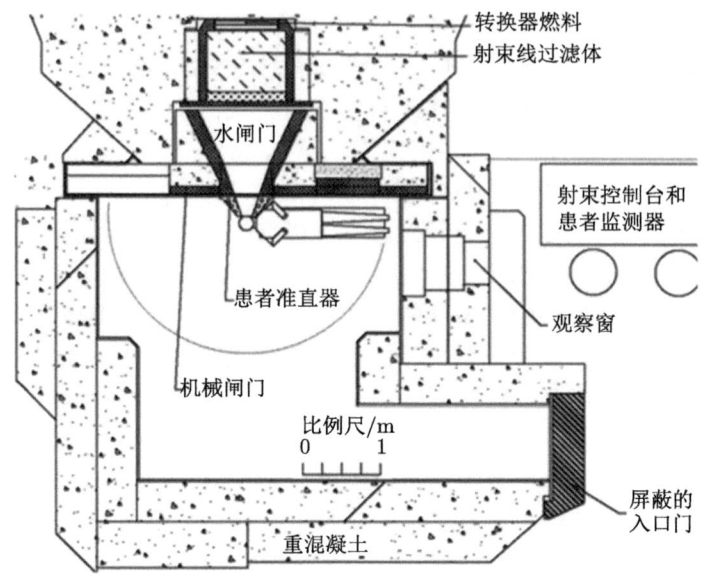

图 2.3 MIT 基于裂变转换器的超热中子射束医疗照射设施的平面图

医疗室中的射束中心线位于地板上方 0.42 m 处，患者准直器可以方便地配置 80 mm、100 mm、120 mm 和 160 mm 的孔径，方便延伸到医疗室墙壁之外 0.42 m 处。准直器直径从其底部的 0.67 m 逐渐变细到靠近患者的 0.3 m，再加上医疗室中充足的 (14 m²) 室内空间，患者仰卧在治疗床上，可以舒适地围绕射束中心线在 180° 内弧形旋转摆位，进行头颅照射。激光投影照亮射束的中心轴，以帮助患者定位，也有穿过准直器壁的光学元件，以提供射束的视角。在开始照射前，激光器和光学元件收回，并用与患者准直器壁成分相同的塞子进行替换。

4 个裂变计数器位于靠近患者准直器底部的射束外围，以脉冲模式工作，并在中子注量输送给患者时作为中子注量的积分监测器。在这些探测器中，根据与用于校核治疗计划的吸收剂量测量值的关系，将射野剂量转换为计数的整数倍[26]。信号被送入 NIM 电子设备，照射由一对冗余的可编程逻辑控制 (PLC) 系统进行管理，当四个射束监测器中的任何一个达到处方目标值时，该系统会自动终止照射。来自 FCB 冷却系统仪表和束流线闸门的数据也被输入 PLC，PLC 通过自动联锁编程，以帮助确保患者和操作人员的安全。该设施由控制台操作，控制台包括一台专用计算机，用于显示照射进度并存档来自可编程逻辑控制器的数据。在照射过程中，患者及其生命体征通过屏蔽观察窗和闭路摄像头进行监控，这些摄像头包含一个集成音频系统，用于医疗室和控制台之间的双向通话。

在开始照射之前，必须满足一系列安全联锁装置的要求，然后才能打开闸门以打开射束。使用控制台上的数字键盘输入处方监测器跳数。操作员用一个按钮开始治疗，PLC 发出命令依次打开每个闸门并启动数据采集。打开所有闸门需要 2 min。监测器累积计数在显示屏上不断更新。可编程逻辑控制器反复查询所有安全联锁装置，检查累计监测器计数是否低于预设目标，并以 10 s 的编程间隔将数据存储到计算机中。与传统放疗机一样，操作员无须采取其他措施，除非他们需要干预，有一个手动超控装置，通过关闭闸门或使反应堆紧急停堆来终止照射。当四个射束监测器中任何一个的累计计数达到设定目标时，PLC 会发出信号，使所有的闸门关闭。为了防止在闸门关闭期间某些机械或电气故障而导致的过度照射，如果任何通道超过规定目标值的 102%，编程安全联锁装置会自动紧急停堆[21,54]。

当通往医疗室的屏蔽门打开时，控制闸门打开的指令失效，以帮助防止房间内的工作人员无意中受到射束照射。医疗室入口配备有运动传感器，如果附近有人，可阻止气动操作的 11 t 屏蔽门的侧向移动，并沿其前缘铺设压敏条，以便有任何接触时停止门移动。

失去建筑电源将使 MITR-Ⅱ 自动紧急停堆，但如果只有医疗区域的电力中断，则不间断电源可使 PLC、计算机和其他重要仪器至少运行 20 min，以使照射野按计划完成。机械闸门可以使用位于室外的手摇曲柄迅速关闭，而水闸门和 CCS 则在重力作用下自动关闭。在紧急情况下，也可以用手打开屏蔽门，以便快速进入医疗室。

裂变转换器的概念已经被证明适合于为 BNCT 提供高纯度的超热中子束，其强度可导致照射时间短至几分钟。转换器中产生的相对较低的功率 (120 kW) 说明了产生超热束的裂变过程的有效性以及小型基于反应堆中子源在医院专用的可行性。

由于 MITR-Ⅱ 并不仅仅致力于 BNCT 研究，FCB 独立于其他实验运行，不影响反应堆的正常运行。虽然束流线可以很容易地被重新配置以治疗其他疾病部位，但目前它已被优化用于脑肿瘤研究。该设备的操作特性与常规放疗的操作特性密切匹配，加上近乎最佳的束流特性，确保 FCB 能够用于确定在日常实践中这种细胞级别肿瘤靶向治疗的放射生物学前景是否能够实现。

2.5 总 结

本章为那些计划设计和建造中子俘获疗法的基于反应堆的超热中子照射设施提供了一些指导。介绍了这些设施的重要性能，并描述了使用反应堆作为超热中子照射设施的不同方法。目前可用的基于反应堆的设施通常满足临床研究的要求，最近建造的设施在患者舒适性、灵活性和易用性方面取得了重要进展。一些较新的设施可以支持更大规模的临床试验，患者吞吐量高，这是更常规的临床应用的典型特征。目前，BNCT 的患者吞吐量和发展不受现有反应堆设施特点的限制，而是受到 BNCT 资源水平的限制，在某些项目中，BNCT 的资源必须集中在数百千米以外的研究所，而不是附近的医院。根据已建立的临床方案和迄今为止收集的试验经验，对 BNCT 用超热中子射束进行了优化。随着额外的脑肿瘤数据的收集和其他临床优化的理论基础的发展，脑肿瘤的研究可能会变得更加理想。尽管从这些优化中获得的收益可能很小，例如，与改进硼的靶向性相比，新设施仍应寻求将灵活性纳入束流线设计中，以实现临床研究进展的充分配合。目前，广泛实施 BNCT 的坚实基础并不存在，而且很难设想对新中子源的主要需求。如有需要，可通过修改本章所述的更多研究反应堆，或使用当前可用且经充分验证的技术建造低功率超安全反应堆，从而建造新的基于反应堆的 BNCT 设施。

参 考 文 献

[1] Akutsu H, Yamamoto T, Matsumura A, Shibata Y, Nakai K, Yasuda S, Matsushita A, Nose T, Yamamoto K, Kumada H, Hori N, Torii Y (2000) In: 9th international symposium on neutron capture therapy. International Society for Neutron Capture Therapy, Osaka, 2000, pp 199-200

[2] Auterinen I, Hiismäki P, Kotiluoto P, Rosenberg RJ, Salmenhara S, Seppälä T, Seren T, Tanner V, Aschan C, Kortesniemi M, Kosunen A, Lampinen J, Savolainen S, Toivonen M, Välimäki P(2001) Metamorphosis of a 35 year-old TRIGA reactor into a modern BNCT facility. In: Hawthorne MF (ed) Frontiers in neutron capture therapy, vol I. Kluwer Academic/Plenum Publishers, New York, pp 267-275

[3] Auterinen I, Kotiluoto P, Hippeläinen E, Kortesniemi M, Seppälä T, Serén T, Mannila V, Pöyry P, Kankaanranta L, Collan J, Kouri M, Joensuu H, Savolainen S (2004) Design and construction of shoulder recesses into the beam aperture shields for improved patient positioning at the FiR1 BNCT facility. Appl Radiat Isot 61: 799-803

[4] Binns PJ, Riley KJ, Harling OK (2005) Epithermal neutron beams for clinical studies of boron neutron capture therapy: a dosimetric comparison of seven beams. Radiat Res 164: 212-220

[5] Binns PJ, Riley KJ, Ostrovsky Y, Gao W, Albritton JR, Kiger WS III, Harling OK (2007) Improved dose targeting for a clinical epithermal neutron capture beam using optional ^{6}Li filtration. Int J Radiat Oncol Biol Phys 67: 1484-1491

[6] Bisceglie E, Colangelo P, Colonna N, Santorelli P, Variale V (2000) On the optimal energy of epithermal neutron beams for BNCT. Phys Med Biol 45: 49-58

[7] Blaumann HR, Calzetta-Larrieu O, Longhino JM, Albornoz AF (2001) NCT facility development and beam characterization at the RA-6 reactor. In: Hawthorne MF, Shelly K, Wiersema RJ (eds) Frontiers in neutron capture therapy, 1st edn. Kluwer Academic/Plenum Publishers, New York, pp 313-317

[8] Bleuel DL, Donahue RJ, Ludewigt BA, Vujic J (1998) Designing accelerator-based

epithermal neutron beams for boron neutron capture therapy. Med Phys 25: 1725-1734

[9] Brugger RM, Constantine G, Harling OK, Wheeler FJ (1990) Rapporteurs' report. In: Harling OK, Bernard JA, Zamenhof RG (eds) Neutron beam, design, development and performance for neutron capture therapy. Plenum Press, New York, p 54

[10] Burlon AA, Kreiner AJ (2008) A comparison between a TESQ accelerator and a reactor as a neutron sources for BNCT. Nucl Instrum Methods Phys Res B 266: 763-771

[11] Burn KW, Casalini L, Martini S, Mazzini M, Nava E, Petrovich E, Rosi G, Sarotto M, Tinti R (2004) An epithermal facility for treating brain gliomas at the TAPIRO reactor. Appl Radiat Isot 61: 987-991

[12] Capala JA, Stenstam BH, Sköld K, Munck af Rosenschöld P, Giusti V, Persson C, Wallin E, Brun A, Franzen L, Carlsson J, Salford L, Ceberg C, Persson B, Pellettieri L, Henriksson R (2003) Boron neutron capture therapy for glioblastoma multiforme: clinical studies in Sweden. J Neurooncol 62: 135-144

[13] Clement SD, Choi JR, Zamenhof RG, Harling OK (1990) Monte Carlo methods of neutron beam design for neutron capture therapy at the MITR-II. In: Harling OK, Bernard JA, Zamenhof RG (eds) Neutron beam, design, development and performance for neutron capture therapy. Plenum Press, New York, pp 51-70

[14] Coderre JA, Makar MS, Micca PL, Nawrocky MM, Liu HB, Joel DD, Slatkin DN, Amols HI (1993) Derivations of relative biological effectiveness for the high-LET radiations produced during boron neutron capture irradiations of the 9L rat gliosarcoma in vitro and in vivo. Radiat Res 27: 1121-1129

[15] Culbertson CN, Green S, Mason AJ, Picton D, Baugh G, Hugtenburg RP, Yin Z, Scott MC, Nelson JM (2004) In-phantom characterization studies at the Birmingham acceleratorgenerated epithermal neutron source (BAGINS) BNCT facility. Appl Radiat Isot 61: 734-738

[16] Farr LE, Sweet WH, Robertson JS, Foster CG, Locksley HB, Sutherland DL, Mendelsohn ML, Stickley EE (1954) Neutron capture therapy with boron in the treatment of glioblastoma multiforme. Am J Roentgenol Radium Ther Nucl Med 71: 279-293

[17] Godel JB (1960) Description of facilities and mechanical components, medical research reactor (MRR) Brookhaven National laboratory, BNL-600, Brookhaven National Laboratory, Upton

[18] Goorley JT, Kiger WS III, Zamenhof RG (2002) Reference dosimetry calculations for neutron capture therapy with comparison of analytical and voxel models. Med Phys 29: 145-156

[19] Guotu K, Ziyong S, Feng S (2009) The study of physics and thermal characteristics for in hospital neutron irradiator (IHNI). Appl Radiat Isot 67: S234-S237

[20] Harling OK, Riley KJ (2003) Fission reactor neutron sources for neutron capture therapy-a critical review. J Neurooncol 62: 7-17

[21] Harling OK, Moulin SJ, Chabeuf JM, Solares GS (1995) On-line beam monitoring for

neutron capture therapy at the MIT research reactor. Nucl Instrum Methods Phys Res B 101: 464

[22] Harling OK, Riley KJ, Newton TH, Wilson BA, Bernard JA, Hu LW, Fonteneau EJ, Menadier PT, Ali SJ, Sutharsan B, Kohse GE, Ostrovsky Y, Stahle PW, Binns PJ, Kiger WS III, Busse PM (2002) The fission converter based epithermal neutron irradiation facility at the Massachusetts Institute of Technology reactor. Nucl Sci Eng 140: 223-240

[23] Harling OK, Kohse GE, Riley KJ (2002) Irradiation performance of polytetrafluoroethylene (Teflon ®) in a mixed fast neutron and gamma radiation field. J Nucl Mater 304: 83-85

[24] Hatanaka H (1975) A revised boron-neutron capture therapy for malignant brain tumors. II. Interim clinical result with the patients excluding previous treatments. J Neurol 209: 81-94

[25] Kiger WS III, Sakamoto S, Harling OK (1999) Neutronic design of a fission converter-based epithermal neutron beam for neutron capture therapy. Nucl Sci Eng 131: 1-22

[26] Kiger WS III, Lu XQ, Harling OK, Riley KJ, Binns PJ, Kaplan J, Patel H, Zamenhof RG, Shibata Y, Kaplan ID, Busse PM, Palmer MR (2004) Preliminary treatment planning and dosimetry for a clinical trial of neutron capture therapy using a fission converter epithermal neutron beam. Appl Radiat Isot 61: 1075-1081

[27] Kobayashi T, Sakurai Y, Kanda K (2001) Characteristics of neutron irradiation facility and dose estimation method for neutron capture therapy at Kyoto University Research Reactor Institute. In: Current status of neutron capture therapy, IAEA Tecdoc 1223, IAEA, Vienna, 2001, pp 175-185

[28] Kononov OE, Kononov VN, Bokhovko MV, Korobeynikov VV, Soloviev AN, Sysoev AS, Gulidov IA, Chu WT, Nigg DW (2004) Optimization of an accelerator-based epithermal neutron source for neutron capture therapy. Appl Radiat Isot 61: 1009-1013

[29] Kortesniemi M (2002) Solutions for clinical implementation of boron neutron capture therapy in Finland. Ph.D. thesis, University of Helsinki, Helsinki, ISBN 951-45-8955-6; http: //ethesis. helsinki.fi, pp 54-68

[30] Liu HB (1995) Design of neutron beams for neutron capture therapy using a 300 kW slab TRIGA reactor. Nucl Technol 109: 314-326

[31] Liu HB, Brugger RM (1994) Conceptual designs of epithermal neutron beams for boron neutron capture therapy from low-power reactors. Nucl Technol 108: 151-156

[32] Liu HB, Brugger RM, Rorer DC, Tichler PR, Hu JP (1994) Design of a high-flux epithermal neutron beam using $235U$ fission plates at the Brookhaven Medical Research Reactor. Med Phys 21: 1627-1631

[33] Liu HB, Greenberg DD, Capala J, Wheeler FJ (1996) An improved neutron collimator for brain tumor irradiations in clinical boron neutron capture therapy. Med Phys 23: 2051-2060

[34] Liu HB, Razvi J, Rucker R, Cerbone R, Merrill M, Whittemore W, Newell D, Autry S, Richards W, Boggan J (2001) TRIGA fuel based converter assembly design for a dual-

mode neutron beam system at the McClellan Nuclear Radiation Center. In: Hawthorne MF, Shelly K, Wiersema RJ (eds) Frontiers in neutron capture therapy, 1st edn. Kluwer Academic/Plenum Publishers, New York, pp 295-300

[35] Liu YWH, Huang TT, Jiang SH, Liu HM (2004) Renovation of epithermal neutron beam for BNCT at THOR. Appl Radiat Isot 61: 1039-1043

[36] Marek M, Burian J, Rataj J, Polák J, Spurny F (1997) Reactor based epithermal neutron beam enhancement at Rež. Radiat Prot Dosimetry 70: 567-570

[37] Moss RL, Aizawa O, Beynon D, Brugger R, Constantine G, Harling O, Liu HB, Watkins P (1997) The requirements and development of neutron beams for neutron capture therapy of brain cancer. J Neurooncol 33: 27-40

[38] Moss RL, Stecher-Rasmussen F, Ravensberg K, Constantine G, Watkins P (1992) Design, construction and installation of an epithermal neutron beam for BNCT at the high flux reactor Petten. In: Allen BJ et al. (eds) Progress in Neutron Capture Therapy for Cancer. Plenum Press, New York, pp 63-66

[39] Nievaart VA, Moss RL, Kloosterman JL, van der Hagen THJJ, van Dam H (2004) A parameter study to determine the optimal source neutron energy in boron neutron capture therapy of brain tumors. Phys Med Biol 49: 4277-4292

[40] Nigg DW, Venhuizen JR, Wemple CA, Tripard GE, Sharp S, Fox K (2004) Flux and instrumentation upgrade for the epithermal neutron beam facility at Washington State University. Appl Radiat Isot 61: 993-996

[41] Raaijmakers CPJ, Nottelman EL, Konijnenberg MBJ (1995) Dose monitoring for boron neutron capture therapy using a reactor-based epithermal neutron beam. Phys Med Biol 41: 2789-2797

[42] Raaijmakers CPJ, Konijnenberg MW, Mijnheer BJ (1997) Clinical dosimetry of an epithermal neutron beam for neutron capture therapy: dose distributions under reference conditions. Int J Radiat Oncol Biol Phys 37: 941-951

[43] Rief H, Van Heusden R, Perlini G (1993) Generating epithermal neutron beams for neutron capture therapy in TRIGA reactors. In: Soloway AH, Barth RF, Carpenter DE (eds) Advances in neutron capture therapy. Plenum Press, New York, pp 85-88

[44] Riley KJ, Binns PJ, Harling OK (2003) Performance characteristics of the MIT fission converter based epithermal neutron beam. Phys Med Biol 48: 943-958

[45] Riley KJ, Binns PJ, Harling OK (2004) The design, construction and performance of a variable collimator for epithermal neutron capture therapy beams. Phys Med Biol 49: 2015-2028

[46] Rogus RD, Harling OK, Yanch JC (1994) Mixed field dosimetry of epithermal neutron beams for boron neutron capture therapy at the MITR-II research reactor. Med Phys 21: 1611-1625

[47] Sakamoto S, Kiger WS III, Harling OK (1999) Sensitivity studies of beam directionality, beam size and neutron spectrum for a fission converter-based epithermal neutron beam for boron neutron capture therapy. Med Phys 26: 979-988

[48] Sakurai F, Torii Y, Kishi T, Kumada H, Yamamoto K, Yokoo K, Kaieda K (2001) Medical irradiation facility at JRR-4. In: IAEA-TECDOC-1223 Current Status of Neutron Capture Therapy. International Atomic Energy Agenct, Vienna, pp 142-146

[49] Sakurai Y, Kobayashi T (2002) The medical-irradiation characteristics for neutron capture therapy at the heavy water neutron irradiation facility of Kyoto University Research Reactor. Med Phys 29: 2328-2337

[50] Slatkin DN (1991) A history of boron neutron capture therapy of brain tumors. Brain 114: 1609-1629

[51] Tanner V, Auterinen I, Helin J, Kosunen A, Savolainen S (1999) On-line beam monitoring of the Finnish BNCT facility. Nucl Instrum Methods Phys Res A 422: 101-105

[52] Thompson TJ, Benedict M, Cantwell T, Axford RA (1956) Final hazards summary report to the Advisory Committee on reactor safeguards on a research reactor for the Massachusetts Institute of Technology. Published Cambridge, MIT [1956] located in the Institute archives, non-circulating collection 2 TK9202.M36

[53] Wallace SA, Mathur JN, Allen BJ (1994) Treatment planning figures of merit in thermal and epithermal boron neutron capture therapy of brain tumors. Phys Med Biol 39: 897-906

[54] Wilson BA, Riley KJ, Harling OK (2000) Automatic control and monitoring of the MIT fission converter beam. In: 9th international symposium on neutron capture therapy. International Society for Neutron Capture Therapy, Osaka, 2000, pp 237

[55] Yamamoto T, Matsumura A, Shibata Y, Nose T, Yamamoto K, Kumada H, Hori N, Torii Y, Ono K, Kobayashi T, Sakurai Y (2000) Radiobiological characterization of epithermal and mixed thermal-epithermal beams at JRR-4. In: 9th international symposium on neutron capture therapy. International Society for Neutron Capture Therapy, Osaka, 2000, pp 205-206

[56] Yanch JC, Blue TE (2003) Accelerator-based epithermal neutron sources for boron neutron capture therapy of brain tumors. J Neurooncol 62: 19-31

[57] Yanch JC, Harling OK (1993) Dosimetric effects of beam size and collimation of epithermal neutrons for boron neutron capture therapy. Radiat Res 135: 131-145

[58] Yanch JC, Zhou XL, Brownell GL (1991) A Monte Carlo investigation of the dosimetric properties of monoenergetic neutron beams for neutron capture therapy. Radiat Res 126: 1-20

[59] Zamenhof RG, Murray BW, Brownell GL, Wellum GR, Tolpin EI (1975) Boron neutron capture therapy for the treatment of cerebral gliomas. I: theoretical evaluation of the efficacy of various neutron beams. Med Phys 2: 47-60

第 3 章 基于加速器的 BNCT

安德烈斯·J. 克莱纳

献给亚历杭德罗·A. 伯伦

3.1 简　　介

　　硼中子俘获疗法 (BNCT) 由本书和 1982 年以来在世界各地连续举行的两年一次的活跃的国际会议所证实，有重要的国际团体认为 BNCT 是治疗某些癌症的一个有希望的选择 [37,53]。虽然使用核反应堆已经并将继续取得很大进展，但我们相信，BNCT 的发展需要适合医院环境安装的中子源。低能粒子加速器最适合于此目的，与其他常规放射治疗医疗设备相比，其制造成本适中 [7]。此外，从我们收集数据和经验的能力、患者招募、现场资源和机构承诺等方面来看，这些设备在专业医疗机构的存在很可能对 BNCT 的未来起决定性作用。与反应堆中子源相比，基于加速器的 BNCT(AB-BNCT) 的一个主要优点是可以在医院内选址。在临床应用中，加速器相比基于反应堆的放射源有许多优点：①当不再需要中子场时，加速器可以很容易地关闭，然而反应堆拥有大量永久性放射性物质。中子不是通过核材料的临界组件产生的，这意味着与安装和维护中子源相关的许可证和法规基本上简化了。②AB-BNCT 系统的资金费用同样大大低于在医院内或附近安装反应堆系统的相关费用。③加速器多年来一直是医院放射治疗科的一个突出特点，因此，临床医生对类似的患者放疗设备有着长期的经验。④ 非常重要的是，某些核反应产生的中子能谱比裂变产生的中子能谱 "更软"(能量较低)，这使得产生治疗深部肿瘤所需的 "理想" 超热中子能谱更容易，因此，中子源的中子质量可以设计得比反应堆的中子质量高得多。

　　在本章中，我们将讨论各种可能的带电粒子引发的核反应，由此产生的中子能谱的特性，以及作为中子产生源的相应粒子加速器。本章将描述过去和现在在

安德烈斯·J. 克莱纳

阿根廷，圣马丁 1650，格拉帕斯大街 1499，原子结构中心，物理部

阿根廷，圣马丁，圣马丁大学，科学与技术学院

阿根廷，布宜诺斯艾利斯，国家科学与技术研究理事会 (CONICET)

e-mail: kreiner@tandar.cnea.gov.ar

世界范围内发展这类设施的不同努力，其中包括正在进行的一个项目，即为基于加速器的 (AB)-BNCT 开发串联静电四极 (TESQ) 加速器。

3.2 AB-BNCT 中产生中子的各种核反应

基本上有两种产生中子的方法。第一种是在核反应堆中，由热中子引起的铀-235 的核裂变，这是迄今为止用于 BNCT 的中子源。从裂变碎片中发射的中子能量是相当高的。它们可以用以下分布很好地表示：$F(E)=0.770\sqrt{E}\exp(-0.775E)$。这个能谱延伸到 10 MeV，平均能量约 2 MeV。必须把中子慢化到热中子能区以治疗浅表病灶 (在 BNCT 中，这些中子的能量低于 0.5 eV)，或慢化到超热能区 (0.5 eV~10 keV，理想情况下集中在这一范围的上端)，以避免损伤健康组织，使位于患者皮肤入口点和肿瘤部位之间的组织剂量适度。

另一个过程是带电粒子引起的核反应。也就是说，某种入射粒子，加速到足够高的能量来克服库仑排斥势垒，撞击到适当的靶核上，产生一个 "剩余核" 或产物核和一个中子。从能量的角度来看，有两种类型的反应：一种叫做放热的反应，它不需要最小的入射粒子动能 (除了克服库仑斥力的反应)。对于这些反应，Q 值为正 (Q 等于入射粒子的静止能量 $M_i c^2$ 减去各反应产物能量 $M_o c^2$)。一个典型的例子是 D+D 反应 (一个氘核撞击另一个氘核) 产生剩余核 ^{3}He 和一个中子。Q 值为 3.270 MeV，忽略入射粒子能量时的中子能量为 2.451 MeV，甚至大于平均裂变中子能量。另一种反应称为吸热反应，需要最小的阈能才能发生。在这个临界值附近，中子能量非常低，因此在 BNCT 中使用这些中子是非常有效的。

3.2.1 ^{7}Li(p,n)^{7}Be 和 ^{9}Be(p,n)^{9}B 吸热反应

AB-BNCT 最常见的吸热反应是 ^{7}Li(p,n)^{7}Be(相当于 ^{7}Li + p $\longrightarrow$ ^{7}Be + n 的符号表示)。Q 值为 -1.644 MeV(负号明确表示吸热特性)，撞击质子的阈值能量为 1.880 MeV(Q 值和阈值能量 E_{th} 之间的关系由质心系到实验室系变换给出，$E_{th} = |Q|(M_p + M_t)/M_t$；p 代表入射粒子，t 代表靶核)。在这种轰击能量下，在质心系下中子以零能量发射，它沿着质心系向前移动，在实验室系中有大约 30 keV 的动能。这种能量离超热状态不远。事实上，有人提议在这个机制下工作[29-31]。在 1.92 MeV 以下，该函数是双值函数，反映了质心坐标系框架中各向同性发射中子的速度小于实验室系中的质心速度，导致其与实验室框架中的前向角成反比。在 1.91 MeV 时，最大和平均中子能量分别为 105 keV 和 42 keV，最大和平均发射角分别为 60° 和 28°[39,40]。这种角度构成 ("运动准直") 允许非常有效地利用中子 (根据利用的中子/产生的中子的比率)。即使能量远高于阈值，实验室中的发射模式主要集中在前向半球，角度大于 90° 时的中子能量很小。

3.2 AB-BNCT 中产生中子的各种核反应

除了反应的动力学之外,在实验室里检查作为质子能量的函数的截面也很重要,这将决定实际的中子产额。图 3.1 显示了在 2.25 MeV(达到 580 mb) 的显著共振峰之前,从阈值开始的非常陡峭的上升和一个小的平台,起始于约 1.93 MeV(达到 270 mb)。对此进行举例说明,厚 Li 靶的总中子产额值如下:1.89 MeV 为 6.3×10^9 中子/(mA·s), 2.3 MeV 质子轰击能量为 5.8×10^{11} 中子/(mA·s)[40,41](另见表 3.1)。

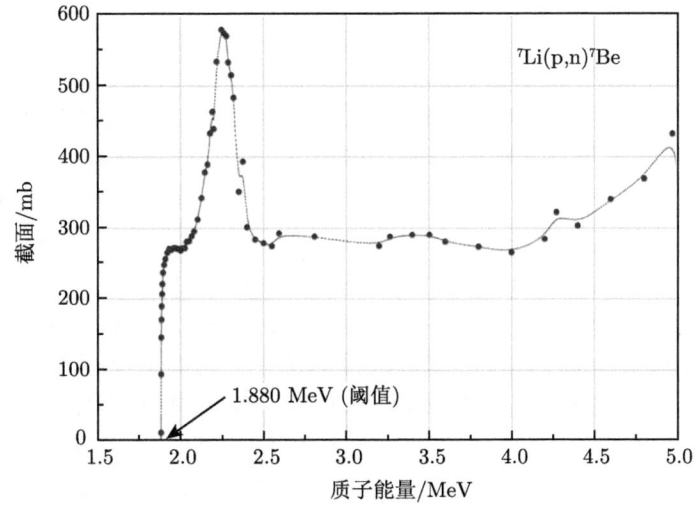

图 3.1 不同能量质子轰击下 ^{7}Li(p,n) 的反应截面。在 2.25 MeV 有显著共振峰 [42]

表 3.1 对于不同的产中子反应,表中列出了阈值能量 (E_{th})、轰击能量 (E_{in}),不同轰击能量下的厚靶中子总产额、最大中子能量、能量小于 1 MeV 的百分比,以及最大和最小中子能量 [17,22,39,40]("n" 表示 "中子")

反应	E_{th}/MeV	E_{in}/MeV	总计产额/[n/(mA·s)]	份额 ($E_n<1$ MeV)/%	$E_{n,max}$/keV	$E_{n,min}$/keV
^{7}Li(p,n)^{7}Be	1.880	1.880	0	100	30	30
		1.890	6.3×10^9	100	67	0.2
		2.500	9.3×10^{11a}	100	787	60
		2.800	1.4×10^{12b}	92	1100	395
^{9}Be(p,n)^{9}B	2.057	2.057	0	100	20	20
		2.500	3.9×10^{10}	100	574	193
^{9}Be(d,n)^{10}B	0	0	0	50	3962	3962
		1.500	3.3×10^{11}	50	4279	3874
^{13}C(d,n)^{14}N	0	0	0	75	4974	4964
		1.500	1.9×10^{11}	70	6772	5616
^{12}C(d,n)^{13}N	0.327	0.327	0	100	4	3
		1.500	6.0×10^{10}	80	1188	707

续表

反应	E_{th}/MeV	E_{in}/MeV	总计产额/[n/(mA·s)]	份额 (E_n<1 MeV)/%	$E_{n,max}$/keV	$E_{n,min}$/keV
d(d,n)³He	0	0	0	0	2451	2451
		0.120	3.3×10^{8c}	0	2898	2123
		0.200	1.1×10^9	0	3054	2047
t(d,n)⁴He	0	0	0	0	14050	14050
		0.150	4.5×10^{10}	0	14961	13305

注：a 科隆纳等人[17]、李和周[39,40] 报告的值之间的平均值；
b 艾伦和贝农[2]；
c 甘达等人[22]。

在阈值附近工作需要的慢化很少 (在 1.89 MeV 下，最大中子能量为 67 keV)，但同时，为了维持足够恒定的生产率，对加速器的能量/电压稳定性提出了非常严格的要求 (0.1%)[4]。在我们的研究 [10-12] 中，我们得出结论：2.3 MeV 入射质子能量是一个非常好的折中方案，有显著的中子产生截面 (利用共振) 和仍然足够低的最大中子能量 573 keV(最佳能量的确切值可能取决于肿瘤深度)。厚靶的最小中子能量为 35 keV(角度为 180°)，平均能量为 233 keV(厚靶被定义为入射粒子释放足够的能量来越过反应阈值)。可以看出，与裂变反应相比，吸热反应的优点是中子能谱要软得多。快中子 (在 BNCT 的语境中定义为能量大于 10 keV) 具有很强的放射性毒性，并且没有任何选择性 (它们与 BNCT 所寻求的理念截然相反)。这些中子通过弹性碰撞将能量传递给反冲质子，这些低能质子具有较高的线性能量转移 (LET) 和较高的电离密度，从而产生较大的相对生物效应 (RBE) 值。作为参考，20 keV 质子在水中的 LET 为 59 keV/μm[52] (值得注意的是，RBE 与 LET 曲线的最大值在 100~150 keV/μm 范围内)。在治疗射束中，必须尽一切可能避免这些快中子。从裂变谱到纯超热谱的中子过滤和慢化是一项既低效又困难的工作 (要把这一点用数字来表示，有趣的是，一个 0.1 MW 的反应堆产生 10^{16} n/s，而在 2.3 MeV 的锂靶上，10 mA 的质子束流产生 10^{13} n/s)。最好的选择是首先使用一种使快中子产生量最小化的工艺路线。

因此，如果是单端机器，使用 ⁷Li+p 反应需要 2.3 MV"有效" 电压的加速器 (术语有效是指它不一定是静电电压，例如，如果加速器是动态电场的)，或者如果是串列加速器则电压为 1.15 MV(我们将在后面讨论不同的加速器选项)。此外，肿瘤部位 10^9 n/(cm²·s) 量级的治疗热中子通量需要相对较高的电流 (数十毫安量级)，这是真正的挑战所在。沉积在靶材料 (在这里金属 Li 是最有效的情况) 中的功率密度非常高 (约 1 kW/cm²)，其冷却本身就是一个具有挑战性的技术问题，特别是考虑到 Li 的熔点 (180.5 ℃) 和热导率 (85 W/(m·K))。

最后对 Be 上质子引起的其他吸热反应作简要评述。如表 3.1 所示，在 2.5 MeV 下 ⁹Be(p,n)⁹B 反应的产率远低于相同能量下 Li 上质子的产率。为了获得一个相当的产额，质子能量必须达到 4 MeV。在这些轰击能量下，平均中子能量明显高于 p+Li 情况 (在 1.1~2.1 MeV 内)，此外，有效电压必须为 4 MV(或串联 2 MV)，这大大增加了加速器的成本。LNL-INFN 意大利团队 [15] 积极寻求这样一种设施，但其目的是产生热中子并治疗浅表病灶。

3.2.2 氘诱发放热反应

现在我们将讨论文献中在 AB-BNCT 中提到的几个氘引发的核反应。最好的选择是在入射粒子能量低 (即低电压，因此机器更便宜)、产生的中子能量低 (避免快速中子放射毒性，易于慢化和有效利用所产生的通量) 和产生中子截面大 (意味着更少的初级束强度，即质子束强度需求低) 情况下进行反应。表 3.1 给出了不同产中子反应的能量信息和厚靶总产额的一些信息。

所谓的"聚变"反应 D+D 和 D+T 在很低的能量 (如 120 keV) 下已经有了显著的产额，但是它们的高 Q 值 (尤其是 D+T，这个值是 17.59 MeV) 会导致非常高的中子能量，并且在实验室系中也会产生近乎各向同性的发射。用来加速氘或氚的装置，通常在 100~200 keV 的能量范围内，被称为中子发生器。从所需电压的角度来看，它们是有利的。目前正在开发相当复杂的紧凑型中子发生器 [18]，但由于适当能量范围内的产额有限，以及与高能和各向同性中子产生相关的固有低效率，需要极高的流强来产生对 BNCT 有用的通量。这些源可以分别产生 10^{12} D-D n/s 和 10^{14} D-T n/s。D-T 的情况不受欢迎，因为它的中子能量非常高 (需要大的慢化和屏蔽体积)，以及与氚有关的已知困难，特别是在医院环境中。在第一种情况中，设计了一个在 200 keV 下的 2 A 氘核束流产生 2.3×10^{12} n/s 的源强，对于 D-D 反应来说，这仍然只有治疗深部肿瘤所需强度的 1/30 左右。在这样的水平上，电力成本 (400 kW) 变得过高。已经设想了将这种 D-D 发生器与一个次临界密封组件耦合作为中子倍增器的可能性。这种设备很可能变得过于复杂和昂贵，不适合在医院安装。

在高达 1.3 MeV 的更高能量下研究了 D-D 反应 [13]，以探索其在皮肤肿瘤治疗 (即作为热中子源) 中的适用性。一个厚的 TiD_2 靶和重水慢化 (30 cm 厚度) 将在肿瘤位置产生 10^9 n/(cm²·s) 的有效热通量，氘束大约为 100 mA。在这种情况下，单次 BNCT 治疗需要 170 min。这些数字仍然微不足道。另一方面，使用 $^9Be(d,n)^{10}B$，可获得非常可接受的浅表病变治疗结果，下面将对此进行讨论 [13]。在过去，这种反应经常被认为是 BNCT 中子的可能来源 (例如文献 [17])。作为一种放热反应，它具有无阈值和在相对较低能量下具有较大的中子产额截面的优点。它的缺点是 Q 值高，导致产生大量快中子 (1.5 MeV 轰击能量约为 4 MeV，见表 3.1)。然而，这一反应有一个非常有趣的特征，这是不久前有人注意到的 [25]。$^7Be(d,n)$ 反应中产生的较重产物是 ^{10}B，是一种双奇核素，已经是一个相对复杂的核。它有许多激发态,但特别是在 5.1~5.2 MeV 的激发能量下有三个态,一旦能量可及,它们就被强烈地填充。因此,如果末态是该类情况之一,就变成了有效的吸热反应,发射的中子能量很小,这取决于精确的轰击能量。Q 值为 -0.802 MeV,相应的阈值为 0.981 MeV。在 1.2 MeV 轰击能量下,最大中子能量仅为 297 keV(最小为 68 keV)。这一事实为抑制反应中产生的大多数快中子提供了可能性。如果取一个很薄的 Be 靶 (约 2 μm 厚),使 1.2 MeV 的氘核释放约 100 keV,那么从 1.1 MeV 向下的整个快中子产额被抑制,而低能中子产额保持不变。在这种情况下,一个薄 Be 靶和一个 20 mA 入射束的重水慢化 (15 cm 厚度) 允许在 48 min 内进行单次 BNCT 治疗 [13]。这意味着对于浅表病变,一台单端电压为 1.2 MV 的设备就可以了,而串列设备只需要 600 kV。这种机器被设想为正在开发的项目的中间步骤 [34,36,37]。此外,Be 的热机械性能与 Li 相比相当好:熔点为 1290 K,导热系数为 190 W/(m·K)。最近,我们的研究小组研究了这种反应,研究超热中子治疗深部肿瘤,结果令人鼓舞 [14]。

为了完成对表 3.1 所示反应的讨论,我们必须将碳作为目标,碳具有优异的热机械性能:熔点为 3550 K,导热系数为 230 W/(m·K)。它是一种非常稳定的材料,而且靶的构造也相对简单。$^{12}C(d,n)^{13}N$ 反应由于中子产额低而不具有竞争性,但 1.5 MeV 轰击能量下的 $^{13}C(d,n)^{14}N$ 反应具有较大的产额和 AB-BNCT 感兴趣的能谱特征。这个反应已经被文献 [17] 和我们的研究小组与来自 LABA-MIT 的科学家合作进行了研究 [9],在低能机器的情况下结果令人鼓舞。

3.3 射束整形组件

从中子学的角度来看,在 1.9~2.5 MeV 范围内的 $^7Li(p,n)^7Be$ 反应是最好的选择,尤其是对于深部肿瘤。这种反应的主要优点是在最低的轰击能量下有较高的产率,同时它的低能中子谱 (平均能量在 34~326 keV 范围内)。从射束整形组件 (BSA) 中获得相当纯的超热中子能谱所需的慢化体积比其他靶材料要小。较小的 BSA 意味着俘获反应产生的中子损失较少,单位加速器束流的有效通量较高。在过去的十年中,最优 BSA 的问题已经得到了深入的研究,包括几何结构、质子能量和材料 [6]。这些作者提出了在 2.1~2.6 MeV 质子能量范围内的最佳 BSA,包括:① 用于 2.3 MeV 质子的 22 cm 厚的 ^7LiF 慢化体;② 用于 2.4 MeV 质子的 34 cm 厚的 Al/AlF_3 慢化体,在这两种情况下,都被一个 Al_2O_3 反射层包围。对于 20 mA 束流,治疗时间分别为 40 min 和 54 min。发现 ^7LiF 和 Al/AlF_3 慢化的射束的优势深度 (AD,肿瘤剂量等于健康皮肤组织的限制剂量所对应的深度) 9.5 cm 比布鲁克海文医学研究反应堆射束 (当时正在使用的) 多 1 cm。这些更具穿透性的射束能显著增加肿瘤的深部剂量 (8 cm 处为 50%),具有明显的临床优势。因此,很明显 [50],中子的能谱分布和相关的深度剂量分布对于确定肿瘤控制概率 (TCP,见文献 [46]) 至关重要。在我们的研究中 [8,12],我们提出了一种由 34 cm 厚的 Al/PTFE/LiF 慢化体和铅反射体组成的最佳 BSA。30 mA 质子束照射在锂材上,在 27 min 的治疗中,在大脑内部 6.4 cm 处产生 98％的 TCP(将最大健康组织剂量保持在 11.6 Gy-Eq,即低于 12.5 Gy-Eq 的限值)。该射束和 BSA 的 AD 是 11.5 cm。图 3.2 显示了这种 BSA 的总体布局。对几何结构和入射质子能量的进一步研究基本上证实了这些结果 [44]。

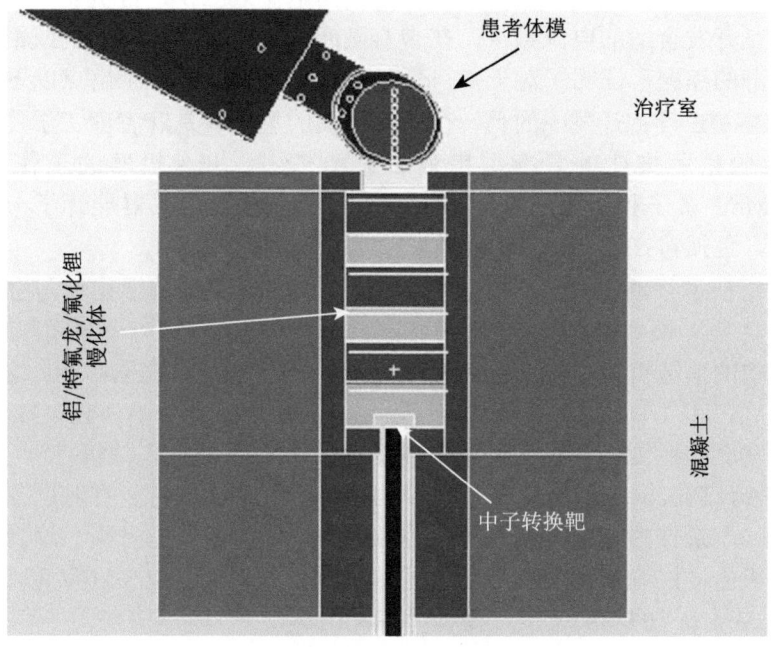

图 3.2 串联静电四极加速器射束整形组件 [8]

3.4 加速器和设施

尽管 BNCT 有着悠久的历史,但迄今为止还没有一个基于加速器的设备具有必要特性、能够以优化的方式执行 BNCT 临床项目。有许多不同类型的加速器,从低能静电加速器到高能回旋加速器,再到更高能量的直线加速器或同步加速器,这些加速器正在被考虑用于中子产生和 BNCT。然而,后一种机器产生的中子能量远远超过了 BNCT,尽管可以应用"蛮力"慢化 (即足够大的慢化组件),高能中子尾巴很可能继续存在。此外,这些设施可能有助于开展实验项目,但在空间和成本方面不太可能为 BNCT 成为一种广泛的基于医院的模式提供最佳解决方案。因此,我们在这里将讨论限制在过去和正在进行的尝试,即建立和开发

高流强 (超过 mA 范围)、几兆伏 (1～3 MV) 的质子加速器，用于上述最佳吸热反应之一 (即质子轰击锂或铍)。在大多数情况下，这些机器一直都是静电型的，我们将从它们开始介绍。

3.4.1 静电加速器

20 世纪 90 年代，劳伦斯伯克利实验室 (LBNL) 开展的工作旨在开发一台 2.5 MeV、100 mA 质子单端静电加速器[3,38]。创新之处在于考虑静电四极子 (ESQ) 以提供足够强的横向聚焦，抵消强流束的空间电荷效应。这台机器从未建成，最大的挑战是开发合适的电源系统。在带有微通道和对流水冷却的铜或铝背衬上开发了一个薄的锂靶，证明了对于 50 kW 的负载，靶保持在 Li 熔点以下[43]。

AB-BNCT 设备开发中的另一个非常重要的里程碑是麻省理工学院加速器束流应用实验室所推广的紧凑型串列加速器[28,51]。这台机器的工作电压高达 2 MV(4 MeV 质子和氘核束)，电流为 1 mA。围绕这台机器展开了一项积极的研究计划，包括旨在发展 BNC 滑膜切除术的动物研究。

目前正在进行的 AB-BNCT 项目是基于英国伯明翰大学物理与空间研究学院的一台 3 MV 高频高压加速器 (Dynamitron)[2,24]。它是一个封闭在 SF6 填充压力容器中的单端机器，高压通过整流高频电源产生[16]。在伯明翰，这台机器通常在 2.8 MV 和 1～2 mA 下正常运行，完全成功地致力于 AB-BNCT 活动的多个方面 (例如文献 [23])。它使用重水浸没射流冷却固体锂靶 (斯科特，个人通信，2008) 和基于 Fluental 的射束整形组件 (BSA)，射束端口与竖直射束方向成 90°。为了进行一个最佳的临床方案，该设施需要在束流方面进行升级。这台带有升级离子源的机器被提议作为 BNCT 设备的核心，该设备将在 2.8 MeV 和 20 mA 下，以约 0.5 kW/cm^2 的功率密度在薄固体锂靶上运行[20]。

另一个正在开发的设施是基于俄罗斯新西伯利亚的巴克尔核物理研究所的真空绝缘紧凑型串联加速器。该设施的目标是在大约 1.9 MeV 和束流高达 10 mA 的 p+Li 反应中产生接近阈值的中子。首先进行了低束流试验[5]。固体锂靶的设计和制造已经取得了进展，可以在束线的真空中进行蒸镀[48]。迄今为止，达到的最大流强约为 2.7 mA[1]。

在俄罗斯奥布宁斯克 IPPE 的大电流串级发电机[33] 周围还有另一个正在开发的装置，到目前为止，它运行在 2.3 MeV 和 3 mA。

最后，基于 LBNL 开发的 ESQ 概念，阿根廷正在开发一个串联静电四极 (TESQ) 加速器设施[34-37]。设计和制造的机器为折叠串联静电四极，端电压高达 1.2 MV，用于在空气中工作，以避免需要安装压力容器和绝缘气体。该项目旨在研制一种能输送约 2.4 MeV 和 30 mA 质子束的机器，照射锂金属 (或难熔锂化合物) 靶，以便在适当的射束整形后产生高质量的治疗中子射束 (即尽可能减少快中子污染)。利用三维有限元程序对总体几何和机械布局、相关静电场和加速管进行了模拟。机电结构正在施工中,包括高压柱、加速管、发电机和电源。利用自洽三维程序 WARP[21] 和其他有限元程序进行了加速器的束流传输计算 [41,49]。同样,与剥离器和中子产生靶有关的工作也在进行中,优化的射束整形组件的原型已经完成 [8,44]。

3.4.2 动态电场加速器

目前有两个正在进行的项目,开发基于射频机器的 AB-BNCT 设施。首先要介绍的是意大利 INFN 机构在莱格纳罗国家实验室 (Laboratori Nazionali de Legnaro, LNL) 的 AB-BNCT 项目,该项目基于一个在 5 MeV 质子能量和 30 mA 下运行的强流射频四极加速器,计划通过 ^{9}Be(p,xn) 反应产生热中子来治疗皮肤黑色素瘤 [15,19]。已经研制出一种高功率 (150 kW) 和相当复杂的固体 Be 靶,并设计了相应的 BSA。

第二个项目是基于一个超导直线加速器,目前正在以色列索雷克研究中心建设中。高强度质子束 (约 2 MeV 和 2~4 mA) 将在液态锂靶中转换,该靶配置成了锂射流的无窗强制流动 [26,27]。

这些有意义的项目所基于的机器可能比面向医院设施中的静电加速器设备更昂贵和更复杂。

最后应该提到的是,京都大学目前正在安装一台 30 MeV 质子回旋加速器,与 Be 靶结合,在不久的将来将开始临床工作 [47]。

3.5 总结与结论

BNCT 的发展需要适合医院环境的中子源。低能粒子加速器最适合于此目的。此外,这些设备在专业医疗机构的存在很可能对 BNCT 的未来起决定性作用。与基于反应堆的中子源相比,基于加速器的 BNCT(AB-BNCT) 的主要优点是:①在医院内选址的可能性;②较少的辐射危害;③在许可证、安装和维护方面更为简单;④与反应堆系统相比,在医院内或医院附近安装的资金费用大大降低;⑤非常重要的是,某些核反应产生的中子能谱要比裂变产生的中子能谱"软"(能量较低),这使得产生治疗深部肿瘤所需的"理想"超热中子谱更容易。因此,中子场的质量可以设计为大大好于反应堆中子源的中子场。

本章我们讨论了各种可能的带电粒子诱发核反应,由此产生的中子能谱特征,以及相应的射束整形组件和作为中子产生源的粒子加速器。吸热反应 ^{7}Li(p,n) 的质子能量约为 2.3 MeV,电流在 20~30 mA 范围内,与合适的 BSA 结合,无论是固体还是液体 Li 靶,都为产生治疗深部肿瘤的超热中子束提供了最佳解决方案。接近阈值的这种反应也可能是一个好的选择。在较低能量下的其他反应，如 1.2 MeV 时的 ^{9}Be(d,n)^{10}B，可能同时用于治疗浅表和深部病变。本章描述了过去和现在在世界范围内发展这类设施的不同努力，包括正在进行的一个项目，即基于加速器的 (AB)-BNCT 开发串联静电四极 (TESQ) 加速器。

参 考 文 献

[1] Aleynik V et al (2011) BINP accelerator based epithermal neutron source. Appl Radiat Isot 69: 1635-1638

[2] Allen DA, Beynon TD (1995) A design study for an accelerator-based epithermal neutron beam for BNCT. Phys Med Biol 40: 807-821

[3] Anderson OA, Alpen EL, Kwan JW et al (1994) ESQ-focused 2.5 MeV DC accelerator for BNCT. In: Proceedings of the 4th European particle accelerator conference. London, 1994, pp 2619-2621

[4] Bayanov BF, Belov VP, Bender ED et al (1998) Accelerator-based neutron source for the neutron-capture and fast neutron therapy at hospital. Nucl Instrum Methods Phys Res A 413: 397-426

[5] Bayanov B, Burdakov A, Chudaev et al (2008) First neutron generation in the BINP accelerator based neutron source. In: Proceedings of the 13th international congress on neutron capture therapy. ENEA, pp 514-517

[6] Bleuel DL, Donahue RJ, Ludewigt BA et al (1998) Designing accelerator-based epithermal neutron beams for BNCT. Med Phys 25: 1725-1734, and refs. therein

[7] Blue T, Yanch J (2003) Accelerator-based epithermal neutron sources for boron neutron capture therapy of brain tumors. J Neurooncol 62(1): 19-31, and refs. therein

[8] Burlon AA, Kreiner AJ (2008) A comparison between a TESQ accelerator and a reactor as a neutron source for BNCT. Nucl Instrum Methods Phys Res B 266: 763-771 and Proceedings of the 13th international congress on neutron capture therapy. ENEA, pp 458-461

[9] Burlon AA, Kreiner AJ, White SM et al (2001) In-phantom dosimetry using the ^{13}C(d,n)^{14}N reaction for BNCT. Med Phys 28: 796-803

[10] Burlon AA, Kreiner AJ, Valda AA et al (2002) Optimization of a neutron production target and beam shaping assembly based on the ^{7}Li(p,n)^{7}Be reaction. In: Research and development in neutron capture therapy. Monduzzi Editore, Bologna, pp 229-234

[11] Burlon AA, Kreiner AJ et al (2004) An optimized neutron-beam shaping assembly for accelerator-based BNCT. Appl Radiat Isot 61: 811

[12] Burlon AA, Kreiner AJ, Valda AA et al (2005) Optimization of a neutron production target and a beam shaping assembly based on the 7Li(p, n) reaction for BNCT. Nucl Instrum Methods Phys Res B 229: 144-156

[13] Burlon AA, del V Roldan T, Kreiner AJ et al (2008) Nuclear reactions induced by deuterons and their applicability to skin tumor treatment through BNCT. Nucl Instrum Methods Phys Res B 266: 4903-4910

[14] Capoulat ME, Minsky DM, Kreiner AJ (2011) Applicability of the ^{9}Be(d,n)^{10}B reaction to AB-BNCT skin and deep tumor treatment. Appl Radiat Isot 69: 1684-1687

[15] Ceballos C et al (2011) Towards the final BSA modeling for the accelerator-driven BNCT facility at INFN LNL. Appl Radiat Isot 69: 1660-1663

[16] Cleland MR (2006) Industrial applications of electron accelerators. CAS Proc. Yellow reports CERN 2006-012: 383-416

[17] Colonna N, Beaulieu L, Phair L et al (1999) Measurements of low-energy (d, n) reactions for BNCT. Med Phys 26(5): 793-798

[18] Custodero S, Leung K, Mattioda F (2008) Feasibility study for the upgrade of a compact neutron generator for NCT application. In: Proceedings of the 13th international congress on neutron capture therapy. ENEA, pp 450-453

[19] Esposito J, Colautti P, Fabritsiev S et al (2008) Be target development for the accelerator-based SPES-BNCT facility at INFN Legnaro. In: Proceedings of the 13th international congress on neutron capture therapy. ENEA, pp 466-469

[20] Forton E, Stichelbaut F, Cambriani A et al (2008) Overview of the IBA accelerator-based BNCT system. In: Proceedings of the 13th international congress on neutron capture therapy. ENEA, pp 530-534

[21] Friedman A, Grote DP, Haber I (1992) Particle simulation of heavy ion fusion beams. Phys Fluids B 4: 2203

[22] Ganda F, Vujic J, Greenspan E et al (2008) Accelerator-driven sub-critical multiplier for BNCT. In: Proceedings of the 13th international congress on neutron capture therapy. ENEA, pp 526-529

[23] Ghani Z, Green S, Wojnecki et al (2008) BNCT beam monitoring, characterization and dosimetry. In: Proceedings of the 13th international congress on neutron capture therapy. ENEA, pp 647-649 and refs. therein

[24] Green S (1998) Developments in accelerator based BNCT. Radiat Phys Chem 51(4-6): 561-569

[25] Guzek J, Tapper U, McMurray W et al (1997) Characterization of the ^{9}Be(d, n)^{10}B reaction as a source of neutrons employing commercially available radiofrequency quadrupole (RFQ) linacs. In: Proceedings of SPIE, The International Society for Optical Engineering, 2867, pp 509-512

[26] Halfon S, Paul M, Steinberg D et al (2008) High power accelerator-based BNC with a liquid Li target and new applications to treatment of infectious diseases. In: Proceedings of the 13th international congress on neutron capture therapy. ENEA, pp 470-473 and references therein

[27] Halfon S et al (2011) High power liquid-lithium target prototype for accelerator-based boron neutron capture therapy. Appl Radiat Isot 69: 1654-1656

[28] Klinkowstein R, Shefer R, Yanch JC, et al (1997) Operation of a high current tandem electrostatic accelerator for boron neutron capture therapy. Advances in neutron capture therapy, Medicine and Physics, Elsevier Science B. V., Amsterdam, vol. 1, pp

522

[29] Kobayashi T, Sakurai Y, Ono K (1998) Neutron irradiation systems for BNCT using accelerators and research reactors. Proc ECOMAP-98: 370-375

[30] Kobayashi T, Bengua G, Tanaka K (2008) Neutrons for BNCT from the near threshold ^{7}Li(p,n)^{7}Be on a thick Li target. In: Proceedings of the 13th international congress on neutron capture therapy. ENEA, pp 478-481 and refs. therein

[31] Kononov VN, Androsenko PA, Bohovko MV et al (1994) ^{7}Li(p, n)^{7}Be reaction near the threshold: the prospective neutron source for BNCT. In: Proceedings of the 1st international workshop on accelerator-based neutron sources for BNCT. vol 2, pp 477-483

[32] Kononov et al (1996) Accelerator-based and intense directed neutron source for BNCT. In: Conference proceedings, 7th international symposium on neutron capture therapy. vol 1, pp 528-532

[33] Kononov VN, Bohovko MV, Kononov OE, et al (2006) Neutron therapy facility based on high current proton accelerator KG-2,5. Proceedings of RuPAC, Novosibirsk, Russia, pp 118-119

[34] Kreiner AJ, et al (eds) (2011a) Proceedings of the 14th international congress on neutron capture therapy. Appl Radiat Isot vol 69(12)

[35] Kreiner AJ, Kwan JW, Burlon AA et al (2007) A tandem-electrostatic-quadrupole for accelerator-based BNCT. Nucl Instrum Methods B 261: 751-754

[36] Kreiner AJ, Thatar Vento V, Levinas P et al (2008) Development of a tandem-electrostatic-quadrupole accelerator facility for BNCT. In: Proceedings of the 13th international congress on neutron capture therapy. ENEA, pp 482-485

[37] Kreiner AJ et al (2011) Development of a tandem-electrostatic-quadrupole facility for accelerator-based boron neutron capture therapy. Appl Radiat Isot 69: 1672-1675

[38] Kwan JW, Ackerman GD, Chan CF et al (1995) Acceleration of 100 mA of H$^-$ in a single channel electrostatic quadrupole accelerator. Rev Sci Instrum 66(7): 3864

[39] Lee CL, Zhou XL (1999) Thick target neutron yields for the ^{7}Li(p, n)^{7}Be reaction near threshold. Nucl Instrum Methods Phys Res B 152: 1-11

[40] Lee CL, Zhou XL (1999b) An algorithm for computing thick target differential p-Li neutron yields near threshold. In: Duggan JL et al (eds) Proceedings of the 15th international conference on the applications of accelerators in research and industry, pp 227-230

[41] Levinas P, Kreiner AJ, Henestroza E (2008) Transport of high-intensity proton and deuteron beams through a TESQ accelerator. In: Proceedings of the 13th international congress on neutron capture therapy. ENEA, pp 411-414 and refs. therein

[42] Liskien H, Paulsen A (1975) Neutron production cross section and energies for the reactions ^{7}Li(p, n)^{7}Be and ^{7}Li(p, n)^{7}Be*. At Data Nucl Data Tables 15: 57-84

[43] Ludewigt BA, Chu WT, Donahue RJ et al (1997) An epithermal neutron source for BNCT based on an ESQ-accelerator. LBNL report 40642

[44] Minsky DM, Kreiner AJ, Valda AA (2011) AB-BNCT BSA based on the ^{7}Li(p,n)^{7}Be reaction optimization. Appl Radiat Isot 69: 1668-1671

[45] Pisent A, Colautti P, Esposito J et al (2006) Progress on the accelerator based SPES-BNCT project at INFN Legnaro. J Phys Conf Ser 41: 391-399. doi: 10.1088/1742-6596/41/1/043, and references therein

[46] Porter EH (1980) The statistics of dose/cure relationships for irradiated tumours. Part I. Br J Radiol 53: 210

[47] Tanaka H et al (2011) Experimental verification of beam characteristics for cyclotron-based epithermal neutron source (C-BENS). Appl Radiat Isot 69: 1642-1645

[48] Taskaev S, Bayanov B, Belov V et al (2006) Development of Li target for AB-BNCT. Advances in NCT. Neutrino, Osaka, pp 292-295

[49] Vento VT et al (2011) Electrostatic design and beam transport for a folded tandem electrostatic quadrupole accelerator facility for accelerator-based boron neutron capture therapy. Appl Radiat Isot 69: 1649-1653

[50] Wheeler F, Nigg D, Capala J et al (1999) BNCT: implications of neutron beam and boron compound characteristics. Med Phys 26(7): 1237-1244

[51] Yanch JC, Zhou X-I, Shefer RE et al (1992) Accelerator-based epithermal neutron beam design for NCT. Med Phys 19: 709-721, and references therein

[52] Ziegler JF (2008) The stopping and range of ions in matter. www.srim.org/SRIM/SRIM2008. htm. Accessed 2009

[53] Zonta A et al (eds) (2008) BNCT: a new option against cancer. Proceedings of the 13th international congress on neutron capture therapy, Appl Radiat Isot. Florence, Italy, 67(7-8): s1-s380

第 4 章 BNCT 用紧凑型中子发生器

梁家娥

4.1 简 介

中子源通常用于研究、工业和临床应用。其中许多是密封放射源,用于石油工程(例如石油勘探的测井)、医学(癌症治疗、起搏器和诊断)、家庭(烟雾探测器)和发电(在从灯塔到外层空间的遥远地区发电的辐射热发电机)。例如,Cf-252 和 Am-Be 被用来为活化分析和测井提供数 MeV 中子。放射源可以是便携式的,也可以是固定的,而且大多数都很小,从很小的近距离放射治疗针头或种子(植入用于局部癌症治疗)到密封在工业仪表安全胶囊内的针箍大小的塞子。

近年来,人们在射频 (RF) 等离子体中子发生器的开发上投入了大量的精力,它可以为临床应用提供高中子产额,如硼中子俘获疗法 (BNCT)。利用 D-D 聚变反应,在一台小型氘束流能量为 100 keV 的小型发生器上可以产生 2.4 MeV 的中子。同样,D-T 聚变反应能产生 14 MeV 中子。这些射频等离子体源操作安全,开关方便。许多这种 D-D 中子发生器已经在世界各地的大学、研究机构和私营企业运行,以取代放射性同位素中子源。特别是在意大利都灵安装了一台紧凑型 D-D 中子发生器,用于 BNCT 的研发。

BNCT 将两个组分组合在一起。第一个组分是 ^{10}B,一种稳定的硼同位素,具有较大的热中子吸收截面,在肿瘤"寻找"化合物的帮助下,优先向肿瘤细胞输送。第二个组分是低能中子束。当热中子被 ^{10}B 俘获后,发生 ^{10}B(n,α)^{7}Li 反应,释放出两个高能离子。由于这些离子高的线性能量转移 (LET) 和相对生物效应 (RBE),只有靠近反应的细胞受到损伤,相邻细胞不受影响。与正常细胞相比,肿瘤细胞对硼标记剂的吸收增强导致肿瘤细胞的选择性杀伤,这是因为可以给肿瘤细胞递送更高的剂量。到目前为止,用于 BNCT 的中子大多是在裂变反应堆中产生的。近年来,人们尝试用一个紧凑的中子发生器来产生中子,这样就可以在医疗设施内容纳完整的 BNCT 系统。

梁家娥
美国,加利福尼亚州,伯克利,加州大学,核工程系
美国,加利福尼亚州,伯克利,劳伦斯伯克利国家实验室
e-mail: knleung@lbl.gov

4.2 用于中子产生的射频驱动等离子体源

小型中子发生器由三部分组成：离子源、静电加速器和靶电极 (图 4.1)。射频驱动等离子体源是目前常用的离子束产生源。射频驱动等离子体源的示意图如图 4.2 所示。这种类型的离子源正在劳伦斯伯克利国家实验室 (LBNL) 等离子体和离子源技术小组开发的所有紧凑型中子发生器中使用。氘气体放电等离子体中存在三种氘离子 (D^+、D_2^+ 和 D_3^+)。氘原子形成的离子 D^+ 是产生中子的首选，因为当它们撞击靶表面时，它们能为聚变反应提供全部能量。氘分子形成的离子 D_2^+ 和 D_3^+ 在靶上会分解成两个或三个原子。每一个原子只携带一半或三分之一的能量。当相互作用能较低时，聚变中子产额将降低。

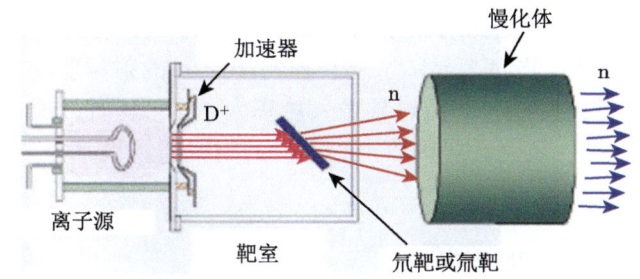

图 4.1 轴向式中子发生器

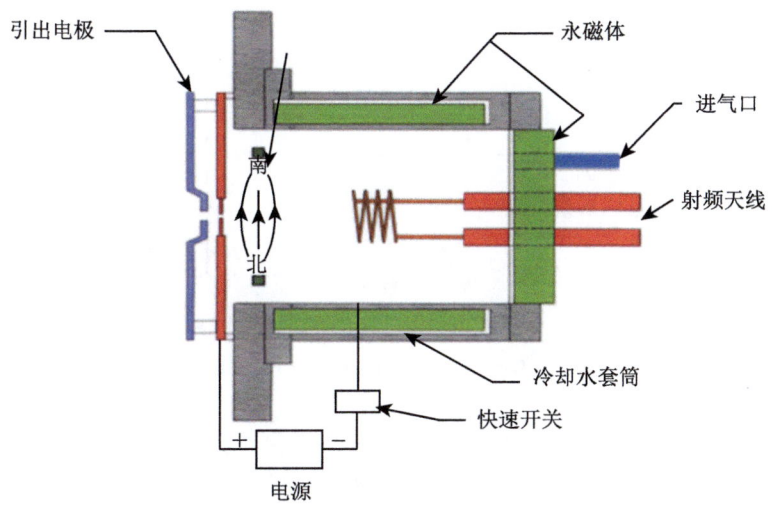

图 4.2 射频驱动多尖离子源

离子源采用 13.5 MHz 电源和阻抗匹配网络。等离子体是通过覆盖石英管的铜线圈天线射频感应放电产生的。通过使用纯氘气体 (或氘和氚的混合气体) 操作源，D^+ 离子 (或 D^+ 和 T^+ 离子) 将从源的出口孔中引出。一个简单的单间隙引出系统被用来加速离子到 100 keV 或更高的能量。采用主动冷却钛靶电极捕捉加速的 D^+(或 D^+ 和 T^+) 离子束。因此，靶表面将持续吸附氘 (或氘和氚)。入射的 D^+ 离子将与靶表面的 D 原子发生反应，生成 2.45 MeV D-D 中子 (或 14 MeV D-T 中子)。这种类型的束流加载靶 (beam-loaded target) 已应用于 LBNL 开发的所有中子发生器中。它提供了非常长的使用寿命，可以设计成各种配置。用 100 keV，1 A D^+ 的离子束，可以获得大于 10^{11} n/s 的 D-D 中子产额 (或大于 10^{13} n/s 的 D-T 中子产额，"n/s" 表示 "中子/秒")。

与其他类型的离子源 (如大多数商用中子发生器中使用的潘宁放电源) 相比，射频驱动离子源有两个优点。它可以提供较高的原子 D^+ 或 T^+ 离子百分比 (>90%)，并且可以在适当的射频输入功率下轻松地产生大于 $100\ \text{mA/cm}^2$ 的氘 (或氚) 离子束流密度。图 4.3 显示了从直径为 10 cm 的射频驱动氢等离子体源中引出束流时的离子种类分布。当射频输入功率为 1.5 kW 时，原子离子浓度大于 90%。用氘、氚或氘-氚混合射频放电也能得到类似的结果。

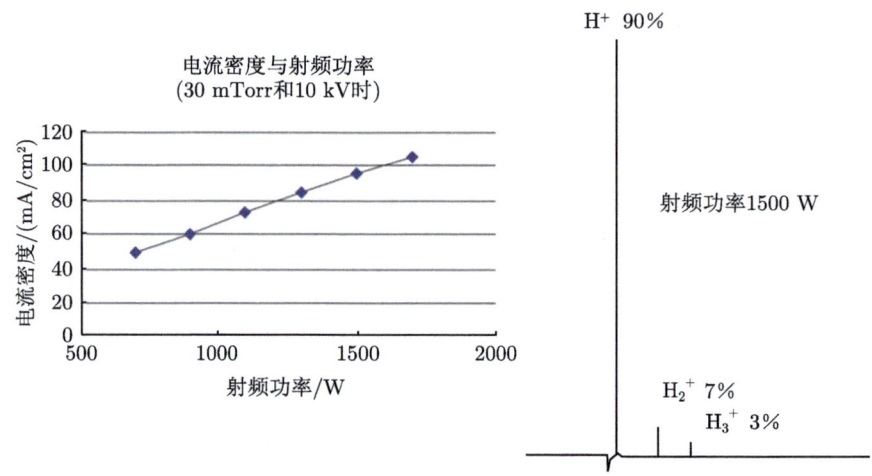

图 4.3　电流密度与射频输入功率的函数关系和离子种类分布
(1 mTorr = 10^{-3} Torr = 0.1333 Pa)

图 4.3 显示了射频驱动等离子体源的可引出离子束流密度随射频输入功率线性增加。原则上，只要射频电源能够提供所需的输入功率，对可引出离子束流密度没有限制。然而，为了获得最佳的中子产额，中子发生器靶电极上的入射束功率密度不应超过 $700\ \text{W/cm}^2$。当束流能量为 100 keV 时，靶面上的束流密度不应超过 $7\ \text{mA/cm}^2$。为了提高中子产额，必须通过增加总束流来提高聚变反应率，

4.3 高中子产额的紧凑型中子发生器

同时保持靶电极上的最佳束流功率密度。利用多束流引出技术，同时将离子束流扩展到大的靶表面上，可以满足这两个要求。

离子源室的外表面通常被永磁体柱包围，形成一系列用于等离子体约束的磁力线尖场。这种类型的多尖点等离子体源 (multi-cusp plasma source) 可以提供大面积非常均匀的等离子体密度 (图 4.4)，从而实现多束流引出，因此获得高中子输出。

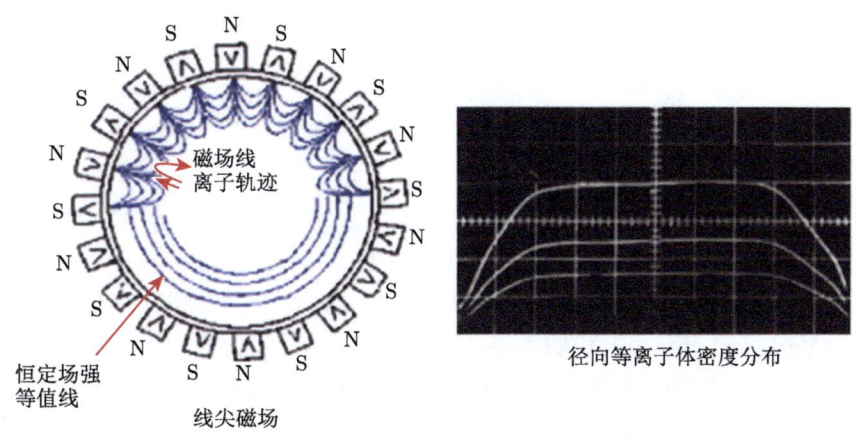

图 4.4 源室截面图和径向等离子体密度分布

4.3 高中子产额的紧凑型中子发生器

两个中子发生器配置已被用来提供高中子产额。图 4.1 所示为轴向配置。在这种类型的发生器中，离子源室的外表面被等离子体容器 (一种多尖离子源) 用的永磁体柱包围。因此，可以形成大面积均匀的等离子体密度。从均匀等离子体密度区可以引出多束离子束。图 4.4 显示了直径为 30 cm 的多尖离子源室的横截面图以及三种不同放电功率下的径向等离子体密度分布。多尖源配置可实现多束引出，因此总束流较高。

图 4.5 所示为密封轴向式 D-T 中子发生器的示意图[1]。在这个系统中，射频驱动的离子源、加速器管和靶电极都封装在一个密封的金属容器中，不需要外部泵送。在运行期间，氘和氚将从储气室单元和靶中释放出来。运行后，由于温度较低，这两种气体将返回储气室单元和靶。从离子源的一侧引出离子束。为了降低束流功率密度，束流聚焦在高压电极上。然后它们扩展到靶电极上更大的区域，如图 4.5 所示。当 150 keV 和 2 A 混合 D^+、T^+ 束击中冷却良好的靶时，在长时间的运行中，中子产额可达到 10^{14} n/s。

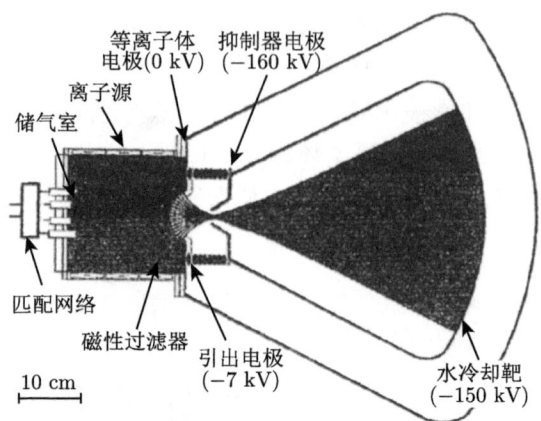

图 4.5 密封轴向式 D-T 中子发生器原理图

为了用 BNCT 治疗深部脑肿瘤，必须向其输送热中子。以前的一项研究表明，理想情况下，需要提供能量分布峰值约为 10 keV 的超热中子[2]。大脑中的高氢含量减慢了进入的超热中子的速度，当它们到达所需深度时，就会变得热化。维伯克 (Verbeke) 等人[3]和切鲁洛 (Cerullo) 等人[4]证明了 14 MeV D-T 中子可以被慢化到期望的能量范围，而不会将中子通量降低到可忽略的水平。在最佳慢化剂和铅反射层配置下，能量为 150 keV 的 1 A 混合 D^+ 和 T^+ 束加速到钛靶上，治疗时间为 1 h[3]。用这种中子发生器和慢化体系统获得的靠近大脑中心的剂量比布鲁克海文医学研究反应堆产生的典型能谱的剂量高出 65% 以上，与其他加速器产生的中子束获得的剂量相当。图 4.6 和图 4.7 显示了射束整形组件 (BSA) 的设计和由此产生的中子能量分布，如参考文献 [3] 所述。

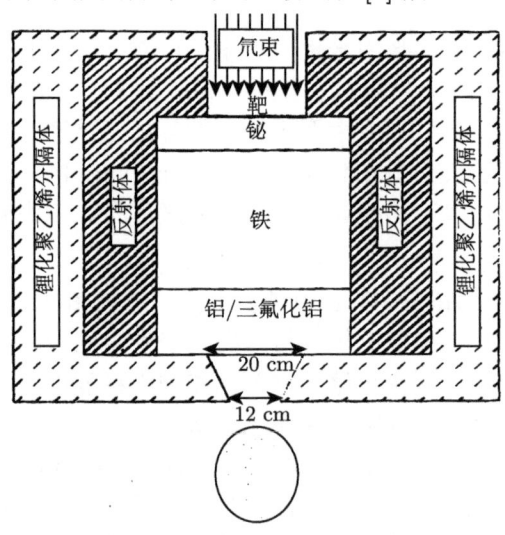

图 4.6 基于密封 D-T 中子发生器的射束整形组件设计

4.3 高中子产额的紧凑型中子发生器

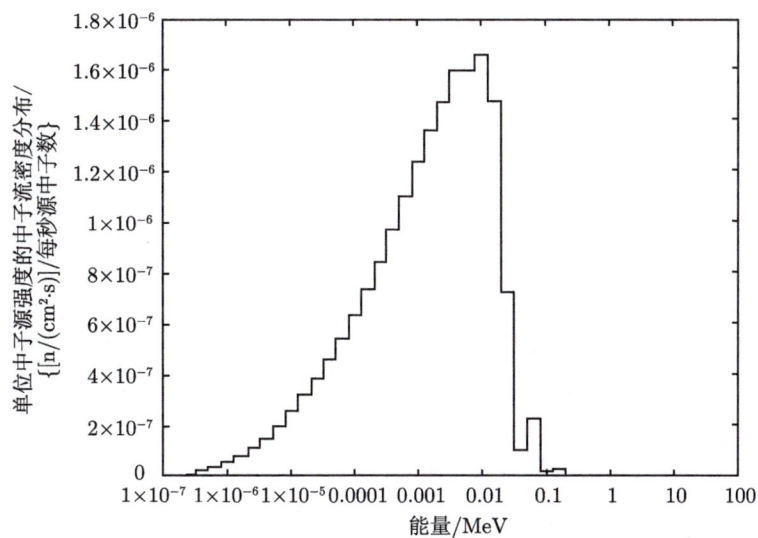

图 4.7 D-T 中子最佳 BSA 慢化后的中子能量分布

第二个配置是同轴型源 (图 4.8)。在这种布置中,离子源是圆柱形的,位于发生器的中心。靶是一个大直径的铝制圆筒,内表面涂有一层钛。在正常运行中,离子源室处于接地电势,而靶偏压在 -120 kV。等离子体由 13.5 MHz 射频感应放电产生。正氘离子从源室壁上的孔中被引出来,它们将朝向靶加速。当氘离子撞击钛靶表面时,D-D 聚变反应将产生中子。如果离子源在氘和氚混合放电的情况下运行,则 D^+ 和 T^+ 离子都将被引出并加速到靶圆筒中。在这种情况下,D-T、D-D 和 T-T 都会产生中子。由于 D-T 反应的截面要大得多,所以产生的大多数中子的能量为 14 MeV。

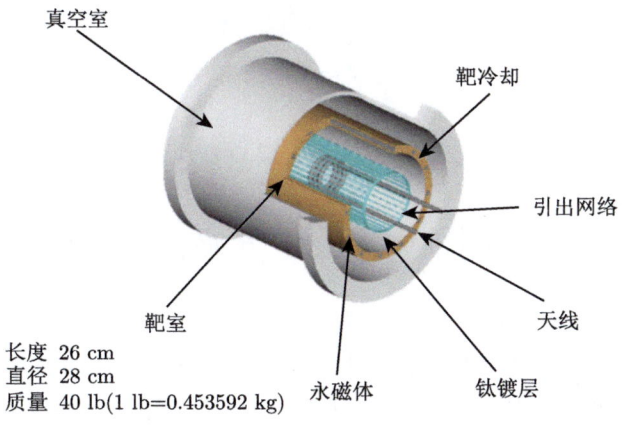

长度 26 cm
直径 28 cm
质量 40 lb(1 lb=0.453592 kg)

图 4.8 同轴式中子发生器示意图

靶室内装有永磁体柱，以抑制离子束产生的二次发射电子。这些电子将构成一个大的电源漏电流。当它们撞击离子源室时，也会产生不需要的 X 射线。由于靶室的直径大于离子源的直径，外加电场将使离子束扩展到更大的表面积。结果，靶电极上的束流功率密度降低 (至少以 R_t/R_s 为因子，其中 R_t 和 R_s 分别是靶室和离子源室的半径)。因此，我们可以产生高中子通量而不会使靶表面过热。

同轴型 D-D 中子发生器的照片如图 4.9 所示。该发生器是由 LBNL 为意大利都灵的"欧洲创新能源–环境系统发展区域间委员会"(EUROSEA) 开发的，用于 BNCT 应用。离子源和靶电极均设计成束流总功率为 120 kV、1 A，可获得大于 10^{11} n/s 的 D-D 中子产额。这台同轴中子发生器于 2004 年底交付意大利都灵。2005 年 3 月，都灵大学对这台 D-D 中子发生器进行了调试。为了缩短肝肿瘤的治疗时间，MCNP 计算表明中子产额必须提高到 2×10^{12} n/s 左右，研究了将 EUROSEA 发生器产额提高到 10^{12} D-D n/s 以上的不同方案，并在第 13 届国际中子俘获疗法大会上作了报告，大会于 2008 年 11 月 2~7 日在意大利佛罗伦萨召开。

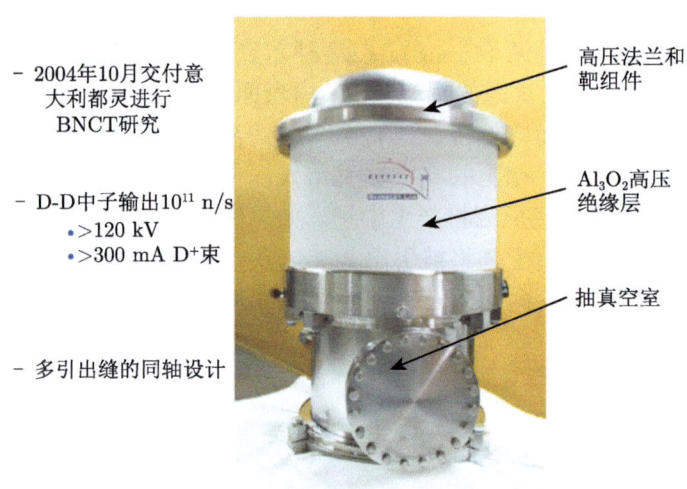

图 4.9　EUROSEA 同轴型 D-D 中子发生器

4.4　同轴中子发生器慢化体设计

D-D 聚变中子的能量为 2.45 MeV，D-T 聚变中子的能量为 14 MeV。对于 BNCT，这些中子需要被调节到最佳中子能谱。慢化体设计研究采用 MCNP 计算程序。科伊沃诺罗 (H. Koivunoro) 等人[5]已经报告了初步结果。图 4.10 显示了 LBNL 等离子体和离子源技术小组开发的慢化体设计之一。如图 4.11 所示，使用不同的材料,如 Fluental™ 和铁,可以优化用于肝癌治疗的中子能谱。为了优化治疗比,杜里西 (E. Durisi) 等人 [6] 使用不同的材料和几何形状,研究了各种射束整形组件 (BSA)。

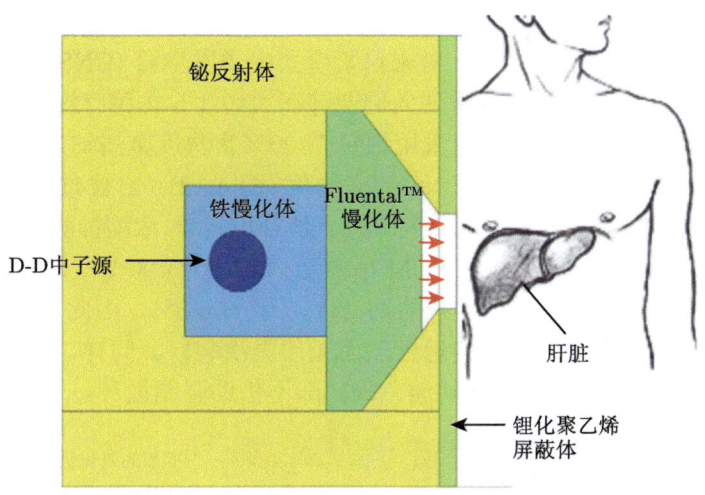

图 4.10 用于肝癌治疗的射束整形组件

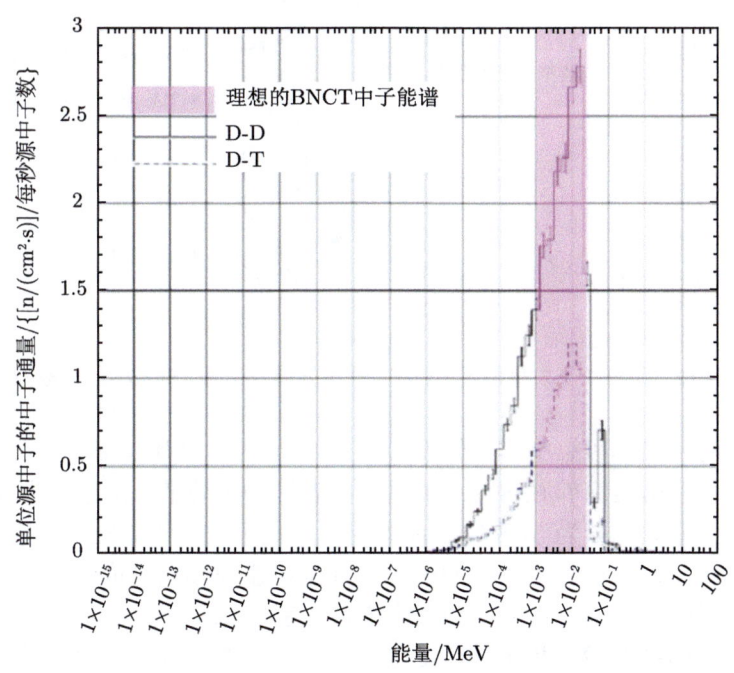

图 4.11 D-D 和 D-T 中子的慢化中子能谱

4.5 BNCT 用次临界中子增殖器

虽然改进的同轴中子发生器可以提供 2×10^{12} n/s 的 D-D 中子源强度,但仍比深部脑肿瘤 BNCT 所需强度低一个数量级。最近有人研究了使用小型、安全、廉价的次临界裂变组件 (SCM),对来自紧凑型中子发生器 (CNS) 中的 D-D 聚变中子进行倍增的可行性 [7]。这将使人们能够在大约 1 h 内治疗深层脑肿瘤。确定了被动冷却 SCM 的优化设计应采用铝包壳 20%富集度金属铀燃料。SCM 的几何设计是为了增加 SCM"观看"CNS 的立体角 (图 4.12);它被布置成一个"杯子"形状,从三个侧面围绕 CNS,k_{eff} 为 0.98。所需的 20%浓缩铀质量为 8.5 kg。在 1×10^{12} D-D n/s 中子源驱动下,SCM 所需功率估计为 400 W。这意味着在 50 年的连续运行中,只消耗了最初装载的铀-235 原子的 0.5%。因此,SCM 似乎可以在机器的整个使用寿命期间连续运行,而无须再次装料。同样,根据需要,冷却 SCM 并不构成挑战;它可以被动地完成,即不借助强制循环。

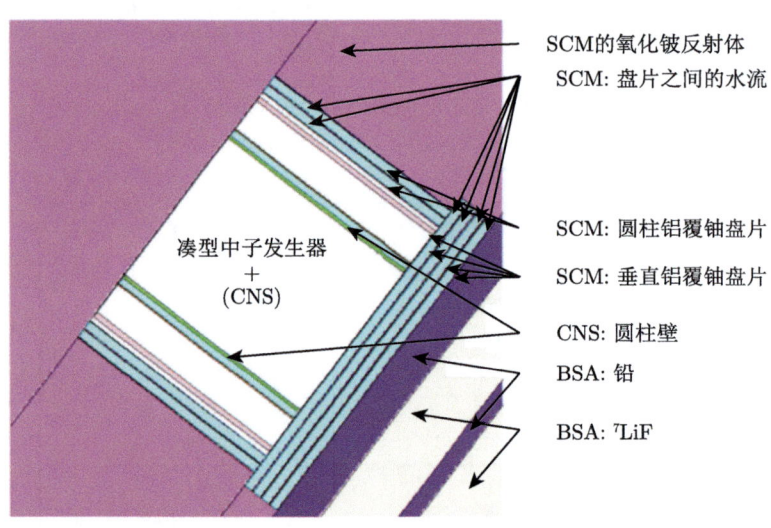

图 4.12 围绕中子发生器的"杯状"次临界裂变组件 (SCM) 的横截面图

确定了两种最佳射束整形组件设计:一种用于最大化剂量率 (图 4.13),另一种用于最大化可输送至深部肿瘤的总剂量。前者可提供的最大剂量率为 10.1 Gy/h,后者可递送的最大剂量为 51.8 Gy。前者的特点是中子能谱更硬,对皮肤的中子剂量成分相对较高,而后者皮肤中的中子、伽马射线和硼剂量成分具有可比性。相应的可递送至肿瘤的最大剂量率和最大剂量分别为 10.1 Gy/h 和 51.8 Gy。

该研究得出的结论:增加 SCM 使治疗束强度增加了 18 倍,从 0.56 Gy/h 增加到 10.1 Gy/h,CNS 强度为 1×10^{12} n/s。因此,如果采用下列方法之一,基于本研究确定的最佳系统的实用 BNCT 设备可在不到 1 h 内提供所需的肿瘤剂量：①以 3~4 个 1 h 的疗程照射患者；②同时用 3 或 4 个射束照射患者；或③将允许的 SCM 最大值 k_{eff} 增加到 0.995。然而，如果 CNS 强度能达到 2.3×10^{12} n/s，则不需要上述补救措施。

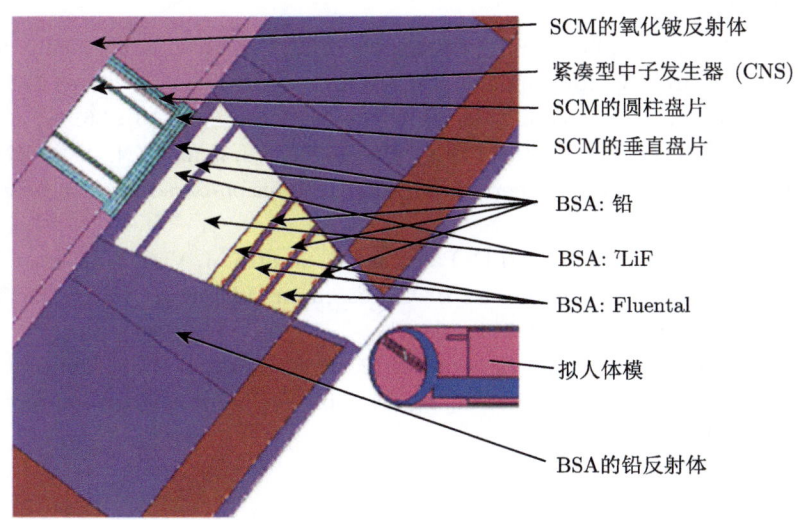

图 4.13 使剂量率最大化的射束整形组件设计横截面图

4.6 小　　结

总之，基于 D-D 和 D-T 聚变反应的紧凑型中子发生器可以为硼中子俘获疗法提供所需的中子产额。为了满足 BNCT 的要求，开发了两种中子发生器结构。这些紧凑的中子发生器加上适当的慢化体设计和有效的硼-10 化合物，可以提供一个低成本和易于操作的 BNCT 设施，非常适合在医院环境中安装。

致谢：作者要感谢劳伦斯伯克利国家实验室的等离子体和离子源技术小组、加州大学伯克利分校核工程系以及意大利都灵的 EUROSEA 委员会的成员，感谢他们为本章提供的材料。

参 考 文 献

[1] Verbeke JM, Leung KN, Vujic J (2000) Development of a sealed-accelerator-tube neutron generator. Appl Radiat Isot 53: 801-809

[2] Yanch JC, Zhou XL, Brownell GL (1991) A Monte Carlo investigation of the dosimetric properties of monoenergetic neutron beams for neutron capture therapy. Radiation Res 126: 1-20

[3] Verbeke JM, Vujic J, Leung KN (2000) Neutron beam optimization for boron neutron capture therapy using the D-D and D-T high-energy neutron sources. Nucl Technol 129: 257-278

[4] Cerullo N, Esposito J, Leung K-N, Custodero S (2002) An irradiation facility for Boron Neutron Capture Therapy application based on a radio frequency driven D-T neutron source and a new beam shaping assembly. Rev Sci Instrum 73(10): 3614

[5] Koivunoro H, Bleuel DL, Nastasi U, Lou TP, Reijonen J, Leung KN (2004) BNCT dose distribution in liver with epithermal D-D and D-T fusion-based neutron beams. Appl Radiat Isot 61: 853-859

[6] Durisi E, Zanini A, Manfredotti C, Palamara F, Sarotto M, Visca L, Nastasi U (2007) Design of an epithermal column for BNCT based on D-D fusion neutron facility. Nucl Instrum Methods Phys Res A 574: 363-369

[7] Ganda F. Vujic J, Greenspan E, Leung K (2010) Compact D-D neutron source-driven subcritical multiplier and beam-shaping assembly for boron neutron capture therapy. Nucl Technol 172(3): 302-324

第 5 章 锎-252 BNCT 中子源

艾伯特·米勒

5.1 锎-252 的物理性质

1952 年 11 月，同位素 Cf-252 在埃尼威托克代号为迈克 (MIKE) 的热核试验碎片中被发现[1]。对其性质的早期研究表明，它的半衰期为 2~3 年 (实际上为 2.645 年)，并且自发裂变 (SF) 衰变的分支分数非常显著，这使得 Cf-252 成为一种特别好且紧凑的中子源。由于其在宏观上的可用性，Cf-252 已成为研究得最广泛的超钚同位素之一。大部分的工作都是为了了解自发裂变的性质，其中一些总结在表 5.1 中。这些特性使 Cf-252 成为 3000 种已知放射性核素中最有用的中子发射体之一。尽管像 Cf-254 和 Md-260 这样的同位素具有较高的自发裂变率，但它们的半衰期太短，即几周，不足以进行大规模制造。在 Cf-252 衰变中，96.9% 的衰变是通过 α 衰变的，但由于密封的性质，这些 He-4 核并没有从源的束缚中逃脱。Cf-252 有一小部分 3.092% 但相当显著的比例是通过自发裂变衰变，产生裂变碎片，中子产额为 3.768 n/裂变 (Cf-252 的中子产额为 2.31434×10^{12} n/(g·s))。Cf-252 中子能谱如图 5.1 所示。这些中子有一个能谱，可以模拟成麦克斯韦谱或瓦特谱。美国国家标准局 (NBS) 评估了该能谱 (表 5.2)，并使用能量相关调整函数对理想麦克斯韦谱的偏差进行了补偿。除 0~0.25 MeV 和 8~12 MeV 能群的相对不确定度外，NBS 中子能谱的相对不确定度很小。然而，与总的中子发射量相比，

表 5.1 锎-252 的衰变和自发裂变特性 [3—5]

半衰期	比活度	衰变模式	中子多重数	平均裂变中子谱能量	瞬发伽马射线多重数 (平均值)	平均瞬发伽马射线能量
2.645 年	536.3 Ci*/g	α(96.908%)，自发裂变 (3.092%)	3.768 n/裂变	2.13~2.15 MeV	约 10/裂变	0.7~0.9 MeV

注：*1 Ci=3.7×10^{10} Bq。

艾伯特·米勒
立陶宛，维尔纽斯 06880，桑塔里斯基-1，维尔纽斯大学肿瘤研究所，放射医学物理系
e-mail: albert.miller@varian.com

在这两个能群中发射的中子数量很少。其他 Cf-252 发射产物包括瞬发伽马和裂变产物发射的光子[2]。总伽马发射能谱如图 5.2 所示。

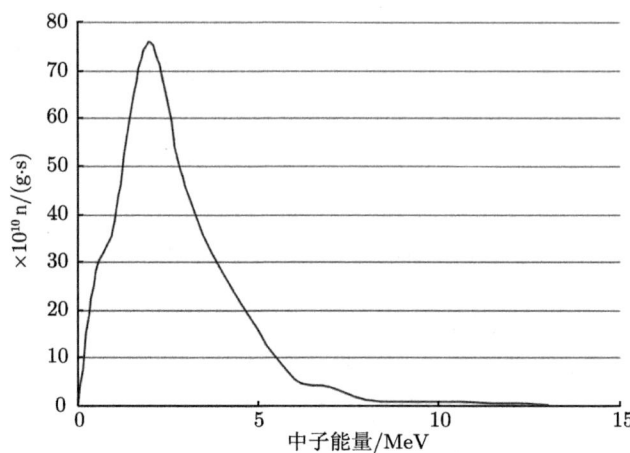

图 5.1 Cf-252 自发裂变的中子能谱 (总 $=2.31\times10^{12}$ n/(g·s))

表 5.2 Cf-252 中子能谱的 NBS 评估 [5] $X_{\mathrm{Cf}}=[0.6672(E)^{1/2}\exp(-E/1.42)]\cdot\mu(E)$，其中 E 的单位为 MeV

能量区间/MeV	$\mu(E)$	相对不确定度 (1σ)/%
0~0.25	$1+1.20E-0.237$	±13
0.25~0.8	$1-0.14E+0.098$	±1.1
0.8~1.5	$1+0.24E-0.0332$	±1.8
1.5~6.0	$1-0.00062E+0.0037$	±(1.0~2.1)
6.0~20	$1.0\exp[-0.03(E-6.0)]$	±8.5

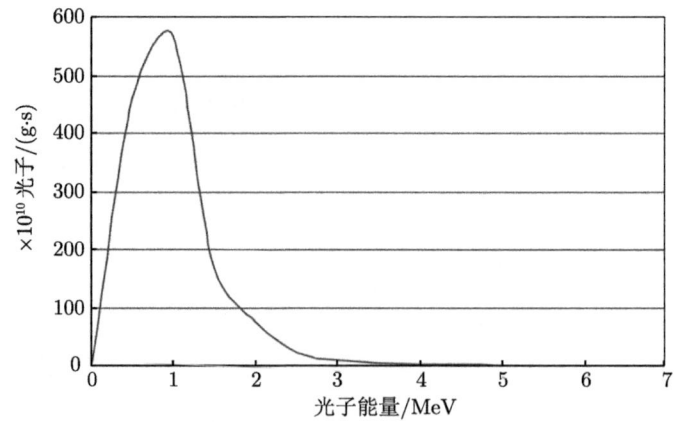

图 5.2 Cf-252 自发裂变的光子能谱 (总 $=1.322\times10^{13}$ 光子/(g·s))

5.2 医疗用锎-252 中子源

临床近距离放射治疗（间质和腔内）基本上可以用三种不同类型的放射源设计进行：种子、针头和敷贴管。种子源通常以柔性组件的形式使用。表 5.3 总结了这些 Cf-252 医疗用源的特点。

表 5.3 Cf-252 医用放射源的性质

源类型	中子注量/(n/s)	源尺寸/mm		封装	原产国
		直径	长度		
针	$2\times10^6 \sim 1.5\times10^7$	1.2	15~35	1	俄罗斯
	$1.7\times10^6 \sim 3.5\times10^6$	0.96	18~33	1	美国
	$2.6\times10^6 \sim 5\times10^6$	1.2	35	1	德国
柔性	$5.5\times10^6 \sim 1\times10^7$	1.1	40~60	1	俄罗斯
	$3.5\times10^6 \sim 8\times10^6$	1.1	30~80	1	美国
	$3.0\times10^6 \sim 6\times10^6$	1.0	40~90	1	法国
敷贴管	$2.3\times10^7 \sim 3.7\times10^9$	3.0	15	2	俄罗斯
	$4.6\times10^7 \sim 2.3\times10^9$	2.8	14~23	2	美国
	2.3×10^8	4.7	9.8	2	日本

针头和柔性的 Cf-252 中子源由于中子活度低，临床应用受到限制。另一方面，由于医务人员在人工将 Cf-252 装载到患者体内时所产生的中子剂量，最大许可活度不能超过 100 μg。采用超高活度超过 1 mg Cf-252(2.5×10^9 n/s)，使用遥控后装放射源，显著缩短了治疗时间，消除了对医务人员的辐射危害，加快了脑及其他肿瘤的治疗。

5.3 锎-252 放射源的剂量学特性

在 Cf-252 放射源附近的组织中的剂量沉积，如大家所知的，基本上有四个组成部分：
$$D = D_n + D_\gamma + D_{n\gamma} + D_p(初级中子剂量、初级光子剂量、次级光子剂量和质子剂量)。$$

初级中子剂量是由具有上述性质的发射中子产生的。随着离放射源的距离增加，组织中总吸收剂量的这一主要成分迅速减少。初级光子剂量是由源发射的光子引起的，无论是自发裂变还是裂变产物衰变。在靠近放射源的地方，光子剂量约为中子成分的一半（图 5.3），但由于光子穿过组织的穿透能力比中子强，因此在较大距离处，其贡献比例增加。次级光子剂量是由于氢对慢中子的辐射俘获。这个分量的贡献取决于感兴趣点慢中子（热中子）的注量。它在靠近放射源的地方很小，但在 2~3 cm 的距离内非常显著（图 5.4）。质子剂量是 $^{14}N(n,p)^{14}C$ 俘获反应的结果，其贡献也取决于热中子注量。

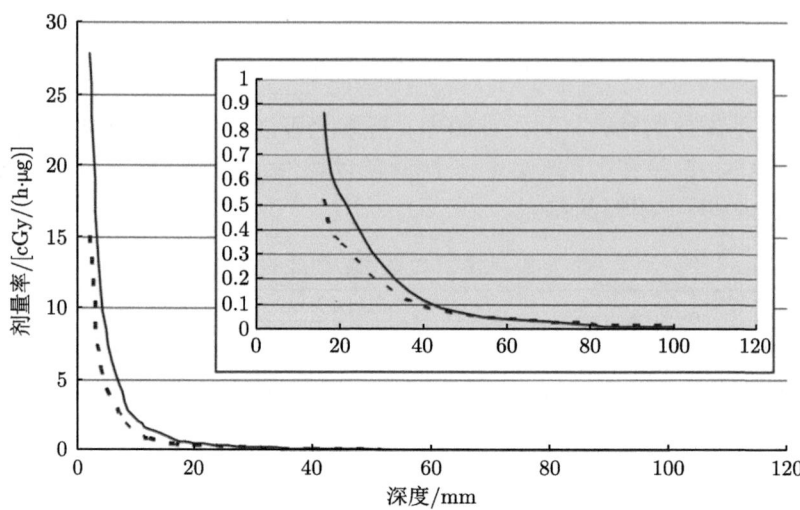

图 5.3 HDR 后装源在均匀组织等效介质中的中子和伽马吸收剂量率 (cGy/(h·μg))(活性部件直径 1.5 mm，长度 1 cm)[6]

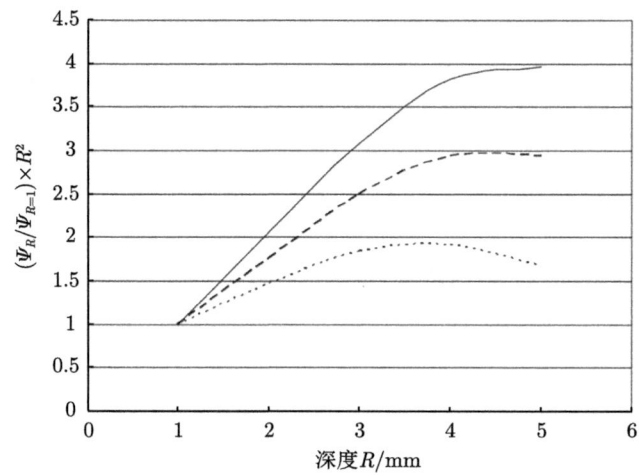

图 5.4 组织等效介质中热中子通量的相对变化。将注量归一化为距源 1 cm 的距离，并根据平方反比定律进行校正。实线代表能量 $E=1$ keV 的中子，虚线代表能量 $E=10$ keV 的中子，点线代表能量 $E=100$ keV 的中子 [7]

5.4 锎-252 放射源的临床应用

Cf-252 的针头和种子已在临床用于间质软组织植入物和表面敷贴器。这些治疗技术需要人工装载放射源，由于辐射防护问题，现在几乎已经过时。由于中子注量太低，这些源对 BNCT 来说也没什么意义。另一方面，活度超过 1 mg 的 Cf-252 的管状源，产生相当高的中子通量，对 BNCT 来说可能有意义。

带有三个放射源 (两个"卵形"和一个"串联"，初始活性分别为 0.4 μg 和 1.3 μg 的锎) 的 Cf-252 遥控后装装置已被设计用于妇科应用 [7]。这种放射源的物理尺寸也允许它们用于治疗其他癌症部位，如直肠、食道和脑瘤。考虑到这类放射源产生的足够高的热中子注量，以及随着距离的增加慢中子的相对注量也增加 (图 5.4)，一些研究人员探索了硼-10 增强 Cf-252 近距离放疗[8]。将 B-10 化合物注入治疗部位，并将高活度的 Cf-252 插入肿瘤，可显著改善剂量分布，尤其是在微侵袭区域。然而，目前的硼药物提供给肿瘤与血液和肿瘤与组织的浓度比，仍被视为不够充足。

对于大体积脑瘤的治疗，必须使剂量分布适形于不规则形状的肿瘤区，同时向临床怀疑的疾病区域提供必要的剂量。由于单个 Cf-252 放射源的剂量分布具有对称性，在大多数情况下不可能达到这些要求。使用小的 Gd-157 微丸 (种子或针头) 作为 NCT 俘获剂，在大体积脑肿瘤的情况下，可以为临床医生提供更多的灵活性，以提供所需的剂量分布。

参 考 文 献

[1] Fields PR et al (1956) Transplutonium elements in thermonuclear test debris. Phys Rev 102: 180-182
[2] Knauer JB, Alexander CW, Bigelow JE (1991) Cf-252 properties, production, source fabrication and procurement. Nucl Sci Appl 4: 3-17
[3] Browne E, Firestone RB, Shirley VS (eds) (1986) Table of radioactive isotopes. Wiley-Interscience, New York, pp 249-1-254-1
[4] Axton NE (1987) Intercomparison of neutron source emission rates (1979-1984). Metrologia 23: 129-144
[5] Grundl J, Eisenhauer C (1975) Fission rate measurements for materials neutron dosimetry in reactor environments. In: Proceedings of the first ASTM-EURATOM symposium on reactor dosimetry, Petten, 1975, pp 425-454
[6] Anderson LL (1986) Cf-252 physics and dosimetry. Nucl Sci Appl 2: 273-282
[7] Zyb A (ed) (1996) Effects of Cf-252 gamma-neutron irradiation. Energoatomizdat, Moscow
[8] Maruyama Y (1984) Cf-252 neutron brachytherapy an advance for bulky localized cancer therapy. Nucl Sci Appl 1: 677-748

第二部分
硼

第6章 硼 化 学

路易吉·潘扎和大卫·普罗斯普里

6.1 简 介

硼是一种奇特而有趣的元素，主要是由于其特殊的电子结构，可以产生五花八门的复杂化学。鉴于本书的上下文脉络，对于本章的内容，我们将从无机化学和有机化学的观点，将我们的讨论限制在硼化学的一些基本元素上。在过去和现在，它的独特性质不仅促进了制备化学和理论化学的发展，而且促进了工业和技术的应用[1]。

根据元素周期表 (图 6.1)，硼位于第 13 组的顶部，是该组中唯一的非金属元素。此外，它的化学行为与下一列元素碳和它的对角线元素硅有许多相似之处。然后，像它们一样，硼有形成共价键的强烈趋势，但它与它们明显不同，因为它有四个成键轨道，但只有三个外部电子，所以它可以被界定为缺电子。这一特性对其化学性质有着显著的影响，这也是在药物化学中选择硼的主要原因，即硼原子可以很容易地与有机化合物结合，以及具有大的中子俘获截面。

历史上，硼长期以来一直用于生产硼硅酸盐玻璃。1808 年，戴维 (Davy)、盖·吕萨克 (Gay-Lussac) 和泰纳尔 (Thénard) 首次分离出硼，虽然形式不纯。直到 1892 年，莫瓦桑 (Moissan) 才获得了硼相当纯的形式，他用镁还原 B_2O_3 来制备元素硼，而高纯度的硼则是在 20 世纪才获得。在可用于生产元素硼的方法中，获得高纯度材料的最有效的方法是在加热的钽丝上用 H_2 在高温下还原硼化合物 (如卤化物)；通过提高温度来提高结晶度，并且晶体结构也与温度有关。硼的名字 (boron) 由戴维引入，来源于它的主要原料硼砂 (borax)，以及它类似于碳 (carbon) 的性质。

路易吉·潘扎 (✉)
意大利，诺瓦拉，2-28100，拉戈–多尼加尼，东皮埃蒙特阿伏伽德罗大学，药学系
e-mail: panza@pharm.unipmn.it

大卫·普罗斯普里
意大利，米兰，科学广场 2 号，U3-20126 楼，米兰比科卡大学，生物技术与生物科学系
e-mail: davide.prosperi@unimib.it

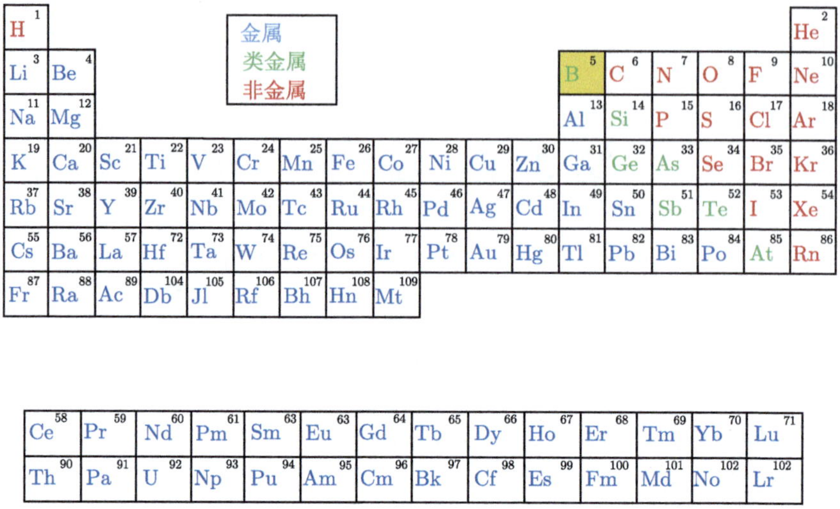

图 6.1　元素周期表示意图

硼在地壳中相对稀少 (约 10 ppm)，以硼酸盐矿物或硼硅酸盐的形式被发现，主要矿床分布在美国加利福尼亚州和土耳其。阿根廷、智利、俄罗斯、中国和秘鲁也发现了其他孤立的矿床。

只有硅酸盐比硼化合物具有更复杂的结构，而且硼本身的各种同素异形体是已知的。

6.2　硼元素

6.2.1　结构

硼的多方面性质反映在它独特的同素异形体结构的复杂性上。这种复杂性的根源在于硼试图解决原子轨道比电子多的问题。金属化合物也有类似的情况，通常通过金属键来解决问题，但是硼的小尺寸和高电离能导致形成共价键的趋势更加明显。结果表明，在各种硼同素异形体中最具代表性的结构单元是 B-12 二十面体，它也存在于金属硼化物、硼氢化物和硼碳氢化物中。

由于 B-12 二十面体的填充不是很有效，即使在紧密堆积的 α-菱形体中也会留下空隙，其他同素异形体修饰可以容纳额外的原子 (硼或其他)，例如，在 α-四方硼中，每个有 50 个 B 原子，似乎需要 2 个 C 或 2 个 N 原子来形成该相。

更多的多晶型晶体结构已阐明，如 β-菱形，而其他的，如 β-四方相，则更为复杂和难以捉摸 [2]。

需要强调的是，硼和硼化合物的结构表征 (图 6.2) 只是表示硼原子簇的几何结构，而不是用原子对之间包含电子对的定域键来描述化合物。稍后，我们将简

6.2 硼元素

要描述与键形成有关的硼原子的电子行为。

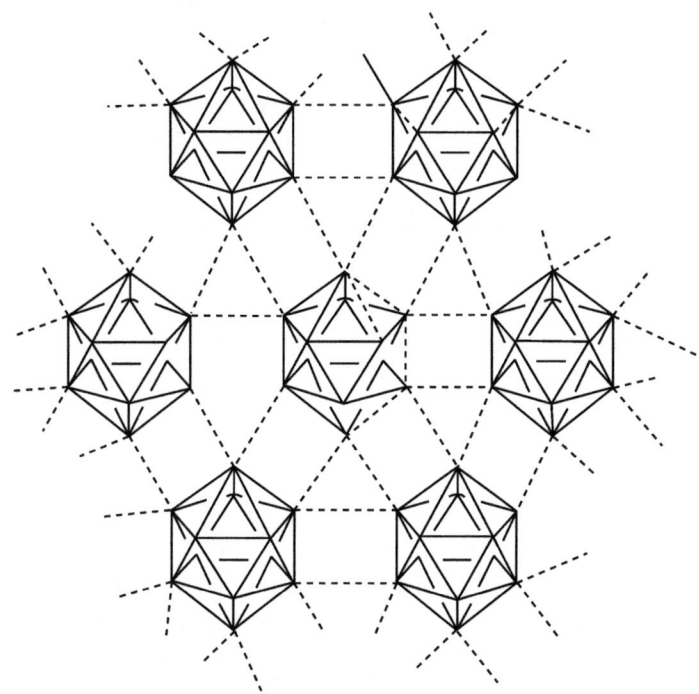

图 6.2 硼二十面体密集排列中 α-菱形硼基面结构的表示

6.2.2 物理性能

天然硼有 ^{10}B 和 ^{11}B 两种稳定同位素,天然丰度分别约为 20% 和 80%。在世界上不同的地方,观察到硼同位素天然丰度具有微小的差异。例如,来自加利福尼亚的硼酸盐中 ^{11}B 含量更高,而土耳其的硼酸盐中 ^{10}B 含量更高,因此无法精确测定原子量 (表 6.1)。两种同位素都显示出核自旋,使用核磁共振波谱技术对含硼化合物进行结构表征,通常首选 ^{11}B 同位素 [3]。

表 6.1 物理信息

原子序数	原子量(^{12}C=12.000)	熔点(β-菱形体)/K	沸点/K	密度/(kg/m^3)	基态电子分布
5	10.811(7)	2352	4000	2340(293 K)	[He]2s^{2}2p^1

^{10}B 同位素的一个相关核特性是中子俘获截面大,这为硼中子俘获疗法 (BNCT) 中硼化合物的治疗应用开辟了可能性 (表 6.2)。

硼的电离能分别为 800.6 kJ/mol、2427.1 kJ/mol 和 3659.7 kJ/mol,远大于同族元素的电离能。电负性为 2.0,接近 H(2.1) 的电负性,但低于 C(2.5) 的,这意味着 B—H 键的极性与 C—H 键的极性相反,这是硼氢化反应中起作用的因素。由于其多态性和很难获得高纯度,其物理性质难以精确测定。元素硼密度低,硬度极高 (接近钻石),电导率极低,呈黑色粉末。

表 6.2 硼同位素

核素	原子量	自然丰度/%	半衰期	核自旋宇称	中子俘获截面/b
^{10}B	10.01294	19.055~20.316	稳定	3	3835
^{11}B	11.00931	80.945~79.684	稳定	3/2	0.005

6.2.3 化学性质

硼的化学性质可能是元素周期表中所有元素中最复杂和变化最大的。在过去的 50 年里,硼化学有了巨大的发展,许多不同的结构已被阐明,键的性质得到了更好的理解。

影响硼化学行为的主要特征是其体积小,电离能高,电负性接近于 C 和 H(和 Si),以及导致其形成共价键的异常能力。

与 C 和 Si 相似,硼表现出形成共价分子化合物的明显倾向,但与它们相比,在价轨道数方面少了一个价电子,因此电子不足。因此,尽管三个外部电子的存在解释了它形成三价化合物的倾向,但它的化学性质大部分来自于充当电子对受体和产生多中心键的倾向。最后,它对氧有很高的亲和力,这是大量的氧衍生物化学的基础。

因此可以识别不同种类的硼化合物。我们将硼化合物初步分为以下几类:

(1) 硼-氧化合物;
(2) 其他硼-杂原子化合物 (我们将重点关注卤化物和 B—N 衍生物);
(3) 金属硼化物;
(4) 硼氢化物 (包括硼团簇、碳硼烷及其金属衍生物);
(5) 有机硼化合物 (含有局部 B—C 键的分子种类)。

6.3 硼化合物的类别

6.3.1 硼-氧化合物

在自然界中,硼总是以氧化物的形式存在,而且从未发现它作为一种元素或与其他元素结合[4]。对于元素硼、硼化物和硼烷,硼-氧化合物具有巨大的结构复杂性和多样性。此外,已知大量含有 B—O 键的有机硼化合物 (即 BPA),并在合成中得到了广泛的应用。

硼的主要氧化物衍生物是氧化硼,即 B_2O_3,可以通过谨慎的硼酸脱水来制备。它的结构由一个三角 BO_3 单元网络组成,其中硼原子通过氧原子相连。

6.3 硼化合物的类别

它主要用于制备硼硅酸盐玻璃。

大多数无机硼化合物的氢水解反应生成硼酸 $B(OH)_3$ 主要是通过对硼砂 ($Na_2B_4O_7 \cdot H_2O$) 水溶液进行酸处理而得到的。它形成白色晶体，分子通过氢键网络连接在一起。$B(OH)_3$ 在 100 °C 以上部分脱水生成偏硼酸 HBO_2，其结构如图 6.3 所示。

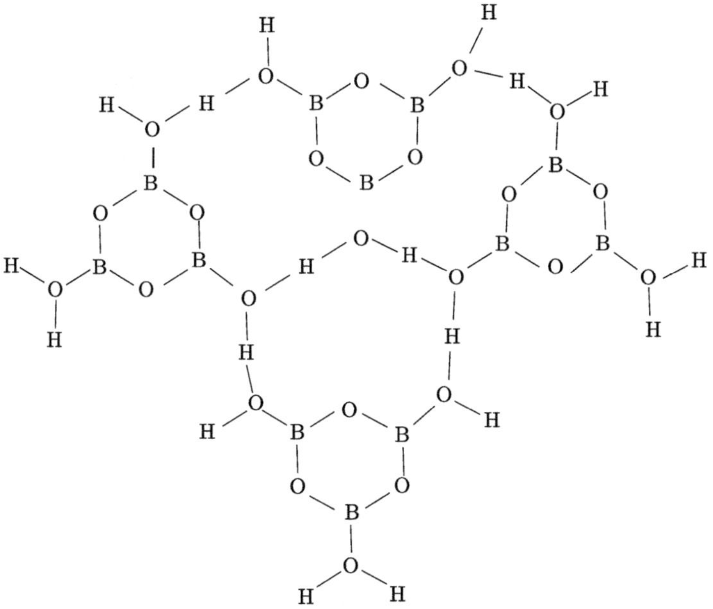

图 6.3 偏硼酸

硼酸是一种非常弱的酸，其 pK_a 为 9.25。其酸性行为不是由于质子的贡献，而是由于它与水的反应，如路易斯酸接受 OH 并释放质子，如图 6.4 所示。

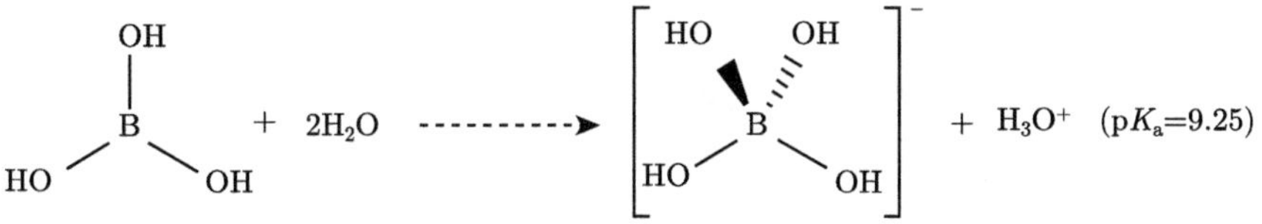

图 6.4 硼酸的酸度特性

硼酸对醇有很强的反应性，很容易形成酯。此外，硼酸以及其他硼–氧化合物 (如硼酸化物) 能够与二醇形成类似缩醛的衍生物[5]。这种对二元醇亲和力的提高强烈地影响了硼酸的 pK_a；例如，根据图 6.5，与甘露醇的络合导致 pK_a 为 5.15。

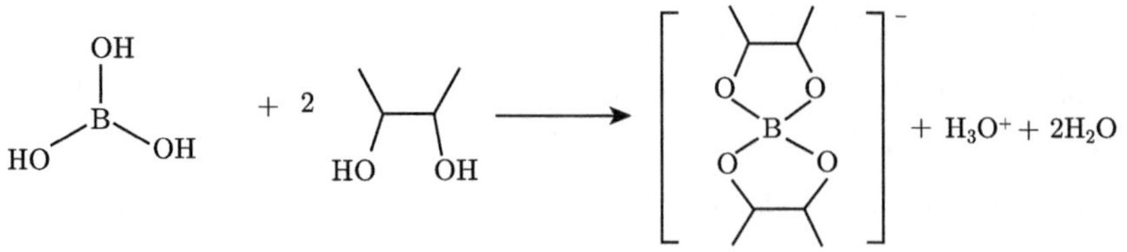

图 6.5 络合增加硼酸酸度

在硼酸盐中也观察到了复杂的结构变化,并且由于在许多矿物中发现了它们的产业关联性。人们对它们进行了深入的研究,识别出一些共同的特征。硼可以连接三个或四个氧原子,形成三角或四面体结构,多核阴离子通过共享一个顶点氧而形成,它们可以水合,可以含有硼酸单元并形成聚合物结构[6](图 6.6)。

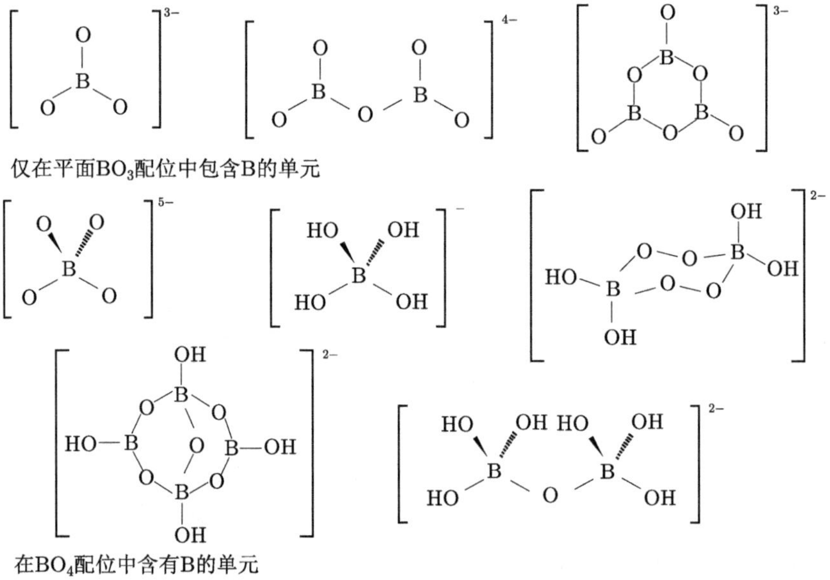

仅在平面 BO_3 配位中包含 B 的单元

在 BO_4 配位中含有 B 的单元

图 6.6 硼氧化合物中的常见单元

图 6.6 中显示了含有三配位或四配位硼的常见单元的示例。

6.3.2 其他硼杂原子化合物

6.3.2.1 卤化硼

卤化硼既可以是单体三卤化硼,已被广泛研究,也可以是多核衍生物,包括卤化多面体化合物。我们将只讨论三卤化物,这是最重要的工业应用。实际上,这类硼衍生物参与元素硼的制备,并用作各种有机反应的催化剂,如烷基化反应 (friedel-craft reaction)[7]、烯烃聚合[8]、烃类裂解[9] 以及芳香族化合物的硝化和磺化。

三卤化硼是一种挥发性强、反应性强的化合物。在结构上，它们是像有机硼烷一样的平面三角形分子；由于空 p 轨道和束缚卤素的电负性的联合作用，它们是非常强的路易斯酸 (Lewis acid)。B—X 键的能量非常高，并且键距离比预期的单键短。这可以归因于硼的空轨道与卤素孤对电子所处轨道之间的重叠[10]。

当混合时，不同的三卤化硼引起快速卤素交换，形成混合的三卤化物：$BX_3 + BY_3 \longrightarrow BX_3 + BY_3 + BX_2Y + BXY_2$。

在浓硫酸存在下，硼酸盐与 CaF_2 或 HF 反应可得到三氟化硼。在碳存在下，用元素溴或氯分别处理氧化硼得到三溴化硼和三氯化硼，而三碘化硼是由元素碘与硼氢化钠或硼氢化锂反应得到的。

与其他路易斯酸一样，三卤化硼与路易斯碱 (如醚或胺) 形成稳定的络合物 (图 6.7)。反应加成物的稳定性遵循 $BF_3 < BCl_3 < BBr_3 < BI_3$ 的顺序，很可能是因为前面提到的轨道相互作用，从三角到四面体的几何重组，以及电负性效应，这些因素之间有着复杂的相互影响[11]。

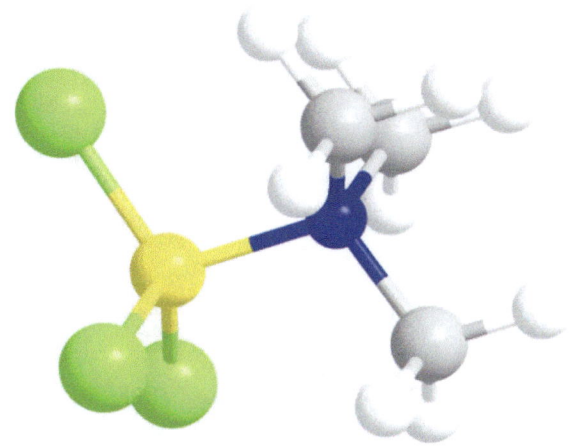

图 6.7 BCl_3-三甲胺络合物

6.3.2.2 硼–氮化合物

硼–氮化合物引起了人们广泛的兴趣，主要有三个原因：包括碳在内的三种元素的电负性非常相似，碳的电负性介于氮和硼之间；它们的大小相似，而且非常重要的是，B—N 单元具有 C—C 键的电负性 (表 6.3)。对胺–硼烷配合物中 B—N 键的性质进行了较深入的讨论。通常这类键表示如下：$R_3N \rightarrow BX_3$ 或 $R_3N^+ = {}^-BX_3$，这表明键的起源是从氮到硼的一对电子的共享。然而，这并不意味着氮带正电荷，硼带负电荷，因为电子密度分布取决于原子的特性，主要是电负性。

表 6.3 B、C、N 的性质

	B	C	N
价电子	3	4	5
电负性	2.0	2.5	3.0
半径/Å	0.88	0.77	0.70

计算表明，硼的正电荷减少，氮上的电子密度降低，但没有电荷反转。

在图 6.8 所示类型的化合物中也发现了类似的情况，从中可以明显看出与烯烃的等电子类比。

$$R_2C\!=\!CR_2 \quad R_2B \rightleftharpoons NR_2$$

图 6.8 C=C 和 B=N 共价键的类比

然而，从电子的观点来看，先前的考虑也适用于这类化合物。用 B—N 或 B=N 单元取代单个或碳–碳双键的可能性为获得大量新化合物开辟了可能性，但讨论超出了本章的范围。

然而，值得一提的是一个特殊的例子，即环硼氮烷，如图 6.9 所示。

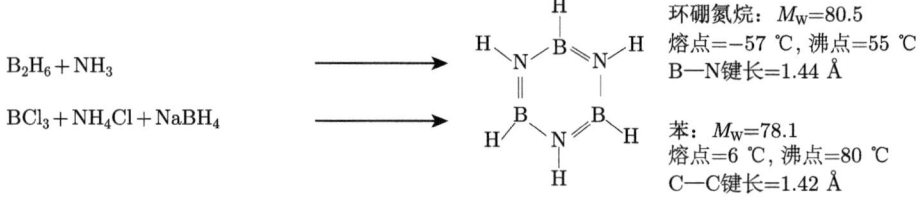

图 6.9 环硼氮烷的合成与性能

环硼氮烷是由二硼烷与氨反应或更有效地由 BCl$_3$ 和 NH$_4$Cl 反应，然后用 NaBH$_4$ 还原制备的。

环硼氮烷可以被认为是苯的一种类似物，实际上从它们的物理性质来看，它们看起来非常相似。此外，环硼氮烷在结构上与苯相似，是一个平面的规则六边形环，关于其芳香性的讨论仍在进行中[12]。然而，类推并没有走得更远，因为环硼氮烷的化学行为显示出很少的芳香性质。事实上，环硼氮烷很容易发生加成反应，这一反应通常由亲核试剂与硼原子反应引发。

除了离散分子外，硼–氮化合物也可以在氮化硼中发现，它们与石墨等电子，具有类似的六角层状结构；其他结构已知，但获得它们需要苛刻的条件。然而，与石墨不同的是，氮化硼具有多层叠层的特性，其中一层的 B 位于相邻层的 N 上；而且，氮化硼具有良好的导电性和高的耐化学腐蚀性。因此，氮化硼主要应用于陶瓷材料和复合材料[13]。

6.3.3 金属硼化物

6.3.3.1 性能和制备

硼能够形成富含金属的二元化合物,在化学计量和结构基元方面表现出惊人的变化,以及一些非化学计量的衍生物或三元和更复杂的组合。硼-金属比可以从富金属化合物 (如 M_5B) 到非常丰富的硼衍生物 (如 MB_{66}) 变化;X 射线衍射是解释其结构的有力技术。除了学术界的关注,这些化合物还因为其相关的物理和化学性质而引起了工业界的极大兴趣。

实际上,金属硼化物是非常坚硬、不挥发、化学惰性和耐火 (陶瓷) 材料,熔点通常超过 3000 ℃。它们通常以粉末的形式获得,但可以通过标准的冶金和陶瓷技术制成所需的形状,并可用于重型设备,如涡轮叶片、火箭喷嘴和燃烧室,由于中子俘获截面非常高,即使是高能中子,也有核应用。金属硼化物可通过多种方法获得,无论是实验室制备还是工业制备。小规模制备的主要方法是在高温下直接结合元素;所有其他方法都基于硼和/或金属氧化物或卤化物的还原,利用硼或金属本身,或外部还原剂 (如 C、其他金属和 H_2),或者通过电解熔盐。

6.3.3.2 硼化物的结构

在其他种类的化合物中,也发现了硼的结构易变性。富含金属的硼化物可以含有孤立的硼原子,或者,硼可以形成对、直链或支链,以及平面网络。增加硼的百分比会导致显著出现 B—B 键,其中硼以二十面体单元的形式存在,并且金属原子位于特定的空腔或空位中。一种结构上与菱形单元硼严格相关的化合物是碳化硼,其最初提出的公式是 B_4C,但最好写成 $B_{13}C_2$,尽管化学计量比可能略有不同。值得一提的是,碳化硼是 1899 年制备的,并且现在大批量生产,但仍有待给出确凿的结构特征 [14]。

图 6.10 显示了碳化硼的结构,其中二十面体单元清晰可见,除了 B—B 键外,还有 C—B—C 单元连接。

其他具有大的正电性金属的金属硼化物,如镧系元素,具有更简单的结构。例如,MB_{12} 具有与 NaCl 相似的结构,其中 12 个硼原子形成立方八面体团簇,其行为类似于 NaCl 晶体中的 Cl^-;MB_6 化合物形成 CsCl 型结构,其中 Cl^- 被八面体 B_6 取代。从硼化物的结构复杂性和性质来看,很明显,B—B 键 (更普遍地说,在无机化合物中) 被描述为离子键、共价键或金属键是不够恰当的。更恰当的描述需要使用分子轨道方法。我们将在硼烷部分讨论这些问题。

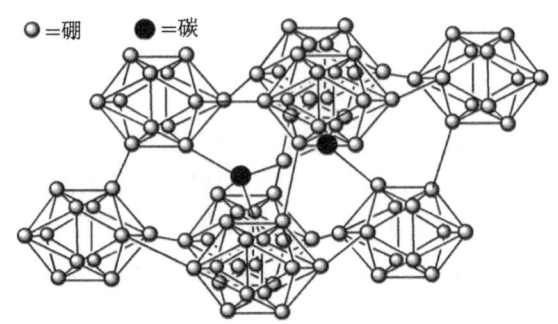

图 6.10　碳化硼的结构

6.4　硼　烷

6.4.1　一般特征

由于 Stock 的研究，硼烷化学在 20 世纪初得到了初步探索。后来，硼烷及其相关的无机化学引起了人们广泛的研究兴趣，原因有：硼烷结构涉及的新原理、硼烷中键的有趣性质。这些都给路易斯电子理论带来了严重的问题，并推动了分子轨道理论的发展，广泛反应性引起了人们的研究兴趣。故事的这一部分以 1976 年利普斯科姆 (Lipscomb) 获得诺贝尔奖而告终，他的 "硼烷研究揭示了化学键的问题"。除了这些理论和无机方面的研究外，年轻的化学家布朗 (Brown) 作为博士生加入了施莱辛格 (Schlesinger) 小组，开始研究硼烷与有机化合物的反应性。这是有机化学中新试剂和新反应迅速发展的开端，最终布朗于 1979 年获得第二个诺贝尔奖 [与维蒂格 (Wittig) 共享]，因为 "他们将含硼和含磷化合物分别开发成有机合成中的重要试剂"。

硼是除碳以外唯一能形成复杂且扩展的氢化物系列的元素。将硼氢化物与碳氢化物 (或更好的碳氢化合物) 的结构进行比较表明，虽然碳氢化物有形成链和环的倾向，但硼烷更倾向于生成三维团簇 (图 6.11)。

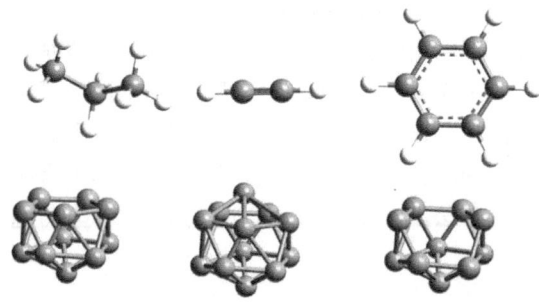

图 6.11　碳氢化物和硼氢化物结构的比较

6.4.2 硼烷中的化学键

对硼烷结构的理解始于哈克 (Harker) 对癸硼烷结构的测定[15]，他指出存在二十面体结构以及四个氢原子桥接硼原子对。后来，二硼烷的结构被证明，显示了桥接氢原子的存在。为了解释这种结构，朗格特·希金斯 (Longuett-Higgins) 在 1949 年首次提出了三中心键的概念，即三个中心两电子。这一概念随后被应用于更高级的硼烷，并由利普斯科姆小组发展起来[17]。在成键理论中，原子轨道可以线性组合得到分子轨道；在局域键中，一对原子轨道被组合得到两个分子轨道，一个成键，一个反键。这对电子占据了低能键轨道。在更一般的情况下，n 个原子轨道的线性组合会产生 n 个分子轨道，它们可以是成键、反键和非键。因此，通过计算，不仅可以得到两个中心的轨道，而且可以得到三个或多个中心的轨道。

当应用于二硼烷中的 B—H—B 键时，分子轨道理论得到了图 6.12 所示的轨道，其中只有成键轨道被占据，这意味着这两个电子被用来保持三个原子在一起。

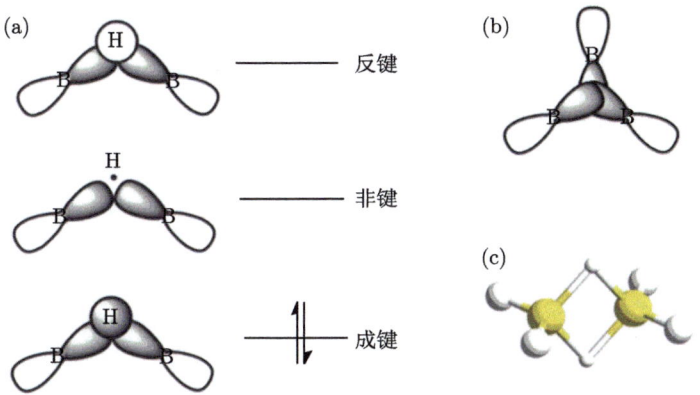

图 6.12 硼烷中的三中心键：(a)B—H—B 轨道；(b)B_3 轨道重叠；(c) 二硼烷

类似地，对于更复杂的硼团簇，也可以描述硼原子的三中心键；在图 6.12(b) 中，显示了三中心硼轨道重叠的图示。

还可以得到更复杂的含硼原子团簇的结构，多中心键的概念解释了这种多面体硼烷的稳定性。

结构和键的描述是由利普斯科姆[17]通过拓扑理论得到的，电子计数和团簇几何之间的关系产生了 1971 年的韦德规则[18]。由于这些方面超出了本章的范围，因此将不详细描述这些方面的内容。

6.4.3 硼烷的结构

硼烷的三个主要结构可以与其他两个小类一起说明：

- 闭式硼烷 (*closo-*)，具有通式 $B_nH_n^{2-}$ 的多面体封闭结构；
- 巢式硼烷 (*nido-*)，具有非封闭结构和 B_nH_{n+4} 或 $B_nH_{n+3}^-$ 通式；
- 蛛网式硼烷 (*arachno-*)，具有更开放的结构和 B_nH_{n+6} 通式。

除此之外，还分为两个补充组别：已知加合物的超硼烷和通过将上述结构连接在一起而衍生出的联式硼烷 (至少识别出五种不同的结构)。

硼烷的命名通常是用拉丁文前缀表示 B 原子的数目，括号内加上 H 原子的数目，例如 B_5H_9 命名为 pentaborane(9)；阴离子名称以 "ate" 结尾，同时包含 B 和 H 原子的数量和电荷，例如，$B_3H_8^-$ 命名为八氢丙硼烷 (1$^-$)，即 octahydrotriborate (1$^-$)。关于结构的其他信息 (如 *closo-*、*nido-* 等) 可以包括在内 (使用斜体)。

图 6.13 显示了一些可能的硼烷结构示例。

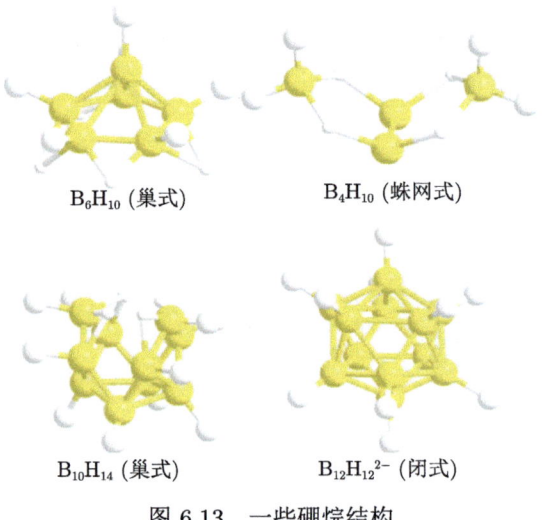

图 6.13 一些硼烷结构

6.4.4 硼烷的制备和反应性

由于单硼烷阴离子 (如 BH_4^- 或 $B_3H_8^-$) 的可用性，可以获得低项，这可以分别容易获得二硼烷或 B_3H_7。

$$BX_3 + BH_4^- \longrightarrow HBX_3^- + \frac{1}{2}B_2H_6$$

$$BX_3 + B_3H_8^- \longrightarrow HBX_3^- + B_3H_7$$

在二甘醇二甲醚中，$NaBH_4$ 和 Et_2OBF_3 反应可以获得少量二硼烷，并且可以不经分离直接使用：

$$3NaBH_4 + 4Et_2OBF_3 \longrightarrow 3NaBF_4 + 2B_2H_6 + 4Et_2O$$

较高的项通常通过较小硼烷的热分解获得。由于硼烷体系的复杂性和中间产物的不稳定性，硼烷热行为的解释从最初由 Stock 观察到开始经历了很长时间，需要可靠的产品分析工具和详细的机理研究。通过对反应条件的精确优化，可以获得合格的中间硼烷产量。

硼烷是一种反应性极强的化合物，其中许多在空气中会自燃。更普遍地说，这种趋势和反应性在蛛网式硼烷中非常高，在巢式衍生物中减少；一般来说，反应性随着分子量的增加而降低。闭式硼烷的稳定性令人惊讶，这暗示了三维芳香性的概念[19]。

本节将讨论硼烷的低项，即 BH_4^- 和 B_2H_6 的化学性质，以及 BNCT 化合物中有关硼团簇的一些信息。

硼氢化物在实验室和工业中都有广泛的应用。硼氢化钠是最常用的氢化物之一，它价格便宜，易于处理，可用于质子溶剂中。硼氢化钠允许还原亲电化合物，包括醛、酮、亚胺和相关衍生物，在某种程度上，也包括酯[20]。

在羰基还原过程中，氢原子和来自 B—H 键的一对电子一起转移到 C=O 基团的碳原子上 (图 6.14)。

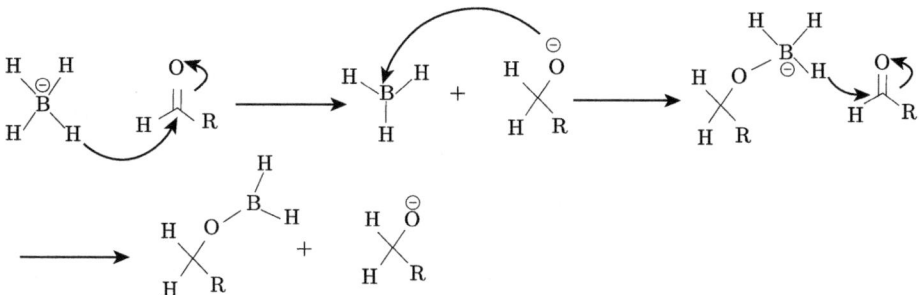

图 6.14　$NaBH_4$ 还原羰基化合物的机理

虽然没有氢阴离子 H^- 参与反应，但氢原子与一对附属电子的转移可视为"氢负离子转移"。第一步产生的氧负离子可以通过添加到空的 p 轨道来帮助稳定缺电子的 BH_3 分子。然后一个四价硼阴离子再次形成，它可以将第二个氢原子 (带着它的一对电子) 转移到另一个羰基化合物分子上。

烷氧基硼烷中间体接着还原羰基化合物的第二个分子，并且反应可以持续到所有氢化物被消耗为止，因此 BH_4^- 能够还原四个羰基衍生物分子。从以上机理可以很容易地观察到硼原子上三配位和四配位之间的相互作用。

作为 BH_4^- 的替代品，B_2H_6 也能还原羰基化合物。因此，它是一种气态物质，但可以通过与 Et_2O 或 Me_2S 络合来抑制。虽然乍一看硼烷似乎与硼氢化物盐相似，但它不是离子，这是其反应性差异的基础。而硼氢化物更倾向于与最亲电的羰基反应，硼烷的反应性主要取决于它接受一对电子进入其空 p 轨道的倾向，从而显示出它的弱路易斯酸性质。在羰基还原的情况下，这意味着它能最快地还原富含电子的羰基。因此，除了醛和酮外，它还能够有效地将酰胺还原为相应的胺，然而酯的还原非常缓慢。另一方面，硼烷能够非常有效地还原羧酸，因为它最初与羧基形成硼酸盐酸酐，使羰基更亲电。事实上，在羧酸衍生物中，由于羰基与 sp^3 杂化氧原子的孤对电子之间的共轭作用，羰基通常比其他羰基化合物 (如酮) 的亲电性差，但是，在这些硼酯中，硼旁边的氧必须在羰基和硼的空 p 轨道之间共享它的孤对电子，因此它们比普通的酯具有更高的活性 (图 6.15(a))。这样，甚至可以在酮的存在下还原羧酸 (图 6.15(b))。

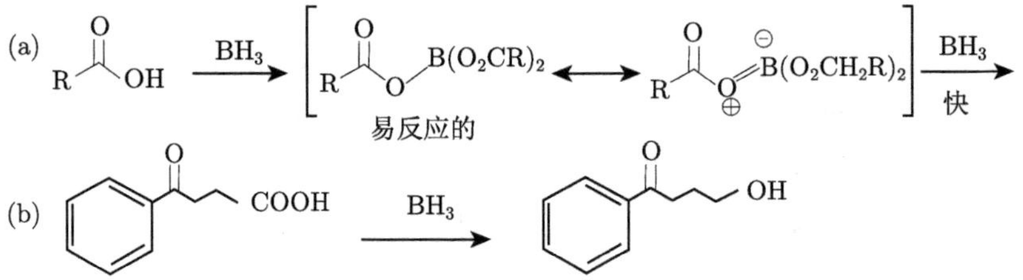

图 6.15 用硼烷还原羧酸：(a) 原理图；(b) 选择性示例

然而，硼烷最有意义的反应是烯烃和炔烃的硼氢化反应，正如前所述，这是由 1979 年诺贝尔奖得主布朗发现并发展起来的 [21]。硼氢化反应是硼烷与多个键的亲电加成反应。这是一种区域选择性反应，因为硼表现出优先攻击多键中取代度较低的碳原子的趋势，这是一种所谓的反-马尔科夫尼科夫方法。这种行为具有电子调整作用，因为更亲电的硼优先攻击碳原子，这导致在过渡状态下，更多被取代的碳原子上形成一个更稳定的正电荷。除电子原因外，空间因素对区域选择性也起着主要作用。从过渡态来看，很明显反应是立体定向的，硼原子和氢原子接近双键的同一面 (图 6.16)。通过添加另外两个烯烃分子，反应可以进一步进行。

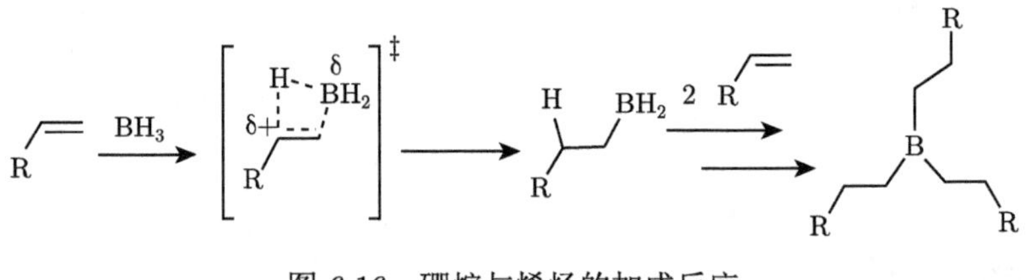

图 6.16 硼烷与烯烃的加成反应

烷基硼烷很容易在其他衍生物中转化。它们在碱性条件下被过氧化氢氧化生成相应的醇；羟基取代了硼，保留了结构。该机制，如图 6.17 所示，再次说明了硼在平面中性结构和阴离子四面体结构之间来回流动的能力。

我们也对超硼簇合物进行了探索 [22]，但这里的讨论仅限于巢式癸硼烷 $B_{10}H_{14}$ 的一些信息，以及 BNCT 背景下的闭式十二硼烷 $B_{12}H_{12}^{2-}$ 的一个例子。

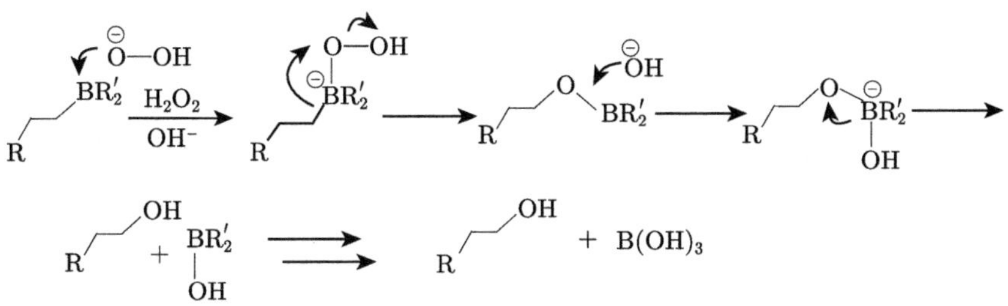

6.4 硼烷

图 6.17 有机硼烷的氧化

巢式癸硼烷 (nido-$B_{10}H_{14}$) 可能是多面体硼烷中研究得最多的一种,过去大量生产,用于高能燃料。在弱路易斯碱存在下,通过在 100～200 °C下裂解二硼烷,可以少量获得。癸硼烷不溶于水,但易溶于多种有机溶剂;然而,其反应活性极大地限制了可使用溶剂的范围。癸硼烷表现为一种相对较强的质子酸,可在水醇溶液中滴定,其 pK_a 为 2.70。使用其他强碱,如 MeO^-、NH_2^- 等也可以观察到脱质子化现象。

用供体配体处理癸硼烷会引起两个氢原子的置换:

$$B_{10}H_{14} + 2L \longrightarrow B_{10}H_{12}L_2 + H_2$$

配体可以是无机离子或有机离子,中性离子或阴离子。配体可以激活癸硼烷进行多种类型的反应,包括在质子化合物如醇,存在下的降解反应,

$$B_{10}H_{12}L_2 + 3ROH \longrightarrow B_9H_{13}L + B(OR)_3 + L + H_2$$

稍后将介绍另一个激活的癸硼烷反应的例子。

癸硼烷可发生硼或其他原子结合形成扩展团簇的反应。这样就可以很容易地生成金属硼烷 (metallaboranes)。

通过热解得到的闭式硼烷非常稳定。它们对亲电试剂有相对较强的反应,但对亲核试剂则不那么敏感。这类化合物的一个重要取代衍生物是 BSH(巯基十一氢十二硼酸钠,$Na_2B_{12}H_{11}SH$),目前正用于 BNCT 的临床试验。可通过 $B_{12}H_{12}^{2-}$ 与 N-甲基硫代吡咯烷酮 (N-methylthiopyrrolidone)[23] 反应获得,如图 6.18 所示。

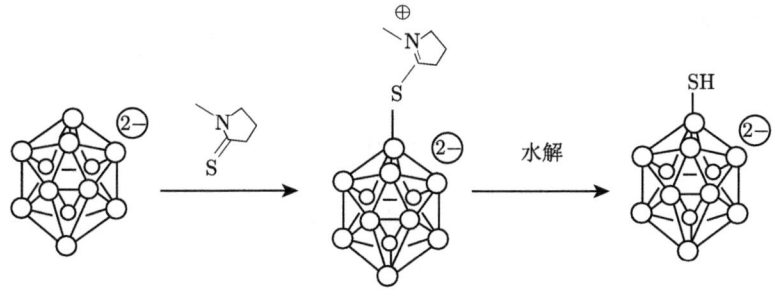

图 6.18 BSH 制备

6.5 碳硼烷

碳硼烷 (carboranes)[24](或用 carbaboranes 更好) 在结构上可视为硼簇合物，其中硼烷中的一个或多个 BH 基团被 CH 取代。通过 B 到 C 取代引入簇中的外部电子的不同数量通过消除三中心键的 H 原子来补偿。最具代表性的碳硼烷具有稳定的闭式结构，可以通过硼烷和炔烃的热解反应得到。对于硼烷，许多取代衍生物，包括金属棕榈烷，已经得到广泛的研究，直到今天仍然是研究的热点。本节仅考虑二十面体碳硼烷 $C_2B_{10}H_{12}$。$C_2B_{10}H_{12}$ 的三种同分异构体 (按碳原子的相对位置分为邻位、间位和对位) 因其制备简单、稳定性好而成为目前研究得最多的异构体。

通常采用两种主要策略制备取代碳硼烷 (图 6.19)：
- 向炔烃中添加配体激活的癸硼烷；
- 将脱质子化碳硼烷添加到亲电试剂中，因为癸硼烷中的碳原子是具有相当酸性的 (pK_a 约为 23)。

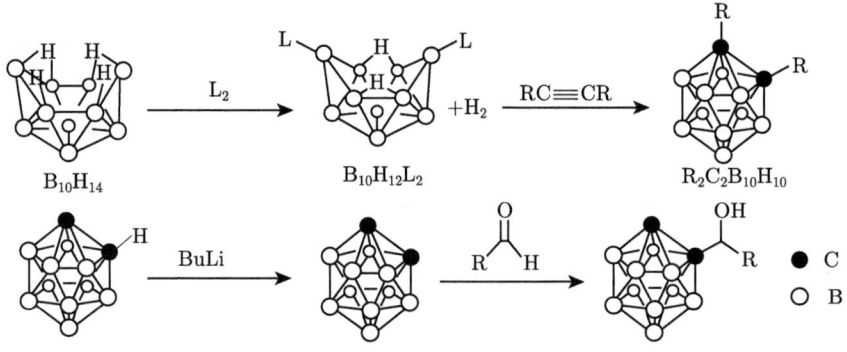

图 6.19 取代碳硼烷的制备

尽管碳硼烷通常是稳定的，但它们对 HO^-、MeO^-、R_2NH 等碱很敏感，通过提取硼原子产生巢式衍生物 [25]。用上述方法和其他策略合成了大量含有碳硼烷的结构 [26]。

6.6 有机硼化合物

除了对反应性的关注外，硼化学在许多其他方面也得到了广泛的研究。硼与碳形成稳定键的能力使其很容易与有机分子结合。已知许多利用 C—C 键形成反应的有机硼烷 [27]。特别令人感兴趣的是芳基和乙烯基硼酸，它们可用于 C—C 键形成反应，如铃木偶联 (Suzuki coupling) [28]。

6.6 有机硼化合物

硼酸的制备方法多种多样，最常见的方法是乙烯基或芳基锂或格氏试剂与硼酸三乙酯反应，然后水解。这种反应也被用于合成 4-硼-L-苯丙氨酸，即 BPA，一种与 BSH 一起被批准用于 BNCT 临床的化合物[29]。

利用铃木交叉偶联技术合成了大量化合物。图 6.20 中显示的维生素 A 的合成只是一个例子[30]。

钯催化交叉偶联也可以得到硼酸，并将其应用于 BPA 的合成。图 6.21 中显示了一个例子，在钯催化剂存在下，从部分保护的 4-碘苯丙氨酸 (4-iodophenylalanine) 和双 (频哪醇合) 二硼酸酯 (bis-pinacolato diboronate) 开始[31]。

最后，硼酸除了合成应用还有其他用途。如前所述，它可以提供含有二醇的稳定的硼缩醛，并被用作保护基以提供更好的水溶性，如 BPA 和果糖之间的络合物，或作为基于荧光变化的选择性糖识别的分析工具 (图 6.22)[32]。

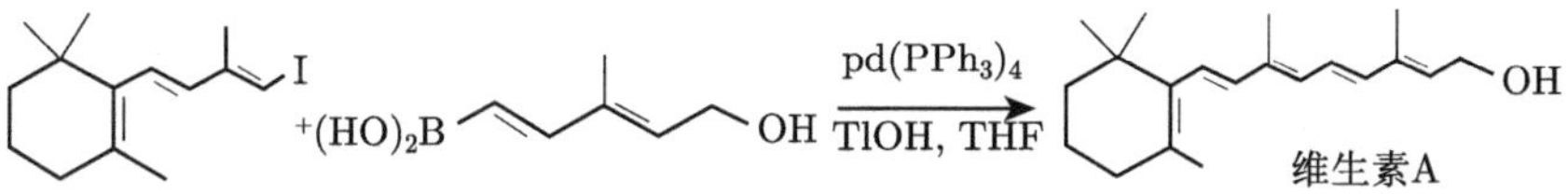

图 6.20 铃木维生素 A(Suzuki vitamin A) 合成

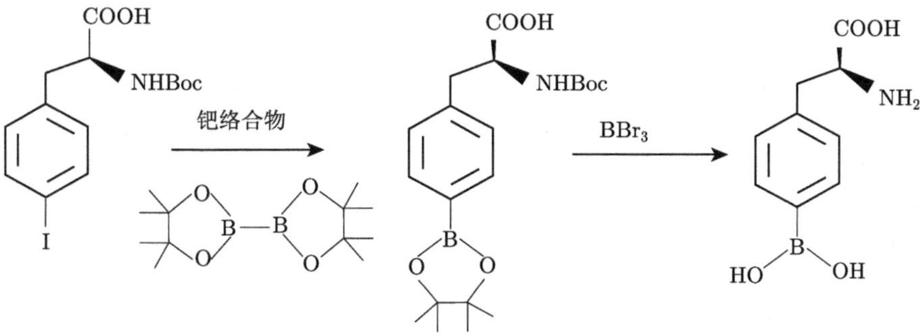

图 6.21 钯催化合成 BPA

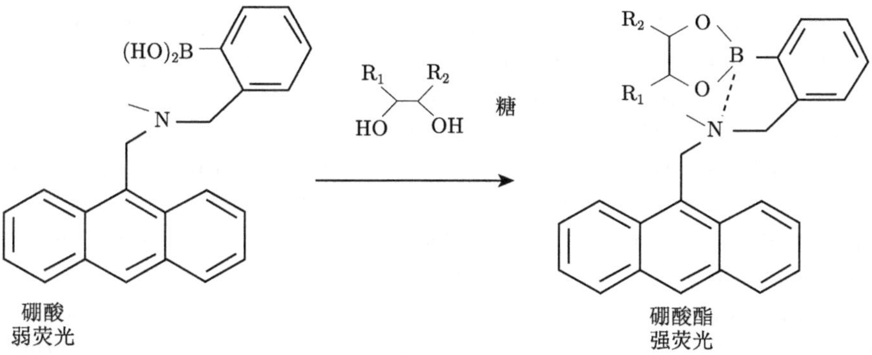

图 6.22 硼酸糖传感器

参考文献

[1] Greenwood NN (1975) Boron. Pergamon Press, Oxford

[2] Prasad DLVK, Balakrishnarajan MM, Jemmis ED (2005) Electronic structure and bonding of β-rhombohedral boron using cluster fragment approach. Phys Rev B 72: 195102/1-195102/6

[3] Heřmánek S (1992) ^{11}B NMR spectra of boranes, main-group heteroboranes, and substituted derivatives. Factors influencing chemical shifts of skeletal atoms. Chem Rev 92: 325-362

[4] Bowden GH (1980) Supplement to Mellor's comprehensive treatise on inorganic and theoretical chemistry, vol 5, Boron, Part A, Boron-oxygen compounds. Longman, London

[5] van den Berg R, Peters JA, van Bekkum H (1994) The structure and (local) stability constants of borate esters of mono- and di-saccharides as studied by ^{11}B and ^{13}C NMR spectroscopy. Carbohydr Res 253: 1-12

[6] Yuan G, Xue D (2007) Crystal chemistry of borates: the classification and algebraic description by topological type of fundamental building blocks. Acta Crystallogr B 63: 353-362

[7] Olah GA (1973) Friedel-crafts chemistry. Wiley, New York

[8] Kennedy JP, Huang SY, Feinberg SC (1977) Cationic polymerization with boron halides. III. BCl_3 coinitiator for olefin polymerization. J Polym Sci A 15: 2801-2819

[9] Nederlandse V, Raffinadery Van Petroleumproducten Sparndamseweg N (1971) Refining of hydrocarbon with boron trifluoride. US Patent 3617533 (Haarlem, NL)

[10] Branchadell V, Oliva A (1991) The Lewis acidity scale of boron trihalides: an ab initio study. Theochem 236: 75-84

[11] Branchadell V, Oliva A (1991) Complexes between formaldehyde and boron trihalides. An ab initio study. J Am Chem Soc 113: 4132-4136

[12] Islas R, Chamorro E, Robles J, Heine T, Santos JC, Merino (2007) Borazine: to be or not to be aromatic. Struct Chem 18: 833-839

[13] Paine RT, Narula CK (1990) Synthetic routes to boron nitride. Chem Rev 90: 73-91

[14] Will G, Kossobutzki KH (1976) An X-ray diffraction analysis of boron carbide $B_{13}C_2$. J Less Common Metals 47: 43-48

[15] Kasper JS, Lucht CM, Harker D (1948) The structure of the decaborane molecule. J Am Chem Soc 70: 881. Kasper JS, Lucht CM, Harker D (1950) The crystal structure of the decaborane, $B_{10}H_{14}$. Acta Crystallogr 3: 436-455

[16] Longuet-Higgins HC, de Roberts MV (1955) The electronic structure of an icosahedron of boron atoms. Proc R Soc Lond A Math Phys Sci 230: 110-119

[17] Lipscomb WN (1963) Boron hydrides. Benjamin, New York. Lipscomb WN (1976) Nobel lecture, http: //nobelprize.org/nobel_prizes/chemistry/laureates/1976/lipscomb-lecture.pdf

[18] Wade K (1976) Structural and bonding patterns in cluster chemistry. Adv Inorg Chem Radiochem 18: 1-66
[19] Greenwood NN (1989) Boron hydride clusters. In: Roesky M (ed) Rings, clusters and polymers of main group and transition elements. Elsevier, Amsterdam
[20] Sayden-Penne J (1991) Reductions by the alumino- and borohydrides in organic synthesis. VCH, New York
[21] Brown HC (1975) Organic synthesis via boranes. Wiley, New York. Brown HC (1979) Nobel lecture, http://nobelprize.org/nobel_prizes/chemistry/laureates/1979/brown-lecture.pdf
[22] Greenwood NN (1992) Taking stock: the astonishing development of boron hydride cluster chemistry. Chem Soc Rev 20: 49-57
[23] Komura M, Aono K, Nagasawa K, Sumimoto S (1987) A convenient preparation of ^{10}B-enriched $B_{12}H_{11}SH^{2-}$, an agent for neutron capture therapy. Chem Express 2: 173-176. Tolpin EI, Wellum GR, BerleyS A (1978) Synthesis and chemistry of mercaptoun-decahydro-closo-dodecaborate(2^-). Inorg Chem 17: 2867-2873
[24] Grimes RN (1970) Carboranes. Academic, New York
[25] Taoda Y, Sawabe T, Endo Y, Yamaguchi K, Fujiid S, Kagechika H (2008) Identification of an intermediate in the deboronation of ortho-carborane: an adduct of ortho-carborane with two nucleophiles on one boron atom. Chem Commun 2049-2051
[26] Valliant JF, Guenther KJ, King AS, Morel P, Schaffer P, Sogbein OO, Stephenson KA (2002) The medicinal chemistry of carboranes. Coord Chem Rev 232: 173-230
[27] Negishi E, Idacavage M (1985) Formation of carbon-carbon and carbon-heteroatom bonds via organoboranes and organoborates. Org React 33: 1-246
[28] Alonso F, Beletskaya IP, Yus M (2008) Non-conventional methodologies for transition-metal catalysed carbonecarbon coupling: a critical overview. Part 2: the Suzuki reaction. Tetrahedron 64: 3047-3101
[29] Park KC, Yoshino K, Tomiyasu H (1999) A high-yield synthesis of 4-borono-dl-phenylalanine. Synthesis 1999: 2041-2044
[30] Torrado A, Iglesias B, López S, de Lera AR (1995) The Suzuki reaction in stereocontrolled polyene synthesis: retinol (vitamin A), its 9- and/or 13-demethyl analogs, and related 9-demethyl-dihydroretinoids. Tetrahedron 51: 2435-2454
[31] Malan C, Morin C (1998) A concise preparation of 4-borono-L-phenylalanine (L-BPA) from L-phenylalanine. J Org Chem 63: 8019-8020. See also Nakamura H, Fujiwara M, Yamamoto Y (2000) A practical method for the synthesis of enantiomerically pure 4-borono-L-phenylalanine. Bull Chem Soc Jpn 73: 231-235
[32] Samankumara Sandanayakea KRA, Jamesa TD, Shinkaia S (1996) Molecular design of sugar recognition systems by sugar-diboronic acid macrocyclization. Pure Appl Chem 68: 1207-1212

第 7 章 硼化合物：新的 BNCT 硼携带剂

中村浩之和切畑光统

7.1 新的 BNCT 硼携带剂

BNCT 对细胞的杀伤作用是由硼-10(^{10}B) 和热中子，两种本质上无毒组分之间的核反应而产生的，其破坏作用在含硼组织中得到了很好的观察。因此，^{10}B 的高积累和选择性输送到肿瘤组织是实现有效的中子俘获治疗癌症的最重要要求[1,2]。为了使 BNCT 对肿瘤细胞造成致命性损伤，硼携带剂的研制应考虑三个重要参数：① 硼在肿瘤中的浓度应在 20~35 μg-^{10}B/g；② 肿瘤与正常组织的比值应大于 3~5；③ 毒性应足够低[3]。到目前为止，两种硼化合物，巯基十一氢十二硼酸钠 ($Na_2{}^{10}B_{12}H_{11}SH$；$Na_2{}^{10}BSH$)[4] 和 L-对–硼苯基丙氨酸[5] 已用于临床治疗恶性脑肿瘤[6] 和恶性黑色素瘤[7]。近年来，BNCT 已应用于各种癌症，包括头颈癌、肺癌、肝癌、胸壁癌和间皮瘤[8-10]。因此，开发新的硼携带剂是将 BNCT 应用于各种癌症中需要解决的重要问题之一。正如索洛韦 (Soloway) 及其同事所写的新综述文章[1]，覆盖了 1998 年之前关于硼携带剂的详细报告，我们在这里回顾了在过去 10 年中开发的新的和有前途的硼携带剂候选材料。

近十年来，硼携带剂的发展有两个方向：小硼分子和硼缀合生物配合物。不同于使用药物的方法，硼携带剂需要很高的肿瘤选择性，而且基本上是无毒的。因此，后一种途径已成为肿瘤组织中积聚大量 ^{10}B 的最新趋势之一。

7.1.1 小硼分子

一种小硼分子包括 ^{10}B 部分和肿瘤亲和力功能。水溶性也是硼分子作为硼携带剂的重要要求。硼酸、碳硼烷和各种硼团簇[11,12] 被选为分子中的 ^{10}B 部分。

中村浩之 (✉)
日本，171-8588，东京，丰岛区，目白 1-5-1，学习院大学，理学院，化学系
e-mail: hiroyuki.nakamura@gakushuin.ac.jp

切畑光统
日本，大阪县，大阪府立大学，农业与生命科学研究生院
e-mail: kirihata@biochem.osakafu-u.ac.jp

近十年来设计和合成的硼分子可分为五类：氨基酸衍生物、核酸衍生物、卟啉及相关衍生物、碳水化合物和其他仿生学类。

7.1.1.1 氨基酸衍生物

随着 L-^{10}BPA 在恶性黑色素瘤细胞中的活跃蓄积，含硼氨基酸及其相关肽的开发备受关注。卡巴尔卡 (Kabalka) 和他的同事合成了各种含硼环状氨基酸[13]。在黑色素荷瘤小鼠中的生物分布研究表明，含硼氨基酸被肿瘤选择性地吸收[14]。斯莱普希纳 (Slepukhina) 和加贝尔 (Gabel) 开发出含有氨基酸的十二硼酸酯。使用 V79 中国仓鼠细胞进行的体外毒性试验表明，含有十二硼酸酯的氨基酸 (LD_{50} 为 5.7 mM) 显示出与 BSH(LD_{50} 为 5.5 mM) 大致相同的毒性[15] ("mM" 是 "mmol/l" 的简写形式，即毫摩尔每升)。斯托里 (Hattori) 和同事们合成了氟化 BPA 衍生物，试图为磁共振成像 (MRI) 和 BNCT 试剂设计实用工具[16] (图 7.1)。

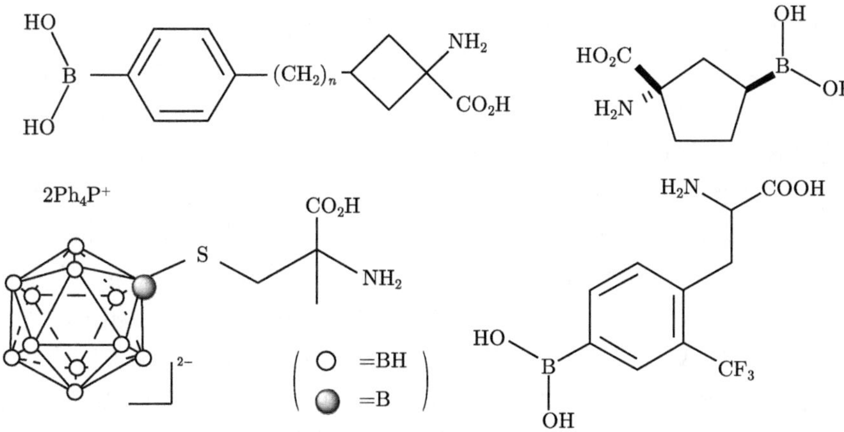

图 7.1 含硼氨基酸的结构

7.1.1.2 核酸衍生物

最初的方法是将硼并入核酸碱基，如嘌呤和嘧啶[17,18]。另一种方法是将硼部分直接与核酸结合。各种与硼酸和碳硼烷结合的核酸在 20 世纪 90 年代被开发出来[1]。含硼核苷缀合物的最新进展包括含碳硼烷的胸腺嘧啶核苷类似物和金属碳硼烷衍生物。阿尔·马洪 (Al-Madhoun) 及其同事发现，在 3 位含有邻羧基烷基的胸苷类似物是人类胸苷激酶 1(TK1) 的潜在底物[19]。莱斯尼科夫斯基 (Lesnikowski) 和他的同事开发了所有四种典型核苷的金属碳硼烷衍生物，即胸苷 (T)、2′-O-脱氧胞苷 (dC)、2′-O-脱氧腺苷 (dA) 和 2′-O-脱氧鸟苷 (dG)。这种方法的可用性使得研究含金属的核苷缀合物的广谱性以及在指定位置将这些金属中心并入 DNA 寡聚物中成为可能[20] (图 7.2)。

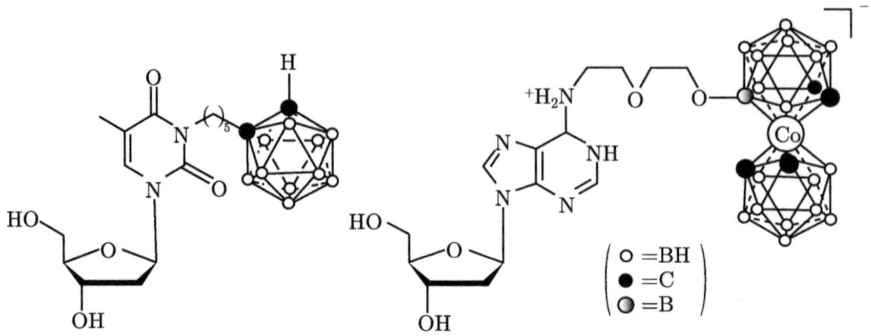

图 7.2　含硼核酸的结构

7.1.1.3　卟啉及其衍生物

卟啉和相关的大环氮杂环化合物在多种实体肿瘤中积累，因此被认为是作为硼传递剂和光动力疗法 (PDT) 的光敏剂的双重应用。卡尔、摩根、三浦、加贝尔 (Kahl, Morgan, Miura, Gabel) 及其同事开创了 BNCT 用硼化卟啉的研究[21-25]。其中卡尔 (Kahl) 和古 (Koo)[21] 研究了硼化原卟啉 (BOPP) 作为 BNCT/PDT 双敏化剂的可能性。在胶质瘤异种移植模型中，BOPP 被肿瘤细胞选择性摄取，主要定位于肿瘤细胞线粒体。因此，I 期临床研究是使用 BOPP 进行的。然而，由于 BOPP 或其代谢物对血小板的直接毒性作用，在患者中观察到血小板减少症[26]。为了克服这一缺点，多个研究小组合成了各种含硼卟啉和相关的大环氮杂环化合物。文森特 (Vicente) 和他的同事通过芳香键开发了四种巢式碳硼烷簇连卟啉[27]。两亲性卟啉具有很低的细胞毒性，被 9L 和 U-373MG 细胞以时间和浓度依赖的方式摄取，并优先定位于细胞溶酶体中。松村 (Matsumura)、加贝尔 (Gabel) 和他们的同事将 BSH 引入原卟啉框架中，以提高其在水中的溶解度[28,29]。对于其他硼源，研究了闭式单碳碳硼烷[30]、双 (双碳杂硼烷) 钴[31] 和氮杂硼烷[32] (图 7.3)。

7.1.1.4　碳水化合物

糖酵解作用速率的增加在许多癌细胞中经常被观察到，因此含硼碳水化合物最近引起了人们广泛的兴趣。糖基不仅可以使疏水性硼团簇具有水溶性，而且可以通过葡萄糖转运系统选择性地在肿瘤组织中积累。特贾克斯 (Tjarks) 和他的同事报告说邻碳烷基葡萄糖在 F98 胶质瘤细胞中大量积累[33]。他们合成了各种水溶性含邻碳硼烷糖苷[34,35]、功能化糖基化碳硼烷[36,37]、单和双葡萄糖醛酸化碳硼烷[38] 以及呋喃甲酰氨基丁酸氮杂环硼酸酯[39]，并且正在研究它们作为硼载体的生物特性。

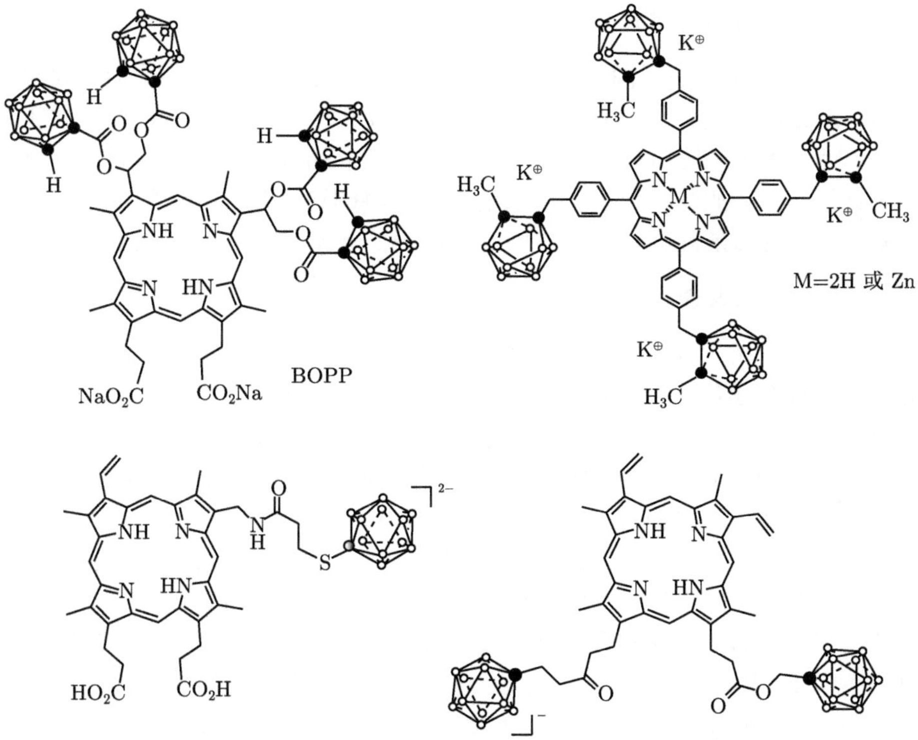

图 7.3　卟啉衍生物的结构

7.1.1.5　其他仿生学类

近年来，硼团簇化学的一个显著进展是碳硼烷作为生物活性分子组分在药物科学中的应用。恩多 (Endo) 和同事们重点研究碳硼烷的异常疏水特性和球形几何结构，并报告了第一个设计、合成和生物评价含碳硼烷笼 (作为疏水性药效团) 的维 A 酸类化合物的实例。他们发现，在荧光素酶报告基因检测中，对碳硼烷基苯酚衍生物表现出比 17L 雌二醇至少高 10 倍的雌激素兴奋剂活性，并且它们与雌激素受体的相互作用通过计算机对接模拟得到了证实。对羧基苯酚衍生物在体内对卵巢切除小鼠子宫重量和骨丢失的恢复也显示出有效作用[40,41]。作为碳硼烷的替代药效团，霍桑 (Hawthorne) 及其同事研究了转甲状腺素淀粉样变抑制剂[42]。康 (Kang) 和他的同事报告了邻碳硼烷基三嗪衍生物的合成，目前正在详细研究生物作用模式[43]。碳硼烷是一种用途广泛的核，不仅可以作为芳基或其他疏水部分的生物同系物，而且可以作为制备放射性核素连接分子成像剂的平台[44]。

7.1.2 硼缀合生物复合物

BNCT 的作用取决于向肿瘤细胞输送的选择性和相对大量的 ^{10}B，同时避免损伤邻近的正常细胞。最近有希望的方法需要使用硼缀合生物复合物，如硼聚合物、生长因子和单克隆抗体 (mAb)。作为一种替代方法，药物递送系统，包括乳剂、病毒包膜和脂质体，已经被用来选择性地将硼递送到肿瘤组织中。这些方法涉及靶向某些受体的配体，在许多肿瘤细胞表面观察到某些受体过度表达。

7.1.2.1 含硼聚合物

聚酰胺树枝状大分子以星芒图案排列，因此作为一种球形精密高分子近年来备受关注。首个硼化聚酰胺树枝状大分子由巴斯 (Barth)、索洛韦 (Soloway) 及其同事于 1993 年合成[45]。特贾克斯 (Tjarks) 和他的同事研究了利用含有硼化聚乙二醇 (PEG) 的叶酸偶联物的第三代聚酰胺树状大分子在癌细胞上靶向叶酸受体的可能性，通过减少网状内皮系统 (RES) 对这些结合物的摄取，获得 BNCT 所需的 ^{10}B 浓度。在所制备的组合中，一种叶酸附着在末端含有约 13 个癸硼酸团簇、约 1 个 PEG2000 单元和约 1 个 PEG800 单元的含硼树枝状大分子，在 C57BL/6 小鼠肝脏摄取量最低。该缀合物在携带叶酸受体 (+) 小鼠 24JK-FBP 肉瘤的 C57BL/6 小鼠体内的生物分布研究结果表明，选择性肿瘤 (6.0%ID/g 肿瘤) 摄取，以及高肝脏 (38.8%ID/g) 和肾脏 (62.8%ID/g) 摄取，表明第二个 PEG 单位和/或叶酸的附着可能对该缀合物的药效学产生不利影响[46]。

奥斯曼 (Hosmane) 及其同事证实功能化的单壁碳纳米管 (SWCNT) 能够穿过细胞膜并在许多肿瘤细胞中聚集而没有明显的毒性作用。巢式碳硼烷附着在单壁碳纳米管的侧壁上以产生水溶性大分子硼载体，并将其注射到患有 EMT6 乳腺癌的小鼠体内。结果发现，硼在肿瘤细胞中持续存在，肿瘤细胞中的硼含量为 21.5 μg/g，瘤血比为 3.12:1[47,48]。

斯雷布尼克 (Srebnik)、鲁宾斯坦 (Rubinstein) 和他的同事们专注于 ^{99m}Tc 的组织摄取，在膀胱癌患者体内，^{99m}Tc 的摄取是通过阳离子右旋糖酐以电荷依赖的方式增加的。他们制备了由不同比例的丙烯酰胺、N-丙烯酰-3-氨基苯基硼酸和 N-丙烯酰二氨基乙烷 (阳离子基团) 组成的含硼阳离子共聚物。组织硼水平的直接分析表明，结肠息肉对聚氨基苯硼酸 (APB) 的摄取高于周围正常组织。然而，两种组织中的游离 APB 含量相似。当在大鼠正常空肠和结肠中测试时，聚合物 APB 摄取量与共聚物中阳离子单体的摩尔含量成正比。镁离子、游离硼阳离子单体和黏蛋白的存在以浓度依赖的方式干扰这种摄取。结肠息肉中 APB 的积累与共聚物中阳离子单体的含量成反比，这表明息肉周围黏液的数量增加，这可能阻碍了聚合物与恶性组织的静电附着[49]。

7.1.2.2 硼肽和抗体

大多数高级别胶质瘤表达扩增的表皮生长因子受体 (EGFR) 基因, 并且在细胞表面发现 EGFR 数量增加。巴斯 (Barth) 和他的同事开发了 EGF 连接硼化星爆型聚酰胺树枝状大分子 (EGF-BSD), 每个 EGF 分子含有 960 个硼原子。通过电子光谱成像确定, EGF-BSD 最初与细胞表面膜结合, 然后被内吞, 导致硼在溶酶体中积累[50]。将 F98 野生型 ($F98_{WT}$) 受体 (−) 或 EGFR 基因转染的 $F98_{EGFR}$ 细胞立体定向植入 Fischer 大鼠脑内。生物分布研究显示, 在瘤内注射 EGF-BSD 后 24 h, $F98_{WT}$ 胶质瘤保留了 33.2% 的 EGF-BSD 注射剂量, 而 $F98_{EGFR}$ 胶质瘤中的注射剂量为 9.4%, 相应的硼浓度分别为 21.1 μg/g 和 9.2 μg/g。接受 EGF-BSD(∼60 μg ^{10}B/∼15 μg EGF) 单独或联合静脉注射 BPA (500 mg/kg) 的大鼠在注射后 24 h 于布鲁克海文医学研究反应堆中进行照射。照射对照组的平均存活时间 (MST) 为 (31±1) 天, 而 $F98_{EGFR}$ 胶质瘤的动物接受了鞘内注射 (i.t.)EGF-BSD 和 BNCT, 其 MST 为 (45±5) 天, 而 $F98_{WT}$ 肿瘤动物的 MST 为 (33±2) 天; 接受鞘内注射 (i.t.)EGF-BSD 和静脉注射 (i.v.)BPA 的大鼠的 MST 为 (57±8) 天, 而仅静脉注射 BPA 组的 MST 为 (39±2) 天[51]。

抗 EGF 单克隆抗体西妥昔单抗 (IMC-C225) 也被用作 BNCT 的传递剂。BSD 与西妥昔单抗化学连接[52], 与受体阴性的 F98 细胞相比, 生物结合物 (BD-C225) 在体外被 $F98_{EGFR}$ 胶质瘤细胞特异性摄取 (41.8 μg/g vs. 9.1 μg/g)。为了观察 $F98_{WT}$ 或 $F98_{EGFR}$ 胶质瘤大鼠的体内生物分布, BD-C225 采用对流强化给药 (CED) 或直接鞘内注射。$F98_{EGFR}$ 胶质瘤在 CED 和鞘内注射后 24 h 内的硼保留量分别为 77.2 μg/g 和 50.8 μg/g, 脑和血硼值正常 (<0.05 μg/g)。BD-C225 经 CED 后 24 h 行 BNCT, 无论是单独使用还是联合静脉注射 BPA, 其 MST 分别为 54.5 天和 70.9 天, 其中 1 只长期存活 (超过 180 天)。相比之下, 照射对照组和未治疗对照组的 MST 分别为 30.3 天和 26.3 天。这些数据显示了单独或与 BPA 联合使用含硼单克隆抗体分子靶向 EGFR 的有效性[53]。

7.1.2.3 乳液

碘化油是罂粟籽油中的一种碘化和酯化脂质, 与化疗药物一起用于经导管动脉化疗栓塞术。铃木 (Suzuki) 及其同事发现, 动脉内注射 BSH/碘油乳剂可选择性地在实验性肝肿瘤中提供高 ^{10}B 浓度 (给药后 6 h 约为 200 ppm, "ppm" 为质量浓度比, "1 ppm" 等于百万分之一)[54]。肝脏肿瘤中高 ^{10}B 的积聚可归因于碘油对肿瘤血管的栓塞作用。此外, 他们还研究了可降解淀粉微球 (DSM) 与其他栓塞剂一样, 在小动脉中引起短暂和可逆的栓塞, 并增加化疗药物在肝肿瘤内的滞留。用大鼠肝肿瘤模型研究了 BSH/DSM 乳剂动脉灌注后 ^{10}B 的生物分布。给药 1 h 后肿瘤内的 ^{10}B 浓度为 231 ppm。6 h 时, BSH+DSM 组肿瘤内 ^{10}B 浓度为 81.5 ppm。另一方面，在给予 BSH 和 DSM 后 1 h 肝脏中的 ^{10}B 浓度为 184 ppm。6 h 时，BSH+DSM 组肝脏中的 ^{10}B 浓度为 78 ppm。在 1 h(1.4 vs. 3.6) 和 6 h(1.1 vs. 14.9)BSH+DSM 组肿瘤/肝脏 ^{10}B 浓度比值 (T/L 比值) 显著小于 BSH+ 碘化油组。因此，基于 BSH/DSM 的 BNCT 由于 T/L 比值较低，不适合于多发性肝癌的治疗。然而，在动脉内注射 BSH/DSM 乳剂后，肝脏肿瘤中 ^{10}B 的高积累表明基于 BSH/DSM 的 BNCT 有可能应用于其他部位的恶性肿瘤 [55]。

油包水 (WOW) 乳状液已作为抗癌药物的载体用于动脉注射治疗癌症。柳卫宏宣 (Yanagie) 及其同事制备了 BSH 包埋 WOW 乳剂用于选择性动脉注射治疗肝癌。WOW 乳剂经肝动脉注入。用 VX-2 兔肝肿瘤模型比较了该乳剂与 BSH/碘化油乳剂或 BSH 溶液的抗肿瘤活性。WOW 乳剂给药时 VX-2 肿瘤组织中 ^{10}B 的浓度明显优于传统 BSH/碘化油乳剂。电子显微镜图像显示 WOW 乳剂的脂肪滴在肿瘤部位积聚，但 BSH/碘化油乳剂中没有脂肪滴积聚 [56]。

7.1.2.4 HVJ 包膜

HVJ 包膜 (HVJ-E) 载体系统是在日本灭活血凝病毒 (HVJ；Sendai virus) 的基础上发展起来的一种新型融合介导的基因传递系统。HVJ 脂质体是一种与 HVJ-E 融合的脂质体，与 HVJ-E 相比具有更高的硼捕获效率。中井 (Nakai)、金田 (Kaneda) 和他们的同事研究了用 HVJ-E 和 HVJ 脂质体系统将硼输送到培养细胞中的情况。用含 BSH 的 HVJ-E 孵育 60 min 后，BHK-21 细胞 (幼仓鼠肾细胞) 的 ^{10}B 浓度为 24.9 μg/g 细胞颗粒，SCC-Ⅶ 细胞 (小鼠鳞状细胞癌) 为 19.4 μg/g 细胞颗粒。这些结果表明 HVJ-E 与肿瘤细胞膜融合后可快速释放硼剂，HVJ-E 介导的给药系统适用于 BNCT[57,58]。

7.1.2.5 包封硼的脂质体

1991 年宏宣 (Yanagie) 及其同事首次报道了脂质体硼转运系统。他们研究了一种与癌胚抗原 (CEA) 特异性单克隆抗体结合的 BSH 包封脂质体。以卵黄磷脂酰胆碱、胆固醇、二棕榈酰磷脂酰乙醇胺 (1∶1∶0.05) 为原料制备脂质体，包封 BSH。脂质体经二硫苏糖醇处理后悬浮于 N-羟基琥珀酰亚胺-3-(2-吡啶基二硫代) 丙酸盐溶液中进行偶联。该免疫脂质体可选择性地与表面带有 CEA 的人胰腺癌细胞 (AsPC-1) 结合，并在体外热中子照射下抑制肿瘤细胞生长 [59]。此外，还观察了 BSH 免疫脂质体局部注射对 AsPC-1 裸鼠移植瘤的细胞毒性作用。鞘内注射免疫脂质体后，肿瘤组织和血液中的硼浓度分别为 (49.59±6.59) ppm 和 (0.30±0.08) ppm。小鼠接受鞘内注射 BSH 包封免疫脂质体，热中子照射可抑制其体内肿瘤的生长。在病理组织学上，免疫脂质体治疗的肿瘤出现玻璃样变和坏死 [60]。

7.1 新的 BNCT 硼携带剂

1992 年，霍桑 (Hawthorne) 和他的同事用二硬脂酰磷酰胆碱 (DSPC) 和胆固醇制备了平均直径为 70 nm 或更小的硼包封脂质体。水解稳定硼烷阴离子，$B_{10}H_{10}^{2-}$、$B_{12}H_{11}SH^{2-}$、$B_{20}H_{17}OH^{4-}$ 和 $B_{20}H_{19}^{3-}$，$B_{20}H_{18}^{2-}$ 的正常形态和光异构体以可溶性钠盐的形式包裹在脂质体中。虽然所使用的硼化合物对肿瘤不具有任何特异性，并且通常能迅速从体内清除，但观察到脂质体可选择性地将硼烷阴离子输送至肿瘤。最高肿瘤浓度达到治疗范围 (>15 μg-硼/g-肿瘤)。同时保持较高的肿瘤硼/血硼比值 (>3)。对 $B_{20}H_{18}^{2-}$ 的两个异构体，得到了最有利的结果。这些硼化合物通过脂质体沉积在肿瘤细胞中后，能够与细胞内成分发生反应，从而阻止硼烷离子释放到血液中[61]。此外，由多面体硼烷离子 $B_{20}H_{18}^{2-}$ 与液氨反应生成的 $B_{20}H_{17}NH_3^{3-}$ 离子的顶部赤道 (ae) 异构体，即 $[1-(2'-B_{10}H_9)-2-NH_3B_{10}H_8]^{3-}$，由 5% PEG-200-二硬脂酰磷酰乙醇胺制备的脂质体包裹。聚乙二醇化脂质体由于从网状内皮系统 (RES) 逃逸而表现出较长的循环寿命，导致硼在整个 48 h 的实验期间持续在肿瘤中累积，并且达到每克肿瘤中最多 47 μg 的硼[62] (图 7.4)。

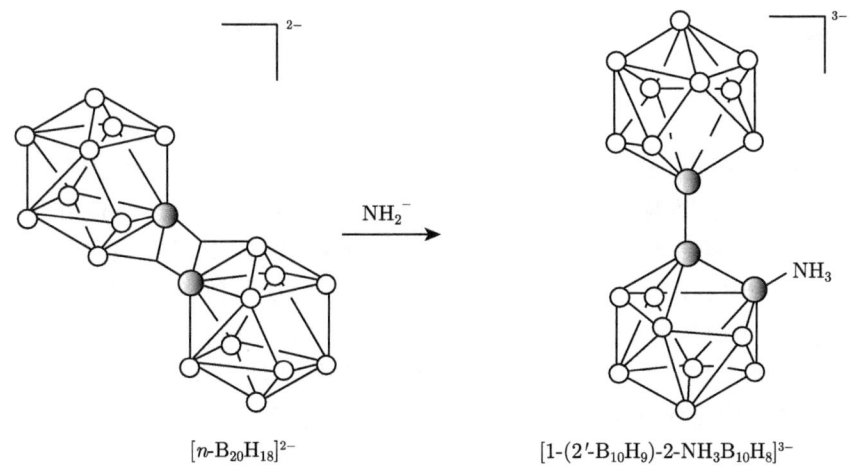

图 7.4 将 $[n-B_{20}H_{18}]^{2-}$ 转换为 $[1-(2'-B_{10}H_9)-2-NH_3B_{10}H_8]^{3-}$

李 (Lee) 及其同事研制了含硼叶酸受体 (FR) 靶向脂质体。FR 在人类肿瘤中的表达常被放大。将两种高电离度的硼化合物 $Na_2[B_{12}H_{11}SH]$ 和 $Na_3(B_{20}H_{17}NH_3)$ 以被动载入的方式加入脂质体中，包封率分别为 6% 和 15%。此外，还研究了五种弱碱性含硼多胺，如图 7.5 所示。通过 pH 梯度驱动的远程加载方法，以不同的载药量将这些药物整合到脂质体中。与柠檬酸钠相比，以硫酸铵为捕集剂的低分子量硼衍生物具有较高的装载效率。利用扩增 FR 表达的 KB 鳞状上皮癌细胞研究了叶酸衍生的硼化脂质体的体外摄取。无论硼的化学形式和脂质体制备方法如何，FR 靶向脂质体 (高达 1584 μg/10^9-细胞) 比未靶向的对照脂质体 (高达

154 μg/10^9-细胞) 观察到的细胞硼摄取量要高得多[63]。

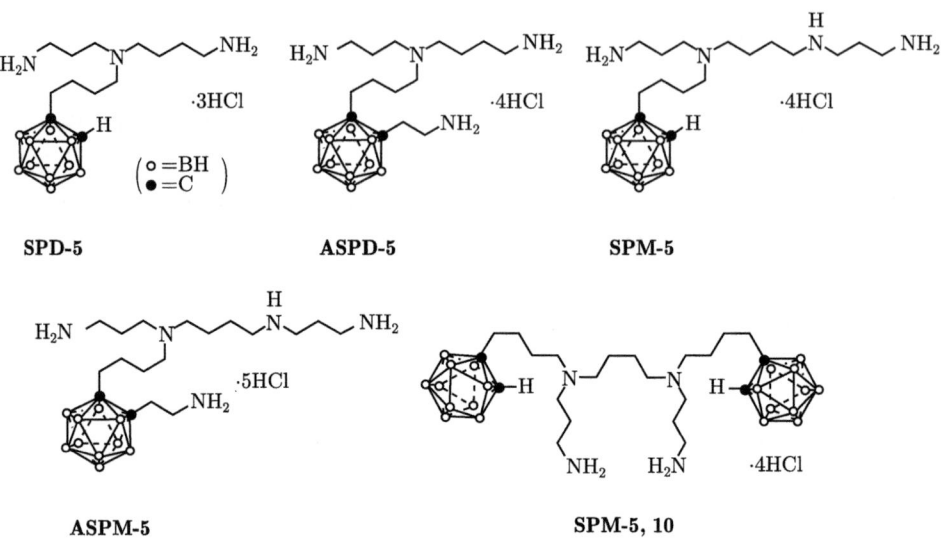

图 7.5 含硼多胺衍生物的结构

库尔伯格 (Kullberg) 及其同事研究了一种 EGF 偶联聚乙二醇脂质体给药载体，该载体含有水溶性硼化菲啶 (WSP1) 或水溶性硼化吖啶 (WSA1)，用于 EGFR 靶向。在 WSA1 的情况下，获得了配体依赖性的硼摄取，并且硼摄取量与给予游离 WSA1 时一样好。含 WSP1 的脂质体中没有发现配体依赖性的硼摄取。因此，WSA1 是进一步研究的候选。每个脂质体中大约有 10^5 个硼原子。临界评估表明，优化后，最多可装载 10^6 个硼原子。用 WSA1 包裹的 EGF 偶联聚乙二醇脂质体，观察到胶质瘤细胞的体外硼摄取 ((6.29±1.07) μg/g-细胞)[64](图 7.6)。

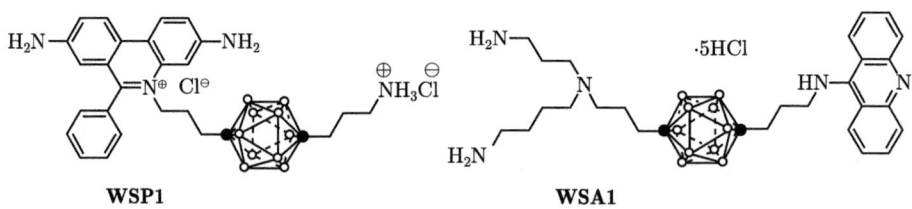

图 7.6 水溶性硼化菲啶 (WSP1) 和吖啶 (WSA1) 的结构

转移铁蛋白 (TF) 受体介导的内吞作用是 TF 向细胞输送铁的正常生理过程，与正常细胞相比，在大多数肿瘤细胞上观察到高浓度的 TF 受体。丸山 (Maruyama) 和他的同事开发了 BSH 包封、TF 偶联聚乙二醇脂质体 (TF-PEG 脂质体)。当

TF-PEG 脂质体以 35 mg/kg 的 ^{10}B 的剂量注射时,26 只荷瘤小鼠在结肠循环中的停留时间延长,网状内皮系统 (RES) 摄取低,导致 ^{10}B 在实体瘤组织中的累积增强 (如每克肿瘤中 35.5 μg ^{10}B)。TF-PEG 脂质体在肿瘤中维持较高的 ^{10}B 水平,注射后至少 72 h,每克肿瘤的硼浓度超过 30 μg。另一方面,血浆 ^{10}B 水平下降,导致注射后 72 h 肿瘤/血浆比值为 6.0。与 PEG 脂质体、裸脂质体和游离 BSH 相比,以 5 mg-^{10}B/kg 或 20 mg-^{10}B/kg 剂量注射用 TF-PEG 脂质体包封的 BSH 和 2×10^{12} 中子/cm^2 照射 37 min,可抑制肿瘤生长并提高长期生存率 [65,66]。增永 (Masunaga) 及其同事评估了包裹 BSH 和 Na$_2$B$_{10}$H$_{10}$ 的 TF-PEG 脂质体在 SCC-Ⅶ 荷瘤小鼠体内的生物分布。两种脂质体载入肿瘤后 ^{10}B 浓度变化的时间过程相似,只是在载入 TF-PEG 脂质体后 24 h,Na$_2$B$_{10}$H$_{10}$ 的 ^{10}B 浓度高于 BSH 的,当注射 TF-PEG 脂质体包裹的 Na$_2$B$_{10}$H$_{10}$(35 mg/kg 的 ^{10}B) 时,肿瘤中的 ^{10}B 浓度为 35.6 μg/g-肿瘤 [67]。

西妥昔单抗连接脂质体也被研究作为靶向 EGFR(+) 胶质瘤细胞的免疫脂质体。李 (Lee) 和他的同事通过基于胆固醇的膜锚、马来酰亚胺-PEG-胆固醇 (Mal-PEG-Chol) 开发了西妥昔单抗免疫脂质体,将西妥昔单抗并入脂质体中。研究了包封 BSH 的西妥昔单抗免疫脂质体对人 EGFR 基因转染 F98$_{EGFR}$ 胶质瘤细胞的靶向性。在 EGFR(+) F98$_{EGFR}$ 中,西妥昔单抗免疫脂质体比未靶向的人 IgG 免疫脂质体获得的细胞硼摄取量大得多 (约 8 倍)。

7.1.2.6 硼脂质体

在脂质体双层膜中制备亲脂性硼化合物,对于提高含硼种类的整体掺入效率,以及提高脂质体在制剂中的总含硼量,是一种很有吸引力的方法。霍桑 (Hawthorne) 及其同事首次证明了将亲脂种类掺入单膜脂质体实现选择性地向肿瘤输送硼。他们合成了巢式碳硼烷两亲分子 1(图 7.7),并制备了由 DSPC、胆固醇和 1 组成的双层硼化脂质体。将脂质体混悬液注入荷 EMT6 乳腺癌的 BALB/c 小鼠体内,观察硼的生物分布随时间的变化。在正常使用的低注射剂量 (5~10 mg/kg 的 ^{10}B) 下,肿瘤硼峰值浓度达到每克肿瘤 35 μg^{10}B,肿瘤/血液硼比值达到 8。这些值足够高,可以成功地应用于 BNCT。将 1 和亲水种类 Na$_3$[1-(2'-B$_{10}$H$_9$)-2-NH$_3$B$_{10}$H$_8$] 纳入同一脂质体中,显著增强了生物分布特征,例如肿瘤硼的最大浓度为每克肿瘤 50 μg^{10}B,肿瘤/血液硼比值为 6[69]。

2004 年,中村 (Nakamura) 和他的同事开发了巢式碳硼烷脂质 2,它由巢式碳硼烷部分作为亲水性官能团与两个长烷基链作为亲油性官能团组成。透射电镜下醋酸铀酰负染分析显示巢式碳硼烷脂质 2 形成稳定的囊泡。化合物 2 以浓度依赖的方式并入 DSPC 脂质体中 [70]。此外,通过将 TF 与 TF(−)-PEG-CL 脂质体的 PEG-CO$_2$H 部分偶联,可以将 TF 引入巢式碳硼烷脂质体 (TF(+)-PEG-CL 脂质

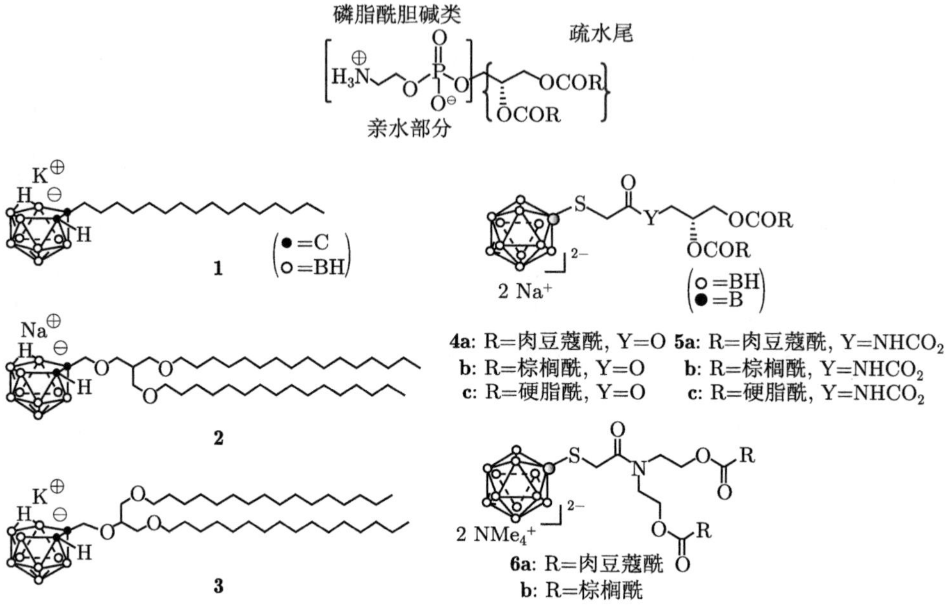

图 7.7 硼脂质的结构

体) 的表面。将 Tf(+)-PEG-CL 脂质体静脉注射到结肠癌的 BALB/c 小鼠体内，发现 Tf(+)-PEG-CL 脂质体在肿瘤组织中蓄积，并在肿瘤组织中停留足够长的时间以增加肿瘤与血液中硼的比值，尽管随着时间的推移，Tf(−)-PEG-CL 脂质体逐渐从肿瘤组织中释放出来。通过将 Tf(+)-PEG-CL 脂质体 (7.2 mg-^{10}B/kg) 注射到荷瘤小鼠体内，每克肿瘤可获得 22 μg 的硼浓度。如前所述，给予 35 mg-^{10}B/kg 后 72 h，包裹 BSH 的 Tf(+)-PEG 脂质体以每克组织 35.5 μg 的硼在肿瘤中积聚。因此，Tf(+)-PEG-CL 脂质体比包封 BSH 的 Tf(+)-PEG 脂质体更有效。然而，当 Tf(+)-PEG-CL 脂质体以 14 mg-^{10}B/kg 的剂量注射时，50% 的小鼠出现明显的急性毒性反应。剂量为 7.2 mg-^{10}B/kg，注射 Tf(+)-PEG-CL 脂质体，在 KUR 原子反应堆中以 2×10^{12} 中子/cm^2 照射 37 min，抑制肿瘤生长，未经 Tf(+)-PEG-CL 脂质体治疗的小鼠平均存活期为 21 天，而经治疗的小鼠的平均存活期为 31 天 [71]。霍桑及其同事还合成了巢式碳硼烷脂质 **3**，并研究了由 **3** 和胆固醇合成富硼无 DSPC 脂质体。不含 DSPC 的脂质体的粒径分布为 40～60 nm，在通常与选择性肿瘤摄取相关的范围内。动物研究表明，巢式碳硼烷脂质体 **3** 脂质体毒性太大，不能用于 BNCT[72]。然而，由脂质 **2** 和/或 **3** 制备的脂质体含有一种新型的具有高硼含量的双层成分。

为了解决巢式碳硼烷脂质体 **2** 和 **3** 所制备脂质体毒性大的问题，闭式十二硼酸酯作为硼脂质体的一种替代亲水功能而备受关注。中村及其同事通过 BSH 与

7.1 新的 BNCT 硼携带剂

二酰基甘油的溴代乙酰基和氯乙酰氨基甲酸酯衍生物的 S-烷基化反应,成功地合成了双尾闭式十二硼酸脂质 **4a~c** 和 **5a~c**,具有 $B_{12}H_{11}S$ 的亲水功能。钙黄绿素包封实验表明,由硼团簇脂质体 **4**、DMPC、PEG-DSPE 和胆固醇制备的脂质体在 37 ℃ 下在 FBS(胎牛血清) 溶液中稳定 24 h[73,74]。将由闭式十二硼酸盐脂质 **4c** 制备的含硼脂质体经静脉注入结肠 26 荷瘤 BALB/c 小鼠 (20 mg-^{10}B/kg),含硼脂质体的时间依赖性生物分布实验显示,注射 24 h 后,肿瘤组织中的硼蓄积量较高 (每克肿瘤含 22 μg^{10}B)[75]。除测定各脏器中硼-10 浓度外,给药后 24 h 将小鼠麻醉,置于亚克力小鼠夹持器内,除移植瘤腿外,全身均用丙烯酸树脂屏蔽。中子照射是在 JAEA 原子反应堆 (JRR-4) 中进行的。硼脂质体对小鼠的肿瘤生长有明显的抑制作用,但生理盐水并没有降低中子照射后的肿瘤生长。加贝尔 (Gabel) 和他的同事们还开发出了闭式十二硼酸脂 **6a** 和 **6b**。差示扫描量热分析表明,**6a** 和 **6b** 双层膜的主要相变温度分别为 18.8 ℃ 和 37.9 ℃。当加入等量 DSPC 和胆固醇到脂质体制剂中时,得到了稳定的脂质体。ξ-电位测量表明,**6a** 和 **6b** 的囊泡都带负电荷,是迄今为止所有脂质体中最负的。**6a** 制备的脂质体对 V79 中国仓鼠细胞 (IC_{50}=5.6 mM) 的毒性略低于未系统说明的 BSH(IC_{50}=3.9 mM),而 **6b** 制备的脂质体在 30 mM 时也没有毒性[76]。

同时,胆固醇对脂质体的稳定形成也是必不可少的。因此,开发含硼胆固醇衍生物被认为是将硼包封在脂质体双层膜中的另一种方法。第一种含硼胆固醇衍生物由费克斯 (Feakes) 及其同事报道[77]。虽然他们合成了巢式碳硼烷连接胆固醇 **7a~b** (图 7.8),但对其脂质体的评价还没有报道。中村、加贝尔和他的同事开发了闭式十二硼酸脂连接胆固醇 **8a~c**。

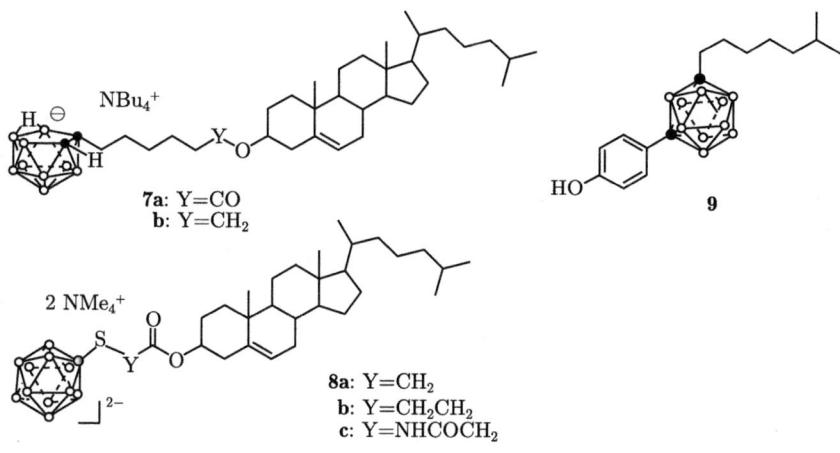

图 7.8 硼胆固醇的结构

闭式十二硼酸脂连接胆固醇 **8a** 脂质体,由二甲基吡咯烷酰磷脂酰胆碱、胆固醇、**8a** 和聚乙二醇连接二硬脂酰磷酸乙醇胺 (1:0.5:0.5:0.1) 制备而成,在相同的硼浓度下,表现出比 BSH 更高的细胞毒性,**8a** 脂质体和 BSH 对结肠 26 细胞的 IC_{50} 值分别为硼浓度 25 ppm 和 78 ppm[78]。特贾克斯 (Tjarks) 及其同事开发了碳硼烷基胆固醇类似物 **9** 作为脂质双层成分,用于构建非靶向和靶向受体的硼化脂质体。这些含硼胆固醇模拟物的主要结构特征是胆固醇和碳硼烷构架之间的物理化学相似性[40]。胆固醇类似物 **9** 被稳定地整合到非靶向脂质体、血管内皮生长因子受体 2(VEGFR-2) 靶向脂质体中。在传统的 DPPC/胆固醇脂质体、非靶向脂质体和 FR 靶向脂质体制剂之间,未发现这种碳硼烷基胆固醇衍生物在外观、大小分布和片层性方面存在重大差异。FR 靶向的硼化脂质体在体外被 FR 过度表达的 KB 细胞广泛吸收,并且在游离叶酸的存在下有效地阻断了摄取。在分别与硼化 FR-和 (VEGFR-2)-靶向脂质体孵育时,FR 过度表达的 KB 细胞和 VEGFR-2 过度表达的 293/KDR 细胞没有明显的细胞毒性,尽管前者在 KB 细胞中大量积累,后者通过引起自磷酸化和保护 293/KDR 细胞免于遭受 SLT(志贺样毒素)-VEGF 细胞毒性,与 VEGFR-2 有效地相互作用[79]。

参 考 文 献

[1] Soloway AH, Tjarks W, Barnum BA et al (1998) The chemistry of neutron capture therapy. Chem Rev 98:1515-1562

[2] Hawthorne MF (1993) The role of chemistry in the development of boron neutron capture therapy of cancer. Angew Chem Int Ed Engl 32:950-984

[3] Barth RF, Soloway AH, Fairchild RG et al (1992) Boron neutron capture therapy for cancer, realities and prospects. Cancer 70:2995-3007

[4] Soloway AH, Hatanaka H, Davis MA (1967) Penetration of brain and brain tumor. VII. Tumorbinding sulfhydryl boron compounds. J Med Chem 10:714-717

[5] Snyder HR, Reedy AJ, Lennarz WJ (1958) Synthesis of aromatic boronic acids. Aldehydo boronic acids and a boronic acid analog of tyrosine. J Am Chem Soc 80:835

[6] Nakagawa Y, Hatanaka H (1997) Boron neutron capture therapy. Clinical brain tumor studies. J Neurooncol 33:105-115

[7] Mishima Y, Ichihashi M, Hatta S et al (1989) New thermal neutron capture therapy for malignant melanoma: melanogenesis-seeking ^{10}B molecule-melanoma cell interaction from in vitro to first clinical trial, pigment. Cell Res 2:226-234

[8] Kato I, Ono K, Sakurai Y et al (2004) Effectiveness of BNCT for recurrent head and neck malignancies. Appl Radiat Isot 61:1069-1073

[9] Aihara T, Hiratsuka J, Morita N et al (2006) First clinical case of boron neutron capture therapy for head and neck malignancies using ^{18}F-BPA PET. Head Neck 28:850-855

[10] Suzuki M, Sakurai Y, Hagiwara S et al (2007) First attempt of boron neutron capture therapy (BNCT) for hepatocellular carcinoma. Jpn J Clin Oncol 37:376-381

[11] Adams L, Hosmane SN, Eklund JE et al (2002) A new synthetic route to boron-10 enriched pentaborane(9) from boric acid and its conversion to anti-$^{10}B_{18}H_{22}$. J Am Chem Soc 124:7292-7293

[12] El-Zaria ME, Dorfler U, Gabel D (2002) Synthesis of (aminoalkylamine)-N-aminoalkyl) azanonaborane(11) derivatives for boron neutron capture therapy. J Med Chem 45:5817-5819

[13] Srivastava RR, Singhaus RR, Kabalka GW (1999) 4-Dihydroxyborylphenyl analogues of 1-aminocyclobutanecarboxylic acids: potential boron neutron capture therapy agents. J Org Chem 64:8495-8500

[14] Kabalka GW, Wu ZZ, Yao M-L et al (2004) The syntheses and in vivo biodistribution of novel boronated unnatural amino acids. Appl Radiat Isot 61:1111-1115

[15] Slepukhina I, Gabel D(2006) Synthesis and in vitro toxicity of new dodecaborate-containing amino acids. In: Nakagawa Y, Kobayashi T, Fukuda H. (eds.) Proceedings of ICNCT-12:247-250

[16] Hattori Y, Kurihara K, Niki Y et al (2006) Synthesis and evaluation of the compounds containing ^{10}B and ^{19}F atoms as boron carrier and imaging agent. Peptide Sci 2005:337-340

[17] Dewar MJS, Maitlis PM (1959) A boron-containing purine analog. J Am Chem Soc 81:6329-6330

[18] Matteson DS, Cheng T-C (1968) Displacement reactions of dibutyl iodomethaneboronate and the synthesis of boron-substituted pyrimidines. J Org Chem 33:3055-3060

[19] Al-Madhoun AS, Johnsamuel J, Barth RF et al (2004) Evaluation of human thymidine kinase 1 substrates as new candidates for boron neutron capture therapy. Cancer Res 64:6280-6286

[20] Olejniczak AB, Plesek J, Lesnikowski ZJ (2006) Nucleoside-metallacarborane conjugates for base-specific metal labeling of DNA. Chem Eur J 13:311-318

[21] Kahl SB, Koo MS (1990) Synthesis of tetrakis-carborane-carboxylate esters of 2,4-bis-(α, β- dihydroxyethyl)-deuteroporphyrin IX. Chem Commun 1769-1771

[22] Hill JS, Kahl SB, Kaye AH et al (1992) Selective tumor uptake of a boronated porphyrin in an animal model of cerebral glioma. Proc Natl Acad Sci USA 89:1785-1789

[23] Miura M, Gabel D, Oenbrink G et al (1990) Preparation of carboranyl porphyrins for boron neutron capture therapy. Tetrahedron Lett 31:2247-2250

[24] Phadke AS, Morgan AR (1993) Synthesis of carboranyl porphyrins: potential drugs for boron neutron capture therapy. Tetrahedron Lett 34:1725-1728

[25] Oenbrink G, Jurgenlimke P, Gabel D (1988) Accumulation of porphyrins in cells influence of hydrophobicity aggregation and protein binding. Photochem Photobiol 48:451-456

[26] Rosenthal MA, Kavar B, Hill JS et al (2001) Phase I and pharmacokinetic study of photodynamic therapy for high-grade gliomas using a novel boronated porphyrin. J Clin Oncol 19:519-524

[27] Vicente MGH, Edwards BF, Shetty SJ et al (2002) Syntheses and preliminary biological

studies of four *meso*-tetra[(*nido*-carboranylmethyl) phenyl] porphyrins. Bioorg Med Chem 10:481-492

[28] Matsumura A, Shibata Y, Yamamoto T et al (1999) A new boronated porphyrin (STA-BX909) for neutron capture therapy: an in vitro survival assay and in vivo tissue uptake study. Cancer Lett 141:203-209

[29] Ratajski M, Osterloh J, Gabel D (2006) Boron-containing chlorins and tetraazaporphyrins: synthesis and cell uptake of boronated pyropheophorbide a derivatives. Anti-Cancer Agents Med Chem 6:159-166

[30] Ol'shevskaya VA, Evstigneeva RP, Luzgina VN et al (2001) Synthesis of closomonocarbon carborane-substituted natural porphyrins. Mendeleev Commun 11:14-15

[31] Hao E, Sibrian-Vazquez M, Serem W, Garno JC (2007) Synthesis, aggregation and cellular investigations of porphyrin–cobaltacarborane conjugates. Chem Eur J 13:9035-9042

[32] Bauer C, Gabel D, Dörfler U (2002) Azanonaboranes [$(RNH_2)B_8H_{11}NHR$] as possible new compounds for use in boron neutron capture therapy. Eur J Med Chem 37:649-657

[33] Tjarks W, Anisuzzaman AKM, Liu L et al (1992) Synthesis and in vitro evaluation of boronated uridine and glucose derivatives for boron neutron capture therapy. J Med Chem 35:1628-1633

[34] Tietze LF, Bothe U (1998) Ortho-carboranyl glycosides of glucose, mannose, maltose and lactose for cancer treatment by boron neutron-capture therapy. Chem Eur J 4:1179-1183

[35] Tietze LF, Bothe U, Griesbach U et al (2001) *ortho*-Carboranyl glycosides for the treatment of cancer by boron neutron capture therapy. Bioorg Med Chem 9:1747-1752

[36] Giovenzana GB, Lay L, Monti D et al (1999) Synthesis of carboranyl derivatives of alkynyl glycosides as potential BNCT agents. Tetrahedron 55:14123-14136

[37] Stadlbauer S, Welzel P, Hey-Hawkins E (2009) Access to carbaboranyl glycophosphonates: an Odyssey. Inorg Chem 48:55005-55010

[38] Ronchi S, Prosperi D, Thimon C et al (2005) Synthesis of mono- and bisglucuronylated carboranes. Tetrahedron Asymmet 16:39-44

[39] El-Zaria ME, Genady AR, Gabel D (2006) The first synthesis of azanonaborane-containing sugars, possible boron carriers for neutron capture therapy. New J Chem 30:597-602

[40] Endo Y, Iijima T, Yamakoshi Y et al (1999) Potent estrogenic agonists bearing dicarba-closododecaborane as a hydrophobic pharmacophore. J Med Chem 42:1501-1504

[41] Endo Y, Iijima T, Yamakoshi Y et al (2001) Potent estrogen agonists based on carborane as a hydrophobic skeletal structure. A new medicinal application of boron clusters. Chem Biol 8:341-355

[42] Julius RL, Farha OK, Chiang J et al (2007) Synthesis and evaluation of transthyretin amyloidosis inhibitors containing carborane pharmacophores. Proc Natl Acad Sci USA 104:4808-4813

[43] Lee C-H, Jin GF, Yoon JH et al (2008) Synthesis and characterization of polar functional

group substituted mono- and bis-(o-carboranyl)-1,3,5-triazine derivatives. Tetrahedron Lett 49:159-164

[44] Armstrong AF, Valliant JF (2007) The bioinorganic and medicinal chemistry of carboranes: from new drug discovery to molecular imaging and therapy. Dalton Trans 4240-4251

[45] Barth RF, Adams DM, Soloway AH et al (1994) Boronated starburst dendrimer-monoclonal antibody immunoconjugates. Evaluation as a potential delivery system for neutron capture therapy. Bioconjug Chem 5:58-66

[46] Shukla S, Wu G, Chatterjee M et al (2003) Synthesis and biological evaluation of folate receptor-targeted boronated pamam dendrimers as potential agents for neutron capture therapy. Bioconjug Chem 14:158-167

[47] Yinghuai Z, Peng A, Carpenter K et al (2005) Substituted carborane-appended water-soluble single-wall carbon nanotubes: new approach to boron neutron capture therapy drug delivery. J Am Chem Soc 127:9875-9880

[48] Hosmane NS, Yinghuai Z, Maguire JA et al (2009) Nano and dendritic structured carboranes and metallacarboranes: from materials to cancer therapy. J Organomet Chem 694:1690-1697

[49] Azab A-K, Srebnik M, Doviner V, Rubinstein A (2005) Targeting normal and neoplastic tissues in the rat jejunum and colon with boronated, cationic acrylamide copolymers. J Control Release 106:14-25

[50] Capala J, Barth RF, Bendayan M (1996) Boronated epidermal growth factor as a potential targeting agent for boron neutron capture therapy of brain tumors. Bioconjug Chem 7:7-15

[51] Barth RF, Yang W, Adams DM et al (2002) Molecular targeting of the epidermal growth factor receptor for neutron capture therapy of gliomas. Cancer Res 62:3159-3166

[52] Wu G, Barth RF, Yang W et al (2004) Site-specific conjugation of boron-containing dendrimers to anti-EGF receptor monoclonal antibody cetuximab (IMC-C225) and its evaluation as a potential delivery agent for neutron capture therapy. Bioconjug Chem 15:185-194

[53] Wu G, Yang W, Barth RF et al (2007) Molecular targeting and treatment of an epidermal growth factor receptor positive glioma using boronated cetuximab. Clin Cancer Res 13:1260-1268

[54] Suzuki M, Sakurai Y, Masunaga S et al (2003) Study of boron neutron capture therapy with borocaptate sodium (BSH)/lipiodol emulsion (BSH/lipiodol-BNCT) for treatment of multiple liver tumors. Int J Radiat Oncol Biol Phys 58:892-896

[55] Suzuki M, Nagata K, Masunaga S et al (2004) Biodistribution of ^{10}B in a rat liver tumor model following intra-arterial administration of sodium borocaptate (BSH)/degradable starch microspheres (DSM) emulsion. Appl Radiat Isot 61:933-937

[56] Yanagie H, Higashi S, Ikushima I et al (2006) Selective enhancement of boron accumulation with boron-entrapped water-in-oil-water emulsion in VX-2 rabbit hepatic cancer

model for BNCT. In: Nakagawa Y, Kobayashi T, Fukuda H. (eds.) Proceedings of ICNCT-12:211-214
[57] Kaneda Y, Yamamoto S, Hiraoka K (2003) The hemagglutinating virus of Japan-liposome method for gene delivery. Methods Enzymol 373:482-493
[58] Nakai K, Yamamoto T, Matsumura A (2006) Application of HVJ envelop system to boron neutron capture therapy. In: Nakagawa Y, Kobayashi T, Fukuda H. (eds.) Proceedings of ICNCT-12:207-210
[59] Yanagie H, Tomita T, Kobayashi H et al (1991) Application of boronated anti-cea immunoliposome to tumour cell growth inhibition in in vitro boron neutron capture therapy model. Br J Cancer 63:522-526
[60] Yanagie H, Tomita T, Kobayashi H et al (1997) Inhibition of human pancreatic cancer growth in nude mice by boron neutron capture therapy. Br J Cancer 75:660-665
[61] Sherry K, Feakes DA, Hawthorne MF et al (1992) Model studies directed toward the boron neutron-capture therapy of cancer: Boron delivery to murine tumors with liposomes. Proc Natl Acad Sci USA 89:9039-9043
[62] Feakes DA, Shelly K, Knobler DB et al (1994) $Na_3[B_{20}H_{17}NH_3]$: synthesis and liposomal delivery to murine tumors. Proc Natl Acad Sci USA 91:3029-3033
[63] Pan XQ, Wang H, Shukla S et al (2002) Boron-containing folate receptor-targeted liposomes as potential delivery agents for neutron capture therapy. Bioconjug Chem 13:435-442
[64] Kullberg EB, Carlsson J, Edwards K et al (2003) Introductory experiments on ligand liposomes as delivery agents for boron neutron capture therapy. Int J Oncol 23:461-467
[65] Maruyama K, Ishida O, Kasaoka S et al (2004) Intracellular targeting of sodium mercaptoun-decahydrododecaborate (BSH) to solid tumors by transferrin-PEG liposomes, for boron neutron-capture therapy (BNCT). J Control Release 98:195-207
[66] Yanagie H, Ogura K, Takaagi K et al (2004) Accumulation of boron compounds to tumor with polyethylene-glycol binding liposome by using neutron capture autoradiography. Appl Radiat Isot 61:639-646
[67] Masunaga S, Kasaoka S, Maruyama K et al (2006) The potential of transferrin-pendant-type polyethyleneglycol liposomes encapsulating decahydrodecaborate-^{10}B (GB-10) as ^{10}B-carriers for boron neutron capture therapy. Int J Radiat Oncol Biol Phys 66:1515-1522
[68] Pan X, Wu G, Yang W et al (2007) Synthesis of cetuximab-immunoliposomes via a cholesterol-based membrane anchor for targeting of EGFR. Bioconjug Chem 18:101-108
[69] Feakes DA, Shelly K, Hawthornet MF (1995) Selective boron delivery to murine tumors by lipophilic species incorporated in the membranes of unilamellar liposomes. Proc Natl Acad Sci USA 92:1367-1370
[70] Nakamura H, Miyajima Y, Takei T et al. (2004) Synthesis and vesicle formation of a nidocarborane cluster lipid for boron neutron capture therapy. Chem Commun 1910-1911

[71] Miyajima Y, Nakamura H, Kuwata Y et al (2006) Transferrin-loaded nido-Carborane liposomes: tumor-targeting boron delivery system for neutron capture therapy. Bioconjug Chem 17:1314-1320

[72] Li T, Hamdi J, Hawthrone MF (2006) Unilamellar liposomes with enhanced boron content. Bioconjug Chem 17:15-20

[73] Lee J-D, Ueno M, Miyajima Y, Nakamura H (2007) Synthesis of boron cluster lipids: closo-Dodecaborate as an alternative hydrophilic function of boronated liposomes for neutron capture therapy. Org Lett 9:323-326

[74] Nakamura H, Lee J D, Ueno M, Miyajima Y, Ban HS (2008) Synthesis of closo-dodecaboryl lipids and their liposomal formation for boron neutron capture therapy. NanoBiotechnology 3:135-145

[75] Nakamura H, Ueno M, Ban HS et al (2009) Development of boron nano capsules for neutron capture therapy. Appl Radiat Isot 67:S84-S87

[76] Justus E, Awad D, Hohnholt M et al (2007) Synthesis, liposomal preparation, and in vitro toxicity of two novel dodecaborate cluster lipids for boron neutron capture therapy. Bioconjug Chem 18:1287-1293

[77] Feakes DA, Spinler JK, Harris FR (1999) Synthesis of boron-containing cholesterol derivatives for incorporation into unilamellar liposomes and evaluation as potential agents for BNCT. Tetrahedron 55:11177-11186

[78] Nakamura H, Ueno M, Lee JD et al (2007) Synthesis of dodecaborate-conjugated cholesterols for efficient boron delivery in neutron capture therapy. Tetrahedron Lett 48:3151-3154

[79] Thirumamagal BTS, Zhao XB, Bandyopadhyaya AK et al (2006) Receptor-targeted liposomal delivery of boron-containing cholesterol mimics for boron neutron capture therapy. Bioconjug Chem 17:1141-1150

第 8 章 BNCT 药物：BSH 和 BPA

沃尔夫冈・A. G. 索尔文、皮埃尔・M. 贝特和安德烈・维蒂格

8.1 简　　介

硼中子俘获疗法 (BNCT) 是一种基于热中子与 ^{10}B 相互作用的二元疗法，与周围正常组织相比，需要通过专用分子输送更高浓度的 ^{10}B 到肿瘤细胞中。尽管化学家们经过几十年的努力，但只有两种具有肿瘤特异性的化合物可供临床使用：硼团簇硼酸钠 (BSH) 和氨基酸类似物硼苯基丙氨酸 (BPA)。即使对于这些化合物，也很少有数据是以可控和可靠的方式收集的。造成这种情况的主要原因是：该领域的所有主要研究活动都是由学术机构进行的，而不是由制药行业进行的。学术机构研究的目的是回答一个科学问题，而制药行业研究的目的是为监管机构收集新药许可证的数据。

从 1995 年开始，欧洲癌症研究和治疗组织 (EORTC) 制定了设计临床试验的第一个方法，目的是遵循药物开发的经典试验设计原则，旨在为监管机构收集临床数据[1–18]。

这一章对已发表的数据作了总结，关注了物理、化学和药学方面，以及两种药物 BSH 和 BPA 的临床前和临床试验的毒性、药代动力学和组织分布的信息。

动物实验以及在一些开创性的临床试验中，所用药物的质量控制信息缺失是一个主要的问题，将通过解释过去报告的一些观察结果来进行说明。因此，我们将在 EORTC 试验 11001 和 11011 的框架内详细描述这两种药物的质量控制程序。本章基于 EORTC 试验 11001 和 11011 关于硼化合物硼酸钠 (BSH) 和硼苯

沃尔夫冈・A. G. 索尔文 (✉)
德国，埃森，D-45122，杜伊斯堡–埃森大学，埃森大学医院，放射肿瘤科，NC 团队
e-mail: w.sauerwein@uni-due.de

皮埃尔・M. 贝特
荷兰，阿姆斯特丹，维利杰大学医学中心，临床药理学与药学系
e-mail: pm.bet@vumc.nl

安德烈・维蒂格
德国，马尔堡，马尔堡–菲利普斯大学，放射治疗和放射肿瘤学系
e-mail: andrea.wittig@med.uni-marburg.de

丙氨酸 (BPA) 的研究者手册的简短版本。它总结了监管机构可能要求的基本信息。本章旨在支持和促进基于这些化合物的新临床试验的准备。然而，本章无法提供有关这两种化合物的所有方面的完整和最终描述，因此不满足药物审批所必需的内容。

8.2 硼 酸 钠

8.2.1 简介

由索洛韦 (Soloway)[19] 合成的巯基十一氢闭式十二硼酸钠 (BSH, $Na_2{}^{10}B_{12}H_{11}SH$) 是一种多面体巯基硼分子。设计用于治疗中枢神经系统肿瘤，畠中 (Hatanaka)[20] 首次将其应用于患者，并在多形性胶质母细胞瘤 I 期试验中进行了研究 (EORTC 11961)[2,11]。输注 BSH 后，在脑部肿瘤病变中发现 ^{10}B 的浓度与血液浓度相似，但在中枢神经系统的健康细胞中几乎不存在[12]，这导致肿瘤与健康组织的浓度比适合于治疗。大多数关于药物动力学、毒性和组织摄取的研究都是针对患有脑肿瘤的患者进行的[21-25]。有关 BSH 在脑肿瘤和周围正常组织 (如脑、皮肤、肌肉和硬脑膜) 中的生物分布已经收集到大量的数据。很少有人关注硼化合物在其他肿瘤类型中的组织摄取[17,18,26-28]。多年来，BNCT 的临床试验不再使用 BSH，所以缺少药代动力学和代谢方面的重要信息。本章试图总结实际知识。它基于 EORTC 试验 11001 和 11011 的 BSH 药剂学手册，该手册从欧洲硼中子俘获治疗合作组织收集的临床和临床前数据汇编中获得相关信息，并由彼得斯 (Peters) 和加贝尔 (Gabel) 于 1997 年出版[29]。

8.2.2 物理、化学和药物数据

8.2.2.1 理化性质

名称

化学名称：
- 十二硼酸 (2−)-$^{10}B_{12}$,1,2,3,4,5,6,7,8,9,10,11-十一氢-12-巯基-, 二钠；
- 巯基十一氢闭式十二硼酸钠 ^{10}B；
- 巯基十一氢闭式十二硼酸二钠 ^{10}B；
- 二钠 (1+) 1-巯基-2,3,4,5,6,7,8,9,10,11,12-十一氢-闭式-十二硼酸 ^{10}B(2−)。

同义词：
- 硼酸钠 ^{10}B；
- BSH[^{10}B]；
- Na_2BSH[^{10}B]；
- BSH 钠 [^{10}B]；

- 硫化氢 (H_2S)，硼-10 复合物；
- 硼酸钠 ^{10}B；
- 博罗里夫 (Borolife)；
- 硼酸钠 (^{10}B)；
- 巯基十一氢十二硼酸钠-^{10}B($Na_2\,^{10}B_{12}H_{11}SH$)。

CAS 注册号：12448-24-7

结构式

分子式：$Na_2B_{12}H_{11}SH$；

分子量：精确的分子量取决于材料的硼同位素组成。

下面列出了不同同位素组成的一系列典型分子量 (表 8.1)。

表 8.1 组成 BSH 的原子的原子量

	原子量
钠 (Na)	22.9898
氢 (H)	1.0079
硫 (S)	32.0600
硼 (B)	
^{10}B	10.0129
^{11}B	11.0093

因此，根据 ^{10}B 和 ^{11}B 含量的变化，BSH 的分子量如图 8.1 和表 8.2 所示。

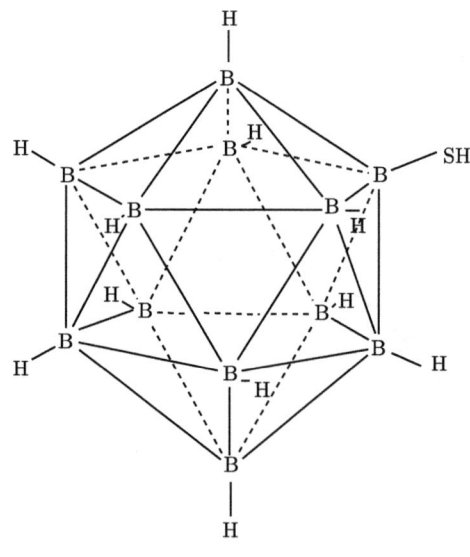

图 8.1 BSH 分子

8.2 硼酸钠

表 8.2　BSH 的分子量取决于其 ^{10}B 的含量

	^{10}B 含量/%	^{11}B 含量/%	原子量	BSH 分子量
	20	80	10.8100	219.8544
天然硼	90	10	10.1125	211.4844
	95	5	10.0220	210.4092

物理和化学特性

固态形态：白色吸湿结晶性粉末；

溶解度：在 20 ℃ 的水中约为 67% w/v[①]；

溶液 pH：6.3，对于 1% w/v 溶液；

比旋光：不适用；

折射率：未知。

8.2.2.2　生产、纯化和制备方法

BSH 的生产 (包括生产、纯化和控制试验) 取决于生产该化合物的化学和/或制药公司使用的程序。由于 BNCT 中使用 BSH 所需的 ^{10}B 高富集度，因此富集化合物的生产 (通常不在制药行业进行) 是主要关注的问题，并且可能是有害杂质的重要来源。整个程序必须遵循良好制造规范的原则，包括对原材料进行严格的质量控制。生产患者注射用 BSH 粉的溶液是生产线的一部分；必须由经批准的药剂房并在其控制下进行，如果在治疗医院进行，则需要特殊许可证。

8.2.2.3　稳定性

硼酸钠，富含硼-10(^{10}B)BSH，用于输液，溶解前为白色或乳白色粉末。粉末具有吸湿性，放置在空气中会吸水。建议将其储存在玻璃瓶中，用隔膜和铝盖密封，并避免潮湿空气和光线。容器上必须贴有内容物、批号和所装材料重量的标签。在这种情况下，产品可以保存数年。建议使用下文所述的适当的质量控制程序每年对产品进行控制。

输液的稳定性还没有详细的数据发表。EORTC 试验的经验表明，该输液可以稳定地降解，特别是氧化至少 1 天。氧化产物 (即 BSSB) 是出现的主要杂质。在这 24 h 内，BSH 向 BSSB 的转化并不显著，前提是要小心处理化合物。如果存在大量溶解氧 (或某些未知因素)，这种转化率可能会发生显著变化。更精确的实验仍然无法确定更详细的反应动力学。

8.2.3　质量控制

对于 EORTC 试验 11001 和 11011，材料的质量控制按照以下程序测试。这个程序写在一份标准操作程序 (SOP) 中。更多细节可向作者询问。

---

① w/v 指重量体积比，67% w/v 表示在 100 ml 溶液中有 67 g 溶质。

8.2.3.1 研究药物说明

BSH，富含 $^{10}B(Na_2{}^{10}B_{12}H_{11}SH)$，是一种白色或乳白色冻干粉末，装在玻璃瓶中，用隔膜密封。

容器上贴有内容物、批号和所装材料重量的标签。

粉末具有吸湿性，置于空气中会吸水。

8.2.3.2 BSH 鉴别

钠

试验溶液 a：将 10 mg 溶解于 0.1 ml 1 mol/l 盐酸中。在无色火焰中加热铂丝，直到看不到颜色。用测试溶液 a 润湿铂丝，并在无色火焰中加热，看到黄色。

BSH，富含硼-10(^{10}B)

采用金门法，通过红外吸收分光光度法(见欧洲药典，1997 年第 3 版，2.2.24 节)进行检查。主峰出现在波数 2500 cm^{-1}、880 cm^{-1}、1090 cm^{-1}、1015 cm^{-1} 和 750 cm^{-1} 处。

8.2.3.3 BSH 纯度

氧化降解产物

高压液相色谱法检测。

流动相：甲醇/水的配比为 60/40(v/v)，10 mm 四丁基硫酸氢铵，用四丁基氢氧化铵调节 pH 为 7.0。流动相在使用前必须脱气。

柱体：封端的 Merck Superspher RP-18，4 μm，直径 125×4 mm。在注入试验溶液之前，系统必须过夜进行平衡。

流速：流动相流速设定为 0.5 ml/min。

检测：洗脱液在 220 nm 处检测。

试验溶液 b：加入 10 ml 0.9% 氯化钠溶液至 50 mg。用流动相稀释 10 μl 至 1.0 ml。此溶液必须新制备，并在制备后 15 min 内注入。

将 30 μl 试验溶液 b 注入柱中。BSH 在 6.5 min 洗脱，降解产物在 12.3 min 洗脱。如果 BSH 的积分大于或等于总积分的 98%，则材料符合要求，不包括注入峰。

热原

鲎试剂试验检查。

试验溶液 c：用无热原抹刀，称取 40.0 mg，溶解于 4.0 ml 无热原的 0.9% 氯化钠溶液中。用不含热原的水将 33 μl 的该溶液稀释至 1.0 ml。

按标准操作规程《内毒素检查法》进行鲎试剂试验，每毫克 BSH 热原含量小于 0.025，即符合要求。

8.2.3.4 控制 BSH 组分和 ^{10}B 富集度

BSH 组分

一小瓶 BSH 溶于水。将该溶液的一小份稀释至 50~100 ppm 硼。用质谱法分析三个样品的总硼含量。计算三个样品的平均值 avg(total) 及其相对标准偏差 sd(total)。根据标示的净重和标示的富集度计算小瓶的总含量。理论分子量由式 $Na_2B_{12}H_{11}SH$ 计算,各核素原子量如下:Na 为 22.990、H 为 1.008、S 为 32.066、^{11}B 为 11.009、^{10}B 为 10.013。如果小瓶的含量在标签上给出量的 95%~105% 范围内,则材料符合要求。

富集度

为了验证 ^{10}B 的实际富集程度,通过瞬发伽马射线能谱仪 (PGRS) 分析小份输液溶液中的 ^{10}B 含量[30]。用瞬发伽马能谱仪分析三个 1 ml 溶液样品的 ^{10}B 含量,计数时间足以达到 1% 以上的计数统计。计算三个样品的平均值 avg(^{10}B) 及其相对标准偏差 sd(^{10}B)。富集度 avg(enrich) 是 avg(^{10}B)/avg(total) 的比值。相对标准偏差由 sd(enrich)=(sd(^{10}B+sd(total))) 得出。当 avg(enrich)(1+2sd(enrich)) 大于或等于 0.95 时,材料符合要求。

8.2.4 动物研究

这部分只涉及动物实验。对下列动物进行了研究:小鼠、大鼠、兔子和犬。还发现了关于猴子的研究报告,但不能引用,因为相关公司如盐野义制药 (Shionogi) 公司不允许使用他们的内部报告。

所有的研究都是在 20 世纪 60 年代末进行的,由于当时还没有建立良好的实验室规范 (GLP) 的相关指南,所以动物实验不满足现在的要求。由于研究已经进行了很长时间,良好实验室规范要求的一些信息无法获得。新的研究通常是根据 GLP 进行的。

必须强调的是,一些实验是使用富集 ^{10}B 的 BSH 进行的,而另一些实验使用的是非富集 BSH,这可能会影响药效学和药代动力学。此外,大多数出版物没有具体说明用于控制被测化合物的质量控制程序,这是解释毒性时的主要关注点。

8.2.4.1 药效学

用 BSH 治疗恶性胶质瘤的相关活动

与周围正常细胞相比,BNCT 仅仅依赖于化合物选择性地在肿瘤细胞中积累或被选择性保留的能力。该化合物在热中子达到的治疗体积之外的器官中的积累或保留对治疗作用的选择性、安全性和有效性没有影响。因此,在所用剂量下,化合物本身不具有任何化学或生理活性,除了选择性的积累和保留。

BSH 在脑恶性肿瘤中的作用已被广泛研究,特别是为了治疗高度恶性的胶质瘤,即多形性胶质母细胞瘤。这表明,它从血液到肿瘤细胞的转运是通过血脑屏

障 (BBB) 的改变来实现的。根据这个假设，一旦与肿瘤细胞接触，BSH 就会被带到细胞中，甚至在胶质瘤细胞的细胞质和细胞核中也能发现[31,32]。最近的观察[18,27,28]对这一假设提出了质疑，但没有给出更具说服力的解释。总之，对于神经胶质瘤细胞吸收 BSH 的机制，以及不同组织中 BSH 的不同浓度是如何达到的，还没有最终的评估。进一步研究这种小分子的行为最有希望的方法可能是对感兴趣的组织进行灌注成像。对这些机制的了解当然是可取的，但对于评估 BSH(或其他硼化合物) 对 BNCT 的治疗潜力，不是绝对必要的。

一些在小鼠[33-35]和大鼠[36,37]的胶质瘤模型上使用 BSH 的出版物已发表。

其他研究活动

在小鼠身上将 BSH 应用于除胶质瘤以外的其他肿瘤模型的数据是非常有限的[27,38]。

相互作用

目前还没有关于细胞吸收 BSH 与细胞吸收的其他分子相互作用的信息。

8.2.4.2 毒性

很少有动物实验系统地研究 BSH 的毒性。与其他药物相比，BNCT 需要非常高的硼化合物量才能达到相应的组织 ^{10}B 浓度。这些量的硼化合物已经应用于人类，没有致命的后果；因此可以得出结论，BSH 的急性毒性非常低 (与其他医疗用药物相比)。在这种情况下，输液的配制、用量和输液速率可能对毒性产生重大影响。这方面的研究也不是很好。

单次静脉注射

小鼠 (Mice)

对小鼠进行了腹腔注射毒性的初步研究。LD_{50} 的值确定为 73 mg/kg。从随后的出版物中可以推断出原始化合物含有的氧化产物的量比后来研究中使用的要大[39]。同一作者[39]报告的进一步研究表明，静脉给药的毒性大大降低。用新的色谱法测定纯度，杂质问题也许是可以解决的[40]。

对于 BSH 的静脉输注，畠中 (Hatanaka) 等人[39]发现 LD_{50} 强烈依赖于输注速率。缓慢输注 (33 mg/(kg·min)) 的 LD_{50} 大于 1000 mg/kg, 200 mg/(kg·min) 和 1200 mg/(kg·min) 的 LD_{50} 值分别为 300 mg/kg 和 215 mg/kg。关于死亡原因的细节在出版物中没有给出。在同一专著中，在兔子身上发现了抽搐和血管痉挛导致血栓形成或出血性梗死。

大鼠 (Rats)

拉汉 (LaHann) 报告了将 BSH 静脉输注到大鼠体内[41]。致死事件描述为单次剂量 375 mg-BSH/kg-BW(体重)。使用了不同批次的 BSH；BSH 的化学纯度不高，根据气味和颜色或者偶发气味进行判断。因此，报告的部分或大部分毒性

8.2 硼酸钠

也可能是由所用产品的污染物引起的。报告中没有区分哪些批次用于了哪项实验。

已发现给药量率对 BSH 毒性的影响，如对小鼠的描述（见上文）。剂量为 550 mg/kg, 0.283 ml/(min·kg) 时，死亡数/注射动物的比率为 7/8；0.213 ml/(min·kg) 时为 3/3；0.142 ml/(min·kg) 时为 1/4。没有关于输液浓度的说明。

以 1.8 mg/(min·kg) 的速率给予 BSH，550 mg/kg 的剂量对三只动物没有致死性，而以 28.3 mg/(min·kg) 的速率给予相同剂量的 BSH 会导致 6/7 只动物死亡。以 28.3 mg/(kg·min) 的速率和 375 mg/kg 的剂量给药，导致 4/13 只动物死亡。清醒大鼠对 BSH 输注的耐受性优于全麻大鼠，并且不戴测量装置的老鼠优于戴有测量装置的老鼠。

当剂量为 500 mg/kg（未给出输液速率，但报告中其他地方给出的为 7.1～200 mg/(kg·min)）时，死亡通常发生在输注后 6 h 内。肺参数（速率、流量和潮气量）在死亡前几乎不受 BSH 的影响。呼吸抑制似乎不是 BSH 诱发死亡的主要原因，因为人工呼吸不是有效的解毒剂。BSH 给药后心血管参数迅速而显著改变。观察到以下对心脏的影响：最初的正性肌力作用；随着时间的推移，心脏收缩力下降；外周总阻力大幅度增加；最初动脉血压升高，对心率的影响不同；心电图改变提示心律失常，心脏输出量减少。因此，死亡是继发于心血管衰竭。

375～500 mg/kg 的剂量通常与延迟死亡有关，动物通常在输注后 1～4 天才死亡。与这些剂量的 BSH 相关的延迟死亡时间，不太可能是使心血管衰竭或呼吸停止的死亡原因。观察表明，在输注 BSH 后的几个小时内，动物水肿，排尿量低，尸检时显示肾脏增大。

莫里斯（Morris）报告说，200 mg/kg 的 BSH 静脉注射了 10 min，可以杀死大鼠。100 mg/kg 未观察到死亡。使用的材料来自 Callery Chemical Co. 公司。未给出死亡原因[42]。

研究了在戊巴比妥麻醉下大鼠缓慢静脉注射 BSH（分别为 25 mg/kg 和 50 mg/kg-BW）后肾小球滤过率（GFR）和尿液流动率（UFR）的变化，即 ^{14}C 菊粉清除率和尿液流动率（UFR）[43]。BSH 在储存过程中氧化而自发产生二硫醚（BSSB），比较了 BSH 和 BSSB 的作用。研究发现，BSH 降低了 GFR 与剂量的关系，并以同样的方式导致 UFR 的暂时增加。另一方面，BSSB(50 mg/kg) 可引起 GFR 的可逆性大幅度下降和尿排泄量的减少。认为 BSH 或 BSSB 给药后肾功能的改变可能与 BSH 或 BSSB 在肾脏中的高滞留有关。

犬

大型动物研究已被用于确定正常大脑对辐射的耐受性，并用超热中子射束验证治疗计划程序[44]。一些信息也可以从 BNCT 对犬自发性脑肿瘤的治疗中推断出来[45]。然而，这些研究并没有对药物 BSH 的毒性评价作出重要贡献。

畠中报告了将 34.8 mg/kg 硼（=60.6 mg/kg 的 BSH）应用于一只犬的颈总

动脉，在注射后第五天验尸，未观察到毒性作用[39]。

加文 (Gavin) 等人概述了华盛顿州立大学和佩滕欧盟委员会联合研究中心 (JRC Petten) 进行的动物研究和对犬的治疗[46]。通过缓慢静脉滴注，BSH 的浓度达到 131 mg/kg-BW。研究的重点是确定污染快中子的质子 RBE，以及热中子的氮俘获和硼俘获反应的生物效应。这些关于健康组织耐受性的研究是在随后的中子照射下进行的。因此，犬接受地塞米松治疗。未观察到死亡，也没有明显的药物迟发毒性。观察期长达 1 年，视放射治疗后神经症状的发展而定。

反复给药 (BSH) 的毒性

小鼠 (Mice)

BSH 和 BSSB 经腹腔泵灌注。给药时间为 9 天。给药剂量为 160～680 mg/kg。未发现死亡病例。这两种物质都不影响血液中白细胞数量或血红蛋白浓度，但每种物质都具有肝毒性，BSSB 比单体更严重。在输注 BSH 和 BSSB 后 5 天，肝脏再生率相似[39]。

兔子

雄性和雌性新西兰白兔连续 5 天注射 40 mg/kg 的硼 (=71 mg/kg 的 BSH)。在最后一次注射后观察动物 30 天[19]。快速注射含 13.5 mg/ml 硼的溶液是危险的，可能引起血栓形成、血管痉挛或产生某种类型的静脉毒性作用。尸检显示肺梗死，脑动脉血栓形成，脑干多发性出血性梗死，肺、肾、肝和肠道有瘢痕样病灶。缓慢静脉注射更稀的溶液 (6～7 mg/ml 的硼)，未观察到正常功能的明显变化。在第 30 天处死后，对器官进行完整的组织病理学检查，未发现萎缩或其他异常病理现象。

给一只兔子静脉注射 60 mg/kg 的硼 (=71 mg/kg 的 BSH)，连续 5 天[39]。血液化学和血细胞计数没有变化。

简库 (Janku) 等人报道了多次注射 BSH 对兔子的毒性作用[47]。实验动物为雄性灰鼠兔，以实验室饲料喂养。将 BSH 注入耳静脉 7 天，每次剂量 (团注) 含 BSH 50 mg/kg 或 25 mg/kg。最后一次给药后 17 h 处死动物。取脑、肺、心、肝、脾、肾、肾上腺标本进行组织病理学检查。在 BSH 给药前后分别进行红细胞和白细胞计数，葡萄糖、胆固醇、胆红素、尿素和肌酐的血清水平，以及转氨酶活性测定。第 5 天给药后，在接受 25 mg/kg 的 BSH 的 5 只动物中有 2 只死亡，在接受 50 mg/kg 的 7 只动物中有 1 只死亡。主要毒副作用是对肾功能的影响，50 mg/kg 时血尿素升高 (对照组 (164±85)%)。在组织病理学检查中，发现肾脏和大脑的非剂量依赖性改变。来自同一供应商 (Léciva Pharmaceuticals) 的 BSH 样本随后由不来梅的加贝尔 (个人通信) 通过 HPLC 进行稳定性研究。观察到多个峰，其中一个主要成分 (44% 的综合紫外吸光度) 是由一种未知性质的单一高度疏水化合物引起的。因此，毒性和致死效应很可能不是由 BSH 引起的，而是由某

8.2 硼 酸 钠

些杂质引起的,这些杂质明显存在于所使用的制剂中。

犬

准备 EORTC 试验 11961,四只犬连续 4 天静脉注射四个剂量的 BSH(44 mg/kg)。犬也接受地塞米松治疗,以减轻放疗后的脑水肿。在 4 天内重复采集血液样本,以测定血液中的硼浓度。照射后 40 天进行血常规计数。除已知地塞米松对白细胞计数和白细胞分类计数的影响,以及重复采血对红细胞计数和红细胞压积的影响外,没有发现任何影响。1 年后处死,对器官无明显影响。

慢性毒性试验

以观察长期毒性 (3 个月及以上) 为目标的毒性试验尚未公布。长期观察期只能从在佩滕进行的犬类试验中获得:作为 BNCT 健康组织耐受性研究的一部分,共有 39 只犬接受了高达 100 mg/kg 的 BSH。在至少 4.5 个月 (第一只动物因辐射引起的神经损伤而必须处死) 和 1 年 (所有剩余动物均处死) 的观察期内均未发现与药物相关的晚期效应。

胎儿毒性和生育研究

目前还没有关于胎儿毒性和生育能力的研究。

诱变潜力

为探讨硼中子俘获治疗的致突变性,将中国仓鼠卵巢细胞与富含硼 (^{10}B) 的 BSH 共同培养 2 h 和 20 h,去除 BSH 后,用热中子照射细胞。用菌落形成法测定细胞存活的生物学终点。根据次黄嘌呤-鸟嘌呤磷酸核糖转移酶 (HPRT) 位点的突变频率计算其致突变性。在预培养 2 h 后,用等存活剂量的中子照射细胞,BSH 的致突变性与 ^{10}B 硼酸相似。与仅预孵育 2 h 相比,BSH 预培养 20 h 对细胞毒性或致突变性均无影响 [48]。

致癌潜能

目前还没有关于致癌可能性的研究。

结论

在下面引用的许多研究中已经提到,所用化合物的质量并不是很确定。有关化合物气味和颜色的报告,偶尔在文献中发现,表明存在高浓度的有害物质。因此,特别是中毒症状的存在可能不仅仅是由于 BSH,也可能是由其他存在的化合物而引起的。即使在一项研究中,也不清楚所用材料的质量是否稳定。BSH 氧化产物的 LD_{50} 值远高于 BSH,二硫化物 BSSB 的 LD_{50} 值为 62 mg/kg,亚砜产物为 53 mg/kg[39],而 BSH 的 LD_{50} 值超过 800 mg/kg。因此,即使只存在少量的 BSSB,也会大大影响所观察到的制剂毒性。

动物对单次静脉注射,尤其是单次静脉注射 BSH 的耐受性良好。此外,多次输液是可以忍受的,没有重大副作用。纯 BSH 制剂的毒性水平似乎很高。对心血管系统、肾脏系统和肝脏有毒性作用。一旦经过几天的毒性反应的初始阶段,这些值就会正常化。

8.2.4.3 动物体内的药代动力学和组织分布

动物实验 (小鼠、大鼠、兔子和犬) 提供了一些药代动力学和组织摄取的信息，总结如下。大多数试验并不是为药代动力学研究而设计的。在大多数试验中，测量的是硼而不是 BSH。有时，没有提到是否使用了富集 ^{10}B 或非富集 BSH。

血浆半衰期

采用静脉滴注和腹腔注射的方法研究了应用 BSH 后的血硼半衰期。两室模型可用于评估，前提是可获得在输液后足够长的时间内的数据。半衰期见表 8.3。

表 8.3 不同物种施用 BSH 后硼的半衰期

动物	途径	用量/(mg/kg)	输液时间/min	$T_{\alpha/2}$/h	$T_{\beta/2}$/h	文献
大鼠	腹腔注射	87	团注	1.3	29.1	[49]
大鼠	静脉注射	87~261	团注	12.1	不适用	[49]
大鼠	静脉注射	50	团注	0.62	6.17	[32]
大鼠	静脉注射	100	10	2.78	18.1	[50]
小鼠	腹腔注射	61	团注	2.58	145	[33]
犬	静脉注射	96	55	14.5	不适用 [a]	[51]
大鼠	静脉注射	30	团注	0.2	1.7	[52]
大鼠	静脉注射	100	团注	1.2	17	[52]
大鼠	静脉注射	300	团注	0.2	19	[52]
大鼠	静脉注射	100	连续注射	0.9	13.5	[52]

注：a 数据仅适用于单室分析。

药代动力学标度

利用种间标度的异速方程，分析了 BSH 在人类和实验动物体内的总清除 (Cl) 和稳态分布体积 (V_{dss}) 随物种体重的变化。在对数 Cl(l/h) 与对数体重 (kg) 以及对数 V_{dss}(l) 与对数体重 (kg) 之间获得了显著的线性关系。不同物种的 BSH 清除率显示为肌酐清除率的恒定分数 (0.26)，这种关系与体重无关。结果表明，在实验动物身上获得的 BSH 数据可用于对人体药代动力学参数进行初步估计[53]。

血浆蛋白结合

BSH 与血清白蛋白的相互作用关系到 BSH 的药代动力学，因此备受关注。早期研究表明共价二硫醚桥可能参与了相互作用[54]。随后的研究中，使用 ^{11}B-核磁共振波谱仪并没有支持这一假设[18,55-57]。

另一项研究报告说，BSH 与所研究的三种白蛋白 (人、牛和犬) 之间没有共价结合，也没有形成二硫桥[58]。此外，还证明了一种结合和非结合 BSH 的快速交换。在一个白蛋白上，BSH 结合位点的数量为 3~5。在血清白蛋白浓度为 5%，温度为 37 ℃ 时，总 BSH(200 mg/ml) 的 68%~98% 与蛋白质结合。

8.2 硼酸钠

分布和排泄

山口 (Yamaguchi) 等人研究了大鼠静脉注射 BSH 后硼的分布和排泄[52]。AUC (32 μg·h/ml、219 μg·h/ml 和 4030 μg·h/ml) 随着剂量的增加而增加，但各值之间没有比例关系。总清除率从 233 ml/(h·kg)(100 mg/kg) 急剧下降至 38 ml/(h·kg)(300 mg/kg)。由于硼主要排泄到尿液中，这些结果表明，300 mg/kg 剂量可能会导致肾功能衰竭。连续输注 100 mg/kg 的 BSH 30 min，药动学参数与快速注射 100 mg/kg 相似。硼浓度最高的是肾脏，最低的是大脑。以 100 mg/(kg·天)×14 天多次给药，最后一次给药后 24 h，血、肝、肺、肾中硼浓度均高于单次给药后，且与单次给药参数计算的模拟值相近。结果清楚地表明，多次给药 100 mg/kg 的 BSH 2 周后，硼不会在任何组织中意外积聚。

新陈代谢

目前还没有关于 BSH 代谢和排泄形式的信息。

组织分布

正常大脑

在正常脑组织中只检测到非常小的硼浓度[27,32,33,51]。在正常大脑中发现的硼含量与平均脑组织中的血液含量略有对应，接近 4%。

维蒂格 (Wittig) 等人于 2009 年发表了一项对雄性裸鼠 (HsdCpb: NMRI nu/nu) 的广泛研究[27]。动物接受两倍于 EORTC 试验 11961 中给予患者的每千克体重的 BSH 剂量；该化合物以 1 ml 体积经腹腔注射：200 mg/kg(113.2 mg-^{10}B/kg)。该化合物是从捷克共和国雷兹的 Katchem 有限公司购买的。^{10}B 富集率为 99%。按照为 EORTC 临床试验制定的标准操作程序进行质量控制和注射溶液的制备。注射 BSH 后 2.5 h，血中 ^{10}B 浓度测得为 (16±8) μg/g。^{10}B 浓度高的器官有肾脏 [(26±20) μg/g] 和肝脏 [(20±12) μg/g]；^{10}B 浓度中等的器官有肺 [(11±5) μg/g]、皮肤 [(8.4±6.6) μg/g]、脾脏 [(8.5±7.3) μg/g]、骨骼 [(5.3±2.7) μg/g]、睾丸 [(5.3±2.7) μg/g] 和心脏 [(4.7±2.3) μg/g]；^{10}B 浓度低的组织有脂肪 (2.1±2.4) μg/g、肌肉 [(1.9±1.2) μg/g] 和大脑 [(1.0±0.8) μg/g]。

在大型动物 (犬) 中，克拉夫特 (Kraft) 等人深入研究了应用 BSH 后组织中硼的浓度[51]。在输注 BSH 后 2 h、6 h、12 h，骨 (头皮) 和口腔黏膜中的硼浓度低于血液中的浓度 (约为血液浓度 70%)。垂体和舌头中的浓度约为血液浓度的 50%。肌肉中的浓度约为血液中浓度的 250%。在观察到的时间段内，组织/血液的浓度比近似恒定。研究了 30 例犬头部自发性肿瘤的摄取情况。肿瘤组织学表现为星形细胞瘤 (包括原发性、纤维状、弥漫性星形细胞瘤)6 例，脑膜瘤 7 例，垂体腺癌 7 例，脉络丛乳头状瘤 5 例，鼻腺癌 3 例，其他组织学 2 例。组织摄取量在 2 h 时测定为 (35.6±4.6) μg/g(n=15)，6 h 时为 (22.5±6.0) μg/g(n=9)，12 h 时为 (7.0±1.1) μg/g(n=6)。在所有时间点，肿瘤中的硼浓度约为血液中硼浓度的 50%。

8.2.5 临床研究

有关 BSH 的药效学、药代动力学、毒性、副作用以及人体组织摄取等方面的最新数据已公布。少数对照前瞻性 I 期试验 (EORTC 11961) 的数据在可获得的文献中尚不完全可用。在畠中 (Hatanaka) 和中川 (Nakagawa)[39] 的开创性工作之后,BSH[19] 被用于治疗胶质母细胞瘤[11,59],并与 L-对-硼苯基丙氨酸 (BPA,$C_9H_{12}{}^{10}BNO_4$) 联合用于治疗胶质母细胞瘤[60] 和头颈部鳞状细胞癌[61]。

8.2.5.1 药效学

药理作用

该物质本身无毒,在临床相关浓度下不抑制细胞生长或增殖。BNCT 中使用 BSH 完全依赖于 ^{10}B 在肿瘤细胞中与周围正常组织相比的不同累积。这种分子必须被视为一种载体,将 ^{10}B 输送到靶细胞,不具有任何已知的继发性药物能力。有一个有争议的讨论是 BSH 为什么和如何导致不同组织的硼浓度不同。最合理的解释可能是小分子在不同器官输注后的扩散,包括一些生理屏障 (如血脑屏障) 的影响。一些作者讨论了 BSH 在组织中的氧化/还原,或者提出了一些特殊的结合。

应用 BSH 后硼在细胞内的分布

由于 $^{10}B(n,\alpha)^{7}Li$ 反应产生的高能粒子 ^4He 和 ^7Li 的短程效应,所以 BNCT 的功效不仅取决于在宏观体积中测量的硼浓度,而且强烈依赖于 ^{10}B 在细胞内的定位[62]。

天野 (Amano)1985 年发表的一项早期研究[63] 表明了硼在肿瘤组织中的一些细胞内和核内定位。他指出了结果的初步性质。奥特森 (Otersen) 等人研究了注射 BSH 的患者手术切除肿瘤组织中存在的硼的结合情况[64]。冷冻干燥切片保留硼,使与固定方法 (甲醛蒸气、甲醛溶液和戊二醛溶液) 无关。此外,硼不能用还原剂或酸除去。照喜 (Kageji) 等人在组织匀浆后使用差速离心法,发现含有细胞质 (以及细胞外液) 的部分中硼含量最高[65]。在塞伯格 (Ceberg) 等人的一项类似研究中,来自输注 BSH 并在输注后 18 h 手术的患者的肿瘤材料显示,组织总硼的约 60% 存在于细胞质和细胞外液中。21% 存在于细胞核部分,18% 存在于线粒体部分[66]。以 LAMMA 作为分析技术,哈塞尔斯伯格 (Haselsberger) 等人[67] 仅在肿瘤积聚大量硼的患者中检测到硼。当发现硼时,只能在肿瘤细胞的细胞核中检测到。这种方法对硼的检测相当不灵敏。

此类分析极大地依赖于正确的样品制备,这从来都不是一件容易的事[68,69]。例如,利用电子能量损失谱仪 (EELS),可以证明早期的硼定位研究报告了失真情况[70,71]。此外,使用这种高度精细化的技术需要时间和成本,并且需要训练有素的人员。为了在生物系统中获得可靠的结果,需要对大量的样品进行分析,以

8.2 硼酸钠

获得统计上有意义的结果。到目前为止,如此昂贵的努力还无法实现。

应用 BSH 后组织中的硼浓度

20 世纪 90 年代,在欧洲,由欧盟委员会资助的一个名为 "欧洲硼中子俘获疗法合作" 的研究项目为进一步评估 BSH 作出了重大努力[22],最终形成了首部 BSH 药剂学手册,该手册是后来的 EORTC 研究者手册[29]的起点。本药代动力学和肿瘤摄取研究中包括的患者总数以及应用 BSH 的量如表 8.4 所示。

表 8.4 欧洲硼中子俘获疗法合作组织关于 BSH 的临床试验 (下列医院参加了研究: ① 德国不来梅中央医院; ② 奥地利格拉茨诊所神经外科; ③ 瑞士洛桑诊所神经外科; ④ 瑞典隆德诊所神经外科)

医院	患者人数	多次注射 BSH 患者数	性别 (年龄范围)	组织学	BSH/(mg/kg)(范围)	文献
①	41	7	23 男;18 女 (31~72 岁)	星形细胞瘤 WHO III-IV 级	11.2~58.1	[71]
②	19	7	13 男;6 女 (52~67 岁)	星形细胞瘤 WHO IV 级	75.0	[74,75]
③	39	2	19 男;20 女 (30~82 岁)	不同的肿瘤实体	8.6~86.0	[76-80]
④	8	0	2 男;6 女 (31~61 岁)	星形细胞瘤 WHO II-IV 级	42.9~69	[64]

由不同研究者研究不同的脑部恶性肿瘤,在不同时间点采集的样本,其平均瘤血比 ($\pm$SD) 分别为:不来梅 2.0($\pm$1.1)、格拉茨 1.3($\pm$0.3)、洛桑 1.9($\pm$4.4) 和隆德 1.6($\pm$1.8)。利用 ICP-OES,发现 BSH 中的硼以一定的时间常数被吸收到肿瘤组织中,在输注 BSH 后 12 h 左右达到峰值。肿瘤中的硼浓度随着时间的推移而下降,大致与血液中的硼浓度平行。因此,大约 12 h 后,肿瘤和血液中的平均浓度之间的浓度比为 1~2(患者之间有很大的差异)[29]。

霍恩 (Horn) 报道了用原子发射光谱法研究 10 例恶性脑肿瘤患者输注 25 mg/kg 硼酸钠后的组织分布。硼含量的差异不仅与组织类型有关,而且与停止输注 BSH 的时间间隔有关。肿瘤在 3 h、6 h、12 h、18 h 的平均摄取量分别为 12.1 μg/g、12.4 μg/g、16.5 μg/g 和 10.4 μg/g。肿瘤与血液的比率高于 1.5 只有在至少 12 h 后才能获得[82]。

在 EORTC I 期试验 "在佩滕照射设施上用 BNCT 治疗手术后胶质母细胞瘤 (EORTC 试验 11961)" 的框架下,研究了肿瘤和正常组织中 BSH 的摄取。用电感耦合等离子体原子发射光谱法检测了 13 例可评价患者的血液、肿瘤、正常脑、硬脑膜、肌肉、皮肤和骨骼中的硼浓度。在第一组 10 名患者中,给予 100 mg/kg-BW 的 BSH;第二组 3 名患者接受 22.9 mg/kg-BW 的 BSH。评估了 BSH 引起的毒性。高剂量组肿瘤内平均硼浓度为 (19.9$\pm$9.1) ppm(1 标准差),低剂量组为 (9.8$\pm$3.3) ppm,瘤/血比分别为 0.6$\pm$0.2 和 0.9$\pm$0.2。在硬脑膜中发现了最高的硼吸收；在骨、脑脊液中，特别是在大脑中发现了极低的吸收 (脑/血比为 0.2±0.02 和 0.4±0.2)。这项研究强调了进一步调查 BSH 摄取的重要性，以便获得足够的数据进行有意义的统计分析。血液中的硼浓度似乎是预测其他组织中硼浓度的一个非常可靠的参数 [25,83]。

8.2.5.2 BSH 的药代动力学

虽然 BSH 已在临床上应用多年，但其药代动力学和代谢机制尚不完全清楚。药代动力学研究使用了各种研究设计，但所有研究都只包括有限数量的患者，研究了 BSH 的单剂量应用情况 [24,29,81,82,84,85]。关于 BSH 多剂量药代动力学研究的第一份报告不完整 [86]。

值得注意的是，所有的药代动力学参数都描述了 BSH 输注后的硼或 ^{10}B 的分布，而不是 BSH 分子的分布。原因是目前还不存在常规的 BSH 定量分析方法 [87,88]。相反，所用的分析方法 (PGRA、ICP-AES、直流等离子体原子发射光谱法 (DCP-AES)) 无法区分 ^{10}B 是否与母体药物 (BSH)、任何含硼代谢物和/或氧化产物结合。由于 BNCT 疗效依赖于 ^{10}B 在靶细胞中的优先积累，而不是 ^{10}B 的化学形式，因此用于 ^{10}B 药代动力学分析的方法对于优化给药是足够的。

大多数作者报告静脉输注 BSH 后的 ^{10}B 分布遵循经典的三室开放模型，具有零阶输入和一阶消除。霍恩 (Horn) 等人 [82] 对 10 例恶性胶质瘤患者给予 25 mg-BSH/kg 的 1 h 输注。他们报告了平均硼血清除率为 19.8 ml/min，最终半衰期为 44.0～92.8 h。古德曼 (Goodman) 等人 [24] 和吉布森 (Gibson) 等人 [84] 描述了俄亥俄州立大学和北京神经外科研究所对 19 名恶性胶质瘤患者的研究结果，这些患者在 1 h 内以 26.5～88.2 mg-BSH/kg-BW 的剂量注入 BSH。他们发现硼血清除率为 (18.3±4.5) ml/min，最终半衰期为 (79.6±32.8)h。照喜 (Kageji) 等人 [85] 报道了 123 名接受静脉注射 12～100 mg-BSH/kg-BW 的患者的回顾性药代动力学和生物分布分析结果。大多数患者的血样采集时间区间仅为 36 h；有些患者则长达 6 天。患者的浓度-时间数据被拟合成两室模型。这样，平均血硼清除率为 60 ml/min，远大于前述作者测定的血液清除率值。调和平均终端半衰期为 (77.2±54.1) h。最后，斯特拉格洛托 (Stragliotto) 等 [81] 研究了 61 名颅内肿瘤患者，他们接受了 10～100 mg-BSH/kg-BW 的输液。只有 7 名患者接受了 10～20 mg-BSH/kg-BW 的剂量，在 7 天内采集了血液样本。在所有其他患者中，仅在 24～48 h 内采集样本。结果数据用 3 指数模型很好地描述。血中 ^{10}B 清除率为 (0.21±0.1) ml/(min·kg)，平均停留时间为 (29.9±18.6) h。

未发表的 EORTC 试验结果与这些早期报告有合理的一致性。EORTC 试验 11961 包括 30 名患者 (21 名男性，9 名女性，平均年龄：60.8 岁)，其中 26 名患者被纳入 BNCT 治疗研究 (17 名男性，9 名女性，平均年龄：60.0 岁)，接受

8.2 硼酸钠

重复的 BSH 输注。14 例患者 (男 12 例, 女 2 例, 平均年龄 61.2 岁) 参与了生物分布子项研究。在 2003 年 6 月至 2007 年 12 月期间,10 名其他患者被纳入 EORTC 试验 11001, 他们接受了 BSH。平均年龄 54.1 岁, 男 5 例, 女 5 例。血液中的平均 ^{10}B 清除率为 (11 ± 8) ml/min。单剂量 BSH 后, 硼分布的半衰期为 (94 ± 70) h。多剂量 BSH 也可以用三室模型来描述。结果表明, 随着 BSH 剂量的增加, 全身清除率和 ^{10}B 分布体积均增加。较高剂量的 BSH 不会增加血硼浓度, 也可能不会导致肿瘤硼浓度增加。BSH 剂量低于 100 mg/kg-BW 的 BSH 体重似乎足以达到治疗效果, 应考虑避免药物相关副作用。

在所有研究中, 患者内和患者间的血硼浓度的差异性都非常高。这一观察结果在所有 BSH 生物分布报告中都是常见的。这种差异性强调了至少在每个患者接受放射治疗期间, 对血液中 ^{10}B 浓度进行单独测量的必要性。缺少个体测量会给基于硼浓度的计算带来很大的不确定性, 尤其是照射剂量的计算。

8.2.5.3 BSH 毒理学

BSH 给药后, 总是伴随着 BNCT 的手术和/或放疗。因此, BSH 可能的毒性作用很难与全身麻醉、手术和其他药物的毒性作用区分开来。

最可靠的毒性数据已在 EORTC 研究方案 11961 (clinicaltrials.gov 注册号 NCT00004015) 中收集, 这是一项 I 期剂量确定试验, 旨在确定 BSH 介导的 BNCT 对多形性胶质母细胞瘤患者的安全性和毒性。患者连续 4 天分 4 次接受 BNCT 治疗。BSH 在每个分次之前进行给药。本试验研究了 BNCT 作为术后治疗的剂量限制性毒性和最大耐受辐射剂量。次要终点是 BSH 的全身毒性和抗肿瘤作用。一组胶质母细胞瘤患者在肿瘤完全切除后接受四个分次 BNCT 照射。30 名患者已进入研究, 其中男性 21 名, 女性 9 名。研究入组患者的平均年龄为 60 岁 (50~74 岁)。入选时的表现非常好, Karnofski 功能状态指数中位数为 90(70~100)。在第一个队列中, 三个剩余肿瘤体积大于初始肿瘤大小 30% 的患者必须排除在 BNCT 程序之外。1 例患者因并发感染而不能接受 BNCT, 手术后长期康复。16 名患者全部进入接受 BNCT 治疗的第 2~4 组。在试验中, 四组患者 (26 名) 接受 BNCT 治疗。BNCT 在连续 4 天内分 4 次进行, 其余病例的第三和第四分次放疗随后在同一天进行。在第一次照射前一天, 静脉注射 100 mg/kg 的 BSH, 剂量率为 1 mg/(kg·min)。随后几天, 对剂量 (范围 9.5~107.1 mg/kg) 和给药时间点 (照射前 8~14 h 范围) 进行了修改, 以使四个组分血液中硼的平均浓度达到 30 ppm。在通过瞬发伽马射线能谱仪获得实际的药代动力学数据 (从定期采集的血液样本) 后, 每天调整输液量、输液开始时间和持续时间。在接受治疗的 26 名患者中, BNCT 四个分次的平均血硼浓度为 30.2 ppm(27.3~32.3 ppm)。在 EORTC 试验 11001 中未检测到药物的相关毒性。

仅报告了一例严重毒性事件,可能与药物 BSH 有关,描述如下:第一个被照射患者在 BNCT 的一周内出现 WHO 四级粒细胞减少症。粒细胞减少症经 GSF 治疗后在 36 h 内消失。检测到血液学改变、红斑和荨麻疹、红斑、输液过程中有闪光样感觉、恶心呕吐、低钾血症和低钠血症等 1~2 级毒性,解释为可能与 BSH 有关。3 例患者出现 1、2、3 级发热,可能与研究药物有关。总之,未观察到剂量限制毒性 [89]。

在 EORTC 试验 11001 中未检测到 BSH 相关毒性。

范克豪瑟 (Fankhauser) 和斯特拉格洛托 (Stragliotto)[77-81] 进行的深入的生物分布研究并非旨在检测毒性。对患者档案进行回顾性分析,以研究 BSH 输注后的意料之外的血液学和代谢毒性 (包括肝和肾功能)。对 61 例患者中的 40 例进行了随访。未观察到特殊的药物相关毒性。

由哈塞尔斯伯格 (Haselsberger) 在格拉茨进行的单次和多次 BSH 输注后,未使用或同时使用透明质酸酶的患者的安全性评估可以总结如下:7 名接受多次剂量 BSH(每次剂量 75 mg/kg-BW),间隔 24 h,与接受单次剂量 BSH(75 mg/kg) 组中的 3 名患者一起进行评估。随访通常仅限于术后即刻。在奥地利的研究中,10 名患者中有 7 名 (无伴随透明质酸酶治疗) 的常见副作用是在 BSH 输注过程中出现面部潮红,不需要治疗,治疗结束后自行消失 (WHO 1 级)。其中一名患者 (同时接受透明质酸酶治疗) 在输注 BSH 后出现轻微的皮肤过敏反应 (由于使用 Ca^{++} 治疗,WHO 等级为 3 级)。

哈里兹 (Haritz) 在不来梅治疗的患者 [72-74],可获得以下毒性数据:对于接受 BSH 剂量达 41 mg/kg 的 22 名患者和随后接受 2 次 BSH 的 2 名患者,使用 Wilcoxon 检验对血液和化验值进行统计评估,显著性水平为 95%,BSH 组与 10 例患者的对照组之间没有差异 [91]。在 BSH 输注期间和观察期间,心血管功能保持不变 (除了病史中有心血管功能紊乱的患者)。此外,未观察到过敏性皮肤反应;而且,患者没有任何主观症状,如恶心和呕吐。在短时间内高浓度输注 BSH 时,观察到两次短暂的皮肤发红 (flush)。没有迹象表明 BSH(在给药剂量下) 对骨髓有抑制作用。由于有大量的联合治疗,很难区分 BSH 对肝功能影响的任何特定毒性。肝功能紊乱与 BSH 剂量依赖无相关性。异常值可能是预先存在的,也可能归因于其他原因 (即同时应用苯妥英钠)。在这些系列研究中,没有发现 BSH 对肾功能的潜在毒性作用。

综上所述:在输注 BSH 时出现类似潮红的症状和恶心可能与以高于 1 mg/(kg·min) 的速率输注药物有关。重要的是不要以更快的速率用药。

经证明,以 100 mg/kg 的剂量和 1 mg/(kg·min) 的剂量速率进行临床应用是安全的。

8.3 硼苯基丙氨酸

8.3.1 简介

硼苯基丙氨酸 (BPA) 是中性氨基酸苯丙氨酸的衍生物，其合成发表于 1958 年 [92]。BPA 的分子结构类似于酪氨酸。它被认为是黑色素瘤细胞中酪氨酸酶的底物，最终通过黑色素代谢途径导致大分子的结合。然而，其机制似乎更为复杂；BPA 在黑色素性和无色素性肿瘤 [93] 以及其他一些恶性细胞类型 [93-97] 中积聚。细胞对 L-立体异构体的摄取是选择性的，这表明是一种生理转运机制，而非被动扩散，被认为是中性氨基酸转运机制，即 L-氨基酸转运系统 [98]。单是细胞分裂和分解代谢的速率增加并不能解释肿瘤细胞中积累的增加，这导致推测中性氨基酸途径在肿瘤 (即黑色素瘤) 中的选择性比在正常组织中低 [99]。由于溶解度的原因，BPA 通常与果糖复合制成输液。

8.3.2 物理、化学和药物数据

8.3.2.1 理化性质

名称

化学名称：

- L-苯丙氨酸，4-(硼氧基-^{10}B)。

同义词：

- (^{10}B)-4-硼氧基-L-苯丙氨酸；
- 4-(硼氧基-^{10}B)-L-苯丙氨酸；
- L-(p-[^{10}B] 硼苯基) 丙氨酸；
- L-对–硼苯基丙氨酸；
- L-4-[^{10}B] 硼苯基丙氨酸；
- p-[^{10}B] 硼-L-苯丙氨酸；
- BPA[^{10}B]。

CAS 注册号：80994-59-8

结构式

分子式：$C_9H_{12}{}^{10}BNO_4$。

分子量：精确的分子量取决于材料的硼同位素组成 (图 8.2)。

下面列出了不同同位素组成的一系列典型分子量。

碳	12.011
氢	1.0079
硼	
^{10}B	10.0129
^{11}B	11.0093
氮	14.0067
氧	15.9994

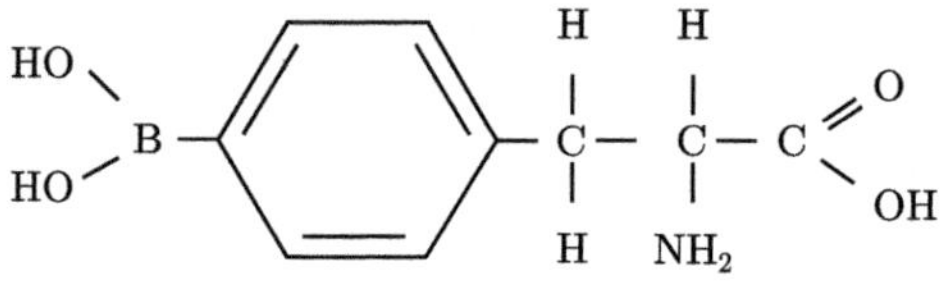

图 8.2 BPA 分子

因此，根据 ^{10}B 和 ^{11}B 含量的变化，BPA 具有如下分子量，如表 8.5 所示。

表 8.5 BPA 分子量随 ^{10}B 含量的变化而变化

	^{10}B 含量/%	^{11}B 含量/%	原子量	BPA 分子量
	20	80	10.8100	209.0008
天然硼	90	10	10.1125	208.3106
	95	5	10.0220	208.2608

物理化学特性

固态形态：白色晶体，无味；

溶解性：不溶于水，溶于酸和碱；

旋光度：$[á]_D^{25} - 10.1 (c = 0.25, 0.1 \text{ mol/l HCl})$；

熔点：283~293 ℃，分解；

密度：0.89 g/cm^3。

8.3.2.2 生产、纯化和制备方法

BPA 的生产 (包括生产、纯化和控制试验) 取决于生产产品的化学和/或制药公司所采用的程序。与 BSH 相比，它的合成要求更低；因此，一些生产商正在提供富硼 (^{10}B) 和非富硼化合物。整个程序必须遵循良好制造规范的原则，包括对原材料进行严格的质量控制。到目前为止，制药行业还没有提供可供输液的药物。果糖复合物主要用于制备给患者注射的溶液 (硼苯基丙氨酸果糖络合物 (BPA-F))。这一步是药品生产线的一部分，必须由经批准的药剂房并在其控制下进行，如果在治疗医院执行，则需要特殊许可证。

8.3 硼苯基丙氨酸

BPA 果糖溶液的制备

在研究方案 EORTC 试验 11001"在不同肿瘤中使用硼化合物 BSH 和 BPA 的 ^{10}B 摄取"中，定义了 BPA 果糖输液溶液的详细制备程序[100]。

- 清洁、包装和高压灭菌所有玻璃器皿和器具，并在使用前储存在无菌环境中。
- 以下给药说明仅适用于方案 EORTC 试验 11001。BPA 的给药浓度为 100 mg/kg-BW。每一小瓶正好含有 1000 mg BPA。

制备的第一天

- 为患者计算正确的 BPA 和果糖量 (摩尔比为 1:1.1)(例如，患者体重为 65 kg，6500 mg BPA 和 6180 mg 果糖)。
- 清洁工作台区域和用 70% 无菌酒精对设备进行消毒，然后将所有其他设备放置在罩内。
- 用 70% 的乙醇消毒双手，然后戴上手套。在罩内工作前，用 70% 的无菌乙醇喷洒手套。
- 使用 pH 为 7 和 pH 为 10 的缓冲液校准 pH 计。用无菌水冲洗电极数次。
- 从氢氧化钠和注射用水中制备 10 g 新鲜的 10 mol/l 氢氧化钠溶液 (10 mol/l = 40%；10 ml NaOH 溶液中有 4 g 氢氧化钠)。
- 在带搅拌磁铁的 500 ml 无菌烧杯中称出正确数量的 BPA，并使用无菌注射用水添加至等于或少于总体积的 50%。
- 用磁力搅拌器搅拌 5 min。
- BPA-水混合物应该看起来非常混浊。测量初始 pH，应为 4.5~6。用无菌水将电极直接冲洗到溶液中。
- 添加 10 mol/l NaOH，直到 pH 达到 9。在 pH 为 9 的条件下，一滴一滴地加入 10 mol/l NaOH，这样当溶液变清澈，pH 为 10.5 时，可以停止。在这个 pH 下，BPA 溶质和 BPA-F 络合物将在这个 pH 下形成，因此 pH 不应升高到 12 以上。
- 搅拌溶液 20 min，检查溶液是否清澈。
- 在 100 ml 烧杯中称出正确数量的果糖，并将其添加到透明的 BPA 溶液中。
- 用磁力搅拌器搅拌 10 min。
- 记录 pH。
- 缓慢添加浓盐酸，使 pH 降至 8，但要小心，避免沉淀形成。
- 添加 1 mol/l HCl，将 pH 降至 7.4 以上或等于 7.4。
- 用磁力搅拌器搅拌 10 min。
- 使用组合式 5 μm/0.45 μm 过滤器装置 (首先是 5 μm 过滤器，然后是 0.45 μm 过滤器) 将干净的 BPA-F 溶液过滤到带有搅拌磁铁的无菌接收容

- 添加无菌水，将溶液体积调节至所需体积。
- 搅拌几分钟，然后重新检查 pH。
- 用无菌盖盖住无菌接收容器，并冷藏一晚。

制备的第二天
- 将 BPA-F 溶液放在冰箱外，等待其恢复至室温。
- 再次检查 pH 是否为 7.4。
- 使用 0.22 μm 过滤装置将 BPA-F 溶液过滤到无菌输液袋或几个 50 ml 无菌注射器中。
- 确保没有空气进入袋子或注射器。
- 保护袋子不受光照。
- 可储存在冰箱 (2~8 ℃) 中，时间不超过 12 天，避光。

8.3.2.3 稳定性

物质的稳定性

每年对 BPA 材料的复测表明，BPA 在室温下多年稳定。

硼 (^{10}B)-L-苯基丙氨酸果糖注射液的稳定性

研究了包含 30 mg-^{10}BPA/ml 的 ^{10}B-L-BPA-F 注射液的稳定性。30 mg/ml BPA(即 BPA 果糖) 注射液是阿姆斯特丹自由大学药理学系无菌制备的 [101]。制备了两批 40 瓶 ^{10}B-L-BPA-F 注射液，在室温 (15~20 ℃) 下储存，并避光。在制备时以及第 2、3、6、10、13、15 和 21 天 (A 批) 或第 1、2、5、9、12、14 和 20 天 (B 批)，每次对每批中的三瓶进行分析，重复进行一次。此外，每个批次的三个样品在 2~8 ℃ 下储存，以确定分解是否受温度影响。

BPA-F 浓度在时间上有所下降，表明产品的货架期有限。在 95% 的可靠性下 (下限为标称 ^{10}B-BPA 浓度的 90%)，A 批和 B 批的最长保质期分别为 11.9 天和 12 天。在任何色谱图中，没有降解产物超过母体化合物的 1%。这些结果与食品药品监督管理局规定的 12 天保质期一致 [102]。

综上所述，含 30 mg-^{10}B-L-BPA/ml 的 ^{10}B-L-BPA-F 溶液在室温下避光保存 12 天是稳定的。当溶液在 2~8 ℃ 下储存时，保质期并未显著改善 [101]。

8.3.3 质量控制

对于 EORTC 试验 11001 和 11011，按照以下程序测试材料的质量控制。这个程序写在一份标准操作程序 (SOP) 中。

8.3.3.1 活性成分说明

BPA(使用富集 ^{10}B)，为白色或乳白色冻干粉末，装在用隔膜密封的玻璃瓶中。

容器上贴有内容物、批号和所装材料重量的标签。

粉末具有吸湿性,置于空气中会吸水。

8.3.3.2 BPA 的鉴别

外观:白色晶体,无味,装在 1 ml、10 ml 或 20 ml 的小瓶中,用橡胶隔膜和铝盖密封。

熔点:283~293 ℃,分解。

红外光谱:用傅里叶变换红外 (FTIR) 吸收光谱法检查 (见欧洲药典,1997 年第 3 版,2.2.24 节)。主峰出现在 3582 cm^{-1}、1333 cm^{-1}、1595 cm^{-1}、1504 cm^{-1}、652 cm^{-1}、955 cm^{-1}、746 cm^{-1}、713 cm^{-1}、826 cm^{-1} 处。

8.3.3.3 BPA 纯度

高效液相色谱分析

柱:Nucleosil 120RP18,5 μm,LiChroCART。分析前稳定 12 h。检测:紫外线波长 254 nm,流速:1.0 ml/min。

流动相:磷酸盐 12.5 mmol/l + 乙腈 (5:95)。

50 mg BPA 溶于 10.0 ml 0.1 mol/l 氢氧化钠中。用流动相将 10.0 μl 稀释至 1.00 ml。在柱上注入 30 μl。应在 15 min 内完成溶液新制备和分析。如果主峰 (Rt 5.5 min) 的面积大于积分面积的 98%,则纯度可接受。

热原

鲎试剂试验检查。

试验溶液 c:用无热原抹刀称取 20.0 mg,溶解于 2.0 ml 无热原的 0.9% 氯化钠溶液中。用 1.45 ml 无热原水稀释 50 μl 该溶液。

按 SOP《内毒素检查法》进行鲎试剂试验,每毫克 BPA 所含热原小于 0.050,即符合要求。

8.3.3.4 ^{10}B 富集度的控制

将 BPA 试验溶液稀释至 50~75 ppm 范围内的 ^{10}B 浓度。该溶液的体积应至少为 10 ml。使用该溶液,进行以下试验。

^{10}B 含量的测定

PGRA 技术人员准备三个单独的小瓶,每个小瓶装 1 ml 试验溶液。开展瞬发伽马射线分析,并检测出 ^{10}B 的浓度。

总硼含量 (^{10}B+^{11}B) 的测定

瞬发伽马射线分析完成后,将上述三个样品转移到 ICP 制备中,分析总硼含量 (^{10}B+^{11}B) 和总硼浓度。

富集度控制

富集度 (带标准偏差) 计算为 ^{10}B 浓度 (根据瞬发伽马射线分析) 与总硼浓度 (来自 ICP) 之间的比率。如果富集度在两个标准偏差内等于 0.995，则可接受。

8.3.4 临床前研究

8.3.4.1 体外试验

药效学

与周围正常细胞相比，BNCT 仅仅依赖于化合物选择性地在肿瘤细胞中积累或被选择性保留的能力。该化合物在热中子达到的治疗体积之外的器官中的积累或保留对治疗作用的选择性、安全性和有效性没有任何影响。因此，化合物不需要携带任何自身的化学或生理活性，除了选择性的积累和保留。

BPA 在细胞中的摄取

文献研究了人葡萄膜黑色素瘤细胞株对 L-BPA·HCl 的转运及其代谢途径。这项试验的结果表明，BPA 被主动转运到黑色素瘤细胞中，但没有被代谢[103]。

以大鼠胶质肉瘤细胞为实验材料，研究了 BPA 在细胞膜上的转运机制。本研究的结果支持了 ^{10}B-BPA 被 L 系统主动转运的假设，而 L 或 A 氨基酸转运系统在细胞中预先积累的氨基酸可以进一步激发 L 系统[98]。

帕帕斯皮鲁 (Papaspyrou) 等人研究了 L-酪氨酸预加载小鼠黑色素瘤细胞的作用。他们发现这种预加载使细胞内硼浓度增加了 3 倍。他们得出结论，^{10}B-D,L-p-BPA 是通过 L 和 ASC(丙氨酸、丝氨酸、半胱氨酸) 系统运输的，而硼的摄取可以通过 L-酪氨酸预加载来激活[104]。

BPA 对细胞的致突变性

木梨 (Kinashi) 等人研究了 BPA 和 BSH 对中国仓鼠卵巢细胞的诱变作用。他们用富含 ^{10}B 的 BPA 或 BSH 培养细胞，并将其暴露于热中子中。通过次黄嘌呤-鸟嘌呤磷酸核糖转移酶位点突变的发生率来测定突变性。他们的结论是，经过 20 h 的孵育，BPA 的致突变性比 BSH 小。BPA 或 BSH 的致突变性研究显示其致突变性降低。作者指出，这些结果表明，BPA 和 BSH 在细胞中的滞留会对细胞造成更精确的攻击，并减少中子照射后出现错误修复的概率[48]。

8.3.4.2 体内试验

这部分只涉及动物实验。研究了以下动物：小鼠、大鼠和犬。这些研究通常是本着 GLP 的精神进行的。

药效学和药代动力学

根据马特尔卡 (Matalka) 等人的观点，BPA-F 的 L-异构体在肿瘤细胞中的摄取量比 D,L 外消旋混合物高 1.8 倍，这表明 ^{10}B-BPA 通过代谢途径而不是通过扩散在肿瘤中积聚[105]。

8.3 硼苯基丙氨酸

体内分布如下。

BPA 的肿瘤积聚

格雷戈耶 (Gregoire) 等人首先认识到 L-BPA-F 的肿瘤特异性,他们研究了小鼠肿瘤[106]。在第二个试验中,他们发现黑色素瘤荷瘤小鼠的 L-BPA-F 肿瘤血浆比为 3.2。根据作者的说法,它们的药代动力学参数存在较大误差,因此不包括在这里[107]。

皮格诺尔 (Pignol) 等人研究了 ^{10}B-L-BPA·HCl 对 24 只大鼠软组织肉瘤的选择性给药。他们使用腹腔内 BPA 的剂量为 300 mg/kg、600 mg/kg 和 1200 mg/kg。中子俘获放射学分析显示,腹腔注射 600 mg/kg 后 6 h,瘤肌比为 13±4,瘤血比为 15±3。^{10}B 在肿瘤中的含量为 (36±4) μg/g[108]。

马特尔卡 (Matalka) 等人采用大鼠脑肿瘤模型,利用脑内植入的人黑色素瘤细胞研究 BPA 的药代动力学和组织分布。他们向大鼠腹腔注射了 120 mg 富集 ^{10}B 的 L-BPA-F。输注 6 h 后,他们获得了 23.7 μg/g(肿瘤)、9.4 μg/g(血液) 和 8.4 μg/g(正常大脑) 的 ^{10}B 比率[105]。

莫里斯 (Morris) 等人用大鼠脊髓模型评价 ^{10}B-BPA-F(4.9% ^{10}B) 的生物分布。不同剂量 (700 mg/kg、1000 mg/kg 和 1600 mg/kg) 的化合物用于建立 ^{10}B 在腹腔注射后在血液、脊髓和大脑中的生物分布。这些剂量与大约 12 μg/g、42 μg/g 和 93 μg/g 的 ^{10}B 血硼浓度相匹配。在两个最高剂量下,BPA 表现出双相清除特性,在输注后 1 h 血浓度最高。^{10}B 在血与中枢神经系统中的比值随剂量增加而增加,在 1000 mg/kg 和 1600 mg/kg 剂量时 (注射后 $t=1$ h) 达到 10。3 h 后,这个比率降低到 3[109]。

维蒂格 (Wittig) 等人在小鼠肉瘤中证实了注射 BPA 后的高硼摄取和 ^{10}B 的非均匀亚细胞微分布[38]。

BPA 在正常组织中的分布

维蒂格等人[27]在小鼠模型中研究了 L-p-BPA 的生物分布。以 700 mg/kg (33.4 mg-^{10}B/kg) 的剂量,通过静脉注射 ^{10}BPA 果糖复合物后 1.5 h 采集样本。平均血 ^{10}B 浓度 (单位:μg/g±SD):血液 11.3±6.1,脑 5.4±2.6,肌肉 10.1±5.3,脂肪 2.4±1.3,心脏 11.5±5.1,睾丸 10.2±4.3,骨骼 8.3±3.5,皮肤 12.3±8.5,脾脏 16.7±8.1,肺 12.5±9.8,肝 12.1±6.3,肾 37.8±24.8。

影响生物分布的因素

乔尔 (Joel) 等人探讨剂量、时间、输注途径对胶质肉瘤大鼠 ^{10}B-L-BPA-F 给药的影响。他们将剂量从 250 mg/kg 增加到 1000 mg/kg,导致肿瘤硼浓度增加 (从 30 μg-^{10}B/g 增加到 70 μg-^{10}B/g),肿瘤与血液硼浓度比在输注结束后 1 h 保持不变,为 3.7。将输注时间从 2 h 延长到 6 h(剂量 125 mg/kg) 也有同样的效果。仅颈动脉内灌注 BPA(1 h,125 mg-BPA/kg),将肿瘤与血液比率改变为 5.0,

硼浓度为 38 μg/g[110]。

新陈代谢

基格 (Kiger) 等人说明 BPA 的排泄主要涉及肾脏途径 [111]。

关于 BPA 的代谢和排泄形式，目前还没有确凿的资料。斯凡特松 (Svantesson) 等人已经发现 BPA 确实被代谢的证据，但是需要进一步的研究来确定可能的代谢物的身份 [112]。

对于预期的药理作用，硼的化学形式与此无关。只有当代谢物代表有毒物质时，这些分子的性质才是重要的，以便可能抵消它们的毒性作用。

血浆半衰期

科德尔 (Coderre) 等人在犬模型中研究了 ^{10}B-BPA-F 的药代动力学和生物分布，发现输注后血硼浓度呈双指数下降，表明至少可以区分两个区隔。研究人员怀疑第一阶段包括将血硼重新分配到水室 ($T_{1/2}$=10 min)，第二阶段包括肾脏清除 BPA($T_{1/2}$=3 h)[113]。

毒理

BPA 毒理学

谷山 (Taniyama) 等人研究了 ^{10}B-BPA·HCl 在大鼠中的急性和亚急性毒性，腹腔注射和皮下注射的剂量为 300～3000 mg/kg。通过将溶液的 pH 调整到中性值，急性毒性显著降低 (表 8.6)。

表 8.6 谷山 (Taniyama) 等人发表的毒性研究摘要 [114]

途径	酸碱度 (pH)	半数致死量 (LD_{50})
腹腔注射	1	640 mg/kg(雄性)
		710 mg/kg(雌性)
皮下注射	1	>1000 mg/kg(雄性和雌性)
腹腔注射	7	>3000 mg/kg(雄性和雌性)
皮下注射	7	>3000 mg/kg(雄性和雌性)

采用大鼠皮下注射 300 mg/kg、700 mg/kg、1500 mg/kg 剂量，连续 28 天测定亚急性毒性。所有的大鼠都活了下来，所有大鼠的尿酮水平均升高。对照组大鼠与 ^{10}B-BPA·HCl 的低剂量组大鼠之间没有进一步的差异。在最高剂量水平下，观察到血液学变化，包括血红蛋白和白细胞计数下降，网织红细胞计数和中性粒细胞比率增加。作者认为，这些损伤可能是由溶血和注射部位的局部反应引起的 [114]。

库尔维克 (Kulvik) 等人研究了 L-BPA-F 对雄性白化大鼠的毒性作用。其中 8 只大鼠以 BPA-F 形式注射 2.8 g/kg 的 L-BPA，对照组为 5 只仅接受果糖溶液的大鼠。收集了以下实验室结果：血红蛋白、白细胞、C 反应蛋白、天冬氨酸转

8.3 硼苯基丙氨酸

氨酶、碱性磷酸酶、葡萄糖、胆固醇、甘油三酯、白蛋白，以及 á-、â-、ã-球蛋白。对照组和 L-BPA-F 大鼠之间没有发现统计学意义上的差异[115]。

目前还没有更多的数据可以用来调查 BPA 在动物体内的毒性。

用 BPA 进行 BNCT 毒理学研究

不幸的是，大多数动物实验实施的剂量都没有按照 IAEA TECDOC-1223[116]中提出的 IAEA 建议进行报告。因此，报告的结果难以解释，它们的比较也存在很大的问题。

塞蒂亚万 (Setiawan) 等人研究 ^{10}B-L-BPA-F 和 BNCT 对小鼠脑多巴胺能神经元的影响。小鼠腹腔注射 12mg-^{10}B-BPA，对大脑的辐射剂量为 4.4 Gy("硼剂量") 加上 4.0 Gy("非硼剂量")。他们测量了酪氨酸羟化酶免疫组化活性对多巴胺能束的损伤作用。他们的发现表明，在照射后 120 h，没有观察到多巴胺能束的永久性损伤[117]。

科德尔 (Coderre) 等人用大鼠模型评价 BNCT 对口腔黏膜的影响。所有大鼠均接受 700 mg/kg 的 ^{10}B-L-BPA-F 静脉注射和 13.4 Gy、4.2 Gy 或 3.0 Gy 的辐射剂量。照射后约 7 天，所有剂量的舌溃疡都很明显；愈合速率依赖于剂量大小[118]。

科德尔 (Coderre) 等人研究了 BPA 存在下正常犬脑对超热中子照射的耐受性。他们用 12 只犬，静脉注射 950 mg/kg 的 ^{10}B-BPA-F，对犬脑的左半球进行照射。峰值剂量 (在最大热中子通量深度处，1 cm^3 的大脑接受的剂量) 范围为 7.6~11.6 Gy，而对左半球的平均剂量为 6.6~10.0 Gy。全脑接受 3.0~8.1 Gy 的照射剂量。他们发现接下来的淋巴细胞和血小板计数显著下降。照射后 6~8 天，淋巴细胞计数从 8000~11000 ml^{-1} 下降到 4000 ml^{-1}。血小板计数在 11~17 天后最低，从 200~350000 下降到 50~150000。照射后 3~4 周淋巴细胞计数恢复正常，血小板计数 30~40 天后恢复正常。研究人员发现剂量对皮肤的影响与剂量有关，在照射野中导致脱发，皮肤色素沉着过度和毛发色素丢失。对肌肉的影响很小，只有在高剂量 (脑中的峰值剂量 (PDB) 为 9.0 Gy) 时才会出现。超过一定阈值后，所有的犬都出现剂量依赖性的 MRI 改变、神经功能缺损和局灶性脑坏死。峰值剂量的阈值为 9.5 Gy，左半球为 8.2 Gy，全脑为 6.7 Gy。这些神经系统的变化是严重的，通常对类固醇治疗只有很短时间的反应[113]。

莫里斯 (Morris) 等人利用大鼠脊髓模型评估了中枢神经系统对 ^{10}B-BPA-F BNCT 的耐受性。腹腔注射不同剂量的 ^{10}B-BPA-F(700 mg/kg、1000 mg/kg 和 1600 mg/kg，4.9%^{10}B)。放疗后跟踪观察 32 周。在这段时间内没有大鼠损失。他们观察了 ED_{50} 值 (即 50% 的大鼠发生放射性脊髓病时的辐射剂量值)。1000 mg/kg 时，ED_{50} 为 (17.5 ± 0.7) Gy，1600 mg/kg 时，ED_{50} 为 (25.0 ± 0.6) Gy[109]。

胎儿毒性和生育研究

目前还没有关于胎儿毒性和生育能力的研究。

诱变潜力

目前还没有对致突变潜力进行体内研究。

致癌潜能

目前还没有关于致癌可能性的研究。

结论

中性溶液中的 BPA 耐受性良好，包括口服 (p.o.)、腹腔注射 (i.p.)、静脉注射 (i.v.) 和颈动脉内注射 (i.c.)。几乎只有在照射后才发现毒性作用。

有效性

用 BPA 进行 BNCT 的有效性

科德尔 (Coderre) 等人研究了使用 ^{10}B-BPA 后照射中子对小鼠大腿黑色素瘤的影响。肿瘤中的 ^{10}B 浓度在 15~40 ppm。他们发现，与腹腔注射相比，口服 BPA 会导致肿瘤中 ^{10}B 含量显著升高。他们的结论是，中子照射后长期肿瘤生长的控制在给予 BPA 后 (19 例中的 11 例) 比未给予 BPA 的 (22 例中的 4 例) 更高[119]。

玉置 (Tamaoki) 等人研究裸鼠移植黑色素瘤在 ^{10}B-BPA BNCT 中的应用。每只小鼠照射前 4 h 接受 10 mg-^{10}B-BPA·HCl(400 mg/kg)。30 只小鼠分为三组，每组 10 只。第一组仅接受中子照射，第二组同时接受 BPA 和照射，第三组不接受任何治疗。BPA 和照射后 4 周内肿瘤生长明显受到抑制[120]。

马特尔卡 (Matalka) 等人采用大鼠脑肿瘤模型，利用脑内植入的人黑色素瘤细胞研究 BPA 的药代动力学和组织分布。他们静脉注射了 120 mg 富含 ^{10}B 的 BPA-F。报告的结果汇总在表 8.7 中。作者总结说，在啮齿类动物模型中，使用 ^{10}BPA 的 BNCT 对颅内黑色素瘤是有效的[105]。

表 8.7　注射 BPA 后中子照射存活率结果 [105]

治疗	照射剂量/Gy	肿瘤剂量/Gy	生存期/天
未经治疗	0		44
照射	2.7		76
照射	3.6		93
120 mg BPA	1.8	5	170
120 mg BPA	2.7	7.5	182
120 mg BPA	3.6	10.1	262

同时使用 BPA 和 BSH 进行 BNCT 的有效性

8.3 硼苯基丙氨酸

小野 (Ono) 等人试图通过在治疗中加入硼酸钠 (BSH) 来提高 BPA BNCT 的疗效。他们研究了小鼠鳞状细胞癌。通过胃内注射 ^{10}B-D,L-BPA·HCl 和静脉注射 ^{10}B-BSH-Na 的方式给药。他们发现，这些化合物的组合比使用单一化合物能更有效地治疗肿瘤 [121]。

脑肿瘤中 BPA 的增强传递

巴斯 (Barth) 等人研究静脉注射 (i.v.) 和颈动脉内注射 (i.c.) ^{10}B-BPA-F 的差异以及血脑屏障破坏 (BBB-D) 的影响。用 25% 甘露醇溶液经颈内动脉注入 F-98 胶质瘤大鼠，获得 BBB-D。大约 10% 的动物在 BBB-D 后 6～12 h 内死于脑水肿。表 8.8 总结了观察到的结果。用 DCP-AES(直流等离子体原子发射光谱法) 测量 ^{10}B 浓度。

表 8.8 注射 BPA± 血脑屏障破坏 ± 中子照射后大鼠存活率及组织/血液比率

注射	BBB-D, 是/否	BPA	中子照射, 是/否	生存/天	^{10}B-比率 肿瘤/血液 ±SD	^{10}B-比率 肿瘤/脑 ±SD
颈动脉内注射	是	500 mg/kg	是	69	10.9±6.3	7.5±4.3
颈动脉内注射	否	500 mg/kg	是	48	8.5±3.5	5.9±2.0
静脉注射	否	500 mg/kg	是	37	3.2±2.7	5.0±2.1
无	否	0	是	29	不适用	不适用
无	否	0	否	24	不适用	不适用

这些结果表明，颈动脉内注射 (i.c.) 给药和 BBB-D 可提高肿瘤中的 ^{10}B 浓度，从而提高肿瘤的照射剂量并提高生存率 [122]。

在另一项研究中，巴斯 (Barth) 等人研究 ^{10}B-BPA-F 传递进肿瘤是否可以通过添加缓激肽类似物 Cereport 来增强，它能产生短暂的药物介导的血液-脑屏障的开放。他们用 F98 胶质瘤大鼠，给大鼠静脉或颈动脉内注射 300 mg/kg BPA-F 和 1.5～7.5 μg/kg Cereport。Cereport 颈动脉内注射显著增加了肿瘤对硼的吸收 [123]。在后来的试验中，可以证明 Cereport 不仅可以增加 ^{10}B-BPA-F 的肿瘤摄取，而且可以增强 BNCT 的效果 [124]。

8.3.5 BPA 临床试验

为了用 BNCT 治疗癌症，有必要在放疗前将 ^{10}B 积聚在肿瘤中，同时确保不可避免地位于中子射束中的健康组织含有最少量的硼。由于 ^{10}B(n,α)^{7}Li 反应产生的高 LET 粒子 ^{4}He 和 ^{7}Li 的射程较短，BNCT 的有效性在很大程度上取决于 ^{10}B 在组织中的分布。一些硼载体已经进行了试验，其中 BPA 是最有前途的一种。

暴露在中子射束组织中硼的浓度对预测健康组织损伤和癌症控制至关重要。

因此，已经进行了一些临床试验，以确定 BPA 的药代动力学和生物分布。本章专门介绍人体药理学的数据。

8.3.5.1 药效学

药理作用

这种物质本身是一种氨基酸类似物，在临床相关浓度下，它本身无毒，不抑制细胞生长或增殖（见 8.3.4.2 节）。

它在 BNCT 中的应用完全取决于它的选择性积累，硼在肿瘤组织中的滞留及其本身的硼含量。

治疗作用的药效学机制：肿瘤组织对硼的吸收

1994 年，马利希（Mallesch）等人研究脑胶质瘤和黑色素瘤脑转移对 BPA 的摄取。转移性黑色素瘤患者的结果令人鼓舞，平均肿瘤/血硼浓度比和标准差约为 4.4 ± 3.2，脑转移的最大值为 10。胶质瘤患者为高级别胶质瘤，瘤血比为 2.2 ± 1。作者指出，肿瘤组织对硼的吸收是基于其氨基酸性质。假定 D,L-BPA-F 是通过细胞内活跃的代谢途径所吸收。有人认为，由于肿瘤细胞代谢的提高，分子会在这些组织中积聚[125]。维蒂格等人[98]体外实验表明 BPA 主要是通过 L-氨基酸转运系统经由膜转运的。在一项临床试验（EORTC 11001）中，未发现 BPA 摄取与肿瘤样本中 LAT1 和 Ki67 表达之间的相关性[126]。

在一些试验中，通过组织取样来测量脑胶质瘤和黑色素瘤对 BPA 的摄取[127-130]。在对移植肝脏进行体外照射以治疗结直肠癌的转移后[131]，不同的小组调查了手术期间取样的结直肠癌肝转移瘤中 BPA 的摄取情况[26,132,133]，所有这些都表明转移瘤中的 ^{10}B 摄取量比正常肝组织高。只有一项试验通过组织取样研究了头颈部鳞状细胞癌对 BPA 的吸收，显示了一个有希望的 ^{10}B 浓度，并首次展示了肿瘤中硼浓度随时间的变化[17]。设想的用 BNCT 治疗甲状腺癌的方法[134]不能获得来自 EORTC 试验 11001 的数据支持，这些数据显示，来自几种甲状腺癌的组织中没有硼摄取[135]。

8.3.5.2 BPA 的药代动力学

吸收，包括生物利用度

一些较老的黑色素瘤试验是通过口服 L-BPA 来完成的。口服的原因是 BPA 在生理 pH 下的水溶性有限。科德尔（Coderre）得出结论，口服 ^{10}B-L-BPA 剂量中从胃肠道实际吸收的部分为 $(42.1\pm17.8)\%$（$n=13$）。在这些患者中，使用了无结晶、微溶性氨基酸类似物的浆液[136]。

在后来的试验中，如患有多形性胶质母细胞瘤（GBM）、恶性黑色素瘤、头颈部癌症以及 EORTC 11001 患者的试验中，通过中心静脉导管注入 BPA。BPA 与果糖复合以解决溶解困难的问题（^{10}B-L-BPA-F）。这显著提高了血硼浓度，从 6

μg/g(口服) 提高到 32 μg/g(静脉注射)[111]。一项试验实际上研究了 BPA 与甘露醇复合物的潜力 [137]。

蛋白质结合

BPA 的作用可能与药物的蛋白质结合有关。目前还没有关于这个参数的研究。

血浆半衰期

许多作者发表了血浆浓度随时间变化的数据。一般来说,这些数据被认为是由双相动力学组成的,具有再分配和消除阶段。下一段给出了确切的数据。

药代动力学

几乎所有的试验都是为了建立一个模型,用这个模型可以从有限的数据中估计出 BPA 的血液和/或肿瘤水平。这些模型是两个、三个和四个室的模型。不同药代动力学试验的结果总结如下。

埃罗威兹 (Elowitz) 等人总结道:^{10}B-L-BPA-F 表现为双相清除动力学。在第一阶段,血硼浓度下降的半时间约为 1.2 h(再分布)。第二阶段 (消除) 的半时间为 8.2 h[96]。

里宁 (Ryynänen) 等人结合两个模型 (开放式二室模型和双指数函数) 来描述 290 mg/kg BPA(^{10}B-BPA-F) 输注后血液中 ^{10}B 的清除率。建立了预测血 ^{10}B 浓度的组合模型。这些模型中使用的药代动力学参数见表 8.9[138]。

福田 (Fukuda) 等人采用另一种方法研究了 ^{10}B-D,L-BPA-F 在黑色素瘤患者皮肤和血液中的药代动力学。他们的结果总结在表 8.10[129]。

表 8.9 里宁 (Ryynänen) 提出的 BPA-F 组合模型的药代动力学参数 [138]

患者人数	组织学	BPA /(mg/kg)	K_{12} /min^{-1}	K_{21} /min^{-1}	K_{el} /min^{-1}	$T_{1/2}$ 再分布/min	$T_{1/2}$ 清除/h
7 男, 3 女 40~81 岁	GBM	290	0.325 (±0.207)	0.06 (±0.033)	0.031 (±0.005)	16(±5)	6.6(±2.0)

马利希 (Mallesch) 等人 [125] 研究了 D,L-BPA-F 在转移性黑色素瘤和胶质瘤患者中的药代动力学。BPA-F 静脉推注 ((12.06±3.2) mg/kg)。测量组织和血液样本。他们的结论是,恶性黑色素瘤脑转移患者的肿瘤选择性摄取 BPA 高于胶质瘤患者。他们还将所有结果归一化为 20 mg/kg 的标称剂量,平均体重 75 kg,并获得表 8.11 中所述的药代动力学参数。

基格 (Kiger) 等人设计了给药 (^{10}B-L-BPA-F) 后血中 ^{10}B 浓度的药动学二室模型。包括 24 名患者, 21 名 GBM 患者, 2 名转移性黑色素瘤患者, 1 名皮下黑色素瘤患者。他们发现了一个双相指数清除曲线。药代动力学参数见表 8.12。该模型的有效性通过成功预测一批 32 名患者的平均药代动力学响应得到证实[111]。该模型也可靠地预测了在 EORTC 试验 11011 [139] 框架下接受照射的黑色素瘤脑转移患者的 ^{10}B 浓度。

表 8.10　福田 (Fukuda) 等人公布的药代动力学数据汇编 [129]

患者数量	组织学	BPA 静脉注射 /(mg/kg)	附加 BPA /(mg/kg)	$T_{1/2}$ 再分布/h	$T_{1/2}$ 消除/h	比值，皮肤/血液	比值，肿瘤/血液
9	黑色素瘤	170~210		2.8	9.2	输注后 6 h 内恒定为 1.31±0.22	输注后 6 h 内恒定为 3.40±0.83
7	黑色素瘤	85		2.2	9.2	7	黑色素瘤
7	黑色素瘤	170~190	30 s.c.	3.3	9.0		
2	黑色素瘤		50 i.m.×5				

注：s.c.-皮下注射，i.m.-肌内注射，h-小时。

表 8.11　马利希 (Mallesch) 等人发表的 BPA-F 的药代动力学参数 [125]

BPA 剂量 /(mg/kg)	体重/kg	剂量 ^{10}B/mg	初始浓度 /(μg/ml)	K_{el}/h^{-1}	半衰期	AUC /(μg/(h·ml))	V_d/l
20	75	71.46	1.02	0.05	5.05	23.76	59.6

表 8.12　根据基格 (Kiger) 等人的药代动力学参数 [111]

患者人数	BPA 剂量 /(mg/kg)	$T_{1/2}$ 再分布/h	$T_{1/2}$ 消除/h	K_{12} /min^{-1}	K_{21} /min^{-1}	K_{el} /min^{-1}	V_d/(kg/kg)
11 男，13 女，24~82 岁	250(12) 300(2) 350(10)	0.34± 0.12	9.0±2.7	0.0227± 0.0064	0.0099± 0.0027	0.0052± 0.0016	0.235± 0.042

消除

BPA 的代谢途径尚不清楚，排泄物主要通过肾脏排出。在患者的尿液中可以发现 BPA 是非代谢的 [140]。

BPA 分布

用瞬发 γ 射线能谱仪 (PGRS) 和直流等离子体原子发射光谱仪 (DCP-AES) 对硼进行了分析。前者提供了对大量组织 (约 1000 mg) 中硼的准确评估；后者更为灵敏，能够准确测量 10~20 mg 样本中的 ^{10}B 和 ^{11}B。

使用这些方法，埃罗威兹 (Elowitz) 等人的结论是肿瘤与血液的比率是高度可变的。17 例 GBM 患者接受不同剂量的 ^{10}B-BPA-F 静脉注射：130 mg/kg(n=5)、170 mg/kg(n=6)、210 mg/kg(n=3)、250 mg/kg(n=3)，血硼浓度在 2 h 的 BPA 输注结束时达到最大值，并与给药剂量成正比。当输注时间减少到 1 h 时，最大硼浓度没有增加。肿瘤切除标本中测得的硼浓度在不同的患者之间以及在来自个别患者的多个样本中都有相当大的差异。平均肿瘤与血硼比为 1.6(±0.8)。正常大脑中硼的浓度一般等于或低于血液中的浓度。与肿瘤组织病理学和硼浓度相关的初步定性分析表明，与含有高度坏死的样本相比，来自更多细胞区域的样本表现出更高的硼摄取量[96]。

科德尔 (Coderre) 等人同时得出硼浓度与肿瘤细胞数相关的结论。他们测量了 15 例多形性胶质母细胞瘤患者的 107 个手术样本，每千克接受 98～290 mg 95% 的富含 ^{10}B 的 BPA。血硼浓度在 2 h 的富 ^{10}B BPA-F 输注结束时达到最大值，并与给药剂量成正比。硼浓度 (归一化为 250 mg/kg 的 BPA 剂量) 在患者之间和患者个体样本之间存在显著差异。然而，他们发现肿瘤样本中的硼浓度与样本的细胞数相关 (r=0.84)，计算公式为：B=9.1 + 61.9×CI，其中 B 为组织中的 ^{10}B 浓度 (μg/g)，CI 为细胞指数。他们的结论是，硼在肿瘤细胞中的积累是 BPA 给药剂量的线性函数，在对单个患者的多个样本进行硼分析时观察到的变化是由于包含了非肿瘤组织 (即坏死组织或正常大脑)。细胞分析结果以及与测得的硼浓度 (归一化为 250 mg/kg 的 BPA 剂量) 的相关性表明，GBM 中的细胞内硼浓度约为 50 μg-^{10}B/g。在输液超过 2 h 后 30～90 min 测量，他们发现平均血硼浓度为 (12.2±1.6) μg-^{10}B/g，得到肿瘤与血硼的平均值比率约为 4[97]。在这项试验中还发现，麻醉患者和清醒患者在清除动力学上没有差异。

维蒂格等人[26]讨论了 BPA 在结直肠癌转移瘤中分布的一个特殊方面，因为这些组织中存在大量的非细胞物质。

一些研究人员已经使用正电子发射断层扫描来确定 BPA 的药代动力学参数。他们都使用了 BPA 的一个衍生物，即 ^{18}F-^{10}B-BPA-F。由于对 BPA-F 原始结构的修改，这些数据是否要外推到 BPA-F 中还不确定。因此，这里不包括这些结果。

8.3.5.3 BPA 毒理学

药物毒性

库尔维克 (Kulvik) 等人对 5 例神经鞘瘤和 3 例脑膜瘤患者以 BPA-F 形式给予 100 mg L-BPA/kg，1 例胶质母细胞瘤患者以 L-BPA-F 形式给予 450 mg L-BPA/kg。监测指标为白细胞、红细胞、血红蛋白、血小板、C 反应蛋白、肌酐、丙氨酸转氨酶和 ã-谷氨酰转移酶。未观察到可归因于 L-BPA-F 输液的临床显著不良事件[115]。

在 EORTC 试验 1101 中，患有黑色素瘤脑转移的患者连续 2 天接受 2 次照射。在每次照射前，每位患者接受 14.0 g-BPA/m^2 体表的剂量，相当于一个体重 80 kg 和总体表 2 m^2 的患者给予 350 mg/kg-BW 的剂量。BPA 将作为 ^{10}B-BPA-

果糖复合物给药。经中心静脉导管静脉滴注 90 min，4 例患者未观察到药物相关毒性。然而，在患者的尿液中，观察到了晶体。结晶发生在患者外部，因此不被视为毒性事件。如果患者接受长时间的照射，并且需要导尿管，这种影响可能会引起麻烦。

在生物分布试验 11001 框架内接受治疗的患者仅接受 100 mg/kg 的 BPA 溶解于 30 mg/ml 的 BPA-F 溶液体积中，注射了 1 h。未观察到药物相关的副作用。在显微镜下仔细寻找尿液中的 BPA 晶体，可以检测到。

BPA 介导的 BNCT 毒性研究

在动物实验和临床试验[17,26,27,129,141-143]中，已经描述了皮肤和黏膜中 BPA 的高吸收。预期并观察到 BPA 介导的 BNCT 的副作用，即皮肤反应和黏膜炎。

参 考 文 献

[1] Gabel D, Sauerwein W (1995) Approaching clinical trials of boron neutron capture therapy in Europe. In: Kogelnik HD (ed) Progress in radio-oncology V. Monduzzi Editore, Bologna, pp 315-319

[2] Sauerwein W, Hideghéty K, Gabel D, Moss R (1998) European clinical trials of boron neutron capture therapy for glioblastoma. Nuclear News 41:54-56

[3] Sauerwein W, Moss R, Rassow J, Stecher-Rasmussen F, Hideghéty K, Wolbers JG, Sack H (1999) Organisation and management of the first clinical trial of BNCT in Europe (EORTC Protocol 11961). Strahlenther Onkol 175:108-111

[4] Hideghéty K, Sauerwein W, Haselsberger K, Grochulla F, Fankhauser H, Moss R, Huiskamp R, Gabel D, de Vries M (1999) Postoperative treatment of glioblastoma with BNCT at the Petten Irradiation facility (EORTC Protocol 11961). Strahlenther Onkol 175:111-114

[5] Pignol JP, Paquis P, Breteau N, Chauvel P, Sauerwein W, EORTC BNCT Study Group (1999) Boron neutron capture enhancement of fast neutron for nonremoved glioblastomas: rationale of a clinical trial. Front Radiat Ther Oncol 33:43-50

[6] Hideghéty K, Moss R, Sauerwein W, EORTC BNCT Study Group (2000) Controversies in establishment of dose limiting qualitative and quantitative toxicity for radiation modality. Radiother Oncol 57:S7-S9

[7] Hüsing J, Sauerwein W, Hideghéty K, Jöckel K-H (2001) A scheme for a dose-escalation study when the event is lagged. Stat Med 20:3323-3334

[8] Sauerwein W, Hideghéty K, Rassow J, Moss RL, Stecher-Rasmussen F, Heimans J, Gabel D, de Vries MJ, Touw DJ, the EORTC BNCT Study Group (2001) Boron neutron capture therapy: an interdisciplinary cooperation. In: IAEA-TECDOC-1223 "Current status of neutron capture therapy", International Atomic Energy Agency, Vienna, 2001, pp 96-107

[9] Sauerwein W, Hideghéty K, Rassow J, de Vries MJ, Götz C, Paquis P, Grochulla F, Wolbers JG, Haselsberger K, Turowski B, Moss RL, Stecher-Rasmussen F, Touw D,

Wiestler OD, Fankhauser H, Gabel D, the EORTC BNCT Study Group (2001) First clinical results from the EORTC phase I trial "Postoperative treatment of glioblastoma with BNCT at the Petten irradiation facility". In: IAEA-TECDOC-1223 "Current status of neutron capture therapy", International Atomic Energy Agency, Vienna, 2001, pp 250-256

[10] Michel J, Sauerwein W, Wittig A, Balossier G, Zierold K (2002) Boron localisation in cells by electron energy loss spectroscopy. In: Sauerwein W, Moss R, Wittig A (eds) Research and development in neutron capture therapy. Monduzzi Editore, Bologna, pp 925-928

[11] Sauerwein W, Zurlo A, on behalf of the EORTC Boron Neutron Capture Therapy Group (2002) The EORTC Boron Neutron Capture Therapy (BNCT) Group: achievements and future projects. EJC 38:S31-S34

[12] Hideghéty K, Sauerwein W, Wittig A, Götz C, Paquis P, Grochulla F, Haselsberger K, Wolbers J, Moss R, Huiskamp R, Fankhauser H, de Vries M, Gabel D (2003) Tissue uptake of BSH in patients with glioblastoma in the EORTC 11961 phase I BNCT trial. J Neurooncol 62:145-156

[13] van Rij CM, Wilhelm AJ, Sauerwein WAG, van Loenen AC (2005) Boron neutron capture therapy for glioblastoma multiforme. Pharm World Sci 27:92-95

[14] Mauri PL, Basilico F, Wittig A, Heimans J, Huiskamp R, Sauerwein W (2006) Pharmacokinetics and metabolites of ^{10}B-containing compounds in biological fluids. In: Nakagawa Y, Kobayashi T, Fukuda H (eds) Advances in neutron capture therapy 2006. International Society for Neutron Capture Therapy and Neutrino OSAKA Inc, Osaka, pp 271-273. ISBN 4-990342-0-X

[15] Wittig A, Malago M, Collette L, Huiskamp R, Bührmann S, Nievaart V, Kaiser GM, Jöckel KH, Schmid KW, Ortmann U, Sauerwein W (2008) Uptake of two ^{10}B-compounds in liver metastases of colorectal adenocarcinoma for extracorporeal irradiation with boron neutron capture therapy (EORTC trial 11001). Int J Cancer 122:1164-1171

[16] Wittig A, Collette L, Moss R, Sauerwein WA (2009) Early clinical trial concept for boron neutron capture therapy: a critical assessment of the EORTC trial 11001. Appl Radiat Isot 67:S59-S62

[17] Wittig A, Collette L, Appelman K, Bührmann S, Jäckel MC, Jöckel KH, Schmid KW, Ortmann U, Moss R, Sauerwein WA (2009) EORTC trial 11001: distribution of two (10)B-compounds in patients with squamous cell carcinoma of head and neck, a translational research/phase 1 trial. J Cell Mol Med 13:1653-1665

[18] Bendel P, Wittig A, Basilico F, Mauri P, Sauerwein W (2010) Metabolism of Boronophenylalanine-fructose complex (BPA-fr) and Borocaptate Sodium (BSH) in cancer patients—results from EORTC trial 11001. J Pharm Biomed Anal 51:284-287

[19] Soloway AH, Hatanaka H, Davis M (1967) Penetration of brain and brain tumor. Ⅶ. Tumor binding sulfhydryl compounds. J Med Chem 10:714-717

[20] Hatanaka H (1975) A revised boron-neutron capture therapy for malignant brain tumors.

II. Interim clinical result with the patients excluding previous treatments. J Neurol 209:81-94
[21] Gabel D, Sauerwein W (1994) Clinical implementation of boron neutron capture therapy in Europe. In: Amaldi U, Larsson B (eds) Hadrontherapy in oncology. Elsevier Science, Amsterdam, pp 509-517
[22] Gabel D, Preusse D, Haritz D, Grochulla F, Haselsberger K, Fankhauser H, Ceberg C, Peters HD, Klotz U (1997) Pharmacokinetics of $Na_2B_{12}H_{11}SH$ (BSH) in patients with malignant brain tumours as a prerequisite for a phase I clinical trial of boron neutron capture. Acta Neurochir (Wien) 139:606-612
[23] Gibson CR, Staubus AE, Barth RF, Yang W, Ferketich AK, Moeschberger MM (2003) Pharmacokinetics of sodium borocaptate: a critical assessment of dosing paradigms for boron neutron capture therapy. J Neurooncol 62(1-2):157-169
[24] Goodman JH, Yang W, Barth RF et al (2000) Boron neutron capture therapy of brain tumors: biodistribution, pharmacokinetics, and radiation dosimetry sodium borocaptate in patients with gliomas. Neurosurgery 47:608-621
[25] Hideghety K, Sauerwein W, Wittig A, Götz C, Paquis P, Grochulla F, Haselsberger K, Wolbers J, Moss R, Huiskamp R, Fankhauser H, De Vries M, Gabel D (2003) Tissue uptake of BSH in patients with glioblastoma in the EORTC 11961 phase I BNCT trial. J Neurooncol 62:145-156
[26] Wittig A, Malago M, Collette L, Huiskamp R, Bührmann S, Nievaart V, Kaiser GM, Jöckel K, Kw S, Ortmann U, Sauerwein W (2008) Uptake of two ^{10}B-compounds in liver metastases of colorectal adenocarcinoma for extracorporeal irradiation with boron neutron capture therapy (EORTC trial 11001). Int J Cancer 122:1164-1171
[27] Wittig A, Huiskamp R, Moss RL, Bet P, Kriegeskotte C, Scherag A, Hilken G, Sauerwein WAG (2009) Biodistribution of ^{10}B for Boron Neutron Capture Therapy (BNCT) in a Mouse Model after Injection of Sodium Mercaptoundecahydro-closo-dodecaborate and L-para-Boronophenylalanine. Radiat Res 172:493-499
[28] Wittig A, Stecher-Rasmussen F, Hilger RA, Rassow J, Mauri P, Sauerwein W (2011) Sodium mercaptoundecahydro-closo-dodecaborate (BSH), a boron carrier that merits more attention. Appl Radiat Isot. doi:10.1016/j.apradiso.2011.02.046
[29] Peters HD, Gabel D (1997) Treatment of glioma with boron neutron capture therapy with $Na_2B_{12}H_{11}SH$—compilation of literature data on toxicity and pharmacokinetics in animals. Summary of the European phase I toxicity and pharmacokinetics study. European Collaboration on Boron Neutron Capture Therapy: 1-47
[30] Wittig A, Michel J, Moss RL, Stecher-Rasmussen F, Arlinghaus HF, Bendel P, Mauri P, Altieri S, Hilger R, Salvadori PA, Menichetti L, Zamenhof R, Sauerwein WAG (2008) Boron analysis and boron imaging in biological materials for Boron Neutron Capture Therapy (BNCT). Crit Rev Oncol Hematol 68:66-90
[31] Haselsberger K, Radner H et al (1994) Subcellular boron-10 localization in glioblastoma for boron neutron capture therapy with $Na_2B_{12}H_{11}SH$. J Neurosurg 81:741-744

[32] Clendenon NR, Barth RF, Gordon WA et al (1990) Boron neutron capture therapy of a rat glioma. Neurosurgery 26:47-55
[33] Gabel D, Holstein H, Larsson B et al (1987) Quantitative neutron capture radiography for studying the biodistribution of tumor-seeking boron-containing compounds. Cancer Res 47:5451-5454
[34] Joel DD, Slatkin DN, Micca PL, Nawrocky MMD, Velez C (1989) Uptake of boron into human gliomas of athymic mice and into syngeneic cerebral gliomas of rats after intra carotid infusion of sulfhydryl boranes. In: Fairchild RG, Bond VP, Woodhead AD (eds) Clinical aspects of neutron capture therapy. Plenum Press, New York, pp 325-332
[35] Joel DD, Slatkin DN, Micca PL, Nawrocky MM, Dubois T, Velez C (1989) Uptake of boron into human gliomas of athymic mice and into syngeneic cerebral gliomas of rats after intracarotid infusion of sulfhydryl boranes. Basic Life Sci 50:325-332
[36] Joel D, Slatkin D, Fairchild R, Micca P, Nawrocky M (1989) Pharmacokinetics and tissue distribution of the TI—sulfhydryl boranes (monomer and dimer) in glioma-bearing rats. Strahlenther Onkol 165:167-170
[37] Joel D, Slatkin D, Coderre J (1993) Uptake of 1OB in gliosarcoma :following the injection of glutathione monoethyl ester and sulfhydryl borane. In: Soloway AH, Barth RF, Carpenter DE (eds) Advances in neutron capture therapy. Plenum Press, New York, pp 501-504
[38] Wittig A, Arlinghaus H, Kriegeskotte C, Moss R, Appelman K, Schmid K, Sauerwein W (2008) Laser postionization secondary neutral mass spectrometry in tissue: a powerful tool for elemental and molecular imaging in the development of targeted drugs. Mol Cancer Ther 7:1763-1771
[39] Hatanaka H (1997) Boron neutron capture therapy for tumors. Nishimura, Niigata
[40] Harfst S, Moller D, Ketz H, Roesler J (1994) Reversed-phase separation of ionic organoborate clusters by high-performance liquid chromatography. J Chromatogr A 678:41
[41] LaHann TR, Daniell G (1997) Death following single dose administration of borocaptate sodium. In: Larsson B, Crawford I, Weinreich R (eds) Chemistry and biology, vol II. Elsevier Science, Amsterdam, pp 175-180
[42] Morris GM, Constantine G, Ross G, Yeung TK, Hopewell JW (1993) Boron neutron capture therapy long term effects on the skin and spinal cord of the rat. Radiat Res 135:330-386
[43] Horn V, Buchar E, Janku I (1997) Kidney function changes in rats after single-dose administration of borocaptate sodium. Physiol Res 46:279-283
[44] Gavin PR, DeHaan CE, Kraft SL, Moore MP, Wendling LR, Dorn RV (1994) Large animal normal tissue tolerance with boron neutron capture. Int J Radiat Oncol Biol Phys 28(5): 1099-1106
[45] Gavin PR, Kraft SL, Wendling LR, Miller DL (1989) Canine spontaneous brain tumors— a large animal model for BNCT. Strahlenther Onkol 165(2/3):225-228
[46] Gavin PR, Kraft SL, Huiskamp R, Coderre JA (1997) A review: CNS effects and normal

tissue tolerance in dogs. J Neurooncol 33(1-2):71-80

[47] Janku I, Buchar E, Jiricka Z (1993) Nephrotoxicity of borocaptate after short-term administration in rabbits. Toxicology 79:99-108

[48] Kinashi Y, Masunaga S-I, Ono K (2002) Mutagenic effect of borocaptate sodium and borophenylalanine in neutron capture therapy. Int J Radiat Oncol Biol Phys 54:562-567

[49] Sweet WH, Messer JR, Hatanaka H (1986) Supplementary pharmacological study between 1972 and 1977 on purified mercaptoundecahydrododecaborate. In: Hatanaka H (ed) Boron neutron capture therapy for tumors. Nishimura, Niigata, pp 59-76

[50] Morris GM, Coderre JA, Hopewell JW, Micca PL, Rezvani M (1994) Response of rat skin to boron neutron capture therapy with p-boronophenylalanine or borocaptate sodium. Radiother Oncol 32:144-153

[51] Kraft SL, Gavin PR, Leathers CW, DeHaan CE, Bauer WF, Miller DL, Dorn RV, Griebenow ML (1994) Biodistribution of boron in dogs with spontaneous intracranial tumors following borocaptate sodium administration. Cancer Res 54(5):1259-1263

[52] Yamaguchi T, Nakajima Y, Miyamoto H, Mizobuchi M, Kanazu T, Kadono K, Nakamoto K, Ikeuchi I (1998) Distribution and excretion of boron after intravenous administration of disodium mercaptoundecahydro-closo-dodecaborate to rats. J Toxicol Sci 23:577-585

[53] Mehta SC, Lu DR (1995) Interspecies pharmacokinetic scaling of BSH in mice, rats, rabbits, and humans. Biopharm Drug Dispos 16:735-744

[54] Nakagawa T, Nagai T (1976) Interaction between albumin and mercaptoundecahydrododecaborate ion (an agent for boron neutron capture therapy of brain tumour). Chem Pharm Bull 24:2934-2954

[55] Bauer WF, Bradshaw KM, Richards TL (1992) Interaction between boron containing compounds and serum albumin observed by nuclear magnetic resonance. In: Allen BJ, Moore DE, Harrington BV (eds) Progress in neutron capture therapy for cancer. Plenum Press, New York, pp 339-344

[56] Samsel EG, Miller DL (1989) High resolution ^{10}B and ^{11}B nuclear magnetic resonance (NMR) spectroscopy of $Na_2B_{12}H_{11}SH$ impurities and metabolites. Strahlenther Onkol 165:140

[57] Bradshaw KM, Schweizer M, Glover G, Hadley J (1993) Pharmacokinetics of borocaptate sodium in canine head determined by ^{11}B. In: Soloway AH, Barth RF, Carpenter DE (eds) Advances in neutron capture therapy. Plenum Press, New York, pp 579-583

[58] Tang PP, Schweizer MP, Bradshaw KM, Bauer WF (1995) ^{11}B nuclear magnetic resonance studies of the interaction of borocaptate sodium with serum albumin. Biochem Pharmacol 49:625-632

[59] Kawabata S, Miyatake S, Nonoguchi N, Hiramatsu R, Iida K, Miyata S, Yokoyama K, Doi A, Kuroda Y, Kuroiwa T, Michiue H, Kumada H, Kirihata M, Imahori Y, Maruhashi A, Sakurai Y, Suzuki M, Masunaga S, Ono K (2009) Survival benefit from boron neutron capture therapy for the newly diagnosed glioblastoma patients. Appl Radiat Isot 67:15-18

[60] Matsuda M, Yamamoto T, Kumada H, Nakai K, Shirakawa M, Tsurubuchi T, Matsumura A (2009) Dose distribution and clinical response of glioblastoma treated with boron neutron capture therapy. Appl Radiat Isot 67:S19-S21

[61] Kato I, Ono K, Sakurai Y, Ohmae M, Maruhashi A, Imahori Y, Kirihata M, Nakazawa M, Yura Y (2004) Effectiveness of BNCT for recurrent head and neck malignancies. Appl Radiat Isot 61:1069-1073

[62] Pöller F, Wittig A, Sauerwein W (1998) Calculation of boron neutron capture cell inactivation in vitro based on particle track structure and X-ray sensitivity. Radiat Environ Biophys 37:117-123

[63] Amano K (1986) Boron-10-mercaptoundecahydrododecaborate distribution in human brain tumors as studied by neutron-induced alpha-autoradiography. In: Hatanaka H (ed) Boron neutron capture therapy for tumors. Nishimura, Niigata, pp 112-115

[64] Otersen B, Haritz D, Grochulla F, Bergrnann M, Sierralta W, Gabel D (1996) Binding and immunohistochemical localization of $Na_2B_{12}H_{11}SH$ to tumor tissue of gliorna patients in boron neutron capture therapy. In: Mishima Y (ed) Neutron capture therapy for human cancers. Plenum Press, New York, pp 627-633

[65] Kageji T, Nakagawa Y, Kitamura K, Matsumoto K, Hatanaka H (1997) Pharmacokinetics and boron uptake of BSH ($Na_2B_{12}H_{11}SH$) in patients with intracranial tumors. J Neurooncol 33:117-130

[66] Ceberg CP, Persson A, Brun A et al (1995) Performance of BSH in patients with astrocytoma grades III-IV—a basis for boron neutron capture therapy. J Neurosurg 83:79-85

[67] Haselsberger K, Radner H, Gössler W, Schlagenhaufen C, Pendl G (1994) Subcellular boron10 localization in glioblastoma for boron neutron capture therapy with $Na_2B_{12}H_{11}SH$. J Neurosurg 81:741-744

[68] Thellier M, Chevallier A, His I, Jarvis MC, Lovell MA, Ripoll C, Robertson D, Sauerwein W, Verdus MC (2001) Methodological developments for application to the study of physiological boron and to boron neutron capture therapy. J Trace Microprobe Tech 19:623-657

[69] Wittig A, Wiemann M, Fartmann M, Kriegeskotte C, Arlinghaus HF, Zierold K, Sauerwein W (2005) Preparation of cells cultured on silicon wafers for mass spectrometry analysis. Microsc Res Tech 66:248-258

[70] Michel J, Balossier G, Wittig A, Sauerwein W, Zierold K (2005) EELS spectrum-imaging for boron detection in biological cryofixed tissues. Instrum Sci Technol 33:631-644

[71] Michel J, Sauerwein W, Wittig A, Balossier G, Zierold K (2003) Subcellular localization of sodium borocaptate in cultured melanoma cells by electron energy-loss spectroscopy of freez-edried cryosections. J Microsc 210:25-34

[72] Haritz D, Gabel D, Klein H, Huiskamp R, Pettersson OK (1992) BSH in patients with malignant glioma: distribution in tissues, comparison between BSH concentration and histology. In: Gabel D, Moss RL (eds) Boron neutron capture therapy, toward clinical trials of glioma treatment. Plenum Press, New York, pp 103-174

[73] Haritz D, Gabel D, Klein H, Piscol K (1992) Clinical investigations boron neutron capture therapy (BNCT). Pharmacokinetics, biodistribution, and toxicity of $Na_2B_{12}H_{11}SH$ (BSH) in patients with malignant glioma. Adv Neurosurg 21:247-252

[74] Haritz D, Gabel D, Huiskamp R (1994) Clinical phase-I-study of $Na_2B_{12}H_{11}SH$ (BSH) in patients with malignant glioma as precondition for boron neutron capture therapy (BNCT). Int J Radiat Oncol Biol Phys 28:1175-1181

[75] Haselsberger K, Radner H, Pendl G (1994) Boron neutron capture therapy: boron biodistribution and pharmacokinetics of $Na_2B_{12}H_{11}SH$ in patients with glioblastoma. Cancer Res 54:6318-6320

[76] Haselsberger K, Radner H, Gössler W, Schagenhaufen C, Pendl G (1994) Subcellular boron-10 localization in glioblastoma for boron neutron capture therapy with $Na_2B_{12}H_{11}SH$. J Neurosurg 81:741-744

[77] Fankhauser H, Stragliotto G, Zbinden P (1992) Borocaptate sodium (BSH) pharmacokinetic in glioma patients. In: Gabel D, Moss RL (eds) Boron neutron capture therapy toward clinical trials of glioma treatment. Plenum Press, New York, pp 155-1644

[78] Stragliotto O, Schüpbach D, Gavin P, Fankhauser H (1993) Update on biodistribution of borocaptate sodium (BSH) in patients with intracranial tumors. In: Soloway AH, Barth RF, Carpenter DE (eds) Advances in neutron capture therapy. Plenum Press, New York, pp 719-726

[79] Stragliotto G, Fankhauser H (1992) Biodistribution of boron sulfhydryl (BSH) in patients with intracranial tumors. In: Allen BJ, Moore DE, Harrington BV (eds) Progress in neutron capture therapy for cancer. Plenum Press, New York, pp 551-556

[80] Stragliotto G, Fankhauser H, Gavin P, Meuli R (1993) Correlation of BSH uptake with CT scan contrast enhancement in patients with intracranial tumors. In: Soloway AH, Barth RF, Carpenter DE (eds) Advances in neutron capture therapy. Plenum Press, New York, pp 715-717

[81] Stragliotto G, Fankhauser H (1995) Biodistribution and pharmacokinetics of boron-sulfhydryl for boron neutron capture therapy in patients with intracranial tumors. Neurosurgery 36:285-293

[82] Horn V, Slansky J, Janku I, Strouf O, Sourek K, Tovarys F (1998) Disposition and tissue distribution of boron after infusion of borocaptate sodium in patients with malignant brain tumors. Int J Radiat Oncol Biol Phys 41:631-638

[83] Paquis P, Hideghety K, Wittig A et al (2002) Tissue uptake if BSH in patients with glioblastomas in the EORTC 11961 phase I trial. In: Sauerwein W, Moss RL, Wittig A (eds) Research and development in neutron capture therapy. Monduzii Editore S.p.A, Bologna, pp 1017-1022

[84] Gibson CR, Staubus AE, Barth RF et al. Pharmacokinetics of sodium borocaptate, based on boron concentrations, after intravenous administration to glioma patients and simulations to optimize dosing for neutron capture therapy. J Pharmacokin Biopharm 2000

[85] Kageji T, Nagahiro S, Kitamura K, Nakagawa Y, Hatanaka H, Haritz D, Grochulla F, Haselsberger K, Gabel D (2001) Optimal timing of neutron irradiation for boron neutron capture therapy after intravenous infusion of sodium borocaptate in patients with glioblastoma. Int J Radiat Oncol Biol Phys 51:120-130

[86] Sauerwein W, Hilger RA, Appelman K, Moss R, Heimans J, Bet P, Wittig A (2008) Pharmacokinetics of BSH—results from EORTC trials. In: Zonta A, Altieri S, Roveda L, Barth R (eds) Neutron capture therapy: a new option against cancer. ENEA (Italian National Agency for New Technologies, Energy and the Environment), Florence, pp 58-61. ISBN 8-8286-176-8

[87] Mauri PL, Basilico F, Pietta PG, Pasini E, Monti D, Sauerwein W (2003) New approach for the analysis of BSH and its metabolites using capillary electrophoresis and ESI-MS. J Chromatogr 788:9-16

[88] Basilico F, Sauerwein W, Pozzi F, Wittig A, Moss R, Mauri PL (2005) Analysis of ^{10}B antitumoral compounds by means of flow-injection into ESI-MS/MS. J Mass Spectrom 40: 1546-1549

[89] Wittig A, Hideghety K, Paquis P et al (2002) Current clinical results of the EORTC-study 11961. In: Sauerwein W, Moss RL, Wittig A (eds) Research and development in neuron capture therapy, Essen (Germany). Monduzzi Editore S.p.A, Bologna, pp 1117-1121

[90] Haselsberger K, Radner H et al (1998) Boron neutron capture therapy for glioblastoma: improvement of boron biodistribution by hyaluronidase. Cancer Lett 131(1):109-111

[91] Haritz D, Gabel D, Klein H, Huiskamp R (1993) Results of continued clinical investigations of BSH in patients with malignant glioma. In: Soloway AH, Barth RF, Carpenter DE (eds) Advances in neutron capture therapy. Plenum Press, New York, pp 727-730

[92] Snyder HR, Reedy AJ, Lennarj WJ (1958) Synthesis of aromatic boronic acids. Aldehyde boronic acids and a boronic acid analog of tyrosine. J Am Chem Soc 80:835-838

[93] Coderre JA, Glass JD, Packer S, Micca P, Greenberg D (1990) Experimental boron neutron capture therapy for melanoma: systemic delivery of boron to melanotic and amelanotic melanoma. Pigment Cell Res 3:310-318

[94] Coderre JA, Chanana AD, Joel DD, Elowitz EH, Micca PL, Nawrocky MM, Chadha M, Gebbers JO (1998) Biodistribution of boronophenylalanine in patients with glioblastoma multiforme: boron concentration correlates with tumor cellularity. Radiat Res 149:163-170

[95] Coderre JA, Glass JD, Fairchild RG, Micca PL, Fand I, Joel DD (1990) Selective delivery of boron by the melanin precursor analogue p-boronophenylalanine to tumors other than melanoma. Cancer Res 50:138-141

[96] Elowitz EH, Bergland RM, Coderre JA, Joel DD, Chadha M, Chanana AD (1998) Biodistribution of p-boronophenylalanine (BPA) in patients with glioblastoma multiforme for use in boron neutron capture therapy. Neurosurgery 42:463-469

[97] Solares G, Zamenhof R, Saris S, Wazer D, Kerley S, Joyce M, Madoc-Jones H, Adel-

man L, Harling O (1992) Biodistribution and pharmacokinetics of p boronophenylalanine in C57BL/6 mice with GL261 intracerebral tumors, and survival following neutron capture therapy. In: Allen BJ, Harrington BV, Moore DE (eds) Progress in neutron capture therapy for cancer. Plenum Press, New York and London, pp 475-478. ISBN 0·306·44104·7

[98] Wittig A, Sauerwein WA, Coderre JA (2000) Mechanisms of transport of p boronophenylalanine through the cell membrane in vitro. Radiat Res 153:173-180

[99] Dagrosa MA, Viaggi M, Kreimann E, Farias S, Garavaglia R, Agote M, Cabrini RL, Dadino JL, Juvenal GJ, Pisarev MA (2002) Selective uptake of p-boronophenylalanine by undifferentiated thyroid carcinoma for boron neutron capture therapy. Thyroid 12: 7-12

[100] Sauerwein W (2005) ^{10}B-uptake in different tumors using the boron compounds BSH and BP. EORTC protocol 11001 Version 2.0. EORTC boron neutron capture therapy group. European Organization for Research and Treatment of Cancer, Bruxelles, 2005

[101] Van Rij CM, Sinjewel A, Van Loenen AC, Sauerwein WAG, Wittig A, Kriz O, Wilhelm AJ (2005) Stability of ^{10}B-L-boronophenylalanine-fructose injection. Am J Health Syst Pharm 62:2608-2610

[102] Chanana AD (1998) Request for extension of shelf-life for BPA-fructose solutions for patient infusions. FDA report # 43,317. 15-6-1998

[103] Belkhou R, Abbe J-C, Pham P, Jasner N, Sahel J, Dreyfus H, Moutaouakkil M, Massarelli R (1995) Uptake and metabolism of boronophenylalanine in human uveal melanoma cells in culture. Relevance to boron neutron capture therapy of cancer cells. Amino Acids (Vienna) 8:217-229

[104] Papaspyrou M, Feinendegen LE, Muller-Gartner HW (1994) Preloading with L-tyrosine increases the uptake of boronophenylalanine in mouse melanoma cells. Cancer Res 54: 6311-6314

[105] Matalka KZ, Bailey MQ, Barth RF et al (1993) Boron neutron capture therapy of intracerebral melanoma using boronophenylalanine as a capture agent. Cancer Res 53:3308-3313

[106] Gregoire V, Huiskamp R, Verrijk R, Begg AC (1992) Comparative pharmacokinetics and distribution studies of boric acid, L-BPA and BSH in two murine tumour models. In: Allen BJ, Moore DE, Harrington BV (eds) Progress in neutron capture therapy for cancer, vol S. Plenum Press, New York and London, pp 443-445. ISBN 0·306·44104·7

[107] Gregoire V, Begg AC, Huiskamp R, Verrijk R, Bartelink H (1993) Selectivity of boron carriers for boron neutron capture therapy: pharmacological studies with borocaptate sodium, L-boronophenylalanine and boric acid in murine tumors. Radiother Oncol 27:46-54

[108] Pignol JP, Oudart H, Chauvel P, Sauerwein W, Gabel D, Prevot G (1998) Selective delivery of ^{10}B to soft tissue sarcoma using ^{10}B-L-borophenylalanine for boron neutron capture therapy. Br J Radiol 71:320-323

[109] Morris GM, Coderre JA, Micca PL, Fisher CD, Capala J, Hopewell JW (1997) Central nervous system tolerance to boron neutron capture therapy with p-boronophenylalanine. Br J Cancer 76:1623-1629

[110] Joel DD, Coderre JA, Micca PL, Nawrocky MM (1999) Effect of dose and infusion time on the delivery of p-boronophenylalanine for neutron capture therapy. J Neurooncol 41: 213-221

[111] Kiger WS, Palmer MR, Riley KJ, Zamenhof RG, Busse PM (2001) A pharmacokinetic model for the concentration of ^{10}B in blood after boronophenylalanine-fructose administration in humans. Radiat Res 155:611-618

[112] Svantesson E, Capala J, Markides KE, Pettersson J (2002) Determination of boron-containing compounds in urine and blood plasma from boron neutron capture therapy patients. The importance of using coupled techniques. Anal Chem 74:5358-5363

[113] Coderre JA, Gavin PR, Capala J, Ma R, Morris GM, Button TM, Aziz T, Peress NS (2000) Tolerance of the normal canine brain to epithermal neutron irradiation in the presence of p-boronophenylalanine. J Neurooncol 48:27-40

[114] Taniyama K, Fujiwara H, Kuno T et al (1989) Acute and subacute toxicity of ^{10}B-paraboronophenylalanine. Pigment Cell Res 2:291-296

[115] Kulvik M, Vahatalo J, Buchar E et al (2003) Clinical implementation of 4-dihydroxyborylphenylalanine synthesised by an asymmetric pathway. Eur J Pharm Sci 8:155-163

[116] Wambersie A, Gahbauer RA, Whitmore G, Levin CV Dose and volume specification for reporting NCT: an ICRU-IAEA initiative. Current status of neutron capture therapy (International Atomic Energy Agency Report No. IAEA-TECDOC-1223, 2001), pp 9-10

[117] Setiawan Y, Halliday GM, Harding AJ, Moore DE, Allen BJ (1995) Effect of L-^{10}B-p-boronophenylalaninefructose and the boron neutron capture reaction on mouse brain dopaminergic neurons. Cancer Res 55:874-877

[118] Coderre JA, Morris GM, Kalef-Ezra J et al (1999) The effects of boron neutron capture irradiation on oral mucosa: evaluation using a rat tongue model. Radiat Res 152:113-118

[119] Coderre JA, Kalef-Ezra JA, Fairchild RG, Micca PL, Reinstein LE, Glass JD (1988) Boron neutron capture therapy of a murine melanoma. Cancer Res 48:6313-6316

[120] Tamaoki N, Ueda M, Tamauchi S, Yamamoto K, Mishima Y (1989) Use of nude mice in experimental neutron capture therapy with ^{10}B-BPA. Pigment Cell Res 2:343-344

[121] Ono K, Masunaga S, Suzuki M, Kinashi Y, Takagaki M, Akaboshi M (1999) The combined effect of boronophenylalanine and borocaptate in boron neutron capture therapy for SCCVII tumors in mice. Int J Radiat Oncol Biol Phys 43:431

[122] Barth RF, Yang W, Rotaru JH et al (1997) Boron neutron capture therapy of brain tumors: enhanced survival following intracarotid injection of either sodium borocaptate or boronophenylalanine with or without blood–brain barrier disruption. Cancer Res 57:1129-1136

[123] Barth RF, Yang W, Bartus RT, Moeschberger ML, Goodman JH (1999) Enhanced delivery of boronophenylalanine for neutron capture therapy of brain tumors using the

bradykinin analog cereport (receptor-mediated permeabilizer-7). Neurosurgery (Baltimore) 44:351-359

[124] Yang W, Barth RF, Bartus RT et al (2000) Improved survival after boron neutron capture therapy of brain tumors by cereport-mediated blood-brain barrier modulation to enhance delivery of boronophenylalanine [in process citation]. Neurosurgery 47:189-197

[125] Mallesch JL, Moore DE, Allen BJ, McCarthy WH, Jones R, Stening WA (1994) The pharmacokinetics of p-boronophenylalanine fructose in human patients with glioma and metastatic melanoma. Int J Radiat Oncol Biol Phys 28:1183-1188

[126] Wittig A, Sheu-Grabellus S-Y, Collette L, Moss R, Brualla L, Sauerwein W (2011) BPA uptake does not correlate with LAT1 and Ki67 expressions in tumor samples (results of EORTC trial 11001). Appl Radiat Isot 69:1807-1812

[127] Bergenheim AT, Capala J, Roslin M, Henriksson R (2005) Distribution of BPA and metabolic assessment in glioblastoma patients during BNCT treatment: a microdialysis study. J Neurooncol 71(3):287-293

[128] Liberman SJ, Dagrosa A, Jimenez Rebagliati RA, Bonomi MR, Roth BM, Turjanski L, Castiglia SI, Gonzalez SJ, Menendez PR, Cabrini R, Roberti MJ, Batistoni DA (2004) Biodistribution studies of boronophenylalanine-fructose in melanoma and brain tumor patients in Argentina. Appl Radiat Isot 61(5):1095-1100

[129] Fukuda H, Honda C, Wadabayashi N, Kobayashi T, Yoshino K, Hiratsuka J, Takahashi J, Akaizawa T, Abe Y, Ichihashi M, Mishima Y (1999) Pharmacokinetics of ^{10}B-p-boronophenylalanine in tumours, skin and blood of melanoma patients: a study of boron neutron capture therapy for malignant melanoma. Melanoma Res 9(1):75-83

[130] Chadha M, Capala J, Coderre JA, Elowitz EH, Iwai J, Joel DD, Liu HB, Wielopolski L, Chanana AD (1998) Boron neutron-capture therapy (BNCT) for glioblastoma multiforme (GBM) using the epithermal neutron beam at the Brookhaven National Laboratory. Int J Radiat Oncol Biol Phys 40(4):829-834

[131] Zonta A, Prati U, Roveda L, Ferrari C, Valsecchi P, Trotta F, DeRoberto A, Rossella C, Bernardi G, Zonta C, Marchesi P, Pinelli T, Altieri S, Bruschi P, Fossati F, Barni S, Chiari P, Nano R (2000) La terapia per cattura neutronica (BNCT) dei tumori epatici. Boll Soc Med Chir 114(2):123-144

[132] Altieri S, Bortolussi S, Bruschi P, Chiari P, Fossati F, Stella S, Prati U, Roveda L, Zonta A, Zonta C, Ferrari C, Clerici A, Nano R, Pinelli T (2008) Neutron autoradiography imaging of selective boron uptake in human metastatic tumours. Appl Radiat Isot 66(12):1850-1855

[133] Cardoso J, Nievas S, Pereira M, Schwint A, Trivillin V, Pozzi E, Heber E, Monti Hughes A, Sanchez P, Bumaschny E, Itoiz M, Liberman S (2009) Boron biodistribution study in colorectal liver metastases patients in Argentina. Appl Radiat Isot 67(7-8 Suppl):S76-S79

[134] Pisarev MA, Dagrosa MA, Juvenal GJ (2005) Application of boron neutron capture

therapy to the treatment of anaplastic thyroid carcinoma: current status and future perspectives. Curr Opin Endocrinol Diabetes 12(5):352-355

[135] Wittig A, Sheu S-Y, Kaiser GM, Lang S, Jöckel K-H, Moss R, Stecher-Rasmussen F, Rassow J, Collette L, Sauerwein W (2008) New indications for BNCT? Results from the EORTC trial 11001. In: Zonta A, Altieri S, Roveda L, Barth R (eds) Neutron capture therapy: a new option against cancer. ENEA (Italian National Agency for New Technologies, Energy and the Environment), Florence, pp 39-42. ISBN 88-8286-167-8

[136] Coderre JA (1992) A phase 1 biodistribution study of p-boronophenylalanine. In: Gabel D, Moss R (eds) Boron neutron capture therapy: towards clinical trials of glioma treatment. Plenum Press, New York, pp 111-121

[137] Cruickshank GS, Ngoga D et al (2009) A cancer research UK pharmacokinetic study of BPA-mannitol in patients with high grade glioma to optimise uptake parameters for clinical trials of BNCT. Appl Radiat Isot 67(7–8 Suppl):S31-S33

[138] Ryynanen PM, Kortesniemi M, Coderre JA, Diaz AZ, Hiismaki P, Savolainen SE (2000) Models for estimation of the (10)B concentration after BPA-fructose complex infusion in patients during epithermal neutron irradiation in BNCT. Int J Radiat Oncol Biol Phys 48:1145-1154

[139] Wittig A, Sauerwein W, Moss R, Stecher-Rasmussen F, Nivaart V, Grabbe S, Heimans J, Collette L, van Loenen A, Buehrmann S, Roca A, Hoving A, Rassow J (2006) Early phase II study on BNCT in metastatic malignant melanoma using the boron carrier BPA (EORTC protocol 11011). In: Nakagawa Y, Kobayashi T, Fukuda HE (eds) Advances in neutron capture therapy 2006. Proceedings of ICNCT-12 Y. International Society for Neutron Capture Therapy, Kagawa, 2006, pp 284-287

[140] Mauri P, Basilico F, Wittig A, Heimans J, Huiskamp R, Sauerwein W (2006) Pharmacokinetics and metabolites of ^{10}B-containing compounds in biological fluids. In: Nakagawa Y, Kobayashi T, Fukuda HE (eds) Advances in neutron capture therapy 2006. Proceedings of ICNCT-12. International Society for Neutron Capture Therapy, Kagawa, 2006, pp 271-273

[141] Coderre JA, Morris GM, Kalef-Ezra J, Micca PL, Ma R, Youngs K, Gordon CR (1999) The effects of boron neutron capture irradiation on oral mucosa: evaluation using a rat tongue model. Radiat Res 152(2):113-118

[142] Kiger WS 3rd, Micca PL, Morris GM, Coderre JA (2002) Boron microquantification in oral mucosa and skin following administration of a neutron capture therapy agent. Radiat Prot Dosimetry 99(1-4):409-412

[143] Morris GM, Smith DR, Patel H, Chandra S, Morrison GH, Hopewell JW, Rezvani M, Micca PL, Coderre JA (2000) Boron microlocalization in oral mucosal tissue: implications for boron neutron capture therapy. Br J Cancer 82(11):1764-1771

第三部分
分析和成像

第 9 章 BNCT 中的硼分析和硼成像

安德烈·维蒂格和沃尔夫冈·A. G. 索尔文

9.1 简 介

硼有两种稳定的天然同位素 ^{10}B 和 ^{11}B，其自然丰度分别约为 19% 和 81%。在生物学中，硼是高等植物生长所必需的微量元素。即使在存在硼但尚未被确定为必需元素的生物体中 (如动物和人类)，这种元素也被认为是有益的。

硼中子俘获疗法 (BNCT) 利用同位素 ^{10}B 以很高的概率俘获热中子的能力，导致核反应 ^{10}B$(n,\alpha,\gamma)^{7}$Li。该反应产生 478 keV 伽马射线、He-4 粒子和 Li-7 反冲离子，后两者具有较高的线性能量转移 (LET) 特性和相对于光子照射的高相对生物效应 (RBE)。这些粒子在组织中的作用范围分别限于 8 μm 和 4 μm，这将它们的影响限制在一个细胞直径。因此，如果 ^{10}B 能被选择性地输送到肿瘤细胞，那么高 LET 带电粒子的短射程就有可能对单个肿瘤细胞进行靶向照射 [1,2]。

α 粒子和 ^{7}Li 粒子在物质中释放的能量是不均匀的。由于这些粒子的射程很小，只有当硼位于肿瘤细胞内并且理想地靠近细胞核时，才能保证该疗法的临床疗效。

因此，研究 ^{10}B 在患者体内的生理和药理学行为是至关重要的要求。所用方法应适用于准确测量组织和液体 (如血液和尿液) 中的 ^{10}B 浓度及其在细胞或亚细胞水平上的微观空间分布。理想情况下，这些方法应该是无创的，允许在患者体内进行测量，并且结果应该在一个时间段内获得，以便根据这些结果作出临床决定。

以下章节描述了在微观和宏观水平上测量硼和硼化合物定量分布的方法。所有的方法都被用于临床前和临床研究的 BNCT 应用中，并且部分改动用于这一特殊目的。本章旨在描述和比较这些方法，重点是简短的技术背景、特定的终点、

安德烈·维蒂格 (✉)
德国，马尔堡，马尔堡–菲利普斯大学，放射治疗和放射肿瘤学系
e-mail: andrea.wittig@uni-due.de

沃尔夫冈·A. G. 索尔文
德国，埃森，D-45122，杜伊斯堡–埃森大学，埃森大学医院，放射肿瘤科，NC 团队
e-mail: w.sauerwein@uni-due.de

应用的可能性、复杂性和缺陷。本章是对一个更详细描述的浓缩，尤其是 2008 年出版的技术方面的描述 [2]，感兴趣的读者可以另外参考。

9.2 方法说明

9.2.1 瞬发伽马射线能谱法

瞬发伽马射线分析 (prompt gamma ray analysis，PGRA) 是一种快速测量宏观样品中平均 ^{10}B 含量的方法 [3-5]，多年来一直在 BNCT 研究中使用 [6-10]。

PGRA 的原理是基于伽马能谱仪跟踪 ^{10}B 中子俘获反应。$^{10}B(n,\alpha)^{7}Li$ 反应中反冲的 ^{7}Li 核通过发射 478 keV 光子衰变为基态 ^{7}Li。光子的发射率与中子俘获反应的反应速率成正比，因此携带着 ^{10}B 浓度的信息。在其他可能性中，核反应堆提供了最常见的中子源。通常，需要过滤系统来产生质量合适的中子束。样品中的其他元素也在中子俘获后发射光子，最相关的是 $^{1}H(n,\gamma)$ 反应产生的 2.2 MeV 光子。该氢线的计数率可用作中子注量监测器 [11]。

值得注意的是，只有 ^{10}B 同位素可以用这种方法定量。PGRA 不适用于 ^{11}B，只有在 $^{10}B/^{11}B$ 比值精确已知的情况下，才间接适用于天然存在的 B 同位素。

未知样品的 PGRA 中 ^{10}B 线的含量必须使用已知 ^{10}B 浓度的 ^{10}B 参考样品进行刻度。PGRA 和其他 ^{10}B 定量方法之间的相互校准对于检测可能的系统误差是强制性的。

样品更换和 ^{10}B 分析可以完全自动化。因此，每天 24 h 运行的设施适合处理大量样品。样品制备相当简单。对于液体样品 (如血液、尿液)，将固定体积的液体注入标准小瓶，然后称重。组织样品只是称重。小瓶放置在一个样品更换器中，这样可以自动测量。

最新的 PGRA 设备提供快速 (约 5 min/样本)、准确 (标准偏差约 0.5 ppm) 和 ^{10}B 浓度的无损测量，低至 1 ppm，适用于组织、血液和尿液的宏观样本 (0.4~1.0 ml)。

这种方法的主要局限性，即相对较大的样本量，可以通过改进屏蔽和设备的几何结构来进一步降低 γ 射线谱中的背景。PGRA 测量样品中的积分 ^{10}B 浓度；因此，它不能显示可能不均匀样品中 ^{10}B 浓度的任何不均匀性。然而，这种不均匀性与 BNCT 有关，因为可以用 PGRA 测量的组织体积远大于用一个硼中子俘获反应照射的组织体积。

PGRA 已应用于 BSH 和 BPA 化合物的质量控制、硼摄取研究、药代动力学研究和患者 BNCT 期间的血硼浓度测量 [2,5]。后者是 BNCT 期间患者治疗计划调整和剂量测定的重要工具：测量患者血液中的 ^{10}B 浓度可用于调整计算出的药代动力学曲线，使之符合患者的实际情况。这允许在 BNCT 治疗期间重新调整计算的射束曝光时间,以达到预期的总吸收剂量。为了在 BNCT 治疗期间进行这种调整,必须采用非常快速的分析方法,就像 PGRA 一样。迄今为止,PGRA 是唯一可用于此目的的工具;因此,该方法对临床 BNCT 起着至关重要的作用[2]。

在 BNCT 中进一步应用 PGRA 还包括在治疗过程中对患者进行活体 γ 能谱分析[12,13]。伽马射线望远镜可以提供体内剂量测定和 ^{10}B 浓度测量,在数立方厘米的体积上进行平均,在大约 2 min 的时间间隔内完成测量。然而,这种方法需要进一步改进,以便在临床常规中实施[2]。

9.2.2 电感耦合等离子体光谱法

电感耦合等离子体原子发射光谱法 (ICP-AES) 又称电感耦合等离子体光发射光谱法 (ICP-OES),是一种发射分光光度法,利用受激电子返回基态时在给定波长发射能量。这个过程的基本特征是每种元素都以其化学特性所特有的特定波长发射能量。因此,通过确定样品发射的波长和强度,可以量化给定样品相对于参考标准的元素组成[2]。

电感耦合等离子体质谱法 (ICP-MS) 是一种高灵敏度的质谱分析方法,能够测定浓度在 $10 \times E^{12}$ 以下的多种金属和几种非金属。它是将电感耦合等离子体作为电离方法与质谱仪作为分离和检测离子的方法耦合在一起。ICP-MS 还能够监测所选离子的同位素形态,例如,原子质量为 10 和 11 的硼的单个同位素。因此,ICP-MS 可以单独量化每种同位素。

ICP-MS 方法适用于测定血清、血浆、尿液、生理盐水、水和组织中 ppb 水平的硼。硼同位素的测定相对标准偏差 (RSD) 小于 2%,这意味着可以通过同位素稀释获得非常精确的数据。虽然 ICP-MS 对硼和其他元素的灵敏度很高,但它们的背景、在玻璃上的吸附趋势以及它们的化学性质都必须加以控制,才能在复杂的基质中成功地进行定量分析,如生物样品或组织[2]。因此,硼的测定需要一种固定、经过验证的 ICP-MS 样品制备和分析流程。

在用 ICP-MS 进行硼同位素测定时,主要考虑的是记忆效应和质量分辨。特殊清洗剂有助于防止记忆效应[2]。由于 10% 的同位素质量差异,^{11}B 和 ^{10}B 之间的质量区分更加突出,并且在仪器调整或样品基质引起的离子传输过程中出现[14]。仪器效应通过分析具有已证实的 ^{11}B/^{10}B 比的参考标准进行校正[15]。可使用内部标准校正样品基质对质量分辨率的影响[16,17]。

ICP-MS 通常是分析硼的 ICP-OES 和分光光度的首选方法[18]。与其他方法相比,ICP-MS 具有灵敏度高,检出限低,可同时测定样品中 ^{10}B 与 ^{11}B 同位素比值和总硼浓度等优点。ICP-MS 测量硼同位素比值的能力使该仪器特别适用于生物硼示踪研究[19]。

检测限为 ppb 水平,例如,生物材料中为 1 ppb[20] 至 3 ppb[18],盐水中为 0.15 ppb[16]，人血清中为 0.5 ppb[21]。ICP-MS 的独特性还在于它能够通过同位素稀释法测定硼，而同位素稀释法被认为是定量测定中最精确的方法。拉克索(Laakso) 等人[22] 比较了 ICP-MS 和 ICP-AES(ICP-OES) 方法，发现 ICP-AES 和 ICP-MS 的结果之间有很强的相关性 (r=0.994)。他们的结论是，他们建立的 ICP-AES 方法也是可行的、准确的，并且是 BNCT 期间测定硼最快的方法之一。ICP-AES 已应用于化合物的质量控制、硼摄取研究以及患者血液中硼浓度的测量[23]。

ICP-MS 是测定生物样品中总硼平均浓度和硼同位素比值的可靠方法。在适当的分解后，可以对液体和组织样本中的硼进行定量。与测量样品中平均 ^{10}B 浓度的 PGRA 相比，不需要中子辐照，因此该方法不依赖于核反应堆场所。然而，ICP-MS 检测具有破坏性。它不适合对组织学样品中的硼分布进行成像[2]。

9.2.3 高分辨率阿尔法放射自显影术、阿尔法能谱法和中子俘获放射照相术

9.2.3.1 高分辨率阿尔法放射自显影术

菲克 (Ficq)[24] 报告了利用中子诱发核反应对样品中稳定核素进行成像的首次实验，爱德华兹 (Edwards)[25] 报告了 BNCT 中的首次类似实验。随后，索拉雷斯 (Solares) 等人[26,27] 和亚姆 (Yam) 等人[28] 报道了提供细胞级空间分辨率的爱德华兹方法的改进方法。这些方法基于稳定同位素 ^{10}B 的瞬时活化，利用热中子活化将 ^{10}B 转化为不稳定同位素 ^{11}B。^{11}B 分解为 α 粒子和 ^{7}Li 粒子，它们之间共享 2.3～2.4 MeV 的动能。这些带电粒子在组织中的对应射程分别为 8 μm 和 4 μm，使这些粒子的分布成为 ^{10}B 分布本身的有用替代测量。

高分辨率 α 径迹放射自显影 (HRAR) 在小组织样本中是可用的，在 ^{10}B 化合物给药后，手术切除组织样本，并立即冷冻。切割 1～2 μm 厚的组织学冰冻切片，并将其安装在石英玻璃载玻片顶部亚微米厚的 Ixan 和 Lexan 薄膜上。在石英载玻片/组织/Ixan/Lexan 单元填充干冰，并用热中子照射。照射完成后，对组织切片进行组织学染色。然后重新安装石英玻璃载玻片，使其与单元另一侧的组织部分接触，从而暴露出 Lexan 薄膜。在中子照射期间，由于冰冻组织中的 ^{10}B 中子俘获反应，α 和 ^{7}Li 带电粒子与 Lexan 薄膜相互作用，所以 Lexan 沿着这些粒子路径的分子减弱。化学蚀刻 Lexan 薄膜的暴露表面产生光学可见的 1～2 μm 直径的轨迹。位于冷冻组织切片和 Lexan 薄膜之间的 Ixan 薄膜起到化学屏障的作用，确保渗透到蚀刻痕迹中的腐蚀性蚀刻剂不会损坏染色组织。最后，用数码显微照片拍摄叠加的轨迹和染色组织切片。轨迹的分布与染色组织的解剖特征的相关性提供了 ^{10}B 在组织中的分布图。标准组织中径迹密度与已知硼浓度的校准曲线提供了将实验组织样本中观察到的径迹密度与绝对硼浓度相关联的能力。HRAR 校准曲线在整个硼浓度范围内呈高度线性。在刻度曲线上端的饱和效应可以用较

低的热中子通量进行照射校正。与在硼中子俘获射线照相术中使用的胶片暗化相反，这种径迹计数方法提供了组织中硼分布的更定量的分析，但不能提供硼分布的有用的宏观视觉描述，尽管这对 BNCT 的许多应用非常有用 [2]。

该方法已用于研究正常组织和肿瘤中硼浓度的动物模型，如大鼠舌和脑 [29,30]。

索拉雷斯 (Solares) 等人 [31] 和基格 (Kiger) 等人 [30] 在初始阶段首次描述了使用 HRAR 的另一个层次的分析，使用蒙特卡罗程序模拟组织内 α 和 ^{7}Li 带电粒子的轨迹，使用从 HRAR 图像中测量的轨迹位置来确定核 "击中" 计数和其他重要的微剂量学量。这种方法研究了正常组织和肿瘤组织对 BNCT 的预期响应的更现实的领域 [2]。

9.2.3.2 中子俘获放射照相术

中子俘获放射照相术 (neutron capture radiography，NCR) 可与粒子能谱法和相邻组织切片的组织学分析相结合，以测量 ^{10}B 浓度及其与组织学信息相关的空间分布 [32-36]。与 HRAR 技术不同，NCR 提供了硼分布的直观可视化，也可以通过密度分析在宏观尺度上进行定量 [37]。用硼中子俘获反应中发射的带电粒子 [38] 的能谱法来测量 ^{10}B 浓度，然后与染色组织切片进行空间关联。NCR 技术需要几毫米厚、面积约 0.5 cm^2 的组织样品。将样品浸入液氮中冷冻组织，以静态 "冻结" 含 ^{10}B 分子的生理分布。每次测量时，使用温度为 −20 ℃ 的低温恒温器从组织块上切下至少三个相邻切片。

(1) 第一段切片放置在聚酯薄膜圆盘上，用于带电粒子能谱法检查。

(2) 第二部分放置在玻璃切片上，通过苏木精-伊红染色，使用光学显微镜和图像分析软件进行组织学分析。通过优化以获得关于样本的生物组成的信息，特别是评估特定样本中肿瘤细胞、健康薄壁组织、坏死、纤维化、黏液、血管和其他组织的百分比。

(3) 第三段切片放置在固态核径迹探测器上，通过中子俘获放射照相术 (NCR) 对宏观硼分布进行成像。

第三段组织切片放在核探测胶片上，暴露在热中子下。在组织样本中存在 ^{10}B 原子的位置，α 粒子和 ^{7}Li 离子被发射，并对核探测胶片造成损伤。照射后，将组织样本从胶片上移除，通过在稀 NaOH 溶液中进行化学蚀刻获得 ^{10}B 分布图像 [39]。探测器中径迹的分布代表了样品中 ^{10}B 原子的宏观分布。使用 NCR 技术，可以将组织学图像与空间 ^{10}B 分布图和相对 ^{10}B 浓度图进行数字叠加和比较 [2]。宏观硼分布和组织学之间的这种相关性的一个例子见图 9.1。

为了使用粒子能谱法测定 ^{10}B 的绝对浓度，使用了第一段切片。如果样品中只存在正常组织，则可通过光谱分析直接测定 ^{10}B 的绝对浓度。如果样品同时包含正常组织和肿瘤组织，则区域肿瘤组织 ^{10}B 浓度可通过从总 ^{10}B 含量中减去正

常组织中所含的 ^{10}B 量 (根据形态外观在无肿瘤位置确定)。

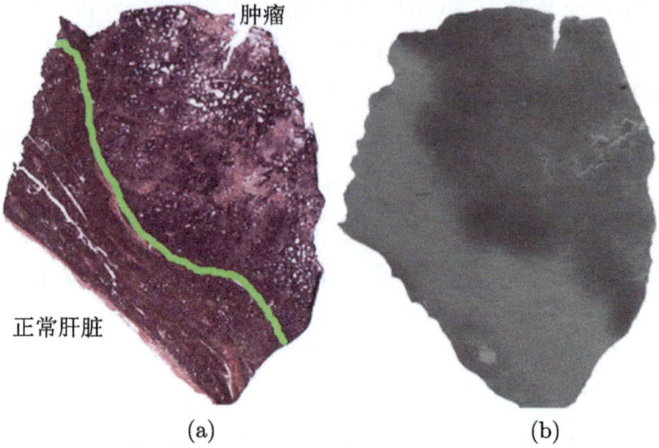

图 9.1　一个大肠癌肝转移患者输注 BPA 后肝样本 (a) 肝组织学和 (b) 中子俘获放射照相术的图像比较。肿瘤区在绿线以上，而正常肝脏在绿线以下。在中子俘获放射照相图像中，较暗的区域 (较高的硼浓度) 对应于肿瘤，而较浅的区域 (较低的硼浓度) 对应于正常肝脏。肿瘤与肝脏的硼浓度比约为 3 倍。组织样本尺寸为 7 mm × 10 mm × 10 μm 厚 (S. 阿尔提耶里，意大利帕维亚区帕维亚大学核与理论物理系和帕维亚国家核物理研究所 (INFN))(转载自维蒂格 (Wittig) 等人 [2])

聚酯薄膜圆盘上的第一个组织样本被放置在真空容器中的硅固态探测器 (Si 探测器) 前面，并暴露在热中子照射下。在 Si 探测器中探测到了中子诱导的 α 粒子和 ^{7}Li 离子，并用多道分析器记录了它们的能量分布谱。

该方法的实验误差在 ±10% 左右。检测下限约为 0.5 ppm，受组织中自然存在的硼背景浓度的限制。该方法的准确度取决于计数数量、照射时间和样品中硼原子的数量。

带电粒子能谱法的主要优点是能够测量二维组织切片中的 ^{10}B 浓度和 ^{10}B 分布，并将宏观层面的空间信息与所分析样本的组织学直接关联起来。该方法的横向分辨率限制在约 100 μm。

类似本节所述的其他两种技术，必须用热中子照射组织样本，限制了这种方法的应用，即仅限于少数专门的核研究中心才能使用。此外，由于样品必须在真空下进行测量，因此不可能使用带电粒子能谱法直接测量液体样品。为了获得绝对结果，有必要了解每种待分析材料的质量阻止本领，或使用一组代表典型生物组织类型的已知硼浓度的参考标准 [2]。

9.2.4　激光后电离二次中性质谱法

硼俘获反应产生的 α 粒子的范围约为 10 μm。如果要研究照射体积，则必须采用具有类似分辨率的方法。测定硼在亚细胞水平上的分布对于了解硼化合物在组织和细胞中的行为及其对辐射响应的影响至关重要。

激光后电离二次中性质谱 (laser post-ionization secondary neutral mass spectrometry,laser SNMS) 和二次离子质谱 (secondary ion mass spectrometry,SIMS) 是元素和分子特异性成像的替代技术。SIMS 分析采用了一种技术,即用聚焦的高能离子束轰击样品,将原子和分子从表面喷溅出来。这些粒子中的一小部分以离子的形式被喷射出来,将这些离子提取出来并进行质量分析。将 SIMS 与飞行时间质谱仪 (ToF-SIMS) 相结合,可以同时检测出每个初级离子脉冲上的所有质量,然后利用脉冲低能电子 (在离子脉冲之间的时间间隔内引入) 对绝缘体进行电荷补偿。如果使用液态金属离子枪,离子束的直径可以从几微米向下聚焦到小于 200 nm,从而实现纳米级空间分辨率的分析。通过扫描样品 (500 μm × 500 μm 或更小) 上的离子束或将样品移动到固定离子束位置 (最大 10 cm × 10 cm) 进行成像。通过将成像技术与附加溅射离子束相结合去除连续的原子/分子层,可以获得表面化学成分的三维图像 [2]。

尽管 SIMS 有许多优点,并且经常以动态 SIMS 模式用于细胞培养物和组织中硼化合物的成像 [40-45],但由于缺乏灵敏度和定量,其在硼成像中的应用常常受到限制。然而,使用激光 SNMS 可以显著提高检测限、效率和定量 [46-48]。该技术具有与 ToF-SIMS 相同的技术特点,通过应用激光束电离从样品表面溅射的大部分中性粒子,使溅射和电离过程解耦。与用于 SIMS 分析的次级离子相比,中性粒子产率受表面化学成分的影响小得多,因此激光 SNMS 的灵敏度和准确度比 SIMS 高得多。此外,与 SIMS 图像相比,激光 SNMS 图像受地形效应的影响要小得多。

激光 SNMS 已用于检测内源元素和分子的亚细胞分布,以及 BSH 和 BPA 在体外和体内向实验肿瘤细胞和正常组织细胞输送 ^{10}B 的潜力。用无网格反射激光 SNMS 或 ToF-SIMS 组合仪器对样品进行分析。可以从所有样品中获得离子诱导电子图像 (IIEI),以选择感兴趣的区域进行进一步分析 [2]。

为了能够分析真空系统中的样品,必须对活细胞进行冷冻固定、冷冻压裂和冷冻干燥,同时保持其结构和化学完整性 [49-51]。因此,必须使用具有极高冷却速率的专用冷冻方法。

采用上述制备技术,在体外和动物实验中用激光 SNMS 分析 BPA 和 BSH 化合物治疗小鼠后的正常组织和不同实验肿瘤。激光 SNMS 同时提供元素和分子的分布图,如 K、Na、Ca、CN 和 C_3H_8N 以及明显的硼分布。从活细胞中证明钠和钾的浓度和分布有助于确认组织的成功制备。

然而,一项具有挑战性的任务是将元素或分子图谱与组织学信息关联起来 [2]。通过分析不同的分子片段,这种相关性是可能的:早期对 L-α-二棕榈酰磷脂酰胆碱 (DPPC) 膜模型系统的研究表明,C_3H_8N 是 DPPC 胆碱头基的典型片段 [52,53]。

CN 信号主要来源于 DNA(嘌呤和嘧啶) 和蛋白质。尤其是细胞膜特征的 C_3H_8N 信号在亚细胞内的分布呈现出明显的模式。信号在某些细胞的中心几乎消失。可以推测,在这些区域,核膜被致裂过程移除,留下一个开放的细胞核。然而,在 CN 模式中,在 C_3H_8N 信号几乎消失的位置没有观察到任何减少。这可以解释为 CN 不仅来源于膜组分和蛋白质的片段,而且也来源于 DNA 组分的片段,如嘌呤和嘧啶环。因此,在细胞核部位,CN 信号不应消失。

通过叠加具有特征分布的不同分子的分布图像[2],例如,CN 和 C_3H_8N,可以表示细胞核和细胞膜,并将硼信号与这些区域联系起来。用这种方法,可以研究硼在单个细胞内的浓度和分布。激光 SNMS 已证明 ^{10}B 与 BSH 和 BPA 一起在肿瘤细胞甚至细胞核内传递[2]。

图 9.2 显示了一个用 BPA 和 BSH 联合治疗的裸鼠肾脏样本的激光 SNMS 图像示例。激光 SNMS 图像 (顶行) 观察到 ^{10}B、CN 和 C_3H_8N 等元素和分子的强烈信号。^{10}B 图像 (左上角) 显示了明显的硼分布。分子 (上、中、右) 主要代表脂类、蛋白质和核酸,也显示出明显的特征。底部图像显示叠加图像,其中 CN

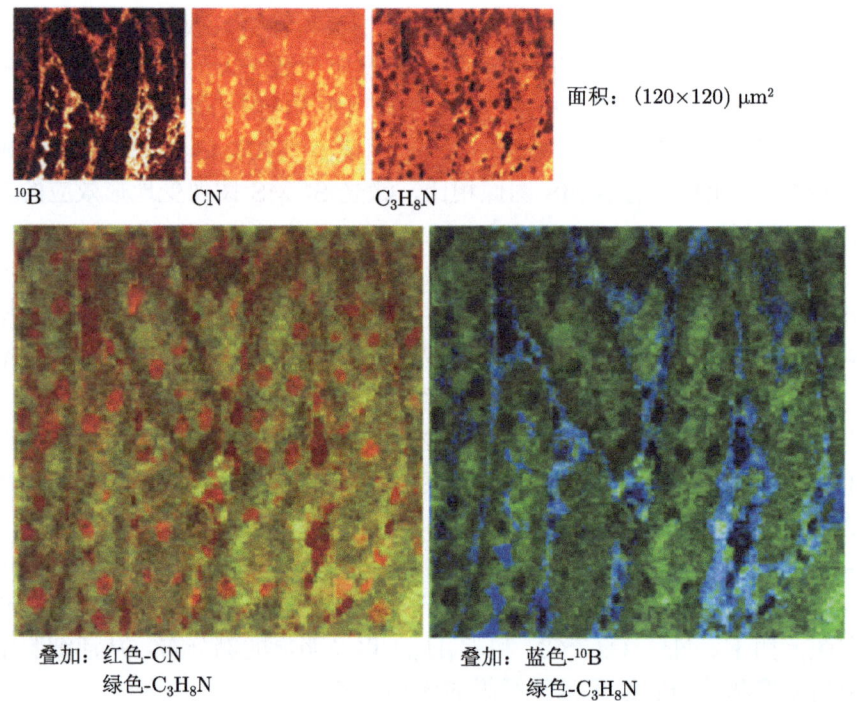

图 9.2 用 BPA 和 BSH 联合治疗的 NMRI 裸鼠肾脏样本的激光 SNMS 图像 (H. F. 阿林豪斯,德国明斯特大学威斯特伐利亚威廉斯物理研究所)(转载自阿林豪斯等人[49])

9.2 方法说明

图像与 C_3H_8N 图像叠加 (左下角)，^{10}B 与 C_3H_8N 图像叠加 (右下角)。在这里，与核位点相对应的 CN 信号呈红色，C_3H_8N 呈绿色，^{10}B 信号呈蓝色。单个肾小管和肾腔可在叠加图像中识别 (肾小管被单个细胞包围)。观察到高浓度的硼，尤其是在沿着其纵轴 (图像左下角) 切割的小管腔和围绕小管的基底膜中。

图 9.3 显示了用 BPA 治疗的小鼠体内生长的小鼠肉瘤的图像[2]。最上面一行显示了 ^{10}B、CN 和 C_3H_8N 图像，再次显示了不同的分布。最下面一行显示的图像是 CN 与 C_3H_8N 叠加 (左下角)，^{10}B 与 C_3H_8N 叠加 (右下角)。在这里，最高的 ^{10}B 信号表示为蓝色，而最高的 CN 信号表示原子核，即红色。

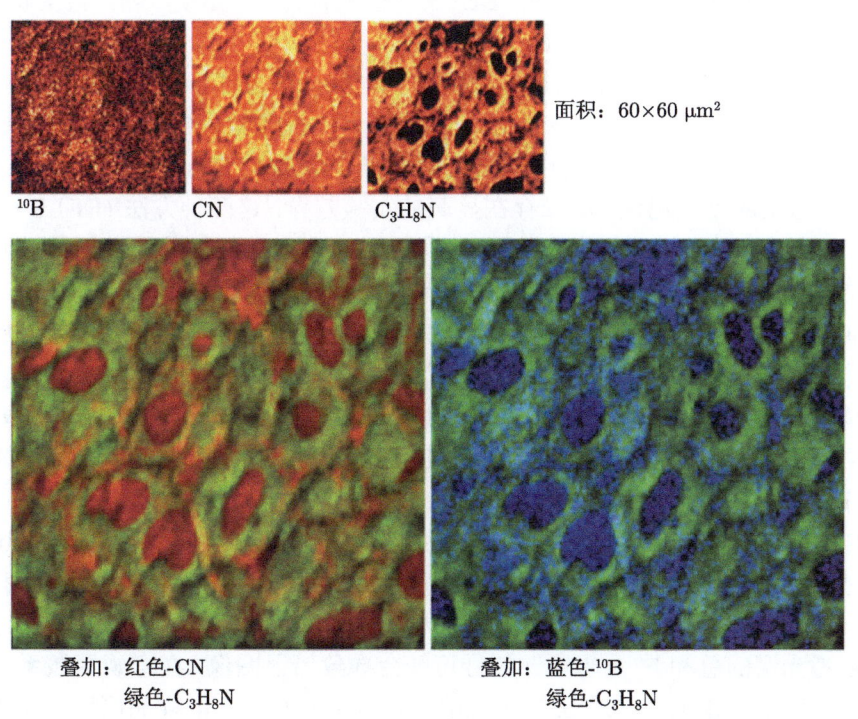

图 9.3 用化合物 BPA 治疗的 NMRI 裸鼠肉瘤肿瘤样品的激光 SNMS 图像 (H. F. 阿林豪斯，德国明斯特大学威斯特伐利亚威廉斯物理研究所)(转载自阿林豪斯等人[49])

总之，所述的冷冻制备技术保留了细胞培养物及组织的结构和化学完整性，并使细胞结构可直接用于激光 SNMS 分析。特别是，在分子图像可用的情况下，可以识别细胞的不同功能区。激光 SNMS 特别适合于识别特定的细胞结构，并以纳米级的横向分辨率对组织中的超痕量 ^{10}B 浓度进行成像，检测限在 ppb 上限。这些可能性使激光 SNMS 成为直接成像以及定量化 ^{10}B 和 (同时) 其他元素的非常有价值的工具。由于细胞或组织的制备要求很高，且测量具有挑战性，因此该方法仅限用于特殊问题,但不适合作为直接临床决策的常规方法使用 [2]。

9.2.5 电子能量损失光谱法

对于硼成像,采用基于电子显微镜的方法获得最佳的空间分辨率。存在两种这样的方法:免疫组织化学 [54] 和电子能量损失谱 (EELS)[55,56]。免疫化学是一种非常敏感的方法,但它也有其缺点:间接检测可能导致失真 (例如,固定过程中的再分布),并且需要为每个潜在的硼载体分子制备一种特殊的抗体。EELS 基于入射电子与样品电子相互作用后的非弹性散射。非弹性散射导致的特征能量损失取决于所涉及的原子或分子能级。EELS 是检测轻元素 (如碳、硼,甚至磷) 的最灵敏的纳米分析方法,尤其是在生物组织中 [57,58]。

基于这一理论基础,我们得到了两种不同的光谱方法:EELS 和电子光谱成像 (ESI),这是一种与能量过滤透射电子显微镜 (EFTEM) 相结合的成像技术。此外,EELS 是一种通常与透射或扫描透射电子显微镜 (TEM/STEM) 相结合的分析技术。重要的是要记住,尽管存在显著的实验差异,这两种方法 (EELS 和 ESI) 基于相同的物理信号,为了理解和安全地使用 EFTEM 图像,需要了解 EELS 谱。电子能量损失谱对应于通过样品指定区域的电子计数。

研究组织和细胞中元素分布的一个关键点是样品制备。为了使接近自然状态的小分子和离子固定,必须使用一种避免任何化学处理的低温制备方法。它意味着连续的冷冻固定、冷冻切片和冷冻观察。EELS 中的一个具体步骤是需要超薄低温切片 (100 nm 或更小),通过将温度提高到 193 K 在显微镜内冷冻干燥,最后在 110 K 以下的温度进行研究。

EELS 光谱中的硼信号非常微弱,并且叠加在强且非特征的背景上,这需要一种基于数字滤波的专用方法来提取信号 [59]。此外,位于 188 eV 处的硼 K 边可能与磷 L1 信号混淆。因此,必须将实验过滤光谱建模为硼过滤参考光谱和磷过滤参考光谱的总和 [56]。忽略磷信号可能会导致错误图像,在富磷区域系统地检测到硼。这个问题也必须通过 ESI 来解决。对于 0.1 μm^2 的样品区域,检测限估计为几十 ppm(有关硼检测和定量方法的详细信息,请参阅参考文献 [56])。

硼成像使用光谱成像获取模式来执行,在该模式中,从指定的扫描透射电子显微镜 (STEM) 图像区域中的每个像素收集光谱。为了揭示硼信号,对每个光谱进行了处理 (数字滤波、多重最小二乘拟合)。然后,可以将测量的信号表示为元素图,以与 STEM 图像相关 (图 9.4)[2]。

由于 EELS 的高空间分辨率,使用 EELS 的测量与其他方法 (如 SIMS 或核微探针技术) 获得的敏感测量最为互补。通过这种方式,EELS 可以成为一种非常特殊的工具来检测硼或硼化合物的小聚积区,并在亚细胞水平对它们进行定位。此外,在用其他方法在更大范围内检测到硼的样品中,EELS 测量中缺少硼意味

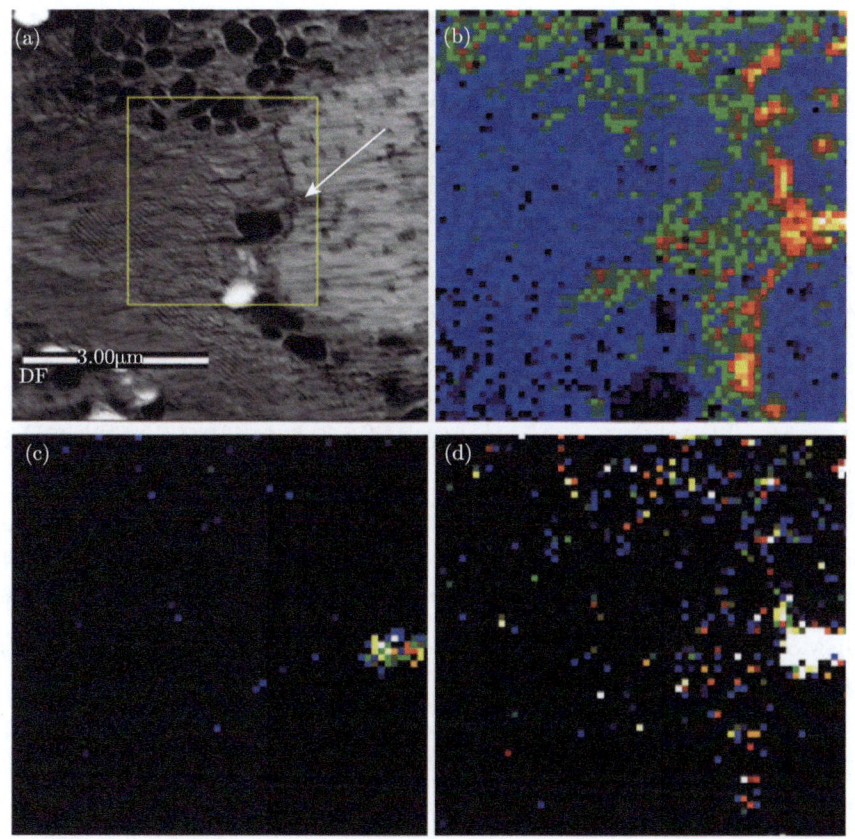

图 9.4 (a) 小鼠肾组织冻干切片的暗场 STEM 图像 (对比度倒置)。(b) 磷图, (c) 校正硼图, (d) 未校正硼图 (J. 米歇尔, 法国兰斯大学电子分析显微镜实验室) (转载自米歇尔等人 [90])

着在 EELS 检测灵敏度的极限范围内, 硼在亚细胞水平上的均匀分布。硼的检测与元素的同位素形式无关。在测量中, 同位素 ^{10}B 和 ^{11}B 是分不开的。^{10}B 的含量必须根据先前已知的不同同位素的相对丰度来推断, 这会增加最终定量值的不确定性。与 SIMS 相似, EELS 是 BNCT 的一个重要数据来源; 然而, 样品制备、测量和数据处理的复杂性妨碍了 EELS 作为常规方法的使用 [2]。

9.2.6 离子阱质谱和蛋白质组学技术

前几节所述的分析方法通常仅用于检测同位素 ^{10}B, 但不能用于分析和表征相关的含 ^{10}B 化合物的特定分子, 而这在体内和临床研究中是非常值得做的。

然而, 利用离子阱质谱和蛋白质组学技术, 这是可能的。在这项技术中, 液体样品通过电喷雾接口 (ESI) 注入质谱仪。此后, 使用离子阱质谱仪 (串联质谱仪) 对每个特定分子进行裂解, 该质谱仪允许在同一空间进行分离和裂解[60]。离子阱质谱法以相同的灵敏度监测整个串联质谱 (MS/MS)。莫里 (Mauri)[61] 提出了一种利用流动注入耦合串联质谱 (FI/ESI-MS/MS) 的分析方法, 以获得硼载体分子的定量数据。对于此类分析, 样品通过高效液相色谱进样器 (注入体积约为 1 μl) 流动注入到 ESI-MS/MS 系统中[2]。

BSH 以负模式检测, 主离子为 m/z 187.4, 对应于 $[(^{10}B_{12}H_{11}SH)Na]^-$, 而 MS/MS 裂解产物是 m/z 为 131.5 的离子, 这是由于 [SNa] 残基的损失。BSH 的二聚体 (BSSB) 分子量为 m/z 395.7, 其碎片离子为 m/z 391.9[61]。BPA 的分子量和碎片离子分别为 m/z 209.1 和 m/z 163.1。

FI/ESI-MS/MS 方法可得到硼衍生物的典型指纹识别质谱, 并允许对其进行定量测定[62]。提取特定碎片离子时, 发现峰面积与含 ^{10}B 化合物浓度呈线性关系, 范围为 10~10000 ng/ml。

FI/ESI-MS/MS 方法的高灵敏度允许对生物样品进行稀释, 从而减少由于尿液和血浆中高盐浓度而产生的基质效应。高盐浓度会在质谱仪上产生过载响应, 并降低与感兴趣代谢物相关的信号 (离子抑制)。当注入小体积 (1 μl) 稀释样品时, FI/ESI-MS/MS 可在生物样品 (尿液和血浆, 分别稀释 10000 倍和 1000 倍) 中检测到含 ^{10}B 化合物[62]。

结论: FI/ESI-MS/MS 是一种快速、定量分析药物制剂和生物样品中含 ^{10}B 化合物的方法。该方法特别适用于分析液体样品。组织样本中 ^{10}B 类化合物的测定需要用 50% 的甲醇萃取[2]。

9.2.6.1 离子阱和蛋白质组学

离子阱质谱联用二维色谱 (2DCMS/MS) 已被应用于开发蛋白质组学研究的鸟枪式方法[63]。它允许在不受分子量或等电点限制的情况下同时鉴定许多蛋白质。定量分析也是可能的[64]。这种方法, 也称为多维蛋白质识别技术 (MudPIT), 在临床蛋白质组学中非常有用, 可用于生物标记物的发现和新药分子靶点的识别。这一转化研究方面也适用于 BNCT[65]。MudPIT 蛋白质组学方法可用于描述生物样品 (尿液和组织) 在 ^{10}B 应用后的蛋白质特性, 研究硼在癌细胞中的累积情况, 并将蛋白质组学与药代动力学数据相结合。上述方法的使用意味着可以非常详细地研究 BNCT 中使用的不同药物的转运、代谢和吸收[2]。

9.2.7 核磁共振和磁共振成像

^{10}B 核和 ^{11}B 核都可以通过核磁共振 (NMR) 进行检测, 因此可以使用磁共振成像 (MRI) 来绘制它们的空间分布。磁共振成像是一种特殊类型的核磁共振方法, 其中核自旋的频率根据其在空间中的位置进行编码。此外, 核磁共振可以区分不同分子种类中同一类型的核 (通常通过称为 "化学位移" 的相互作用)[2]。

9.2 方法说明

样品放置在核磁共振谱仪或磁共振成像扫描仪的磁场中。信号的激发和检测是通过一个适当调谐的射频 (RF) 线圈来实现的,该线圈 (取决于它的几何结构) 要么包围样本,要么放在它附近。能量是由短脉冲 ($10^{-3} \sim 10^{-6}$ s) 传递的,如果能量与对应于不同自旋状态的能级间隙相匹配,则可以被核自旋吸收。这些跃迁的频率与磁场强度成正比,通常在 $10^6 \sim 10^8$ Hz。射频脉冲扰动了原子核自旋布居的玻尔兹曼平衡,当脉冲关闭后,玻尔兹曼平衡又会衰减回平衡。在这种恢复平衡的过程中,原子核以其特有的共振频率发射信号,这些信号经过检测、数字化并解释,最终生成频谱或图像。在脉冲之后,来自各个自旋的信号具有相同的相位,因此可以相干地求和,这就是总信号可检测的原因。恢复平衡的速率是指数级的,以时间常数 T_1 为特征,这对于 BNCT 所用的分子中的 ^{10}B 和 ^{11}B 来说是相当短的。短 T_1 是核磁共振检测的一个优势,因为它允许以高速率重复连续的信号激励,这是获得足够的独立输入以创建图像和获得足够高的信噪比 (S/N) 所必需的。回到平衡状态也会导致不可逆的、指数级的相干性损失,其特征是时间常数 T_2,它通常比 T_1 短得多。^{10}B 和 ^{11}B 较短的 T_2,特别是在生物组织中,可能会有问题。原因是 (主要由于技术原因) 信号激发和检测之间的延迟是不可避免的,除非这个延迟比 T_2 短得多 (通常不是这样),否则信号的重要部分会丢失,这不仅降低了信噪比和灵敏度,而且会给样品中硼的定量带来不确定性 [2]。

核磁共振是定量的,因为信号与样品体积内检测到的原子核总量成正比。对于磁共振成像,图像强度与体素中检测到的细胞核数量成正比。因此,通过与来自校准或参考样品的信号进行比较的定量化应该是直接的。然而,核磁共振 (NMR) 或磁共振成像 (MRI) 定量测定硼的准确度会受到几个因素的影响,主要是由于 T_2 对分子迁移率的依赖性。实际上,只有在液体或液体状环境中相对流动的分子中的硼才能被正确地检测出来。如果硼原子本身或含有硼的分子与高分子量的实体 (如膜、蛋白质、核酸) 紧密结合或附着,则其核磁共振信号要么完全丢失,要么严重低估。在磁共振成像和活体实验中,这个问题通常比"试管"光谱学更糟糕,因为对于后者,可以实现更短的检测"死时间"。通过测量 T_2 衰减率并将测量的信号强度外推到零衰减时间 [2],可以在一定程度上提高量化精度 [2]。

硼化合物磁共振成像的灵敏度和空间分辨率有着内在的联系。灵敏度被定义为"最小可检测浓度",与图像体素的体积成反比。

硼显像用于 BNCT 的一个令人向往的应用是在用中子照射前,实时监测患者体内和肿瘤周围的富 ^{10}B 化合物。这一目标尚未实现 [66,67],但由于其潜力巨大,该方法值得进一步发展。最近,波卡里 (Porcari) 等人使用 (19)F 磁共振成像 ((19)F MRI) 和光谱学 ((19)F MRS) 评估 4-硼-2-氟代苯丙氨酸 ((19)F-BPA) 在体内的硼生物分布和药代动力学 [68]。

核磁共振或磁共振成像最显著的优点之一是对样品制备的限制相对较少。这种分析是非侵入性和非破坏性的,可以在均匀的液体样品上进行,也可以对完整的组织块、细胞等进行分析,最重要的是对实验动物和人类患者进行分析。因此,核磁共振有相当大的潜力来实现预期的功能,即在治疗过程中,非侵入性地绘制注射的 ^{10}B 载体的空间分布。另一个优点是它能够区分不同的分子种类,从而提供机会来评估所研究化合物的代谢。主要缺点是该方法的灵敏度较低,尤其是用于成像 (图 9.5)[2]。

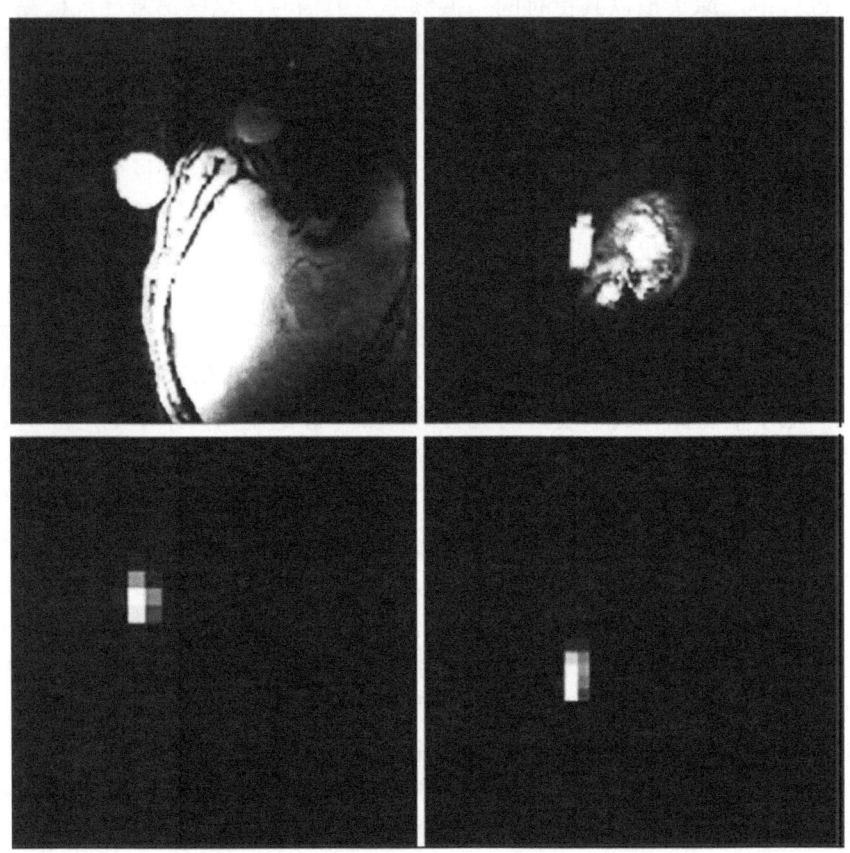

图 9.5 上部的 ^{1}H 图像显示了志愿者头部的轴向 (左) 和矢状 (右) 视图,在耳朵和太阳穴附近有一个圆柱形的小瓶。下部图像是对应方向和几何尺度的 ^{10}B 图像。小瓶含有 28 mM BSH 的溶液。^{10}B 图像的体素大小为 1.7 cc($1.2\times1.2\times1.2$ cm^3),通过 3 min 内获得的 3D 矩阵进行切片 (P. 邦代尔,以色列雷霍沃特魏茨曼科学研究所化学研究支持部)(转载自本德尔等人 [91])

9.2.8 正电子发射断层摄影术

正电子发射断层摄影术 (PET) 是临床实践和生物医学研究中定量研究体内生化过程的重要成像工具。PET 是一种示踪技术,其基础是使用带有短寿命正电子发射放射性核素的标记分子[69]。PET 可以对扫描视野 (FOV) 中存在的放射性分布进行定量测量，这些物理参数包括受试者自衰减、伪事件 (散射、随机) 和扫描仪效率校准。PET 数据可以方便地以二维和三维立体图像 (Bq/voxel) 的形式显示。PET 图像分析通过定义与相关器官或器官亚结构相对应的感兴趣区域 (ROI) 关系来分析，以峰值或平均值的形式评估活性浓度。PET 成像也可以是动态的，以检测观察期内的活动变化。在这种情况下，可以提取所选区域的时间活度曲线 (TAC)。药代动力学模型可应用于图像后处理过程中的这些值，以无创性地评估体内示踪剂动力学。然后使用示踪剂的动脉浓度和 PET 组织测量来计算放射性示踪剂区域动力学参数。可能需要进行血液取样，以计算衍生生化参数和/或对代谢物进行校正[2]。因此，PET 分子成像是一种强大的药理学工具。

标记生物活性分子以评估它们的体内分布和区域浓度已成为 PET 成像的一个突出应用。最近，PET 和计算机断层扫描 (CT) 在混合 PET/CT 扫描仪中的物理整合允许结合解剖和功能成像[70]。CT 产生的高分辨率图像可以叠加到 PET 图像上，从而为生化和代谢测量提供解剖学参考，并减少 PET 成像空间分辨率不足的影响 (空间分辨率最多为 4～6 mm)。这一发展也促使在放射治疗计划中使用 PET/CT，将来自 PET 成像的代谢信息添加到 CT 对肿瘤体积的评估中，以优化区域治疗[2,71,72](图 9.6)。

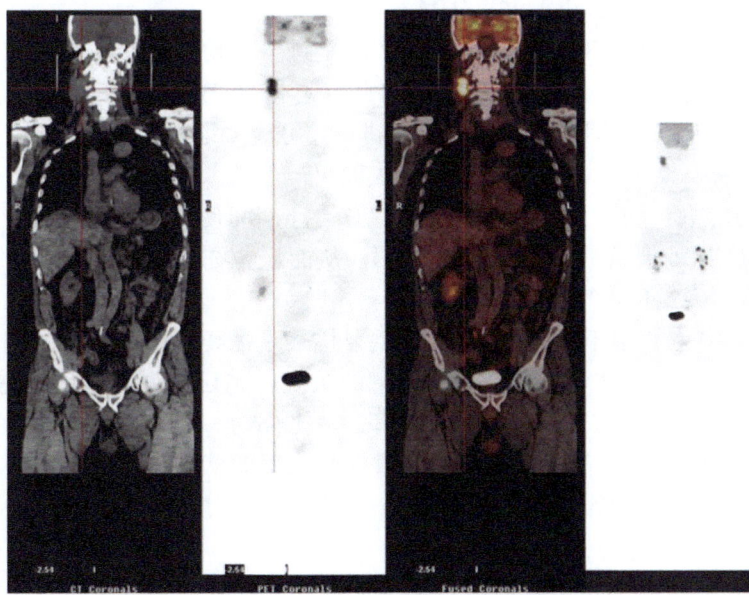

图 9.6　头颈部肿瘤，66 岁患者，采用 PET/CT 型号 GE Discovery RX 进行 ^{18}F-FDG 研究 (L. 麦尼切蒂，意大利比萨 C. N. R. 临床生理学研究所)(转载自维蒂格等人[2])

20 世纪 90 年代末,美国的 W. 卡巴尔卡 (W. Kabalka) 和日本的今堀良夫 (Y. Imahori)[74,75] 已经用 PET 进行了 BNCT 用硼载体的体内药代动力学和活体组织中 ^{10}B 的定量测定。PET 和 PET/CT 已被用来解决药物动力学、代谢和 BPA 在靶组织中的累积问题。今堀 (Imahori) 等人 [74] 报道了一种基于 L-[^{18}F]-BPA 的定量测量高级别胶质瘤患者硼化药物摄取的方法。采用三室模型分析 PET 数据并评价肿瘤药代动力学。模型计算的肿瘤组织中硼的浓度与手术标本中的硼浓度相近。用分段卷积法验证了 L-BPA 与标记类似物在药代动力学上的相似性。以 ^{18}F-BPA 为示踪剂,通过 PET 动态研究的四速率常数模型,可以计算出 BPA 的 ^{10}B 浓度估计值。用这种方法,在中子照射期间评估了注射 L-BPA 后接受 BNCT 治疗的患者的 ^{10}B 浓度。按照类似的方法,^{18}F-BPA 已被用于测量复发性口腔癌、颈部淋巴结转移癌 [76]、恶性胶质瘤 [77]、低级别脑瘤 (如神经鞘瘤和脑膜瘤 [78])、头颈部恶性肿瘤 [79] 以及转移恶性黑色素瘤 [73]。这些关于 ^{18}F-BPA/PET 的早期临床发现有助于研究 BPA 的转运、净流入和累积,使用 PET 筛选不同类型和不同级别的肿瘤病变,展示了用于确定 BNCT 候选者的能力 [2,80]。

在 BNCT 中应用 L-^{18}F-BPA 和 PET/CT 的附加价值是提供肿瘤和正常组织有关 ^{10}BPA 摄取的关键数据,并预测个体患者的治疗效果。基于 ^{10}BPA 的生化代谢与酪氨酸 [81-83] 分子相似的假设,芳香族氨基酸类似物的 PET 可能有助于证明肿瘤的药代动力学速率常数 (k_1、k_2、k_3、k_4) 和血浆 L-BPA 浓度的输入函数 (如前所述 L-BPA 和 L-^{18}F-BPA)。

PET/CT 在 BNCT 中的一个关键作用是进一步检测单个患者肿瘤中相对于周围正常组织的 L-^{18}F-BPA 摄取,并将此信息作为 BNCT 有效性的预测因子。这类数据可作为临床试验的纳入/排除标准,并可极大地帮助患者选择,以避免因个别患者肿瘤吸收 ^{10}B 不足而导致治疗失败 [76,79]。

此外,还进行了可行性研究,在 BNCT 治疗期间使用单光子发射计算机断层扫描 (SPECT) 来计算在线硼剂量分布图,从而避免在评估不同组织中的硼浓度时出现大的不确定性 [84,85]。

然而,将 PET 用于 BNCT 的一个主要挑战是需要为每个潜在的硼载体分子制备一个放射性标记分子,它是成像信息的来源。到目前为止,化合物 BPA 是唯一成功的。对于 BSH,临床上使用的第二种化合物,甚至对于新设计的化合物,这种放射性标记化合物都还没有实现。进入临床试验状态的新化合物必须符合适用于新药的所有法律测试要求,这将是一个非常耗费时间和成本的过程 [2]。

结论

在 BNCT 发展的每个阶段,一个至关重要的要求就是能够测量生物样品中硼的浓度和空间分布。没有这种能力,就无法设计或评估新的硼化合物,也无法开发可能的对照临床试验。此外,辐射剂量学仍然是薄弱的环节,而 ^{10}B 中子俘获反应的放射生物学留下了许多悬而未决的问题。因此，硼分析和硼成像是这一模式成败的科学支柱之一。

硼分析和硼成像是一项非常复杂的工作。经过几十年的研究，目前已有多种方法，其终点和优缺点各不相同。因此，仔细选择能正确回答临床或实验问题的合适技术是非常重要的。

PGRA、ICP-AES 和 ICP-MS 是快速、可靠的宏观 ^{10}B 含量定量方法。PGRA 适用于 BNCT 治疗期间患者血液中 ^{10}B 浓度的"在线"测量。然而，最重要的是要认识到 ^{10}B 化合物在微观上是不均匀分布的。然而，通过 PGRA、ICP-AES 和 ICP-MS 的测量，^{10}B 的浓度是对一定体积的积分，这个体积总是大于 BNC 反应所照射的体积。因此，这些测量不能直接用来预测辐射效应。一些研究小组提出了克服这一缺点的方法，即分析样本的不均匀性，例如分析体积中肿瘤细胞、正常组织和坏死的百分比，并通过分析得出的因子修正测量数据[86,87]。这些因素会使不同群体测量数据的比较复杂化，尤其是在方法和诱发因素没有详细报告的情况下[2]。

高分辨率 α 径迹放射自显影术和中子俘获放射照相术可能有助于解决这一问题，并且能够以类似于组织形态学图像的横向分辨率对组织中的 ^{10}B 分布进行成像。定量评估可以包括在内，以便能够考虑组织中不均匀的 ^{10}B 分布[88]。

激光微探针质量分析 (LMMA) 是 BNCT 中第一个达到亚细胞分辨率的技术[89]。使用 TOF-SIMS，特别是激光 SNMS 的进一步发展，能够定量地绘制生物基质中硼的空间分布，检测极限在亚 ppm 范围内，具有极高的选择性和高的空间分辨率。基于电子显微镜的方法 (即 EELS)，灵敏度较低，但具有更高的空间分辨率，很容易满足 BNCT 计算辐射响应的需要。然而，激光-SNMS 和 EELA 是如此的时间、劳动和成本密集，以至于目前可用的少量信息还不能满足评估生物现象所需的统计数据[2]。

另一个重要的方面，做过的研究只有一点点，就是实际用于 BNCT 临床试验的化合物 BPA 和 BSH 的代谢问题。离子阱质谱结合蛋白质组学技术为研究代谢物和靶分子的转运提供了可能。这些信息在科学的坚实基础上优化这些药物的应用是必不可少的。

为了临床目的，需要无创体内技术来跟踪硼载体的药理和化学行为。用 ^{18}F 标记 BPA，并用 PET 评估患者体内的分子，以及用 MRI 检测硼化合物，都是可行的，但还不能用于常规的临床应用。在最近的日本临床试验中，带有 ^{18}F 标记 BPA 的 PET 已经用于患者选择[78]。在欧洲和美国，在临床实践中引入新的放射性药物的昂贵程序限制了这种方法。在欧洲，^{18}F-BPA 仅适用于芬兰的患者。

现有的方法为临床科学家进一步研究 BNCT 提供了有力的工具。然而，这些方法在任何时候都不能满足各种情况下的所有需要。通常，不同技术的互补使用将变得必要。只有在一个组织良好和结构良好的网络框架内，才有可能互补使用不同的方法，因为这些方法不是在任何地方都能得到的，而且需要专门的知识和训练有素的人员。这种合作的重要任务不仅是建立一个标准化的 ^{10}B 浓度报告系统，特别是在临床情况下，而且要能够为基础科学问题提供答案。此外，应设计已知硼浓度和分布的标准样品，以便对不同分析方法进行交叉校准和比较 [2]。

参考文献

[1] Sauerwein W (1993) Principles and history of neutron capture therapy. Strahlenther Onkol 169(1):1-6

[2] Wittig A, Michel J, Moss RL, Stecher-Rasmussen F, Arlinghaus HF, Bendel P et al (2008) Boron analysis and boron imaging in biological materials for boron neutron capture therapy (BNCT). Crit Rev Oncol Hematol 68(1):66-90

[3] Kobayashi T, Kanda K (1983) Microanalysis system of ppm order B-10 concentrations in tissue for neutron capture therapy by prompt gamma-ray spectrometry. Nucl Instrum Methods Phys Res 204:525-531

[4] Konijnenberg MW, Raaijmakers CPJ, Constantine G, Dewit LGH, Mijnheer BJ, Moss RL et al (1993) Prompt gamma-ray analysis to determine ^{10}B-concentrations. In: Soloway AH (ed) Advances in neutron capture therapy. Plenum Press, New York, pp 419-422

[5] Raaijmakers CPJ, Konijnenberg MW, Dewit L, Haritz D, Huiskamp R, Philipp K et al (1995) Monitoring of blood-^{10}B concentration for boron neutron capture therapy using prompt gamma-ray analysis. Acta Oncol 34(4):517-523

[6] Fairchild RG, Gabel D, Laster BH, Greenberg D, Kiszenick W, Micca PL (1986) Microanalytical techniques for boron analysis using the ^{10}B(n, alpha)^{7}Li reaction. Med Phys 13(1):50-56

[7] Matsumoto T, Aoki M, Aizawa O (1991) Phantom experiment and calculation for in vivo ^{10}boron analysis by prompt gamma ray spectroscopy. Phys Med Biol 36(3):329-338

[8] Mukai K, Nakagawa Y, Matsumoto K (1995) Prompt gamma ray spectrometry for in vivo measurement of boron-10 concentration in rabbit brain tissue. Neurol Med Chir (Tokyo) 35:855-860

[9] Wittig A, Huiskamp R, Moss RL, Bet P, Kriegeskotte C, Scherag A et al (2009) Biodistribution of ^{10}B for boron neutron capture therapy (BNCT) in a mouse model after injection of sodium mercaptoundecahydro-closo-dodecaborate and l-para-boronophenylalanine. Radiat Res 172(4): 493-499

[10] Kashino G, Fukutani S, Suzuki M, Liu Y, Nagata K, Masunaga S et al (2009) A simple and rapid method for measurement of ^{10}B-para-boronophenylalanine in the blood for boron neutron capture therapy using fluorescence spectrophotometry. J Radiat Res 50(4): 377-382

[11] Vega-Carrillo HR, Manzanares-Acuna E, Hernandez-Davila VM, Chacon-Ruiz A, Gal-

lego E, Lorente A (2007) Neutron fluence rate measurement using prompt gamma rays. Radiat Prot Dosimetry 126(1-4):265-268

[12] Munck af Rosenschold PM, Verbakel WF, Ceberg CP, Stecher-Rasmussen F, Persson BR (2001) Toward clinical application of prompt gamma spectroscopy for in vivo monitoring of boron uptake in boron neutron capture therapy. Med Phys 28(5):787-795

[13] Verbakel WF, Sauerwein W, Hideghety K, Stecher-Rasmussen F (2003) Boron concentrations in brain during boron neutron capture therapy: in vivo measurements from the phase I trial EORTC 11961 using a gamma-ray telescope. Int J Radiat Oncol Biol Phys 55(3):743-756

[14] Evans EH, Giglio JJ (1993) Interferences in inductively coupled plasma mass spectrometry—a review. J Anal Atomic Spectrom 8:1-18

[15] Gregoire DC (1987) Determination of boron isotope ratios in geological materials by inductively coupled plasma mass spectrometry. Anal Chem 59:2479-2484

[16] Gregoire DC (1990) Determination of boron in fresh and saline waters by inductively coupled plasma mass spectrometry. J Anal Atomic Spectrom 5:623-626

[17] Al-Ammar A, Reitznerová E, Barnes RM (2000) Improving boron isotope ratio measurement precision with quadrupole inductively coupled plasma-mass spectrometry. Spectrochim Acta Part B 55:1861-1867

[18] Evans S, Krahenbuhl U (1994) Boron analysis in biological material: microwave digestion procedure and determination by different methods. Fresenius Z Anal Chem 349:454-459

[19] Brown PH, Hu H (1996) Phloem mobility of boron is species dependent: evidence for phloem mobility in sorbitol-rich species. Ann Bot 77:497-505

[20] Smith F, Wiederin DR, Houk RS, Egan CB, Serfass RE (1991) Measurement of boron concentration and isotope ratios in biological samples by inductively coupled plasma mass spectrometry with direct injection nebulisation. Anal Chim Acta 248:229-234

[21] Vanhoe H, Dams R, Vandecasteele C, Versieck J (1993) Determination of boron in human serum by inductively coupled plasma mass spectrometry after a simple dilution of the sample. Anal Chim Acta 281:401-411

[22] Laakso J, Kulvik M, Ruokonen I, Vahatalo J, Zilliacus R, Farkkila M et al (2001) Atomic emission method for total boron in blood during neutron-capture therapy. Clin Chem 47(10): 1796-1803

[23] Heber EM, Kueffer PJ, Lee MW Jr, Hawthorne MF, Garabalino MA, Molinari AJ et al (2012) Boron delivery with liposomes for boron neutron capture therapy (BNCT): biodistribution studies in an experimental model of oral cancer demonstrating therapeutic potential. Radiat Environ Biophys 51(2):195-204

[24] Ficq A (1951) Autoradiographie par neutrons: dosage du lithium dans les embryons d'amphibiens. C R Acad Sci 233:1684-1685

[25] Edwards LC (1956) Autoradiography by neutron activation: the cellular distribution of ^{10}B in the transplanted mouse brain tumor. Int J Appl Radiat Isot 1:184-190

[26] Solares G, Zamenhof R, Saris S, Walzer D, Kerley S, Joyce M et al (1992) Biodistri-

bution and Pharmacokinetics of p-Borono-phenylalanine in C57BL/6 Mice with GL261 Intracerebral Tumours, and Survival Following Neutron Capture Therapy for Cancer. In: Allen BJ, Harrington BV, Moore DE (eds) Progress in neutron capture therapy for cancer. Plenum Press, New York, London, pp 475-478

[27] Solares GR, Zamenhof RG (1995) A novel approach to the microdosimetry of neutron capture therapy. Part I. High-resolution quantitative autoradiography applied to microdosimetry in neutron capture therapy. Radiat Res 144:50-58

[28] Yam CS, Solares GR, Zamenhof RG (1994) Validation of the HR microdosimetry. Trans Am Nucl Soc 71:142-144

[29] Goodarzi S, Pazirandeh A, Jameie SB, Baghban Khojasteh N (2012) Differentiation in boron distribution in adult male and female rats' normal brain: a BNCT approach. Appl Radiat Isot 70(6):952-956

[30] Kiger WS 3rd, Micca PL, Morris GM, Coderre JA (2002) Boron microquantification in oral muscosa and skin following administration of a neutron capture therapy agent. Radiat Prot Dosimetry 99(1-4):409-412

[31] Solares GR, Zamenhof RG, Cano G (eds) (1993) Microdosimetry and compound factors for neutron capture therapy. Plenum Press, New York

[32] Alfassi ZB, Probst TU (1999) On the calibration curve for determination of boron in tissue by quantitative neutron capture radiography. NIM A 428:502-507

[33] Pugliesi R, Pereira MAS (2002) Study of the neutron radiography characteristics for the solid state nuclear track detector makrofol-de. NIM A 484:613-618

[34] Roveda L, Prati U, Bakeine J, Trotta F, Marotta P, Valsecchi P (2004) How to study boron biodistribution in liver metastases from colorectal cancer. J Chemother 16(Suppl 5):5-8

[35] Altieri S, Bortolussi S, Bruschi P, Chiari P, Fossati F, Stella S et al (2008) Neutron autoradiography imaging of selective boron uptake in human metastatic tumours. Appl Radiat Isot 66(12): 1850-1855

[36] Schutz C, Brochhausen C, Altieri S, Bartholomew K, Bortolussi S, Enzmann F et al (2011) Boron determination in liver tissue by combining quantitative neutron capture radiography (QNCR) and histological analysis for BNCT treatment planning at the TRIGA Mainz. Radiat Res 176(3):388-396

[37] Nano R, Barni S, Chiari P, Pinelli T, Fossati F, Altieri S et al (2004) Efficacy of boron neutron capture therapy on liver metastases of colon adenocarcinoma: optical and ultrastructural study in the rat. Oncol Rep 11(1):149-153

[38] Chiaraviglio D, De Grazia F, Zonta A, Altieri S, Braghieri A, Fossati F et al (1989) Evaluation of selective boron absorption in liver tumors. Strahlenther Onkol 1989(2/3):170-172

[39] Enge W, Grabisch K, Beaujean R, Bartholoma KP (1974) Etching behaviour of cellulose nitrate plastic detector under various etching conditions. NIM 115:263-270

[40] Bennett BD, Zha X, Gay I, Morrison GH (1992) Intracellular boron localization and

uptake in cell cultures using imaging secondary ion mass spectrometry (ion microscopy) for neutron capture therapy for cancer. Biol Cell 74(1):105-108

[41] Chandra S, Morrison GM (1992) Sample preparation of animal tissues and cell cultures for secondary ion mass spectrometry (SIMS) microscopy. Biol Cell 74:31-42

[42] Chandra S, Smith DR, Morrison GH (2000) Subcellular imaging by dynamic SIMS ion microscopy. Anal Chem 72(3):104A-114A

[43] Chandra S, Lorey ID, Smith DR (2002) Quantitative subcellular secondary ion mass spectrometry (SIMS) imaging of boron-10 and boron-11 isotopes in the same cell delivered by two combined BNCT drugs: in vitro studies on human glioblastoma T98G cells. Radiat Res 157(6): 700-710

[44] Smith DR, Chandra S, Barth RF, Yang W, Joel DD, Coderre JA (2001) Quantitative imaging and microlocalization of boron-10 in brain tumors and infiltrating tumor cells by SIMS ion microscopy: relevance to neutron capture therapy. Cancer Res 61(22): 8179-8187

[45] Yokoyama K, Miyatake S, Kajimoto Y, Kawabata S, Doi A et al (2007) Analysis of boron distribution in vivo for boron neutron capture therapy using two different boron compounds by secondary ion mass spectrometry. Radiat Res 67(1):102-109

[46] Arlinghaus HF, Spaar MT, Switzer RC, Kabalka GW (1997) Imaging of boron in tissue at the cellular level for boron neutron capture therapy. Anal Chem 69(16):3169-3176

[47] Fartmann M, Kriegeskotte C, Dambach S, Wittig A, Sauerwein W, Arlinghaus HF (2004) Quantitative imaging of atomic and molecular species in cancer cultures with TOF-SIMS and Laser-SNMS. Appl Surf Sci 231(2(SI)):428-431

[48] Arlinghaus HF (ed) (2002) Laser Secondary Neutral Mass Spectrometry (Laser-SNMS). Wiley-VCH Verlag GmbH & Co. KGaA, Weinheim

[49] Arlinghaus HF, Kriegeskotte C, Fartmann M, Wittig A, Sauerwein W, Lipinsky D (2006) Mass spectrometric characterization of elements and molecules in cell cultures and tissues. Appl Surf Sci 252:6941-6948

[50] Fartmann M, Dambach S, Kriegeskotte C, Lipinsky D, Wiesmann HP, Wittig A et al (2003) Subcellular imaging of freeze-fractured cell cultures by TOF-SIMS and Laser SNMS. Appl Surf Sci 203-204:726-729

[51] Wittig A, Wiemann M, Fartmann M, Kriegeskotte C, Arlinghaus HF, Zierold K et al (2005) Preparation of cells cultured on silicon wafers for mass spectrometry analysis. Microsc Res Tech 66(5):248-258

[52] Arlinghaus HF, Fartmann M, Kriegeskotte C, Dambach S, Wittig A, Sauerwein W et al (2004) Subcellular imaging of cell cultures and tissue for boron localization with laser-SNMS. Surf Interface Anal 36(8):698-701

[53] Bourdos N, Kollmer F, Benninghoven A, Sieber M, Galla HJ (2000) Imaging of domain structures in a one-component lipid monolayer by time-of-flight secondary ion mass spectrometry. Langmuir 16(4):1481-1484

[54] Neumann M, Kunz U, Lehmann H, Gabel D (2002) Determination of the subcellular

distribution of mercaptoundecahydro-closo-dodecaborate (BSH) in human glioblastoma multiforme by electron microscopy. J Neurooncol 57(2):97-104

[55] Zhu Y, Egerton RF, Malac M (2001) Concentration limits for the measurement of boron by electron energy loss spectroscopy and electron-spectroscopic imaging. Ultramicroscopy 87:135-145

[56] Michel J, Sauerwein W, Wittig A, Balossier G, Zierold K (2003) Subcellular localization of boron in cultured melanoma cells by electron energy-loss spectroscopy of freeze-dried cryosections. J Microsc 210(Pt 1):25-34

[57] Isaacson I, Johnson D (1975) The microanalysis of light elements using transmitted energyloss electrons. Ultramicroscopy 1:33-52

[58] Leapman RD, Kocsis E, Zhang G, Talbot TL, Laquerriere P (2004) Three dimensional distribution of elements in biological samples by energy filtered electron tomography. Ultramicroscopy 100:115-125

[59] Michel J, Bonnet N (2001) Optimization of digital filters for the detection of trace elements in electron energy loss spectroscopy. Gaussian, homomorphic and adaptive filters. Ultramicroscopy 88:231-242

[60] March RE (1997) An introduction to quadrupole ion trap mass spectrometry. J Mass Spectrom 32:351-369

[61] Mauri PL, Basilico F, Pietta PG, Pasini E, Monti D, Sauerwein W (2003) New approach for the detection of BSH and its metabolites using capillary electrophoresis and electrospray ionization mass spectrometry. J Chromatogr B Analyt Technol Biomed Life Sci 788(1):9-16

[62] Basilico F, Sauerwein W, Pozzi F, Wittig A, Moss R, Mauri PL (2005) Analysis of ^{10}B antitumoral compounds by means of flow-injection into ESI-MS/MS. J Mass Spectrom 40(12):1546-1549

[63] Washburn MP, Wolters D, Yates JRI (2001) Large-scale analysis of the yeast proteome by multidimensional protein identification technology. Nat Biotechnol 19:242-247

[64] Mauri P, Scarpa A, Nascimbeni AC, Benazzi L, Parmagnani E, Mafficini A (2005) Identification of proteins released by pancreatic cancer cells by multidimensional protein identification technology: A strategy for identification of novel cancer markers. FASEB J 19:1125-1127

[65] Beretta L (2007) Proteomics from the clinical perspective: many hopes and much debate. Nat Methods 4:787-796

[66] Bendel P (2005) Biomedical applications of ^{10}B and ^{11}B NMR. NMR Biomed 18(2):74-82

[67] Bendel P, Koudinova N, Salomon Y (2001) In vivo imaging of the neutron capture therapy agent BSH in mice using ^{10}B MRI. Magn Reson Med 46:13-17

[68] Porcari P, Capuani S, D'Amore E, Lecce M, La Bella A, Fasano F et al (2009) In vivo ^{19}F MR imaging and spectroscopy for the BNCT optimization. Appl Radiat Isot 67(7-8 Suppl):S365-S368

[69] Martínez MJ, Ziegler SI, Beyer T (2008) PET and PET/CT: basic principles and in-

strumentation. Recent Results Cancer Res 170:1-23

[70] Schöder H, Erdi YE, Larson SM, Yeung HW (2003) PET/CT: a new imaging technology in nuclear medicine. Eur J Nucl Med Mol Imaging 30:1419-1437

[71] Lecchi M, Fossati P, Elisei F, Orecchia R, Lucignani G (2008) Current concepts on imaging in radiotherapy. Eur J Nucl Med Mol Imaging 35(4):821-837

[72] Grosu AL, Piert M, Weber WA, Jeremic B, Picchio M, Schratzenstaller U et al (2005) Positron emission tomography for radiation treatment planning. Strahlenther Onkol 181(8): 483-499

[73] Kabalka GW, Nichols TL, Smith GT, Miller LF, Khan MK, Busse PM (2003) The use of positron emission tomography to develop boron neutron capture therapy treatment plans for metastatic malignant melanoma. J Neurooncol 62(1-2):187-195

[74] Imahori Y, Ueda S, Ohmori Y, Kusuki T, Ono K, Fujii R et al (1998) Fluorine-18-labeled fluoroboronophenylalanine PET in patients with glioma. J Nucl Med 39(2):325-333

[75] Imahori Y, Ueda S, Ohmori Y, Sakae K, Kusuki T, Kobayashi T et al (1998) Positron emission tomography-based boron neutron capture therapy using boronophenylalanine for high-grade gliomas: part II. Clin Cancer Res 4(8):1833-1841

[76] Ariyoshi Y, Miyatake S, Kimura Y, Shimahara T, Kawabata S, Nagata K et al (2007) Boron neuron capture therapy using epithermal neutrons for recurrent cancer in the oral cavity and cervical lymph node metastasis. Oncol Rep 18(4):861-866

[77] Nariai T, Ishiwata K, Kimura Y, Inaji M, Momose T, Yamamoto T et al (2009) PET pharmacokinetic analysis to estimate boron concentration in tumor and brain as a guide to plan BNCT for malignant cerebral glioma. Appl Radiat Isot 67(7-8 Suppl):S348-S350

[78] Havu-Auren K, Kiiski J, Lehtio K, Eskola O, Kulvik M, Vuorinen V et al (2007) Uptake of 4-borono-2-[^{18}F]fluoro-L-phenylalanine in sporadic and neurofibromatosis 2-related schwannoma and meningioma studied with PET. Eur J Nucl Med Mol Imaging 34(1):87-94

[79] Aihara T, Hiratsuka J, Morita N, Uno M, Sakurai Y, Maruhashi A et al (2006) First clinical case of boron neutron capture therapy for head and neck malignancies using ^{18}F-BPA PET. Head Neck 28(9):850-855

[80] Takahashi Y, Imahori Y, Mineura K (2003) Prognostic and therapeutic indicator of fluoroboronophenylalanine positron emission tomography in patients with gliomas. Clin Cancer Res 9(16 Pt 1):5888-5895

[81] Wyss MT, Hofer S, Hefti M, Bartschi E, Uhlmann C, Treyer V et al (2007) Spatial heterogeneity of low-grade gliomas at the capillary level: a PET study on tumor blood flow and amino acid uptake. J Nucl Med 48(7):1047-1052

[82] Wang HE, Wu SY, Chang CW, Liu RS, Hwang LC, Lee TW et al (2005) Evaluation of F-18-labeled amino acid derivatives and [^{18}F]FDG as PET probes in a brain tumor-bearing animal model. Nucl Med Biol 32(4):367-375

[83] Ishiwata K, Kawamura K, Wang WF, Furumoto S, Kubota K, Pascali C et al (2004) Evaluation of O-[^{11}C]methyl-L-tyrosine and O-[^{18}F]fluoromethyl-L-tyrosine as tumor imaging

tracers by PET. Nucl Med Biol 31(2):191-198

[84] Minsky DM, Valda AA, Kreiner AJ, Green S, Wojnecki C, Ghani Z (2011) First tomographic image of neutron capture rate in a BNCT facility. Appl Radiat Isot 69(12):1858-1861

[85] Murata I, Mukai T, Nakamura S, Miyamaru H, Kato I (2011) Development of a thick CdTe detector for BNCT-SPECT. Appl Radiat Isot 69(12):1706-1709

[86] Wittig A, Malago M, Collette L, Huiskamp R, Buhrmann S, Nievaart V et al (2008) Uptake of two ^{10}B-compounds in liver metastases of colorectal adenocarcinoma for extracorporeal irradiation with boron neutron capture therapy (EORTC Trial 11001). Int J Cancer 122(5):1164-1171

[87] Coderre JA, Chanana AD, Joel DD, Elowitz EH, Micca PL, Nawrocky MM et al (1998) Biodistribution of boronophenylalanine in patients with glioblastoma multiforme: boron concentration correlates with tumor cellularity. Radiat Res 149(2):163-170

[88] Thellier M, Hennequin E, Heurteaux C, Martini F, Pettersson M, Fernandez T et al (1988) Quantitative estimations in neutron capture radiography. Nucl Instrum Methods Phys Res B 30:567-579

[89] Haselsberger K, Radner H, Gössler W, Schagenhaufen C, Pendl G (1994) Subcellular boron-10 localization in glioblastoma for boron neutron capture therapy with $Na_2B_{12}H_{11}SH$. J Neurosurg 81:741-744

[90] Michel J, Balossier G, Wittig A, Sauerwein W, Zierold K (2005) EELS Sprctrum-Imaging for boron detection in biological cryofixed tissues. Instrumentation Sciences and Technology 33:632-644

[91] Bendel P, Koudinova N, Salomon Y, Hideghéty K, Sauerwein W (2002) Imaging of BSH by ^{10}B MRI. In: Sauerwein W, Moss R, Wittig A, editors. Research and Development in Neutron Capture Therapy, Bologna: Monduzzi Editore, Bologna 877-880

第10章 BNCT 的蛋白质组学研究

皮尔·路易吉·毛里和法布里齐奥·巴西利科

10.1 简　　介

蛋白质组这一术语在 20 世纪 90 年代被创造出来，与基因组[1]的概念相当，用来描述在细胞生命周期中整个基因组表达和修饰的一整套蛋白质。在一个不那么普遍的意义上，它也被用来描述细胞在任何特定时间点表达的补体蛋白质[2]。

基因组相对静止且随时间保持不变，而蛋白质组是动态的。基因组是生物体特有的，而蛋白质组是组织和细胞特有的。例如，我们的肝细胞和肺细胞具有相同的基因组，但由于它们的蛋白质组不同，所以它们的功能截然不同。此外，细胞的蛋白质组表达随着细胞内活动和/或环境事件的变化而变化。这些变化也可能是由生长、分化、衰老、环境变化、基因操纵或其他原因引起的。

研究一个有机体、组织或细胞的蛋白质组时，需要同时确定感兴趣样本中所表达的各种蛋白质的相对数量。这种蛋白质"分析"可以在不同的情况下进行比较，例如生理状态和病理状态，以发现与特定情况相关的生物标志物。

临床蛋白质组学研究作为蛋白质组学的一部分，为不同疾病的诊断和随访提供了一种新的重要方法。在这一背景下，蛋白质组的研究范围广泛，如体液、血清和尿液，以及组织。

利用高分辨率的技术，如二维凝胶电泳 (2DE) 可以获得蛋白质。2DE 基于两个独立的特征分离蛋白质，即电荷和大小。因此，从一个复杂的混合物中可以分解出多达 10000 个蛋白质和肽，并且产生的蛋白质模式是特定生物系统在特定状态下的特征。生物信息学工具被用来比较不同的蛋白质组指纹，并确定感兴趣的变化。这些变化可以用串联质谱来表征，提供氨基酸序列信息，可以用来搜索蛋白质和表达序列标签数据库。传统上，蛋白质组的表征是通过 2DE 方法来完成的，然而 2DE 系统烦琐且耗时，而且疏水性蛋白质的分析也不简单。此外，极

皮尔·路易吉·毛里 (✉) 和法布里齐奥·巴西利科

意大利，米兰，塞格拉特 20090，Via Fratelli Cervi 93，生物医学技术研究所 (ITB-CNR)，蛋白质组学和代谢组学部门

e-mail: pierluigi.mauri@itb.cnr.it

端分子量 (<10 kDa 和 >200 kDa) 或等电点 (pI<4 或 >10) 的蛋白质很难检测到[3]。基于这些原因，近年来，人们提出了其他方法，如毛细管电泳[4]、表面增强激光解吸电离 (SELDI)[5] 和二维色谱耦合串联质谱 (2 DC-MS/MS，也称多维蛋白质识别技术)[6]。

今天，蛋白质组学方法对于发现驱动的生物标志物研究是至关重要的。理论上，发现生物标志物的理想方法是在肿瘤生物液中检测特定结构和分泌蛋白[7]。这种方法很有意义，被许多研究人员使用，但获得技术上可重复性好的结果并不容易；事实上，潜在生物标记物的浓度可能在肿瘤附近很高，但在循环系统中稀释，循环系统也是一个复杂的基质[8]。

本章对经典的基于凝胶电泳的蛋白质组学方法和创新的基于液相色谱的蛋白质组学方法进行了阐述。特别是，对 MudPIT 方法及其在临床蛋白质组学中的应用，以及 BNCT 研究给出了更多的细节。

10.2 主要蛋白质组学方法概述

最流行的蛋白质特性分析方法无疑是 2DE。它涉及蛋白质混合物 (例如体液或组织中的提取物) 的两种分离系统：首先，蛋白质是根据其 pH 在 4~10 范围内的等电点 (pI) 进行分离的；其次，分离的第二个维度与蛋白质分子量在典型范围 10~200 kDa 有关。分离的蛋白质通过银染色或考马斯染色法检测，并对所得图像进行比较，以便逐个通过胰蛋白酶消化和质谱分析，选择待识别的差异表达点 (图 10.1)。这种方法也被称为基于凝胶的方法；事实上，最重要的步骤是蛋白质的凝胶分离。相反，在 MudPIT 蛋白质组学策略中，复杂的蛋白质混合物已经被消化，并通过二维纳米色谱 (2 DC 或 LC/LC) 分离得到肽：首先，通过增加盐浓度 (0~1000 mM 氯化铵、醋酸盐或甲酸盐) 在离子交换柱 (第一维度) 上分离肽，然后在反相柱 (C_{18} 固定相，第二维度) 上分离。LC/LC 系统直接耦合到串联质谱 (MS/MS)，通常是离子阱质谱仪，用于检测洗脱肽的分子量和片段。肽序列的识别是通过使用适当软件的自动数据库搜索获得的，例如，质谱数据处理 SEQUEST 算法[9-11]。实验质谱 (全 MS 和 MS/MS) 与胰蛋白酶肽序列相关，通过与从公共蛋白质或全翻译基因组数据库推导出的理论质谱相比较[12]。测序后的肽可以识别原始样本中存在的相关蛋白质。因为 MudPIT 分析需要收集成千上万个谱 ((2~5) 万个)，所以最好使用并行虚拟机 (CPU 集群) 进行数据处理。图 10.1 总结了 2DE(图 10.1(a)) 和 MudPIT(图 10.1(b)) 方法中涉及的主要步骤。特别是 2DE 具有分辨率高、投资少等优点。然而，2DE 也有一些缺点，如 pI 和分子量范围有限，耗时长。

10.2 主要蛋白质组学方法概述

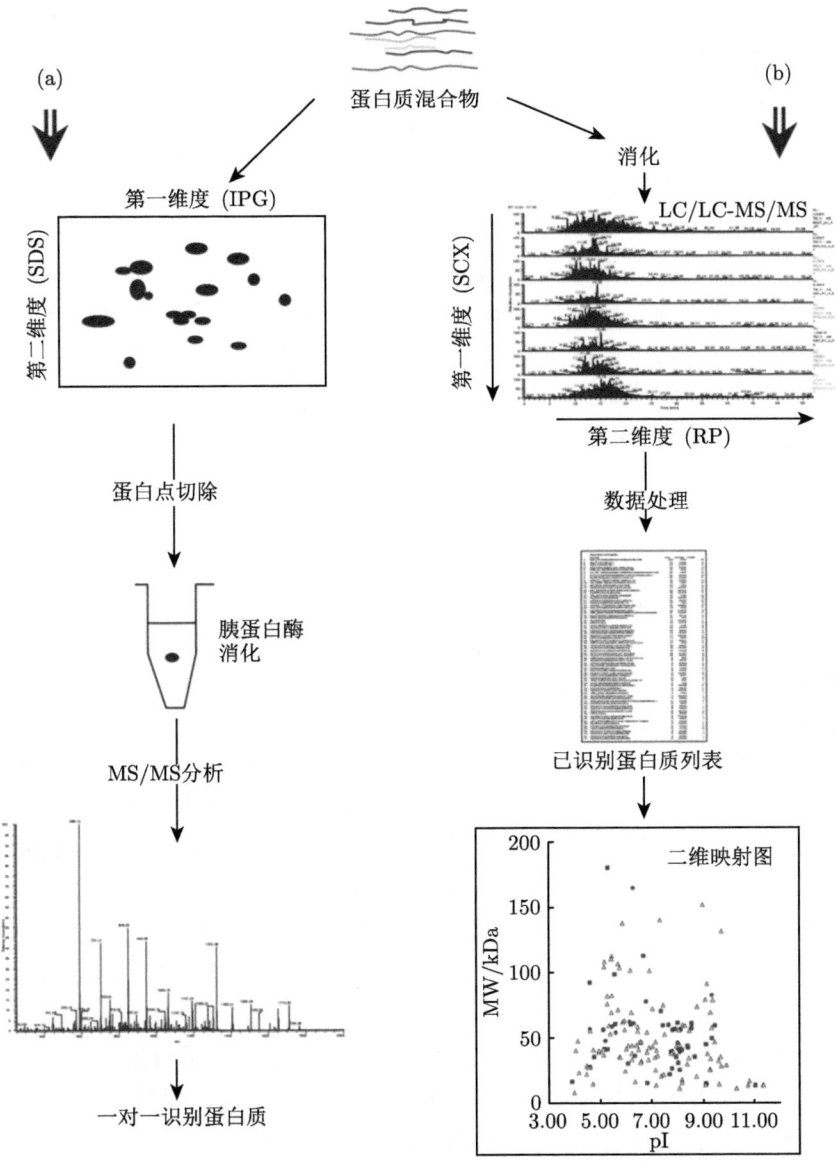

图 10.1 用于 (a) 传统的 2DE 和 (b)MudPIT 蛋白质组学方法的主要步骤。2DE 方法主要通过固相 pH 梯度 (IPG，第一维度) 和十二烷基硫酸钠聚丙烯酰胺凝胶电泳 (SDS-PAGE，第二维度) 进行蛋白质分离。将差异表达的蛋白点切下，用凝胶消化。所得肽通过质谱法 (通常是串联质谱法，MS/MS，用于获得肽序列) 进行鉴定。消化和 MS/MS 分析需要对每个感兴趣的点进行重复。相反，MudPIT 方法对包括复杂蛋白质的混合物进行初步消化，并通过二维液相色谱法 (2DC 或 LC/LC) 结合质谱法分离得到的肽识别洗脱的肽。这就使得利用识别的蛋白质的理论 pI 和分子量 (MW) 在虚拟 2D 图上绘制蛋白质列表成为可能

相比之下，MudPIT 方法比凝胶分析法有显著改进，因为它代表了一种完全自动化的技术，可以同时分离消化的肽，对它们进行测序和识别相应的蛋白质。这样，蛋白质混合物的定量表征[13,14]在较宽的 pI 和分子量范围内是可能的，并且膜蛋白也能识别。关于 MudPIT 分析，它被确认为"复杂混合物的非凝胶分析的新生方法，具有很大的前景"[15]。这项技术是所谓的基于质谱的蛋白质组学的一部分。

最近，一些癌症研究已经通过 MudPIT 方法进行了识别生物标志物的研究[16]。例如，对胰腺癌细胞释放的蛋白质进行了研究，发现了与细胞外基质降解和转移相关的差异表达蛋白质[17]。其他作者通过直接研究胰腺癌组织获得了类似的结果[18]。此外，还对卵巢癌细胞进行了 MudPIT 分析，并根据细胞的运动能力和侵袭能力对细胞系进行了分组[19]。

10.3 BNCT 相关结果

迄今为止，有关 BNCT 的蛋白质组学研究很少。这些工作主要集中在以下几个方面：① 研究含 ^{10}B 化合物修饰的蛋白质检测的可能性；② 硼 (^{10}B) 药物有关的肿瘤生物标志物和靶点的表征。

已经进行了一些实验来验证蛋白质和硼化合物之间可能的化学相互作用；例如，用 BSH(约 0.05 mM) 处理过磷脂过氧化氢谷胱甘肽过氧化物酶 (PHGPx，约 2 μg)，所得产物经 SDS 凝胶电泳 (SDS-PAGE) 分离，并在聚偏氟乙烯 (PVDF) 转移膜上进行印迹。使用蛋白质的化学染色，例如，使用胭脂红[20]，检测到两条约 22 kDa 和 14 kDa 的带，涵盖有和无 BSH 反应 (图 10.2)。相反，使用物理方法，基于中子放射自显影术[21]获得的 ^{10}B 的特定检测，在 BSH 处理的样品中检测到蛋白质带[22]。尤其是 14 kDa 左右的蛋白质不与 BSH 反应，而 22 kDa 的蛋白质带含有硼 (^{10}B)。

为了证实这些结果，中子阳性的 22 kDa 带被激活并用胰蛋白酶消化，所得肽混合物通过液相色谱串联质谱 (LC-MS/MS) 进行分析。通过这种方法，对许多肽进行了测序，也可以识别出一种含有 BSH 残基的肽 (图 10.3)。特别地，修饰肽对应于 $T_{172-178}$，BSH 通过与 Cys_{175} 的二硫桥与蛋白质连接。值得注意的是，由于 BSH 的串联质谱分析，在肽的 MS/MS 光谱中观察到特征片段 (m/z 131)(图 10.3(d))。

所述结果表明，利用基于 LC-MS/MS 的蛋白质组学方法，可以检测由于蛋白质和 ^{10}B 化合物之间的最终相互作用而导致的翻译后修饰。最近，新的抗体已经被开发出来，专门用于检测自由形式的 BSH 或 BPA[24]，或者通过免疫印迹法 (western blot) 染色与蛋白质连接。这些方法对于研究 BNCT 药物的靶点具有重

10.3 BNCT 相关结果

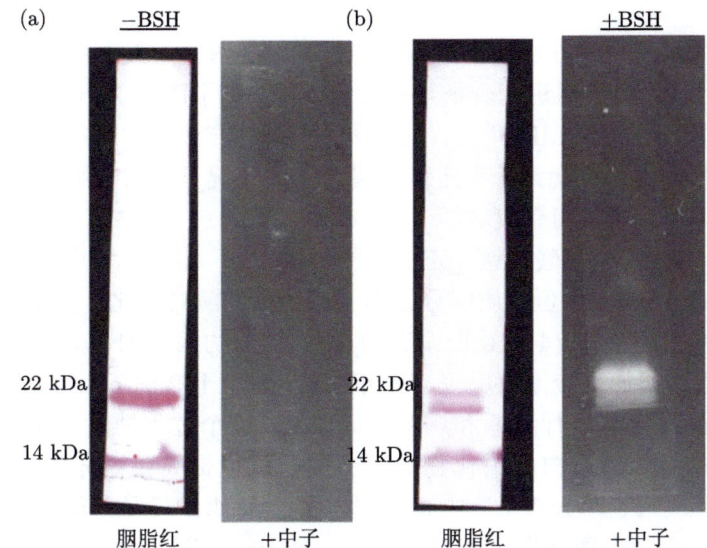

图 10.2 印在 PVDF 膜上的 PHGPx 凝胶电泳分离，并用胭脂红染色和中子放射自显影：(a) 未用 BSH 处理；(b) 用 BSH 处理过

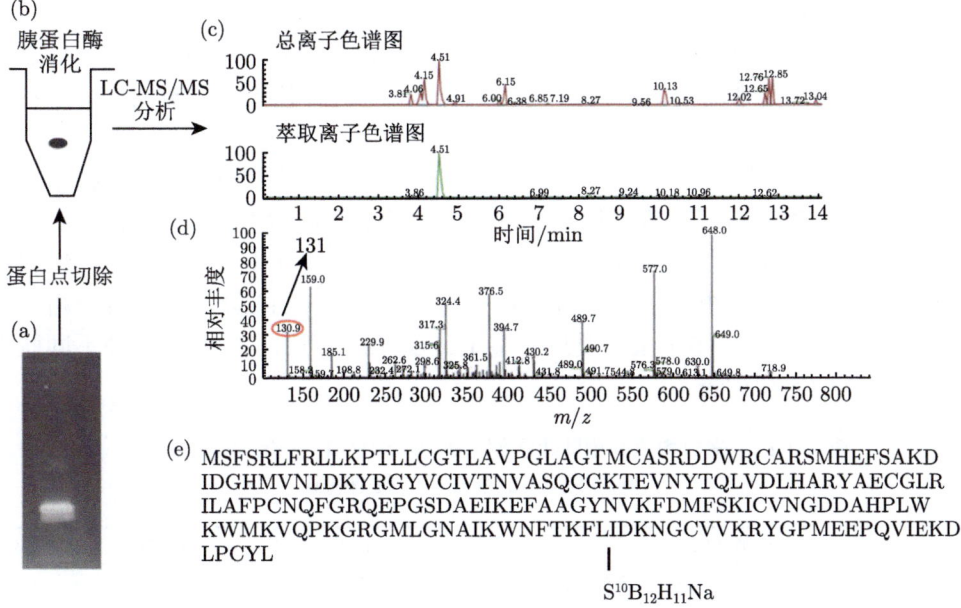

图 10.3 用中子放射自显影法检测的蛋白质 LC-MS/MS 分析 (图 10.1)。(a) 一个 22 kDa 蛋白质被 (b) 胰蛋白酶消化并用 LC-MS/MS 分析。这允许 (c) 分离得到的肽，和 (d) 对它们进行测序，以及 (e) 识别 BSH 修饰的肽

要意义。

为了研究硼药物在肿瘤细胞中积累的机制,并对具有较高反应性的肿瘤细胞进行分组,对其蛋白质组进行表征是非常重要的。为了研究 BNCT 与蛋白质的关系,我们采用了鸟枪 MudPIT 法。如上所述,这种方法允许对每个分析样品的许多蛋白质进行鉴定,也允许获得定量结果。一般情况下,正常组织和肿瘤组织并行分析,以增加比较的可信度。

组织在 100 mM 碳酸氢铵 (pH 8) 中于 4 ℃ 下均质化,并超离心分离亲水 (上清液) 和疏水 (颗粒) 蛋白质组分。为了避免蛋白酶自消化,每个组分在 37 ℃ 下用改性胰蛋白酶消化 (4~16 h)。底物/酶的比例约为 50:1(w/w),最终体积为 30~50 μl;通过添加甲酸停止反应,以获得等于或小于 2 的 pH。为了检测半胱氨酸,有必要在消化前进行还原和烷基化 [25],但这个过程消除了蛋白质和 BSH 之间的最终结合。胰蛋白酶消化物的样品脱盐可以提高色谱分辨率和质谱灵敏度 [26]。用 MudPIT 法分析 5~10 μl 胰蛋白酶消化组织样品:首先,通过强离子交换色谱 (SCX 柱,通常为内径 0.30 i.d.×100 mm) 分离肽,采用九级氯化铵浓度梯度 (0、20 mM、40 mM、80 mM、120 mM、200 mM、400 mM、700 mM),流速为 1~2 μl/min。第二个维度是通过使用十通阀加载,每个盐步骤直接洗脱到反相柱 (C_{18}, 0.180 i.d.×100 mm) 中,并以 1 μl/min 的乙腈梯度将其分离。上文中的 "i.d." 是内径的英文单词缩写。

用质谱仪直接检测从 C_{18} 柱洗脱的每个肽,以正模式收集完整的 MS 和 MS/MS 质谱。典型的采集范围为 400~1700 m/z,并使用了与数据相关的扫描和动态排除 [27]。

然后,通过使用适当软件 (如 SEQUEST 算法 [28]) 进行自动数据库搜索来处理质谱数据,以获得蛋白质的识别。将所产生的实验质谱与从 NCBI(www.ncbi.nlm.nih.gov) 下载的人类蛋白质数据库中的理论质谱进行比较,得到与质谱相关联的肽序列。作为一个例子,MudPIT 对均质化肿瘤肝的疏水部分进行分析,允许对每个样本的 120 多个蛋白质进行鉴定。表 10.1 列出了由至少两种不同肽识别的蛋白质的典型列表。

表 10.1 来自均质肿瘤肝疏水部分的 MudPIT 分析,由至少两种不同肽识别出的蛋白质的典型列表

参考名称	检索号	命中数	得分
人纤维蛋白前体 (FN)(冷不溶性球蛋白)(CIG)	2506872	16	160
伴随蛋白	31542947	7	76
人胶原蛋白 α-3(VI) 链前体	5921193	7	70
腱抗原蛋白 (六臂)	4504549	7	70
角蛋白 8	4504919	6	60

续表

参考名称	检索号	命中数	得分
I38369 β-微管蛋白-人 (碎片)	2119276	5	50
Ig 重链 V 区前驱体	2146957	2	42
甘油醛-3-磷酸脱氢酶	7669492	4	40
角蛋白 18	4557888	4	40
波形蛋白	62414289	4	40
人骨膜炎前体 (PN)(成骨细胞特异性因子 2)	93138709	4	40
人纤层蛋白-A(α-丝氨酸)(丝胺-1)	116241365	3	36
酪氨酸 3/色氨酸 5-单加氧酶激活蛋白	4507953	3	30
肌球蛋白，重多肽 9，非肌肉	12667788	3	30
烯醇化酶 1	4503571	3	30
链人血清白蛋白	4389275	3	30
微管蛋白 α6	14389309	3	30
脯氨酰 4-羟化酶，β 亚单位前体	20070125	3	304
B 链 B，T-To-T(高) 四元跃迁	61679604	3	30
B 链 B，重组人纤维蛋白原 D 片段的晶体结构	24987624	3	30
丝氨酸蛋白酶抑制剂	50363217	3	30
纤维蛋白原，α 多肽亚型 α-E 前蛋白	4503689	3	30
热休克 27 kDa 蛋白 1	4504517	2	28
谷胱甘肽转移酶	4504183	2	20
丙酮酸激酶 3 亚型 1	33286418	2	20
α2 珠蛋白	4504345	2	20
纽蛋白异构体 (vinculin isoform meta-VCL)	7669550	2	20
热休克 70 kDa 蛋白质 5	16507237	2	20
C 链 C，纤维蛋白原片段 D 的晶体结构	2781209	2	20
真核生物翻译延伸因子 1α1	4503471	2	20
转化生长因子，β 诱导，68 kDa	4507467	2	20
A 链 A，人血小板抑制蛋白与 L-Pro10 肽复合物	3891601	2	20
人胶原蛋白 α-2(I) 链前体	82654930	2	20
磷酸甘油酸激酶 1	4505763	2	20
ATP 合成酶，H+ 转运，线粒体 F1 复合物，β 亚单位	32189394	2	20
电子转移黄素蛋白，α 多肽	4503607	2	20
H4 组蛋白家族，成员 A	4504301	2	20

为了以用户友好的格式显示蛋白质列表输出数据，开发了多维算法蛋白质映射 (MAProMA) 软件，该软件自动绘制每个识别的蛋白质的分子量与 pI[17]。通过 SEQUEST 数据分析，根据一系列评分值或不同的肽识别自动分配颜色代码/形

状。这提供了获得的蛋白质列表 (图 10.4(a)) 的二维图概览,并允许快速评估识别置信度:评分或肽数越高,蛋白质识别的可信度越高。此外,图 10.4(b) 显示了从均质化正常肝脏的疏水部分获得的二维图。比较这两幅图,可以看出一些不同之处。有趣的是,基于 2DE 的传统蛋白质组学方法仅限于 pI 和分子量范围内 (等电点和分子量分别为 4~10 pI 和 10~200 kDa)[29]。相反,MudPIT 分析允许在大范围的 pI(>10) 和分子量 (>200 kDa) 范围内识别蛋白质。

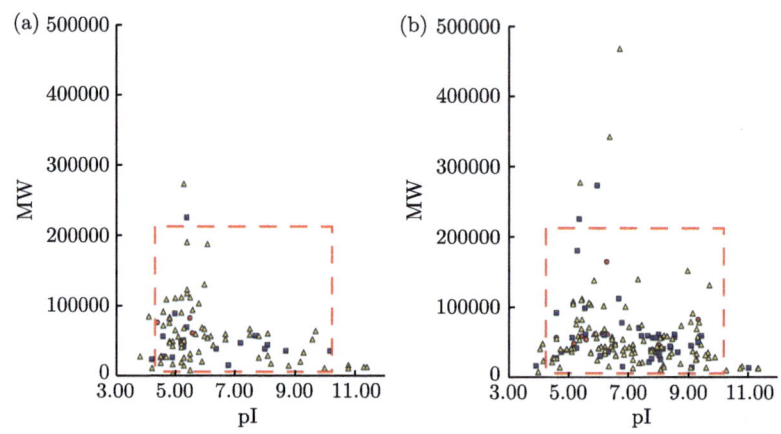

图 10.4　由 MAProMA 软件获得的虚拟二维图 (理论 pI 与分子量),显示了均质化 (a) 肿瘤和 (b) 正常肝脏的疏水部分中识别的蛋白质列表。根据每个蛋白质识别的不同肽的数量,为每个虚拟蛋白质点分配颜色/形状代码:黄色/三角形,1 个肽;蓝色/正方形,从 ≥2 到 <4 个肽;红色/菱形,≥4 个肽。红框表示二维电泳法的典型 pI 和分子量范围

10.4　研究评述

上文简要介绍了可用的主要蛋白质组学方法——凝胶法 (如 2DE) 和质谱法 (如 MudPIT)。其他技术也可用,例如,表面增强激光解吸电离与飞行时间质谱联用 (SELDI-TOF) 允许从少量样品中快速筛选;它提供蛋白质峰轮廓,但不提供蛋白质的序列识别和翻译后修饰[30]。

蛋白质组学技术旨在为临床医生提供新的工具,开拓生物标记物的创新研究以及发现疾病 (如癌症) 的靶点。

尤其是,MudPIT 方法是一种创新的高通量蛋白质组学方法,允许在没有 pI 或分子量限制的情况下,为每个样本识别 100~1000 个蛋白质。此外,还可以分析范围广泛的样本,如细胞、组织 (新鲜、冷冻或甲醛固定、石蜡包埋[31]) 和体液样本[32]。关于 BNCT 的研究,在未来,应用蛋白质组学方法来描述未治疗和已治疗患者的蛋白质谱,并将这些研究与药代动力学结果相结合是可能和重要的。特

别是，硼 (^{10}B) 水平 (组织和体液中的定性和定量) 与差异表达的蛋白质之间的相关性对于确定用于 BNCT 的不同含硼 (^{10}B) 化合物的转运、代谢和吸收的分子机制至关重要。最近抗 BPA 和 BSH 的抗体可用性将使蛋白质与 ^{10}B 药物相互作用的研究结果得到验证 (见第 7 章)。最后，近期关于非天然氨基酸 (如修饰苯丙氨酸) 在哺乳动物细胞蛋白质中遗传结合的 BNCT 研究引起了人们极大的兴趣 [33]。我们认为，这可能是一个有意义的方法，用于治疗用蛋白质的生物合成 (如已知肿瘤靶点的抗体或多肽)，其中含有非天然氨基酸 BPA，并可增加肿瘤中 ^{10}B 的浓度。

致谢： 罗韦里 (A. Roveri) 博士和阿尔泰里 (S. Altieri) 博士分别用 BSH 和中子放射自显影技术进行了 PHGPx 反应，作者在此表示感谢。

参 考 文 献

[1] Wilkins MR, Pasquali C, Appel RD, Ou K, Golaz O, Sanchez JC, Yan JX, Gooley AA, Hughes G, Humphrey-Smith I (1996) From proteins to proteomes—large-scale protein identification by 2-dimensional electrophoresis and amino acid analysis. Biotechnology 14:61-65

[2] Wasinger VC, Cordwell SJ, Cerpa-Poljak A, Yan JX, Gooley AA, Wilkins MR, Duncan MW, Harris R, Williams KL, Humphery-Smith I (1995) Progress with gene-product mapping of the Mollicutes: mycoplasma genitalium. Electrophoresis 7:1090-1094

[3] Mauri PL, Petretto A, Cuccabita D, Basilico F, Di Silvestre D, Levreri I, Melioli G (2008) Fractionation techniques improve the proteomic analysis of human serum. Curr Pharm Anal 4:69-77

[4] Kaiser T, Kamal H, Rank A, Kolb HJ, Holler E, Ganser A, Hertenstein B, Mischak H, Weissinger EM (2004) Proteomics applied to the clinical follow-up of patients after allogeneic hematopoietic stem cell transplantation. Blood 104:340-349

[5] Li J, Zhang Z, Rosenzweig J, Wang YY, Chan DW (2002) Proteomics and bioinformatics approaches for identification of serum biomarkers to detect breast cancer. Clin Chem 48:1296-1304

[6] Florens L, Washburn MP (2006) Proteomic analysis by multidimensional protein identification technology. Methods Mol Biol 328:159-175

[7] Sorio C, Mauri PL, Pederzoli P, Scarpa A (2006) Non-invasive cancer detection: strategies for the identification of novel cancer markers. IUBMB Life 58(4):193-198

[8] Anderson NL, Anderson NG (2002) The human plasma proteome—history, character, and diagnostic prospects. Mol Cell Proteomics 1(11):845-867

[9] Wolters DA, Washburn MP, Yates JR 3rd (2001) An automated multidimensional protein identification technology for shotgun proteomics. Anal Chem 73:5683-5690

[10] Washburn MP, Wolters D, Yates JR 3rd (2001) Large-scale analysis of the yeast proteome

by multidimensional protein identification technology. Nat Biotechnol 19:242-247

[11] Wu CC, Yates JR 3rd (2003) The application of mass spectrometry to membrane proteomics. Nat Biotechnol 21:262-267

[12] Lim H, Eng J, Yates JR 3rd, Tollaksen SL, Giometti CS, Holden JF, Adams MW, Reich CI, Olsen GJ, Hays LG (2003) Identification of 2D-gel proteins: a comparison of MALDI/TOF peptide mass mapping to mu LC-ESI tandem mass spectrometry. J Am Soc Mass Spectrom 14(9):957-970

[13] Liu H, Sadygov RG, Yates JR 3rd (2004) A model for random sampling and estimation of relative protein abundance in shotgun proteomics. Anal Chem 76:4193-4201

[14] Mauri PL, Dehò G (2008) A proteomic approach to the analysis of RNA degradosome composition in Escherichia coli. Methods Enzymol 447:99-117

[15] Tyers M, Mann M (2003) From genomics to proteomics. Nature 422(6928):193-197

[16] Maurya P, Meleady P, Dowling P, Clynes M (2007) Proteomic approaches for serum biomarker discovery in cancer. Anticancer Res 27(3A):1247-1255

[17] Mauri P, Scarpa A, Nascimbeni AC, Benazzi L, Parmagnani E, Mafficini A, Della Peruta M, Bassi C, Miyazaki K, Sorio C (2005) Identification of proteins released by pancreatic cancer cells by multidimensional protein identification technology: a strategy for identification of novel cancer markers. FASEB J 19(9):1125-1127

[18] Chen R, Yi EC, Donohoe S, Pan S, Eng J, Cooke K, Crispin DA, Lane Z, Goodlett DR, Bronner MP, Aebersold R, Brentnall TA (2005) Pancreatic cancer proteome: the proteins that underlie invasion, metastasis, and immunologic escape. Gastroenterology 129(4):1187-1197

[19] Sodek KL, Evangelou AI, Ignatchenko A, Agochiya M, Brown TJ, Ringuette MJ, Jurisica I, Kislinger T (2008) Identification of pathways associated with invasive behavior by ovarian cancer cells using multidimensional protein identification technology (MudPIT). Mol Biosyst 4(7):762-773

[20] Salinovich O, Montelaro RC (1986) Reversible staining and peptide mapping of proteins transferred to nitrocellulose after separation by sodium dodecylsulfate-polyacrylamide gel electrophoresis. Anal Biochem 156:341-347

[21] Altieri S, Bortolussi S, Bruschi P, Chiari P, Fossati F, Stella S, Prati U, Roveda L, Zonta A, Zonta C, Ferrari C, Clerici A, Nano R, Pinelli T (2008) Neutron autoradiography imaging of selective boron uptake in human metastatic tumours. Appl Radiat Isot 66(12):1850-1855

[22] Mauri PL, Basilico F, Wittig A, Heimans J, Sauerwein W (2006). Pharmacokinetics and metabolites of ^{10}B-contaning compounds in biological fluids. In: Oral presentation. 12th ICNCT, Kagawa, 9 Oct 2006

[23] Mauri PL, Basilico F, Pietta PG, Pasini E, Monti D, Sauerwein W (2003) New approach for the detection of BSH and its metabolites using capillary electrophoresis and electrospray ionization mass spectrometry. J Chromatogr B 788(1):9-16

[24] Doi A, Kawabata S, Iida K, Yokoyama K, Kajimoto Y, Kuroiwa T, Shirakawa T, Kirihata

M, Kasaoka S, Maruyama K, Kumada H, Sakurai Y, Masunaga S, Ono K, Miyatake S (2008) Tumor-specific targeting of sodium borocaptate (BSH) to malignant glioma by transferrin-PEG liposomes: a modality for boron neutron capture therapy. J Neurooncol 87(3):287-294

[25] Hale JE, Butler JP, Gelfanova V, You JS, Knierman MD (2004) A simplified procedure for the reduction and alkylation of cysteine residues in proteins prior to proteolytic digestion and mass spectral analysis. Anal Biochem 333(1):174-181

[26] Winston RL, Fitzgerald MC (1998) Concentration and desalting of protein samples for mass spectrometry analysis. Anal Biochem 262(1):83-85

[27] Regonesi ME, Del Favero M, Basilico F, Briani F, Benazzi L, Tortora P, Mauri P, Dehò G (2006) Analysis of the Escherichia coli RNA degradosome composition by a proteomic approach. Biochimie 88(2):151-161

[28] Link AJ, Eng J, Schieltz DM, Carmack E, Mize GJ, Morris DR, Garvik BM, Yates JR 3rd (1999) Direct analysis of protein complexes using mass spectrometry. Nat Biotechnol 17(7):676-682

[29] Righetti PG, Boschetti E (2007) Sherlock Holmes and the proteome—a detective story. FEBS J 274(4):897-905

[30] Wulfkuhle JD, Paweletz CP, Steeg PS, Petricoin EF 3rd, Liotta L (2003) Proteomic approaches to the diagnosis, treatment, and monitoring of cancer. Adv Exp Med Biol 532:59-68

[31] Ahram M, Flaig MJ, Gillespie JW, Duray PH, Linehan WM, Ornstein DK, Niu S, Zhao Y, Petricoin EF 3rd, Emmert-Buck MR (2003) Evaluation of ethanol-fixed, paraffin-embedded tissues for proteomic applications. Proteomics 3(4):413-421

[32] Veenstra TD, Conrads TP, Hood BL, Avellino AM, Ellenbogen RG, Morrison RS (2005) Biomarkers: mining the biofluid proteome. Mol Cell Proteomics 4(4):409-418

[33] Liu W, Brock A, Chen S, Chen S, Schultz PG (2007) Genetic incorporation of unnatural amino acids into proteins in mammalian cells. Nat Methods 4(3):239-244

第 11 章 分析和成像：PET

成相直和石渡喜一

11.1 简　　介

正电子发射断层摄影术 (PET) 是一种有用的医学成像方式，用于监测人体内的生物事件。PET 可以通过伽马射线的符合检测和外部正电子发射源的衰减校正来定量正电子标记分子在活体组织中的分布[32]。因此，由 PET 获得的断层图像可以作为体内放射自显影的模拟物[31,33]。

PET 的另一个重要优点是存在正电子发射同位素 ^{11}C 和 ^{15}O，有机分子的两个主要组成部分，以及 ^{18}F，一个有用的氢类似物。这些同位素已用于临床和实验诊断探针的开发，因为它们的吸收率反映了生命体的各种生物过程。

借助这些诊断探针，PET 已经成为无创性研究人脑功能的最有力工具之一[5]。然而，最近，PET 的应用已经从主要的研究环境扩展到具有实际目标的临床环境。PET 的两个主要实际用途是在肿瘤学和药理学领域。在前者，2-脱氧-2-[^{18}F] 氟-D-葡萄糖 (FDG) 的全身 PET 扫描现在已作为一种日常使用的方法。与此同时，肿瘤学家正在等待新的肿瘤成像探针，因为在正常情况下，FDG 成像对 FDG 积聚的器官 (如大脑) 缺乏足够的灵敏度。药理学家使用 PET 作为药物开发过程中的药物动力学监测工具[3,35]。通过注射少量正电子标记的药物，研究人员可以无创地监测药物的动态或药物在人体靶点的占有率。PET 在硼中子俘获疗法 (BNCT) 中的应用充分证明了 PET 在肿瘤学 (即 PET 肿瘤成像) 和药理学 (即监测治疗物质的药代动力学) 方面的优点。

与其他类型的放射治疗相比，BNCT 产生的杀瘤作用不是受放射类型的影响，而是由注入体内的含硼基质的生物分布引起的。因此，肿瘤学家正在等待一种成

成相直
日本，东京都，113-8519，文京区，汤岛 1-5-45，东京医科齿科大学，神经外科
e-mail: nariai.nsrg@tmd.ac.jp

石渡喜一
日本，东京都，173-0011，板桥区，中町 1-1，东京都老年学研究所，正电子医学中心
e-mail: ishiwata@pet.tmig.or.jp

像方法的建立,这种方法能够量化硼在肿瘤和周围正常组织中的摄取[38]。只要开发出合适的正电子标记示踪剂,PET 就可以作为一种工具使用。

4-Borono-2-[^{18}F]fluorophenylalanine([^{18}F]FBPA) 是 BNCT 的硼载体 4-boronophenylalanine(BPA) 的正电子标记物。自 20 世纪 90 年代初由石渡喜一 (作者之一)[13-16] 合成以来,[^{18}F]FBPA 一直是唯一能够监测人体体内硼浓度的 PET 示踪剂。BNCT 的 [^{18}F]FBPA-PET 临床方案在 20 世纪 90 年代末被两个小组 [10-12,19] 验证过。今天,在日本临床试验中,[^{18}F]FBPA-PET 被认为是 BNCT 候选者惯常的筛选工具 [1,25,39]。

本章将介绍 [^{18}F]FBPA 的 PET 成像,并描述其放射性药物合成、实验用途、作为肿瘤显像剂的临床应用以及 BNCT 的应用。

11.2 [^{18}F]FBPA 的放射合成

[^{18}F]FBPA 是由 BPA 与 [^{18}F] 乙酰基次氟石 ([^{18}F]AcOF) 或 [^{18}F]F_2 直接氟化合成的,如图 11.1[14,19,36,37] 所示。所使用的放射性标记 [^{18}F] 氟气是通过氘核照射含有低百分比 (0.05%~0.2%)F_2 的高压 Ne 气体,经由 ^{20}Ne(d,α)^{18}F 反应而产生的。通过将含有 [^{18}F]F_2 的目标 Ne 气体通过填充有醋酸钾/钠的柱,将 [^{18}F] F_2 转化为 [^{18}F]AcOF。然后将含有 [^{18}F]AcOF 的流出物在三氟乙酸中鼓泡进入 BPA,用高效液相色谱法纯化 [^{18}F]FBPA 产物。石渡 (Ishiwata) 等人首次用 4-硼苯丙氨酸的 D-和 L-异构体的混合物作为前体制备 [^{18}F]FBPA[14]。后来,他们和其他小组用一种纯 L-异构体,4-[^{10}B] 硼-L-苯丙氨酸制备了 [^{18}F]FBPA。石渡 (Ishiwata) 等人将 [^{18}F]FBPA 用于动物研究。其他小组决定进一步将 [^{18}F]FBPA 与果糖复合以生产 [^{18}F]FBPA 果糖络合物 ([^{18}F]FBPA-Fr),因为已证明 BPA 与果糖结合可增加硼载体的溶解度 [19,37]。

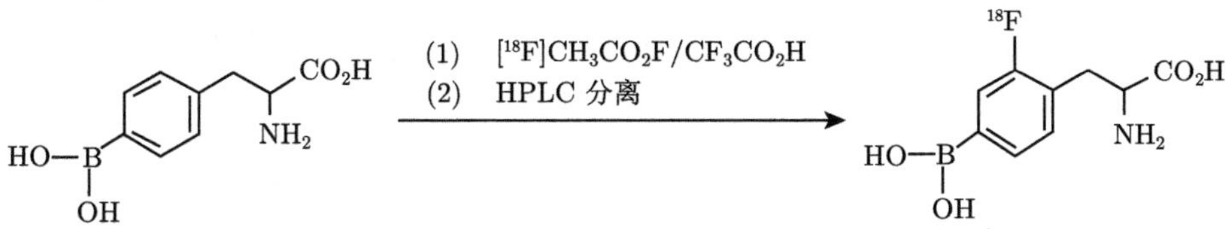

图 11.1 4-硼-2-[^{18}F] 氟苯丙氨酸的放射合成

由于纯 Ne 中产生的 [^{18}F]F_2 非常活跃,并且化学吸附在靶座上,载体 F_2 的存在对回收 [^{18}F]F_2 至关重要。因此,通过 ^{20}Ne(d,α)^{18}F 反应使用添加载体的 [^{18}F]F_2 进行放射合成,可使 [^{18}F]FBPA 具有较低的比活度 (35~60 GBq/mmol[14] 和 130 GBq/mmol[10])。另一方面,维尔哈塔洛 (Välhätalo) 等人通过另一种方法

产生了 $[^{18}F]F_2$。通过应用 $^{18}O(p,n)^{18}F$ 反应，产生了高比活性 $[^{18}F]F^-$，然后通过 $[^{18}F]CH_3F$ 进行了 $[^{18}F]F^-$ 到 $[^{18}F]F_2$ 的靶后转化。虽然转化过程中只使用了少量的载体 $F_2(1.2\ \mu mol)$，但仍产生了具有相对较高比活度的 $[^{18}F]FBPA(850\sim1500\ GBq/mmol)$。随着临床研究初始活度水平的提高，有可能将 $[^{18}F]FBPA$ 的比活度提高到 $3700\ GBq/mmol$。

11.3 $[^{18}F]FBPA$ 在动物模型中的实验研究

11.3.1 肿瘤积聚

$[^{18}F]FBPA$ 在肿瘤成像方面的潜力已在以下肿瘤模型中进行了研究：小鼠的 FM3A 乳腺癌[13,23]，小鼠的 B16 黑色素瘤[15,16,23] 或仓鼠的黑色素性格林黑色素瘤 179 号和无色素性格林黑色素瘤 178 号[15,16]，以及 F98 大鼠的胶质瘤[4,37]。所有的报告都表明 $[^{18}F]FBPA$ 前 $1\sim2$ h 在肿瘤内积聚，而在所有其他组织中则减少。这些结果，特别是在患有格林黑色素瘤的仓鼠身上[16]，清楚地证明了 $[^{18}F]FBPA$ 作为 PET 肿瘤显像示踪剂的潜力。

有意义的是，具有黑色素生成能力的肿瘤对 $[^{18}F]FBPA$ 的摄取增强。在仓鼠模型中，显示格林黑色素瘤 179 号 (一种黑色素细胞系) 对 $[^{18}F]FBPA$ 的摄取量比无色素格林黑色素瘤 178 号高 1.7 倍[15,16]。然而，在使用 L-$[^{14}C]$ 蛋氨酸、2-脱氧-D-$[^{14}C]$ 葡萄糖和 $[^{3}H]$ 胸腺嘧啶核苷 (分别是蛋白质合成、葡萄糖代谢和 DNA 合成的标记物) 的示踪剂摄取研究中，同样的两个黑色素瘤表现出相似的代谢活性[15,16]。在小鼠模型中，B16-F1 黑色素瘤对 $[^{18}F]FBPA$ 的摄取高于 B16-F10 黑色素瘤，后者生长更快，转移潜能更高 (通过摄取 FDG 确定)，但其黑色素含量较低。这些发现是合理的，因为 $[^{18}F]FBPA$ 部分地并入了黑色素细胞[15,16]。石渡 (Ishiwata) 等人的研究主题是用 $[^{18}F]FBPA$ 的 D-和 L-异构体混合物进行动物研究。后来，石渡 (Ishiwata) 的研究小组证明，L-异构体的肿瘤吸收率高于 D-异构体，并且两种异构体以相似的程度并入黑色素细胞[16]。

11.3.2 细胞分布

库博塔 (Kubota) 等人采用体内双示踪微自动摄影技术研究了 $[^{18}F]FBPA$ 在小鼠 B16 黑色素瘤亚系和 FM3A 乳腺癌中的细胞分布[23]。根据他们的结果，$[^{18}F]FBPA$ 在 S 期黑色素细胞中含量最高，在非 S 期非黑色素细胞中含量最低。$[^{18}F]FBPA$ 的积累主要与 DNA 合成活性有关，其次与黑色素细胞的色素沉着程度有关。BNCT 使用 BPA 对 DNA 合成活性高、黑色素含量高的黑色素瘤的疗效可能更高。

11.3.3 新陈代谢

人工氨基酸 [^{18}F]FBPA 通常被认为是通过氨基酸转运系统被肿瘤和其他组织吸收，而不被纳入蛋白质中。在患有 FM3A 乳腺癌的小鼠中，[^{18}F]FBPA 对代谢改变是稳定的[13]。在 FM3A 乳腺癌组织的实验中，大多数放射性（>94%）在注射后 6 h 内被检测为 [^{18}F]FBPA，酸不溶部分的含量低于 2%。在 B16 黑色素瘤组织的实验中，在酸不溶部分（6 h 内 27%）检测到相当数量的放射性。如上所述，这表明 [^{18}F]FBPA 参与黑色素生成[15]。另一方面，血浆中酸不溶部分的百分比在注射 [^{18}F]FBPA（2 h 内 10%）后随时间增加[13]。这意味着 [^{18}F]FBPA 的脱硼作用发生在体内。肝脏苯丙氨酸 4-单加氧酶可将 [^{18}F]FBPA 转化为 2-[^{18}F] 氟-L-酪氨酸，一种用于合成循环到血液中的血浆蛋白的分子。如果 2-[^{18}F] 氟-L-酪氨酸再循环到血流中，它可能对肿瘤组织的总放射性有轻微贡献。这些结果表明，在体内 ^{18}F 放射性的浓度与 ^{10}B 的浓度之间可能存在差异。

11.3.4 ^{18}F 放射性的浓度与 ^{10}B 的浓度之间的关系

石渡 (Ishiwata) 等人评估是否可以通过 PET 信号测量 ^{10}B 的浓度[16]。在给 B16 黑色素瘤小鼠和格林黑色素瘤仓鼠注射 [^{18}F]FBPA 和过量 BPA 的混合物后，他们根据 [^{18}F]FBPA 的放射性摄取水平和特异活性来估计 ^{10}B 的浓度，然后用电感耦合等离子体原子发射光谱法 (ICP-AES) 直接测定实验动物相同组织和血液中 ^{10}B 的浓度。在 B16 小鼠中，注射后 6 h，^{18}F 信号估计浓度与 ICP-AES 测定浓度的比值（^{18}F/ICP-AES 比值），在血液 (0.24) 和肌肉 (0.21) 中较小，而在 B16 (3.7) 中相对较大。注射后 6 h，仓鼠血液中的 ^{18}F/ICP-AES 比值为 0.92，肌肉为 0.70，179 格林黑色素瘤为 1.00，178 格林黑色素瘤为 0.96。因此，^{18}F/ICP-AES 比值在两个动物物种之间以及组织之间存在差异。王信二等人将 [^{18}F]FBPA-Fr 和 BPA 分别注射到 F98 胶质瘤大鼠体内，然后用 ICP-AES 测定正常脑半球和植入胶质瘤的脑半球中 ^{10}B 的浓度[36]。根据他们的发现，[^{18}F]FBPA-Fr 和 BPA 的摄取特性相似[37]。

11.3.5 动力学分析

陈志成等人用高分辨率 PET 扫描仪动态扫描，建立示踪剂动力学模型，对胶质瘤大鼠的 [^{18}F]FBPA-Fr 进行了动力学分析，试图检验这种模型分析是否适用于临床应用[4]。根据三室模型估算 BPA 的速率常数，BNCT 的最佳照射时间为 BPA-Fr 注射后 4 h。

11.4 [^{18}F]FBPA 的临床应用

11.4.1 恶性肿瘤的临床 [^{18}F]FBPA PET 显像

利用葡萄糖类似物 FDG 进行肿瘤成像是一种成熟的临床成像工具。FDG-PET 全身成像通常用于癌症诊断 [6,7]。由于 PET 诊断肿瘤的敏感性取决于示踪剂在肿瘤中与周围正常组织中的摄取对比度 (T/N)，因此 FDG-PET 只能用于正常情况下 FDG 不大量积累的器官。因此，该方法不适合应用于大脑和泌尿生殖系统，所以，基于 FDG 以外原理的 PET 示踪物也已在临床上使用，包括用于脑肿瘤的 L-[甲基-^{11}C] 蛋氨酸 (MET) 等氨基酸探针 [28,29] 和 [^{11}C] 胆碱用于前列腺癌 [8,9]。

BPA 及其正电子标记物质 [^{18}F]FBPA 是氨基酸苯丙氨酸的类似物，通过位于微血管管腔膜和细胞膜的大的中性氨基酸转运体被携带到肿瘤细胞中 [24,34]。鉴于 MET 和其他所有正电子标记的氨基酸探针都是通过同一个转运系统被带到肿瘤细胞中的，因此 [^{18}F]FBPA 方法可以看作是一种使用氨基酸 PET 示踪剂的成像方法。我们将 [^{18}F]FBPA PET 和 MET-PET 用于脑部和颅骨恶性肿瘤的比较表明，这两种探针提供了几乎相同的肿瘤图像 (图 11.2)[30]。在 MET-PET 和氨基酸类似物 O-[^{11}C] 甲基-L-酪氨酸的另一项比较研究中，使用两种探针的 PET 肿瘤图像也完全相同 [17,18]。因此，用不同的氨基酸探针 (包括 [^{18}F]FBPA) 获得的 PET 肿瘤图像似乎非常相似。

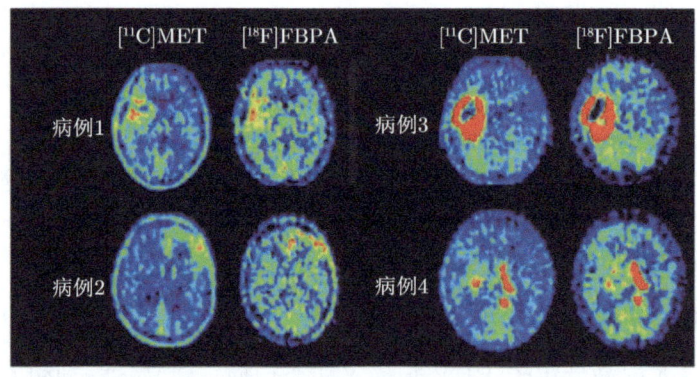

图 11.2 四例胶质母细胞瘤患者的 PET 图像。[^{11}C] 蛋氨酸 (MET) 图像和 [^{18}F]FBPA 图像几乎相同 (引自文献 [30])

人工氨基酸探针如 [^{18}F]FBPA 或 O-[^{11}C] 甲基-L-酪氨酸与营养性氨基酸如 MET 在正常组织中的摄取不同。由于前者在蛋白质合成中不起作用，它们选择性地积聚在肿瘤组织中，以及排泄部位，如肾脏和膀胱 (图 11.3)。同时，后者参与蛋白质合成,因此在肝脏和腺体器官(如胰腺和唾液腺)中大量积累[22]。在此基础上,[18F]FBPA 似乎有更好的潜力作为恶性肿瘤的成像工具,用于除泌尿系统以外的大部分身体部位。扩展一下,我们可以将 BPA 作为一种将硼送入肿瘤的更好的药物来评估,它在肿瘤中的对比度比在周围组织中的高。

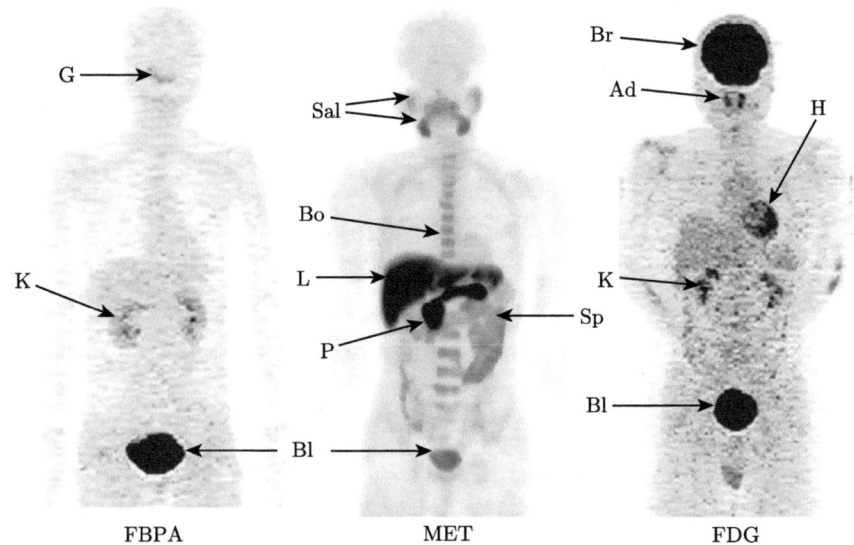

图 11.3 比较 [18F]FBPA(低级别小脑肿瘤患者)、MET(正常对照)和 FDG(腺样体正常对照)的全身 PET 图像。注意这些示踪剂在正常组织中积累的差异。MET 的图像由日本国际医学中心放射部核医学科的久保田 (Kubota) 博士提供。Ad. 腺样体;Bl. 膀胱;Bo. 骨髓;Br. 脑;G. 脑胶质瘤;H. 心脏;K. 肾脏;L. 肝脏;P. 胰腺;Sal. 唾液腺;Sp. 脾脏

11.4.2 BNCT 中 [18F]FBPA 的 PET 成像

石渡 (Imahori) 等人[12] 和卡巴尔卡 (Kabalka) 等人[19] 建立并验证了 [18F]FBPA 方法来评估接受 BNCT 的恶性脑肿瘤患者的硼浓度。首先,他们在 BNCT 前使用动态 PET 扫描检查多形性胶质母细胞瘤患者。接下来,他们构建了一个三室模型来估计通过静脉注射 BPA 后肿瘤的硼浓度。最后,他们直接测量了注射 BPA 后的手术标本(前一项研究中的七名患者和后一项研究中的两名患者)的硼浓度。两个小组的结论是,通过 PET 检查得出的估计值足够接近实际应用。

在实践中,只要确定肿瘤中硼浓度与周围正常组织中硼浓度的比值就足够了。为此,将肿瘤 [18F]FBPA 活度的静态扫描与正常组织的静态扫描进行比较 ([18F]FBPA 的 T/N) 可能是足够的。我们小组最近的分析表明,缓慢注入 BPA 后的 T/N(目前只有靠估计)与静脉推注 [18F]FBPA 后的放射性活度 T/N 具有显著的线性相关性 (图 11.4)[30]。

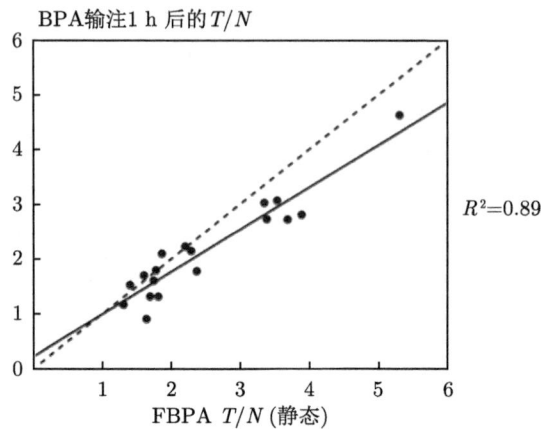

图 11.4 显示 [^{18}F]FBPA 静态 PET 扫描的 T/N 比率 (x 轴上) 与持续输注 BPA 1 h 后组织硼浓度的 T/N 比率 (y 轴) 之间关系的图表，后者由动态 [^{18}F]FBPA PET 扫描的药代动力学分析估计 (引自文献 [30])

日本研究人员通过对 PET 研究获得的 [^{18}F]FBPA 的 T/N 设定一定的阈值来进行患者选择，已经实施了几个 BNCT 系列。这些系列报道了三类肿瘤: 恶性胶质瘤 [25]、恶性脑膜瘤 [26] 和头颈部恶性肿瘤 [1,2,21]。卡巴尔卡 (Kabalka) 等人报道了一例脑转移恶性黑色素瘤的病例，其中 [^{18}F]FBPA 有助于作出实施 BNCT 的决定 [20]。由于缺乏比较研究，很难证实基于 PET 的 BNCT 优于非 PET 的 BNCT 或其他放射疗法。然而，研究结果表明，基于 PET 的 BNCT 治疗胶质母细胞瘤的效果逐渐好于以前的方案 [39]。

11.4.3 PET 在 BNCT 中的实际应用

只要 BNCT 是以硼分子转移到肿瘤组织为基础的，PET 硼显像将继续在成功治疗中发挥关键作用。在各种体内测量方法中，PET 的灵敏度是最高的，使用最小数量的分子探针产生高能辐射。为了在实际基础上扩大 BNCT 的使用，必须同时努力扩大 PET 在临床上的应用。如本章所述，[^{18}F]FBPA-PET 可归类为使用氨基酸示踪剂的 PET 方法之一。因此，只要 BPA 作为硼载体，使用其他氨基酸示踪剂的 PET 研究可用于肿瘤类型的筛选或可能受益于 BNCT 的个体患者。MET-PET 可能适合这种类型的筛选，因为它易于合成，而且在世界各地的 PET 研究所已经使用了多年。

PET 用于 BNCT 患者治疗后评估的临床应用也是不可避免的。PET 有助于区分放射性损伤所致的肿瘤再生与假扩张 [27]。如果没有 PET，BNCT 的治疗效果就无法精确评估。FDG-PET 同样适用于评价全身恶性肿瘤患者的治疗效果，而氨基酸 PET 则是脑肿瘤患者较好的选择。我们确信，例行使用氨基酸示踪剂

MET、[^{18}F]FBPA 等 PET 肿瘤显像,将支持 BNCT 的广泛和有益的应用。

11.5 总　　结

在恶性肿瘤最佳 BNCT 计划中,一个重要的步骤是估算硼浓度的 T/N。研究人员开发了 PET 成像探针 [^{18}F]FBPA,并证实其在动物实验中估算硼浓度的有效性。其他人已经建立了一个使用 [^{18}F]FBPA 的临床 PET 应用,并开始在日本临床方案中将其用于选择 BNCT 的候选者。比较临床影像学研究显示,[^{18}F]FBPA PET 图像与另一种氨基酸探针 MET 获得的图像几乎相同。FBPA 或 MET-PET 的静态图像可用于 BNCT 的计划。氨基酸探针 PET 显像有助于为恶性肿瘤患者建立合适的 BNCT 应用。

致谢：感谢日本国际医学中心放射部核医学科的久保田 (Kubota) 博士为我们提供了 MET 摄取的全身 PET 图像。

参 考 文 献

[1] Aihara T, Hiratsuka J, Morita N, Uno M, Sakurai Y, Maruhashi A, Ono K, Harada T (2006) First clinical case of boron neutron capture therapy for head and neck malignancies using ^{18}F- BPA PET. Head Neck 28: 850-855

[2] Ariyoshi Y, Miyatake S, Kimura Y, Shimahara T, Kawabata S, Nagata K, Suzuki M, Maruhashi A, Ono K, Shimahara M (2007) Boron neuron capture therapy using epithermal neutrons for recurrent cancer in the oral cavity and cervical lymph node metastasis. Oncol Rep 18: 861-866

[3] Bauer M, Wagner CC, Langer O (2008) Microdosing studies in humans: the role of positron emission tomography. Drugs R&D 9: 73-81

[4] Chen JC, Chang SM, Hsu FY, Wang HE, Liu RS (2004) MicroPET-based pharmacokinetic analysis of the radiolabeled boron compound [^{18}F]FBPA-F in rats with F98 glioma. Appl Radiat Isot 61: 887-891

[5] Cherry S, Phelps M (1996) Imaging brain function with positron emission tomography. In: Toga A, Mazziotta J (eds) Brain mapping: the methods. Academic, San Diego, pp 191-221

[6] Coleman RE (2002) Value of FDG-PET scanning in management of lung cancer. Lancet 359: 1361-1362

[7] Gould MK, Maclean CC, Kuschner WG, Rydzak CE, Owens DK (2001) Accuracy of positron emission tomography for diagnosis of pulmonary nodules and mass lesions: a meta-analysis. JAMA 285: 914-924

[8] Groves AM, Win T, Haim SB, Ell PJ (2007) Non-[^{18}F]FDG PET in clinical oncology. Lancet Oncol 8: 822-830

[9] Hara T, Kosaka N, Kishi H (1998) PET imaging of prostate cancer using carbon-11-choline. J Nucl Med 39: 990-995

[10] Imahori Y, Ueda S, Ohmori Y, Kusuki T, Ono K, Fujii R, Ido T (1998) Fluorine-18-labeled fluoroboronophenylalanine PET in patients with glioma. J Nucl Med 39: 325-333

[11] Imahori Y, Ueda S, Ohmori Y, Sakae K, Kusuki T, Kobayashi T, Takagaki M, Ono K, Ido T, Fujii R (1998) Positron emission tomography-based boron neutron capture therapy using boronophenylalanine for high-grade gliomas: part I. Clin Cancer Res 4: 1825-1832

[12] Imahori Y, Ueda S, Ohmori Y, Sakae K, Kusuki T, Kobayashi T, Takagaki M, Ono K, Ido T, Fujii R (1998) Positron emission tomography-based boron neutron capture therapy using boronophenylalanine for high-grade gliomas: part II. Clin Cancer Res 4: 1833-1841

[13] Ishiwata K, Ido T, Kawamura M, Kubota K, Ichihashi M, Mishima Y (1991) 4-Borono-2-[^{18}F]fluoro-D, L-phenylalanine as a target compound for boron neutron capture therapy: tumor imaging potential with positron emission tomography. Int J Rad Appl Instrum B 18: 745-751

[14] Ishiwata K, Ido T, Mejia AA, Ichihashi M, Mishima Y (1991) Synthesis and radiation dosimetry of 4-borono-2-[^{18}F]fluoro-D, L-phenylalanine: a target compound for PET and boron neutron capture therapy. Int J Rad Appl Instrum A 42: 325-328

[15] Ishiwata K, Ido T, Honda C, Kawamura M, Ichihashi M, Mishima Y (1992) 4-Borono-2-[^{18}F]fluoro-D, L-phenylalanine: a possible tracer for melanoma diagnosis with PET. Int J Rad Appl Instrum B 19: 311-318

[16] Ishiwata K, Shiono M, Kubota K, Yoshino K, Hatazawa J, Ido T, Honda C, Ichihashi M, Mishima Y (1992) A unique in vivo assessment of 4-[^{10}B]borono-L-phenylalanine in tumour tissues for boron neutron capture therapy of malignant melanomas using positron emission tomography and 4-borono-2-[^{18}F]fluoro-L-phenylalanine. Melanoma Res 2: 171-179

[17] Ishiwata K, Tsukada H, Kubota K, Nariai T, Harada N, Kawamura K, Kimura Y, Oda K, Iwata R, Ishii K (2005) Preclinical and clinical evaluation of O-[^{11}C]methyl-L-tyrosine for tumor imaging by positron emission tomography. Nucl Med Biol 32: 253-262

[18] Ishiwata K, Kubota K, Nariai T, Iwata R (2008) Whole-body tumor imaging: [O-^{11}C]methyl-L-tyrosine/positron emission tomography. In: Hayat M (ed) Cancer imaging: instrument and application, vol 2. Elsevier, Amsterdam, pp 175-179

[19] Kabalka GW, Smith GT, Dyke JP, Reid WS, Longford CP, Roberts TG, Reddy NK, Buonocore E, Hubner KF (1997) Evaluation of fluorine-18-BPA-fructose for boron neutron capture treatment planning. J Nucl Med 38: 1762-1767

[20] Kabalka GW, Nichols TL, Smith GT, Miller LF, Khan MK, Busse PM (2003) The use of positron emission tomography to develop boron neutron capture therapy treatment

plans for metastatic malignant melanoma. J Neurooncol 62: 187-195

[21] Kato I, Ono K, Sakurai Y, Ohmae M, Maruhashi A, Imahori Y, Kirihata M, Nakazawa M, Yura Y (2004) Effectiveness of BNCT for recurrent head and neck malignancies. Appl Radiat Isot 61: 1069-1073

[22] Kubota K (2001) From tumor biology to clinical PET: a review of positron emission tomography (PET) in oncology. Ann Nucl Med 15: 471-486

[23] Kubota R, Yamada S, Ishiwata K, Tada M, Ido T, Kubota K (1993) Cellular accumulation of ^{18}F-labelled boronophenylalanine depending on DNA synthesis and melanin incorporation: a double-tracer microautoradiographic study of B16 melanomas in vivo. Br J Cancer 67: 701-705

[24] Langen KJ, Muhlensiepen H, Holschbach M, Hautzel H, Jansen P, Coenen HH (2000) Transport mechanisms of 3-[^{123}I]iodo-alpha-methyl-L-tyrosine in a human glioma cell line: comparison with [^{3}H]methyl]-L-methionine. J Nucl Med 41: 1250-1255

[25] Miyatake S, Kawabata S, Kajimoto Y, Aoki A, Yokoyama K, Yamada M, Kuroiwa T, Tsuji M, Imahori Y, Kirihata M, Sakurai Y, Masunaga S, Nagata K, Maruhashi A, Ono K (2005) Modified boron neutron capture therapy for malignant gliomas performed using epithermal neutron and two boron compounds with different accumulation mechanisms: an efficacy study based on findings on neuroimages. J Neurosurg 103: 1000-1009

[26] Miyatake S, Tamura Y, Kawabata S, Iida K, Kuroiwa T, Ono K (2007) Boron neutron capture therapy for malignant tumors related to meningiomas. Neurosurgery 61: 82-90; discussion 90-81

[27] Miyatake SI, Kawabata S, Nonoguchi N, Yokoyama K, Kuroiwa T, Ono K (2009) Pseudoprogression in boron neutron capture therapy for malignant gliomas and meningiomas. Neuro Oncol 11(4): 430-436

[28] Nariai T, Senda M, Ishii K, Maehara T, Wakabayashi S, Toyama H, Ishiwata K, Hirakawa K (1997) Three-dimensional imaging of cortical structure, function and glioma for tumor resection. J Nucl Med 38: 1563-1568

[29] Nariai T, Tanaka Y, Wakimoto H, Aoyagi M, Tamaki M, Ishiwata K, Senda M, Ishii K, Hirakawa K, Ohno K (2005) Usefulness of L-[methyl-^{11}C] methionine-positron emission tomography as a biological monitoring tool in the treatment of glioma. J Neurosurg 103: 498-507

[30] Nariai T, Ishiwata K, Kimura Y, Inaji M, Momose T, Yamamoto T, Matsumura A, Ishii K, Ohno K (2009) PET pharmacokinetic analysis to estimate boron concentration in tumor and brain as a guide to plan BNCT for malignant cerebral glioma. Appl Radiat Isot 67: S348-S350

[31] Phelps ME, Mazziotta JC (1985) Positron emission tomography: human brain function and biochemistry. Science 228: 799-809

[32] Phelps ME, Hoffman EJ, Mullani NA, Ter-Pogossian MM (1975) Application of annihilation coincidence detection to transaxial reconstruction tomography. J Nucl Med 16: 210-224

[33] Raichle ME (1983) Positron emission tomography. Annu Rev Neurosci 6: 249-267
[34] Sanchez del Pino MM, Peterson DR, Hawkins RA (1995) Neutral amino acid transport characterization of isolated luminal and abluminal membranes of the blood-brain barrier. J Biol Chem 270: 14913-14918
[35] Suhara T, Takano A, Sudo Y, Ichimiya T, Inoue M, Yasuno F, Ikoma Y, Okubo Y (2003) High levels of serotonin transporter occupancy with low-dose clomipramine in comparative occupancy study with fluvoxamine using positron emission tomography. Arch Gen Psychiatry 60: 386-391
[36] Vahatalo JK, Eskola O, Bergman J, Forsback S, Lehikoinen P, Jaaskelainen J, Solin O (2002) Synthesis of 4-dihydroxyboryl-2-[F-18] fluorophenylalanine with relatively high-specific activity. J Label Compd Radiopharm 45: 697-704
[37] Wang HE, Liao AH, Deng WP, Chang PF, Chen JC, Chen FD, Liu RS, Lee JS, Hwang JJ (2004) Evaluation of 4-borono-2-^{18}F-fluoro-L-phenylalanine-fructose as a probe for boron neutron capture therapy in a glioma-bearing rat model. J Nucl Med 45: 302-308
[38] Wittig A, Michel J, Moss RL, Stecher-Rasmussen F, Arlinghaus HF, Bendel P, Mauri PL, Altieri S, Hilger R, Salvadori PA, Menichetti L, Zamenhof R, Sauerwein WA (2008) Boron analysis and boron imaging in biological materials for boron neutron capture therapy (BNCT). Crit Rev Oncol Hematol 68: 66-90
[39] Yamamoto T, Nakai K, Kageji T, Kumada H, Endo K, Matsuda M, Shibata Y, Matsumura A (2009) Boron neutron capture therapy for newly diagnosed glioblastoma. Radiother Oncol 91: 80-84

第 12 章 硼显像：硼的磁共振局部定量检测与成像

彼得·本德尔

12.1 简　　介

核磁共振 (NMR) 是波谱学 (磁共振波谱学-MRS) 或成像 (MRI) 的常用方法[11]。许多稳定同位素都有磁矩，因此可以用核磁共振来检测。在这些同位素中，^{1}H 是磁共振成像 (MRI) 医学诊断中常见的检测核素 (水分子中富含氢原子)，还有 ^{10}B、^{11}B、^{19}F、^{13}C、^{31}P 等核素。

大约 20 年前，人们一直在努力将不同形式的核磁共振应用于 BNCT 相关研究和临床实施的各个阶段。这些研究可分为以下几类：① NMR 作为研究和筛选 BNCT 试剂的研究工具，在试管、体外细胞培养和活体动物模型中进行研究和筛选；②NMR 和 MRI 旨在检测 BNCT 化合物，应用于给药后和中子照射前的患者；③ NMR 和 MRI 旨在检测化学或同位素修饰的 BNCT 化合物，应用于患者治疗前的"预演"研究，类似于为此目的使用正电子发射断层扫描术 (PET)[17,20]。在这一点上，应该提到的是，尽管本章的标题是"硼成像"，但我们在本章中包含了对 BNCT 中使用的含硼化合物的分子检测，即使检测是通过位于同一分子中的任何一个核 (可能不是 ^{10}B)，甚至是通过 BNCT 试剂和周围水分子的相互作用。以前的综述集中在 ^{10}B 和 ^{11}B 核磁共振的应用[1]。

12.2 背　　景

核磁共振作为 BNCT 临床前研究和临床应用的辅助工具，其主要优点是完全无创、无损伤，并且 (至少潜在地) 是定量的。另一个优点是它是多功能的，能够提供超出定量的各种级别的信息，如代谢、药代动力学等。它的主要缺点是灵敏度低，而且对于 BNCT 药物的成像，空间分辨率相对较低，执行时间慢。

彼得·本德尔
以色列，肖厄姆 60850，魏茨曼科学研究所，MR 中心，化学研究支持部
e-mail: pbendel@aspectimaging.com

MRS 和 MRI 指的是从 NMR 实验中获取信息的不同方法，尽管它们有时仅仅在数据呈现的方式上有所不同。MRS 实现了对探测到的核同位素在不同化学环境下的"波谱分辨率"。在传统的核磁共振波谱学中，这种波谱信息是从整个均匀的样品中获得的，因此无法实现样品的"空间分辨率"或成像，这对于空间均匀分布是多余的。然而，在活体应用中，"样品"是异质的，波谱和空间特征都会影响结果。在最简单的层面上，人们可以应用所谓的"局部磁共振波谱"，即核磁共振波谱是从空间中一个限定区域收集的，要么是借助探测硬件 (表面线圈) 的几何结构，要么是通过适当的实验设计和数据处理，或者两者兼而有之。在最简单的实现中，信息是从单个位置或体积元素 (单个体素 MRS) 中收集的。在更高级的实现中，波谱是从几个或多个体积元素中获得的。在这种情况下，可以选择以局部波谱 (来自每个位置的核磁共振波谱) 的形式或以"代谢物图像"的形式呈现结果，其中对波谱中识别的每个信号都显示一个单独的图像，这种方法称为"波谱成像"，或 MRSI。从这个意义上讲，传统的磁共振成像 (MRI) 可以被认为是 MRSI 的一个特例，检测到的原子核是 ^{1}H，成像的分子是水和脂肪，这仅仅是因为这些分子含有人类和实验动物组织中丰度最高的 ^{1}H 核，并在数量级上压倒了来自其他分子的信号。

用于 BNCT 的所有分子都含有硼，其自然丰度主要为 ^{11}B(80%)，用于治疗时，^{10}B 的丰度大于 95%。这两种硼同位素都可以通过核磁共振进行检测，但这些分子中的其他原子核，如 ^{1}H，原则上也是 BNCT 化合物成像的候选者。选择哪个原子核进行探测是很复杂的，主要取决于对灵敏度的考虑 (见下文)，但也取决于其他因素。例如，无内源性背景信号有利于 ^{10}B 或 ^{11}B NMR，但 ^{1}H NMR 更容易在临床扫描仪上实现，这些扫描仪通常用于 ^{1}H 检测。

12.2.1 灵敏度和空间分辨率

当讨论 MRI 用于 BNCT 化合物成像时，需要解决的基本和最重要的问题是灵敏度和空间分辨率。成像性能的限制因素是什么？如下三项：① BNCT 化合物的最小浓度或量，② 空间分辨率，以及③ 成像过程所需的时间，它们的答案不是独立的，而是紧密相连的。对于 BNCT 化合物检测的实验，空间分辨率和执行时间受到信噪比 (SNR) 的限制。信号由接收线圈检测，接收线圈调谐到特定同位素的共振频率，信噪比与核自旋总数 (检测到的类型) 成正比。此外，在信噪比受限的情况下，信噪比与总扫描时间的平方根成正比。这可以归结为以下等式：

$$\text{SNR} \propto Vc\sqrt{t} \tag{12.1}$$

12.2 背景

式中，V 是有效样品体积；c 是相关核物质的浓度；t 是总扫描时间。V 的精确定义取决于所进行的实验类型。对于空间非选择性实验 (最简单形式的 MRS)，V 是接收器线圈敏感体积内样本的整个部分，而对于 MRI 实验，V 是图像中单个体素的体积。在这种情况下，V 可以用长度单位 a 表示，对于立方体素，这将导致

$$\text{SNR} \propto a^3 c \sqrt{t} \tag{12.2}$$

a 是空间分辨率的量度。a 值越小，空间分辨率越好，而最佳可实现分辨率是信噪比可接受或足够高时的体元大小。我们用 $c_{\min}$ 表示核磁共振能检测到的 BNCT 药物的最小浓度。为了量化这个参数，我们需要指定对于期望的检测来说足够的信噪比值。这将不可避免地是一个有点模糊的定义，取决于所需的准确度和精度。在任何情况下，不管我们为此目的而确定的精确信噪比值如何，都可以表示为

$$c_{\min} \propto t^{-\frac{1}{2}} \tag{12.3}$$

和

$$c_{\min} \propto a^{-\frac{1}{3}} \tag{12.4}$$

类似地，对于任何浓度或信噪比值，可实现的线性分辨率仅微弱地依赖于总扫描时间，因为

$$a \propto t^{-\frac{1}{6}} \tag{12.5}$$

12.2.2 影响信噪比的因素

12.2.2.1 线圈尺寸、核自旋、磁场强度

在确定信噪比是限制 BNCT 试剂核磁共振检测或成像性能的关键参数之后，除了公式 (12.1)[15,16] 中已经包含的那些，让我们回顾一下 SNR 对基本物理和实验因素的依赖。首先，可以证明信号 S 正比于：

$$S \propto V_c^{-1} I(I+1) \gamma^2 B_o \omega_o \tag{12.6}$$

式中，V_c 是接收器线圈覆盖的有效体积；I 和 γ 是被探测到的核物质的自旋量子数和旋磁比；B_o 是磁场沿着其主方向的标量大小；ω_o 是探测频率，这也是检测到的原子核的共振频率（"拉莫尔"频率），由以下公式确定：

$$\omega_o = \gamma B_o \tag{12.7}$$

另一方面，在接收器线圈中感应的噪声 (N) 也取决于检测频率，在某种程度上可以通过以下公式描述：

$$N \propto \omega_o^{\beta} \tag{12.8}$$

β 可以假定值在 0.25~1，这取决于样本对线圈的负荷程度。对于小样本和非导电样本 (如有机溶剂)，该值将接近下限；对于大样本和导电样本，如生物组织，该值将接近上限。式 (12.8) 中的比例不能适用于任意大的频率范围，因为 β 在一定程度上也取决于 ω_o，低频趋于下限，高频增大。公式 (12.6)~(12.8) 中的依赖关系可组合为

$$\text{SNR} \propto V_c^{-1} I(I+1) \gamma^{(3-\beta)} B_o^{(2-\beta)} \tag{12.9}$$

公式 (12.9) 表明，可以通过使用小线圈 (这当然也会限制组织或器官的覆盖范围) 和使用尽可能高的场强度来提高信噪比。核的种类之间也会有显著的差异，这取决于它们的特征值 I 和 γ。^{1}H 是核磁共振检测中最灵敏的原子核。比较相同磁场强度下不同原子核的相对核磁共振灵敏度，假设其处于 $\beta=1$ 的区域 (对高磁场下人类"样品"的合理近似值)，得出 ^{19}F 的灵敏度为 0.8，^{10}B 的灵敏度为 0.5，^{11}B 的灵敏度为 0.19，相对于 ^{1}H 的假设值为 1.0。但是，这种比较忽略了在现实条件下 (尤其是核磁共振成像) 可能对实验很重要的其他因素，即弛豫时间，这些因素将在 12.2.2.2 节进行总结。

12.2.2.2 弛豫时间

弛豫时间 (或其倒数度量，弛豫速率) 是非平衡态核自旋集合的固有性质，测量其恢复平衡，在大多数情况下，可以用指数时间依赖关系近似。它们不仅取决于原子核的种类，而且还取决于分子环境，即分子中原子核的近邻和分子的微观环境，特别是分子运动的速率。受扰核自旋系统恢复热平衡的速率 (玻尔兹曼分布) 用时间 T_1 来表征，以时间 T_2 来表示它失去相位相干性的速率。这些弛豫过程影响 MRS 和 MRI 实验的 SNR 值，原因如下：首先，为了获得足够的信息和积累足够的信噪比，每个图像或波谱必须基于自旋系统的重复激励或扰动，这些激励或扰动由时间 TR 分开。这些重复激励通过信号平均来提高信噪比，公式 (12.1) 考虑了这一点。然而，如果 TR 是 T_1 级，甚至短于 T_1，自旋布居数 (或称"磁化强度") 将不能恢复到连续扰动之间的完全平衡值，这将降低 SNR。其次，由于各种技术原因，不可能在最相干的状态下检测到信号，即在激励结束时刻。激发和探测之间不可避免的延迟用时间 TE 表示，在这个延迟期间相干的损失也会降低信噪比。这些机制对信噪比的影响可近似为

$$\mathrm{SNR} = \mathrm{SNR_o} T_1^{-\frac{1}{2}} \exp\left(-\frac{\mathrm{TE}}{T_{2,\mathrm{eff}}}\right) \tag{12.10}$$

其中 $\mathrm{SNR_o}$ 包含除 T_1 和 T_2 之外的所有贡献。引入参数 $T_{2,\mathrm{eff}}$ 是为了表明，根据成像或波谱实验的类型，它可能（或可能不）包括磁场中局部不均匀性的贡献。公式 (12.10) 表明短 T_1 和长 T_2 有利于核磁共振检测。通常，具有长 T_1 的核自旋也会有长 T_2（反之亦然），探测某一分子的最佳核选择取决于分子结构及其在体内环境中的运动自由度。例如，虽然 ^{10}B 核磁共振是可能的，甚至可能对 BSH 的成像有利，但对于 BPA 的成像可能不实际，因为 BPA 的 T_2 非常短。

12.3 应　　用

在本章撰写之时，还没有关于 MRI 在患者治疗前直接检测 BNCT 药物的报道。NMR 和 MRI 应用于 BNCT 所用化合物的分子和药理学性质的基础研究，包括在患者身上进行的预演研究，以及在人体模型和实验动物身上验证和优化直接检测患者的可能方法的研究。这些将在以下章节中进行总结，根据检测到的原子核种类进行分类。在一些已发表的研究中，一些原子核种类被用于检测，或者用于不同方法之间的直接比较 [2,12]，或者用于收集有关代谢机制和过程的补充信息 [21]。影像学研究通常是通过获得高空间分辨率的常规 MRI 进行解剖配准和叠加硼分布图像来完成的。

12.3.1　^{11}B

因为 ^{11}B 具有 80% 的天然丰度，本质上比 ^{10}B 更灵敏，因此传统上 ^{11}B NMR 是用 NMR 检测和研究 BNCT 化合物的自然选择。尽管它显然不适合于在患者中直接进行治疗前检测（分子中 ^{10}B 含量大于 95%），但它可用于前期研究中的摄取特性以及动物模型中的体外和体内研究 [5,18]。^{11}B 具有较高的核磁共振灵敏度（约为质子信噪比的 50%，见 2.2.1 节），短 T_1 进一步增强灵敏度，但非常快的横向弛豫（短 T_2）使 ^{11}B MRI 的实施变得困难（对于 BSH）或完全不可能（对于 BPA）。早期的一项对人类患者进行 ^{11}B 核磁共振成像的研究，迄今为止，仍然是对患者体内 BNCT 化合物进行 MRI 可行的唯一证明。

12.3.2　^{10}B

核磁共振成像或局部波谱似乎是直接临床应用的自然选择，因为 ^{10}B 唯一地标记了注射的 BNCT 药物。虽然 ^{10}B 是比 ^{11}B 更不敏感的 NMR 核，但在相同的分子位置上，^{10}B 在生物环境中的 T_2 比 ^{11}B 长 [2]。在患者中进行检测可能是可行的，但对于 BPA 来说可能不可行，因为它的 T_2 很短，尤其是在组织环境中。

在小鼠身上完成了 BSH 的 ^{10}B MRI[6]，但仅进行了初步实验以确定其临床应用的可行性[7]。图 12.1 所示为 ^{10}B MRI 成像的小鼠 BSH 分布示例。

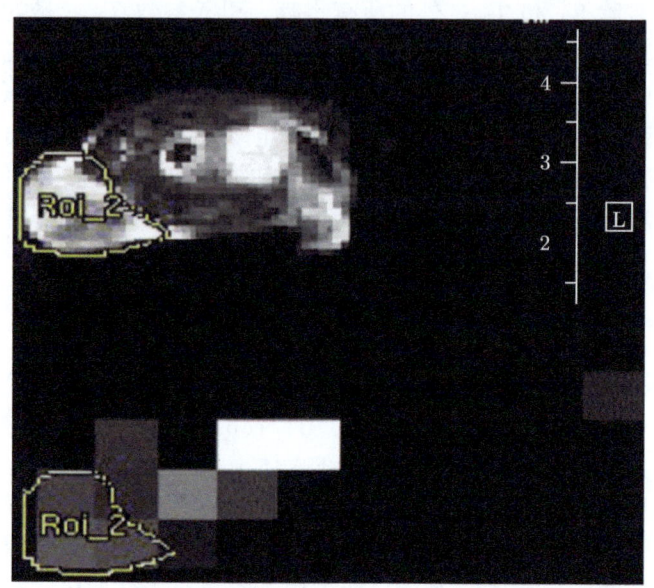

图 12.1 上半部分是一个常规的核磁共振成像，显示了老鼠下腹部的横截面。下半部分是相同比例的 ^{10}B 图像。^{10}B 图像是 3D 扫描的一部分，在向小鼠尾静脉注射 BSH 后 2 h，在 16 min 内以 (6 mm)^3 各向同性分辨率获得。^{10}B 分布显示膀胱 (解剖结构的右上角) 积聚最多。植入的 M2R 小鼠黑色素瘤 (解剖结构左下部分) 的平均浓度为 27 ppm(经本德尔等人[6] 许可复制)

12.3.3　^{19}F

^{19}F 对核磁共振检测的灵敏度几乎与 ^{1}H 相同，在组织中几乎没有内源性背景信号，因此它是 MRI 或 MRSI 的一个有吸引力的候选者，它的化学位移范围也允许分配到不同的分子或分子位置。它也是氟的 100% 天然丰度同位素。标记 BNCT 化合物的一个明显方法是用氟取代 BPA 中芳香环上的一个氢原子，类似于 PET 的 ^{18}F 取代。与 PET 相比，氟标记的 BPA 原则上也可用于中子辐照，这样就可以用同一分子进行成像和治疗，尽管这样的改性分子需要单独批准才能用于临床。十多年前，使用表面线圈定位的简单磁共振波谱 (MRS) 对小鼠肿瘤进行了活体检测的首次演示[4]，最近，在大鼠脑瘤中实现了 ^{19}F 标记的 BPA 成像[22]。图 12.2 显示了这项研究的代表性图像。

12.3 应 用

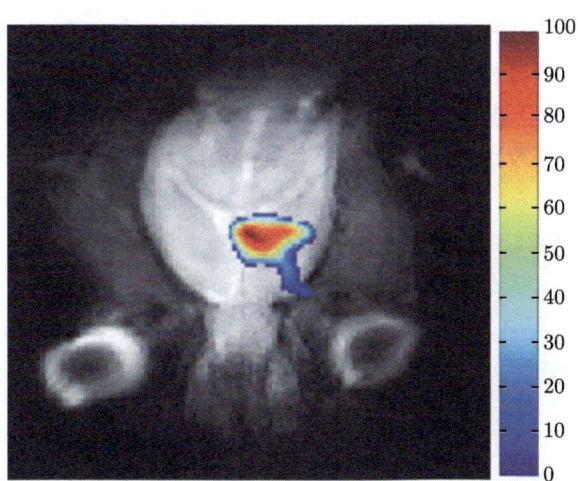

图 12.2 经颈内动脉灌注 (ICA) 输注 ^{19}F-BPA 果糖复合物 2.5 h 后,在常规 MRI 上叠加 ^{19}F 图像的彩色图。高 ^{19}F 信号强度与植入 C6 大鼠胶质瘤的位置一致。^{19}F 图像采集持续 77 min,空间分辨率为 $1.85 \times 1.85 \times 40$ mm^3(经波卡里等人 [22] 许可复制)

12.3.4 ^{1}H

质子检测的应用很有吸引力,不仅因为其固有的高灵敏度,而且因为它可以直接在商业临床核磁共振扫描仪上实现。缺点是体内的 ^{1}H 信号来源于种类繁多的分子,分开和隔离 BNCT 药物信号的任务并不简单。下文报告了使用 ^{1}H NMR 对 BNCT 化合物进行的三种 MRI 和 MRSI 成像。

第一种最明显的方法是应用标准的 ^{1}H MRS 或 MRSI,并识别来自注射硼化分子的信号。BSH 有一个突出的质子信号,但它相当广泛,并与许多其他信号在同一化学位移范围内重叠。这种情况对 BPA 更有利,芳香环质子被认为是可能的检测候选物 [24]。用这种方法进行的 MRS 和 MRSI 实验在小鼠身上进行了演示 [8,9],其代表性图像如图 12.3 所示。

第二种方法试图通过与 ^{10}B 的相互作用 (标量耦合) 将信号从硼化分子上的质子中分离出来,从而克服其他分子信号重叠的问题 [13]。报告了使用该方法的体内、体外和离体的结果 [3,12]。实际上,这种方法只适用于 BSH,尽管也有人认为在这种情况下 (即对于 BSH),用 ^{10}B NMR 直接检测可以提供类似的灵敏度 [2]。此外,在标准的医用扫描仪上,这种方法的实现并不简单,因为它需要适合低的 ^{10}B 频率的硬件。

第三种方法不同,因为它不是直接检测 BNCT 试剂,而是通过它们对附近水分子弛豫特性的影响来检测 BNCT 试剂,即硼化分子充当常规造影剂。因此,成像是通过标准的 MRI 来实现的,因此在灵敏度和空间分辨率方面有潜在的巨大提高。为了实现这一目标，硼化分子必须与顺磁性或超顺磁性部分结合，这引发了关于再次提出这些改性化合物与用于治疗的原始分子之间吸收和洗出性质相似程度的问题，或 NCT 造影剂的临床批准 [19,23]。这种方法的另一种可能的变体也适用于 GdNCT，因为含有 Gd 的分子也是 MRI 造影剂[14]。

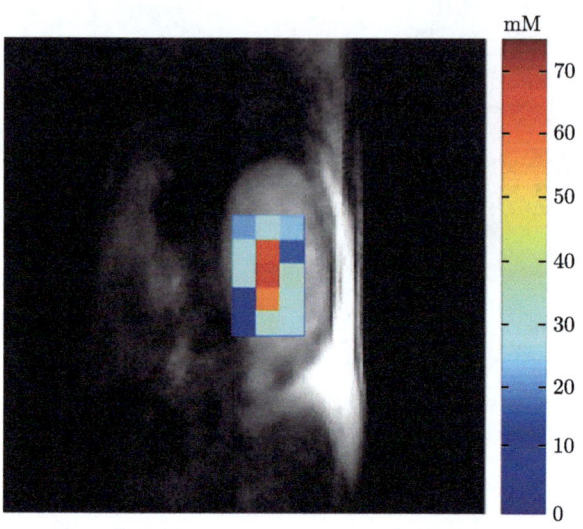

图 12.3　图像显示了芳香环 BPA 质子信号强度的彩色叠加，叠加在常规核磁共振成像上，聚焦在老鼠肾脏上。颜色条表示总 BPA(以游离 BPA 和 BPA 果糖复合物的形式存在) 的局部浓度。在 17 min 内以 $1.4×1.4×4.5\ mm^3$ 的空间分辨率获取 BPA 图像的 MRSI 数据。在尾静脉 55 min 长的 BPA 果糖注射后 18 min 开始图像采集 (经本德尔等人 [8] 许可复制)

12.4　总　　结

毫无疑问，BNCT 的临床疗效将大大受益于一种成像方法，它能实时、无创地定量监测 BNCT 药物的生物分布。MRI(或局部 MRS) 有可能完成这项任务，但迄今为止还没有充分发挥这一潜力。根据需要成像的特定分子，有几种方法和 NMR 技术可以应用，每种方法各有优缺点。直接 ^{10}B 磁共振成像对 BSH 是可行的，而 BPA 的首选方法可能是 ^1H MRSI。其他方法，如 ^{19}F-MRI(用于改良 BPA) 或对比增强 ^1H MRI(用于尚未开发的 BNCT 联合造影剂) 也很有前途，但它们所研究的分子仍未被批准用于治疗本身。无论选择哪种方法，MRI 的灵敏度和空间分辨率都不会很高，最多可达到约 1 ppm 硼的成像能力，线性空间分辨率约为 5 mm(患者)。联合 BNCT 造影剂的"间接"检测可以获得更好的效果。然而，即使在这些适度的空间分辨率水平上，临床益处也可能是巨大的。

参考文献

[1] Bendel P (2005) Biomedical applications of ^{10}B and ^{11}B NMR. NMR Biomed 18: 74-82
[2] Bendel P, Sauerwein W (2001) Optimal detection of the neutron capture therapy agent borocaptate sodium (BSH): a comparison between ^{1}H and ^{10}B NMR. Med Phys 28: 178-183
[3] Bendel P, Zilberstein J, Salomon Y (1994) In vivo detection of a boron neutron capture therapy agent in melanoma by proton observed ^{1}H-^{10}B double resonance. Magn Reson Med 32: 170-174
[4] Bendel P, Zilberstein J, Salomon Y, Frantz A, Reddy NK, Kabalka GW (1997) Quantitative in vivo NMR detection of BSH and ^{19}F-BPA in a mouse melanoma model. In: Larsson B, Crawford J, Weinreich R (eds) Advances in neutron capture therapy, vol II, Chemistry and biology. Elsevier, Amsterdam
[5] Bendel P, Frantz A, Zilberstein J, Kabalka GW, Salomon Y (1998) Boron-11 NMR of borocaptate: relaxation and in vivo detection in melanoma-bearing mice. Magn Reson Med 39: 439-447
[6] Bendel P, Koudinova N, Salomon Y (2001) In vivo imaging of the neutron capture therapy agent BSH in mice using ^{10}B MRI. Magn Reson Med 46: 13-17
[7] Bendel P, Koudinova N, Salomon Y, Hideghéty K, Sauerwein W (2002) Imaging of BSH by ^{10}B MRI. In: Sauerwein W, Moss R, Wittig A (eds) Research and development in neutron capture therapy. Monduzzi, Bologna
[8] Bendel P, Margalit R, Koudinova N, Salomon Y (2005) Noninvasive quantitative in vivo mapping and metabolism of boronophenylalanine (BPA) by nuclear magnetic resonance (NMR) spectroscopy and imaging. Rad Res 164: 680-687
[9] Bendel P, Margalit R, Salomon Y (2005) Optimized ^{1}H MRS and MRSI methods for the in vivo detection of boronophenylalanine. Magn Reson Med 53: 1166-1171
[10] Bradshaw KM, Schweizer MP, Glover GH, Hadley JR, Tippets R, Tang PP, Davis WL, Heilbrun MP, Johnson S, Ghanem T (1995) BSH distributions in the canine head and a human patient using ^{11}B MRI. Magn Reson Med 34: 48-56
[11] Callaghan PT (1993) Principles of nuclear magnetic resonance microscopy. Clarendon, Oxford
[12] Capuani S, Porcari P, Fasano F, Campanella R, Maraviglia B (2008) ^{10}B-editing ^{1}H-detection and ^{19}F MRI strategies to optimize boron neutron capture therapy. Mag Res Imag 26: 987-993
[13] De Luca F, Campanella R, Bifone A, Maraviglia B (1991) Boron-10 double resonance spatial NMR detection. Chem Phys Lett 186: 303-306
[14] Hofmann B, Fischer CO, Lawaczeck R, Platzek J, Semmler W (1999) Gadolinium neutron capture therapy (GdNCT) of melanoma cells and solid tumors with the magnetic resonance imaging contrast agent Gadobutrol. Invest Radiol 34: 126-133
[15] Hoult DI, Lauterbur PC (1979) The sensitivity of the zeugmatographic experiment involving human samples. J Magn Reson 34: 425-433

[16] Hoult DI, Richards RE (1976) The signal-to-noise ratio of the nuclear magnetic resonance experiment. J Magn Reson 24: 71-85
[17] Imahori Y, Ueda S, Ohmori Y, Kusuki T, Ono K, Fujii R, Ido T (1998) Fluorine-18 labeled fluoroboronophenylalanine PET in patients with glioma. J Nucl Med 39: 325-333
[18] Kabalka GW, Davis M, Bendel P (1988) Boron-11 MRI and MRS of intact animals infused with a boron neutron capture therapy agent. Magn Reson Med 8: 231-237
[19] Nakamura H, Fukuda H, Girald F, Kobayashi T, Hiratsuka J, Akaizawa T, Nemoto H, Cai J, Yoshida K, Yamamoto Y (2000) In vivo evaluation of carborane gadolinium-DPTA complex as an MR imaging boron carrier. Chem Pharm Bull 48: 1034-1038
[20] Nichols TL, Kabalka GW, Miller LF, Khan MK, Smith GT (2002) Improved treatment planning for boron neutron capture therapy for glioblastoma multiforme using fluorine-18 labeled boronophenylalanine and positron emission tomography. Med Phys 29: 2351-2358
[21] Panov V, Salomon Y, Kabalka GW, Bendel P (2000) Uptake and washout of borocaptate sodium and borono-phenylalanine in cultured melanoma cells: a multi-nuclear NMR study. Rad Res 154: 104-112
[22] Porcari P, Capuani S, D'Amore E, Lecce M, La Bella A, Fasano F, Campanella R, Migneco LM, Pastore FS, Maraviglia B (2008) In vivo ^{19}F MRI and ^{19}F MRS of ^{19}F-labelled boronophenylalanine-fructose complex on a C6 rat glioma model to optimize boron neutron capture therapy (BNCT). Phys Med Biol 53: 6979-6989
[23] Tatham AT, Nakamura H, Wiener EC, Yamamoto Y (1999) Relaxation properties of a dual-labeled probe for MRI and neutron capture therapy. Magn Reson Med 42: 32-36
[24] Zuo CS, Prasad PV, Busse P, Tang L, Zamenhof RG (1999) Proton nuclear magnetic resonance measurement of p-boronophenylalanine (BPA): a therapeutic agent for boron neutron capture therapy. Med Phys 26: 1230-1236

第四部分

物　　理

第 13 章 中子俘获疗法用中子源的物理剂量测定和能谱表征

大卫·W. 尼格

13.1 简　　介

在这一章中，我们介绍对硼中子俘获疗法 (BNCT) 有用的中子射束宏观实验物理剂量学。这种中子射束可由小型核反应堆或粒子加速器产生，并可按其主要中子能量范围 (E_n) 分为以下类型：

- 用于细胞和小动物研究的热束 (E_n <0.414 eV)。
- 用于小型和大型动物研究和人类临床应用的热中子 (E_n 约 1 eV) 射束和超热中子 (0.414 eV< E_n <10 keV) 射束。
- 用于 NCT 增强快中子治疗 (NCT-FNT) 的快中子 (E_n >10 MeV) 射束。

本章所述的宏观剂量学技术仅作细微改动，适用于上述四种类型的射束。对所用中子源的能谱质量和物理剂量学特性进行详细的定量分析是 BNCT 实际应用的关键前提。这些特征包括：

- 自由场中子通量谱和强度。
- 由中子相互作用产生的高线性能量转移 (LET) 带电粒子，在标准体模和组织中产生的中子诱发剂量率。这些粒子包括氢的弹性散射产生的反冲质子，氮的热中子俘获产生的 600 keV 质子，当然还有硼存在时，硼中子俘获产生的 α 粒子和锂离子。
- 射束中入射光子分量的剂量率，以及感生光子剂量分量，主要是由于组织中的氢俘获热中子。
- 由于中子与其他组织成分相互作用而产生的附加小剂量成分，例如，氯的中子俘获，以及在高能下，由氢以外的元素的弹性散射产生的重离子。后者的相互作用通常只对 NCT-FNT 有意义。

大卫·W. 尼格

美国，爱达荷州 83415-3860，爱达荷福尔斯市，1625 信箱，MS 3860，爱达荷州国家实验室，核科学与工程部
e-mail: david.nigg@inl.gov

此信息用于确认中子射束事实上按预期运行，用作治疗计划和临床剂量测定中基于患者解剖结构的详细辐射传输模型的输入数据，并帮助解释临床前和临床研究结果。认识到这一点，国际 BNCT 研究界作出了重大努力，以确定和标准化某些已发现的有用的关键技术和方案。这一章的目的是提供一个总结性的描述，以及关键的支持性参考，以此为一个起点，引导进一步研究的从业者进入放射肿瘤学这一领域。

讨论的范围将集中于对 BNCT 中子射束的宏观物理性能的实验量化，以及中子源产生和能谱裁剪过程中附带产生的小但不可避免的光子成分。文中还简要介绍了先进的辐射输运计算技术和模型，可作为实验计划和射束性能数据解释的辅助工具。

讨论是根据物理剂量学中常用的各种辐射测量技术来组织的。假设读者对辐射测量有一定的背景和经验，大致相当于学习了科诺尔 (Knoll)[33] 和阿提克斯 (Attix)[6] 的经典教材。首先介绍中子活化能谱法相对详细的描述，它通常被认为是测定 BNCT 所用中子源强度和能量依赖性的最可靠 (且最可重复和准确) 的方法。接着将介绍气体填充辐射探测器的应用，它既能提供额外的中子信息，又能分开量化中子源的入射光子分量和组织中的感生光子分量。最后，简要总结了在许多情况下有用的一些专门技术。一些推荐的额外研究参考哈克 (Harker) 等人[26]，罗格斯 (Rogus) 等人[53]，约尔维宁 (Järvinen) 和沃尔布拉克 (Voorbraak)[31]，蒙克·阿夫·罗森谢尔德 (Munck af Rosenscheld) 等人[41]，奥特林 (Auterinen) 等人[7]，布劳曼 (Blauman) 等人[12] 和莫斯 (Moss) 等人的著作[40]。

值得注意的是，BNCT 治疗计划的密切相关领域包含在单独的章节中。此外，还讨论了微剂量学，即在细胞和亚细胞水平的空间分辨率上研究辐射剂量传递的基本物理和化学机制[55,60,61,65]。生物剂量学也是如此，即在体外和体内研究可观察到的放射性生物效应，这些效应是由中子射束单独作用或与 BNCT 过程相结合而在生物体内诱发的[17,46,64]。后两个领域对于理解给定中子射束的生物效应 (以及 BNCT 过程本身) 至关重要，反过来又取决于相关中子射束的物理特性，就像治疗计划过程一样。

最后，重要的是要认识到准确和可重复的射束物理剂量测定的重要性，它是组合和比较来自不同中心的临床前和临床结果的必要工具。为此，欧洲和美洲的临床 BNCT 研究中心最近进行了一次 BNCT 剂量测定的国际交流。这种交流也作为进一步完善和标准化这里所描述的最广泛使用的实验方法的一种机制。有关这项重要工作的更多详细信息，请参阅宾斯 (Binns) 等人[10,11] 和莱利 (Riley) 等人[50,51] 的著作。

13.2 中子活化能谱法

中子活化能谱法是基于这样一个事实,即放置在中子射束中的不同元素 (以及同一元素的不同同位素) 将根据入射中子能量选择性地俘获和散射中子。一些元素主要对热中子的俘获非常敏感;另一些元素在超热能量范围内具有强烈的俘获共振,其中一些则表现出非弹性散射、次级中子和带电粒子发射以及裂变的相互作用能量阈值,低于该阈值基本上不发生相互作用。如果某一特定核素的中子相互作用产物是放射性的,那么放置在中子射束中的该核素样品的感生放射性将在很大程度上与某些能量的中子通量成比例,在该能量下的样品中最有可能发生相互作用。如果在同一射束中,活化具有不同中子敏感度 (为能量的函数) 的不同材料,则最终有可能从活化数据中重建测量的中子能谱。可以可靠获得的能谱细节水平通常对应于可用的不同材料的数量以及同一材料中不同的相互作用。

13.2.1 物理和数学基础

举例说明活化能谱法的基本物理原理,^{197}Au 具有相对较高的热中子俘获成分,并且在大约 5 eV 处有显著的俘获共振,图 13.1 显示了 ^{197}Au 的俘获截面。在 ^{197}Au 的小样品 (通常是金属箔或金属丝) 中俘获中子会产生 ^{198}Au,^{198}Au 经过 β 衰变,发射了一个 0.411 keV 的特征伽马射线。

这种伽马射线的强度与中子俘获率成正比,中子俘获率在很大程度上与热能和 5 eV 下中子的通量成正比。如果将样品放在由镉制成的覆盖物内,而镉基本上吸收了所有入射的热中子,那么金样品的相互作用速率将与高于热能的中子通量成正比,主要是在发生共振的 5 eV 处。然后,通过将测量的感生活度转换为饱和活度 (即每个原子的活化率),从裸样品的活化率中减去镉覆盖样品的活化率,并计算出相应的热中子通量和总中子通量,就可以分离出热中子通量和热上中子通量。这是经典的镉差法,实际上它产生了两个能群 (热的和高于热的) 的能谱。对于次级中子发射,元素金也表现出一些非常有用和方便的阈值相互作用。这些包括 (n,2n) 到 (n,6n),覆盖 NCT 和 FNT 感兴趣的整个中子能量范围,上限扩展到大约 60 MeV。

作为另一个例子,^{115}In 的截面数据如图 13.2 所示。这种核素 (天然铟中 96% 的丰度) 俘获热中子,并且在大约 1 eV 处有一个巨大的中子俘获共振峰。在这两种情况下,中子俘获都会产生放射性的 ^{116}In,它释放出能量分别为 416 keV、1097 keV 和 1293 keV 的三种伽马射线。此外,它将通过中子在约 400 keV 以上的非弹性散射而形成异构体。这就产生了 ^{115m}In,它通过发射 336 keV 伽马射线衰变回基态。因此,非弹性散射率 (高于 400 keV 阈值的中子通量) 与 336 keV 伽马射线测量的活度成正比,而另外三种伽马射线的活度,由于它们与不同的放射性核素 (^{116}In) 有关,因此它们的半衰期也不同,在热能和 1 eV 下,与中子通量基本成正比。如果铟箔被镉覆盖,那么热中子俘获率就会被抑制,正如前面对金的描述。因此,这一单一核素可用于获得感兴趣中子能谱三个不同能量范围的信息。

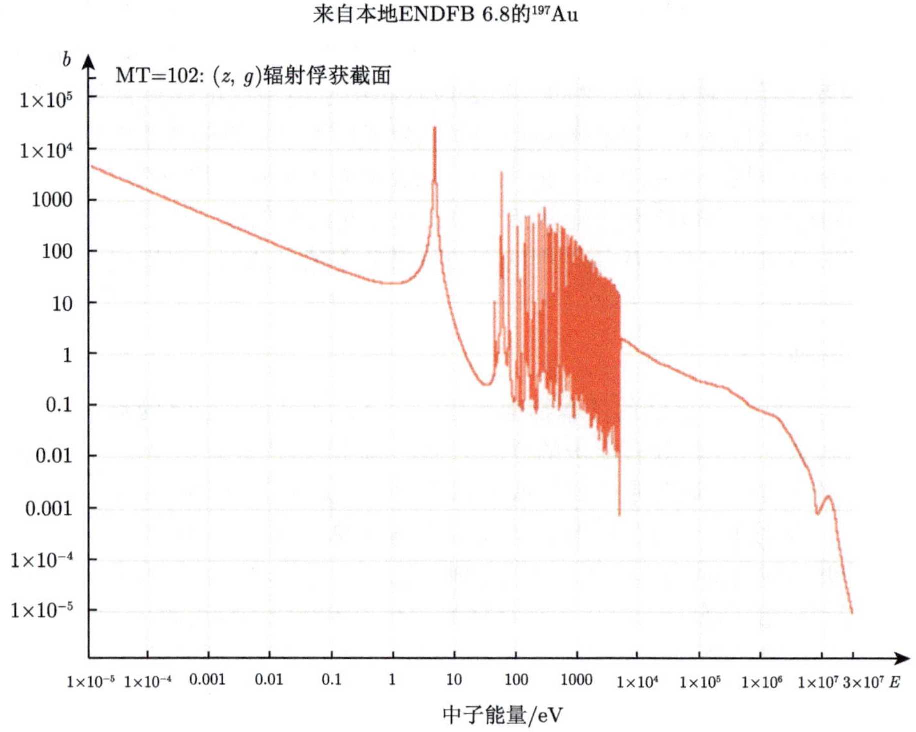

来自本地ENDFB 6.8的^{197}Au

MT=102: (z, g)辐射俘获截面

图 13.1　^{197}Au 俘获截面 (靶恩)(来源:OECD Janis 2.1)

一般情况下,在热中子、共振中子和快中子能量范围内,通常使用对中子具有不同灵敏度的各种不同核素来测量一组不同的活化响应 (通常为 8~12)。这允许在解谱过程中重建额外的能谱细节。用于 BNCT 的材料包括上述的金和铟,以及铜、锰、钴、镝、铀、铟、钪、镍、铝和镧。

我们现在考虑中子活化能谱法的一些基本的数学细节。一般而言,放置在中子通量场中的箔或线型剂量计的每个原子的体积平均活化率可计算为

$$R = \int_0^\infty \sigma_d(E)\Psi_d(E)dE \tag{13.1}$$

式中,$\sigma_d(E)$ 是剂量计材料的微观活化截面,是中子能量的函数;$\Psi_d(E)$ 是敏感剂

13.2 中子活化能谱法

量计中存在的体积平均标量中子通量，也是能量的函数，并考虑自屏蔽效应 (如有)。式 (13.1) 也可表示为

$$R = \int_0^\infty \sigma_d(E) \left(\frac{\Psi_d(E)}{\Psi(E)}\right) \Psi(E) dE = \int_0^\infty \sigma_d(E) P_d(E) \Psi(E) dE \quad (13.2)$$

式中，$\Psi(E)$ 是指测量位置处的未扰动中子通量，即不存在由剂量计本身和任何周围能谱修正装置以及放置在射束中的其他结构 (Cd 罩、箔和线的定位装置等) 引起的通量扰动。

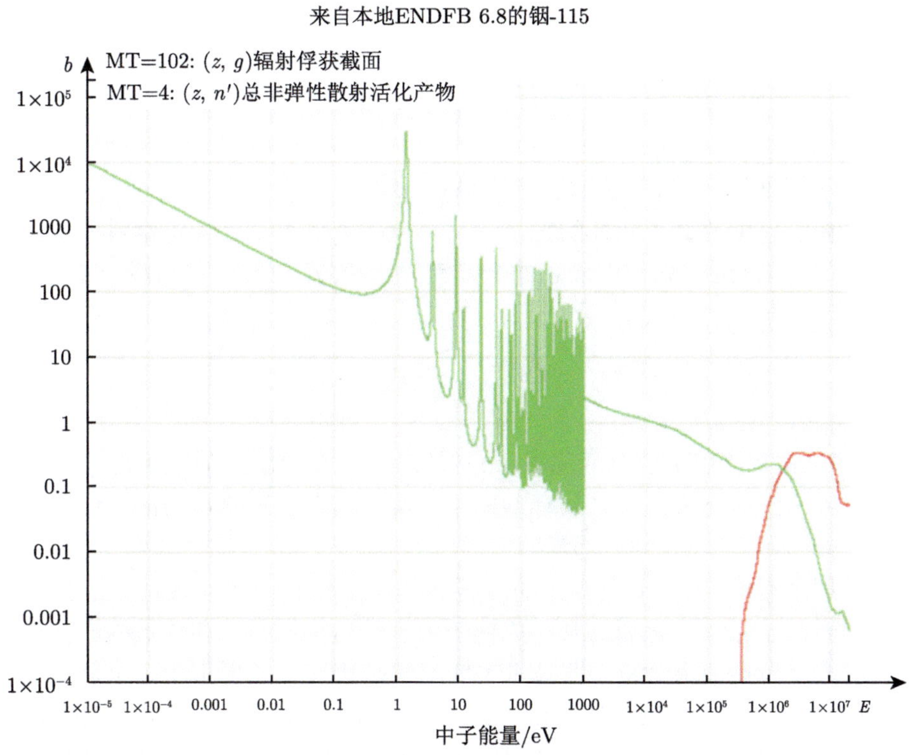

来自本地ENDFB 6.8的铟-115

MT=102: (z, g)辐射俘获截面
MT=4: (z, n')总非弹性散射活化产物

图 13.2　^{115}In 的俘获 (绿色) 和非弹性散射 (红色) 截面 (靶恩)(来源：OECD Janis 2.1)

这里可以注意到，作为实际问题，如果需要，等式 (13.2) 中的函数 $P_d(E)$ 可以独立于 $\Psi(E)$ 来确定，因为它只是通量比率。在这种情况下，公式 (13.2) 最右侧的 $\Psi(E)$ 可以是任何适当的先验自由射束无扰通量估计，然后由自屏蔽函数 $P_d(E)$ 修改。

通过将能量变量的范围划分为若干离散的连续能群，方程 (13.2) 可以写成求

和而不是积分：

$$R = \sum_{j=1}^{NG} a_j \phi_j \tag{13.3}$$

式中，NG 是能群的总数，

$$a_j = \frac{\int_{EL_j}^{EH_j} \sigma_d(E) P_d(E) \Psi(E) dE}{\int_{EL_j}^{EH_j} \Psi(E) dE} \tag{13.4}$$

和

$$\phi_j = \int_{EL_j}^{EH_j} \Psi(E) dE \tag{13.5}$$

式中，EL_j 和 EH_j 是能群 j 的能量下限和上限。

如果在射束中放置了额外的剂量计材料，或者如果某一特定材料表现出不止一个独立的活化响应 (如前面所述的金或铟)，则等式 (13.3) 可写成一个方程组：

$$R_i = \sum_{j=1}^{NG} a_{ij} \phi_j \tag{13.6}$$

式中，R_i 是相互作用 i 的总活化率；a_{ij} 是来自公式 (13.4) 的能量群 j 中的中子引起的反应 i 的活化常数。总共有 NF 个方程，其中 NF 是可用的活化响应函数总数。

有效屏蔽截面 $\sigma_d(E)$ 及相应的屏蔽和非屏蔽先验中子通量适合于计算上述方程中的函数 $P_d(E)$，可通过几种成熟的中子输运模拟技术和核数据库获得。一种典型的方法包括使用蒙特卡罗技术 (如 MCNP[14]) 计算射束中每个剂量计的特定应用的截面和先验通量。如果自屏蔽或相互屏蔽 (如在一堆金属箔中) 是关键的，那么这么做至关重要。剂量计包的蒙特卡罗计算通常只包括剂量计和周围的支撑结构，并描述入射中子源相关的空间、角度和能量信息，这些数据已经使用蒙特卡罗或确定性计算模型对照射位置上游的整个中子束线进行了预先计算。射束线计算也可以使用 MCNP 或标准多维离散纵坐标程序 (如 DORT(二维离散纵坐标输运程序)[49,63]) 完成。也可以使用高度稀释箔 [7]，以避免需要自屏蔽校正，从而促进直接使用标准剂量测定截面库。剂量计包通常也可以设计为避免相互屏蔽，这取决于所需的应用。

活化方程组 (13.6)，可用矩阵形式写成

$$\begin{bmatrix} a_{11} & a_{12} & a_{13} & \cdots & a_{1\mathrm{NG}} \\ a_{21} & a_{22} & a_{23} & \cdots & a_{2\mathrm{NG}} \\ a_{31} & a_{32} & a_{33} & \cdots & a_{3\mathrm{NG}} \\ \vdots & \vdots & \vdots & & \vdots \\ a_{\mathrm{NF}1} & a_{\mathrm{NF}2} & a_{\mathrm{NF}3} & \cdots & a_{\mathrm{NFNG}} \end{bmatrix} \begin{bmatrix} \phi_1 \\ \phi_2 \\ \phi_3 \\ \vdots \\ \phi_{\mathrm{NG}} \end{bmatrix} = \begin{bmatrix} R_1 \\ R_2 \\ R_3 \\ \vdots \\ R_{\mathrm{NF}} \end{bmatrix} \tag{13.7}$$

或者，更简单地表示为

$$[A][\varPhi] = [R] \tag{13.8}$$

方程 (13.7) 是精确的，前提是反应率 R_i、活化常数 a_{ij} 和群通量 ϕ_j 都是自洽的。如果将每个相互作用 R_i 的实验测量反应率 (与先验反应率相反) 代入式 (13.7) 中，则在某些条件下，也可以获得与所测反应率相对应的"测量"通量的新方程组的解。

如果式 (13.7) 中的 NF=NG，则矩阵 [A] 是平方的，其逆矩阵通常存在，并且未知的通量向量可以通过任何收敛的标准求解方法获得，前提是 [A] 的行是足够程度的线性独立，并且测得的反应速率足够精确。在物理方面，前一个要求意味着必须选择测量中使用的活化相互作用的响应函数 (截面)，以便它们作为能量的函数具有足够不同的形状。能谱修正装置 (如镉盖) 也可用于强制线性独立。值得注意的是，本流程不能保证产生正通量，但如果 [A] 的元素以充分有效、物理上真实的方式计算用于特定测量配置，并且如果测量的反应率被准确测定，则通常会获得正解。在实践中，这种情况 (NF=NG) 以前面提到的镉差法为例，它可以很容易地表示为等式 (13.7) 的特例，矩阵中只有两行，一行用于裸箔，另一行用于覆盖箔。当使用叠箔测量共振能量下的点通量时[26]，以及使用具有不同能谱响应的两种材料的合金 (如铜和金，或锰和金) 组成的通量金属线测量体模中的简单能谱时，也会出现这种情况。

这里有两种可能的情况，其中 NF，可用的活化响应函数的数目，不等于 NG，NG 是希望获得解谱的通量的能群数目。如果 NF<NG，则该问题是欠确定的，必须以某种方式引入附加信息以允许方案求解，如从活化数据进行谱估计的各种"调整"技术中所做的那样。这些方法包括对输入的先验谱进行数值修改，以产生计算的响应，从而在最小二乘意义上与测量的响应进行最佳的整体匹配。如果 NF>NG，则问题是超定的，因此可用的"额外"信息可通过线性最小二乘法程序纳入确定群通量的唯一解及其传播不确定性[43]。这种"直接"解谱方法的优点在于它能收敛到单一的唯一解。

解谱的"调整"方法允许估计比线性独立活化响应数量更多的能量细节的能谱，但有一个例外，这些方法不产生唯一的解，即相同的输入数据可能有许多解。广义最小二乘法需要所有输入参数的协方差信息，包括输入谱、活化截面和测量响应，才能得到唯一解。这种协方差信息实际上将求解限制为在最小二乘意义上的单一物理现实最优解。基于这种方法，已经开发了几个调整程序。一个流行的例子是 LSL 程序[57]。

如果最小二乘调整程序所需的协方差信息不可用，则广泛使用其他更具经验的调整技术，一个流行的例子是德拉波 (Draper)[20] 所述的方法，在 SAND-II 程序[38] 中作为一个选项实现。有效地使用这些方法需要良好的物理洞察力和直觉，因为输入的先验谱的形式及其假定的不确定性，以及用于产生解的迭代策略，可以对结果产生重大影响。约尔维宁 (Järvinen) 和沃尔布拉克 (Voorbraak)[31] 或中子物理文献中广泛提供的其他几种综合资料中，对各种解谱和调整方法进行了更全面的综述。

中子活化能谱法可以应用于任何一个中子场中，比如在空气中，在体模中，或在活体内测量合适的活化响应。它在世界范围内被用作描述超热中子束的主要推荐方法[10,11,31]。它还成功地应用于热中子束 (如文献 [15]) 和用于 BNCT 增强快中子治疗的加速器驱动快中子束 (如文献 [43])。如果在整个过程的每一个步骤中都对实验不确定度进行了仔细的管理，则可以实现高精度 (<5%)。应采取的预防措施包括：

- 使用高纯度、精确分析的活化材料；
- 仔细称重、准备和处理箔材包装，以确保准确了解箔材质量，避免污染；
- 仔细记录箔材的活化和辐照后的衰变时间；
- 尽可能以恒定的通量进行照射；
- 使用经认证的可追溯标准，对用于测量箔材活度的伽马能谱仪进行准确、可重复的校准；
- 使用良好的箔活度测量技术，以尽量减少符合相加、计数几何等引起的不确定性；
- 精心选择和应用解谱技术；
- 使用多种解谱技术来验证一致性。

同样重要的是要认识到，体内活化测量，特别是热中子束的情况下，必须非常仔细地解释，比如大的通量梯度取决于特定的目标几何结构，而这些会随时间发生变化，并且在动物之间也由于呼吸、运动和其他影响而发生变化。因此，可重复性可能是一个问题，与相应的体模测量进行直接比较可能会遇到问题。

13.2.2 实际应用

华盛顿州立大学 (WSU) 最近对为 BNCT 临床前研究而建造的超热中子射束进行的一些测量，提供了一个基本但具说明性的例子，解释了活化能谱法在 BNCT 中的应用。图 13.3 显示了 WSU 超热中子射束设施的示意图。1 MW WSU

13.2 中子活化能谱法

TRIGA™ 反应堆堆芯悬挂在横跨开放池的移动桥上。它可以直接放置在一个截短的铝锥附近，铝锥从罐壁水平延伸到反应堆池中。这个圆锥体和贯穿反应堆屏蔽体的相邻热柱区域最初是用石墨填充的。超热中子引出部件就位于这一区域。

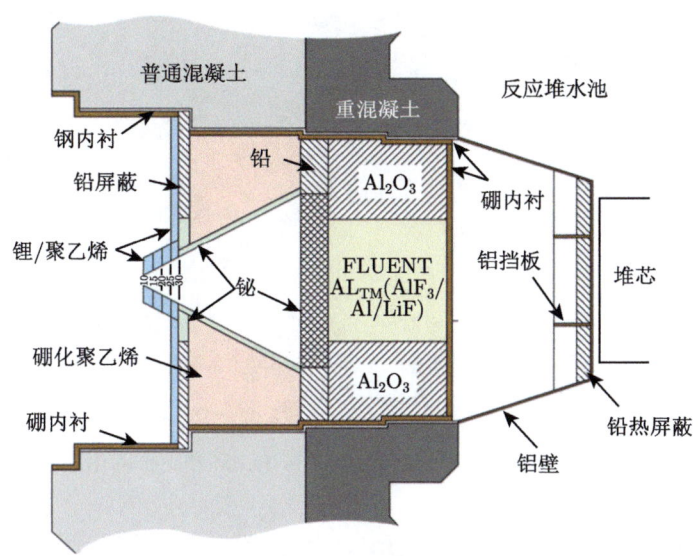

图 13.3　WSU 超热中子束流线结构示意图。反应堆堆芯在右边

WSU 设施的一个主要特点是设计中采用了芬兰国家技术研究中心开发的高效中子慢化和过滤材料 Fluental™。这种材料由铝、氟化铝和氟化锂组成，被氧化铝包围，形成了图中所示的中子过滤和慢化区域。MCNP[14] 和 DORT[49] 使用 BUGLE[54] 进行的辐射输运设计计算表明，在反应堆堆芯以 1 MW 的设计功率进行优化加载和运行时，照射位置将产生约 10^9 n/(cm²·s) 的自由束超热中子通量。计算得出射束每单位有效超热中子通量的本底中子比释动能率 (快中子污染量度) 约为 3.0×10^{-11} cGy/cm²。

图 13.4 显示了铋准直器的安装。准直器的下游端配备有一个铋环，其设计用于提供从圆锥体到方形的过渡，以与构成最终屏蔽墙的铅屏蔽砖相匹配。轴环容纳硼化或锂化聚乙烯嵌入件，以提供各种射束孔径尺寸和形状。

这里对中子能谱测量结果作一个小结，假想有一个横向的"源平面"穿过铋准直器环下游侧的方形法兰底座。源平面是一种数学结构，用于规定各种剂量测定和治疗计划计算的中子源边界条件，以支持每次实验照射。通过定义，源平面上游的物理束流线部件在不同的照射中不会发生变化。该平面下游的部件，如射野整形板，每次照射都会发生变化，因此在剂量测定和治疗计划计算中明确建模。因此，对于源平面上游的每个束流线配置，只需进行一次耗时的射束建模计算，且通过为源平面指定的计算边界条件将结果耦合到每个照射的患者剂量测定计算中,并通过诸如本例中所述的适当测量进行验证。

图 13.4　WSU 上安装的射束准直器,显示带有方形出口环和下部硼化聚乙烯屏蔽的准直器

标准 12.7 mm(0.5″) 直径的铟 (In)、金 (Au)、钨 (W)、锰 (Mn)、铜 (Cu) 和钪 (Sc) 箔与 lexan(勒克森聚碳酸酯纤维) 箔定位板一起使用,如图 13.5 所示。表 13.1 列出了相关的中子活化相互作用和产生的伽马辐射。这些方法很好地覆盖了感兴趣的能量范围,但也有许多其他的共振和阈值相互作用可以使用,并且得到了广泛的应用[7,31]。如图所示,在一些箔材周围放置镉盖,以抑制热中子响应。因此,如表 13.1 的前六行所示,每个箔材对能量等于或接近箔材各自主共振能量的中子有很大的反应。覆盖的箔放置在箔定位板外侧位置。一个未覆盖的金箔也被放置在箔板的外侧位置,以测量热通量。箔材的标称厚度在 0.0254 mm(0.001″) 至 0.127 mm(0.005″) 之间,具体取决于材料类型。

表 13.1　用于 WSU 超热中子射束测量的活化相互作用和箔材

中子相互作用	能谱修正	初级响应能量范围	感兴趣的活化伽马能量/keV
^{197}Au(n,γ)	无	热中子	411
^{115}In(n,γ)	镉盖	1 eV 共振	1293、1097 和 416
^{197}Au(n,γ)	镉盖	5 eV 共振	411
^{186}W(n,γ)	镉盖	18 eV 共振	686
^{55}Mn(n,γ)	镉盖	340 eV 共振	847
^{63}Cu(n,γ)	镉盖	1 keV 共振	511(正电子)
^{45}Sc(n,γ)	镉盖	4.5 keV 共振	1120、889
^{115}In(n,n′)	硼-10 屏蔽	430 keV 阈值	336

13.2 中子活化能谱法

在超热 ($E > 10$ keV) 以上的能量范围内,使用一个额外的箔包来提供关键的能谱信息。如图 13.5 所示,将一个直径为 25.4 mm 的 (重约 5 g) 铟箔放置在箔定位板中心的小型空心硼球 (内径 2.8 cm,外径 4.75 cm) 内。球的成分约为 93% ^{10}B 和 7% ^{11}B,总硼密度为 2.6 g/cm^3。这种布置基本上完全抑制了硼球内腔中的热中子和超热中子。因此,一个高于铟的共振中子俘获能量范围的人为阈值施加在球内的箔片上。由于铟的中子俘获产生的活化伽马辐射被抑制,因此,在这些测量中至关重要的铟非弹性散射产生的相对较弱的 336 keV 伽马线在活化铟箔的能谱中也更加突出。

图 13.5 位于 WSU 超热中子射束源平面上的活化箔板

在 WSU 使用标准高纯锗 (HPGe) 伽马能谱系统 (堪培拉/Genie^{TM}) 对本例中使用的辐照箔进行分析。在使用美国国家标准技术研究所 (NIST) 可追溯混合铕锑校准源校准能谱仪的基础上,根据光峰值面积和系统效率计算箔中的诱导活度。硼球中重铟箔的测量活度使用 336 keV 的逃逸分数进行伽马自屏蔽校正,逃逸分数使用 MCNP 和用于分析的特定源探测器几何结构的手册数据进行计算。该因子为 0.90±0.01。通过前面讨论的超定最小二乘矩阵解谱程序 [43],结合所需的由箔板、箔及其周围能谱修正遮盖的 MCNP 模型计算的屏蔽箔截面,然后使用这些箔的饱和活度来估算中子能谱。

图 13.6 显示了源平面中解谱后的 6-群自由场未扰动中子谱,通过解谱过程 (通过自屏蔽因子) 投射到箔片定位板的中心。图中还给出了一个先验 47 群中子能谱以作比较。为了提供一个条件良好的解谱矩阵,并允许在超热能量范围内对测量的能谱进行精确积分,以确定总的超热中子通量,选用了宽能群结构,它用于根据所考虑的八种活化相互作用的数据计算解谱的 6-群能谱。将超

热能量范围 (0.5~10 keV) 内的测量曲线积分,在 1 MW(反应堆功率) 下,源平面上产生的总的超热中子通量为 1.66×10^9 n/(cm²·s),传递的不确定度约为 5%(1σ)。

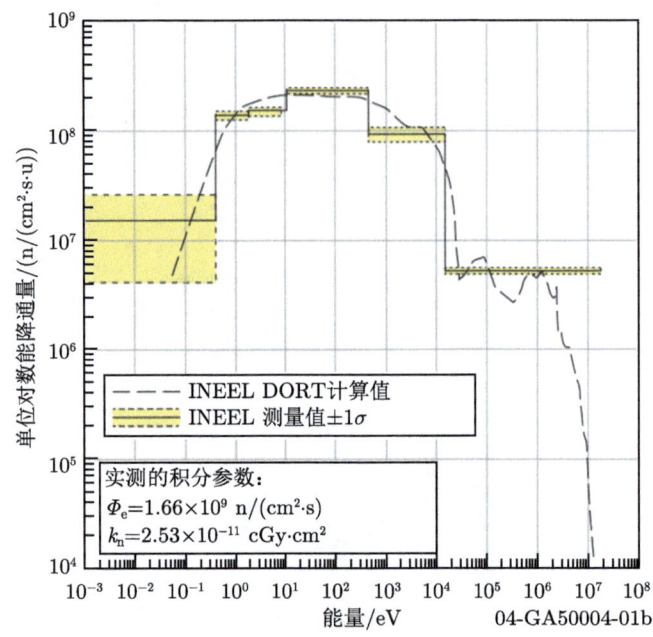

图 13.6 WSU 超热中子射束装置源平面通过直接最小二乘反褶积解谱的自由束中子能谱。反应堆功率为 1 MW("u"为对数能降)

基于反应堆超热中子射束的生物物理质量的一个简单但广泛使用的度量方法是,将由质子反冲而产生的射束自由场中子比释动能率 (在所有高于热能的能量上进行积分) 除以有效的超热中子通量 (在自由场中再次测量的)。这个参数是在没有任何中子俘获剂 (可能给患者输注的) 的情况下,由射束本身的热上谱成分在组织中产生的非选择性中子本底剂量的指标。基于 BUGLE[54] 截面库文件 27 中提供的标准组织成分数据,使用测量的通量能谱和宽能群比释动能因子,针对 WSU 射束开展了计算。利用先验谱作为加权函数,在宽解谱能群结构上平均精细群中子比释动能因子,以产生必要的信息。该程序测量的自由束能谱平均中子比释动能因子为 2.53×10^{-11} cGy,即每单位有效超热中子通量对应的来自所有组分的总中子比释动能,估计不确定度约为 7%。这与 2.75×10^{-11} cGy·cm² 的计算值非常吻合。

来自 WSU 射束的直接本底中子剂量约 91% 来自质子反冲。组织中额外的本底剂量当然是由其他非选择性的热中子诱发的成分产生的,主要是前面提到的氮和氢的中子俘获。这些成分并不能直接指示入射射束的内在生物物理性质。然而，在治疗计划中必须考虑这些因素，并通过相同的方式将适当的比释动能系数与测量的能谱进行折叠来计算。理论上也可以通过活化技术 (例如，^{115}In 异构体的光子活化) 来测量束流中的入射伽马成分，但在 BNCT 实践中通常不这样做，原因超出了本章讨论的范围。

活化测量也被广泛用于表征各种类型的体模中的中子通量。图 13.7 显示了一个小的聚甲基丙烯酸甲酯 (PMMA) 体模，它靠近 WSU 上 10.16 cm 的射束孔径。小段铜线，按重量计含 1.55% 的金，放在这个体模的轴线上，距离光阑平面下游不同的距离。尽管铜在 1 keV 左右有微弱的共振，但它主要对热中子敏感，而金对热中子和共振中子都敏感，后者主要在 5 eV 左右。同时测量每根金属丝中的金和铜活化，并从每个空间位置的数据中展开两组 (热的和高于热的) 能谱。

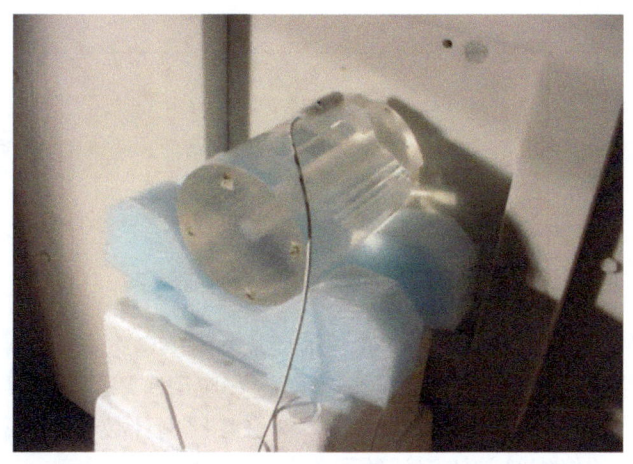

图 13.7　WSU 超热中子束中的圆柱形 PMMA 模型。体模直径 12.5 cm，长度 18.1 cm

图 13.8 显示了体模的两群能谱解谱过程的结果。计算和测量的通量数据显示在图中用于比较。一旦测得的通量分布可用，通过在通量上应用适当的能谱平均比释动能系数作为相乘因子，可以估计出作为体模深度函数的大部分重要的 BNCT 剂量成分。背景氢反冲剂量基本上与热上通量成正比，而氮 (n,p) 剂量和硼中子俘获剂量与热中子通量成正比。氢的中子俘获，导致 2.2 MeV 伽马射线的发射，也与热通量成比例，但是产生的光子源分布通常被用作单独计算光子剂量的输入，通常有三种机制 (光电效应、康普顿散射和对产生) 沉积显著的辐射剂量，这解释了源光子在能量沉积之前离开其初始位置的事实。光子剂量 (包括诱导剂量和入射剂量) 也可以通过以下章节中描述的方法直接测量。

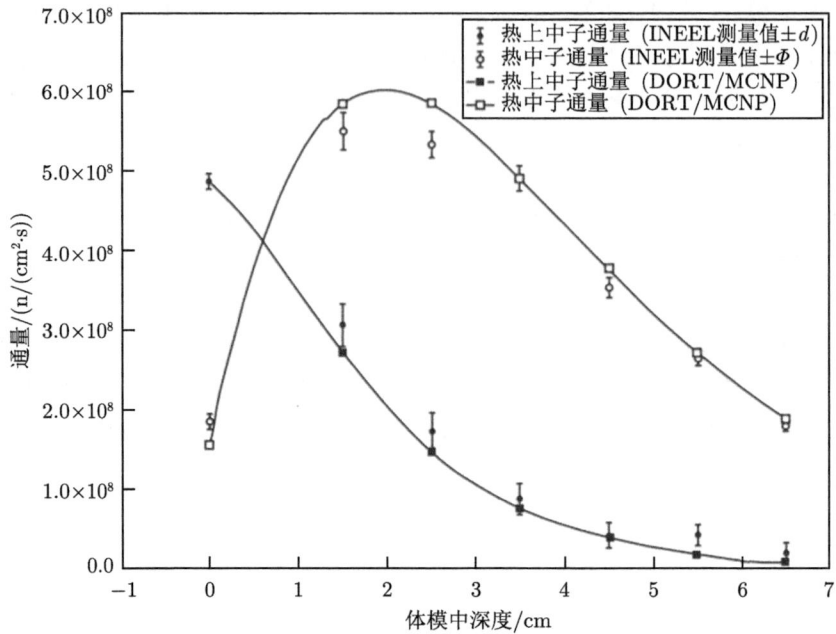

图 13.8 WSU 超热中子射束中沿 PMMA 模型中心轴解谱的热通量和热上通量。水平轴与距射束光阑平面下游的距离相对应

13.3 充气探测器

各种类型的充气辐射探测器已成功地应用于 BNCT 中子源宏观剂量特性的测量和束流强度的在线监测。本节总结了对这些应用有用的最重要的探测器类型，包括电离室、质子反冲比例计数器、BF_3 和 ^3He 比例计数器以及裂变电离室。主要用于微剂量学的组织等效比例计数器不包括在这里。

13.3.1 离子室

成对离子室，一个对中子比较敏感，另一个对 γ 更敏感，为 BNCT 中子源的在线剂量学提供了最广泛使用的方法。这种方法提供了额外的信息，补充了从活化能谱法中获得的信息。事实上，特别推荐将该方法用于分离"自由"射束中的入射 γ 和中子剂量成分 (例如，当射束从用于中子产生和射束裁剪的反应堆或基于加速器的系统出来时)，以及用于测量标准水和组织等效塑料体模中的背景中子和 γ(入射和中子诱发) 剂量成分。

一般来说，用于 BNCT 剂量测定的离子室应提供几个对这种特殊应用很重要的设计特征[31]。腔室的尺寸应尽可能小，以尽量减小有效体积上的通量梯度。组织等效室中的壁和气体材料的成分应尽可能相同，并应注意使氢和氮的含量尽可能接近相关组织的含量。例如，建议使用 A-150 塑料壁材料，其与脑组织非常匹配。组织等效室的最小壁厚应足以为预期的高能反冲质子提供带电粒子平衡。中子不敏感室当然应该由对中子敏感度最低的材料建造，特别是在热能范围内。当用于体模内测量时，中子不灵敏室的壁厚应尽可能薄，以尽量减小体模中产生的二次电子注量的扰动。

图 13.9 显示了一组典型的成对离子室，安装在密苏里大学研究反应堆的热中子束中使用的锂化聚乙烯射束整形孔板上[15]。伽马敏感室 (FarWest^{TM} IC-18) 的灵敏区有一个石墨壁和 CO_2 气体。中子敏感室 (FarWest^{TM} IC-18 G) 使用组织等效气体 (体积比为 64.4% 的 CH_4、32.5% 的 CO_2 和 3.1% 的 N_2) 和组织等效塑料壁 (如 A-150)。每个室的有效容积为 0.1 ml。带氩气的镁室也可用于伽马测量。图 13.10 显示了位于华盛顿国立大学的标准水模型中的相同腔室[44]。

图 13.9 用于 BNCT 剂量测定的典型成对离子室，配有用于自由束剂量测定的累积盖 (buildup cap)

这些离子室在建造和操作中有几个复杂的细节。例如，有一个接地的保护环，用于排出实际敏感室区域 (长圆柱形杆尖端的球体) 和收集电极之间的泄漏电流。这些腔室与标准静电计相连，在 BNCT 应用的典型混合中子–伽马场中产生的电流在几个 pA 范围内。它们通常在 250 V 直流电 (VDC) 的偏置电压下工作，这在实际应用中足以达到饱和。应使用低噪声电缆，并应注意尽可能使电缆远离辐射场，以最大限度地减少源于腔室本身以外位置的杂散辐射感应电流。

离子室最初由制造商在标准伽马场进行校准。例如，图中所示的 IC-18G 的校准值为 1.64×10^{10} R/C。相应的组织等效室 (IC-18) 的校准值为 2.25×10^{10} R/C。在特定的气体压力和温度 (通常为 22 ℃ 和 760 mm) 下，按照标准气体流速 (通常为 5 ml/min) 对腔室进行校准。如果气体条件不符合校准数据中的规定, 则需要对校准进行适当调整。通常建议使用累积盖测量空气中的射束。

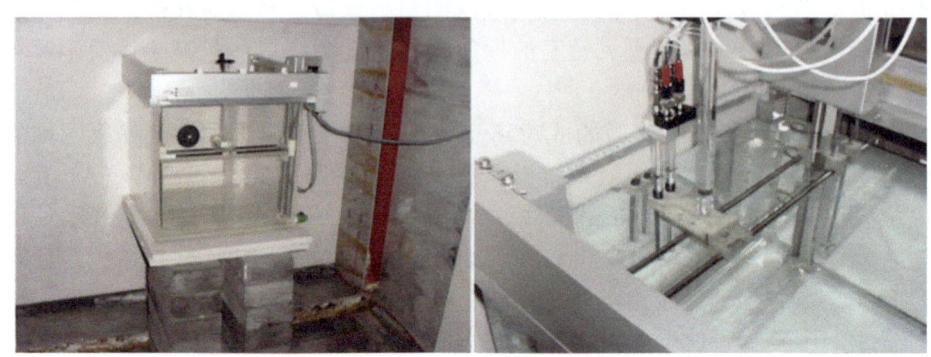

图 13.10　WSU 的水模型 (左), 成对离子室布置详图 (右)

成对离子室的响应可由以下两个方程表征, 同时求解这两个方程可确定中子和 γ 剂量:

$$N_u Q_u = h_u D_g + k_u D_n - t_u \varphi_{th} \tag{13.9}$$

$$N_t Q_t = h_t D_g + k_t D_n - t_t \varphi_{th} \tag{13.10}$$

其中:

D_g 和 D_n 是与校准相对应的标准物质中的伽马和中子吸收剂量 (通常是空气或水)。

N_u 和 N_t 分别是中子不敏感室和组织等效室的校准系数 (R/C)。校准数据通常由制造商提供, 可直接用于射束设计确认和临床前剂量测定。然而, 重要的是要认识到, 在临床应用的情况下, 这些因素必须独立地根据可追溯标准进行确认, 如其他地方所述。

Q_u 和 Q_t 是由腔室收集的电荷, 根据制造商规定的电荷复合 (通常可以忽略不计) 和当地温度和空气压力进行校正。

h_u 和 h_t 是相对于用于校准的伽马场的灵敏度, 电离室对感兴趣伽马辐射的灵敏度, 可以通过任何标准方法来确定, 该方法包括伽马能谱差异的影响, 以及理想情况下离子室对局部伽马场的空间扰动。

k_u 和 k_t 是相对于用于校准的伽马场的灵敏度, 电离室对感兴趣中子场的灵敏度。

t_u 和 t_t 是每单位热中子注量对应的电离室的灵敏度。

φ_{th} 是测量位置处的热中子注量。

相对于用于校准的伽马射线场的灵敏度，确定感兴趣中子场的灵敏度可能有些复杂，并且取决于应用。有用信息可在 ICRU-26[28] 和 ICRU-45[29] 中找到。中子敏感室的相对中子灵敏度的典型值从 0 到大约 0.15，取决于腔室结构和具体应用的细节。组织等效室的典型值在 0.9~1.4，这同样取决于腔室的细节和应用，以及氮 (n,p) 相互作用的校正细节。对这些因素及其具体决定的完整讨论超出了本章的范围。关于这一主题的更多实用细节，以及配对离子室技术的其他关键方面，可在罗格斯 (Rogus) 等人 [53]、艾杰梅克 (Aijmakers) 等人 [47,48]、科苏宁 (Kosunen) 等人 [35] 和罗卡 (Roca) 等人 [52] 所著的文章中找到。

必须校正成对离子室读数，以反映相关参考组织中相对于用于射束表征的介质 (如水体模) 响应的剂量。在对中子不灵敏的腔室情况下，通常使用参考组织的质量衰减系数与体模材料的质量衰减系数之比来完成，在计算获得的或可能从实际能谱测量中获得的伽马谱上进行平均。在组织等效室的情况下，可以使用两种材料的中子比释动能系数的比率，在中子能谱上进行平均，计算校正值。

最后，需要公式 (13.9) 和 (13.10) 右侧的第三项来修正不具有感兴趣组织特征的腔室的热中子诱发剂量。对于组织等效室，这一点尤其重要，因为其响应的一个重要组成部分来自于氮 (n,p) 相互作用，并且室壁和填充气体的氮含量不一定等同于感兴趣组织的氮含量，从一种组织类型到另一种组织类型其变化很大 (高达 2 倍)。腔室的热中子响应通常使用前面所述的活化能谱法确定的热中子通量进行计算，并使用适当的室材料比释动能系数。在线测量 (例如文献 [8]) 也可用于确定感兴趣的腔室响应。对于公式 (13.9) 和 (13.10)，从离子室读数中减去该响应。然后，针对适当的组织成分计算源于热中子诱导的高 LET 相互作用 (如 (n,p)) 对组织的本底剂量，并单独报告。采用其他等效数学公式进行热中子校正也是可能的。

13.3.2 BF_3 和 ^3He 探测器

这些探测器的用途是基于这样一个事实：^{10}B 和 ^3He 对于低能量中子具有大的俘获截面，随后发射高能带电粒子，其能量在合适的充气管中以收集电荷的形式出现 [6,33]。在三氟化硼的情况下，发射的粒子是锂离子和氦离子，就像组织中的 BNCT 相互作用一样。在 ^3He 的情况下，释放出高能质子和氚。这些探测器通常在脉冲模式下作为比例计数器运行，允许对伽马辐射进行区分，但它们通常不提供任何有关入射中子能量的重要信息。这种类型的探测器，特别是以三氟化硼为填充气体的探测器，已发现可用于在线中子射束监测及各种体模和生物体内应用中的热中子测量 (见文献 [1,58])。

13.3.3 质子反冲能谱仪

中子反冲探测器采用的是充满低分子量气体(通常是氢气或氦气)的管子,压力高达几个大气压。在这种探测器有用的能量范围内,被入射中子弹性散射的气体原子将被剥离其电子,当它们减速时,将有足够的能量在周围气体中产生许多离子对。与每个中子散射事件有关的收集电荷将与散射离子的初始能量成正比。在充氢探测器的情况下,反冲质子谱与入射中子的能量有着特别简单的关系,这是 BNCT 应用中最受欢迎的,因此将是这里讨论的主要主题。这是因为:① 中子和质子的质量基本相同;② 对于在 BNCT 应用中具有感兴趣能量的中子,在质心系下氢对中子的弹性散射可以假定为各向同性的。结果表明,在从零到入射中子能量的范围内,反冲质子的能谱相对于能量是恒定的。此外,在 BNCT 感兴趣的能量范围内,氢对中子的弹性散射截面对于能量也是恒定的,这有助于如下所述的解谱过程。

在脉冲模式下,质子反冲管作为比例计数器运行。这通常要求对感兴趣的中子源进行此类测量时,其通量水平要比实际临床应用低得多。因此,测量值必须标度到满功率运行通量水平,并适当考虑标度因子中的任何非线性。探测器气体中的每个中子散射事件都会产生一个反冲质子。这个质子沉积在气体中的电离能表现为每个脉冲收集的电荷,信号存储在合适的多道分析器适当的能量分区中。由此构造了一个质子反冲能谱,并利用数学方法,根据入射中子能量与反冲质子能谱之间的关系,从该能谱求解入射中子能谱。基本上,给定能量下质子反冲谱的大小与在该能量及以上发生的所有中子散射事件的积分成正比,入射中子能谱基本上可以通过简单的反冲质子谱微分得到。可通过添加微量的合适气体(如氮气或 ^{3}He)简化探测器的能量校准,该气体引起中子俘获反应,并发射具有已知能量的质子或其他带电粒子。

尽管质子反冲室计数器理论上可用于探测任何能量的中子,但存在一些复杂情况,这些复杂情况将其实际应用范围限制在大约 10 keV 到典型的几个兆电子伏之间,并且需要对数据进行各种修正。在有效能量范围的较低部分(对于大多数设备,10 keV 到大约 100 keV),必须进行显著的校正,以分离不可避免的入射伽马含量,基本上用于 BNCT 的所有中子源都含有入射伽马射线。如果已知伽马污染的绝对量级,并且有与射束伽马含量的能谱相似的合适伽马源,则可以通过直接减法达到在一定程度上的这些校正。脉冲形状识别也可以在能量范围的最低部分使用,以分离伽马成分,但要开销一些更复杂的电子元件。在能量范围的较高部分,必须修正这样一个事实,即反冲质子可能会一直移动到腔室壁上,而不会将所有能量沉积在气体中(所谓的壁效应)。这种影响的校正取决于填充气体的压力。与所有比例计数器一样,必须非常小心地避免填充气体被空气污染,这会干扰电荷倍增过程。文献 [26, 33, 45] 讨论了在使用质子反冲室时必须遵守的一些其他注意事项和预防措施。

13.3.4 裂变室

用于 BNCT 应用的裂变室通常采用小圆柱管的形式 (图 13.11),在管的内表面涂有可裂变核素。可以选择可裂变材料以允许检测快中子、热中子,或两者兼而有之。它们主要用作在线射束强度监测器,在电流模式下运行,但也可以在脉冲模式下运行,以辨别伽马辐射。用于 BNCT 的一个典型的电离室的内表面有一个小的 ^{235}U 涂层 (几毫克),因此对低能中子很敏感。典型的气体包括氩或甲烷。入射中子在铀涂层中引起裂变,产生的裂变碎片进入气体中引起电离,由此产生的电荷被收集和测量。裂变室内表面上的铀涂层也可包括适当数量的 ^{234}U,以补偿运行期间 ^{235}U 的损耗,特别是如果裂变室要连续使用的话。

图 13.11　华盛顿州立大学超热中子射束设施用于束流监测的裂变室 (Reuter-Stokes Model P6-0402-101)

尽管裂变室的制造商通常提供校准数据,但用于 BNCT 的裂变电离室必须针对其特定应用以及相对于源平面和照射位置在中子束流线中的位置进行校准。校准通常通过中子活化能谱法完成。与自给能中子探测器不同 (见 13.4.6 节),裂变电离室方便地提供中子射束强度的任何变化的基本即时指示,例如,有意关闭射束闸门或反应堆功率,或加速器运行参数的意外变化。

13.4　附加技术

活化能谱法和各种充气探测器已成为 BNCT 中子射束剂量测量和监测的主要工具。然而,一些附加的辐射检测技术,特别是热释光剂量计,各种机构和研究人员根据 BNCT 的目的对其进行调整,并将其用于束流特性和临床剂量测定的某些方面。下面几节将简要介绍其中最突出的部分。

13.4.1 闪烁体

从最简单的意义上讲,闪烁探测器是基于电离辐射激发探测器介质中的原子和分子能级而发射的荧光 [33]。闪烁体可以是液体或固体形式,可以设计用于测量中子或 γ。无机晶体如 NaI 和 LaBr 被广泛应用于辐射检测和能谱分析,但在 BNCT 中还没有发现直接用于射束表征和剂量测量的重要用途。然而,已经发现固体有机闪烁体是有用的。它们可以是纯有机晶体 (如蒽、二苯乙烯) 或聚合塑料 (如苯乙烯、聚乙烯醇甲苯、聚甲基丙烯酸甲酯) 的形式。在 BNCT 中,使用具有强质子反冲响应的材料进行快中子探测和能谱分析,伽马响应通过脉冲形状识别进行抑制。从反冲质子能谱中解谱中子通量,尽管存在其他难题,基本上可以采用与气体管质子反冲能谱法相同的基本技术来完成 [31]。一种硼化合物也可以包含在闪烁体中,然后产生的信号在很大程度上与测量位置处的硼相互作用速率成比例。闪烁体在 BNCT 中的应用由克劳福德 (Crawford) 等人 [18] 和石川 (Ishikawa) 等人 [30] 进一步描述。布利斯 (Bliss) 等人也探索了闪烁体在光学纤维中的应用 [13]。

13.4.2 热释光剂量计

上述闪烁体基本上是在带电粒子的辐射沉积后立即发射光脉冲,与上述闪烁体类型不同,热释光剂量计 (TLD) 的设计目的是将辐射能量储存在其固体晶格中,直到后来,通过将剂量计加热到规定的温度将积分能量 (它与辐射剂量成正比) 释放出来。这种设计特点是通过添加所谓的激活剂杂质来实现的,这些杂质充当电子和空穴俘获中心。当被捕获的带电载流子在加热过程中释放出来时,它们会重新组合并产生光子。TLD 物理的详细描述见文献 [6, 33]。

典型的 TLD 材料包括添加 Mn 作为激活剂的 $CaSO_4(CaSO_4:Mn)$ 以及 CaF_2:Mn 和 LiF:Mn(Ti)。基于 LiF 的 TLD 在 BNCT 应用中得到了最广泛的使用。它们几乎与组织等效且相对便宜,因此可以在人体模型或受试者体内的不同位置进行许多测量 (图 13.12)。此外,原则上可以使用基于锂的 TLD 分离混合辐射场的中子和 γ 成分,因为通过使用富集 ^{6}Li(TLD-600) 可以使其主要对中子敏感,或者使用 ^{7}Li(TLD-700) 使其对中子相对不敏感,尽管在后一种情况下,中子敏感性不能完全消除,必须在分析中仔细考虑。天然锂 LiF TLD(TLD-100) 也是可用的。另一种基于锂的 TLD 已研究用于 BNCT 应用,其特点是将 Mg、Cu 和 P 结合起来作为激活剂,并可在一定程度上提高中子和 γ 剂量组分的完全分离能力。

13.4 附加技术

图 13.12　用于临床前 BNCT 放射生物学研究的仓鼠体模上的热释光剂量计 [46]

对 BNCT 中 TLD 应用和技术的详细描述超出了本章的范围。处理、校准和读出过程是复杂的，但只要仔细注意细节，通常可以产生有用的结果。关于 BNCT 特定 TLD 应用的额外信息的优秀参考文献包括约尔维宁 (Järvinen) 和沃尔布拉克 (Voorbrack)[31]、阿尚 (Aschan) 等 [3-5]、比尔斯基 (Bilski) 等 [9]、伯恩 (Burn) 等 [16]、克罗夫特和珀克斯 [19]、凯斯勒等 [32]、科尼嫩贝格 (Konijnenberg) 等 [34]、拉伊梅克 (Raaijmakers) 等 [47,48]、塞普帕拉 (Seppälä) 等 [56] 和托伊沃宁 (Toivonen) 等 [59]。

13.4.3　凝胶探测器

Fricke 剂量学在组织等效凝胶中的应用已被探索作为 BNCT 二维和三维剂量学的可能手段。在 Fricke 剂量学中，亚铁离子 (Fe^{2+}) 在合适的介质 (溶液或凝胶) 中通过电离辐射诱导的一系列复杂的化学相互作用转化为铁离子 (Fe^{3+})。在 BNCT 的情况下，凝胶探测器提供了三维剂量学的可能性。例如，通过对凝胶体模的照射和随后使用磁共振成像对铁离子分布进行成像，由于铁离子和亚铁离子对介质中的质子弛豫速率产生不同的扰动 [22]。照射凝胶的光学吸收成像也可以用来量化剂量分布 [23,24]。

13.4.4　过热成核探测器

中子活化法用于射束能谱分析是相对简单的，并且有许多具有线性独立活化响应的材料可用，在相应的能量范围内具有非常高的精度。然而，在生物重要的能量范围 10~400 keV，当需要中子额外的细节时，它有一个明显的缺点。具有适当特征活化响应（共振或阈值）的便利材料不容易用于中子能谱的这一放射生物学重要范围内的详细测量，该范围仅高于超热上限截断能量。其他方法也可在其他地方找到，但在大多数情况下，这些方法也有其独特的缺点。然而，对于这种能量范围，一种有前途的低成本替代技术是基于对特殊过热材料中的辐射诱导成核位置的计数 [2,42]。

RemSpec™ 过热液滴探测器 (SDD) 谱仪提供了该技术实现的一个实例。完全不受光子影响的 SDD 剂量计材料可与该设备一起使用。对于一种介质，这些材料的中子探测阈值在 50 keV 到 1 MeV 之间，对于第二种介质，阈值在 500 keV 到 10 MeV 之间。在每种情况下，可以通过改变介质的温度来调节阈值能量，并且可以量化高于阈值的介质的响应函数。RemSpec 包括一个含 SDD 的小瓶、一个温度控制系统和一个实时记录每个成核位置形成的声传感器，以及适当的控制和数据采集软件。由于每个温度下 SDD 介质的阈值和响应函数已知，因此可以解谱气泡形成数据，从而在介质敏感的能量范围内生成测量的中子能谱。

图 13.13 显示了一个 RemSpec 探测器组件，它位于之前描述的 WSU 射束的源平面中。实际的探测器材料封装在一个管内，该管与一个绝缘的加热装置相结合，以改变上述温度。离子室也悬挂在射束中，以提供自由束中伽马剂量率的指示。为了使计数率保持在仪器的规格范围内，此处所述照射的反应堆功率约为几十瓦。

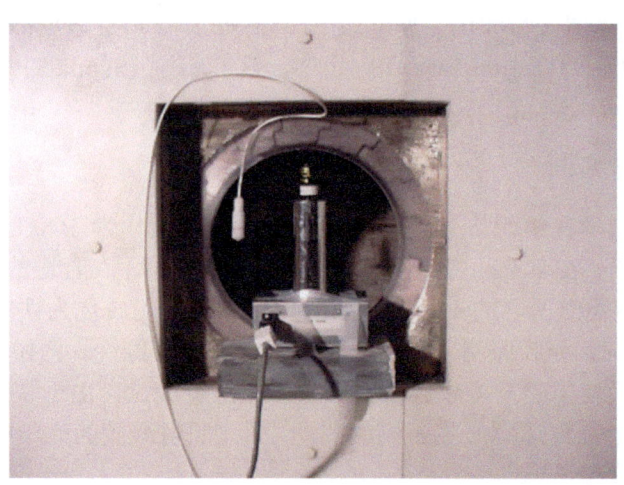

图 13.13　位于 WSU 源平面的 RemSpec 过热成核能谱仪装置

图 13.14 显示了 RemSpec 测量的一些结果。在这种情况下，通量被绘制在一个扩展的比例尺上，以显示超过 30 keV 的细节，这是这个特定仪器可以探测到的能量范围的阈值下限。为了获得图中所示的结果，制造商提供的 RemSpec 探测器响应曲线被数字化为一个 84 群等勒结构 (84-group equal-lethargy structure)，

其能量范围从 30 keV 到 10 MeV。基准射束设计计算中的先验通量同样被重新映射到同一能群结构中。RemSpec 响应所隐含的能谱是使用德雷珀 (Draper)[20] 所述的改进的 Sand Ⅱ 经验调整方法[38] 来估计的。在这种特殊情况下,测量结果被归一化为大约 300 kW 的反应堆功率。与如图 13.14 所示的先验曲线相比,调整程序产生了一个更硬的测量能谱。中子被平移到大约 500 keV 以上的能量范围,以产生与所观察到的探测器响应的最佳匹配。

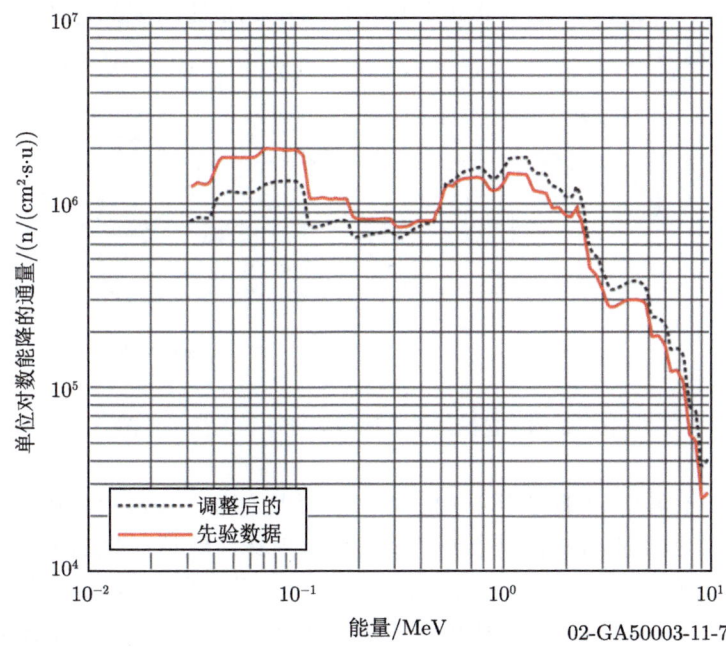

图 13.14　超热中子束的 RemSpec 过热成核探测器测量结果 ("u"表示对数能降)

13.4.5　半导体探测器

半导体的工作原理是通过辐射沉积产生电子空穴,然后以脉冲模式收集每次相互作用产生的电流,作为辐射探测器和能谱仪,它具有许多优点。它们的固体物理形式提供了比充气探测器更高的效率,与塑料或有机晶体闪烁体相比,产生电子–空穴对所需的相对较低能量可提高能量分辨率。锗半导体探测器在一般的高分辨率伽马能谱分析中应用非常广泛。这些方法已成功应用于硼–中子相互作用产生的 480 keV 伽马射线和 2.2 MeV 氢俘获伽马射线的体模内监测,为体内监测 BNCT 治疗的这些剂量成分提供了一种可行的方法[62]。硅探测器单独使用,或带有吸收中子产生带电粒子 (随后产生探测器信号) 的 ^{10}B、^{6}Li 或 ^{235}U 涂层,也被用于中子射束表征[37] 和 BNCT 中的热中子通量监测器[25,27,36]。

13.4.6 自给能中子探测器

自给能中子探测器 (SPND) 或 Hilborn 探测器为 BNCT 照射期间中子通量的在线监测提供了一种简单而可靠的方法。基本工作原理如图 13.15 所示。中心电极由具有较高中子俘获截面的合适金属构成，位于周围圆柱形电极内，由绝缘材料隔开。在最常用的 SPND 操作模式中，中子被俘获在中心电极或发射极中。随后活化产物的 β 衰变产生高能电子，通过绝缘体到达外电极，在外部电路中产生电流。在平衡状态下，这一电流与中子俘获率成正比，因此与在发射极位置的中子通量也成正比。

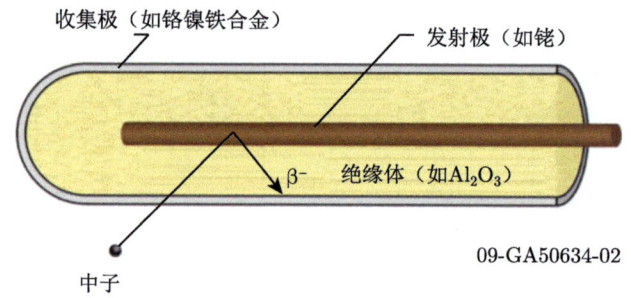

图 13.15　自给能中子探测器设计与运行示意图

其他相互作用也可能发生在 SPND 中，并且必须在校准过程中正确考虑。这包括在发射极和其他结构材料中产生瞬发伽马射线，随后产生的电子康普顿散射提供探测器电流，以及在混合中子–伽马场的情况下，通过探测器材料中的直接伽马相互作用产生电子电流。连接电缆中的中子和伽马相互作用也很重要，必须通过适当的外部电路设计加以考虑或消除。

典型的 SPND 发射极材料包括钒和铑 (诺尔 (Knoll)1999)。钒具有较低的灵敏度，更适合在核动力反应堆典型的高通量区进行测量，而铑具有更高的中子截面，对 BNCT 典型的中子通量具有较高的灵敏度 (范围为 $10^9 \sim 10^{10}$ n/(cm²·s))。铑也有一个较短的半衰期，因为其最突出的 β 衰变模式，允许更快地达到平衡。

米勒 (Miller) 等人[39] 已经开发出一种可植入的铑锆合金 SPND，该 SPND 已被证明对射束监测和体内中子剂量测定有用 [21]。该探测器的有效长度为 10 mm，外部收集电极直径为 2 mm，以便体内应用。中子校准通常通过与箔或线中子活化测量进行比较来完成。

致谢：爱达荷州国家工程实验室管理的教职员工交换补助金对本章的撰写提供支持，该补助金来自巴特尔能源联盟有限责任公司 (Battelle Energy Alliance, LLC) 与美国能源部签订的合同，编号为 DE-AC07-05ID14517。作者还想感谢威斯康星大学的斯图尔特·斯莱特先生,他对呈现在这里的大量参考文献的编纂工作给予了帮助。

参 考 文 献

[1] Alburger DE, Raparia D, Zucher MS (1999) Phantoms with $^{10}BF_3$ detectors for boron neutron capture therapy applications. Med Phys 25: 1735-1738

[2] Apfel RE, Lo Y-C (1979) Practical neutron dosimetry with superheated drops. Health Phys 56: 79-83

[3] Aschan C, Toivonen M, Savolainen S, Seppälä T, Auterinen I (1999) Epithermal neutron beam Dosimetry with thermoluminescence dosimeters for boron neutron capture therapy. Radiat Prot Dosimetry 81: 47-56

[4] Aschan C, Toivonen M, Savolainen S, Stecher-Rasmussen F (1999) Experimental correction for thermal neutron sensitivity of gamma ray TL dosimeters irradiated at BNCT beams. Radiat Prot Dosimetry 82: 65-69

[5] Aschan C, Lampinen JS, Savolainen S, Toivonen M (1999) Monte Carlo simulation of the influence of adjacent TL dosimeters on TL readings in simultaneous measurements in BNCT beams. Radiat Prot Dosimetry 85: 349-352

[6] Attix FH (1986) Introduction to radiological physics and radiation dosimetry. Wiley, New York

[7] Auterinen I, Serén T, Uusi-Simola J, Kosunen A, Savolainen S (2004) A toolkit for epithermal neutron beam characterization in BNCT. Radiat Prot Dosimetry 110: 587-593

[8] Becker J, Brunckhorst E, Roca A, Stecher-Rasmussen F, Moss R, Böttger R, Schmidt R (2007) Setup and calibration of a triple ionization chamber system for dosimetry in mixed neutron/photon fields. Phys Med Biol 52: 3715-3727

[9] Bilski P, Budzanowski M, Ochab E, Olko P, Czopyk L (2004) Dosimetry of BNCT beams with novel thermoluminescent detectors. Radiat Prot Dosimetry 110: 623-626

[10] Binns PJ, Riley KJ, Harling OK, Kiger WS III, Munck af Rosenschöld PM, Giusti V, Capala J, Sköld K, Auterinen I, Serén T, Kotiluoto P, Uusi-Simola J, Marek M, Viererbl L, Spurny F (2005a) An international dosimetry exchange for boron neutron capture therapy, part 1: absorbed dose measurements. Med Phys 32: 3729-3736

[11] Binns PJ, Riley KJ, Harling OK (2005b) Epithermal neutron beams for clinical studies of boron neutron capture therapy: a dosimetric comparison of seven beams. Radiat Res 64: 212-220

[12] Blaumann HR, Gonzalez SJ, Longhino J, Santa Cruz GA, Calzetta Larrieu OA, Bonomi MR, Roth BMC (2004) Boron neutron capture therapy of skin melanomas at the RA-6 reactor: a procedural approach to beam setup and performance evaluation for upcoming clinical trials. Med Phys 31: 70-80

[13] Bliss M, Craig RA, Sunberg DS, Harker YD, Hartwell JK, Venhuizen JR (1997) Progress towards development of real-time dosimetry for BNCT. In: Larsson B, Crawford J,

Weinrich R (eds) Advances in neutron capture therapy, vol I, Medicine and physics. Elsevier Science BV, Amsterdam

[14] Breismeister JF (1993) MCNP—a general Monte Carlo N-particle transport code, Version 4A, LA-12625-M. Los Alamos National Laboratory, Los Alamos

[15] Brockman J, Nigg DW, Hawthorne MF, McKibben C (2009) Spectral performance of a composite single-crystal filtered thermal neutron beam for BNCT research at the University of Missouri. Appl Radiat Isot 67: S222-S225

[16] Burn KW, Colli V, Curzio G, d'Errico F, Gambarini G, Rosi G, Scolari L (2004) Characterization of the tapiro BNCT epithermal facility. Radiat Prot Dosimetry 110: 645-649

[17] Coderre JA, Morris GM (1999) The radiation biology of boron neutron capture therapy. Radiat Res 151: 1-18

[18] Crawford JF, Teichmann S, Stecher-Rasmussen F (1996) A direct comparison of neutron energy spectra at high and low powers in the HB11 beam at HFR Petten. In: Mishima Y (ed) Cancer neutron capture therapy. Plenum Press, New York

[19] Croft S, Perks CA (1990) Corrections to gamma ray dosimetry measurements made in Harwell's two high-intensity filters neutron beams using ^{7}LiF thermoluminescent dosimeters owing to their neutron sensitivity. Radiat Prot Dosimetry 33: 351-354

[20] Draper EL Jr (1971) Integral reaction rate determinations—part I: tailored reactor spectrum preparation and measurement. Nucl Sci Eng 48: 22-30

[21] Gadan M, Crawley V, Thorp S, Miller M (2009) Preliminary liver dose estimation in the new facility for biomedical applications at the RA-3 reactor. Appl Radiat Isot 67: 5206-5209

[22] Gambarini G, Birattari C, Colombi C, Pirola L, Rosi G (2002) Fricke gel dosimetry in boron neutron capture therapy. Radiat Prot Dosimetry 101: 419-422

[23] Gambarini G, Colli V, Gay S, Petrovich C, Pirola L, Rosi G (2004) In-phantom imaging of all dose components in boron neutron capture therapy by means of gel dosimeters. Appl Radiat Isot 61: 759-763

[24] Gambarini G, Daquino GG, Moss RL, Carrara M, Nievaart VA, Vanossi E (2007) Gel dosimetry in the BNCT facility for extra-corporeal treatment of liver cancer at the HFR Petten. Radiat Prot Dosimetry 126: 604-609

[25] Harasawa S, Nakamoto A, Hayakawa Y, Egawa J, Aizawa O, Nozaki T, Minobe T, Hatanaka H (1981) Improved monitoring system of neutron flux during boron neutron capture therapy. Radiat Res 88: 187-193

[26] Harker YD, Anderl RA, Becker GK, Miller LG (1992) Spectral characterization of the epithermal neutron beam at the Brookhaven medical research reactor. Nucl Sci Eng 110: 355-368

[27] Hayakawa Y, Harasawa S, Nakamoto A, Amano K, Hatanaka H, Egawa J (1978) Simultaneous monitoring system of thermal neutron flux for boron neutron capture therapy. Radiat Res 75: 243-251

[28] ICRU Report 26 (1977) Neutron dosimetry for biology and medicine. International

Commission on Radiation Units and Measurement, Bethesda

[29] ICRU Report 45 (1989) Clinical neutron dosimetry part 1: determination of absorbed dose in a patient treated by external beams of fast neutrons. International Commission on Radiation Units and Measurement, Bethesda

[30] Ishikawa M, Ono K, Sakurai Y, Unesaki H, Uritani A, Bengua G, Kobayashi T, Tanaka K, Kosako T (2004) Development of real-time thermal neutron monitor using boron-loaded plastic scintillator with optical fiber for boron neutron capture therapy. Appl Radiat Isot 61: 775-779

[31] Järvinen H, Voorbraak WP (2003) Recommendations for the dosimetry of boron neutron capture therapy, Report 21425/03 55339/C, NRG Petten

[32] Kessler C, Stecher-Rasmussen F, Rassow J, Garbe S, Sauerwein W (2001) Application of thermoluminescent dosimeters to mixed neutron-gamma dosimetry for BNCT. In: Hawthorne MF et al (eds) Frontiers in neutron capture therapy, vol 2. Kluwer Academic/Plenum Publishers, New York, pp 1165-1173

[33] Knoll GF (2000) Radiation detection and measurement, 3rd edn. Wiley, New York

[34] Konijnenberg MW, Raaijmakers CPJ, Dewitt L, Mijnheer BJ, Moss RL, Stecher-Rasmussen F, Watkins PRD (1992) Treatment planning of boron neutron capture therapy: measurements and calculations. Radiat Prot Dosimetry 44: 443-446

[35] Kosunen A, Kortesniemi M, Ylä-Mella H, Seppälä T, Lampinen J, Serén T, Auterinen I (1999) Twin ionization chambers for dose determinations in phantom in an epithermal neutron beam. Radiat Prot Dosimetry 81: 187-194

[36] Litovchenko PG, Moss R, Stecher-Rasmussen F, Appelman K, Barabash LI, Kibkalo TI, Lastovetsky VF, Litovchenko AP, Pinkovska MB (1999) Semiconductor sensors for dosimetry of epithermal neutrons, semiconductor physics. Quantum Opt Optoelectronics 2: 90-91

[37] Marek M, Viererbl L, Burian J, Jansky B (2001) Determination of the geometric and spectral characteristics of BNCT beam (neutron and gamma ray). In: Hawthorne F, Shelly K, Wiersema R (eds) Frontiers in neutron capture therapy. Kluwer Academic/Plenum Publishers, New York

[38] McElroy WN, Berg S (1967) SAND-II neutron flux spectra determination by multiple foil activation iterative method. AWRL-TR-67-41, vol 1-4

[39] Miller M, Mariani LE, Sztejnberg Gonçalves-Carralves ML, Skumanic M, Thorp S (2004) Implantable self-powered detector for online determination of neutron flux in patients during NCT treatment. Appl Radiat Isot 61: 1033-1037

[40] Moss RL, Stecher-Rasmussen F, Rassow J, Morrissey J, Voorbraak W, Verbakel W, Appelman K, Daquino GG, Muzi L, Wittig A, Bourhis-Martin E, Sauerwein W (2004) Procedural and practical applications of radiation measurements for BNCT at HFR Petten. Nucl Instrum Methods Phys Res B 213: 633-636

[41] Munck af Rosenschöld PM, Giusti V, Ceberg CP, Capala J, Sköld K, Persson BRR (2003) Reference dosimetry at the neutron capture therapy facility at Studsvik. Med

Phys 30: 1569-1579

[42] Nath R, Meigooni C, King C, Smolen S, d'Errico F (1993) Superheated drop detector for determination of neutron dose equivalent to patients undergoing high-energy X-ray and electron radiotherapy. Med Phys 20: 78

[43] Nigg DW, Wemple CA, Risler R, Hartwell JK, Harker YD, Laramore GE (2000) Modification of the University of Washington neutron radiography facility for optimization of neutron capture enhanced fast-neutron therapy. Med Phys 27: 359-367

[44] Nigg DW, Venhuizen JR, Wemple CA, Tripard GE, Sharp S, Fox K (2004) Flux and instrumentation upgrade for the epithermal neutron beam facility at Washington State University. Appl Radiat Isot 61: 993-998

[45] Perks CA, Gibson AB (1992) Neutron spectrometry and dosimetry for boron neutron capture therapy. Radiat Prot Dosimetry 44: 425-428

[46] Pozzi E, Nigg DW, Miller M, Thorp SI, Heber EM, Zarza L, Estryk G, Monti Hughes A, Molinari AJ, Garabalino M, Itoiz ME, Aromando RF, Quintana J, Trivillin VA, Schwint AE (2009) Dosimetry and radiobiology at the new RA-3 reactor boron neutron capture therapy (BNCT) facility: application to the treatment of experimental oral cancer. Appl Radiat Isot 67: S309-S312

[47] Raaijmakers CPJ, Konijnenberg MW, Verhagen HW, Mijnheer BJ (1995) Determination of dose components in phantoms irradiated with an epithermal neutron beam for boron neutron capture therapy. Med Phys 22: 321-329

[48] Raaijmakers CPJ, Watkins PRD, Nottelman EL, Verhagen HW, Jansen JTM, Zoetelief J J, Mijnheer BJ (1996) The neutron sensitivity of dosimeters applied to boron neutron capture therapy. Med Phys 23: 1581-1589

[49] Rhoades WA, Childs RL (1988) The DORT two-dimensional discrete-ordinates transport code. Nucl Sci Eng 99: 88-89

[50] Riley KJ, Binns PJ, Harling OK, Kiger WS III, Gonzalez SJ, Casal M, Longhino J, Calzetta Larrieu OA, Blaumann HR (2008) Unifying dose specification between clinical BNCT centers in the Americas. Med Phys 35: 1295-1298

[51] Riley KJ, Binns PJ, Harling OK, Albritton JR, Kiger WS III, Rezaei A, Sköld K, Seppälä T, Savolainen S, Auterinen I, Marek M, Viererbl L, Nievaart VA, Moss RL (2008) An international dosimetry exchange for BNCT part II: computational dosimetry normalizations. Med Phys 35: 5419-5425

[52] Roca A, Nievaart VA, Moss RL, Stecher-Rasmussen F, Zamfir NV (2007) Validating a MCNPX model of Mg(Ar) and TE(TE) ionization chambers exposed to ^{60}Co gamma rays. Radiat Prot Dosimetry 129: 365-371

[53] Rogus RD, Harling OK, Yanch JC (1994) Mixed field dosimetry of epithermal neutron beams for boron neutron capture therapy at the MITR-II research reactor. Med Phys 21: 1611-1625

[54] Roussin RW (1980) BUGLE-80 coupled 47-neutron, 20 gamma-ray P3 cross section library, DLC-75. Radiation Shielding Information Center, Oak Ridge National Labo-

ratory, Oak Ridge

[55] Santa Cruz GA, Zamenhof RG (2004) The microdosimetry of the ^{10}B reaction in boron neutron capture therapy: a new generalized theory. Radiat Res 162: 702-710

[56] Seppälä T, Auterinen I, Aschan C, Serén T, Bevcizik J, Snellmn M, Huiskamp R, Abo Ramadan U, Kankaanranta L, Joensuu H, Savolainen S (2002) Dose planning with comparison to in-vivo dosimetry for epithermal neutron irradiation of the dog brain. Med Phys 29: 2629-2640

[57] Stallman FW (1986) LSL-M2: a computer program for least squares logarithmic adjustment of neutron spectra, NUREG/CR-4349, ORNL/TM-9933. Oak Ridge National Laboratory, Oak Ridge

[58] Tattam DA, Allen DA, Beynon TD, Constantine G, Green S, Scott MC, Weaver DR (1998) In-phantom neutron fluence measurements in the orthogonal Birmingham boron neutron capture therapy beam. Med Phys 25: 1964-1966

[59] Toivonen M, Chernov V, Jungner H, Auterinen I, Toivonen A (1999) Response characteristics of LiF: Mg, Cu, P TL detectors in boron neutron capture therapy dosimetry. Radiat Prot Dosimetry 85: 373-375

[60] Van Vliet-Vroegendeweij C, Wheeler F, Stecher-Rasmussen F, Moss R, Huiskamp R (2001) Microdosimetry model for boron neutron capture therapy: I. Determination of microscopic quantities of heavy particles on a cellular scale. Radiat Res 155: 490-497

[61] Van Vliet-Vroegendeweij C, Wheeler F, Stecher-Rasmussen F, Huiskamp R (2001) Microdosimetry model for boron neutron capture therapy: II. Theoretical estimation of the effectiveness function and surviving fractions. Radiat Res 155: 498-502

[62] Verbakel WFAR (2001) Validation of the scanning-ray telescope for in-vivo dosimetry and boron measurements during BNCT. Phys Med Biol 46: 1-17

[63] Wheeler FJ, Parsons DK, Rushton BL, Nigg DW (1990) Epithermal neutron beam design for neutron capture therapy at the PBF and BMRR reactor facilities. Nucl Technol 92: 106-118

[64] Yamamoto T, Matsumura A, Yamamoto K, Kumada H, Hori N, Torii Y, Shibata Y, Nose T (2003) Characterization of neutron beams for boron neutron capture therapy: in-air radiobiological dosimetry. Radiat Res 160: 70-76

[65] Zamenhof RG (1997) Microdosimetry for neutron capture therapy: a review. J Neurooncol 33: 81-92

第 14 章 中子俘获疗法射束的临床调试

佩尔·蒙克·阿夫·罗森舍尔德

14.1 简　介

用于脑肿瘤 BNCT 的中子射束的最佳能量通常被称为超热，即高于热中子能量 (即高于 0.025 eV)[11,46]。依赖于中子的产生以及过滤器和准直器的设计，中子射束在光子和快中子污染方面会表现出不同的特性[20]。通过在每个设施 (例如文献 [8, 16, 27]) 上执行计算机优化过程，实现独特的射束过滤器设计，这要求对每个中子射束进行单独表征。对放射源参数的仔细研究和报告，以及临床试验的治疗细节，在所有放疗方式中都同样重要。传统上，照射递送的吸收剂量是放射治疗的主要参数之一，因为它与组织反应相关[18]。因此，递送吸收剂量的不确定度是一个必须尽可能低的治疗参数。一些研究讨论了放射治疗剂量测定中总不确定度的可接受水平。ICRU(报告 24[21]) 建议放射治疗剂量测定的总不确定度应不超过 5%，这被解释为 2 个标准偏差的区间 (2 SD)[4]。其他作者建议[12]对于根治性治疗，外照射光子和电子疗法的剂量递送不确定度不应超过 3%(1 SD)。基于放射生物学的考虑，米尼赫尔 (Mijnheer) 等人[41]发现在光子和快中子治疗中，剂量递送的不确定度应不超过 7.0%(2 SD)。在提供与 NCT 特别相关的信息之前，有理由假设米尼赫尔等人提供的评估[41]也适用于 NCT。因此，与治疗程序中每个单独步骤相关的不确定度必须引入相当低的剂量测量不确定度，以便将总体不确定度保持在这些限制范围内 (阿涅斯约 (Ahnesjö) 等人[1])。

在描述混合中子–光子射束的特性时，由于吸收剂量分布和各成分在组织中的相对辐射生物学效应是不同的 (例如文献 [14, 43-45])，有必要单独量化每个剂量成分。我们现在将讨论限制在 BNCT 的情况下，但本章中的公式可以很容易地

佩尔·蒙克·阿夫·罗森舍尔德

丹麦，DK-2100，哥本哈根，布雷格达姆斯韦吉 9 号，里格肖斯皮塔莱特医院 (Rigshospitalet, Blegdamsvej 9)

放射医学研究中心，放射肿瘤学部-3994

丹麦，哥本哈根大学，尼尔斯玻尔学院

美国，纽约，10021，斯隆凯特林纪念癌症中心，医学物理部

e-mail: per.munck@rh.regionh.dk

14.2 临床验收

适应例如钆 NCT。在 BNCT 中，受照射组织受到四种生物相关吸收剂量成分的影响：

(1) 光子吸收剂量；
(2) 快中子吸收剂量；
(3) 氮吸收剂量；
(4) 硼吸收剂量。

本章建议采用以下定义：光子吸收剂量是由光子相互作用中产生的电子传递的。硼吸收剂量和氮吸收剂量分别由硼和氮的中子俘获产生的带电粒子传递。快中子吸收剂量是中子与氢的散射 (产生反冲质子) 所产生的吸收剂量。请注意，根据这个定义，"快中子吸收剂量"是由中子传递的相当低的动能，直到能量降低到一些方便选择的截止能量，如 0.5 eV。其他的中子相互作用过程在组织中产生吸收剂量，尽管这些过程在 BNCT 中相关性较小，并且与所列出的相比通常可以忽略不计。因此，在中子射束中进行严格的剂量计算需要对中子、光子和带电粒子的相互作用进行全面的模拟，而蒙特卡罗方法是合适的，可以采用这种方法。在临床 BNCT 中，为了使治疗计划过程更快，通常会进行简化 (文献 [52,53]，详见第 16 章)。

以下章节的主题是在开始放射治疗之前需要采取的许多措施。

14.2 临床验收

临床验收试验的目的是确保设备在临床上安全使用。临床验收程序包括验证交付设备是否符合合同规定规格所需的所有测试。包括的测试作为采购的一部分达成一致。在国产系统的情况下，规格的详细程度可能会有所不同，甚至可能不存在。然后，验收程序包括使用先前商定的客户验收程序对所有交付的系统进行逐点检查。测试由制造商和专科医院的代表进行。从专科医院的角度来看，负责这一过程的人是经过认证的医学物理学专家 (欧盟指令 97/43)。在不存在一套客户验收程序的情况下，有必要制定一套需要完成的测试，以确保系统在临床使用中是安全的；有许多信息来源可用于此目的 (例如，IAEA TRS-430[5])。

设施的所有重要部件都必须经过验收程序，例如射束和治疗机头 (如适用)、病床、成像系统、联锁装置、辐射防护和安全装置等。但在本章中，我们将仅讨论射束。治疗计划系统的验收和调试详见第 16 章。与射束有关的最重要主题是射束监测系统和射束特性 (即射束质量) 以及再现性。显然，用于 BNCT 的射束不应受到光子和快中子的严重污染，或者在射束质量或强度方面具有较差的再现性，因为这会危及患者的安全。在开始调试阶段之前，需要纠正此类严重问题。

在执行验收程序期间，需要调查射束监测器的性能[9]。特别是，作为验收的一部分，需要仔细研究中子和光子注量以及注量率的射束监测器的精度、再现性和线性度。作为一个例子，图 14.1 显示了安装在瑞典斯图兹维克 (Studsvik)BNCT 设施的四个射束监测器的初始测试之一。在图 14.1 所示的简单试验中，反应堆功率逐步增加，并记录射束监测器计数率。可以看出，计数率偶尔会错误地提高几点。问题随后被认定为控制软件中的编程错误，并得到了纠正。

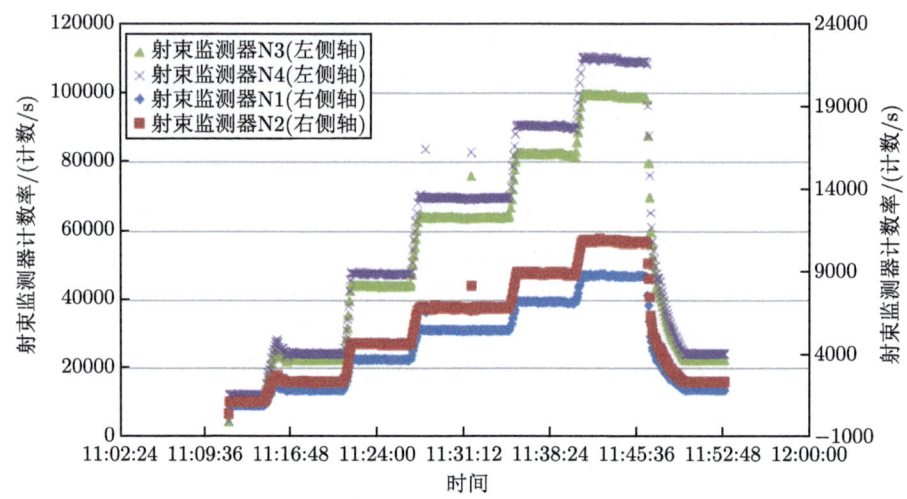

图 14.1 安装在瑞典斯图兹维克设施的四个射束监测器的初步测试。反应堆功率逐步增加，并记录射束监测器的计数率。可以看出，计数率偶尔会错误地提高几点。检测到控制系统的编程错误，随后进行了纠正

在临床验收阶段，最好研究扎门霍夫 (Zamenhof) 等人先前建议的参数 [74]：优势深度、优势深度剂量率和优势比。这些参数表明中子射束是否适合于 BNCT，例如基格 (Kiger) 等人 [27] 和吉乌斯蒂 (Giusti) 等人 [16] 提供了这样的分析。优势深度和优势比参数揭示了光子和快中子的污染。必须指出的是，依靠计算机模型来生成这样的数据是不够的，因为建筑材料中的杂质可能会显著地改变射束特性；例如，射束线中关键位置的材料中的小杂质可能会影响射束中的光子分量结果。在计算优势深度、优势深度剂量率和优势比之前，必须对计算机模型进行验证。

自由空气中的测量 (或小型体模中的测量)(例如，参见文献 [10]) 对计算机模型的验证有一定的作用，但是这些数据的临床相关性比在体模中要小。最后，主要的焦点是能够在组织等效体模中使用治疗计划系统获得测量和计算数据的一致性。体模中的热中子通量和剂量分布对光子和中子能谱并不太敏感 [17,25]。例如，对于纯光子束，已经证明，为了高精度地计算水中深度–剂量曲线，知道能量的平

均值和展宽是足够的[25]。因此，空气中的测量在很大程度上被排除在本章之外，我们将讨论范围限制在一些简短的评论上。值得注意的是，空气中的数据有助于与用于治疗的现有和退役中子射束进行比较，如哈林 (Harling) 等人[20]汇编的中子射束。与先前已用于 BNCT 的射束相比，具有更大的光子和快中子污染的射束不宜用于治疗目的。然而，人们应该小心，以确保对相同的参数进行比较。具体而言，需要报告无探测器情况下空气中的比释动能 (kerma)(全面讨论请参阅文献 [50])。人们还应该意识到，即使是非常详尽的计算机模型 (例如文献 [16])，在计算和测量的空气数据中也观察到了显著的偏差。

14.3 调　　试

迄今为止，在设施调试过程中采取的步骤包括：空气中的射束表征，通常使用基于蒙特卡罗方法 (例如 MCNP，布里斯马斯特 (Briesmeister) 等人[13]) 构建的计算机模型的验证，参考条件下的剂量测定和射束的最终临床调试。这些步骤不同于常规放疗设备调试中通常采取的步骤。然而，纯 (或接近) 光子束的剂量学计算稍微简单一些，并且通常不需要蒙特卡罗方法生成的源项文件来进行高精度的剂量学计算，这通常被认为是 BNCT 面临的情况——尽管一些作者对超热射束进行了更简单的实验[58]。第 16 章全面讨论了 BNCT 的治疗计划系统，第 13 章概述了用于超热中子射束的剂量学探测器和方法。

由于射束在验收程序中被认为是安全的，因此调试过程的目的是收集临床使用所需的所有数据。它通常是一组相当广泛的测量数据，作为治疗计划系统的输入或验证数据。然后，该数据集将作为后续质量保证程序的参考，在该程序中，对调试参数的子集进行检查。该程序通常称为非参考条件下的剂量测定。除此之外，还需要进行测量，以获得体模中参考点的每射束监测器单位 (MU) 的吸收剂量数据，通常称为参考条件下的剂量测定[2,4,71]。

14.3.1　参考条件下的剂量测定

传统上，BNCT 剂量学大致基于 ICRU 26 和 45 号出版物，ICRU 26 号报告[22]描述了生物和医学领域中的中子剂量学，ICRU 45 号报告[23]描述了快中子治疗的临床剂量。ICRU 45 号报告并不是针对 BNCT 的，报告中也明确指出了这一点，它也没有解决适合 BNCT 剂量测定的一些关键问题。然而，该报告总体上为中子剂量测定提供了一个很好的信息来源。一个国际工作组最近出台了一份关于 BNCT 剂量测定的报告[71]；下面的讨论基本上遵循了这项独特工作的建议。

14.3.1.1 剂量计的选择

两种类型的电离室通常用于测定光子和快中子吸收剂量，而热中子注量最好使用活化探测器测定[34,39,49,50,54,62,63]。探测器可以在标准实验室以低不确定度(约 1%，2 个标准差) 进行校准[50]。参考使用两个几何设计相同但材料选择不同的电离室，通常称为"双电离室"或"成对电离室"。一种常见的选择是使用一个壁和中心电极由组织等效塑料 (A-150 塑料) 构成，并用组织等效气体填充的腔室 ("TE/TE 室")，以及一个壁为镁并用氩气填充的腔室 ("Mg/Ar 室")。后者通常被称为"中子不敏感室"，从材料的中子截面来看，这是一个相当合理的假设，但实际上，镁的氧化会引起显著的中子响应[50,56]。另一种电离室结构是将石墨用作壁电极和中心电极，并用二氧化碳气体填充电离室[63]。石墨是一种在常规领域广泛用于光子剂量测定的探测器材料[4]。

在超热中子射束中使用各种剂量计进行了大量的工作，例如热释光剂量计[6,7]、凝胶剂量计[67,69]、二极管[60]、瞬发伽马法 (文献 [31]；韦尔巴克尔 (Verbakel) 等人 [48,70])、闪烁体材料[33]、比例计数器[42]、活化探测器[10] 和气泡探测器[15]。第 13 章介绍了超热中子射束剂量计的概况。对于超热射束参考条件下的剂量测定 (通常称为"绝对剂量测定")，必须考虑到电离室和活化 (主要是) 金箔是目前的标准。尽管如此，有点令人惊讶的是，公开文献中出现的关于临床射束校正因子的数据，以其他放射治疗学科常见的典型格式，即 AAPM TG51[2] 和 IAEA TRS-398[4] 报告，却非常稀少。

IAEA TRS-398 报告 [4] 详细介绍了适用于电离室测量的使用和校正，该参考文献中提供的讨论也适用于中子射束测量。收集到的电离室信号需要根据温度和压力、极化、复合效应和静电计电荷收集校正等进行校正。此外，当在中子射束中放置电离室时，探测器材料的部分活化也可能产生不需要的信号。考虑到辐照历史可能不太清楚，实际中很难解释由活化引起的信号。至少，引入的误差需要估计并包含在不确定度分析中。

14.3.1.2 体模的选择

ICRU 45 号报告促进了组织等效体模内组织吸收剂量的测定，例如水体模。在快中子射束中，由于对水与组织的吸收剂量是可比的，因此，解释中子/光子相互作用特性差异所需的修正相当接近一致。这已经成为中子治疗界的惯例。

然而，在超热中子射束中，情况则不同，在组织和水中，BNCT 过程中的总中子吸收剂量差别很大。这种剂量学差异是由于硼和氮中子俘获的贡献，导致与相互作用性质有关的修正非常强烈地偏离一致性。此外，在超热中子射束中，受照射物体的几何形状会显著影响吸收剂量率[51,59]。因此，报告中来自硼和氮俘获的吸收剂量，与光子和快中子在水体模内的组织吸收剂量之间没有很高的临床相关性。通过测定和报告材料的测量吸收剂量，从某种意义上来说，明确指明数值的临床相关性则避免了这个问题。这一概念由蒙克·阿夫·罗森舍尔德 (Munck af Rosenschellöld) 等人 [49] 引入。更重要的是，建议的方法允许将有关电离室的数学形式和剂量测量程序调整为 IAEA TRS-398 报告 [4] 中制定的程序。国际原子能机构报告中的程序构成了放射治疗剂量测定的一般依据，只有快中子治疗领域例外。

以前在超热中子射束中研究过体模材料成分和尺寸的影响 [32,59,65,73]。在以前的一项研究中，人们发现一种人工合成的"液态脑"混合物可以作为超热中子射束中剂量测定的合适体模材料 [65]。在其他工作中，作者在参考条件下使用椭球体模进行剂量测定，以更好地再现人类头部 [19,63]。蒙克·阿夫·罗森舍尔德 (Munck af Rosenschöld)[51] 提出了从 PMMA 到含硼脑组织的材料和几何校正，适用于斯图兹维克 (Studsvik) 射束，并强烈表明了它们在 BNCT 剂量测量中的重要性。

BNCT 剂量学的国际报告建议使用水体模进行剂量测量 [71]，该参考文献是 BNCT 剂量测定的一个优秀和全面的指南，本章主要遵循该出版物中描述的符号和方法。

尽管体模的几何结构和材料组成，对优化用于 BNCT 的射束的中子和光子混合辐射场有很大影响，但在参考条件下进行剂量测量时，一个简单几何形状的水体模是最佳选择。水是现成的，廉价且实用性强，也是所有其他放射治疗学科的选择。此外，在参考条件下使用简单的体模几何结构和成分，简化了测量方法的未来标准化以及推荐剂量计校正系数的收集和编制。然而，在调试治疗计划系统的后续步骤中，有必要研究该系统处理各种几何形状和成分的影响的准确性，以便更紧密地匹配治疗情况。

14.3.1.3 通用公式

这里采用了放射治疗所有学科中普遍接受的形式，并将其扩展到包括中子治疗 [4]，类似于先前建议和介绍的 [49,50]。当根据水的吸收剂量校准探测器时，在水体模的参考深度处使用参考射束质量 (Q_0)，并且在没有探测器的情况下，吸收剂量由文献 [2,4] 给出

$$D_{w,Q_0} = M_{Q_0} \cdot N_{D,w,Q_0} \tag{14.1}$$

在这项工作中，假设探测器的响应可以分离为由光子 (标识为 γ)、快中子 (标识为 fn) 和热中子 (标识为 tn) 产生的信号，给出

$$M_Q = M_Q^{\gamma} + M_Q^{\text{fn}} + M_Q^{\text{tn}} \tag{14.2}$$

这里，M_Q 是对影响测量的量进行校正的总探测器响应。探测器读数包括探测器

结构中活性介质中的相互作用引起的响应。可通过以下方程式将射束质量 Q 中校正后的探测器读数与测量点处的水吸收剂量 (D_w) 相关联：

$$D_{w,Q}^{\gamma} = M_Q^{\gamma} \cdot N_{D,w,Q}^{\gamma} \tag{14.3}$$

$$D_{w,Q}^{tn} = M_Q^{tn} \cdot N_{D,w,Q}^{tn} \tag{14.4}$$

$$D_{w,Q}^{fn} = M_Q^{fn} \cdot N_{D,w,Q}^{fn} \tag{14.5}$$

利用对光子、热中子和快中子有不同响应的三个探测器求解来自公式 (14.2)~(14.5) 的方程组。代替热中子对水的剂量 (公式 (14.4))，使用热中子注量可能更方便。

14.3.1.4 光子

在混合射束中没有探测器的情况下，需要知道校准因子 $N_{D,w,Q}^{\gamma}$ 才能得出光子吸收剂量。在混合辐射场中，校准因子需要通过射束质量校正因子进行校正，该校正因子说明了与校准场相比，腔室的扰动效应和灵敏度 (能量响应) 的差异。这产生了一个可用于混合辐射场 Q 的腔室校准因子，即

$$N_{D,w,Q}^{\gamma} = N_{D,w,Q_0} \cdot k_Q^{\gamma} \tag{14.6}$$

式中，N_{D,w,Q_0} 是标准实验室提供的腔室校准系数，此处假设为 ^{60}Co 伽马射线的质量，k_Q^{γ} 是适用于光子混合辐射场的射束质量校正系数。因此，该因子相当于基于水吸收剂量标准的最新剂量测定协议给出的 k_Q [2] 和 k_{Q,Q_0} 因子 [4]。通过定义，k_Q 因子等于参考射束质量的单位。需要计算混合射束的 k_Q^{γ} 系数。据我所知，目前公开文献 [49] 中只有镁壁和氩气填充的数据和用于退役超热中子射束的 A-150 壁电离室的数据。在该参考文献中，还表明超热中子束的射束质量与 ^{60}Co γ 射线相似，后者因此是一个合理的参考射束质量。由方程 (14.1) 和 (14.3) 给出

$$k_Q^{\gamma} = \frac{D_{w,Q}^{\gamma}/M_Q^{\gamma}}{D_{w,Q_0}/M_{Q_0}} \tag{14.7}$$

k_Q^{γ} 因子最好是通过对多个射束的测量而得到的。然而，考虑到混合射束的剂量学复杂性以及缺乏绝对剂量学方法，这在超热中子射束中是不现实的。取而代之的是，我们必须依靠纯光子射束中的校准和计算来确定阻止本领比和微扰效应的适当修正。假设电离室内气体每单位吸收剂量的探测器信号是相同的，而不考虑射束质量，则

$$k_Q^{\gamma} = \frac{D_{w,Q}^{\gamma}/D_{gas,Q}^{\gamma}}{D_{w,Q_0}/D_{gas,Q_0}} \tag{14.8}$$

式中，D_{gas} 是混合射束 (Q) 和校准射束 (Q_0) 中的光子对探测器气体的吸收剂量。公式 (14.8) 中的假设，事实上与传统光子和电子束剂量测定法中使用的假设相同，

14.3 调试

即在探测器气体中产生离子对所需的平均能量在两种射束质量 Q 和 Q_0 下是恒定的 (参考 IAEA TRS 277，公式 (5a) 和 (5b))[3]。公式 (14.8) 中的所有系数可使用蒙特卡罗计算机程序计算，在程序中指定探测器的模型和两个照射束，从而得出因子 k_Q^γ [49]。在缺少感兴趣射束的计算数据的情况下，可能需要假设该因子等于单位值，并指定适当的不确定度。

14.3.1.5 热中子

在感兴趣的点上对水的吸收剂量可导出为 (假设电荷-粒子平衡)

$$D_{w,Q}^{tn} = f_{w,Q}^{tn} \cdot \phi_{w,Q}^{tn} \tag{14.9}$$

式中，$f_{w,Q}^{tn}$ 为水的注量-比释动能转换系数 (即"比释动能系数")；$\phi_{w,Q}^{tn}$ 为水中参考点处对应射束质量 Q 的热中子群注量。建议用高纯度金箔测定 $\phi_{w,Q}^{tn}$，其关系式如下：

$$\dot{\phi}_{w,Q}^{tn} = A_{sat,Q} \cdot \left(\frac{\dot{\phi}_{w,Q}^{tn}}{A_{sat,Q}}\right)_{MC} \tag{14.10}$$

式中，$\dot{\phi}_{w,Q}^{tn}$ 等于参考点处不放箔情况下热群的中子注量率；$(\dot{\phi}_{w,Q}^{tn})_{MC}$ 是通过蒙特卡罗方法计算出的每个源粒子对应的热群注量率，对应射束质量 Q；$A_{sat,Q}$ 是测量的每克样品的金箔饱和活度；$(A_{sat,Q})_{MC}$ 是每克样品和每个源粒子相应的由蒙特卡罗方法计算出的金箔饱和活度，单位为 Bq。因子 $(\dot{\phi}_{w,Q}^{tn})_{MC}$ 是在没有箔材存在的情况下，在箔材的位置进行计算获得的，$(A_{sat,Q})_{MC}$ 是在计算机模型中包含金箔计算而来的 (最好使用蒙特卡罗方法)。因此，该比率本质上包括在参考位置处由箔材本身对体模中子场造成扰动的适当修正，在蒙特卡罗模型的精度范围内。

用户可以使用高纯度锗晶体探测器进行比较测量，例如使用分析程序的固定设置 (例如，关于此类系统的信息，请参见科诺尔 (Knoll)) [29]。因此，允许在一组固定的实验条件下，在测量的信号 (M_Q^{tn}) 和标准实验室报告的饱和活度之间进行转换。

14.3.1.6 快中子

快中子的射束质量修正系数由下式给出 (参见公式 (14.8))：

$$k_Q^{fn} = \frac{D_{w,Q}^{fn}/M_Q^{fn}}{D_{w,Q_0}/M_{Q_0}} \tag{14.11}$$

这些因子之前已经定义过。假设探测器读数可以写成：传输到探测器气体的吸收剂量 $D_{gas,Q}$，对于射束质量为 Q 的实际带电粒子能谱在探测器气体中产生离子对所需的平均能量的倒数 $(e/W)_Q^{eff}$，以及探测器气体的质量 m_{gas}，三者的乘积

$$M_Q = D_{\text{gas},Q} \cdot (e/W)_Q^{\text{eff}} \cdot m_{\text{gas}} \tag{14.12}$$

将式 (14.12) 代入式 (14.11) 得出

$$k_Q^{\text{fn}} = \frac{D_{\text{w},Q}^{\text{fn}} \cdot W_Q^{\text{fn,eff}}/D_{\text{gas},Q}^{\text{fn}}}{D_{\text{w},Q_0} \cdot W_{Q_0}^{\text{eff}}/D_{\text{gas},Q_0}} \tag{14.13}$$

将被除数和除数乘以 $(f_{\text{m}}/f_{\text{t}})_Q^{\text{fn}}$,即探测器壁材料——A-150 塑料 (下标 =m) 和肌肉组织 (下标 =t) 的比释动能因子之比,经感兴趣点的实际中子能谱加权,得出

$$k_Q^{\text{fn}} = \frac{1}{k_{\text{t}}} \cdot \frac{D_{\text{w},Q}^{\text{fn}}/D_{\text{gas},Q}^{\text{fn}}}{D_{\text{w},Q_0}/D_{\text{gas},Q_0}} \cdot (f_{\text{m}}/f_{\text{t}})_Q^{\text{fn}} \tag{14.14}$$

其中,

$$k_{\text{t}} = \frac{(f_{\text{m}}/f_{\text{t}})_Q^{\text{fn}} \cdot W_{Q_0}^{\text{eff}}}{W_Q^{\text{fn,eff}}}$$

式中,k_{t} 是肌肉组织等效探测器中子灵敏度因子的简化形式,由詹森 (Jansen) 等人 [24] 计算,作为中子能量的函数;ICRU 45 号报告中给出了完整的形式。公式 (14.14) 中的系数可以通过蒙特卡罗方法进行计算。

14.3.2 非参考条件下的剂量测定

在临床应用中,需要测量中心轴百分比深度剂量 (PDD) 曲线 (通常在几个深度) 以及与孔径距离呈函数关系的射束成分。相比第 13 章,使用其他剂量计测定相对分布是可行的和有益的。例如,只要能准确地确定剂量计对射束剂量分量的相对灵敏度,那么使用不需要引入 MC 修正的高信噪比的剂量计是很有吸引力的。

与传统的光子疗法相比,改变射野尺寸大小对 NCT 的作用可能更小,因此有用的射野大小组合的数量可能更少。对于超热中子束,射束剂量组分的大小和组分的相对分布确实随孔径大小的变化而变化 (拉伊梅克 (Raaijmakers) 等人 [57])。因此,如果有不同的射野尺寸或射束孔径,则需要对每个射束重复剂量测定程序。

14.4 临床剂量测定

一旦确定了具有足够准确度和再现性的射束剂量学特性,下一步将把积累的数据应用到治疗计划系统 (TPS) 中。如果实施是准确的,那么 TPS 就能够模拟一个治疗设置,并得出最终的剂量分布,允许一定程度的优化。TPS 的调试和使用见第 16 章。在这里,我们将讨论限制在有关射束数据的实际实现的一些评论上。

在 TPS 的调试中,需要将模型中的计算数据与测量数据进行比较。在这一点上,可能有必要调整计算机源项描述中剂量分量的相对大小,以提高对测量结果

的一致性。在这种比较中,确保在执行过程的所有步骤中使用相同的剂量学数据是非常重要的,即 TPS 中使用的比释动能系数和/或阻止本领数据与前一步骤中用于推导吸收剂量的数据相同。作者认为,将 TPS 计算归一化为水体模中参考点处每射束监测器单位的热中子群注量。考虑到水中热中子吸收剂量的比释动能系数较低 (从通量到吸收剂量的转换不会提高程序的准确性),这可能是可取的。然后,调整来自射束的光子强度,以匹配参考点处每射束监测器单元测量的光子吸收剂量。使用成对电离室技术测量快中子吸收剂量通常是非常不确定的 (见文献 [56] 等);因此,以类似的方式,对于经过良好优化的超热中子射束,仅仅基于电离室测量值来调整射束快中子成分的相对强度是有问题的。

超热中子射束中被照射体积的几何结构和材料含量对剂量分布有很大影响 (文献 [19];沃伊内基 (Wojnecki) 等人 [73];文献 [51])。TPS 正确解释此类影响的能力应通过计算或模拟实验 (或两者) 独立验证。单个照射野递送给患者的吸收剂量 (D_{pat}) 的剂量组分 i 由以下简单关系式给出:

$$D_{\text{pat},i} = \left(\frac{D_{\text{pat},i}}{D_{\text{ref},i}}\right)_{\text{TPS}} \cdot \left(\frac{D_{\text{ref},i}}{M}\right)_{\text{Measured}} \cdot M \qquad (14.15)$$

这里,M 是射束监测器单位计数的总数;$D_{\text{ref},i}/M$ 是参考条件下每射束监测器计数的第 i 组分的测量吸收剂量;$D_{\text{pat},i}/D_{\text{ref},i}$ 比值是由 TPS 计算的。注意,对于 $i=$ 硼和 $i=$ 氮,$D_{\text{ref},i}$ 替换为 $\phi_{\text{ref},i}$(即在参考条件下确定的热中子注量)。

14.5 质量保证

为了确保放射治疗的安全,设备和程序的持续质量保证 (QA) 至关重要。放射治疗中的质量保证问题已在文献中进行了广泛的讨论 (见文献 [35, 36]),尤其是针对 BNCT 设施 [9]。拉索 (Rassow) 等人 [60] 比较了医用加速器和超热中子射束的质量保证,这是质量保证计划的良好起点。对射束输出、光子污染和中子质量以及剂量计的稳定性进行质量保证,对于临床安全实践具有重要意义。拉伊梅克 (Raaijmakers) 等人 [56] 研究了荷兰佩滕设施中超热中子射束的这些参数的长期稳定性。

与常规放疗相同的程序适用于超热中子射束的质量保证;因此,美国医学物理学家协会 (AAPM) 工作组最近的报告 142[28] 提供了一个指南,并提供了可以证明也可以用于超热中子射束的公差。

除了中子射束和剂量计的标准试验外,还需要为组织样本的硼浓度测量 (小林等人 [26];文献 [30, 37, 38, 47, 55, 64, 68])、活化测量的测量系统 [9] 和体内剂量测定 [51,66,72] 制定质量保证程序。

参 考 文 献

[1] Ahnesjö A, Aspradakis MM (1999) Dose calculations for external photon beams in radiotherapy. Phys Med Biol 44(11): 99-155

[2] Almond PR, Biggs PJ, Coursey BM, Hanson WF, Huq MS, Nath R, Rogers DWO (1999) AAPM Task Group 51: protocol for clinical reference dosimetry of high-energy photon and electron beams. Med Phys 26: 1847-1870

[3] Andreo P, Cunningham J C, Hohlfeld K, Svensson H (1987) Absorbed dose determination in photon and electron beams: an international code of practice. IAEA Technical Report Series No. 277. IAEA, Vienna

[4] Andreo P, Burns DT, Hohlfeld K, Huq MS, Kanai T, Laitano F, Smyth VG, Vynckier S (2000a) Absorbed dose determination in external beam radiotherapy: an international Code of Practice for dosimetry based on standards of absorbed dose to water. IAEA Technical Report Series No. 398. IAEA, Vienna

[5] Andreo P, Izewska J, Shortt K and Vynckier S (2000b) Commissioning and quality assurance of computerized planning systems for radiation treatment of cancer. IAEA Technical Report Series No. 430. IAEA, Vienna

[6] Aschan C, Toivonen M, Savolainen S, Seppälä T, Auterinen I (1999) Epithermal neutron beam dosimetry with thermoluminescence dosimeters for boron neutron capture therapy. Radiat Prot Dosim 81(1): 47-56

[7] Aschan C, Toivonen M, Savolainen S, Stecher-Rasmussen F (1999) Experimental correction for thermal neutron sensitivity of gamma ray TL dosimeters irradiated a BNCT beams. Radiat Prot Dosim 82: 65-69

[8] Auterinen I, Hiismäki P, Kotilouto P, Rosenberg RJ, Salmenhaara S, Seppälä T, Séren T, Tanner V, Aschan C, Kortesniemi M, Kosunen A, Lampinen J, Savolainen S, Toivonen M, Välimäki P (2001) Metamorphosis of a 35 year-old TRIGA reactor into a modern BNCT facility. In: Hawthorne MF, Shelly K, Weirsema RJ (eds) Frontiers in neutron capture therapy. Kluwer Academic/Plenum Publishers, New York, pp 267-275

[9] Auterinen I, Serén T, Kotiluoto P, Uusi-Simola J, Savolainen S (2004) Quality assurance procedures for the neutron beam monitors at the FiR 1 BNCT facility. Appl Radiat Isot 61(5): 1015-1019

[10] Auterinen I, Serén T, Anttila K, Kosunen A, Savolainen S (2004) Measurement of free beam neutron spectra at eight BNCT facilities worldwide. Appl Radiat Isot 61(5): 1021-1026

[11] Bisceglie E, Colangelo P, Colonna N, Santorelli P, Variale V (2000) On the optimal energy of epithermal neutron beams for BNCT. Phys Med Biol 45: 49-58

[12] Brahme A et al (1988) Accuracy requirements and quality assurance of external beam therapy with photons and electrons. Acta Oncol. (Suppl 1)

[13] Briesmeister JF (2000) MCNP—a general Monte Carlo N-particle transport code, Version 4C, LA-12625-M, Los Alamos National Laboratory (LANL, NM)

[14] Coderre JA, Morris GM (1999) The radiation biology of boron neutron capture therapy. Radiat Res 151: 1-18
[15] d'Errico F, Giusti V, Nava E, Reginatto M, Curzio G, Capala J (2002) Fast neutron spectrometry of BNCT beams. In: Sauerwein W, Moss R, Wittig A (eds) Research and development in neutron capture therapy. Monduzzi Editore, Bologna, pp 1139-1144
[16] Giusti V, Munck af Rosenschöld PM, Sköld K, Montagnini B, Capala J (2003) Monte Carlo model of the Studsvik BNCT clinical beam: description and validation. Med Phys 30(12): 3107-3117
[17] Goorley JT, Kiger WS III, Zamenhof RG (2000) Reference dosimetry calculations for neutron capture therapy with comparison of analytical and voxel models. Med Phys 29(22): 145-156
[18] Hall EJ (1994) Radiobiology for the radiologist, 4th edn. J.B. Lippincott Company, Philadelphia
[19] Harling OK, Roberts RA, Moulin DJ, Rogus RD (1995) Head phantoms for boron neutron capture therapy. Med Phys 22(5): 579-583
[20] Harling OK, Riley KJ, Binns PJ, Kiger WS III, Capala J, Giusti V, Munck af Rosenschöld PM, Sköld K, Auterinen I, Seren T, Kotiluoto P, Uusi-Simola J, Seppälä T, Marek M, Vierbl L, Spurny F, Stecher-Rasmussen F, Voorbrak WP, Morrissey J, Moss RL, Calzetta Larrieu O, Blaumann H, Longhino J (2002) International dosimetry exchange: a status report. In: Sauerwein W, Moss R, Wittig A (eds) Research and development in neutron capture therapy. Monduzzi Editore, Bologna, pp 333-340
[21] International Commission on Radiation Units and Measurements (ICRU) (1976) Determination of absorbed dose in a patient irradiated by beams of X or gamma rays in radiotherapy procedures. ICRU Report No. 24. ICRU Publications, Bethesda
[22] International Commission on Radiation Units and Measurements (ICRU) (1977) Neutron dosimetry for medicine and biology. ICRU Report No. 26. ICRU Publications, Bethesda
[23] International Commission on Radiation Units and Measurements (ICRU) (1989) Clinical neutron dosimetry part I: determination of absorbed dose in a patient treated by external beams of fast neutrons. ICRU Report No. 45. ICRU Publications, Bethesda
[24] Jansen JTM, Raaijmakers CPJ, Mijnheer BJ, Zeotelief J (1997) Relative neutron sensitivity of tissue-equivalent ionization chambers in an epithermal neutron beam for boron neutron capture therapy. Radiat Prot Dosim 70: 27-32
[25] Johnsson SA, Ceberg CP, Knöös T, Nilsson P (2000) On beam quality and stopping power ratios for high-energy X-rays. Phys Med Biol 45(10): 2733-2745
[26] Kashino G, Fukutani S, Suzuki M, Liu Y, Nagata K, Masunaga S, Maruhashi A, Tanaka H, Sakurai Y, Kinashi Y, Fujii N, Ono K (2009) A simple and rapid method for measurement of (10)B-para-boronophenylalanine in the blood for boron neutron capture therapy using fluorescence spectrophotometry. J Radiat Res (Tokyo) 50(4): 377-382
[27] Kiger WS III, Sakamoto S, Harling OK (1999) Neutronic design of a fission converter-

based neutron beam for neutron capture therapy. Nucl Sci Eng 131: 1-22

[28] Klein EE, Hanley J, Bayouth J, Yin FF, Simon W, Dresser S, Serago C, Aguirre F, Ma L, Arjomandy B, Liu C, Sandin C, Holmes T (2009) Task Group 142 report: quality assurance of medical accelerators. American Association of Physicists in Medicine. Med Phys 36(9): 4197-4212

[29] Knoll GF (2000) Radiation detection and measurement. Wiley, New York

[30] Kobayashi T, Kanda K (1983) Microanalysis system of ppm-order ^{10}B concentration in tissue for neutron capture therapy by prompt gamma spectrometry. Nucl Instr Meth 204: 525-531

[31] Kobayashi T, Sakurai Y, Ishikawa M (2000) A noninvasive dose estimation system for clinical BNCT based on PG-SPECT - conceptual study and fundamental experiments using HPGe and CdTe semiconductor detectors. Med Phys 27(9): 2124-2132

[32] Koivunoro H, Auterinen I, Kosunen A, Kotiluoto P, Seppälä T, Savolainen S (2003) Computational study of the required dimensions for standard sized phantoms in boron neutron capture therapy dosimetry. Phys Med Biol 48(21): N291-N300

[33] Komeda M, Kumada H, Ishikawa M, Nakamura T, Yamamoto K, Matsumura A (2009) Performance measurement of the scintillator with optical fiber detector for boron neutron capture therapy. Appl Radiat Isot 67(7-8 Suppl): S254-7

[34] Kosunen A, Kortesniemi M, Ylä-Mella H, Seppälä T, Lampinen J, Serén T, Auterinen I, Järvinen H, Savolainen S (1999) Twin ionization chambers for dose determinations in phantom in an epithermal neutron beam. Radiat Prot Dosim 81: 187-194

[35] Kouloulias VE (2003) Quality assurance in radiotherapy. Eur J Cancer 39(4): 415-422

[36] Kutcher GJ, Coia L, Gillin M, Hanson WF, Leibel S, Morton RJ, Palta JR, Purdy JA, Reinstein LE, Svensson GK, Weller M, Wingfield L (1994) Comprehensive QA for radiation oncology: report of AAPM radiation therapy committee task group 40. Med Phys 21(4): 581-618

[37] Laakso J, Kulvik M, Ruokonen I, Vahatalo J, Zilliacus R, Farkkila M, Kallio M (2001) Atomic emission method for total boron in blood during neutron-capture therapy. Clin Chem 47(10): 1796-1803

[38] Linko S, Revitzer H, Zilliacus R, Kortesniemi M, Kouri M, Savolainen S (2008) Boron detection from blood samples by ICP-AES and ICP-MS during boron neutron capture therapy. Scand J Clin Lab Invest 68(8): 696-702

[39] Liu HB, Greenberg DD, Capala J, Wheeler FJ (1996) An improved neutron collimator for brain tumor irradiations in clinical boron neutron capture therapy. Med Phys 23: 2051-2060

[40] Marek M, Viererbl L, Burian J, Jansky B (2001) Determination of the geometric and spectral characteristics of BNCT beam (neutron and gamma-ray). In: Hawthorne MF, Shelly K, Weirsema RJ (eds) Frontiers in neutron capture therapy. Kluwer Academic/Plenum Publishers, New York, pp 381-399

[41] Mijnheer BJ, Battermann JJ, Wambersie A (1987) What degree of accuracy is required

and can be achieved in photon and neutron therapy? Radiother Oncol 8: 237-252

[42] Moro D, Colautti P, Lollo M, Esposito J, Conte V, De Nardo L, Ferretti A, Ceballos C (2009) BNCT dosimetry performed with a mini twin tissue-equivalent proportional counters (TEPC). Appl Radiat Isot 67(7-8 Suppl): S171-S174

[43] Morris GM, Coderre JA, Hopewell JW, Micca PL, Rezvani M (1994) Response of rat skin to boron neutron capture therapy with p-boronophenylalanine or borocaptate sodium. Radiother Oncol 32(2): 144-153

[44] Morris GM, Coderre JA, Bywaters A, Whitehouse E, Hopewell JW (1996) Boron neutron capture therapy irradiation of the rat spinal cord: histopathological evidence of a vascular-mediated pathogenesis. Radiat Res 146: 313-320

[45] Morris GM, Micca PL, Nawrocky MM, Weissfloch LE, Coderre JA (2002) Long-term infusions of p-boronophenylalanine for boron neutron capture therapy: evaluation using rat brain tumor and spinal cord models. Radiat Res 158(6): 743-752

[46] Moss RL, Aizawa O, Beynon D, Brugger R, Constantine G, Harling O, Liu HB, Watkins P (1997) The requirements and development of neutron beams for neutron capture therapy of brain cancer. J Neurooncol 33(1-2): 27-40

[47] Mukai K, Nakagawa Y, Matsumoto K (1995) Prompt gamma ray spectrometry for in vivo measurement of boron-10 concentration in rabbit brain tissue. Neurol Med Chir (Tokyo) 35(12): 855-860

[48] Munck af Rosenschöld PM, Verbakel WF, Ceberg CP, Stecher-Rasmussen F, Persson BRR (2001) Toward clinical application of prompt gamma spectroscopy for in-vivo monitoring of boron uptake in boron neutron capture therapy. Med Phys 28(5): 787-795

[49] Munck af Rosenschöld P, Ceberg CP, Giusti V, Andreo P (2002) Photon quality correction factors for ionization chambers in an epithermal neutron beam. Phys Med Biol 47(14): 2397-2409

[50] Munck af Rosenschöld P, Giusti V, Ceberg CP, Capala J, Sköld K, Persson BR (2003) Reference dosimetry at the neutron capture therapy facility at Studsvik. Med Phys 30(7): 1569-1579

[51] Munck af Rosenschöld P, Capala J, Ceberg CP, Giusti V, Salford LG, Persson BR (2004) Quality assurance of patient dosimetry in boron neutron capture therapy. Acta Oncol 43(4): 404-411

[52] Nigg DW (2003) Computational dosimetry and treatment planning considerations for neutron capture therapy. J Neurooncol 62: 75-86

[53] Nigg DW, Wheeler FJ, Wessol DE, Capala J, Chadha M (1997) Computational dosimetry and treatment planning for boron neutron capture therapy. J Neurooncol 33: 93-104

[54] Raaijmakers CPJ, Konijnenberg MW, Verhagen VH, Mijnheer BJ (1995) Determination of dose components in an epithermal neutron beam for boron neutron capture therapy. Med Phys 22: 321-329

[55] Raaijmakers CPJ, Kronijenberg MW, Dewit L, Haritz D, Huiskamp R, Philipp K,

Siefert A, Stecher-Rasmussen F, Mijnheer BJ (1995) Monitoring of blood-^{10}B concentration for boron neutron capture therapy using prompt gamma-ray analysis. Acta Oncol 34: 517-523

[56] Raaijmakers CP, Nottelman EL, Konijnenberg MW, Mijnheer BJ (1996) Dose monitoring for boron neutron capture therapy using a reactor-based epithermal neutron beam. Phys Med Biol 41(12): 2789-2797

[57] Raaijmakers CP, Konijnenberg MW, Mijnheer BJ (1997) Clinical dosimetry of an epithermal neutron beam for neutron capture therapy: dose distributions under reference conditions. Int J Radiat Oncol Biol Phys 37(4): 941-951

[58] Raaijmakers CP, Bruinvis IA, Nottelman EL, Mijnheer BJ (1998) A fast and accurate treatment planning method for boron neutron capture therapy. Radiother Oncol 46(3): 321-332

[59] Raaijmakers CPJ, Nottelman EL, Mijnheer BJ (2000) Phantom materials for boron neutron capture therapy. Phys Med Biol 45(8): 2353-2361

[60] Rassow J, Stecher-Rasmussen F, Voorbraak W, Moss R, Vroegindeweij C, Hideghéty K, Sauerwien W (2001) Comparison of quality assurance for performance and safety characteristics for boron neutron capture therapy in Petten/NL with medical electron accelerators. Radiat Oncol 59: 99-108

[61] Riley KJ, Binns PJ, Greenberg DD, Harling OK (2002) A physical dosimetry intercomparison for BNCT. Med Phys 29(5): 898-904

[62] Riley KJ, Binns PJ, Harling OK (2003) Performance characteristics of the MIT fission converter based epithermal neutron beam. Phys Med Biol 48(7): 943-958

[63] Rogus RD, Harling OK, Yanch JC (1994) Mixed field dosimetry of epithermal neutron beams for boron neutron capture therapy at the MITR-II research reactor. Med Phys 21: 1611-1625

[64] Ryynänen PM, Kortesniemi M, Coderre JA, Diaz AZ, Hiismäki P, Savolainen S (2000) Models for estimation of the (10)B concentration of BPA-fructose complex infusion in patients during epithermal neutron irradiation in BNCT. Int J Radiat Oncol Biol Phys 48: 1145-1154

[65] Seppälä T, Vähätalo V, Auterinen I, Kosunen A, Nigg DW, Wheeler FJ, Savolainen S (1999) Modelling of brain tissue substitutes for phantom materials in neutron capture therapy (NCT) dosimetry. Radiat Phys Chem 55: 239-246

[66] Seppälä T, Auterinen I, Aschan C, Serén T, Benczik J, Snellman M, Huiskamp R, Ramadan UA, Kankaranta L, Joensuu H, Savolainen S (2002) In-vivo dosimetry of the dog irradiations at the Finnish BNCT facility. Med Phys 29(11): 2629-2640

[67] Spevacek V, Marek M, Dvorak P, Novotny ml J, Viererbl L, Flibor S (2002) Application of gel dosimeter in three-dimensional dosimetry for boron neutron capture therapy. In: Sauerwein W, Moss R, Wittig A (eds) Research and development in neutron capture therapy. Monduzzi Editore, Bologna, pp 359-365

[68] Svantesson E, Capala J, Markides KE, Pettersson J (2002) Determination of boron-

containing compounds in urine and blood plasma from boron neutron capture therapy patients. The importance of using coupled techniques. Anal Chem 74(20): 5358-5363

[69] Uusi-Simola J, Heikkinen S, Kotiluoto P, Serén T, Seppälä T, Auterinen I, Savolainen S (2007) MAGIC polymer gel for dosimetric verification in boron neutron capture therapy. J Appl Clin Med Phys 8(2): 114-123

[70] Verbakel WFAR (2001) Validation of the scanning -gamma-ray telescope for in vivo dosimetry and boron measurements during BNCT. Phys Med Biol 46(12): 3269-3285

[71] Voorbraak WP, Järvinen H, Auterinen I, Gonçalves IC, Green S, Kosunen A, Marek M, Mijnheer BJ, Moss RL, Rassow J, Sauerwein W, Savolainen S, Serén T, Stecher Rasmussen F, Uusi-Simola J, Zsolnay EM (2003) Recommendations for the dosimetry of boron neutron capture therapy (BNCT). The JRC, Petten, the Netherlands, 2003

[72] Wittig A, Moss RL, Stecher-Rasmussen F, Appelman K, Rassow J, Roca A, Sauerwein W (2005) Neutron activation of patients following boron neutron capture therapy of brain tumors at the high flux reactor (HFR) Petten (EORTC Trials 11961 and 11011). Strahlenther Onkol 181(12): 774-782

[73] Wojnecki C, Green S (2001) A computational study into the use of polyacrylamide gel and A-150 plastic as brain tissue substitutes for boron neutron capture therapy. Phys Med Biol 46(5): 1399-1405

[74] Zamenhof RG, Murray BW, Brownell GL, Wellum GR, Tolpin EI (1975) Boron neutron capture therapy for the treatment of cerebral gliomas: I. Theoretical evaluation of the efficacy of various neutron beams. Med Phys 2: 47-60

第 15 章 BNCT 的处方、记录和报告

于尔根·拉索和沃尔夫冈·A. G. 索尔文

15.1 处方、记录和报告的目的

当一个患者的恶性疾病被提出需要接受放射治疗时，需要三个记录步骤：开始前，开处方；治疗过程中，记录；完成后，撰写最终报告 (汇报)。

- 开处方是放射肿瘤学家的第一步，他在这里识别患者，描述疾病，包括既往病症的数据，确定放疗的目的、治疗方法与理念以及使用的设施。对于 BNCT，这包括如下方面的所有细节：预治疗操作、^{10}B 载体和放疗时血液中所需 ^{10}B 浓度。治疗专家必须详细说明计划靶区和危及区域，至少包括临床靶区中的最小和最大吸收剂量，以及危及器官的最大耐受吸收剂量。放射肿瘤学家在计算机断层扫描的基础上，以剂量–体积直方图为主要依据，规定治疗计划的模式，并决定哪种治疗方案是最好的，作出选择。他还决定是否应进行现场验证和体内剂量测定，以及需要采取哪些额外措施，例如为了定位所需要的模拟机或支撑台。必须提供在场 (医疗) 人员、处方日期和签名的信息。
- 记录是第二步，主要在放疗期间进行。除了医院名称、治疗设施、患者身份、已实现的治疗计划和治疗的临床靶区外，还应记录治疗的所有细节，如每个分次治疗的日期、设施的几何和剂量设置，治疗开始和结束时的实际 ^{10}B 浓度等。如果出现与规定计划的任何偏差，应说明原因和采取的具体措施。必须提供出席人员、日期和签名的信息。
- 报告是第三步，需要全世界所有治疗中心在定义和术语上保持一致，以便能够交换有关治疗结果的信息。对于出版物，如果省略了患者身份信息，

于尔根·拉索
德国，埃森，D-45259，杜伊斯堡–埃森大学，埃森大学医院，医学辐射物理研究所，放射肿瘤科，NC 团队
e-mail: juergen.rassow@uni-due.de

沃尔夫冈·A. G. 索尔文 (✉)
德国，埃森，D-45122，杜伊斯堡–埃森大学，埃森大学医院，放射肿瘤科，NC 团队
e-mail: w.sauerwein@uni-due.de

以及不需要签名或仅以简化形式签名,则必须报告所有可能需要重复和重新计算治疗细节的数据。此外,对于不同的设施——具有不同的中子能谱和过滤器,必须提供有关加权和校正因子的实际知识。所需数据包括:
- 对疾病的简短描述,包括组织学、分级、肿瘤扩展、分期和早期或同时进行的治疗措施和诊断。
- 目标和治疗技术,例如反应堆类型和照射质量,包括过滤、中子能谱、分次的数量和时间表、^{10}B 载体和每个分次治疗时血液中的 ^{10}B 浓度。
- 临床靶区和危及器官的描述,包括任何热点。
- 完整的总吸收剂量、总加权剂量和所有剂量组分的吸收剂量以及在所有组织中使用的相应加权因子,临床靶区中的最大和最小剂量及在危及器官和任何热点中的最大剂量。有关空间剂量分布和剂量–体积直方图的进一步信息对研究是有帮助的,如果有的话。仅报告总加权剂量值是绝对不够的。这些数值只能作为放射治疗专家的指导原则在内部有所帮助,但不能转移到其他中心中子能谱不同的治疗设施中,因为加权剂量值只能基于剂量分量的值来计算,并且知道不同组织中相应的加权因子。
- 使用的治疗计划程序和计算数据,尤其是只能根据超热中子的平均通量值计算的剂量成分。
- 患者的副作用和临床病史 (如有)。

15.2 BNCT 与传统光子和电子治疗相比的剂量规格问题

吸收剂量是电离辐射所有治疗应用中使用的基本量。吸收剂量的测量和报告对于理解任何辐射效应至关重要 [1]。吸收剂量永远不能直接在人体组织中测量,因为它是未知的,比如有多少能量用于加热和多少能量在细胞中发生化学反应。而光子和电子治疗都是通过电子进行能量转移的,因此,光子和电子治疗的剂量测量都是基于电离室的测量值 (根据水吸收剂量进行校准) 与人体组织吸收剂量的转换。必要的校正系数是众所周知的。

BNCT 的剂量评估是完全不同的,因为与相同 RBE 的光子和电子吸收剂量相比,BNCT 中有四个剂量成分,具有不同的 RBE 作用效果:

D_B : 硼剂量来自 ^{10}B(n,α)^{7}Li 反应产生的 α 和 Li 粒子,平均射程分别为 8.9 μm 和 4.8 μm;

D_p : ^{14}N(n,p)^{14}C 反应产生的高 LET(质子) 剂量;

D_n : 主要是快中子和超热中子的中子剂量;

D_γ : 伽马射线剂量主要来自 ^{1}H(n, γ)^{2}D 俘获反应。

原则上不能测量前两个剂量组分，只能根据超热中子的注量和组织中 ^{10}B 和 ^{14}N 的浓度间接计算。

总吸收剂量 D_T 是这四个剂量分量的总和

$$D_T = D_B + D_p + D_n + D_\gamma \tag{15.1}$$

在光子和电子疗法中，辐射的生物学效应只与一个剂量参数有关。即使对每个剂量成分使用特定的生物加权因子，这对于 BNCT 来说也是不可能的。四种剂量组分不仅在定量上有不同的作用，而且会引起不同的生物反应。因此，假设只有一个起作用的生物加权剂量参数是不真实的。否则，可采用具有相应较高吸收剂量的常规光子或电子疗法。

因此，只有作为一种定性的一级近似和指导原则，而不是以定量可靠的方式，才有可能通过使用模糊确定的加权因子来考虑每个剂量组分的不同生物学效应，从而得到总的加权剂量 D_w

$$D_w = w_c D_B + w_p D_p + w_n D_n + w_\gamma D_\gamma \tag{15.2}$$

对于硼剂量 D_B 和质子剂量 D_p，加权因子包括热中子与 ^{10}B 和 ^{14}N 分别发生核反应的反应粒子的概率。对于前者，反应粒子真的撞击到细胞核的概率增加了。因此，D_B 的加权因子 w_c 称为复合因子。这个因素取决于所用的 ^{10}B 载体和发生核反应的组织。据报道，对于 ^{10}B 载体 BSH[2] 和 BPA，复合因子 w_c 的不确定度分别为 16%~36%。

15.3 剂量组分的不确定性评估和生物加权

D_B：组织中 ^{10}B 在细胞水平上的空间分布是未知的，尤其是 ^{10}B 在细胞外、细胞内或细胞膜中定位的概率。即使是在细胞内，热中子与 ^{10}B 原子的核反应也只能计算出两个反应粒子中的一个 (α 粒子或 Li 粒子) 击中细胞核并对细胞产生致命影响的概率。硼剂量的计算不能以细胞水平上的实际 ^{10}B 分布为基础，这是未知的，尤其是在肿瘤组织中，只能假设不同组织中的 ^{10}B 浓度均匀，与血液中的 ^{10}B 浓度有固定的关系，这是可以测量的。对于根治性肿瘤治疗，有必要将肿瘤细胞杀灭到 10^{-8} 左右。相反，10^{-8} 肿瘤细胞组中的每个细胞是否含有足够的 ^{10}B 原子，以确保在统计泊松分布中，每个细胞核中至少发生一个致命的作用反应是未知的。因此，计算硼剂量分量 D_B 的不确定度是由 ^{10}B 原子的空间分布、热中子与 ^{10}B 的核反应截面以及中子能量分布的局部变化 (未为人所熟知) 所引起的。

15.3 剂量组分的不确定性评估和生物加权

D_p：给定组织中 N 原子在细胞水平上的分布可以假定为均匀分布。同样的假设也适用于中子的分布。因此，质子剂量分量 D_p 的不确定性是由质子生成反应 $^{14}\mathrm{N}(\mathrm{n},\mathrm{p})^{14}\mathrm{C}$ 的中子及其截面的局部变化和熟知的中子能量分布引起的。

D_n：中子吸收剂量 D_n 测定的不确定度是对快中子和超热中子的局部变化能谱的不精确认识造成的。人们还需要考虑到，与中子剂量非常陡峭的剂量梯度相比，最常用的组织等效 (TE) 电离室的直径较大，因此在特定点处测量的剂量是不同的。尽管 RBE 值取决于中子局部变化的能谱，但加权因子 w_n 通常是取整个靶区体积的。这导致了更多的不确定性。

D_γ：伽马射线吸收剂量组分测定的不确定度比光子和电子疗法大得多，因为测量必须在中子辐射的高背景下进行，电离室必须尽可能对中子不敏感。

有几个参数对使用的加权因子有很大影响[3]：

- 由于四种剂量成分的剂量效应曲线形状不同，RBE 强烈依赖于吸收剂量。为了预测沿等剂量面的效应，必须考虑随各成分吸收剂量而变化的真实 RBE 因子。当然，这是从来没有做过的。
- 四种剂量成分的生物终点不可直接比较。由于核反应粒子和光子的相互作用机制可能不同，不能用一个唯一的因子来计算生物终点。不同的权重因子与不同的生物学终点有关。例如，在使用犬和 BSH 的健康组织耐受性研究中，神经症状和 MRI 可见变化的复合因子 w_c 分别为 0.37 ± 0.06 和 0.65 ± 0.04[2]。关于选择 BNCT 治疗的最合适终点的根本问题仍然有待解答。
- 中子能谱强烈影响快中子、超热中子和热中子引起的核反应。由于世界各地的 BNCT 中心有不同的中子源和过滤装置，不同设施的初级中子能谱基本上是不同的。此外，对于一个特定的设施，由于快中子和超热中子的慢化，患者体内的中子能谱在深度上会发生变化。这种影响从未被准确估计过，但很明显，它增加了权重因子的不确定性。
- 两种不同的硼化合物，BPA-f[4-6] 和 BSH[7] 用于 BNCT 临床试验。它们穿越血脑屏障的机制不同，细胞内摄取量也有很大差异，因此硼的生物分布和相互作用机制也不同。这一事实可以用从放射研究中得出的复合因子加以考虑。对于 BPA-f 化合物，通常假设肿瘤中的硼浓度是血液中硼浓度的 3.5 倍[5]。在这种情况下，多形性胶质母细胞瘤组织和健康脑组织的复合因子 w_c 分别为 3.8 和 1.3[2]。对于 BSH 化合物，肿瘤和大脑中的硼浓度应该等于血液中的浓度[2]。在这种情况下，对于大脑，复合因子 w_c 等于 0.37，对于所有其他有或没有器官血屏障的器官，w_c 等于 0.81。从人体药代动力学和 BPA/BSH 摄取研究 [8,9] 可以明显看出，患者之间和患者内部的可变性相当高。假设细胞内和细胞外的硼浓度是均匀的，这一假设很简单，但并不充分。事实上，^{10}B 浓度与假设平均值的实际偏差会产生更多未知偏差。这些局部偏差在数量上对使用的加权因子和计算的硼剂量分量的影响最大。
- 器官或组织的类型对权重因子也有影响。对于给定的辐射质量，为给定组织确定的 RBE 值也应用到其他组织。这种假设会导致进一步的不确定性，其减少需要进一步研究。
- 体外和动物研究确定的权重因子直接应用于人类，相应的不确定性无法量化。仍需进行更多的临床试验，以获得更多有关危及器官的限制剂量的信息。

15.4 关于处方、记录和报告的结果建议

一般来说，所有的数据都应该是被规定、被记录和被报告的，这些数据是鉴定患者和病情所必需的，包括治疗的方法和细节，所使用的设备和参数，以及治疗计划和计算假设的细节。对于出版物，如果省略了患者识别，则必须报告所有数据，这些数据是重复和重新计算治疗所必需的，即使使用不同的设备 (中子能谱和滤波器)，以及更多关于加权和校正因子的实际知识。应根据 ICRU-IAEA 建议在出版物中报告剂量和体积规格 [10,11]。

体积：
- 肿瘤区体积 (GTV);
- 临床靶区体积 (CTV);
- 计划靶区体积 (PTV);
- 治疗体积;
- 照射体积;
- 危及器官;
- 有关组织及其体积的信息。

吸收剂量分布 (至少):
- 计划靶区体积的剂量变化和空间剂量分布的表示：
  – 最大吸收剂量 D_{max};
  – 最小吸收剂量 D_{min};
  – 剂量热点;
  – 危及器官的代表性吸收剂量值。
- 剂量–体积直方图和其他剂量信息，如额外的关键点或组织的吸收剂

量值。

对于 BNCT 报告，必须分别给出所有四种吸收剂量成分的所有剂量规格。此外，可给出总吸收剂量 D_T 和总加权剂量 D_w 的值 (后者和每个组织使用的加权因子)。

关于硼吸收剂量的信息必须包括 ^{10}B 载体、所有治疗分次的硼浓度、靶区内 ^{10}B 浓度的规格假设以及基于血液浓度测量的已治疗体积。

所有剂量值必须以格瑞 (Gy) 为单位 (从不使用格瑞–等效或 RBE–格瑞，这与国际单位制的规则和 ICRU 的建议相反)。

值得提醒的是，关于质子束治疗的报道，目前正在进行类似的讨论。与 BNCT 的复杂情况相比，其基本问题要简单得多，只是质子的 RBE 与单位略有不同。然而，由于十年来在世界上只有少数几个地方向患者提供质子照射，因此有可能制定一种通用做法，报告 "等效" 或 "钴等效" 剂量，即吸收剂量与质子束 RBE(接近 1.1) 的乘积。2007 年，ICRU 第 78 号报告 [12] 明确指出，"不能建议在治疗应用中使用上述定义的 '等效剂量' (equivalent dose) 一词"，该术语是为辐射防护目的保留的。与 BNCT 论文类似，质子治疗出版物中通常使用 CGE 或 GyE 等符号以 "格瑞–等效" 或 "钴格瑞等效" 为单位报告 "等效剂量"。在提到国际单位制时，ICRU 78 指出，"不建议使用 CGE、GyE 或 Gy(E)"。与 IAEA-TECDOC-1223[10] 对 BNCT 提出的建议类似，ICRU 78 建议用 RBE 加权吸收剂量 (RBE-weighted absorbed dose) D_{RBE} 取代质子治疗中的 "等效剂量" (equivalent dose)；吸收剂量和 RBE 加权剂量二者的单位的特殊名称都是格瑞 (Gy)。这次对现代放射治疗的另一个分支的简短探讨是为了强调所有放射治疗使用共同语言的重要性，以及证明报告创新射束的问题并不局限于 BNCT。上述 BNCT 的解决方案与其他射束质量的国际标准一致。因此，建议使用它们。

根据 ICRU 78，我们可以对 BNCT 进行总结：吸收剂量 D_T 的四个剂量分量 D_B、D_p、D_n 和 D_γ 以及加权剂量 D_w 的概念有不同的用途。D_T 是由测量和/或计算得出的物理量，而 D_w 是生物加权量。因此，D_T 在剂量测定方案中起主要作用，在任何临床试验方案和最终报告中起着关键作用。加权剂量 D_w 可能更适合于比较不同情况下获得的 BNCT 效应，比如从一个中子射束转换到另一个中子射束或改变硼化合物的输送方式，以选择合适的照射时间。在治疗准备和计划程序的不同步骤中，是否应在临床实践中使用吸收剂量和/或加权剂量是经验和当地政策的问题。再次引用 ICRU 第 78 号报告："然而，重要的是，必须明确规定所涉及的数量，以避免任何混淆的风险。"

参 考 文 献

[1] BIPM (2006) Bureau International des Poids et Mesures: the international system of units (SI), 8th edn. BIPM, Sèvres

[2] Gabel D, Philipp KHI, Wheeler FJ, Huiskamp R (1998) The compound factor of the $^{10}B(n, \alpha)^7Li$ reaction from borocaptate sodium and the relative biological effectiveness of recoil protons for induction of brain damage in Boron Neutron Capture Therapy. Radiat Res 149: 378-386

[3] Rassow J, Sauerwein W, Wittig A, Bourhis-Martin E, Hideghéty K, Moss R (2004) Advantage and limitations of weighting factors and weighted dose quantities and their units in Boron Neutron Capture Therapy. Med Phys 31: 1128-1134

[4] Busse PM, Zamenhof RG, Harling OK, Kaplan I, Kaplan J, Chuang CF, Goorley JT, Kiger WS III, Riley KJ, Tang L, Solares GR, Palmer MR (2001) The Harvard-MIT BNCT program — over-view of the clinical trials and translational research. In: Hawthorne MF, Shelley K, Wiersema RJ (eds) Frontiers in neutron capture therapy, vol 1. Kluwer Academic/Plenum Press, New York, Boston, Dordrecht, London, Moscow, pp 37-60

[5] Diaz AZ, Chanana AD, Capala J, Chadha M, Coderre JA, Elowitz EH, Iwai J, Joel DD, Liu HB, Ma R, Pendzick N, Peress NS, Wielopolski L (2001) Boron Neutron Capture Therapy for glioblastoma multiforme. Results from the initial phase I/II dose escalation studies. In: Frontiers in neutron capture therapy, vol 1. Kluwer Academic/Plenum Publishers, New York, pp 61-72

[6] Färkkilä M, Aschan C, Auterinen I, Benczik J, Hüsmäki P, Jääskelainen J, Järviluoma E, Joensuu H, Kallio M, Kankaanranta L, Kortesniemi M, Kosunen A, Kotiluoto P, Kulvik M, Laakso J, Pakkala S, Rasilainen M, Salmenhaara S, Savolainen S, Seppälä T, Serén T, Snellman M, Suominen M, Tenhunen M, Toivonen M, Tähtinen L, Vähätalo J (2001) At the threshold of clinical trials. The status of the Finnish BNCT project. Front Neutron Capture Ther 1:129-131

[7] Sauerwein W, Rassow J, Mijnheer BJ (1997) Considerations about specification and reporting of dose in BNCT. In: Larsson B, Crawford J, Weinreich R (eds) Advances in neutron therapy, vol II, Chemistry and biology. Elsevier, Amsterdam, pp 531-534

[8] Kiger WS III, Palmer MR, Riley KJ, Zamenhof RG, Busse PM (2002) Pharmacokinetic modeling for boronophenylalanine-fructose mediated neutron capture therapy. 10B concentration predictions and dosimetric consequences. In: Sauerwein W, Moss R, Wittig A (eds) Research and development neutron capture therapy. Monduzi Editore, International Proceedings Division, Bologna, pp 985-992

[9] Wittig A, Hideghéty K, Paquis P, Heimans J, Vos M, Goetz C, Haselsberger K, Grochulla F, Moss R, Morrissey J, Bourhis-Martin E, Rassow J, Stecher-Rasmussen F, Turowski B, Wiestler M, de Vries MJ, Fankhauser H, Gabel D, Sauerwein W (2002) Current clinical results of the EORTC-study 11961. In: Sauerwein W, Moss R, Wittig A (eds) Research and development neutron capture therapy. Monduzi Editore, International

Proceedings Division, Bologna, pp 1117-1122

[10] Wambersie A, Gahbauer RA, Whitmore G, Levin CV (2001) Dose and volume specification for reporting NCT: an ICRU-IAEA initiative. Current status of neutron capture therapy (International Atomic Energy Agency Report No. IAEA-TECDOC-1223, 2001), pp 9-10

[11] Gahbauer RA, Gupta N, Blue T, Carpenter D, Sauerwein W, Wambersie A (2001) Reporting a BNCT irradiation. Application of the ICRU recommendations to the specific situation in BNCT. In: Hawthorne MF, Shelley K, Wiersema RJ (eds) Frontiers in neutron capture therapy, vol 1. Kluwer Academic/Plenum Press, New York, Boston, Dordrecht, London, Moscow, pp 561-569

[12] International Commission on Radiation Units and Measurements (2007) Prescribing, recording, and reporting proton-beam therapy (ICRU report 78). J ICRU 7(2):27, ISSN 1473-6691

第 16 章 治疗计划

W. S. 基格三世和熊田博明

16.1 简　　介

中子俘获疗法 (NCT) 的治疗计划包括计算和分析患者体内的照射剂量分布，以确定中子射束的方向和照射注量 (监测器单位)，提供符合剂量处方的优化的照射剂量分布，优化靶区的剂量，并同时遵守危及的正常组织和器官的剂量限制。NCT 治疗计划的各个方面在尼格 (Nigg) 等人 [1,2] 和尼瓦特 (Nievaart) 等人 [3] 的综述中进行了讨论。

NCT 的治疗计划与传统放疗中的光子或电子治疗计划有明显不同，在某些方面，治疗计划更为复杂。NCT 的治疗优势主要是通过中子俘获剂 (如 ^{10}B) 的肿瘤选择性而获得的，而不是通过将多个良好准直的照射野精确地几何靶向到靶区体积。NCT 中使用的低能中子射束通常不是高度准直的，如果是，由于中子散射和热化作用，任何方向性都会随着在组织中的深度增加而迅速丧失。在传统的放射治疗中，只需计算一个单一的低 LET 剂量分量，即来自初级光子或电子的剂量，这二者最终都是由电子传递的。相比之下，NCT 的辐射场是高 LET 和低 LET 剂量成分组成的复杂混合场，具有不同的生物有效性，这取决于组织和中子俘获剂的化学形式。NCT 治疗计划计算中必须考虑组织中中子和光子与组织相互作用产生的五种不同剂量成分。每个剂量组分的空间分布是不同的，并且取决于组织成分以及中子和光子注量能谱。

从基于水体模剂量测量的简单经验算法到基于复杂模型的算法 (如卷积叠加)，临床光子放射治疗中常用的剂量计算算法计算效率高。尽管玻尔兹曼输运方程的直接求解 (如蒙特卡罗模拟或离散坐标法) 通常被认为是最精确的算法，但

W. S. 基格三世 (✉)

美国，马萨诸塞州 02215，波士顿市，夏皮罗 505，布鲁克林大道 330 号，哈佛医学院，贝丝以色列女执事医疗中心，放射肿瘤科

e-mail: wkiger@bidmc.harvard.edu

熊田博明

日本，茨城 305-8576，筑波市，天久保 2-1-1，筑波大学，质子医学研究中心，医学院

e-mail: kumada@pmrc.tsukuba.ac.jp

由于计算量大,在临床光子放疗中很少使用。另一方面,NCT 治疗计划系统 (TPS) 完全依赖于蒙特卡罗模拟进行剂量计算,因为涉及的辐射传输过程具有复杂、分散的性质。

本章将描述 NCT 治疗计划的技术和临床方面。所讨论的技术主题包括计算方面,例如患者几何建模方法和模拟中子射束的方法,以及剂量计算和计划系统的校准方面。本章的临床部分描述了治疗计划流程,包括患者数据采集、靶区定义、模型构建、射束选择、最终剂量处方和方案评估。同时也讨论了治疗期间和治疗后治疗计划的相关问题。这些包括患者定位、硼化合物药代动力学、回顾性剂量测定和剂量报告。

16.2 治疗计划的计算方面

NCT 治疗计划系统必须执行以下几个基本功能:
- 根据断层图像构建患者个体化模型,包括定义靶区和危及器官等结构;
- 相对于患者模型选择中子射束方向;
- 通过患者模型模拟辐射输运,并使用中子射束模型计算剂量;
- 剂量分析和可视化,例如,使用等剂量曲线和剂量–体积直方图,以便选择最佳治疗方案并确定要交付的合适的射束监测器单位 (注量)。

本节将讨论这些功能的技术方面,如患者几何建模方法、中子射束源项定义、剂量计算、计划系统校准和验证。

16.2.1 患者几何建模方法

NCT 治疗计划系统采用个体化的患者模型进行辐射输运计算。一般来说,三维模型是根据患者的断层医学图像,通常是 CT(计算机断层扫描) 或 MR(磁共振) 图像中的信息来构建的。计划系统中使用了几种不同类型的几何表示。与光子和电子放射治疗计划不同,剂量网格通常独立于患者的几何表示。

16.2.1.1 体素模型

体素模型是一个由连续的长方体组成的三维矩阵,其中每一个长方体都假定内部组成均匀。矩阵的每个元素称为体积元素或体素。一般来说,体素通常比医学图像的像素大一些,通常一侧 2~10 mm。体素模型的构建包括在患者的医学图像 (通常是 CT 图像) 的 3D 阵列上覆盖一个三维直线网格,并确定每个体素中组织类型的频率分布。通常,只使用少量的组织类型,并且组合使用应用于图像数据的 CT 值 (Hounsfield unit,CT 图像强度值) 阈值和用户勾画的结构来定义组织或材料,如图 16.1 所示。例如,在 NCTPlan TPS 中,材料是空气、软组织 (如大脑)、骨骼和肿瘤 [4-6]。基于体素中识别出的每种材料的体积分数,每个体素的成分是四种主要材料构成的混合物。然而，由于计算上的原因，有必要限制材料组合的数量，以避免在输运程序中定义过多的材料混合物。这通常是通过将主要材料的体积分数四舍五入为离散分数来实现的，例如，使用旨在最小化舍入对中子输运影响的规则，使用最接近的 10% 或 20% 的增量 [7]。模型构建过程如图 16.1 所示。

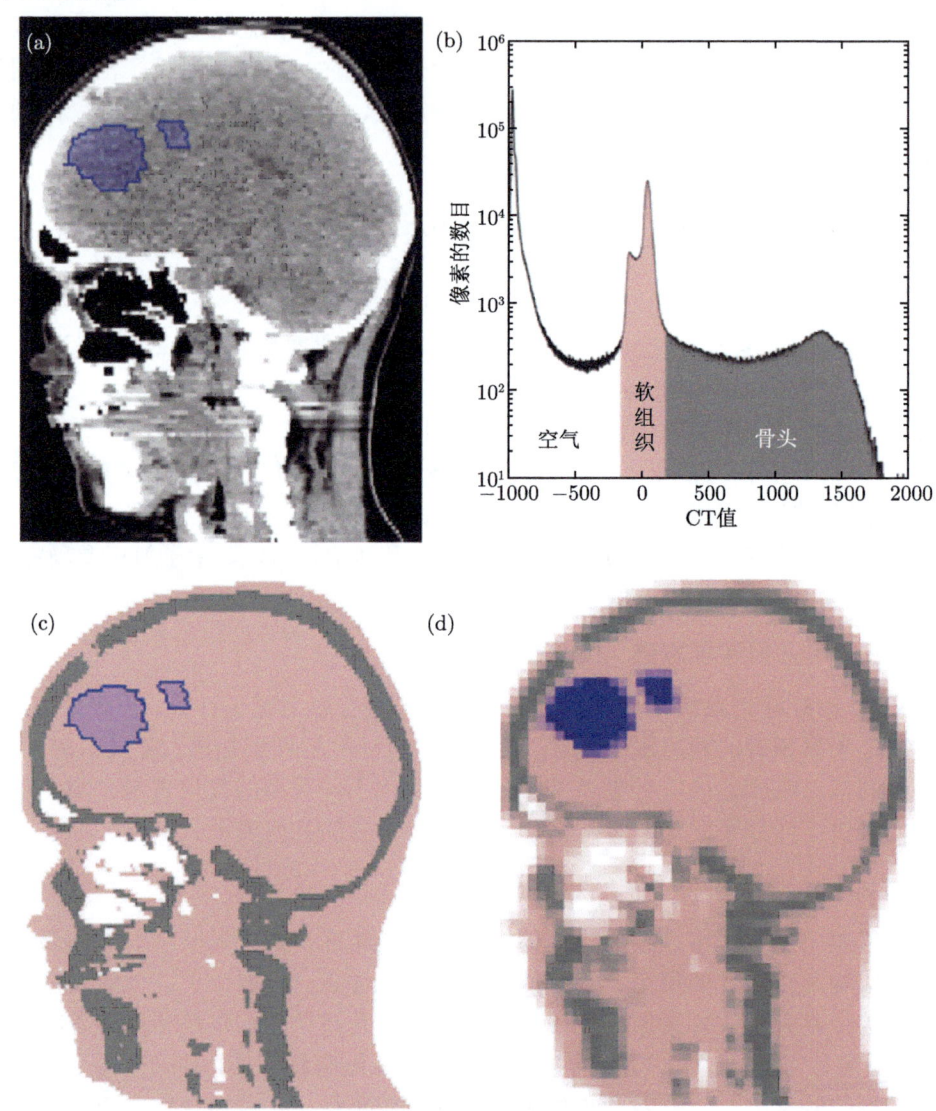

图 16.1 在 MiMMC 治疗计划系统中从 CT 图像数据构建体素模型。(a) 矢状位 CT 图像切片，靶区呈蓝色。(b) 图像强度直方图，显示空气、软组织和骨骼的 CT 值范围，以及 (c) 经过阈值化处理的矢状图像。(d) 使用 4 mm 体素模型化的相应切片

16.2 治疗计划的计算方面

体素模型广泛应用于基于蒙特卡罗的光子和电子束计划中，由于其简单，是 NCT 治疗计划中最早和最常用的几何建模技术。通常体素矩阵和计分网格 (用于剂量计算) 是相同的，因为这是最有效的。体素模型的一个特殊优点是它们非常容易和快速地生成。与其他一些建模技术不同的是，由于基于 CT 图像数据的自动材料分配算法，生成体素模型通常需要计划者相对较少的工作。图 16.2(a) 显示了一个脑瘤患者的轴向切片体素模型，图 16.2(b) 显示了同一模型的三维剖视图。体素建模技术的一个缺点是，对于较大的体素尺寸，外部表面和内部界面的轮廓可能无法很好地保留。尽管在很大程度上，使用材料混合来考虑部分体积效应可以减轻大体素尺寸的影响，但这种几何失真可能会降低计算剂量的准确性，尤其是在空气–组织界面附近。除了一些简单体模的中心轴外，体素大小对剂量精度的影响尚未得到很好的定量研究 [7,8]。减小体素大小可以提高计算剂量的准确性，但是小体素会产生一些计算问题。首先，由于采样体积较小，每个体素中的粒子轨迹将更少，这增加了计算剂量的统计不确定性。当然，这可以通过模拟更多的粒子数目来抵消，但是由于在粒子跟踪过程中有更多的曲面交义和分数要计算，因此使用较小的体素可以显著减慢输运计算过程。在多个体素上平均剂量可以改善统计，但平均会降低空间分辨率，从而抵消体素尺寸的减小。非常小的体素可能会对一些输运程序造成严重的计算问题 [9]，这取决于计算是如何完成的，但是这些问题正在通过软件的改进来解决 [10]。

使用体素模型的大多数计划系统使用单一尺寸的体素来简化。然而，在剂量梯度通常较陡的射束入口附近采取更高分辨率 (小体素)，以及在剂量梯度较平坦的距离射束入口较远处采取较低分辨率 (较大体素) 可能是有利的 [11]。这种被称为"多体素模型"的方法用在了 JCDS 计划系统 [12,13]。多体素模型方法适用于单野治疗方案，其中体素网格可以与射束对齐，但对多野治疗方案的适用性有限。

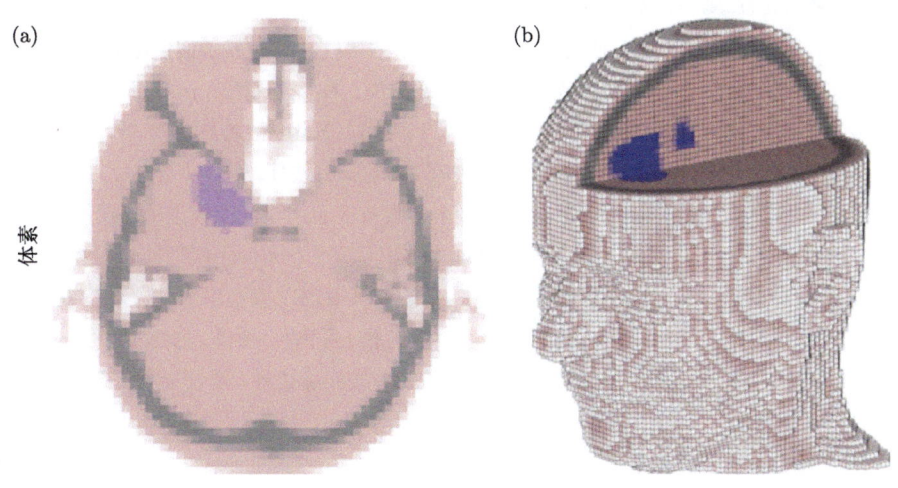

(a) 体素 (b)

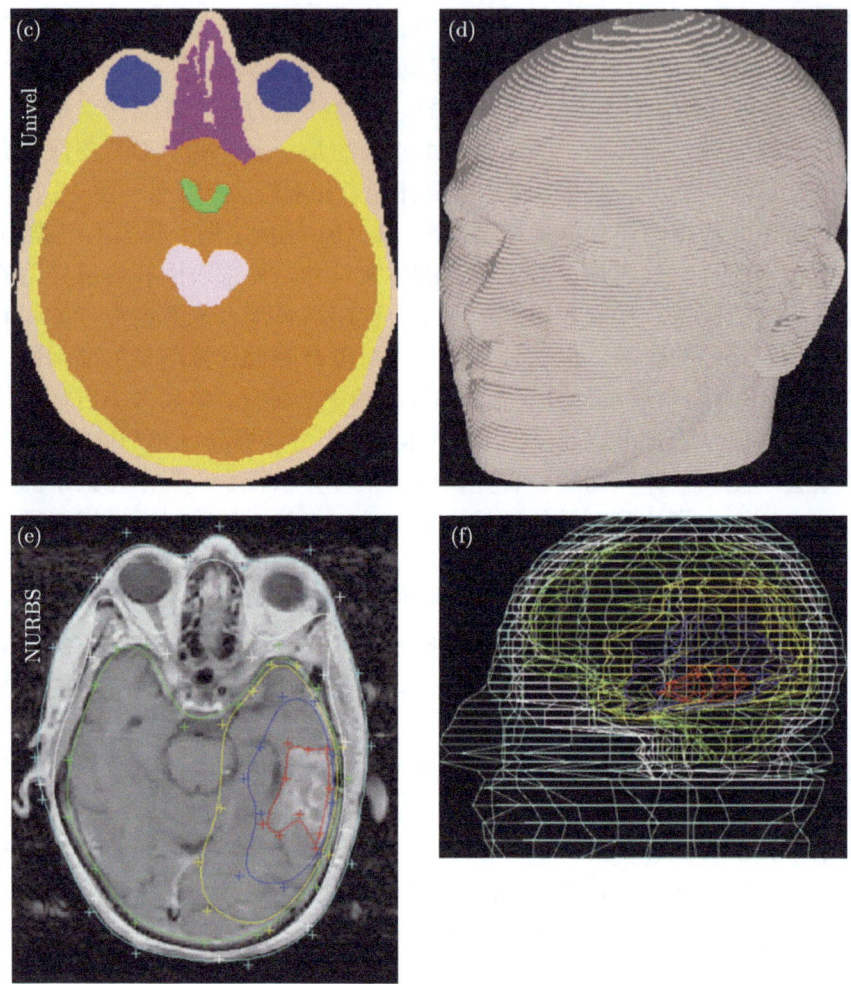

图 16.2 NCT 治疗计划计算中使用的几何建模技术的比较。左栏显示围绕眼睛级别的每个模型的二维切片，右栏显示每种类型模型的相应三维渲染。(a) 在这个 3 mm 体素模型中，把混合物密度和肿瘤体积分数编码成不同颜色，空气 (白色)、软组织 (粉红色)、骨 (灰色) 和肿瘤 (蓝色)。(b) 显示靶区的体素模型剖视图。(c) 空气、皮肤、颅骨、大脑、脑干、眼睛、视交叉和鼻窦，在作者之一的体素模型中被定义。每个体素对应于用于建立模型的 MR 图像中的一个像素，其像素大小为 $1×1×2$ mm^3。(d) "统一体积元素" (univel) 模型的表面渲染。(e) 用加号表示的控制点指导样条线在非均匀有理 B 样条 (NURBS) 模型中的放置，该模型叠加在 MR 图像上。(f)NURBS 模型的线框渲染，显示皮肤 (青色)、颅骨 (白色)、大脑 (绿色)、CTV(黄色)、水肿 (蓝色) 和 GTV(红色) 的外部边界。鼻子指向左边

16.2.1.2 统一体素模型

统一体积元素 (uniform volume element，或"univel"，即统一体素) 模型与体素模型类似，它们使用统一的矩形网格来描述患者的几何体，但它们的不同之处在于，每个 univel 表示医疗图像序列的单个像素，而不是包含多个像素的区域的平均组成。与体素模型不同，univel 模型不使用材质混合，因为 univel 的尺寸非常小。在几何上，统一体素模型可以看作是在小体素限制下的体素模型。然而，体素模型和统一体素模型之间的关键区别实际上不在于几何表示，而在于通过几何体跟踪粒子的算法。统一体素模型采用基于整数算法的快速跟踪算法，类似于位图计算机图形图像中用于绘制线条的算法，而不是传统的浮点跟踪算法[14,15]。快速整数跟踪算法在跟踪过程中涉及一个小的近似度，但是据报道，对于通常使用的较小的体素尺寸，这可以忽略不计[14]。爱达荷州国家实验室 (INL) 和蒙大拿州立大学 (MSU) 开发的 SERA(放射治疗应用的模拟环境) 治疗计划系统在其 seraMC 输运模块中使用了统一体素模型[16]。

统一体素模型提供了非常高的几何精确性，具有与医学图像相同的空间分辨率。然而，与制作这样一个高分辨率模型相关的努力可能是非常重要的，因为必须识别和定义医学图像堆栈中每个单元/像素的组成。通常，这是通过让计划人员用映射到特定材料成分的颜色"绘制"每个像素来实现的，结合使用手动和图像处理技术，如阈值分割。这个过程可能是乏味和耗时的。因此，几何精度原则上是非常好的，但在某些区域可能会受到治疗计划人员解释和绘制解剖图的限制。此外，重要的是要认识到，对于统一体素模型，尽管几何体是用一个精细网格 (~1 mm 元素) 指定的，但用于剂量计算的独立计分网格要大得多，通常为 10 mm，这可能导致插值误差大于对高分辨率几何体的预期。图 16.2(c) 和 (d) 所示为基于作者之一的 MR 图像的统一体素模型。统一体素模型的其他优点包括能够根据需要定义尽可能多的区域 (每个区域都具有唯一的材质)，以及与 NURBS 模型不同的是，这些区域不必定义为层次模型，每个区域由层次中的下一个区域完全包围。

16.2.1.3 非均匀有理 B 样条模型

非均匀有理 B 样条 (NURBS) 模型是计算机图形绘制中常用的一种灵活而强大的三维建模技术。NURBS 模型允许定义具有不同连续度 (即位置、方向和曲率) 的自由曲线和曲面。NURBS 建模技术被用于 INL 开发的 BNCT_Rtpe 计划系统中，以定义患者的几何结构[1,17,18]。通过在医学图像中放置控制点来绘制解剖结构的轮廓，如图 16.2(e)[19] 所示。控制点的放置可以手动完成，或者在某些情况下，使用边缘检测算法。图 16.2(f) 显示了一个脑瘤患者的 NURBS 模型的线框渲染。

NURBS 模型的创新应用使复杂对象的表达变得非常紧凑和高效,具有良好的几何特征和较低的内存要求,但由于更复杂的曲面查找算法,粒子跟踪比其他几何表示稍慢。该技术的一个缺点是模型的定义过程可能是劳动密集型的,有时很难管理控制点以产生期望的结果。NURBS 曲面与相邻实体的无意重叠会导致几何体的不清晰区域,并将导致进入重叠区域的粒子"丢失"。此外,尽管患者的外部轮廓以高清晰度表示,但某些内部结构 (如鼻窦或颅骨) 可能缺乏定义,因为它们要么不切实际,要么过于劳动密集,难以描绘[20]。虽然 NURBS 方法非常适合于对脑瘤患者的几何体进行建模,但是很难将这种建模技术应用于其他几何体,如复杂的体模。使用计分网格,一个 10 mm 立方元素叠加在定义患者的 NURBS 模型上并独立于该模型,开展 BNCT-Rtpe 计划系统的剂量计算。

16.2.2 中子射束源项定义

确定用于计算的照射源可能是治疗计划中最困难的方面,因为它需要生成描述中子射束空间、能量和角度特征的 5 维概率分布的足够精确的计算表示。为 NCT 治疗计划设计中子射束源项的方法包括使用二进制相空间文件 (MCNP 程序中称为面源文件) 或一组概率分布来定义中子射束孔径处或附近的照射源特性,以避免重复计算中子通过束流线传输的开销。不同的源项定义方法有不同的优缺点[21,22]。

16.2.2.1 相空间文件

相空间 (面源) 文件记录了蒙特卡罗模拟中在特定位置模拟的粒子的特征 (位置、方向、能量、时间、粒子类型、统计权重和历史数),在治疗计划模拟中通常是在光束孔径平面上。当使用相空间文件时,在粒子通过患者几何体输运的后续模拟中,对存储在相空间文件中的粒子轨迹进行采样,这些粒子轨迹来自先前的束流线模拟。使用相空间文件的主要好处是,它没有在源描述中引入近似;模拟的粒子源于对中子束流线的详细模拟,这将提高剂量精度,与使用概率分布的源定义不同,后者可能涉及重大的近似。这种方法的缺点包括不可移植的二进制文件非常大 (高达数 GB)、计算效率较低、并行计算的启动时间增加以及可模拟粒子数的限制。由于相空间文件中的历史记录数 (样本量) 不是无限的,因此使用相空间文件计算剂量的精度因其潜在方差而受到限制,方差产生于相空间中的统计涨落[23]。相空间文件可以循环使用 (多次过采样) 以改善剂量统计,但这只会改善来自热中子相互作用的剂量组分的统计,并且可能会产生不良的统计效应。

16.2.2.2 平面概率密度函数

在使用平面概率密度函数 (planar probability density functions,PDF) 定义的源中,源粒子变量 (能量以及位置和方向的分量) 的概率分布通常由中子射束先

前的蒙特卡罗 [24] 或离散坐标输运计算 [25,26] 来构造。在患者计算中，对概率分布进行抽样，以确定每个源粒子的起始特性。在患者输运模拟中，可以用两种方式定义源 PDF：射束孔径平面上的 "空气中" 或准直器内、距射束孔径上游一小段距离的平面。在后一种方法中，准直器的一部分必须在患者模拟中显式地建模，这会使患者模型的构建复杂化。与空气中模拟的源项相比，准直器内模拟的源项通常具有更低的细节级别，因为人们认为通过准直器传输射束有助于确定射束的空间分布。由于在每个患者模拟中避免了通过准直器传输的计算费用，因此在射束出口处定义放射源更为有效，但在放射源分布中可能需要更详细的信息，以达到所需的计算剂量精度水平。空气源 PDF 的一个例子可以在帕默 (Palmer) 等人 [24] 的著作中找到。

源 PDF 的优点包括紧凑、可移植表示 (通常是文本)，以及能够有效地对无限数量的粒子历史进行采样，从而导致计算剂量中任意小的统计不确定性。源 PDF 的主要缺点是它们可能涉及显著的近似性和信息丢失，从而降低计算剂量的准确性。源变量 (能谱、空间分布、角分布) 的概率分布可能是不可分的，这一事实对于构造源 PDF 也是有问题的。在源 PDF 中实现精确剂量计算所需的详细程度还没有得到彻底的研究，特别是对于准直器中源的方法。最近的研究表明，在几个计划系统中，源 PDF 可能无法准确地表示中子射束源的特性，尤其是在角分布的处理方面 [21,22]。

16.2.2.3 射束方向

大多数计划系统通过固定患者几何模型并围绕患者模型旋转射束模型来实现多射束定向，因为这允许使用单剂量网格，从而消除了多野计划中剂量网格之间插值的需要。然而，除了标准方法之外，JAEA 计划系统 JCDS 可以采用一种新的方法，其中患者模型被旋转到与固定射束模型期望的位置对齐。这种方法是可行的，因为，大多数情况下，采用 JCDS 开展单射野治疗计划。

16.2.3 剂量计算

本节讨论 NCT 治疗计划的剂量计算方面。

16.2.3.1 计算方法

所有临床 NCT 治疗计划系统都采用蒙特卡罗模拟计算患者或体模的个体化模型的剂量。一般来说，剂量 (确切地说是比释动能因子 kerma) 是通过积分中子或光子通量谱来计算的，使用通量的径迹长度密度估计与能量相关的 kerma 因子进行积分。为了提高效率，积分是在输运路径上即时进行的，这样就不需要在剂量网格中的每个点存储通量谱。在一些计划系统中，剂量是按元素计算的，而在其他系统中，剂量是使用为特定组织成分 (例如 ICRU 大脑成分) 预先计算的 kerma

因子来计算的。后一种方法比前一种方法计算效率更高,但灵活性较差。在任何一种情况下,硼剂量都是使用一组独立的比释动能因子 (通常为 1 µg/g 的 ^{10}B) 来计算的,以便可以对其进行缩放以匹配感兴趣组织中的浓度。基于碰撞的剂量估计也被研究过,可能比径迹长度密度估计有一些优势 [27],但它们并没有被任何临床计划系统使用。

对于除光子剂量外的所有剂量分量,最终传递剂量的带电粒子的射程与剂量网格的网格单元尺寸相比非常小,因此 kerma 非常接近剂量。由组织中光子相互作用产生的高能电子可以有超过 1 cm 的射程,相当或大于剂量网格元素的大小。然而,电子输运因其计算费用高而无法进行;耦合中子--光子--电子输运计算收敛速度非常慢。在大多数 NCT 应用中,kerma 近似被认为对光子剂量精度的影响很小,因为大多数射束中主导入射光子剂量的是感生光子剂量分量,它主要是各向同性的。

洛斯阿拉莫斯国家实验室开发的通用蒙特卡罗辐射输运程序 MCNP[28] 被广泛用作 BNCT 治疗计划系统中的剂量计算引擎,因为除其他原因外,该程序经过充分验证,相对容易使用,提供灵活的源项定义和健壮的方差减少技术,并拥有大量的用户群。体素模型几何表示的不同计算方法和 MCNP 程序中的剂量计数 (tally) 技术会对治疗计划模拟的计算速度产生显著影响 [9]。对 MCNP 的一个修改被称为 "网格加速计数补丁",最初在代码 4B 版中实现,使得网格模型中治疗计划计算的速度大大加快 [29]。这个补丁已经被整合到代码库中 [30],最近 (在 MCNP5 版本 1.50 中) 进行了改进,以便于使用具有非常多小体素的模型进行计算。MCNP 的另一个最新改进是网格计数,它提供了一个独立于几何网格的剂量计算网格,其额外的计算成本相对较小。

除蒙特卡罗模拟外,已研究的其他剂量计算方法包括确定性输运方法,如 S_n(离散坐标) 方法 [18,31,32] 以及更快、更近似的算法,如简化 P_3 近似 [33]、移出扩散理论 (removal-diffusion theory)[34] 和经验方法 [35]。然而,由于种种原因,这些方法尚未应用于临床计划系统。

16.2.3.2 组织成分和硼浓度

NCT 与光子和电子放射治疗不同,在后者中各向异性介质剂量计算仅基于 CT 图像数据得出的电子密度,NCT 的剂量计算需要模拟实际组织成分。对不同组织类型进行建模是必要的,因为组织之间的元素组成差异很大,而且核素之间的中子截面也有很大的差异。一项评估患者模型所需复杂性的计算研究表明,在模拟颅骨照射的过程中,当用皮肤代替颅骨 (氢密度较低) 时,最大剂量值的位置和大小会发生显著变化,最高可达 9%[36]。氢和氮的原子密度对中子输运和剂量测定的影响最大,因为它们的截面和含量都相对较大。ICRU 报告 44 和 46 提供了广泛组织的参考成分数据和密度[37,38]。对于早期 BNCT 治疗颅内疾病的临床试验和大多数相关的放射生物学研究,使用了布鲁克斯 (Brooks) 脑成分[39],但现在推荐 ICRU 成分[38],以确保试验的一致性。布鲁克斯脑和 ICRU 脑成分之间的主要差异是氮浓度相差 20%,这导致了热中子剂量的类似差异[8]。

由于其较大的中子俘获截面会导致显著的热中子通量降低,因此有必要在用于输运计算的组织成分中明确地建立 ^{10}B 模型[5,40]。对于前瞻性计划,应根据药代动力学研究,采用合理的预期浓度假设,为正常组织和肿瘤指定硼浓度。作为这一效应显著性的一个例子,脑组织中 30 μg/g 的 ^{10}B 浓度可使头部模型中的最大热中子通量降低约 10%,并使来自热中子的剂量成分产生类似的减少[8]。对于钆 NCT,由于 ^{157}Gd 的巨大中子俘获截面 (255000 b),热中子通量降低的影响比硼大得多,也更重要[41]。对于硼中子俘获滑膜切除术 (BNCS) 等应用,其中可达到极高的 ^{10}B 浓度 (例如,>10000 μg/g)[42],热中子通量下降也相当可观,必须加以考虑。

16.2.3.3 核截面数据

在治疗计划的辐射输运计算中,使用了两种类型的核截面数据表示:点态连续能量截面和多群截面。点态连续能量截面数据通过大量给定点之间的线性插值,实现了评价核数据的高保真表示。多群截面数据精度较低,但更紧凑,计算效率更高,使用单个离散值表示粒子某能量区间内的截面。在治疗计划中使用的一些特殊用途的辐射输运程序 (如 rtt_MC 和 seraMC),由于追求计算速度的优势,采用了多群截面数据。连续能量截面数据比多群数据更精确,但对于宽的能谱射束,多群截面数据通常会产生精确的结果。然而,在某些情况下,入射中子能谱在某些能量附近,当中子截面上出现共振峰时,多群数据中对共振的平坦化处理会产生很大的偏差。这个问题只在计算研究中使用的单能射束中得到论证[43,44]。然而,当使用多群截面时,最好使用连续能量截面进行比较模拟。

对中子输运计算有重要影响的一个相关因素是热中子散射处理[8]。对于低能量中子,原子核的热运动及其与其他原子的化学键会影响中子散射的运动规律,即影响出射中子的能量和角度。对于中子与氢的散射,化学键的影响特别大,在输运计算中正确地模拟这种影响是很重要的。例如,使用热中子散射处理,当忽略了化学键的影响时,即采用自由气体散射定律,则低估了计算的硼、热中子和感生光子剂量的 30%~37%[8]。NCT 治疗计划中使用的一些输运程序 (即 MCNP) 允许采用热中子散射处理,该处理说明氢与每种材料中的单一元素 (如氧) 的结合,而其他程序 (rtt_MC 和 seraMC) 允许混合散射结合在氧或碳上的氢。后一种方法似乎更适合人体组织,但计算表明,这两种方法之间的差异可以忽略不计[22]。

16.2.3.4 比释动能因子和剂量

NCT 临床剂量学中已经使用了几种不同的计算不同剂量成分的方案。有些方案之间的一些差异总体来说相当于命名的差异，而另一些则导致剂量学上的微小差异。在 NCT 的物理剂量测定中，测量了四个剂量分量：硼剂量、热中子剂量、快中子剂量和光子剂量 [45,46]。在用于治疗计划的 NCT 计算剂量测定中，计算的光子剂量通常被细分为入射光子和感生光子，因此计算的剂量分量总数为五个 [8]。在临床应用的所有计划系统中，硼剂量和光子剂量的定义是相同的。然而，热中子和快中子剂量组分的定义和计算方法各不相同。剂量成分定义如下：

- 入射光子剂量来自于束流线中的中子与周围介质相互作用产生的光子。入射光子在模拟辐射通过患者模型的输运时开始 (即出生)。在这个模拟中，它们不是由中子相互作用产生的，是从中子射束早期模拟中产生的源项分布或相空间文件中抽样的。这个成分也被称为源项或结构光子剂量成分。

- 感生光子剂量来自于患者和其他周围材料 (例如模拟中明确建模的准直器) 与中子相互作用产生的光子。感应光子剂量的主要贡献者是氢俘获中子反应 ($^1H(n,\gamma)^2H$)，产生 2.2 MeV 的 γ 射线。区分入射和感生光子剂量是为了便于它们在校准过程中独立调整以匹配测量值。光子剂量有时被称为总光子剂量，以强调它是入射和感生光子剂量分量的总和。

- 硼剂量主要通过 ^{10}B 与中子相互作用的中子俘获反应 $^{10}B(n,\alpha)^7Li$ 产生。图 16.3 显示了浓度为 15 μg/g 的 ^{10}B 时的能量依赖比释动能系数。

- 热中子剂量是指组织与热中子 ($E_n<0.5$ eV) 相互作用产生的剂量，不包括热中子感生光子 (单独跟踪并包含在感生光子剂量中) 和硼剂量。大部分热中子剂量来自于 $^{14}N(n,p)^{14}C$ 的中子俘获，释放出 626 keV 能量，其中大部分被质子从反冲的 ^{14}C 核带走。ICRU 的大脑成分 [38] 含有 2.2% 的氮 (质量百分比)，大约 96% 的热中子剂量来自于 $^{14}N(n,p)^{14}C$ 反应。剩余的剂量 (约 4%) 主要是由于氢的中子辐射俘获 ($^1H(n,\gamma)^2H$) 中的氘反冲。ICRU 大脑成分的能量依赖中子比释动能因子如图 16.3 所示。热中子剂量取决于组织成分，尤其是氮浓度。例如，当用相同的热中子注量照射时，对皮肤的剂量将是大脑的 1.9 倍左右，这主要是因为皮肤中的氮浓度较高 (按质量计为 4.2%)。

- 快中子 ($E_n>0.5$ eV) 剂量主要 (>90%) 是由于中子与氢的弹性碰撞，产生反冲质子。快中子与其他含量高的原子核如氧、碳和氮的碰撞对快中子剂量有很大贡献。在 398 eV 和 4.3 keV 的俘获共振附近，氯 (n,p) 反应也对快中子剂量有贡献。在 0.5 eV 左右的能量截止值的基础上分离快中子剂量和热中子剂量的原理，是使用镉差技术的活化箔，反映了剂量测量过程，热中子通量的上限由 0.5 eV 左右的镉截止值确定 (在 0.5 eV 左右镉中子俘获截面从约 10000 b 降至低值)。以类似于测量的方式分离计算的中子剂量，有助于比较测量和计算的剂量，以便进行验证和校准。

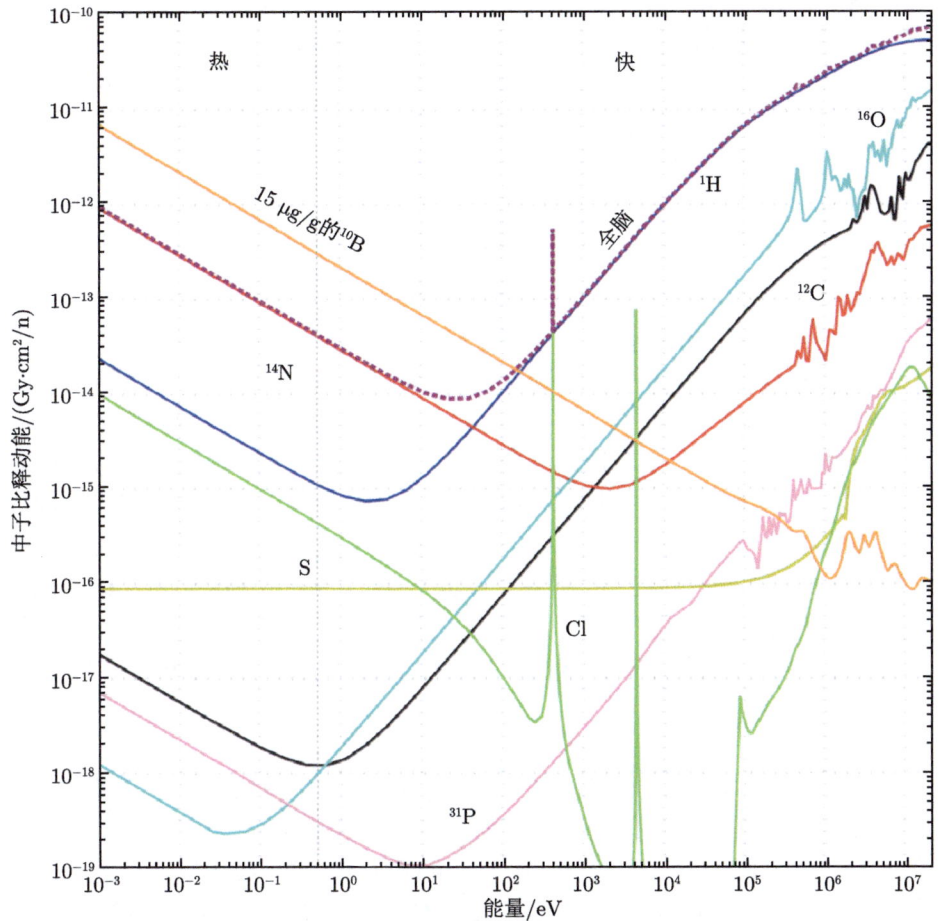

图 16.3 不同元素对 ICRU 脑组织的能量依赖中子比释动能因子的贡献。为了进行比较，包含了 ^{10}B 的比释动能系数，显示了浓度为 15 μg/g 的情况。0.5 eV 处的虚线表示快中子和热中子之间的边界 (根据参考文献 [8] 中的数据改编)

计算快中子和热中子剂量的第二种方法是根据靶元素分离这些中子感生的剂量成分：

- 氢剂量是中子与氢相互作用产生的局部沉积剂量。它包括由快中子与氢碰撞释放出来的反冲质子的剂量，但通常忽略了 ^{1}H(n,γ)^{2}H 反应中反冲氘核的剂量。氢中子俘获产生的 2.2 MeV 伽马射线是单独追踪的,因为它不就地沉积能量,并计入感生光子剂量。
- 氮剂量是中子与氮相互作用产生的局部沉积剂量,包括 ^{14}N(n,p)^{14}C 反应和快中子碰撞。
- 其他剂量成分:除了氢和氮剂量,有时还计算氧和碳的剂量,因为它们对通过快中子反冲产生的剂量有显著贡献,特别是在较高能量下。

原则上,热中子和快中子剂量分量之和应等于氢加氮和其他主要以高能为主的微量元素之和。然而,这两种方法的总数可能会有一些小差异。

除单独的剂量成分外,还使用两种不同剂量成分之和:
- 总剂量是所有剂量成分的总和,无任何加权,即物理吸收剂量。总剂量在放射生物学实验中比在临床实践中更为常用。
- 生物加权剂量是所有剂量成分的加权和,每个剂量成分乘以一个加权因子,通常是实验测量的 RBE(相对生物效应) 因子或 CBE(复合生物效应) 因子[47]。加权剂量以近似等效光子单位表示辐射剂量,以解释高、低 LET 不同剂量成分的不同生物效应。通常,剂量处方是以加权剂量表示的。严格地说,由于生物加权因子是无单位量纲的,所以加权剂量的单位是格瑞 (Gy),但是加权剂量通常用 Gy_w 来表示,以区别于未加权的物理吸收剂量。

每个计划系统都有自己的一组用于剂量计算的 kerma 因子。对于给定剂量成分,各种计划系统所使用的比释动能因子之间的差异大多很小,但有一些差异很大[22,48]。此外,那些使用多群截面数据的输运程序也使用多群 kerma 因子。

16.2.3.5 统计不确定度

由于蒙特卡罗模拟过程的随机性,计算网格中每个点的计算剂量具有相关的统计不确定性 (标准差);也就是说,计算的剂量是不精确的。模拟开始后不久,参与计分的粒子很少,统计不确定性很高。随着模拟的粒子越来越多,更多的粒子在计算网格的每个点上得分,并且每个粒子对平均剂量 (即计算的剂量) 的相对贡献减少。因此,随着模拟历史次数的增加,计算剂量的波动减小,计算的剂量收敛于其"真"值。AAPM 任务组 105 对基于蒙特卡罗的治疗计划相关的统计问题进行了指导性论述[49]。

计算剂量的标准偏差受几个因素的影响。标准偏差随着历史的增加而减少,并且与历史记录数的平方根大致成反比。计分网格中单个元素的尺寸大小也会影响统计不确定性。对于更细的网格,每个网格元素中的计分粒子将更少;标准偏差与每个网格元素体积的平方根大致成反比。对于相空间文件,粒子权重的变化也会导致统计不确定性。记录在相空间文件中的高权重粒子,有时是射束的上游模拟中不利的方差减少技术而导致的，这可能会给原本可接受的计算引入大的方差。通常，使用 1 cm³ 的计分网格，对于具有数千万历史记录的大多数剂量组分来说，在剂量最大时的标准偏差远低于 1%，这取决于射束和源项模型的具体细节。

不幸的是，大多数计划系统在报告计算剂量的统计不确定性方面做得很差。然而，重要的是，治疗计划人员要记住统计不确定性，因为在模拟足够多的历史记录以使计算结果很好地收敛之前，计算的剂量可能会严重偏离其最终的、收敛良好的值。换言之，如果没有足够的历史模拟来获得治疗计划的收敛性，那么实际交付剂量可能与计划剂量有显著差异。例如，在剂量学再归一化研究中，观察到当粒子历史数从 50 万增加到 1500 万时，特定患者的最大加权剂量减少了 5%[22,50]。低历史数 ($<10^6$) 的快速模拟可用于范围界定计算，计划人员希望快速评估不同的射束方向，但在最终计划中，应使用具有大量历史的良好收敛计算，以计算待交付的监测器单位 (monitor unit)。

16.2.4 计划系统质量保证和验证

计划系统的质量保证是一个持续的过程，从软件开发人员开始，继续到 TPS 的最终用户。这一扩展主题的详细论述超出了本章的范围；AAPM 任务组 53 提供了关于临床放射治疗计划系统的质量保证的广泛指导，其中大部分直接适用于 NCT 治疗计划系统[51]。像治疗计划系统这样复杂的软件很难彻底测试。为了协助新 TPS 质量保证过程中的剂量学方面的工作，并帮助评估现有 NCT TPS 的准确性，开发了两组参考问题。第一组参考问题提供了一系列单能和宽谱中子和光子射束的深度剂量数据，这些数据是使用良好检测的蒙特卡罗输运程序 MCNP[8] 在头部体模中的射束中心轴上计算的。第二组参考问题扩展了第一组例题，增加了两个模型，一个是用超热中子射束照射的大矩形水体模，另一个是模拟用热中子射束治疗周围黑色素瘤病变的腿部体模[22,52]。更重要的是，对于这两个解剖模型，第二个测试套件包括临床治疗计划中常用的多维剂量数据，即等剂量曲线和剂量–体积直方图。在所有的参考计算中，体模几何体都是使用几何图元 (即组合几何体) 建模的，从而避免了计划系统通常采用的几何体近似。对于这两组参考问题，提供了每个体模的图像数据，这些数据可以导入计划系统中，以便制定治疗计划，与参考数据进行比较。

16.2.5 计划系统校准和确认

有时假设当蒙特卡罗模拟用于剂量计算时，可以保证较高的精确度。应该避免这种误解。准确计算剂量的先决条件，除了一个好的物理模型外，还包括一个真实地代表实际照射的模拟放射源。软件或放射源项定义中的错误或不准确会导致计算剂量的重大错误。验证，即用测量来确认计算结果的过程，对于 NCT 计划系统而言,可能比对于外部射束光子计划系统更为重要,因为每个中子射束的独特性以及 NCT 计划系统的用户基础较小。验证是仔细评估 TPS 和源项模型准确性并确保它们按预期工作的重要机会。

放射治疗的基本量是剂量,也就是每单位质量介质中电离辐射沉积的能量,这是在适当的体模中校准和验证计划系统时必须使用的量。根据其他测量参量(如注量)进行校准是不合适的,在某些情况下可能会导致误差[22]。TPS 校准的剂量测量应使用校准可追溯至国家或国际标准的,如第 13 章和第 14 章所述的仪器。如果确定了射束源项定义中的问题,其他类型的测量(如空气中能谱测量)可能会有所帮助,但最近的结果[21,22]表明,至少对于某些射束,源的相空间可能过于复杂,无法用单点能谱测量或积分角分布来描述。

TPS 校准和验证的计算应尽量与测量条件紧密匹配。例如,如果 A-150 组织等效塑料 (TEP) 离子室用于剂量测量,则应使用 A-150 TEP 的比释动能因子进行计算。同样,中子通量计算应模拟测量结果。例如,在哈佛–麻省理工学院,使用镉差技术 (cadmium difference technique) 对热中子通量进行金箔活化测量,使用镉差的金截面来计算 2200 m/s(0.0253 eV) 热中子通量的权量。注意,如上所述,这种中子通量比较有助于 TPS 的评估,但严格地说,不是用来校准的。另一个需要考虑的问题是,计划系统本身必须用于校准,而不是一个不同的计算模型 (如 MCNP 模型),并且必须使用用于模拟患者照射的相同类型的几何表示法来表达校准模拟中的体模。否则,可能无法发现细微的错误[22,50]。

许多不同种类的体模已经用于 TPS 的验证和校准。水是人体体模材料的常用选择,因为它很好地模拟了大脑和许多其他组织的输运特性,而且很容易获得高纯度的水。大型矩形水体模,像传统放疗那些商业上可以买到的,通常有电动驱动系统,允许电离室或其他探测器的远程重新定位,以便于在多个位置进行测量。这些模型在定位探测器时所提供的灵活性特别有利于沿多个轴进行测量。大型水模型的缺点是,大多数情况下,它们不能很好地模拟实际的临床情况。与体积小得多的患者或拟人体模相比,水体模的质量非常大,会使热中子通量和感生光子剂量增加 20%~30%或更多[54,55]。增加的光子和热中子剂量进一步增加了快中子测量的差异。此外,患者的外表面不规则、弯曲,矩形水模型无法用于测试计划系统或源项模型处理此类几何图形的功能。此外,角分布的特征,可能对拟人体模是重要的,对于大型矩形水模型可能不太重要[22]。与大型矩形水体模相比,在几何特征更接近临床目标的体模中进行校准可能更为谨慎。

比较两个不同的体模的测量和计算,比如一个大的矩形水体模和一个较小的拟人体模,为 TPS 和源项模型提供了一个很好的测试。矩形水体模为剂量计提供了自由的位置,而拟人(或更简单的适当大小和形状的剂量学)体模提供了更具临床相关性和更实际的条件来评估准确性和校准 TPS。在 BNCT 临床剂量测定中使用了许多不同的拟人体模[56]。一个著名的例子是麻省理工学院的椭球头模型[57]。

一般而言，TPS 校准包括调整用 TPS 计算的剂量率，以匹配测量值，并确定参考模型中射束监测器计数率和剂量率之间的关系。可以使用两种不同的方法来调整计算，以匹配校准测量值。

调整的第一种方法是对五个计算出的剂量分量分别应用事后乘法比例因子，以提高与测量值的一致性。通常，最小二乘法分析用于确定比例因子，应绘制残差图以评估测量和调整计算之间是否存在系统差异。很明显，这种校正方法很简单，只调整总量大小，而这些标量调整不会改变剂量曲线的形状以提高一致性。在使用这种方法时，通常应发现热中子剂量、硼剂量和感生光子剂量的比例因子非常接近，因为这三者都直接或间接地来自热中子。当然，这些比例因子也应非常密切地遵循为热中子通量确定的比例因子。由于体模中快中子测量的不确定度很大，因此比较空气中的测量与计算非常有帮助，其中，由于消除了感生光子剂量分量，测量不确定度较低。同样，对于入射光子(可能是总光子剂量的一小部分)，在空气中比较测量和计算是有价值的。

由于两个分量来自不同的源项，所以对感生光子和入射光子进行独立调整是适当的，而且通常是必要的。感生光子主要由 $^1H(n,\gamma)$ 反应产生，而入射光子则是由束流线中各种反应产生的，包括瞬发反应和缓发反应。缓发伽马对这一分量有重要贡献，由于其时间依赖性，而大多数模拟中子束的程序不能很好地处理入射光子分量。这种困难通常会导致入射光子的比例因子比其他剂量分量大，例如，对于 MIT 裂变转换射束，入射光子的比例因子约为 2.0，而其他剂量成分的比例因子则接近于 1[55,58]。

第二种更复杂的调整计算剂量以匹配测量值的方法涉及调整蒙特卡罗模型中的源项定义。这通常限于改变中子或入射光子的(总)源强度，或修改中子或光子能谱的一部分。这种方法提供了更大的灵活性，但不是首选方法，因为不能直接确定需要调整的多维相空间区域。这种方法不能应用于使用相空间文件的源，因为需要付出非凡的努力；否则它仅限于使用概率分布定义的源项。与第一种方法一样，最小二乘法和残差分析有助于评估一致性。

大型水体模中的验证应包括多个轴上测量和计算的比较，以便评估三维一致性。这些比较应包括中心轴和离轴位置(如半影)的深度剂量曲线，以评估射束的穿透力以及水平和垂直投影(垂直于中心轴，例如，在热中子通量最大深度处)，以评估射束宽及其对称性，如图 16.4 所示。此外，如果射束源项定义和 TPS 假设射束绕其轴线旋转对称，则该假设的有效性也应通过测量来评估。计算和测量之间的显著差异无法通过简单的缩放进行校正，这可能需要重新评估源项模型。AAPM 任务组 53 号报告[51] 和 IAEA 报告 TRS430[59] 提供了光子和电子放射治疗剂量测量与 TPS 计算之间偏差的可接受公差指导。尽管 NCT 剂量测定中的测量不确定度比光子和电子的测量不确定度要高得多，但本指南对 NCT 从业者还是有指导意义的。

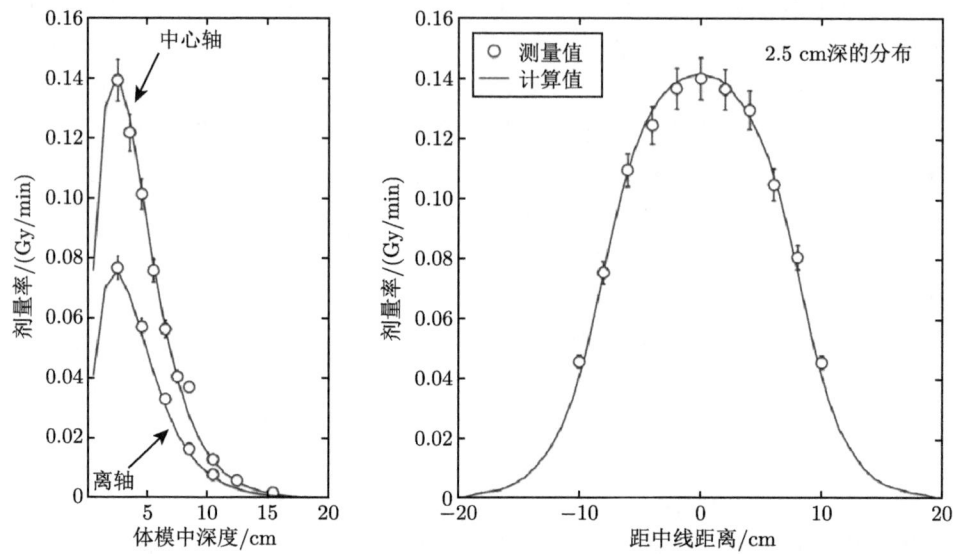

图 16.4 计划系统验证的一部分，使用在一个大型矩形水体模中测量和计算的热中子剂量率进行比较。用于评价的麻省理工学院裂变转换射束的数据来自：在射束的中心轴上，在距离中心轴 8 cm 的离轴位置，以及在 2.5 cm 深度处的水平剖面上，即在靠近热中子通量最大值的位置[55]

最近对临床 NCT 剂量测定的机构间比较发现，计算临床剂量测定和使用普通方法进行的剂量测量之间存在很大差异[60]。在外照射放射治疗中，机器校准的外部质量保证检查在外束放射治疗中很常见，并且经常需要参与机构间临床试验[61,62]。由于 NCT 物理和计算剂量学的高度复杂性和缺乏标准化，临床剂量学的外部检查可以为 TPS 校准提供有价值的确认。许多人认为这种剂量学比较是启动人体临床试验的重要先决条件。

最后，在校准过程中，可以方便地定义一个"射束监测器单位"，它将大量的射束监测器计数打包成更有意义和更直观的数量。例如，监测器单位的有用定义包括：与满功率下 1 min 的照射相对应的射束监测器计数，或与校准体模中的特定剂量输送相对应的射束监测器计数，例如，在 d_{max} 处 1 cGy_w。

16.2.6 治疗计划系统

目前所有的 NCT 治疗计划系统都是非商业性的，通常由具有核工程专业知识的小团队开发。表 16.1 列出了 NCT 临床试验中使用的 5 个 TPS 的特性。表 16.2 列出了正在开发的 NCT 计划系统。

表 16.1 在临床试验中使用的 NCT 治疗计划系统的特点

TPS	BNCT_Rtpe	MacNCTPlan	JCDS	SERA	NCTPlan
开发者	爱达华国家工程与环境实验室 (INEEL)	哈佛麻省理工学院	日本原子能研究所	INEEL/密西西比州立大学	哈佛麻省理工学院、阿根廷国家原子能委员会
操作系统	惠普 UNIX	苹果麦金塔	微软 Windows	Linux & Solaris	微软 Windows
几何模型	B 样条曲面	体素	体素/多体素	统一体素（像素级）	体素
输运程序	rtt_MC	MCNP4B[a]	MCNP5	seraMC	MCNP4B[a]/5
截面数据	多群	连续能量	连续能量	多群	连续能量
源项定义	准直器内概率密度函数 (PDF)	空气中 PDF	相空间文件	准直器内 PDF	空气中 PDF/相空间文件

注：a MCNP4B 的修改版本用于输运计算。

表 16.2 发展中 NCT 治疗计划系统的特点

TPS	THORPlan	MCDB	BDTPS	MiMMC	MINERVA
开发者	台湾清华大学	北京 IAPCM	佩滕 Pisa/JRC	哈佛麻省理工学院	INL/密西西比州立大学
操作系统	Windows	Windows	Windows	MATLAB	Java
几何模型	体素	体素	体素	体素	统一体素（像素）
输运程序	MCNP4C	MCNP4C[a]	MCNPX	MCNP4B/5	JART

注：所有这些 TPS 都采用连续能量截面数据；
a 该程序的修改版本用于输运计算。

16.3 临床方面：治疗计划流程

在本节中，我们将描述 BNCT 的治疗计划过程。BNCT 治疗计划过程的工作流程与其他类型的放射治疗类似，如光子、电子或质子的外照射束。与常规外照射治疗计划的主要区别在于：① 剂量靶向是通过硼化合物的生物化学选择性而不是通过高准直照射束的几何靶向获得的；② 通常使用蒙特卡罗辐射输运方法计算多个剂量成分的分布；③ 因此，计划所需的时间可能比传统放疗更长，这取决于可用于剂量计算的计算资源。

16.3.1 患者数据采集

在治疗计划过程中，每个患者都要建立一个三维计算模型来计算剂量。获取患者的断层医学图像作为模型的基础数据。通常采用一系列轴向 CT 和/或 MR 图像。每个 CT 图像的矩阵大小通常为 512×512 像素，而 MR 图像的矩阵大小通常为 256×256。切片厚度通常在 2~5 mm，但一些计划系统对切片厚度和图像大小有特殊要求。当需要高分辨率成像时，使用窄切片厚度，如

2 mm。然而，对于大多数类型的计算模型，图像分辨率与计算精度没有直接关系。

在成像之前，可以选择患者皮肤上的参考点，用墨水标记，并使用 3D 数字化仪测量其空间坐标[63]。在扫描之前，对每个参考点使用背胶粘贴射线照相标记 (聚四氟乙烯或金属滚珠)，以识别成像点。参考点可稍后在定位过程中使用，以帮助定位射束入口点或其他感兴趣的点。

近年来，人们推荐用硼苯丙氨酸的放射性类似物 ^{18}F-BPA 来获取 PET 图像数据。^{18}F-BPA PET 数据提供了肿瘤和正常组织区域之间 BPA 浓度比的信息[64,65]。预先获取 ^{18}F-BPA PET 数据有助于确定 BNCT 是否适用于患者，并为治疗计划提供关于 ^{10}B 分布的信息[66]。

16.3.2 图像处理

对于图像的格式，较新的计划系统通常使用 DICOM 格式，这是医学成像领域的标准。一些计划系统也可以使用更熟悉的图像格式，如位图和 JPEG。旧的计划系统使用其他格式。例如，SERA 和 BNCT_Rtpe 使用 QSH 图像格式，而 NCTPlan 和 MacNCTPlan 使用多页 TIFF 格式。对于这些计划系统，来自 CT 或 MR 扫描仪的图像数据必须转换成适当的格式。在加载图像之前，一些直接依赖图像数据构建体素模型的计划系统可能需要对图像进行清理。也就是说，可能需要对图像数据进行处理，以消除缺陷，如牙齿伪影，并将患者支持设备(如头罩和扫描仪工作台)擦除到与空气相同的灰度值。使用 DICOM 图像格式有助于建模过程，因为 DICOM 图像文件的头部部分存储了重要的几何信息，如切片厚度、像素大小和轴向位置。如果使用位图或 TIFF 等常规图像格式，则必须由用户提供这些几何信息，因为传统图像格式缺少这些重要信息。

16.3.3 靶区定义

在断层图像上勾画靶区和危及器官是治疗计划过程的前期步骤。这些分区是根据 ICRU 报告 50 和 62[67,68] 中给出的定义来选择的。首先，肿瘤区体积 (GTV) 是指在影像学上可触及的、可见的或可证明的病变的总范围。对于恶性脑肿瘤术后放疗，由于大部分肿瘤体积是在减瘤手术中切除的，因此很难精确地确定 GTV。在这种情况下,切除组织的增强边缘被定义为 GTV。为了有效治疗,不仅要治疗肉眼可见的病变,而且要治疗附近含有亚临床、微小的病变的组织。因此，临床靶区体积 (CTV) 被定义为含有 GTV 和/或亚临床、微小的病变的组织。在日本用于恶性脑瘤的 BNCT 中，CTV 通常被定义为 GTV 的 2 cm 的扩展。一些治疗计划系统，如 JCDS,可以根据 GTV 自动定义 CTV 区域。其他区域,如计划靶区体积 (PTV)、治疗区体积和照射区体积视情况而定。如果可以获得 ^{18}F-BPA PET 数据，则可

16.3 临床方面：治疗计划流程

以利用 ^{18}F-BPA 数据来帮助确定上述靶体积。水肿区通常包含亚临床病变，根据情况需要而定。此外，除靶区体积外，还应确定几个危及器官。危及器官是 CTV 附近的正常组织，其辐射敏感性可能对治疗计划产生重要影响。对靶区体积和危及器官进行勾画，通过使用剂量-体积直方图 (DVH) 和相关分区的剂量统计数据 (如最大剂量、平均剂量和指定体积的最小剂量)，可以对不同治疗计划进行定量评估。

16.3.4 模型构建

为了进行中子和光子输运计算并确定剂量分布，必须从断层图像中建立具有适当材料成分和密度的患者三维计算模型。在常规放射治疗中，治疗计划计算通常假设患者的身体具有水的成分，或者具有与患者 CT 数据中观察到的电子密度相匹配的密度 (异质计算)，或者在体内具有均匀的水密度，即 1.0 g/cm^3(均匀计算)。如 16.2.3.2 节所述，这种简单的方法不适用于 BNCT 治疗计划，因为核素之间的中子截面变化很大，而且组织之间的元素成分也不同，可能会显著影响中子输运。因此，在 BNCT 治疗计划中，必须为蒙特卡罗辐射输运计算确定详细的元素组成和密度。通常采用的组织成分数据是 ICRU 报告 46[38] 推荐的数据，在适当的浓度下，将中子俘获剂 (^{10}B 或 ^{157}Gd) 混合到组织中，以便在中子输运计算中正确模拟热中子通量下降。

为了创建一个计算模型，必须在每个图像切片中确定人体 (和周围空气) 中具有相同成分的区域。中子在组织中的行为很大程度上取决于氢的密度。因此，在 BNCT 治疗计划的模型中，人体组织和空气是分离的，而且由于这些组织之间的氢密度差别很大，人体组织被区分为软组织和骨骼。如图 16.1 所示，当使用 CT 图像时，由于密度与 CT 图像值 (Hounsfield number) 之间存在分段线性关系，所以通过对每个像素的 CT 图像值应用阈值，可以很容易地区分出上述三个区域。当使用 MRI 数据时，由于没有像 CT 那样方便的关系，因此必须在每个切片上手动分离区域。根据治疗计划系统的能力和治疗方案的要求，皮肤、大脑或其他器官等结构可以与软组织区分开来。患者的三维计算模型是使用几何表示法的三种方法之一构建的，即体素、统一像素 (univel) 或样条曲面 (NURBS) 模型，如 16.2.1 节所述。

根据治疗过程中的条件，在图像数据中可见的范围之外修改模型也可能是适当的。例如，由含氟化锂 (LiF) 的聚乙烯制成的屏蔽材料区域和/或在治疗过程中使用的构建材料 (如输注针剂)，根据需要进行定义。此外，日本直到 21 世纪初，放射治疗都是在肿瘤上方的头皮和颅骨被切除的情况下进行的。因此，在术中 BNCT 的治疗计划中，用空气代替被切除的皮肤和颅骨区域，以精确模拟开颅手术中的照射。

16.3.5 射束选择

利用如上所述建立的三维计算模型，设置诸如射束方向、尺寸和形状等照射条件。因为大多数设施是基于反应堆的，并且射束是固定的，所以治疗不是等中心的。在典型的治疗方案中，射束方向通常是通过将射束的中心轴对准 CTV 或 GTV 的中心来确定的。然而，当危及器官位于照射区域内，靠近靶区时，为了减少输送到健康器官的剂量，射束可能会偏移。对于单次照射，最佳的治疗方案通常是通过设置射束方向使体表与 CTV 最深点 (即 CTV 的最小剂量处) 之间的距离最小化；这种方法将使 CTV 的最小剂量最大化。在两次或多次照射的情况下，通常采用双侧或钝角治疗方案，以抑制皮肤和/或正常组织的最大剂量，尤其是当辐射场重叠时。

在日本，两个基于反应堆的 BNCT 设施都有能谱转换系统，可以将中子能谱从超热态改变为热态；其他一些设施同时拥有超热中子束和热中子束。不过，超热中子束应用于大多数治疗。然而，在 BNCT 中，对于像黑色素瘤和脑膜瘤这样的浅表肿瘤，可以使用穿透性较低的热中子束或混合热中子束。因此，应根据靶区的深度和中子束的可用性来选择合适的中子能谱。

BNCT 中的中子射束大小和形状不同于其他外部射束照射模式，后者通常使用可调节的准直器和阻挡装置，如多叶准直器，以使高度准直的照射野与靶区适形。BNCT 的中子射束端口通常是圆形的。通常，使用至少与靶区一样大的圆形射束尺寸来确保靶区的覆盖。一般情况下，BNCT 治疗采用开放式射野，但偶尔也会使用挡块来屏蔽敏感区域或达到其他剂量学目标。例如，在日本 BNCT 治疗头颈部癌症时，将含有 LiF 的热塑性屏蔽物置于眼睛上方，以遮挡这些放射敏感器官，如图 16.5 所示。在治疗计划过程中，必须确定屏蔽材料的适当尺寸和位置。日本 BNCT 常用于恶性脑肿瘤的一种不同的遮挡技术，即中心束屏蔽法，用于改善靶区周围的剂量分布 [69]。在这项技术中，一个由含有 LiF 的热塑性树脂制成的小圆盘固定在射束孔径的中心，由此产生的环形射束照射到患者身上。这种创新的强度调制方式有助于将热中子通量分布的峰变平，以提高剂量均匀性。由于体内的射束强度和剂量分布随圆盘尺寸和射束端口尺寸的变化而变化，因此必须根据这种情况适当调整圆盘的尺寸。一种相关的技术，利用金属锂均匀地过滤整个射束，通过硬化超热中子谱，实现了束流穿透性的适度改善 [70]。

16.3 临床方面：治疗计划流程

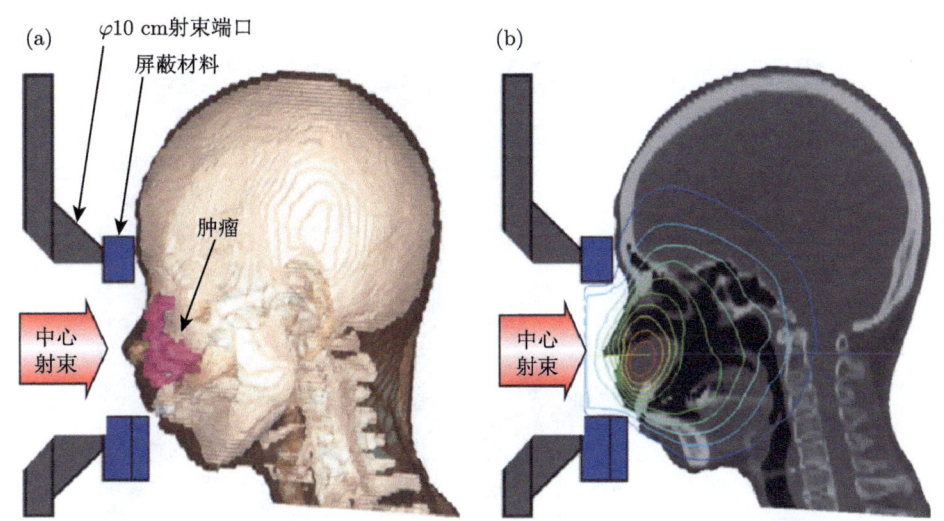

图 16.5 使用 JCDS 计划系统对头颈部癌症 BNCT 进行剂量计算测定，显示：(a) 患者模型的三维渲染；(b) 计算的热中子通量分布。使用定制的含 LiF 的塑料挡块保护眼睛和其他危及器官

16.3.6 计划评估与优化

剂量可视化和分析的标准工具,如等剂量等值线和 DVH 通常用于评估 BNCT 的治疗计划。然而，BNCT 治疗计划中剂量的呈现与常规放疗相比有些不同。通常，分别计算肿瘤组织和正常组织的总加权剂量，每个剂量网格使用不同的硼浓度和每个组织的加权因子 (RBE)。这意味着，当显示等剂量等值线时，如图 16.6 所示，计算出的肿瘤剂量不限于靶区的范围。相反，正常组织剂量也显示在靶区内，如图 16.6 所示。这种方法的基本原理是肿瘤的确切边界是未知的，并且微观的、亚临床的病变远远超出了成像上可检测到的增强肿瘤体积。为了制定和优化治疗方案，观察肿瘤和正常组织等剂量线的组合并不重要，也可能没有帮助。因为剂量靶向是通过硼的选择性获得的，所以治疗计划员的任务是向靶区体积提供足够的热中子通量，使用肿瘤和正常组织的不同等剂量等值线更容易对此进行优化。

优化治疗计划包括选择一个射束或一组射束的方向、大小，在某些情况下包括能谱选择，来优化交付的照射剂量。一般来说，一个在靶区中产生最高剂量的方案，同时遵守剂量处方，并且遵守正常组织和危及器官的剂量限制，就是最佳方案。然而，其他重要因素，如照射时间和患者在照射期间的位置也必须考虑在内，因为这些因素会影响计划的实施，即治疗的实施。对于单射野治疗方案，方案的优化通常是相对简单的；它只涉及在几个候选射束中进行选择,并确定所需的剂

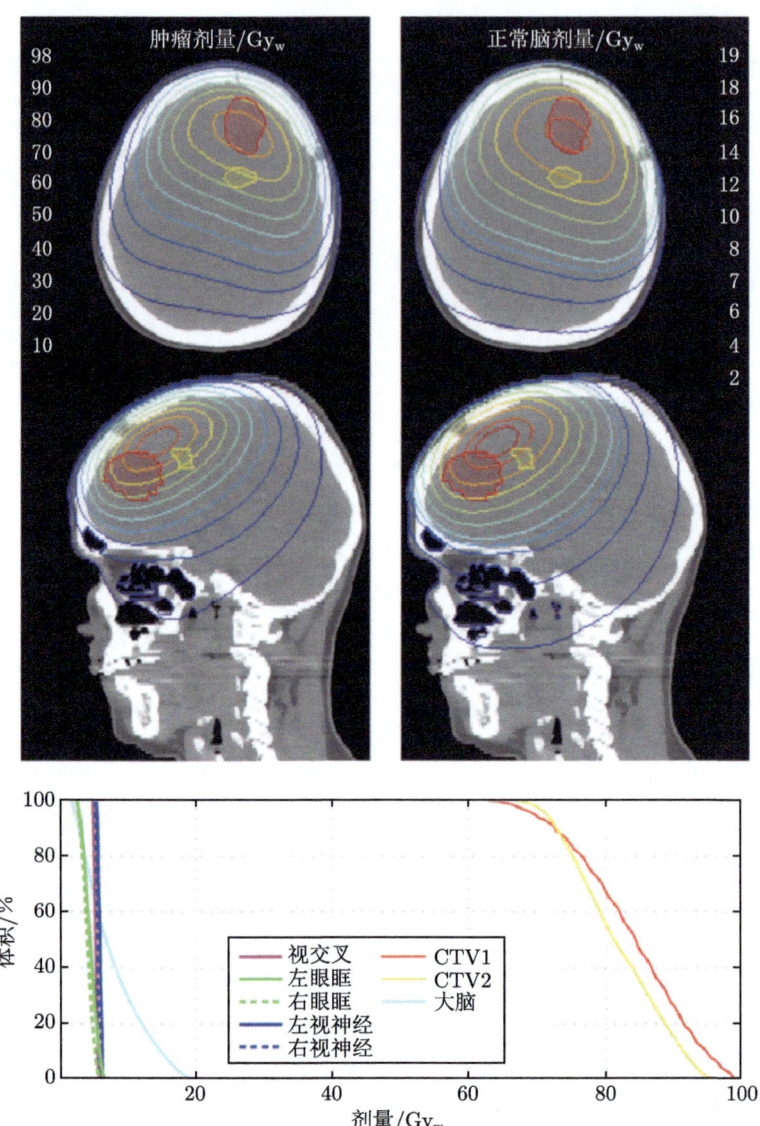

图 16.6 使用 MiMMC 计划系统计算脑瘤 (如 GBM) 患者的三个射野治疗计划。该处方的平均脑剂量为 7.7 Gy_w。肿瘤和正常脑的等剂量等值线显示在靶区的轴向和矢状面切片上。积分剂量–体积直方图 (DVH) 总结了感兴趣组织的剂量测定,包括靶区和危及器官

量和相应的射束监测器单位数值。对于多射野治疗计划,优化基本上更为复杂,因为必须从候选射野中选择几个 (通常不重叠) 射野,并确定如何对这些射野进行加权,以最佳地实现治疗的剂量学目标。在大多数计划系统中,对于任何超过少数几

个候选射野的方案，采用手动搜索治疗计划参数空间以确定最优射野集合及其权重是非常耗时和烦琐的。为了解决这一问题，在治疗计划系统外部的软件中实现了一种简单搜索算法，对大量的靶区进行硼剂量优化，并受危及器官的约束[3,71]。哈佛-麻省理工学院 (Harvard MIT) 也采用了一种类似的方法，基于优化靶区和危及器官的加权剂量 DVH 参数，为一小部分患者制定治疗方案[58]。

16.3.7 剂量处方

在外照射放射治疗中，照射剂量通常在肿瘤或靶区或附近方便的点进行规定。在 BNCT 中，由于许多剂量组分和其他常规放疗方法中不常遇到的因素 (如正常组织和肿瘤组织的剂量计算不同)，情况更为复杂。因为许多临床试验都有一个第一阶段的方向，其中安全性和耐受剂量的确定是主要终点，所以处方通常是通过限制正常组织剂量而不是通过提供期望的肿瘤剂量来确定的。支持使用正常组织剂量的另一个因素是，对肿瘤组织中硼浓度的估计并不特别可靠。

在 BNCT 的临床试验中，使用了几种不同的剂量处方方法。大多数处方使用 (总) 加权剂量，因为它以近似光子等效剂量单位表示复合剂量。早期的方法规定在患者 (无论发生在哪里) 或特定器官 (如大脑) 中的最大加权剂量。对其他危及器官，如皮肤、口腔黏膜和脊髓，也经常使用额外的最大加权剂量限制。后来的一些研究方案采用了危及器官 (即大脑) 的平均加权剂量作为处方点[58]，或者对体积的最大和平均加权剂量进行了限制[72,73]。在这些方案中，使用平均脑剂量反映了将剂量响应的剂量-体积方面纳入处方的意图。随后，事实证明与最大脑剂量相比，平均脑剂量与嗜睡的发生率有更强烈的相关性 (预计这将先于更严重的神经毒性)。还使用了基于靶区最小加权剂量的处方。这种方法在以有效性为主要终点的 II 期设置中很有吸引力，但这种方法的缺点是，输送到处方点的剂量对预测血硼浓度的误差特别敏感。使用加权剂量的一个例外是在佩滕使用 BSH 进行的胶质母细胞瘤临床试验 (EORTC 试验 11961)，该试验采用剂量组识别点 (DGIP) 概念作为剂量处方。在这种方法中，硼剂量成分是在患者体内热中子注量最大的位置处，即 DGIP[59]。这种方法的一个优点是，它避免了使用与显著的不确定性和不精确的剂量反应模型相关的加权因子，但由于处方不考虑所有剂量成分，因此将临床经验转移到其他设施更为困难。

16.3.8 治疗计划质量保证

在交付治疗计划之前，该计划必须由合格的医学物理学家和负责医生进行审查，以确保质量。审查应包括评估是否符合剂量处方，以及向每个组织 (危及器官和靶区) 提供的剂量是否合理且在可接受的范围内。医学物理学家还应检查射束监测装置或照射时间是否合理和正确。

在光子外照射放射治疗中，监测器单元的检查通常是通过简单的手工计算剂量来实现的，独立于计划系统，使用基于大型水体模测量的表格数据。如果审慎地选择计算点，简单的人工计算光子剂量的算法通常都能很好地工作，在复杂的基于模型的算法的百分之几内达成一致。不幸的是，不存在计算 NCT 剂量的类似手动技术。因此，NCT 治疗计划的监测单元检查通常基于与体模内剂量测量的比较。例如，在 JAEA，使用一个简单的水体模进行了大量的测量，以确定治疗计划。该数据集包括体模中沿射束中心轴的中子通量和剂量分量的测量、不同深度的射束剖面、输出测量，以及体模尺寸和射束端口尺寸对剂量分量的影响。数据集包括每个射束端口的测量值。通过比较计划中可用的基准数据和剂量测定结果来检查治疗计划。此外，与先前交付的其他类似治疗方案进行比较，可能有助于对该方案的审查。

16.4 治疗交付

本节介绍了与治疗相关的治疗计划的各个方面，包括患者的定位和固定，用于 ^{10}B 预测的药代动力学模型，以及回顾性分析和剂量报告。

16.4.1 患者定位和固定

患者的定位和固定会影响治疗计划的实施，从而影响治疗效果。因此，需要精确的患者定位和固定。此外，由于对患者和医疗团队的剂量应尽可能低，因此通常需要在照射室进行快速定位。接受 BNCT 治疗的患者定位比其他外照射方式更困难，因为核反应堆的中子射束端口是固定的，不能像医用直线加速器那样围绕患者旋转。因此，为了达到所需的射野方向，要移动患者而不是射束。定位和固定必须考虑到患者的姿势和舒适度，因为在照射期间，患者必须保持相对于射束端口的固定位置。模拟治疗，无论是在模拟室还是在实际的治疗室，在放射治疗之前，确保治疗计划实际上是可交付的，以及确定要应用的固定技术的细节是很重要的。已经提出了许多独特的患者定位方法，并且在每个 BNCT 设施中开发了各种技术和设备 [56,63,74-76]。在本节中，将介绍典型的方法。

大多数 BNCT 设施都有一个模拟器，复制了治疗室的几何结构，以便在治疗室外剂量率低的方便环境中定位、固定和标记患者。模拟器有一个安装在墙上的虚拟射束端口和沿着射束中心轴或其他参考点投射的多个激光器。通过使用激光器和支撑部件 (如垫子、头罩，或在某些情况下，立体定向框架) 来定位患者。患者在治疗室中定位所需的参考标记 (墨水) 在患者身上标出。该模拟器使医疗团队能够走到虚拟射束端口的后面，从射束的视角观察患者的照射场。照射室有一组与模拟器中相同的激光器；从左右侧壁和天花板投射的激光线与射束中心轴相交。将患者放置在治疗室时，通过匹配患者身上的激光线和标记或鼻、耳、眼等几个特征，可以快速、准确地将患者置于照射位置。

另一种用于定位患者以进行治疗的技术是利用患者身上标记的参考点和 3D 数字化仪来确定射束进入点，以及一个安装在患者头部的模板来确定正确的射束方向[63]。利用基于奇异值分解的最小二乘法确定的 CT 图像数据与参考点之间的坐标变换，使用三维数字化仪将射束进入点从计划系统映射到患者身上。标记在患者身上的射束进入点与可移动射束视觉激光器对准以设置位置，并用精密加工的木块检查射源到表面的距离。

对于恶性脑瘤的治疗，患者通常是仰卧在治疗床上。在日本治疗的头颈部癌症病例中，大多数患者都是坐在椅子式的治疗床上。在日本，BNCT 通常在没有全身麻醉的情况下进行。因此，为了保持相对于射束端口面的位置并防止患者在照射期间移动，应使用面罩和/或绑带将头部或身体 (包括靶区) 固定在治疗床上。对于坐姿，固定时需要特别注意，因为头部可能很容易移动。然而，强烈的收紧会产生不适感，从而导致患者进一步移动。因此，需要在考虑舒适性的情况下进行固定。

为了验证患者的定位和固定，在照射前测量身体上的几个标志或特征与射束端口表面之间的距离。在测量中，可使用三维数字化仪来确定患者身上标记相对于射束端口的坐标。在 JAEA 的 BNCT 治疗中，数字化仪测量值在照射后反馈到治疗计划系统，以重建实际的照射条件并进行回顾性评估。在放射治疗期间，任何患者的移动都可以通过安装在放射治疗室的摄像机进行远程监控。如果观察到患者明显的移动，可通过音频对讲系统指示患者采取适当的纠正措施。

16.4.2 用于 ^{10}B 预测的药代动力学模型

给药后组织和血液中硼的浓度随时间而变化。由于硼剂量组分与组织中硼浓度成正比，因此在临床剂量测定中必须考虑这种时间依赖性。通常，组织硼浓度是通过使用估计的血硼浓度和静态组织与血液的硼浓度之比的乘积作为实际组织硼浓度的替代物来建模的，因为实时测量体内组织硼浓度非常困难。例如，在 BPA-F 介导的多形性胶质母细胞瘤 BNCT 中，肿瘤与血液的硼浓度之比通常假定为 $3.5:1$，而脑与血液的硼浓度之比假定为 $1:1$[78]。显然，照射期间的硼浓度对治疗计划非常重要，因为它影响到每个区域内要交付给患者的射束监测器单位数值 (注量) 的计算。一般情况下，根据假设的硼浓度，作为治疗计划的一部分，对每个射野交付的射束监测器单位数值进行初步估算。由于治疗过程中的实际硼浓度通常与初步计算中假设的不同，因此在治疗过程中，必须相应地修改估计的射束监测器单位数值。

要估计提供给射野的正确数量的射束监测器计数，需要预测射野内的平均血硼浓度。由于血硼浓度的个体间差异是显著的，BPA-F 可高达 50%左右[79]，因此通常从注射硼化合物开始测量每个患者的血硼浓度曲线，一直持续到照射后 24 h。图 16.7 显示了输注 BPA-F 的血硼浓度曲线的初始部分。可采用各种方案预测血硼浓度，其复杂度和准确度各不相同。最简单的方法之一是测量照射前立即采集的血样和 (估计的) 中点的另一个血样，并线性外推以预测照射期间的平均浓度[80]。使用多室药代动力学模型和指数清除模型预测硼浓度的方法更为复杂[81,82]。这些方法充分利用了现有数据，具有较高的精度。使用这些模型的不同策略可能是合适的，这取决于预测时有多少血硼数据点可用[79,83]。对于短时间照射，必须提前确定射束监测器单位数值，因此必须能够仅根据照射开始时可用的部分数据，提前预测血硼浓度。另一方面，对于长时间的照射，在照射前准确预测血 ^{10}B 浓度就不那么重要了，因为如果在照射期间频繁地进行血液取样，那么用于确定照射期间平均浓度的几乎所有浓度数据都可以在照射结束前获得，并且可用于预测平均硼浓度[24]。

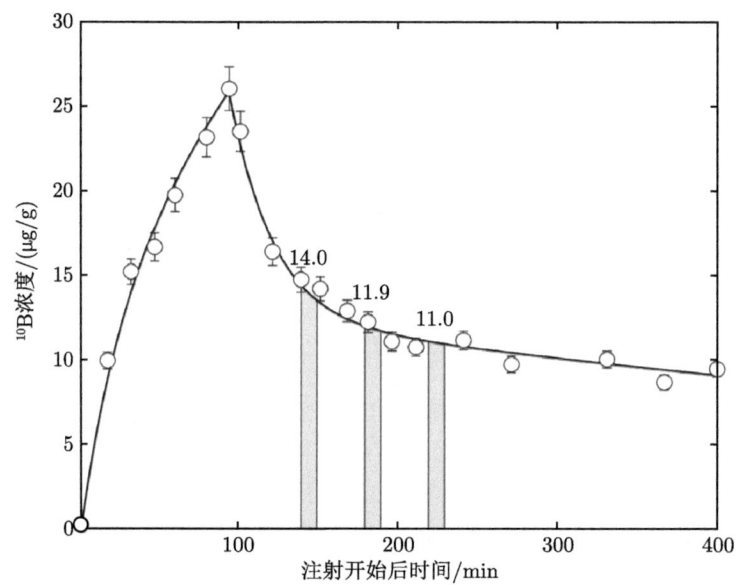

图 16.7　测定了一名接受 350 mg-BPA/kg 输注 1.5 h 的患者的血 ^{10}B 浓度，并建立了药代动力学模型。仅使用每次照射 (由三个阴影区域表示) 开始前可用的血 ^{10}B 测量值，药代动力学模型必须准确预测每个区域内的平均 ^{10}B 浓度，以便交付正确数量的射束监测器单位。每个区域上方显示了平均 ^{10}B 浓度 (改编自参考文献 [79] 中的数据)

多分次疗程提供了纠正计划剂量和交付剂量之间偏差的机会，这种偏差是由于在照射开始时对硼浓度不完全了解。通常，交付剂量的显著误差是由于预测的血硼浓度的不准确而不是由于传递的中子通量的误差；处方规定的射束监测器计数可以以约 1%的精度进行交付。在多分次治疗的第二分次或更高分次治疗期间，可以更准确地预测硼浓度，因为已经获得了完整的血硼浓度，并且药代动力学模型参数已经确定。改进的预测精度允许调整处方的注量以补偿在早期分次中出现的剂量偏差。使用这种策略，处方剂量和交付剂量之间的差异可以限制在 1.5%或更少 [58]。关于药代动力学和多分次治疗的最后一点是，通过逆转分次之间的射野顺序，不同射野的平均血硼浓度可以相等。这在放射生物学上可能是有利的。

16.5 回顾性分析和剂量报告

由于实际交付的射束监测器单位数值和治疗期间的实际硼浓度通常不同于治疗计划中使用的计划监测器单位数值和硼浓度，因此有必要使用这些更新的数量重新计算治疗计划，以回顾性地计算交付剂量，以便在患者的病历和其他地方进行报告。通常情况下，蒙特卡罗辐射输运计算不会重新进行，因为组织中硼浓度稍有不同而引起的热中子通量降低的变化通常很小。这种回顾性分析通常在血硼测量完成后进行，但对于多分次治疗，可能需要进行中间分析，以调整后续部分中的计划剂量，纠正初始分次期间的剂量偏差。

目的是使各临床机构之间的剂量报告能够相互转换。ICRU 的报告 50 和 62 提供了详细的指导，以报告光子外照射的剂量 [67,68]。这些建议中有许多 (但并非全部) 直接适用于 BNCT。由于 BNCT 剂量测定和放射生物学的复杂性，必须报告比常规放疗更多的信息 [59]。报告的剂量应该是所交付的剂量，也就是说，在回顾性治疗计划中计算的剂量。通常，应报告以下信息：
- 剂量处方方法的明确定义，详细说明如何和在哪里规定处方剂量，从而确定射束监测器单位；
- 对计划剂量的任何额外限制；
- 处方剂量和实际送到处方"点"的剂量；
- 靶区和相关危及器官的剂量统计 (最小值、最大值、平均值等)；
- 用于计算加权剂量的加权因子；
- 治疗期间的血硼浓度以及组织与血液的硼浓度之比的假设或组织测量值 (如有)。

一些额外的考虑很重要。如有可能，也就是说，对于某一点的剂量 (例如，组织的最小或最大值) 和组织中的平均剂量，除了加权剂量外，还应报告单独的吸收剂量成分。对于其他类型的加权剂量 DVH 统计，将加权剂量分解为单个剂量分量可能是行不通的。报告个人吸收剂量成分很重要，因为大家知道所使用的加权因子只是不精确的，而且可能更重要的是，因为 RBE 和加权剂量的使用代表了不完整的剂量效应模型[84]。如果将来要用改进的加权因子重新评估加权剂量，或者需要根据临床数据分析得出新的加权因子或其他放射生物学模型，则需要个人剂量组分数据。为了便于将来使用更复杂的剂量效应模型进行再分析，还应报告照射的时间和持续时间，以便将分次和剂量率效应考虑在内[85]。在报告剂量时，应明确吸收剂量和加权剂量之间的区别。此外，当报告加权剂量时，只应报告总加权剂量，而不应报告剂量组分的子集之和。报告如此之多的数据，四个剂量组分加上一个加权总和，对于每一个感兴趣的点，可能看起来很麻烦，但这些数据是临床试验的关键结果。关于剂量报告的进一步讨论见第 15 章。

16.6 未来方向

中子俘获疗法 (NCT) 治疗计划是一项复杂的、多学科的工作，需要医学物理学家、医生、核工程师和医疗团队的其他成员密切合作，以实现预期的目标，实现安全和成功的治疗。本章试图提供 NCT 治疗计划的技术和临床方面的全面概述。现在我们将考虑今后在这方面的一些工作方向。

与传统的光子和电子治疗计划系统一样，NCT 的计划系统需要仔细的校准和验证，以达到所需的精度水平。有时观察到计划剂量和测量剂量之间存在显著的差异[60]，我们应该消除蒙特卡罗剂量计算本身就是准确的观念。需要更加重视治疗计划中使用的射束模型的剂量学验证。临床上用于计划计算的射束模型中使用的假设和近似值需要被识别和研究，以便更全面地了解它们对临床剂量测定的影响。

与 NCT 物理剂量测定一样，治疗计划的技术也不标准化。虽然所有的计划系统都使用相同的剂量计算方法没有必要，但是所有的计划系统都应该在相同的条件下计算相同的剂量，并且一些基本的标准化水平是可取的。利用一组一致的比释动能因子将是一个很好的起点。使用一组参考问题对旧的计划系统进行评估已证明具有启发性[22,52]。需要进一步相互比较治疗计划系统，特别是较新的系统。

2001 年以前开发的几乎所有计划系统都有一个固定的体素大小或 1 cm^3 元素的计分网格。这种局限性是 20 世纪 90 年代早期遗留下来的，当时可用的计算能力几乎不够，蒙特卡罗治疗计划模拟需要几天时间来完成几百万个历史记录。在这几年里，随着计算硬件的巨大改进，以及并行计算的能力，将计算工作量分配到多台计算机上，计算时间已减少到几分钟或几小时，从而允许减小体素大小，这与额外的计算费用有关。虽然 1 cm^3 粗网格对深部肿瘤的治疗不存在显著的剂量测量精度问题，但对于目前临床感兴趣的某些疾病部位 (如头颈癌和皮下黑色素瘤) 的计算，它们可能存在问题。出于这个原因，最好不要使用历史上使用的 1 cm 网格，而是使用更细的网格，但要注意的是，极细的网格会带来统计波动和较长计算时间的问题。大多数较新的计划系统都能使用更精细的计算网格。

现有的或正在开发的 NCT 治疗计划系统的数量从 20 世纪 90 年代初的 2～3 个，增加到现在的 10 个。对物理学家和工程师来说，计划系统开发是一项挑战智力的任务，但当其他系统已经可以以很少的成本或免费获得时，开发新的计划系统可能不一定是对 NCT 研究可用的、有限资源的明智利用。虽然多个计划系统的可用性允许健康的"竞争"和不同计划系统的比较，但引入新的计划系统并不一定有益。与每个计划系统相关的是由于所有计划系统中存在的软件缺陷和设计怪癖以及计算方法的差异而产生的剂量学不确定性。虽然随着技术（和开发人员）的成熟，相关的剂量学误差似乎在减少[22,52]，但每个新的计划系统都会在有限的临床数据池中引入剂量测量的不确定性。充分理解和量化计划系统之间的差异需要大量的时间和精力，而这些时间和精力可能并不完全合理。像哈佛-麻省理工学院（Harvard-MIT）和爱达荷国家实验室（INL）BNCT 研究项目所做的那样，以较少或零代价与其他研究小组共享治疗计划软件，通过避免重复开发工作，使 NCT 社区受益匪浅。然而，一个更好的软件开发模型可能是开源模型，在这个模型中，用户和主要开发人员可以检查、评论和改进软件源代码。

致谢：作者们要感谢沃伊内基（C. Wojnecki）博士和阿尔布里顿（J. R. Albritton）博士，感谢他们进行了有益的讨论，对原稿进行了批判性的审查，并帮助提供了图 16.2。

参 考 文 献

[1] Nigg DW, Wheeler FJ, Wessol DE, Capala J, Chadha M (1997) Computational dosimetry and treatment planning for boron neutron capture therapy. J Neurooncol 33: 93-104

[2] Nigg DW (2003) Computational dosimetry and treatment planning considerations for neutron capture therapy. J Neurooncol 62: 75-86

[3] Nievaart VA, Daquino GG, Moss RL (2007) Monte Carlo based treatment planning systems for boron neutron capture therapy in Petten, the Netherlands. J Phys Conf Ser 74: 021012, 10.1088/1742-6596/74/1/021012

[4] Zamenhof RG, Clement S, Lin K, Lui C, Ziegelmiller D, Harling OK (1989) Monte Carlo treatment planning and high-resolution alpha-track autoradiography for neutron capture therapy. Strahlenther Onkol 165: 186-188

[5] Zamenhof RG, Clement SD, Harling OK, Brenner JF, Wazer DE, Madoc-Jones H, Yanch JC (1990) Monte Carlo based dosimetry and treatment planning for neutron capture therapy of brain tumors. In: Harling OK, Zamenhof RG, Bernard JA (eds) Neutron beam design, development and performance for neutron capture therapy. Plenum Publishing Corp, New York

[6] Zamenhof R, Redmond E, Solares G, Katz D, Riley K, Kiger S, Harling O (1996) Monte Carlo-based treatment planning for boron neutron capture therapy using custom

designed models automatically generated from CT data. Int J Radiat Oncol Biol Phys 35: 383-397

[7] Gonzalez SJ, Carando DG, Santa Cruz GA, Zamenhof RG (2005) Voxel model in BNCT treatment planning: performance analysis and improvements. Phys Med Biol 50: 441-458

[8] Goorley JT, Kiger WS III, Zamenhof RG (2002) Reference dosimetry calculations for neutron capture therapy with comparison of analytical and voxel models. Med Phys 29: 145-156

[9] Kiger III WS, Albritton JR, Hochberg AG, Goorley JT (2004) Performance enhancements of MCNP4B, MCNP5, and MCNPX for Monte Carlo radiotherapy planning calculations in lattice geometries. Los Alamos National Laboratory, LA-UR-04-4751 and LA-UR-04-6972, http: //laws.lanl.gov/x5/MCNP/publication/pdf/LA-UR-04-4751.pdf and http: //laws.lanl.gov/ x5/MCNP/publication/pdf/LA-UR-04-6972.pdf

[10] Booth TE, Brown FB, Bull JS, Forster RA, Goorley JT, Hughes HG, Martz RL, Prael RE, Sood A, Sweezy JE, Zukaitis AJ (2008) MCNP5 1.50 Release Notes. Los Alamos National Laboratory, LA-UR-08-2300

[11] Wallace SA, Allen BJ, Mathur JN (1996) Monte Carlo neutron photon treatment planning calculations: modeling from CT scans with variable voxel size. In: Mishima Y (ed) Cancer neutron capture therapy. Plenum Press, New York

[12] Kumada H, Yamamoto K, Matsumura A, Yamamoto T, Nakagawa Y, Nakai K, Kageji T (2004) Verification of the computational dosimetry system in JAERI (JCDS) for boron neutron capture therapy. Phys Med Biol 49: 3353-3365

[13] Kumada H, Yamamoto K, Yamamoto T, Nakai K, Nakagawa Y, Kageji T, Matsumura A (2004) Improvement of dose calculation accuracy for BNCT dosimetry by the multi-voxel method in JCDS. Appl Radiat Isot 61: 1045-1050

[14] Frandsen MW (1998) Rapid geometry interrogation for a uniform volume element-based Monte Carlo particle transport simulation. M.S. thesis, Department of Computer Science, Montana State University, Bozeman

[15] Frandsen MW, Wessol DE, Wheeler FJ, Babcock RS, Harkin GJ, Starkey JD (1998) Rapid geometry interrogation for a uniform volume element-based Monte Carlo particle transport simulation. In: Proceedings of the 1998 American Nuclear Society Radiation Protection and Shielding Division topical meeting. American Nuclear Society, La Grange Park, 1998

[16] Wheeler FJ, Wessol DE, Wemple CA, Nigg DW, Albright CL, Cohen MT, Frandsen MW, Harkin GJ, Rossmeier MB (2001) SERA—an advanced treatment planning system for neutron therapy. In: Current status of neutron capture therapy. International Atomic Energy Agency, IAEA-TECDOC-1223, Vienna, 2001

[17] Wheeler FJ, Nigg DW (1992) Three-dimensional radiation dose distribution analysis for boron neutron capture therapy. Nucl Sci Eng 110: 16-31

[18] Nigg DW (1994) Methods for radiation dose distribution analysis and treatment plan-

ning in boron neutron capture therapy. Int J Radiat Oncol Biol Phys 28: 1121-1134

[19] Wessol DE, Wheeler FJ (1993) Creating and using a type of free-form geometry in Monte Carlo particle transport. Nucl Sci Eng 113: 314-323

[20] Verbakel WF, Hideghety K, Morrissey J, Sauerwein W, Stecher-Rasmussen F (2002) Towards in vivo monitoring of neutron distributions for quality control of BNCT. Phys Med Biol 47: 1059-1072

[21] Albritton JR, Kiger WS III (2008) Neutron beam source definition techniques for NCT treatment planning. In: Zonta A, Altieri S, Roveda L, Barth R (eds) Proceedings of the 13th international congress on neutron capture therapy: a new option against cancer. ENEA, Rome

[22] Albritton JR (2009) Computational aspects of treatment planning for neutron capture therapy. Ph.D. thesis, Nuclear Science and Engineering Department, Massachusetts Institute of Technology, Cambridge

[23] Sempau J, Sanchez-Reyes A, Salvat F, ben Tahar HO, Jiang SB, Fernandez-Varea JM (2001) Monte Carlo simulation of electron beams from an accelerator head using PENELOPE. Phys Med Biol 46: 1163-1186

[24] Palmer MR, Goorley JT, Kiger WS III, Busse PM, Riley KJ, Harling OK, Zamenhof RG (2002) Treatment planning and dosimetry for the Harvard-MIT phase I clinical trial of cranial neutron capture therapy. Int J Radiat Oncol Biol Phys 53: 1361-1379

[25] Seppälä T, Serén T, Auterinen I (2001) Source characterisation for the rtt_MC treatment planning program at FiR 1. In: Hawthorne FM, Shelley K, Wiersema RJ (eds) Frontiers in neutron capture therapy. Kluwer Academic/Plenum Publishers, New York

[26] Seppälä T (2002) FiR 1 epithermal neutron beam model and dose calculation for treatment planning in neutron capture therapy. Ph.D. thesis, Department of Physical Sciences, University of Helsinki, Helsinki

[27] van der Marck SC, Hogenbirk A (2002) ORANGE, a Monte Carlo dose engine for BNCT. In: Sauerwein W, Moss RL, Wittig A (eds) Research and development in neutron capture therapy. Monduzzi Editore, Bologna

[28] X-5 Monte Carlo Team (2003) MCNP — a general Monte Carlo N-particle transport Code, Version 5. Los Alamos National Laboratory, LA-UR-03-1987

[29] Goorley JT, McKinney G, Adams K, Estes G (2001) MCNP enhancements, parallel computing and error analysis for BNCT. In: Hawthorne FM, Shelley K, Wiersema RJ (eds) Frontiers in neutron capture therapy. Kluwer Academic/Plenum Publishers, New York

[30] Goorley T (2004) MCNP5 Tally enhancements for lattices (aka Lattice Speed Tally Patch). Los Alamos National Laboratory, LA-UR-04-3400, http://mcnp-green.lanl.gov/publication/pdf/Lattice_Speed_Tally.pdf

[31] Moran JM, Nigg DW, Wheeler FJ, Bauer WF (1992) Macroscopic geometric heterogeneity effects in radiation dose distribution analysis for boron neutron capture therapy. Med Phys 19: 723-732

[32] Ingersoll DT, Slater CO, Redmond EL II, Zamenhof RG (1997) Comparison of TORT and MCNP dose calculations for BNCT treatment planning. In: Larsson B, Crawford J, Weinreich R (eds) Advances in neutron capture therapy. Elsevier, Amsterdam

[33] Kotiluoto P, Hiisamaki P, Savolainen S (2001) Application of the new MultiTrans SP3 radiation transport code in BNCT dose planning. Med Phys 28: 1905-1910

[34] Albertson BJ, Blue TE, Niemkiewicz J (2001) An investigation on the use of removal-diffusion theory for BNCT treatment planning: a method for determining proper removaldiffusion parameters. Med Phys 28: 1898-1904

[35] Raaijmakers CP, Bruinvis IA, Nottelman EL, Mijnheer BJ (1998) A fast and accurate treatment planning method for boron neutron capture therapy. Radiother Oncol 46: 321-332

[36] Wojnecki C, Wittig A, Bourhis-Martin E (2002) Patient geometry modeling for treatment planning. In: Sauerwein W, Moss R, Wittig A (eds) Research and development in neutron capture therapy. Monduzzi Editore, Bologna

[37] International Commission on Radiation Units and Measurements (1989) Tissue substitutes in radiation dosimetry and measurement. ICRU Report 44

[38] International Commission on Radiation Units and Measurements (1992) Photon, electron, proton, and neutron interaction data for body tissues. ICRU Report 46

[39] Brooks RA, Di Chiro G, Keller MR (1980) Explanation of cerebral white-gray contrast in computed tomography. J Comput Assist Tomogr 4: 489-491

[40] Ye SJ (1999) Boron self-shielding effects on dose delivery of neutron capture therapy using epithermal beam and boronophenylalanine. Med Phys 26: 2488-2493

[41] Goorley JT (2002) A comparison of three gadolinium based approaches to cancer therapy. Ph.D. thesis, Nuclear Engineering Department, Massachusetts Institute of Technology, Cambridge

[42] Binello E (1999) Efficacy of boron neutron capture synovectomy in an animal model. Ph.D. thesis, Nuclear Engineering Department, Massachusetts Institute of Technology, Cambridge

[43] Albritton JR (2001) Analysis of the SERA treatment planning system and its use in boron neutron capture synovectomy. M.S. thesis, Nuclear Engineering Department, Massachusetts Institute of Technology, Cambridge

[44] Wojnecki C, Green S (2002) A preliminary comparative study of two treatment planning systems developed for boron neutron capture therapy: MacNCTPlan and SERA. Med Phys 29: 1710-1715

[45] Rogus RD, Harling OK, Yanch JC (1994) Mixed field dosimetry of epithermal neutron beams for boron neutron capture therapy at the MITR-II research reactor. Med Phys 21: 1611-1625

[46] Binns PJ, Riley KJ, Harling OK, Kiger WS III, Munck af Rosenschold PM, Giusti V, Capala J, Skold K, Auterinen I, Seren T, Kotiluoto P, Uusi-Simola J, Marek M, Viererbl L, Spurny F (2005) An international dosimetry exchange for boron neutron

capture therapy. Part I: Absorbed dose measurements. Med Phys 32: 3729-3736

[47] Coderre JA, Morris GM (1999) The radiation biology of boron neutron capture therapy. Radiat Res 151: 1-18

[48] Goorley T, Capala J, Wheeler F, Kiger WS III, Zamenhof R, Palmer MR, Nigg D (2001) A comparison of two treatment planning programs: MacNCTPlan and BNCT_RTPE. In: Hawthorne FM, Shelley K, Wiersema RJ (eds) Frontiers in neutron capture therapy. Kluwer Academic/Plenum Publishers, New York

[49] Chetty IJ, Curran B, Cygler JE, DeMarco JJ, Ezzell G, Faddegon BA, Kawrakow I, Keall PJ, Liu H, Ma CM, Rogers DW, Seuntjens J, Sheikh-Bagheri D, Siebers JV (2007) Report of the AAPM Task Group No. 105: issues associated with clinical implementation of Monte Carlo-based photon and electron external beam treatment planning. Med Phys 34: 4818-4853

[50] Albritton JR, Binns PJ, Riley KJ, Coderre JA, Harling OK, Kiger WS III (2006) Comparison of doses delivered in clinical trials of neutron capture therapy in the USA. In: Nakagawa Y, Kobayashi T, Fukuda H (eds) Advances in neutron capture therapy. International Society for Neutron Capture Therapy, Takamatsu

[51] Fraass B, Doppke K, Hunt M, Kutcher G, Starkschall G, Stern R, Van Dyke J (1998) American Association of Physicists in Medicine Radiation Therapy Committee Task Group 53: quality assurance for clinical radiotherapy treatment planning. Med Phys 25: 1773-1829

[52] Albritton JR, Kiger WS III (2006) Development of reference problems for neutron capture therapy treatment planning systems. In: Nakagawa Y, Kobayashi T, Fukuda H (eds) Advances in neutron capture therapy. International Society for Neutron Capture Therapy, Takamatsu

[53] Wojnecki C, Green S (2001) A computational study into the use of polyacrylamide gel and A-150 plastic as brain tissue substitutes for boron neutron capture therapy. Phys Med Biol 46: 1399-1405

[54] Kiger WS III, Santa Cruz GA, González SJ, Hsu F-Y, Riley KJ, Binns PJ, Harling OK, Palmer MR, Busse PM, Zamenhof RG (2002) Verification and validation of the NCTPlan treatment planning program. In: Sauerwein W, Moss RL, Wittig A (eds) Research and development in neutron capture therapy. Monduzzi Editore, Bologna

[55] Riley KJ, Binns PJ, Kiger WS III, Harling OK (2002) Clinical dosimetry of the MIT FCB. In: Sauerwein W, Moss RL, Wittig A (eds) Research and development in neutron capture therapy. Monduzzi Editore, Bologna

[56] Kortesniemi M (2002) Solutions for clinical implementation of boron neutron capture therapy in Finland. Ph.D. thesis, Department of Physical Sciences, University of Helsinki, Helsinki

[57] Harling OK, Roberts KA, Moulin DJ, Rogus RD (1995) Head phantoms for neutron capture therapy. Med Phys 22: 579-583

[58] Kiger WS III, Lu XQ, Harling OK, Riley KJ, Binns PJ, Kaplan J, Patel H, Zamen-

hof RG, Shibata Y, Kaplan ID, Busse PM, Palmer MR (2004) Preliminary treatment planning and dosimetry for a clinical trial of neutron capture therapy using a fission converter epithermal neutron beam. Appl Radiat Isot 61: 1075-1081

[59] International Atomic Energy Agency (2004) Commissioning and quality assurance of computerized planning systems for radiation treatment of cancer. IAEA Technical Report Series No. 430

[60] Riley KJ, Binns PJ, Harling OK, Albritton JR, Kiger WS III, Rezaei A, Skold K, Seppälä T, Savolainen S, Auterinen I, Marek M, Viererbl L, Nievaart VA, Moss RL (2008) An international dosimetry exchange for BNCT part II: computational dosimetry normalizations. Med Phys 35: 5419-5425

[61] Kirby TH, Hanson WF, Gastorf RJ, Chu CH, Shalek RJ (1986) Mailable TLD system for photon and electron therapy beams. Int J Radiat Oncol Biol Phys 12: 261-265

[62] Izewska J, Andreo P (2000) The IAEA/WHO TLD postal programme for radiotherapy hospitals. Radiother Oncol 54: 65-72

[63] Kiger WS III, Albritton JR, Lu XQ, Palmer MR (2004) Development and application of an unconstrained technique for patient positioning in fixed radiation beams. Appl Radiat Isot 61: 765-769

[64] Imahori Y, Ueda S, Ohmori Y, Kusuki T, Ono K, Fujii R, Ido T (1998) Fluorine-18-labeled fluoroboronophenylalanine PET in patients with glioma. J Nucl Med 39: 325-333

[65] Kabalka GW, Smith GT, Dyke JP, Reid WS, Longford CPD, Roberts TG, Reddy NK, Buonocore E, Hubner KF (1997) Evaluation of fluorine-18-BPA-fructose for boron neutron capture treatment planning. J Nucl Med 38: 1762-1767

[66] Nichols TL, Kabalka GW, Miller LF, Khan MK, Smith GT (2002) Improved treatment planning for boron neutron capture therapy for glioblastoma multiforme using fluorine-18 labeled boronophenylalanine and positron emission tomography. Med Phys 29: 2351-2358

[67] International Commission on Radiation Units and Measurements (1993) Prescribing, recording, and reporting photon beam therapy. ICRU Report 50

[68] International Commission on Radiation Units and Measurements (1999) Prescribing, recording, and reporting photon beam therapy (Supplement to ICRU Report 50). ICRU Report 62

[69] Sakurai Y, Ono K (2007) Improvement of dose distribution by central beam shielding in boron neutron capture therapy. Phys Med Biol 52: 7409-7422

[70] Binns PJ, Riley KJ, Ostrovsky Y, Gao W, Albritton JR, Kiger WS III, Harling OK (2007) Improved dose targeting for a clinical epithermal neutron capture beam using optional ^{6}Li filtration. Int J Radiat Oncol Biol Phys 67: 1484-1491

[71] Nievaart S, Moss R, Sauerwein W, Wittig A (2006) Use of linear programming to obtain an optimum, multi-beam treatment plan in NCT. In: Nakagawa Y, Kobayashi T, Fukuda H (eds) Advances in neutron capture therapy. International Society for

Neutron Capture Therapy, Takamatsu

[72] Joensuu H, Kankaanranta L, Seppälä T, Auterinen I, Kallio M, Kulvik M, Laakso J, Vahatalo J, Kortesniemi M, Kotiluoto P, Seren T, Karila J, Brander A, Jarviluoma E, Ryynanen P, Paetau A, Ruokonen I, Minn H, Tenhunen M, Jaaskelainen J, Farkkila M, Savolainen S (2003) Boron neutron capture therapy of brain tumors: clinical trials at the Finnish facility using boronophenylalanine. J Neurooncol 62: 123-134

[73] Henriksson R, Capala J, Michanek A, Lindahl SA, Salford LG, Franzen L, Blomquist E, Westlin JE, Bergenheim AT (2008) Boron neutron capture therapy (BNCT) for glioblastoma multiforme: a phase II study evaluating a prolonged high-dose of boronophenylalanine (BPA). Radiother Oncol 88: 183-191

[74] Kumada H, Yamamoto K, Torii Y, Matsumura A, Yamamoto T, Nakagawa Y (2000) Development of the patient setting system for BNCT at JRR-4. In: Proceedings of the ninth international symposium on neutron capture therapy for cancer, Osaka, 2000

[75] Wielopolski L, Capala J, Pendzick NE, Chanana AD (2000) Patient positioning in static beams for boron neutron capture therapy of malignant glioma. Radiat Med 18: 381-387

[76] Watkins P, Vroegindeweij C, Garbe S, Hideghety K (2001) Patient positioning at the HFR Petten. In: Hawthorne FM, Shelley K, Wiersema RJ (eds) Frontiers in neutron capture therapy. Kluwer Academic/Plenum Publishers, New York

[77] Chuang CF (1999) Experimental evaluation and mathematical modeling of the pharmacokinetics of boronophenylalanine-fructose (BPA-f) in murine tumor models. Ph.D. thesis, Nuclear Engineering Department, Massachusetts Institute of Technology, Cambridge

[78] Coderre JA, Chanana AD, Joel DD, Elowitz EH, Micca PL, Nawrocky MM, Chadha M, Gebbers JO, Shady M, Peress NS, Slatkin DN (1998) Biodistribution of boronophenylalanine in patients with glioblastoma multiforme: boron concentration correlates with tumor cellularity. Radiat Res 149: 163-170

[79] Kiger WS III, Palmer MR, Riley KJ, Zamenhof RG, Busse PM (2003) Pharmacokinetic modeling for boronophenylalanine-fructose mediated neutron capture therapy: ^{10}B concentration predictions and dosimetric consequences. J Neurooncol 62: 171-186

[80] Chanana AD, Capala J, Chadha M, Coderre JA, Diaz AZ, Elowitz EH, Iwai J, Joel DD, Liu HB, Ma R, Pendzick N, Peress NS, Shady MS, Slatkin DN, Tyson GW, Wielopolski L (1999) Boron neutron capture therapy for glioblastoma multiforme: interim results from the phase I/ II dose-escalation studies. Neurosurgery 44: 1182-1193

[81] Kiger WS III, Palmer MR, Riley KJ, Zamenhof RG, Busse PM (2001) A pharmacokinetic model for the concentration of ^{10}B in blood after boronophenylalanine-fructose administration in humans. Radiat Res 155: 611-618

[82] Shibata Y, Matsumura A, Yamamoto T, Akutsu H, Yasuda S, Nakai K, Nose T, Yamamoto K, Kumada H, Hori N, Ohtake S (2003) Prediction of boron concentrations in blood from patients on boron neutron capture therapy. Anticancer Res 23: 5231-5235

[83] Kortesniemi M, Seppälä T, Auterinen I, Savolainen S (2004) Enhanced blood boron

concentration estimation for BPA-F mediated BNCT. Appl Radiat Isot 61: 823-827
[84] Rassow J, Sauerwein W, Wittig A, Bourhis-Martin E, Hideghety K, Moss R (2004) Advantage and limitations of weighting factors and weighted dose quantities and their units in boron neutron capture therapy. Med Phys 31: 1128-1134
[85] Jones B, Townley J, Dale R, Hopewell J, Green S (2004) The use of biological equivalent dose (BED) concept to assess mixed low and high LET radiations with particular reference to BNCT. In: Coderre JA, Rivard MJ, Patel H, Zamenhof RG (eds) Eleventh world congress on neutron capture therapy. International Society for Neutron Capture Therapy, Waltham, 2004

第五部分

生　物

第 17 章　BNCT：放射生物学原理的应用

约翰·W. 霍普韦尔、杰拉德·M. 莫里斯、
阿曼达·E. 施温特和杰弗里·A. 科德雷

17.1　简　介

　　20 世纪 50 年代初，在布鲁克海文国家实验室的医学研究堆上对胶质母细胞瘤患者进行了首次治疗，使用热中子束和硼砂作为硼载体 [22]。这些治疗是在极其有限的临床前动物研究之后进行的。与血浆和正常大脑相比，在小鼠移植的、甲基胆蒽诱发的脑肿瘤中，硼砂摄取的实验细节很少 [22]。此外，还公布了个别患者的可比较数据 [42]，并尝试计算照射能量，评估在正常组织和脑肿瘤组织中的影响。然而，相对于 X 射线或 γ 射线，对粒子辐照增强的生物效应的认识在这个时候还处于初级阶段。虽然从未发表过，但在犬身上进行了一项小型研究 (卡尔沃，个人通信，1996)，以评估拟议的临床照射方案的安全性。四只动物在给予硼砂后接受热中子照射；它们在 48 h 后仍保持健康，因此，该治疗被认为是安全的。

约翰·W. 霍普韦尔 (✉)
英国，牛津，牛津大学，粒子治疗癌症研究所和格林邓普顿学院
e-mail: john.hopewell@gtc.ox.ac.uk

杰拉德·M. 莫里斯
美国，纽约州，厄普顿市，布鲁克海文国家实验室，医学部
e-mail: gmamorris@tiscali.co.uk

阿曼达·E. 施温特
阿根廷，布宜诺斯艾利斯，圣马丁
国家原子能委员会，原子中心，放射生物学部
e-mail: schwint@cnea.gov.ar

杰弗里·A. 科德雷
美国，马萨诸塞州，安多弗市，布里克斯通广场 300 号，奥拉公司
e-mail: joderre@oraclinical.com

虽然这种做法在当今时代可能显得有些奇怪，应当认识到，目前强调的放疗放射生物学基础概念在当时都没有确立，当时甚至连常规放疗也主要是根据对接受 X 射线照射的患者的观察得出的轶事证据发展起来的。因此，早期的硼中子俘获疗法 (BNCT) 在评估和预测这种复杂的、混合的辐射反应的能力方面是不充分的，这是可以理解的。早期研究的其他缺点包括使用不充分的硼化合物和穿透性差的热中子束。

与 X 射线或 γ 射线相比，对粒子辐射增强的生物学效应有更深入的了解，这来自于与快中子放射治疗应用相关的研究[23]。然而，又一次，由于缺乏放射生物学知识，快中子治疗的最初临床尝试受到了损害。早期的研究者很清楚快中子在生物学上比 X 射线更有效，并且进行了动物实验来确定相对生物效应 (RBE)，即新实验辐射与产生相同生物效应所需的 X 射线吸收剂量的比率。然而，在最初的患者研究中，患者仍然严重过量[78]。后来，很明显，这是因为最初的中子实验是使用大剂量的单次剂量进行的，而获得的 RBE 值适用于接受分次照射剂量治疗的患者。当时还没有认识到 RBE 随着每分次剂量的减少而增加是一个相对较大的影响[25]。

虽然相关和广泛的临床前研究现在往往是规范的，而且确实应该是强制性的，但过去的问题应该作为未来使用 BNCT 的提示，特别是对于新的应用。未能充分考虑到目前对放射生物学原理的理解或将放射生物学加权因子应用于新的应用可能会导致患者的临床剂量不足或过量，并严重延迟这种可能有用的放射治疗方式的全面临床应用。

17.2 基本放射生物学考虑

BNCT 被认为是一种混合场放射治疗，其主要成分除了硼中子俘获反应产生的 α 粒子和锂离子外，还包括伽马射线、反冲质子等。

$$^{10}B + {}^1n = {}^7Li + {}^4He(\alpha) + 2.79 \text{ MeV}$$

伽马射线既有来自中子射束内的，也有由氢的中子俘获反应引起的：

$$^{1}H + {}^1n = {}^2H + \gamma + 2.2 \text{ MeV}$$

次级质子的产生，要么作为组织与快中子相互作用产生的反冲质子，主要是与氢的相互作用，要么是来自热中子与组织中氮的中子俘获反应：

$$^{14}N + {}^1n = {}^{14}C + {}^1p + 580 \text{ keV}$$

在治疗计划中，通常假定构成总照射剂量的这些不同吸收剂量组分相互独立作用，因此总等效光子剂量 (D_w) 由以下等式给出：

$$D_w = (\text{伽马射线吸收剂量} \times \text{DRF}) + (\text{反冲质子吸收剂量} \times \text{RBE}_n)$$

$+ ({}^{14}\text{N}$ 俘获吸收剂量 $\times \text{RBE}_\text{N}) + ({}^{10}\text{B}$ 俘获吸收剂量 $\times \text{CBE})$

其中 DRF 是伽马射线的剂量折减系数,随剂量率而变化;RBE_n 是快中子的 RBE;RBE_N 是氮俘获反应产生的质子的当量值;CBE 是一种复合生物效应因子,由 α 粒子和 ^7Li 离子的 RBE 和 ^{10}B 在特定组织中的微分布组成。由于这些粒子在组织中的射程较短,分别为 9 μm 和 5 μm,能量沉积的生物学效应主要取决于硼在组织和细胞中的大体和微观定位。例如,发生在血管管腔内的硼中子俘获反应所产生的能量可能在血容量内完全消散,并在某种意义上被"浪费"。

因此,需要分别检查每个剂量组分的放射生物学特性,但也应考虑总剂量的高线性能量转移 (LET) 成分与低 LET 伽马射线之间可能存在相互作用的可能性。

17.2.1 伽马射线的放射生物学特性

低 LET X 射线或伽马射线作为放射治疗的主要放射源,其放射生物学效应已被广泛研究。BNCT 广泛使用单次照射,其最重要的放射生物学特性是伽马射线的生物有效性随剂量率的变化。这种剂量率效应是由于 DNA 亚致死辐射损伤随时间的修复作用。对于长时间接触低剂量率的伽马射线,与剂量率为 1 Gy/min 或更高的伽马射线相比,有效性降低。通过研究不同剂量率对体外克隆细胞存活率的影响可以清楚地说明这一点 [4]。对于给定的吸收辐射剂量,细胞存活水平随着剂量率的降低而增加 (图 17.1)。在本例中,对于克隆细胞存活率为 1%,当剂量率

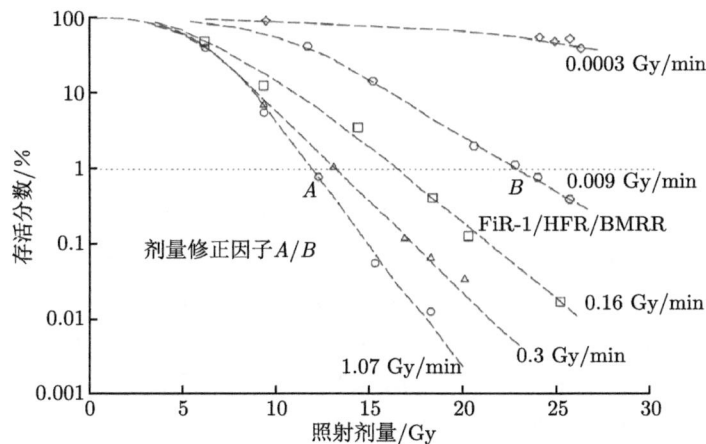

图 17.1 不同剂量率 ^{60}Co 射线照射后中国仓鼠细胞的体外细胞存活曲线。剂量折减系数是不同剂量率产生相同效果的剂量比,例如,剂量率为 0.009 Gy/min 时的 A/B。典型临床超热射束 (如 FiR-1、HFR、BMRR) 中伽马射线的剂量率在 0.009~0.16 Gy/min (摘自霍普韦尔等人 [39];经许可使用)

小于 0.16 Gy/min 时，等效效应的 DRF 将小于 0.7 (DRF：在高剂量率和低剂量率下产生相同生物效应所需的剂量的比值)。目前这一代临床超热中子束的伽马射线剂量率在 0.086~0.16 Gy/min 范围内，这清楚地表明，这些伽马射线的生物学效应低于以大约 1 Gy/min 的速率递送的射线，即 DRF < 1.0。在这个例子中，赫尔辛基 (FiR-1)、佩滕 (HFR) 和布鲁克海文国家实验室 (BMRR)，已用于临床试验的三个超热中子射束的伽马射线剂量率的相对位置和详细的伽马射线特性如表 17.1 所示。

表 17.1 临床上用于 BNCT 的三种不同超热中子射束伽马射线特性的变化

射束 (位置)	FiR-1	HFR	BMRR
伽马射线贡献率/%	80.0	66.8	73.0
剂量率/(Gy/min)	0.076	0.035	0.017
剂量率折减系数	0.6	0.5	0.45
	—	(1.0)[a]	(1.0)[a]

注：a 相关中心假设的 DRF 值。

当 BNCT 用于治疗胶质母细胞瘤时，剂量限制的正常组织是中枢神经系统 (CNS)。这种组织和许多其他组织的辐射反应已被证明取决于剂量率，因此还有照射时间。脊髓是研究中枢神经系统反应的一个有用的模型，随着大鼠和猪两种动物的剂量率降低，剂量率效应通过与辐射诱导 50% 脊髓病发病率 (ED_{50}) 相关的剂量增加而得到证明 (图 17.2)。当这些 ED_{50} 值归一化时，相对于 1.8 Gy/min 的最高剂量率照射值，剂量率 (对数坐标) 与 DRF 之间存在线性关系。对于剂量率 < 0.1 Gy/min，与现有超热中子束相比，DRF < 0.7，如表 17.1 中的示例所示。在包括佩滕和 BMRR 在内的许多中心的初始研究中都没有考虑伽马射线的剂量率效应。下面将讨论其可能产生的影响。

在最近的动物实验研究中，基于大量的历史数据[21]，考虑了剂量率的影响，以确定正常肺组织的权重因子[45]，正如在 FiR-1 反应堆对犬脑进行的 CNS 毒性研究一样[6]。当总照射时间较短 (< 10 min)，如在一些使用热中子射束的生物学研究中[20,59,60]，亚致死损伤修复的影响才能被视为足够小而忽略。

最近，已经开发了一些模型来计算基于光子辐照亚致死辐射损伤修复动力学的等效剂量[54]。这允许计算不同总辐照时间、单次照射和不完全修复间隔的分次照射的等效光子剂量。使用不同剂量率的放射源、在大的时间区间内进行照射，建立了中枢神经系统组织亚致死损伤修复的动力学理论[75]。其特点是短修复参数和长修复参数分别为 0.19 h 和 2.16 h。

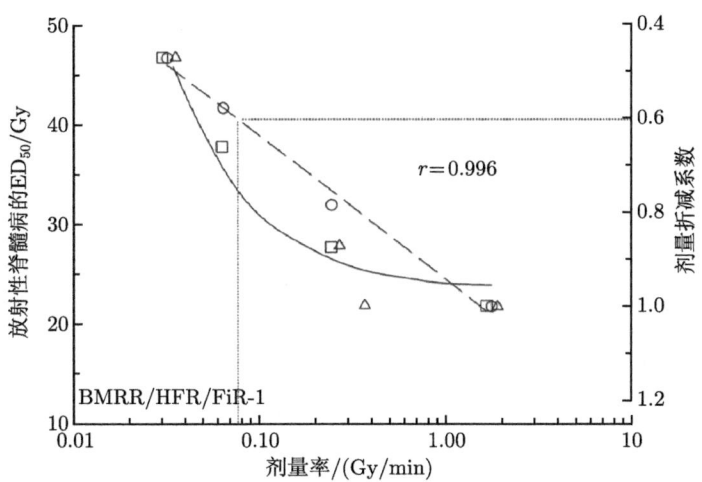

图 17.2 猪 (△) 和大鼠 (□) 放射性脊髓病的 ED_{50} 变化与剂量率的关系。剂量率 < 1.0 Gy/min 时的 ED_{50} 值表示为最高剂量率 1.8 Gy/min 的比值 (剂量折减系数：DRF)。DRF(○) 与剂量率呈线性相关，相关系数为 0.996 (摘自霍普韦尔等人的著作 [39]；经许可使用)

17.2.2 快中子的放射生物学特性

在中子治疗方面，已经开展了快中子相对生物学效应的研究。用于治疗的中子设施，其产生的中子能谱各不相同。使用一系列的体外和体内试验比较了这一影响。最广泛的比较研究使用了小鼠肠隐窝试验 [31]。这些研究表明，当其他中子束与相对较高的平均能量参考束进行比较时，生物有效性的差异高达 50%。中子束平均能量越高，RBE 越低。

在体外研究中，使用相对单能中子源和 V79 细胞，显示了中子能量和 RBE 之间确定的关系 [34]。对于这个细胞系以及在将存活分数降低到 37% (D_{37}) 所需剂量下评估的损伤，能量为 0.3~0.4 MeV 的中子似乎是最具生物学效应的，RBE 约为 6.0。随着中子能量的增加，RBE 值降低，在 5~15 MeV 中子能量范围内似乎达到了 1.7 的最小值 (图 17.3)。对于低于 0.3 MeV 的中子能量，RBE 也有所下降，对于 0.1 MeV (100 keV) 的中子，RBE 小于 4.0。在一项不相关的研究中，使用来自过滤的反应堆束的 24 keV 中子，相同终点的趋势继续存在 [58]。这些低能中子的反冲质子的 LET 最高。

这些体外研究还表明，RBE 取决于剂量比较时的效应水平。根据细胞存活的线性二次 (LQ) 模型，不同能量中子的 RBE 将有一个上限，这是 α 值的比值，α 值是细胞存活曲线的初始斜率值 [8]，因此：

$$\text{RBE}_{\max} = \alpha_H/\alpha_L$$

其中 α_H 和 α_L 分别是快中子和光子的 α 值。

在剂量分割研究中，RBE 随着剂量/分次的降低而增加[23]，这反映了 RBE 对效应水平的依赖性。这表示随着分割次数的增加，剂量/分次的减少所产生的效应水平在降低。RBE 值也可以高度依赖于研究的特定组织，系数约为 2[23]。因此，对特定辐射质量的 RBE 使用单一值不太可能适用于所有组织。

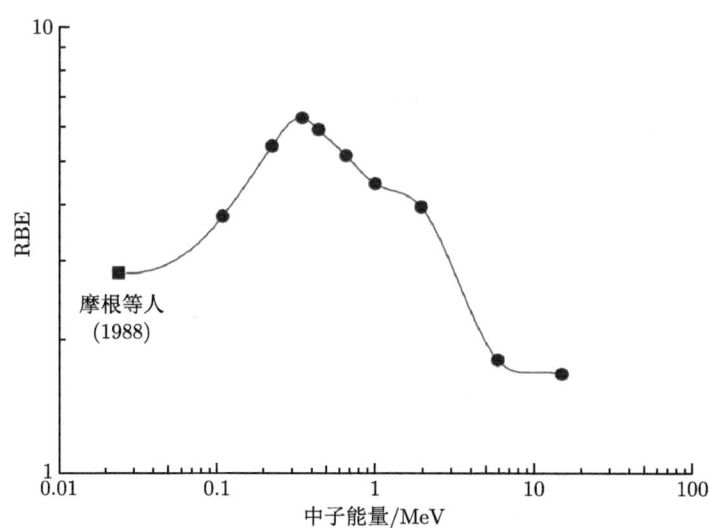

图 17.3　基于 V79 细胞存活率为 37%(D_{37})，RBE 随中子能量的变化 (数据来自霍尔等人的著作[34] (●))

17.2.3　氮俘获反应产生的质子的放射生物学特性

热中子的氮俘获反应产生的质子具有 580 keV 的低能，因此具有非常高的 LET 特性。

在涉及热中子或超热中子的混合场照射中，没有直接测定此种能量质子的 RBE 的方法，因此，出于实际原因，氮俘获剂量通常包括在快中子剂量中，作为组合射束高 LET 剂量。

只有有限数量的研究使用相似能量的单能质子[5,72]。这些研究和那些快中子研究一样，都是用 V79 细胞进行的。对于从 7.4 MeV 到 1.16 MeV 能量递降 (LET 递增) 的质子，RBE_{max} 从略高于 1.0 增加到最大值约为 7.0。对于较低的质子能量 0.84 MeV 和 0.73 MeV，RBE_{max} 从最大值逐渐下降 (图 17.4)。为了能够比较这些研究的 RBE 值与涉及不同快中子能量的 RBE 值，根据作者报告的 LQ 细胞存活曲线参数计算 D_{37}。将这些信息绘制在同一张图上以供比较。V79 细胞的 RBE 值随 LET 增加呈现相同的变化规律，但低于相应的 RBE_{max} 值。这些基于 D_{37} 的 RBE 值似乎低于快中子研究的预期值 (图 17.3)。这一观察结果对所采用的假设提出了质疑，即用于反冲质子的生物加权因子应与来自快中子的反冲质子和来自氮俘获反应的质子相同,这是 BNCT 治疗计划中的一个常见假设。

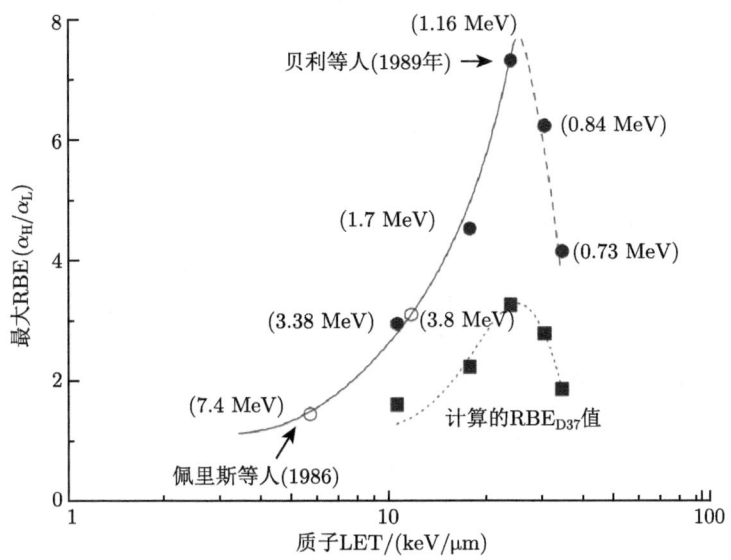

图 17.4　V79 细胞 RBE_{max} 随质子能量的变化。计算了 D_{37} 处的 RBE 值以进行比较

17.2.4　超热中子束的剂量加权含义

对于基于反应堆的超热中子束,在 γ 射线剂量组分的剂量率和入射束的快中子能谱可能存在重大差异的情况下,似乎需要比较它们的生物有效性,就像快中子治疗设施的情况一样[31]。短期隐窝集落法被证明是比较不同快中子束的生物学效应的有效方法,已被用来检测一些热中子束或超热中子束的 RBE。在最初的一份出版物中,在体模中 2.5 cm 和 9.7 cm 两个深度处,研究人员测定了麻省理工学院(MIT)的超热中子束的 RBE[32],发现随深度的增加而减小,反映了高 LET 组分对较大深度总剂量贡献的减少。研究人员试图估算这两个深度总剂量的高 LET 分量的 RBE。然而,对于该分析,作者使用 1.0 的 DRF 作为 γ 射线剂量成分,尽管事实上,与对照实验中使用的光子辐照(0.83 Gy/min)相比,更大深度的光子剂量率较低(约 0.15 Gy/min)。在他们的论文中,作者确实对分析中没有考虑到所有的放射生物学机制表示担忧。虽然没有脊髓和肺的剂量率信息那么广泛,但确实存在剂量率对空肠隐窝存活率影响的信息[26]。这些研究表明,在计算深度为 9.7 cm 的高 LET 剂量成分 RBE 时,DRF 约为 0.7 时更合适。深度为 2.5 cm 时,适用较大的 DRF(小于 1.0)。对 γ 射线剂量分量使用更合适的加权因子会导致对高 LET 剂量分量权重因子的更高估计。这些细节可能不那么重要,因为在给定的设施内,特定组织在给定深度处的总 RBE 不会改变。当某个射束的剂量分量的这些单独加权因子用于估计不同设施中的等效光子剂量时,就

会出问题,在这种设施中,不仅 γ 射线剂量率可能不同,快中子能谱也可能不同。这一观点得到了最近一份出版物[33]的支持,该出版物比较了全世界 7 家 BNCT 设施的隐窝菌落分析结果。

前面提到,尽管已经估计 0.45 的低 DRF (相对于 1.8 Gy/min 的高剂量率) 适合中枢神经系统及使用 BMRR 和其他地方的超热中子束,但实际使用的值为 1.0 (表 17.1)。在单独的分析[6]中,在 FiR-1 射束上对犬脑进行超热中子照射后,根据对犬的研究得出的加权因子,将多个不同终点的剂量相关发生率转换为光子当量剂量,并在临床上用于 BMRR 的超热中子束,即低 LET γ 射线分量为 1.0,高 LET 分量为 3.2[30]。与用 6 MV X 射线照射的犬的实际数据相比,使用上述 BMRR 射束使用的加权因子对 FiR-1 射束的等效光子剂量始终高估。图 17.5 所示为 MRI 上单个和多个永久性增强病灶的终点。使用 BMRR 加权因子对 FiR-1 射束的等效光子剂量的平均高估为 12%。这些数据说明了将从一个超热中子射束中导出的加权因子应用于另一个中子射束的内在危险性,无论从吸收剂量组分的角度看这两个中子射束多么相似。

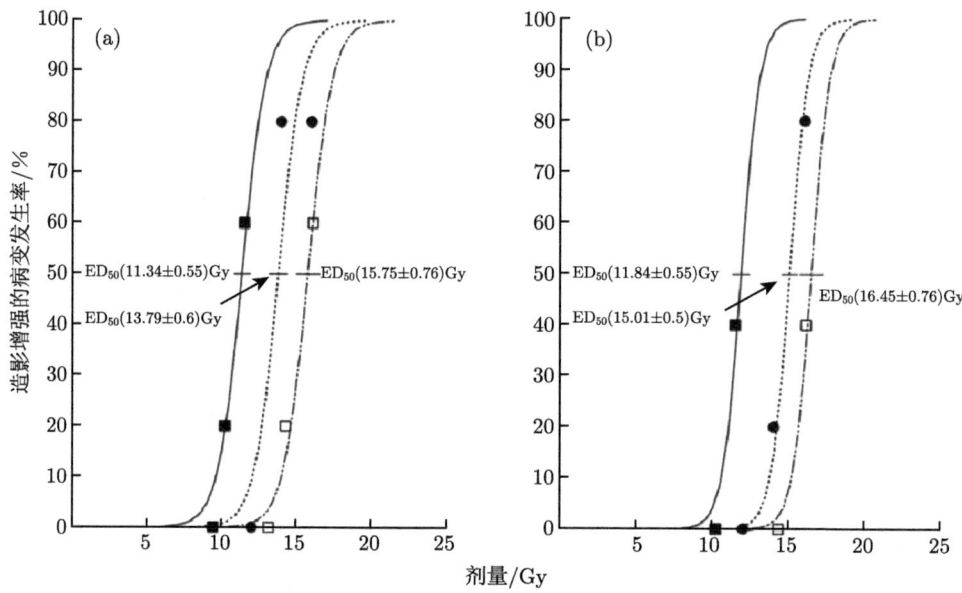

图 17.5 用 FiR-1 射束的超热中子 (■) 或 6 MV X 射线 (●) 照射犬大脑后,T1 加权磁共振图像上 (a) 单个或 (b) 多个对比增强病变的剂量相关的发病率。本研究中使用的不同物理超热射束剂量的等效光子剂量也使用为 BMRR 制定的加权因子 (□) 进行计算。这些加权剂量产生的 $ED_{50}(\pm SE)$ 值明显高于光子照射的实验观察 ED_{50} 值 (转载自霍普韦尔等人的著作[39];经许可使用)

最近的重新评估有力地支持了这一观点 (米勒 (Millar),个人通信,2010 年),

在计算不同实验的等效 X 射线剂量时，考虑了中枢神经系统组织亚致死损伤修复的动力学，这些实验是为了确定 FiR-1 和 BMRR 超热中子射束的加权因子而进行的。例如，对于犬大脑中多个对比增强病变的终点，X 射线 ED_{50} 为在 18.75 min (0.8 Gy/min) 内给予 15.01 Gy 的效应。实验得出的 FiR-1 射束 (约 80%光子) 的有效剂量应在 158 min 内给出。根据修复动力学参数，相当于 18.75 min 内的 15.01 Gy X 射线，计算出的 158 min 内发出的剂量为 19.31 Gy。这表示 DRF 为 0.78，高于早期出版物[6]中使用的值 0.6。在最初的 DRF 计算中，没有使用 0.8 Gy/min 的实际参考剂量率，根据图 17.2 中提供的信息，将超热中子束的剂量率与 1.8 Gy/min 的参考剂量率进行比较，得出 DRF。修正后的 DRF 为 0.78，使用 CNS 组织修复动力学参数计算，其中亚致死损伤的修复时间仅与射束和 X 射线匹配，得到了 FiR-1 射束高 LET 成分 RBE 的较低估计值，与最初的 3.9 相比为 3.3[6]。

对于 BMRR 的实验研究，使用了基于 CT 和非 MRI 结果的历史数据来识别比格犬大脑的变化[24]。本研究中的 X 射线剂量以 3 Gy/min 的更高剂量率给出。为了计算使用致死性坏死终点的 BMRR 超热束的加权因子，该效应的 X 射线的 ED_{50} 为 14.8 Gy (4.9 min 照射量)，而相比之下，BMRR 超热束为 9.23 Gy (158 min 照射量)。在接受这些数据时也需要谨慎，因为只有两只犬在这种超热射束剂量下接受照射，而且还因为使用了拉布拉多犬而不是比格犬。对于 BMRR 研究的局限性，计算结果表明，在相同的修复参数下，14.8 Gy 在 4.9 min 内的 X 射线当量剂量为 158 min 内的 20.24 Gy，DRF 为 0.73。因此，BMRR 超热中子束 (约 73%光子) 的高 LET 分量的相关 RBE 为 4.1，高于 FiR-1 束。这些加权因子更接近于加文 (Gavin) 等人最初提出的 BMRR 射束低 LET 和高 LET 分量的替代权重因子 0.6 和 4.4[30]，但从未被采纳。

在 FiR-1 和 BMRR 超热中子束中，剂量的光子分量的 DRF 分别为 0.78 和 0.73，这是由于在两个实验中给出的仅 X 射线参考剂量所需的原始曝光时间不同。在上述 MRI 多个对比增强改变的例子中，在 18.75 min 内给予 15.01 Gy (0.8 Gy/min) 的参考 X 射线剂量，如果像 BMRR 相关研究中那样，以 3 Gy/min 的速率则等效 X 射线剂量将减少到 14.15 Gy (4.7 min 内给出)，因此，DRF 将相同，即 0.73。这一发现表明，对于 10~30 min 的参考 X 射线曝光时间，考虑快速修复部分的重要性非常重要。

在同一射束内和射束间，比较高 LET 剂量成分的生物有效性的另一种方法，涉及使用一个简单的体外细胞存活模型。这一点最初是在 2001 年描述的[48]。简单地说，V79 细胞在一个充满水的圆柱形体模中悬浮在不同深度 (20~65 mm) 下接受照射。

在照射期间，水的温度保持在 4 ℃。这就防止了同一射束内和不同射束在可变暴露时间内的亚致死辐照损伤的修复。因此,无须校正 γ 射线分量的可变剂量率,即 DRF 为 1.0。

最近,对英国伯明翰大学的基于加速器慢化的超热中子束与瑞典斯图兹维克医疗的基于反应堆的超热中子束的生物有效性进行的比较,可以更好地说明该模型的有用性[49]。在体模的所有深度,在给定的总吸收剂量下,斯图兹维克射束的生物效应总是大于伯明翰射束。对于这两种射束,在 50 mm 和 65 mm 深的体模中照射获得的存活数据是可比较的,并在本分析中进行了合并。细胞存活曲线并不总是完整下降到存活率为 0.1% 的水平,尤其是伯明翰射束。这是因为剂量率非常低 (0.58~1.04 Gy/h,取决于体模中的深度),导致暴露时间非常长,而斯图兹维克的剂量率相对较高 (8.2~16.2 Gy/h)。细胞存活曲线的外推是基于可用数据点的线性和二次参数拟合 (图 17.6)。相同细胞存活水平的剂量比与体模中的深度无关,深度 20 mm、35 mm 和 (50、65) mm 的剂量比分别为 1.3、1.3 和 1.33。然而,剂量比确实取决于用于比较的生存水平,例如,10% 存活率时的 1.41 到 0.1% 存活率时的 1.25。这些差异似乎与斯图兹维克射束中中子能谱的差异有关,特别是快中子对总剂量的贡献 (图 17.7)。快中子对总吸收剂量的贡献在 20 mm 处为 51%,在 65 mm 深度处为 83%,而在总的高 LET 贡献的差异为 24%~26%。50 mm 和 65 mm 深度的可比中子能谱与这两个深度的类似细胞存活数据是一致的。为什么给定细胞存活水平的剂量比与模型中的深度无关,射束的高 LET 成分的相似差异是深度的函数可能是一个简单的解释。然而,在得出任何初步的一般性结论之前,还需要进行更多的相互比较。

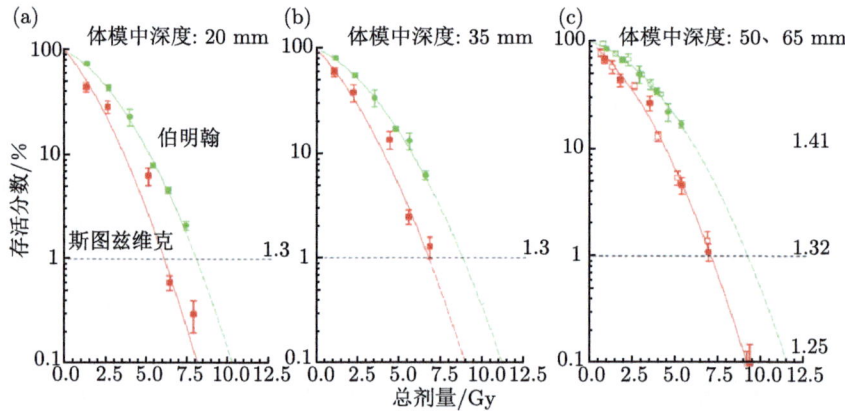

图 17.6 用斯图兹维克 (Studsvik) 基于反应堆的射束 (■、□) 或伯明翰 (Birmingham) 基于加速器的射束 (●、○) 照射的 V79 细胞存活率的变化。曲线显示了在体模中 (a) 20 mm,(b) 35 mm,(c) 50 mm (■、●) 合并 65 mm (□、○) 深度处的照射。误差线表示 ± SE (摘自霍普韦尔等人的著作[39];经许可使用)

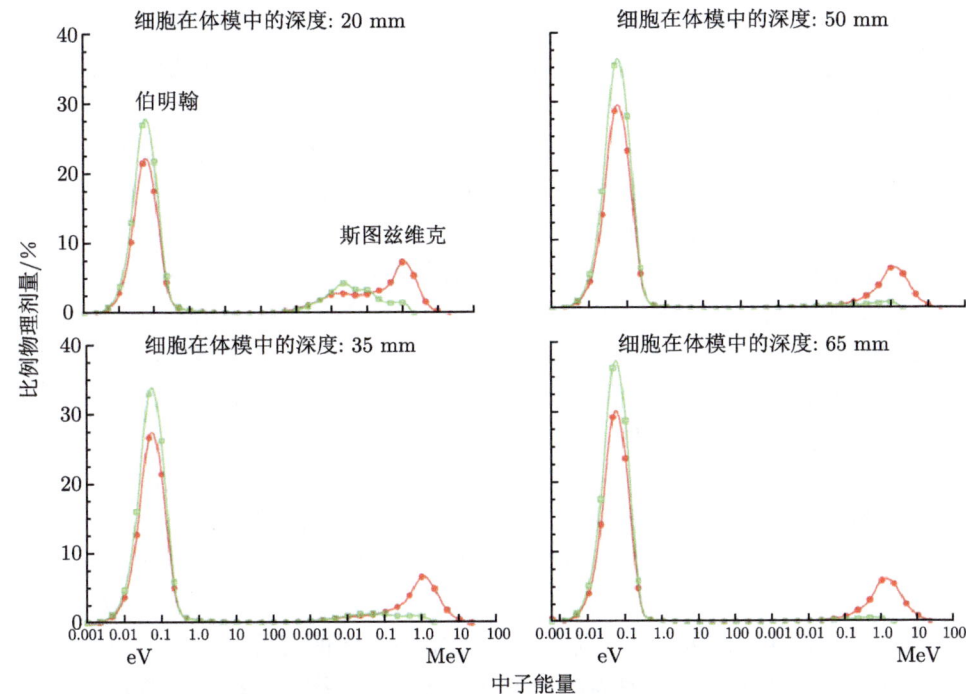

图 17.7 MCNP 模型计算的斯图兹维克反应堆 (●—●) 和伯明翰加速器 (□—□) 超热中子射束在体模中 20 mm、35 mm、50 mm 和 65 mm 深度处的中子能谱，即 V79 细胞照射所用的深度。每个数据点代表有限宽度能量箱中的中点 (来自梅森的著作 [49]，由梅森和吉乌斯蒂修改，个人通信，2006)

17.3 硼俘获剂的放射生物学特性

早期 BNCT 临床试验中使用的硼化合物对肿瘤的选择性差被认为是其结果不成功的原因之一。20 世纪 60 年代，人们开始寻找更好的硼传递剂，氨基酸对硼苯丙氨酸 (BPA) 和巯基硼烷 ($Na_2B_{12}H_{11}SH$，或 BSH) 是这些研究中评估过的两种化合物。化合物开发仍然是 BNCT 研究的一个活跃领域。

然而，考虑到所需表征的程度，特别是毒性评估和放射生物学研究，任何新化合物进入临床试验都需要几年时间。目前，BPA 和 BSH 是临床 BNCT 中仅有的两种硼化合物，因此，本章节的大部分内容都将集中在这两种药物的放射生物学研究上。用于表征这些化合物对正常组织和肿瘤的特性的方法也应适用于较新的药物。

^{10}B 俘获对组织的吸收剂量是中子注量和血液及血管周围实质组织中 ^{10}B 浓度的函数。对于化合物 BPA 和 BSH，^{10}B(n, α)^{7}Li 反应对正常组织的剂量贡献通

常根据照射过程中的血 ^{10}B 浓度计算。在任何剂量计算中，均未直接考虑实质或血管内皮细胞的 ^{10}B 含量。这是因为在照射过程中还无法测量正常组织中 ^{10}B 的浓度。为实现这一目标，无创成像技术正在开发中[41,56]。然而，如果开发出诸如卟啉家族中的化合物，比如铜四苯基碳芳基卟啉 (CuTCPH)，则需要测量组织中的硼含量。这些化合物不同程度地保留在肿瘤和正常组织中，但从血液中被清除。血硼水平的使用可能正在接近准确测量的下限，因此可能会产生误导。然而，对于 BPA 和 BSH，传递到正常组织的物理吸收剂量历史上被描述为传送到血液的吸收剂量，并且计算的 CBE 因子被定义为将血液剂量转换为生物有效的正常组织剂量的乘法因子。因此，如果将来可以测量正常组织中的硼水平，则不应使用这些 CBE 因子。如果正常组织与血的比值小于 1.0，则 ^{10}B(n, α)^{7}Li 反应对正常组织的等效光子剂量将被低估，而如果比值大于 1.0，则等效光子剂量将被高估。一些文献高估了 ^{10}B(n, α)^{7}Li 反应的等效光子剂量。例如，在一项涉及猫自发性鼻扁平鳞状细胞癌治疗的研究中[82]，皮肤和口腔黏膜的等效光子剂量是根据血硼水平，使用可用的 CBE 因子计算的。本例中使用组织硼水平而非血硼水平，因此，由于正常组织与血的比值大于 1.0，^{10}B(n, α)^{7}Li 反应的剂量贡献被高估了。

实验得出的 CBE 因子在临床治疗方案中必须谨慎使用。在相关的动物模型和患者中，需要尽可能全面地描述特定硼传递剂的生物分布特性。特别是，用于推导 CBE 因子的动物模型中的血管/非血管 ^{10}B 分配比率必须与患者在照射时的比例相似。必须强调的是，生物分布的可比性是将动物模型导出的 CBE 因子转化为临床情况的先决条件。在 BNL 临床试验中使用的低剂量 BPA (250~290 mg-BPA/kg-BW) 下，人脑中的 ^{10}B 分布与在大鼠和犬的放射生物学研究中测得的分布相似，从中可以估计临床 CBE 因子[11,17]。

鉴于 BNCT 治疗脑肿瘤 (主要是多形性胶质母细胞瘤) 的历史性焦点，评估其对重要剂量限制性正常组织 (即皮肤、中枢神经系统 (CNS) 和口腔黏膜) 的影响具有重要意义。

17.3.1 正常组织效应

17.3.1.1 皮肤

使用 BMRR 的热中子射束研究了大鼠皮肤对使用 BPA 或 BSH 的硼中子俘获照射的反应[59]。以湿性脱皮为早期终点和皮肤坏死为晚期终点的 BPA 的 CBE 因子分别为 3.7 ± 0.7 和 0.73 ± 0.42。以湿性脱皮和皮肤坏死为终点的 BSH 的 CBE 因子分别为 0.55 ± 0.06 和 0.86 ± 0.08。从这些结果可以看出，这两种化合物的微观分布对获得的 CBE 因子有显著影响。BPA 在表皮内代谢活跃的基底干细胞中积聚，这是 CBE 因子非常高的原因。对于真皮坏死的终点，血管内皮细胞代表可能的靶细胞群，BPA 和 BSH 的 CBE 因子值具有可比性。使用中子活化放射自显影术的观察表明，BPA 和 BSH 在真皮中有相似的微分布 (莫里斯 (Morris)，未发表的数据，1999 年)。这些发现的临床意义在于，单位硼浓度下，BSH 介导的 BNCT 比 BPA 介导的 BNCT 对表皮的损伤更小。

基于 BPA 的 BNCT 利用热中子治疗人类恶性黑色素瘤的生物学效应已经为这种治疗对人类皮肤的影响提供了重要的信息 [27]。根据血液和皮肤中的硼测量结果，这些研究人员估计执行 BNCT 时皮肤中的硼浓度是血液中同期水平的 1.3~1.5 倍。

在其他物种的皮肤中，CBE 因子已经被推导出来。以仓鼠皮肤的急性反应为终点，BPA 的值为 2.4。在 BMRR 用超热中子照射犬的结果表明，BSH 的 CBE 因子为 0.5[29]。

卟啉 CuTCPH 是一种有前途的实验性硼传递剂，对于湿性脱皮的早期终点，使用血液中的硼浓度以标准方式计算，CBE 因子为 1.8[66]。在 CuTCPH 研究中，当血硼水平较低时 (约 1.5 μg/g)，在 48 h 化合物输注开始后 72 h 进行照射。如果在计算中使用皮肤中的硼浓度，CBE 系数要低得多，为 0.1。这表明，虽然在照射时皮肤中有明显的硼积累，但在表皮细胞中硼的含量相对较低，而且大部分硼都在真皮中。

17.3.1.2 中枢神经系统

传统上，射线照射后中枢神经系统的晚期变化是以特定靶细胞群的损伤来描述的，而靶细胞群的丧失是特定功能性和组织学上可识别损伤的原因。冲突理论认为血管内皮细胞或中枢神经系统实质成分，或两者都是关键的靶细胞。最近，BNCT 期间对血管系统的辐射损伤被证明是大鼠脊髓坏死的可能原因，这表明血管内皮是中枢神经系统的主要辐射靶点 [20,61]。

大鼠脊髓被用来研究正常中枢神经系统对 BNCT 的反应 [60,63]。单次 BNCT 照射后脊髓的后期效应与大脑中的相似 [30,61]。大鼠大脑和脊髓对分次照射的放射敏感性也具有可比性 [83]。用于评估放射性脊髓损伤的肢体麻痹 (脊髓轻瘫) 的晚期终点已明确定义，而用于评估大脑损伤的组织学和形态计量学终点是耗时的。

实验测定的 BPA 和 BSH 的 CBE 因子确实反映了这两种硼化合物的不同生物分布，即 BPA 穿过血脑屏障，而 BSH 没有。对于 BSH，计算 CBE 因子为 0.53 ± 0.10[60]。在约为 20 μg/g 的 ^{10}B 的可比的血液 ^{10}B 浓度时，该值约为 BPA (1.34 ± 0.13) 的三分之一。CBE 因子的三倍差异与雷丁 (Rydin) 等人 [76] 预测的量级相同，雷丁等人计算出，血管壁所接受剂量的比例将是输送到无限大血池中的 1/5 到 1/3，这取决于血管的直径，完全基于几何结构。

在推导可能用于临床方案的 CBE 因子时，建议使用一个大范围的血 ^{10}B 浓度。使用 BSH 进行的研究表明，对于血 ^{10}B 水平在 20~120 μg/g，CBE 因子估计值保持在 0.5 左右不变[62]。然而，随着血中 BPA 剂量的逐渐增加，血 ^{10}B 浓度在 20~90 μg/g 范围内，导致 CBE 因子为 0.66~1.34 不等[63]。在这些研究中，脊髓照射发生在给药 1 h 后。此时，血液和中枢神经系统实质中 ^{10}B 的相对分布存在重大差异，因此对于最高血 ^{10}B 浓度 (90 μg/g)，血液中 ^{10}B 水平与中枢神经系统实质中 ^{10}B 水平的比率比最低血 ^{10}B 浓度 (20 μg/g) 高 3.5 倍。照射时血液和实质组织之间 ^{10}B 的分配比例的这种主要变化，是血液中不同浓度 ^{10}B 的计算 CBE 因子观察到变化的原因[63]。在临床情况下，BPA 的给药速率较慢 (例如，静脉输注 2 h)，因此，在比目前使用的剂量更高的 BPA 剂量下，血液和中枢神经系统实质之间的 ^{10}B 浓度比不太可能发生明显变化。这些实验数据强调了全面的临床前和临床生物分布研究的重要性，这些研究涉及增加硼化合物的剂量或改变输注计划。此外，CBE 因子对实验条件的依赖性使得旨在为临床应用提供 CBE 因子的研究必须设计为尽可能接近临床情况。

在 BMRR 和佩滕的高通量反应堆中，分别使用 BPA 或 BSH，使用超热中子射束研究了犬的大脑对单次剂量 BNCT 的反应[28,30,40]。超热中子的衰减，作为深度的函数，在整个大脑中产生了不均匀的剂量。BNCT 剂量，用于与已发表的 X 射线数据[24]进行比较，被定义为接受了最大脑剂量的 90%~100% 的犬脑体积中的平均吸收剂量 (Gy)。这相当于大约 30 cm^3 的体积，或大约 20% 的大脑体积。历史上研究中使用的 4 MeV X 射线与 BNCT 照射的体积和剂量分布存在差异；然而，接受处方剂量的体积相对较大，并且可以排除对等效应剂量 (ED_{50}，磁共振成像扫描发现的异常和需要安乐死的严重神经功能缺损) 的潜在体积效应。通过比较对正常大脑的影响和用 4 MeV X 射线进行半脑照射[24]的公布数据确定的 CBE 因子，BPA 为 1.1，BSH 为 0.3~0.5[28,30,40]。这些 CBE 因子与独立得出的大鼠脊髓的数值一致[60]。值得注意的是，历史上的光子结果是基于 CT 扫描结果而不是 MRI 结果，尽管在使用这两种方法时对效应的可比性进行了大量考虑，但这是一种应尽可能避免的比较类型。如前所述，历史光子对照没有用于确定 FiR-1 超热中子射束的 RBE[6]。无论是超热中子射束还是光子照射对照，这使得相同的核磁共振成像和组织学方法可以用来评估犬脑中剂量相关的变化。

对于 CuTCPH，使用与之前所述研究中相同的大鼠脊髓模型，基于血液或实质组织中的硼浓度计算的 CBE 因子分别为 4.4 和 3.8[66]。这一结果与脊髓实质中硼浓度的测量结果一致，后者高于血液，组织和血液中的硼浓度比为 1.9:1。这些相对较高的 CBE 因子也可能表明这种硼化卟啉选择性地积聚在中枢神经系统血管壁中，这种损伤被认为是晚期中枢神经系统发病的原因[20]。有普遍的证据表明卟啉对血管有显著的特异性 (例如文献 [7, 68])。

17.3.1.3 口腔黏膜

只有少数报告以大鼠舌腹表面溃疡为终点，记录了口腔黏膜的 CBE 因子 (仅基于血液中 ^{10}B 的浓度)。对于硼传递剂 BPA，CBE 因子估计为 4.9[19]。该 CBE 因子远高于同一模型中报告的 BSH 的 CBE 因子 (约为 0.3)[64]。CBE 因子的这些主要差异表明这两种硼传递剂在黏膜上皮中的微分布存在差异。从舌腹表面获取的整个组织样本的平均硼测量值 (DCP-AES) 显示，在给药 55 mg/kg 剂量的 BSH 后 3 h，可明显摄取 ^{10}B (约 21 μg/g)[64]。在与 BSH 相似的 ^{10}B 浓度下，BPA 也有类似的发现，在给药后 3 h，舌腹表面的 ^{10}B 水平估计约为 23 μg/g [64,65]。

这些数据虽然表明两种硼制剂在舌中的总浓度相似，但没有提供关于组织不同解剖区域的生物分布特征的信息。组织中 ^{10}B 的离子显微术研究 [64,65] 使分析这种元素的微观分布具有比以前更高的精确度。离子显微术分析显示，BSH 给药后，黏膜上皮中的 ^{10}B 水平非常低 [64]。相比之下，接受 BPA 的大鼠黏膜上皮中的 ^{10}B 含量高出约 3.5 倍。在 BSH 的病例中，大部分 ^{10}B 位于固有层，而不是黏膜上皮。这与 BPA 的发现不同，后者黏膜上皮的硼含量与固有层中的硼含量相当相似；黏膜上皮与固有层的硼浓度比，BSH 为 1:6，BPA 为 1:1.5。另外，BPA 在黏膜上皮中 ^{10}B 的累积量是 BSH 的 5 倍。这些数据表明，尽管组织硼浓度总体上相似，导致 BSH 和 BPA 的 CBE 因子差异的一个主要因素是黏膜上皮对 BSH 的吸收相对较低。

当用 CuTCPH 作为硼俘获剂时，大鼠口腔黏膜中的总硼含量较高，其黏膜中与血中的比值为 49:1[67]。以溃疡为终点，在 CuTCPH 存在下用热中子照射，CBE 因子约为 0.04。这个值是通过测量照射时口腔黏膜中硼的估计含量来计算的 [67]。如果 ^{10}B(n,α)^{7}Li 反应的吸收剂量是根据照射时血液中的硼浓度计算的，CBE 因子明显增加到约 1.7[67]。然而，如前所述，照射时血液中的硼含量非常低。事实上，血液中的硼浓度在这一系列受照射的动物中接近检测水平。因此，根据血液水平计算出的 CBE 因子只能看作是粗略的近似值。

17.3.2 肿瘤反应

BNCT 相关的实验性治疗研究已在多种动物肿瘤模型上开展过。BPA 介导的 BNCT 在小鼠、仓鼠和猪中被证明能抑制黑色素瘤的生长，产生高的局部肿瘤控制率 [13,55]。在 BNCT 研究仓鼠源性黑色素瘤中，作为异种移植物，植在兔眼上，BPA 也被证明是有效的 [71]。在 20 世纪 80 年代末，使用二聚体 BSH 作为硼俘获剂和 BMRR 热中子束，乔尔 (Joel) 等人首次成功地治疗了脑肿瘤 (大鼠 9L 胶质肉瘤)[44]。随后，在 1992 年，又进行了另一项研究，涉及用 BPA 介导的 BNCT 对大鼠 9L 胶质肉瘤进行首次照射 [14]。在 1994 年，为了增加溶解度，使用了一种改进的 BPA-果糖复合物 (BPA-F) 递送系统，对这些实验进行了重复。这使得动物长期无瘤生存率接近100%[16]。其他研究包括沙利斯(Saris)等人[77]的小鼠GL 261胶质瘤，马特尔卡(Matalka)等人[51]将人黑色素瘤细胞系(MRA 27)植入裸鼠脑内，也证明了BPA介导的BNCT的有效性。最近，在颈动脉内注射甘露醇，通过破坏血脑屏障后，大鼠F98胶质瘤对BPA和BSH的优先摄取显著增强[84,85]。随后在BNCT研究中，同时使用BPA和BSH[1]，结合血脑屏障破坏方法，观察到F98肿瘤生长抑制的进一步显著改善。自从这项早期工作以来，已经在不同的肿瘤模型中，使用不同的硼化合物、不同的化合物给药途径和一系列给药策略，进行了多个转化医学研究[3]。

虽然BPA和BSH对皮肤、中枢神经系统和口腔黏膜的CBE因子都有很好的界定，但用于估算肿瘤的等效光子剂量的那些因子就不那么确定了。对于BPA，存活率分别为10%、1%和0.1%，对应的大鼠9L胶质肉瘤模型的CBE因子分别为4.0、3.8和3.6，这基于对颅内原位植入肿瘤进行体内照射，照射后立即移除，并测定体外克隆细胞的存活率[15]。对于9L胶质肉瘤，以相同方法也导出了BSH的CBE因子为1.3、1.2和1.2。同样，正如预期的那样，对于最高水平的细胞存活率，获得了稍高的数值。后来的研究主要基于BSH氧化二聚体(BSSB)的值。体外培养细胞的BSH和BSSB的CBE因子对于BSSB(范围3.6~3.1)和BSH(范围3.2~2.8)都要高得多[15]。这种差异反映了硼在实体瘤中相对于培养细胞可能存在的不均匀分布，并警告不要将完全来自体外细胞的CBE值应用于体内情况。理想情况下，硼俘获剂(如BPA和BSH)的CBE因子应直接通过体内分析得出。这对于颅内植入的9L胶质肉瘤来说是很困难的，因为要控制这种肿瘤，单次大剂量的X射线会导致正常组织并发症的高风险。X射线照射后局部肿瘤控制的评估是计算CBE因子的必要条件。

一个假设的有效硼俘获剂的要求是，相对于血液和正常组织，该化合物应该积累在肿瘤。然而，肿瘤组织对硼化合物的选择性摄取并不能解释肿瘤组织和正常组织之间CBE值的差异。潜在的是，由肿瘤细胞代谢和肿瘤细胞几何结构(大核、细胞核/细胞质之比的变化等)与正常细胞代谢和几何结构等特征决定的微分布差异可能是CBE值差异的原因。历史上，计算$^{10}B(n, \alpha)^7Li$中子俘获反应的物理辐射剂量是基于对肿瘤组织中总硼浓度的估计。由于这不能常规地直接测量，生物分布研究需要在实验动物或患者研究之前进行，以确定肿瘤-血液或肿瘤-正常组织中硼的浓度之比。然后利用肿瘤-血液中硼的比率，根据照射时血液样本的测量值来估计肿瘤的硼水平，在目前临床使用的硼化合物的情况下，照射在化合物给药后数个小时内开始。

这与正常组织的研究不同，在正常组织中，照射时血液中的硼浓度直接用于计算吸收剂量。然后使用适当的CBE因子将其转换为加权剂量。已发表的案例，包括大鼠9L胶质肉瘤的肿瘤-血硼的浓度之比，BPA为3.3 ± 0.5(口服)，BPA-F

为 3.2 ± 0.4。BSH 及其二聚体 BSSB 的相应值要低得多，分别为 0.71 ± 0.2 和 0.76 ± 0.2[38]。这一低比值表明，相对于血液没有选择性摄取，这并不被认为是一个缺点，因为这种化合物，它没有穿过完好的血脑屏障，是专门为治疗原发性胶质瘤而开发的。这两种化合物 BSH 和 BSSB，肿瘤-脑硼浓度之比非常高，分别约为 8 和 17；这些硼载体很容易穿过破坏后的血脑屏障进入肿瘤组织[38]。必须谨慎看待这些数字，因为在大脑或其他正常组织中测得的硼可能反映出任何组织样本中残留血液中的硼含量。上述在大鼠 9L 胶质肉瘤模型中报告的浓度比与针对胶质瘤获得的浓度比 (根据人体药代动力学研究) 具有可比性[18,79]。

近年来，对化学诱导的地鼠颊囊原发性鳞状细胞癌的生物学分布进行了研究。对于像 GB-10 ($Na_2{}^{10}B_{10}H_{10}$，与 BSH 有关) 这样的化合物，相对于邻近的正常组织，硼在肿瘤中的分布不受中枢神经系统中发现的选择性血管屏障的影响。BPA 的肿瘤-血硼浓度之比为 2.8~4.8，GB-10 的浓度比为 0.8~1.0，这取决于剂量和给药方案，但没有明确界定[35]。因此，基于这两种肿瘤模型，对于目前临床使用的一组硼载体及其相关化合物，肿瘤相对于血液的摄取量与肿瘤模型相比没有显著变化。然而，必须强调的是，这本身并不意味着同样的生物有效性。目前迫切需要建立不同肿瘤类型的 CBE 因子，避免在其他肿瘤类型中使用 9L 胶质肉瘤的 CBE 因子。

针对这两种肿瘤类型，存在可比较数据的另一个硼载体是 CuTCPH。肿瘤-血硼浓度之比，从皮下植入 9L 胶质肉瘤的 80:1 到植入脑内的同一肿瘤的 16:1 不等[57]。在仓鼠颊囊鳞状细胞癌中，甚至获得了更高的值 99:1[47]。这些高肿瘤-血硼浓度之比均在该化合物的一系列静脉注射的首次给予后 3 天进行测量，注射持续时间长达 48 h。它们与非常低的血硼浓度相关，这不能可靠地用于临床情况下的肿瘤硼水平估计。这些在仓鼠颊囊模型中测得的高的肿瘤-血硼浓度之比，不一定与高水平的局部肿瘤控制相关。高的绝对硼浓度值和良好的化合物定位 (即高 CBE 因子) 的组合是获得最大生物效应的关键。这一事实强调了放射生物学研究的必要性，以评估特定硼载体的潜在治疗效果。硼载体的治疗效果不能仅根据肿瘤-血硼浓度之比来进行预测。

利用体内模型评估硼化合物介导 BNCT 可能效果的重要性，最近在 GB-10 关于仓鼠颊囊诱导鳞状细胞癌的研究中得到了证实[81]。如上所述，GB-10 没有选择性地靶向这些肿瘤，然而，GB-10 介导的 BNCT 仍然产生了 70% 的总体初始肿瘤反应率，而不会对正常的颊袋组织造成损害。光学显微技术分析表明，GB-10 介导的 BNCT 损伤了肿瘤异常血管，但保留了癌前组织和正常组织中的血管。肿瘤间质以明显出血为特征，由血管壁破裂、充血和水肿引起。在 30 天的随访期内，未发现癌前组织或正常组织中的血管受损或破裂。肿瘤的血管被认为在结构和功能上都不正常。据报道，在肿瘤血管膨胀和改变的意义上，它们的管壁显示开窗、小泡和跨细胞孔。内皮细胞间连接增宽，基底膜不连续或缺失[9]。不管 GB-10 介导的 BNCT 的有效性如何，假设的运作机理是说 GB-10 从异常肿瘤血管渗漏到细胞外间隙，并在内皮细胞附近积聚。此外，从纯物理几何角度考虑，扩张的肿瘤血管中的剂量分布比正常 (较窄) 血管中的剂量分布更接近带电粒子平衡分布，而在正常 (较窄) 血管中，靠近血管腔壁的血液、内皮细胞和周围组织之间存在硼浓度梯度。由于 GB-10 位于血液和血管周围的细胞外间隙中，选择性肿瘤效应将源于选择性血管损伤，而不是肿瘤选择性摄取硼化合物[81]。这种机制与传统的 BNCT 范式不同，后者将肿瘤选择性损伤归因于肿瘤选择性摄取硼。此外，它说明了总生物分布研究的局限性，以及需要进行活体 BNCT 研究来评估硼化合物的潜在治疗效果。

如前所述，实现高的肿瘤–正常组织以及肿瘤–血液平均硼浓度之比显然是很有价值的事。然而，单用这种方法，将无法优化 BNCT，除非至少靶向所有的肿瘤克隆形成细胞的大多数，而不管它们在肿瘤中的位置、代谢和分化或增殖的程度。考虑到肿瘤通常是异质的，靶向所有合适的肿瘤细胞群是肿瘤学公认的挑战。在 BNCT 的情况下，低硼载量的肿瘤细胞群的剂量将明显不足。具有不同摄取特性的硼化合物的联合给药应有助于在异质性肿瘤内形成更均匀的靶向性，并以此方式提高 BNCT 的治疗效率[2,35,36,70,80]。在仓鼠颊囊模型中进行的诱导性鳞状细胞癌的研究中，强调了单用 BPA 介导的 BNCT 治疗较大肿瘤 (>100 mm^3) 在 30 天内实现完全缓解的困难性[46]。相反，由 GB-10 介导的 BNCT 和由 GB-10 和 BPA 联合介导的 BNCT 可引起某些大肿瘤完全缓解[81]。肿瘤反应的改善可部分归因于联合给药方案改善了肿瘤细胞靶向性[36]。联合应用 GB-10 和 BPA 可使硼的靶向均匀性比单独使用 GB-10 增加 1.8 倍，比单独使用 BPA 的硼靶向均匀性增加了 3.3 倍，具有统计学意义[36]。这一结论是基于个体动物的多个样本的总测量值的变异系数减小而得出的。因此，至少在这种情况下，联合施用两种性质和摄取机制不同的硼化合物 (BPA 和 GB-10) 改善了靶向均匀性。此外，尤其是通过对肿瘤血管的选择性作用，GB-10 介导的 BNCT 可能有助于治疗更难"逐细胞"治疗的较大肿瘤。GB-10 和 BPA 可分别结合血管靶向和细胞靶向，以与最近报道的双模光动力疗法相似的方式实现肿瘤反应的改善[10]。

硼化合物联合给药方案的另一个潜在优势在于发现它们可以向肿瘤组织输送更多的绝对量的硼[35]。对于类似的肿瘤–正常组织比率，高的无毒的绝对 ^{10}B 浓度是一个优势，因为它们允许更短的照射时间，同时减少来自中子射束的背景剂量[12]。除了上述影响 CBE 因子在肿瘤中的值的多个变量外，对于单个硼载体，人们对以不同比例同时给予硼载体之间的相互作用知之甚少。例如，当联合施用硼载体时，上述靶向均匀性的改善可以想象地产生协同治疗效果。在这种情况下，必须在体内测定硼化合物组合的 CBE 值，并且不能基于每个硼化合物的单个 CBE

值来计算。由某些硼化合物介导的 BNCT 控制肿瘤可能是由于血管损伤而不是直接杀死肿瘤细胞这一事实，以及针对异质性肿瘤细胞群在 BNCT 的生物学效应中起关键作用的现有证据[81]，同时对用体内照射/体外试验测定的某些 CBE 值[19]的有效性提出质疑，因为这未包括肿瘤血管系统对肿瘤反应的任何影响的评估。

以上所有的考虑都强调了在尽可能接近实验所试图表征的临床情景的条件下建立 CBE 因子的必要性。

17.4 未来研究要求

17.4.1 高、低 LET 辐射之间的相互作用

在 BNCT 的常规实践中，如前所述，假设混合辐射的不同组分相互独立地作用。然而，当 γ 射线与高 LET 辐射 (相对于单独的 γ 射线) 相结合时，γ 射线的生物有效性只要相对较小地增加，就会显著降低这种混合束照射的高 LET 组分的表观 RBE/CBE。虽然对 BNCT 的理解具有相当重要的意义，但是高 LET 和低 LET 辐射之间的潜在相互作用尚未被广泛研究，也没有开展涉及 BNCT 的直接研究。与这个问题相关的唯一研究是在暴露于高剂量率 X 射线之前，用固定剂量的快中子或 ^{238}Pu α 粒子 (140 keV/μm) 连续照射 V79 细胞[52,53]。

对于完全分开给予的高剂量率 X 射线和 α 粒子，取克隆细胞存活水平分别为 50%、10% 和 1%，α 粒子相对于 X 射线的 RBE 约为 6.0、3.0 和 2.4 (图 17.8(a))。若在 X 射线照射前立即给予固定剂量的 0.5 Gy α 粒子，使克隆细胞存活率降低 50%，所得的 X 射线细胞存活曲线仍然是曲线型的。将数据归一化回到最初的 100% 存活率，显示 X 射线 (含 0.5 Gy 的 α 粒子) 细胞存活曲线相对于单独的 X 射线没有变化 (图 17.8(b))。当 α 粒子的初始剂量增加到 2.0 Gy 或 2.5 Gy 的剂量时，情况并非如此。与单独使用 X 射线相比，X 射线与高剂量 α 粒子结合的 RBE 大于 1.15 (图 17.8(c)，(d))。麦克纳利 (McNally) 等人[53]的结论是 "α 粒子造成的损伤能够与 X 射线损伤相互作用"。然而，这种关系并不简单，它取决于高 LET 和低 LET 辐射的相对混合。这些结果提出了重要的问题，尽管固定剂量的 α 粒子或中子的研究结果并不一定能预测当固定百分比的高 LET 辐射 (从快中子中反冲质子，来自氮俘获和 α 粒子的质子，来自 ^{10}B 俘获的锂离子) 是伴随着 γ 射线的，尤其是在相对较低的剂量率情况下。为了解决这个问题，需要进行精心设计的研究，使用的高 LET 辐射占总吸收剂量的比例的数量级与 BNCT 照射时组织中存在的剂量相同。在最近的一项研究[73]中，V79 细胞同时受到 X 射线和 α 粒子的照射，没有发现任何相互作用的证据。然而，在这项研究中，α 粒子对总吸收剂量的百分比贡献小于 19%，因此，所得结果仍然与麦克纳利 (McNally) 等人[53]的早期研究一致。最近的一项研究[50]证实了这一

点，其中有证据表明，在有超热中子的混合场辐射下，伽马射线与快中子之间存在相互作用，结果还表明，它不仅取决于高 LET 剂量分量的贡献剂量比例，可能也受到快中子剂量分量能谱的影响。

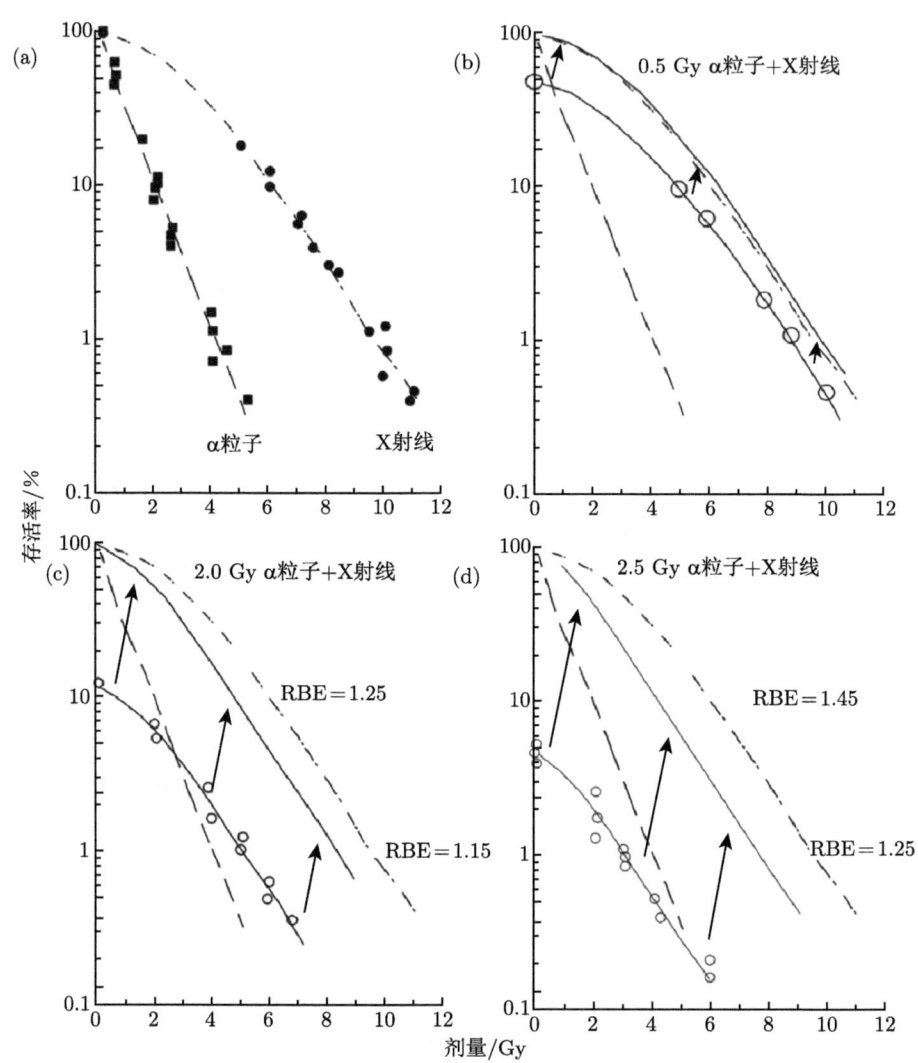

图 17.8　V79 细胞的克隆形成细胞存活曲线。V79 细胞在 (a) 单独的 X 射线 [3 Gy/min] 或 α 粒子 [0.35 Gy/min；140 keV/mm] 辐照，或固定剂量的 α 粒子辐照，(b) 0.5 Gy，(c) 2.0 Gy，或 (d) 2.5 Gy，然后进行可变剂量的 X 射线辐照。对于这些组合辐照，给出了每种辐照类型的曲线作为参考。对于这些组合辐照，实际数据 (o-o) 已归一化为 100%细胞存活率 (—)。RBE 值是将归一化数据与单独 X 射线照射进行比较得出的 (复制自霍普韦尔等人的著作 [39]；经许可使用)

17.4.2 将现有硼化合物用于新的医疗用途

CBE 因子的测定是任何开发计划的一个强制性部分，它代表了 $^{10}B(n, \alpha)^7Li$ 反应产物在因任何新应用而面临风险的特定正常组织中的生物有效性。关于任何新的放射治疗方式的不良正常组织反应的报告是一个令人担忧的原因，也是关闭研究的正当理由，正如过去 BNCT 的情况所证明的那样。使用现有硼载体的特定正常组织的 CBE 因子不能安全地应用于其他正常组织。

一个可能证明了这些担忧的例子是：从布鲁克海文国家实验室用超热中子射束进行的临床研究中得出的用于 BPA 介导的 BNCT 安全治疗胶质母细胞瘤患者的加权剂量进行外推，用同一种中子俘获剂对结直肠癌肝转移患者进行体外治疗[74]。这些研究中的另一个复杂问题是使用了热中子束，而不是超热中子束。这被认为是可以接受的，这是一个保守的选择，因为 14.3 MeV D-T 产生的快中子对肝组织的 RBE 比热中子对脑组织的 RBE 大 30% 以上。选择肝细胞体外克隆存活率作为肝脏的终点[43]，这与肝脏晚期放射性损伤的发展没有明确的联系，RBE 将取决于评估损伤的细胞存活水平。大脑终点基于大鼠放射性脊髓病的 ED_{50}[59,60]。这一终点与内皮细胞 (而非实质细胞) 中近似固定的细胞存活水平相关[20]，这使得这一比较非常差。虽然认识到需要通过适当的动物实验来确定肝脏的极限耐受剂量[69]，但在随后的剂量模型研究中仍然使用了相同的假设。在缺乏适当的数据的情况下，早期的建议总是有长期存在的趋势。在放射生物学参数存在相当大的不确定性的情况下，引用总吸收剂量，包括将总吸收剂量分解成不同的成分更为合适。否则，未来可能使用的重要信息将丢失。

17.4.3 新型硼化合物和替代中子源的使用

快中子治疗的经验表明，即使中子能谱的微小变化也会导致特定射束的相对 RBE 发生变化[31]。对于目前可用于 BNCT 的射束，还没有足够的信息来预测任何新中子源可能的生物效应。在斯图兹维克和伯明翰，需要对使用 V79 细胞来比较超热中子束快中子组分的生物效应进行更多的研究。这将避免其他混杂变量 (如 γ 射线剂量分量的剂量率引起的效应变化) 在解释上带来的差异。简单的短期研究，如盖莱特 (Gueulette) 等人[32] 提出的研究，也将为不同射束的相对效应提供指导。

对于新化合物，关键问题是确定有可能产生不良反应的特定危及正常组织的 CBE 因子，这依赖于拟用特定硼化合物治疗的肿瘤部位。这些研究不需要在超热束上进行，当使用大型动物模型的大多数组织时可能才需要。使用特性良好的热中子束是合适的，最好是在曝光时间较短的情况下，这样可以避免来自低剂量率的 γ 射线剂量组分的混杂效应。

BNCT 可能是人类临床试验阶段最复杂的治疗方式之一。随着 BNCT 的应用不断扩展到新的肿瘤部位，本章讨论的放射生物学原理具有重要意义。重要的是，要评估所有现有的放射生物信息，无论来自以往的 BNCT 经验，还是来自其他模式，如快中子，并将其纳入未来的 BNCT 发展计划。

那些不记得过去的人注定要重蹈覆辙。

乔治·桑塔亚纳（George Santayana）

参考文献

[1] Barth RF, Yang WL, Rotaru JH et al (1997) Neutron-capture therapy of brain-tumours-enhanced survival following intracarotid injection of either sodium borocaptate or boronophenylalanine with or without blood-brain-barrier disruption. Cancer Res 57: 1129-1136

[2] Barth RF, Yang W, Coderre JA (2003) Rat brain tumor models to assess the efficacy of boron neutron capture therapy: a critical evaluation. J Neurooncol 62: 61-74

[3] Barth RF, Coderre JA, Vicente MG et al (2005) Boron neutron capture therapy of cancer: current status and future prospects. Clin Cancer Res 11: 3987-4002

[4] Bedford JS, Mitchell JB (1973) Dose-rate effects in synchronous mammalian cells in culture. Radiat Res 54: 316-327

[5] Belli M, Cherubini R, Finotto S et al (1989) RBE-LET relationship for the survival of V79 cells irradiated with low energy protons. Int J Radiat Biol 55: 93-104

[6] Benczik J, Seppälä T, Snellman M et al (2003) Evaluation of the relative biological effectiveness of a clinical epithermal neutron beam using dog brain. Radiat Res 159: 199-209

[7] Berenbaum MC, Hall GW, Hoyes AD (1986) Cerebral photosensitisation by haematoporphyrin derivative. Evidence for an endothelial site of action. Br J Cancer 53: 81-89

[8] Cárabe-Fernández A, Dale RG, Jones B (2007) The incorporation of the concept of minimum RBE (RBE_{min}) into the linear-quadratic model and the potential for improved radiobiological analysis of high-LET treatments. Int J Radiat Biol 83: 27-39

[9] Carmeliet P, Jain RK (2000) Angiogenesis in cancer and other diseases. Nature 407: 249-264

[10] Chen B, Pogue BW, Hoopes PJ et al (2005) Combining vascular and cellular targeting regimens enhances the efficacy of photodynamic therapy. Int J Radiat Oncol Biol Phys 61: 1216-1226

[11] Coderre JA (1992) A phase 1 biodistribution study of p-boronophenylalanine. In: Moss R, Gabel D (eds) Boron neutron capture therapy: towards clinical trials of glioma with BNCT. Plenum Press, New York, pp 111-121

[12] Coderre JA, Morris GM (1999) The radiation biology of boron neutron capture therapy. Radiat Res 151: 1-18

[13] Coderre JA, Slatkin DN, Micca PL et al (1991) Boron neutron capture therapy of a murine melanoma with para-boronophenylalanine—dose response analysis using a morbidity index. Radiat Res 128: 177-185

[14] Coderre JA, Joel DD, Micca PL et al (1992) Control of intracerebral gliosarcomas in rats by boron neutron capture therapy with p-boronophenylalanine. Radiat Res 129: 290-296

[15] Coderre JA, Makar MS, Micca PL et al (1993) Derivations of relative biological effectiveness for the high-LET radiations produced during boron neutron capture irradiations of the 9L rat gliosarcoma in vitro and in vivo. Int J Radiat Oncol Biol Phys 27: 1121-1129

[16] Coderre JA, Button TM, Micca PL et al (1994) Neutron capture therapy of the 9L rat gliosarcoma using the p-boronophenylalanine-fructose complex. Int J Radiat Oncol Biol Phys 30: 643-652

[17] Coderre JA, Elowitz EE, Chadha M et al (1997) Boron neutron capture therapy of glioblastoma multiforme using the p-boronophenylalanine-fructose complex and epithermal neutrons: trial design and early clinical results. J Neurooncol 33: 141-152

[18] Coderre JA, Chanana AD, Joel DD et al (1998) Biodistribution of boronophenylalanine in patients with glioblastoma multiforme: boron concentration correlates with tumor cellularity. Radiat Res 149: 163-170

[19] Coderre JA, Morris GM, Micca PL et al (1999) The effects of boron neutron capture irradiation on oral mucosa: evaluation using a rat tongue model. Radiat Res 152: 113-118

[20] Coderre JA, Morris GM, Micca PL et al (2006) Late effects of radiation on the central nervous system: role of vascular endothelial damage and glial stem cell survival. Radiat Res 166: 495-503

[21] Down JD, Easton DF, Steel GG (1986) Repair in the mouse lung during low dose-rate irradiation. Radiother Oncol 6: 29-42

[22] Farr LE, Sweet WH, Robertson JS et al (1954) Neutron capture therapy with boron in the treatment of glioblastoma multiforme. Am J Roentgenol Radium Ther Nucl Med 71: 279-293

[23] Field SB (1976) An historical survey of radiobiology and radiotherapy with fast neutrons. Curr Top Radiat Res Q 11: 1-86

[24] Fike JR, Cann CE, Davis RL et al (1984) Computed tomography analysis of the canine brain: effects of hemi-brain X irradiation. Radiat Res 99: 294-310

[25] Fowler JF (1982) Workshop summary. Int J Radiat Oncol Biol Phys 8: 2207-2210

[26] Fu KK (1991) Influence of dose rate on normal tissue tolerance. In: Gutin PH, Leibel SA, Sheline GE (eds) Radiation injury to the nervous system. Raven, New York, pp 69-90

[27] Fukuda H, Hiratsuka J, Honda C et al (1994) Boron neutron capture therapy of malignant melanoma using ^{10}B-paraboronophenylalanine with special reference to evaluation of radiation dose and damage to the skin. Radiat Res 138: 435-442

[28] Gabel D, Philipp KH, Wheeler FJ et al (1998) The compound factor of the ^{10}B(n, α)^7 Li reaction from borocaptate sodium and the relative biological effectiveness of recoil protons for induction of brain damage in boron neutron capture therapy. Radiat Res 149: 378-386

[29] Gavin PR, Wheeler FJ, Huiskamp R et al (1992) Large animal studies of normal tissue tolerance using an epithermal neutron beam and borocaptate sodium. In: Moss R, Gabel D (eds) Boron neutron capture therapy: towards clinical trials of glioma. Plenum Press, New York, pp 197-209

[30] Gavin P, Kraft S, Huiskamp R, Coderre J (1997) A review: CNS effects and normal tissue tolerance in dogs. J Neurooncol 33: 71-80

[31] Gueulette J, Beauduin M, Grégoire V et al (1996) RBE variation between fast neutron beams as a function of energy. Intercomparison involving 7 neutron therapy facilities. Bull Cancer Radiother 83(Suppl): 55s-63s

[32] Gueulette J, Binns PJ, De Coster BM et al (2005) RBE of the MIT epithermal neutron beam for crypt cell regeneration in mice. Radiat Res 164: 805-809

[33] Gueulette J, Liu H-M, Jiang S-H et al (2006) Radiobiological characterization of the epithermal neutron beam produced at the Tsing Hua open-pool reactor (THOR) for BNCT: comparison with other BNCT facilities. Ther Radiol Oncol 13: 135-146

[34] Hall EJ, Novak JK, Kellerer AM et al (1975) RBE as a function of neutron energy. I. Experimental observations. Radiat Res 64: 245-255

[35] Heber E, Trivillin VA, Nigg D et al (2004) Biodistribution of GB-10 ($Na_2{}^{10}B_{10}H_{10}$) compound for boron neutron capture therapy (BNCT) in an experimental model of oral cancer in the hamster cheek pouch. Arch Oral Biol 49: 313-324

[36] Heber EM, Trivillin VA, Nigg DW et al (2006) Homogeneous boron targeting of heterogeneous tumors for boron neutron capture therapy (BNCT): chemical analyses in the hamster cheek pouch oral cancer model. Arch Oral Biol 51: 922-929

[37] Hiratsuka J, Fukuda H, Kobayashi T et al (1991) The relative biological effectiveness of B-10-neutron capture therapy for early skin reaction in the hamster. Radiat Res 128: 186-191

[38] Hopewell JW, Morris GM, Coderre JA (1994) Determination of radiobiological parameters for the safe clinical application of BNCT. In: Auterinen I, Kallio M (eds) Proceedings of the CLINCT BNC T Workshop. Helsinki University of Technology Report TKK-F-A718, pp 86-93

[39] Hopewell JW, Benczik J, Mason A (2009) Radiobiology program requirements for boron neutron capture therapy at a nuclear research reactor. In: Sauerwein WAG, Moss RL (eds) Requirements for boron neutron capture therapy (BNCT) at a nuclear research reactor. European Commission Joint Research Centre, Institute for Energy, Petten, The Netherlands pp 50-61

[40] Huiskamp R, Gavin PR, Coderre JA et al (1996) Brain tolerance in dogs to boron neutron capture therapy with borocaptate sodium (BSH) or boronophenylalanine (BPA).

In: Mishima Y (ed) Cancer neutron capture therapy. Plenum Press, New York, pp 591-596

[41] Imahori Y, Ueda S, Ohmori Y et al (1998) Fluorine-18-labeled fluoroborono-phenylalanine PET in patients with glioma. J Nucl Med 39: 325-333

[42] Javid M, Brownell GL, Sweet WH (1952) The possible use of neutron-capturing isotopes such as boron 10 in the treatment of neoplasms. II. Computation of the radiation energies and estimates of effects in normal and neoplastic brain. J Clin Invest 31: 604-610

[43] Jirtle RL, DeLuca PM, Hinshaw WM et al (1984) Survival of parenchymal hepatocytes irradiated with 14.3 MeV neutrons. Int J Radiat Oncol Biol Phys 10: 895-899

[44] Joel DD, Fairchild RG, Laissue JA et al (1990) Boron neutron capture therapy of intracerebral rat gliosarcomas. Proc Natl Acad Sci USA 87: 9808-9812

[45] Kiger JL, Kiger WS 3rd, Riley KJ et al (2008) Functional and histological changes in rat lung after boron neutron capture therapy. Radiat Res 170: 60-69

[46] Kreimann EL, Itoiz ME, Longhino L et al (2001) Boron neutron capture therapy for the treatment of oral cancer in the hamster cheek pouch model. Cancer Res (Advances in Brief) 61:8638-8642

[47] Kreimann EL, Miura M, Itoiz ME et al (2003) Biodistribution of a carborane-containing porphyrin as a targeting agent for boron neutron capture therapy of oral cancer in the hamster cheek pouch. Arch Oral Biol 48: 223-232

[48] Mansfield C, Hopewell JW, Beynon TD et al (2001) A biological comparison of neutron beams used for BNCT research. In: Hawthorne F et al (eds) Frontiers in neutron capture therapy. Kluwer Academic/Plenum Publishers, New York, pp 407-411

[49] Mason AJ (2005) A comparison of epithermal neutron beams for BNCT. Ph.D. thesis, University of Birmingham, Birmingham

[50] Mason AJ, Giusti V, Green S et al (2011) Interaction between the biological effects of high- and low-LET radiation dose components in a mixed field exposure. Int J Radiat Biol 87: 1162-1172

[51] Matalka KZ, Bailey MQ, Barth RF et al (1993) Boron neutron capture therapy of intracerebral melanoma using boronophenylalanine as a capture agent. Cancer Res 53: 3308-3313

[52] McNally NJ, de Ronde J, Hinchliffe M (1984) The effect of sequential irradiation with X-rays and fast neutrons on the survival of V79 Chinese hamster cells. Int J Radiat Biol Relat Stud Phys Chem Med 45: 301-310

[53] McNally NJ, de Ronde J, Folkard M (1988) Interaction between X-ray and α-particle damage in V79 cells. Int J Radiat Biol Relat Stud Phys Chem Med 53: 917-920

[54] Millar WT, Hopewell JW (2007) Effects of very low dose-rate $^{90}Sr/^{90}Y$ exposure on the acute moist desquamation response of pigskin: comparison based on predictions from dose fractionation studies at high dose rate with incomplete repair. Radiother Oncol 83: 187-195

[55] Mishima Y, Ichihashi M, Nakanishi T et al (1983) Cure of malignant melanoma by single thermal neutron capture treatment using melanoma seeking compounds: ^{10}B/melanogenesis interaction to in vitro/in vivo radiobiological analysis to preclinical studies. In: Fairchild RG, Brownell G (eds) Proceedings of the first international symposium on neutron capture therapy. Brookhaven National Laboratory, Upton, pp 355-364

[56] Mishima Y, Imahori Y, Honda C et al (1997) In vivo diagnosis of human melanoma with positron emission tomography using specific melanoma-seeking ^{18}F-DOPA analogue. J Neurooncol 33: 163-169

[57] Miura M, Joel DD, Smilowitz HM et al (2001) Biodistribution of copper carboranyltetraphenylporphyrins in rodents bearing an isogeneic or human neoplasm. J Neurooncol 52: 111-117

[58] Morgan GR, Mill AJ, Roberts CJ et al (1988) The radiobiology of 24 keV neutrons. Measurement of the relative biological effect free-in-air, survival and cytogenetic analysis of the biological effect at various depths in a polyethylene phantom and modification of the depth-dose profile by boron 10 for V79 Chinese hamster and HeLa cells. Br J Radiol 61: 1127-1135

[59] Morris GM, Coderre JA, Hopewell JW et al (1994) Response of rat skin to boron neutron capture therapy with p-boronophenylalanine or borocaptate sodium. Radiother Oncol 32: 144-153

[60] Morris GM, Coderre JA, Hopewell JW et al (1994) Response of the central nervous system to boron neutron capture irradiation: evaluation using rat spinal cord model. Radiother Oncol 32: 249-255

[61] Morris GM, Coderre JA, Bywaters A et al (1996) Boron neutron-capture irradiation of the rat spinal cord: histopathological evidence of a vascular-mediated pathogenesis. Radiat Res 146: 313-320

[62] Morris GM, Coderre JA, Hopewell JW et al (1996) Boron neutron capture irradiation of the rat spinal cord: effects of variable doses of borocaptate sodium. Radiother Oncol 39: 253-259

[63] Morris GM, Coderre JA, Micca PL et al (1997) Central nervous system tolerance to boron neutron capture therapy with p-boronophenylalanine. Br J Cancer 76: 1623-1629

[64] Morris GM, Smith DW, Patel H et al (2000) Boron microlocalisation in oral mucosal tissue: implications for boron neutron capture therapy. Br J Cancer 82: 1764-1771

[65] Morris GM, Coderre JA, Smith DR (2001) A rat model of oral mucosal response to boron neutron capture therapy. In: Hawthorne F et al (eds) Frontiers in neutron capture therapy. Kluwer Academic/Plenum Publishers, New York, pp 1273-1277

[66] Morris GM, Coderre JA, Hopewell JW et al (2003) Porphyrin-mediated boron neutron capture therapy: evaluation of the reactions of skin and central nervous system. Int J Radiat Biol 79: 149-158

[67] Morris GM, Coderre JA, Micca PL et al (2005) Porphyrin-mediated boron neutron capture therapy: a preclinical evaluation of the response of the oral mucosa. Radiat

Res 163: 72-78

[68] Nelson JS, Liaw LH, Orenstein A et al (1988) Mechanism of tumor destruction following photodynamic therapy with hematoporphyrin derivative, chlorin, and phthalocyanine. J Natl Cancer Inst 80: 1599-1605

[69] Nievaart VA, Moss RL, Kloosterman JL et al (2006) Design of a rotating facility for extracorporal treatment of an explanted liver with disseminated metastases by boron neutron capture therapy with an epithermal neutron beam. Radiat Res 6: 81-88

[70] Ono K, Masunaga S, Suzuki M et al (1999) The combined effect of borono phenylalanine and borocaptate in boron neutron capture therapy for SCCVII tumors in mice. Int J Radiat Oncol Biol Phys 43: 431-436

[71] Packer S, Coderre JA, Saraf S et al (1992) Boron neutron capture therapy of anterior chamber melanoma with p-boronophenylalanine. Invest Ophthalmol Vis Sci 33: 395-403

[72] Perris A, Pialoglou P, Katsanos AA et al (1986) Biological effectiveness of low energy protons. I. Survival of Chinese hamster cells. Int J Radiat Biol Relat Stud Phys Chem Med 50: 1093-1101

[73] Phoenix B, Green S, Hill MA et al (2009) Do the various radiations present in BNCT act synergistically? Cell survival experiments in mixed alpha-particle and gamma-ray fields. Appl Radiat Isot 67: S318-S320

[74] Pinelli J, Altieri S, Fossati F et al (2001) Operational modalities and effects of BNCT on liver metastases of colon adenocarcinoma. In: Hawthorne F et al (eds) Frontiers in neutron capture therapy. Kluwer Academic/Plenum Publishers, New York, pp 1427-1440

[75] Pop LA, Millar WT, van der Plas M et al (2000) Radiation tolerance of rat spinal cord to pulsed dose rate (PDR-) brachytherapy: the impact of differences in temporal dose distribution. Radiother Oncol 55: 301-315

[76] Rydin RA, Deutsch OL, Murray BW (1976) The effect of geometry on capillary wall dose for boron neutron capture therapy. Phys Med Biol 21: 134-138

[77] Saris SC, Solares GR, Wazer DE et al (1992) Boron neutron capture therapy for murine malignant gliomas. Cancer Res 52: 4672-4677

[78] Stone RS (1948) Neutron therapy and specific ionization. Am J Roentgenol Radium Ther 59: 771-785

[79] Stragliotto G, Fankhauser H, Gutin PH et al (1995) Biodistribution of boron sulfhydryl for boron neutron capture therapy in patients with intracranial tumors. Neurosurgery 36: 285-293

[80] Trivillin VA, Heber EM, Itoiz ME et al (2004) Radiobiology of BNCT mediated by GB-10 and GB-10 + BPA in experimental oral cancer. Appl Radiat Isot 61: 939-945

[81] Trivillin VA, Heber EM, Nigg DW et al (2006) Therapeutic success of boron neutron capture therapy (BNCT) mediated by a chemically non-selective boron agent in an experimental model of oral cancer: a new paradigm in BNCT radiobiology. Radiat Res 166: 387-396

[82] Trivillin VA, Heber EM, Rao M et al (2008) Boron neutron capture therapy (BNCT) for the treatment of spontaneous nasal planum squamous cell carcinoma in felines. Radiat Environ Biophys 47: 147-155

[83] van der Kogel AJ (1991) Central nervous system radiation injury in small animal models. In: Gutin PH, Leibel SA, Sheline GE (eds) Radiationinjury to the nervous system. Raven, New York, pp 91-111

[84] Yang W, Barth RF, Carpenter DE et al (1996) Enhanced delivery of boronophenylalanine for neutron capture therapy by means of intracarotid injection and blood-brain barrier disruption. Neurosurgery 38: 985-992

[85] Yang W, Barth RF, Rotaru JH et al (1997) Boron neutron capture therapy of brain tumours: enhanced survival following intracarotid injection of sodium borocaptate with or without blood-brain barrier disruption. Int J Radiat Oncol Biol Phys 37: 663-672

第 18 章 健康组织的耐受性和 BNCT 理想照射剂量

中川佳宣和影治照喜

18.1 简 介

胶质母细胞瘤是一种低分化胶质瘤，被认为是最恶性和最难治疗的脑肿瘤。它通常生长在大脑白质，然后迅速侵入正常脑组织。大多数患有这种侵袭性胶质瘤（包括间变性星形细胞瘤和除胶质母细胞瘤外的低度星形细胞瘤）的患者由于其周围正常脑组织受损的风险，已经超出了手术切除肿瘤的范围。尽管联合手术和化疗或高剂量放射疗法进行了积极治疗，胶质母细胞瘤患者的中位生存期通常仍为 9~10 个月，5 年存活率不到 5%。即使是超高能放疗，如质子束治疗或重离子放疗，因其特有的布拉格峰，也难以控制浸润性肿瘤细胞。使用立体定向直线加速器照射、伽马刀照射或质子束疗法进行了剂量递增试验，以提高肿瘤体积照射剂量。然而，还没有有效的试验报告。伽马刀治疗和常规放疗都采用伽马射线或 X 射线照射。这种低 LET 的照射束不是肿瘤特异性的，因此，低 LET 的高剂量照射会对周围正常脑组织产生广泛的损伤。众所周知，使用 X 射线或伽马射线照射的放射治疗可改善恶性肿瘤患者的临床结果，但也会增加生活质量差的风险，并伴有慢性神经认知效应和功能缺陷（图 18.1）[1]。控制侵袭性和抗辐射性的肿瘤（如胶质母细胞瘤和间变性星形细胞瘤等），而不对正常脑组织产生严重损害，则必须在细胞水平上进行治疗。

中川佳宣（✉）
日本，香川 765-0051，香川国立儿童医院，神经外科
e-mail: ynakagawa0517@yahoo.co.jp

影治照喜
日本，德岛 770-8503，库本町 3-18-15，德岛大学，医学院，神经外科
e-mail: kageji@clin.med.tokushima-u.ac.jp

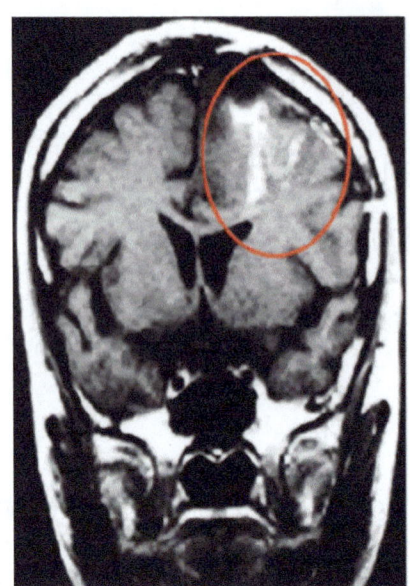 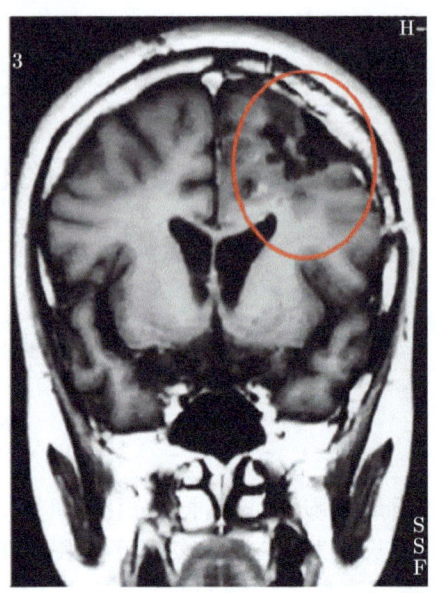

图 18.1 BNCT 前 (左) 和 BNCT 后 2 年 (右) MRI (Gd+) 图像。一位 41 岁女性患有头痛、癫痫发作和右偏瘫。核磁共振成像显示左顶叶有增强肿块。她接受了开颅手术和肿瘤部分切除术。组织学诊断为胶质母细胞瘤。BNCT 于 1992 年 8 月在 KUR 上进行。标示区 (圆)显示 BNCT 前存在的肿瘤在 BNCT 后完全消失。BNCT 后病灶周围脑组织无明显实质损伤

18.2 临床经验——抗肿瘤作用

BNCT 的临床试验于 1951 年由斯威特 (Sweet) 等人 [2] 和法尔 (Farr) 等人在布鲁克海文国家实验室发起。然而，由于临床结果令人沮丧，这些试验在 1961 年后中止。研究人员报告说，最初失效的重要因素可能是中子源的快中子和伽马射线污染以及硼化合物的选择性不足。畠中坦 (H. Hatanaka) 是原波士顿团队的成员，他发现了一种新的硼化合物，即巯基十一氢十二硼酸钠 ($Na_2B_{12}H_{11}SH$ 或 BSH)。索洛韦 (Soloway) 等人研究了 BSH 的毒性、分布和代谢。1968 年，畠中修改了在美国学习的 BNCT，并在日本使用 BSH 恢复了 BNCT 临床研究 [3]。影治 (Kageji) 等人利用临床数据证明其选择性积聚在肿瘤组织中 (图 18.2)[4]。

1968 年以来，不仅在日本，而且在美国和欧洲进行了各种 BNCT 的临床试验。大多数试验 (除了我们的研究) 集中在如何增加辐射剂量，包括伽马射线。我们的 BNCT 概念是利用 $^{10}B(n, \alpha)^7Li$ 反应产生的重电荷粒子选择性地破坏肿瘤细胞。因此，为了提高临床疗效，我们的工作集中在增加临床靶区内 α 粒子和反

18.2 临床经验——抗肿瘤作用

冲锂-7 (^{7}Li) 的剂量。两种重粒子的物理剂量取决于靶点的中子通量和肿瘤组织中的硼浓度。根据我们的分析，肿瘤组织和血液中硼浓度 (BSH) 的比值几乎稳定在 1.2~1.69。通过提高热中子束的穿透能力，可以实现照射剂量的增加。我们设计了几个实验，使用热中子，涉及使用重水、全脑照射和多方向照射。我们发现，通过外科手术去除肿瘤组织，在皮层中制造一个充满空气的空腔是最有效的方法，它显著提高了中子穿透性 (图 18.3)[5-7]。在肿瘤完全切除后，我们建议将临床靶区体积隔离在减瘤腔外 2 cm 处。如果计划是用空气填充整个空腔，并用超热中子射束对其进行照射，那么通量的峰值位于距空腔表面 1~2 cm 的深度处。这一层代表了临床靶区体积本身，意味着最大的照射剂量将被选择性地递送到浸润的肿瘤细胞，从而提供最有效的照射。另一种策略是引入超热中子[8]。随着京都大学反应堆实验所 (KURI) 的 KUR 和日本原子能研究所 (JAERI) 的 JRR-4 投入运行，超热中子可以用于医学用途。手术和使用超热中子的放疗相结合被纳入旨在开发恶性脑癌患者新治疗策略的试验设计中。

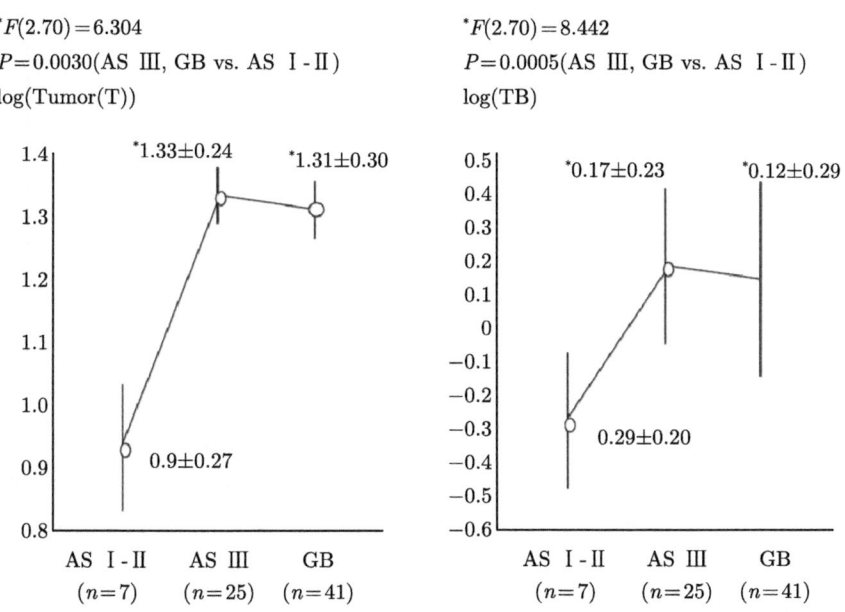

*ANOVA Fisher's PLSD (菲舍尔的保护最小显著性差异法的方差分析)

图 18.2 低级别星形细胞瘤 (AS I-II)、间变性星形细胞瘤 (AS III) 和胶质母细胞瘤 (GB) 中硼摄取的比较。AS III、GB 和 AS I-II 之间存在显著差异。病理上，AS III 和 GB 的肿瘤细胞密度明显高于 AS I-II。结果表明 BSH 在肿瘤细胞中有选择性地蓄积

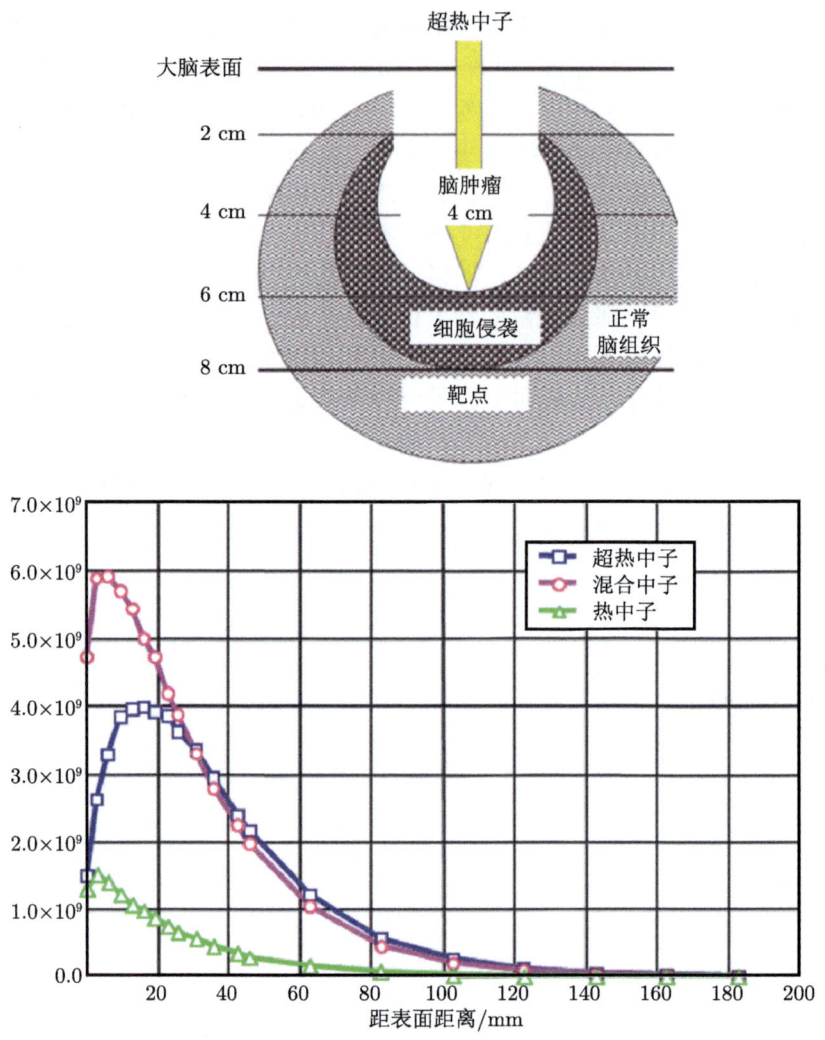

图 18.3　中子射束穿透与减瘤手术效果的示意图。如果一个脑瘤被完整切除，并且腔中充满了空气，那么超热中子可以在没有任何明显衰减的情况下到达空腔的底部。热中子的峰值位于距离空腔表面 1~2 cm 的深度处，即靶点。临床靶区体积，包括细胞级别浸润区，可以有效地受到照射

18.3　临床经验——对正常组织的影响

临床试验的另一个主题是保护正常脑组织[9]。我们研究了 BNCT 术后出现放射性坏死的所有患者。放射性坏死主要由 CT 和/或 MRI 诊断。坏死区由增强扫描 MRI T1 加权图像的低强度区和 T2 加权图像的高强度区确定。增强扫

18.3 临床经验——对正常组织的影响

描 CE-CT 上低密度区也提示坏死。除原发性肿瘤外，旁边还应出现新的异常表现。放射性坏死 19 例 (19/183 10.4%)。19 例患者中有 14 例表现为影像学改变以及运动无力和言语障碍等临床症状。14 例患者中有 5 例在 BNCT 后 1 周内发生癫痫发作。其余 5 例仅表现为影像学改变，无神经系统损害。术后 2 个月至 2 年，CT 或 MRI 显示放射性坏死。只有一位接受二维放疗的胶质母细胞瘤患者在 BNCT 术后 2 周出现急性脑肿胀。两组 (坏死组与非坏死组) 在年龄、照射时间、硼浓度、最大中子通量等方面无明显差异。然而，根据北尾 (Kitao) 和雷丁 (Rydin) 的报告计算出的血管照射剂量有显著差异。放射性坏死患者的血管照射剂量为 (21.8 ± 8.1) Gy，而无放射性坏死患者的血管剂量为 (9.4 ± 5.1) Gy。在这项研究之后，为了减少放射性坏死的发生率，我们决定在我们的方案中使用最大血管剂量应小于 15 Gy (表 18.1)。

表 18.1 放射性坏死及其相关因素

	坏死 (+) ($n=19$)	坏死 (−) ($n=164$)
年龄	38.5 ± 19.0	41.8 ± 18.6
照射时间/min	254 ± 99	218 ± 108
血液中的 ^{10}B 浓度/ppm	28.9 ± 9	22 ± 10
中子注量/($\times 10^{13}$ n/cm^2)	2.1 ± 0.6	1.7 ± 0.8
最大血管剂量/Gy	21.8 ± 8.1	9.4 ± 5.1

1968 年我们在日本的系列研究中，观察到预后良好和较差的患者在物理照射剂量和最大中子通量方面存在显著差异。105 例患者中有 6 例在 BNCT 后存活 10 年以上。本组肿瘤体积照射剂量估计为 (18.2 ± 3.3) Gy。11 例生存 5 年以上者为 (12.4 ± 3.5) Gy。12 例 3 年以上患者与 76 例 3 年以下患者无明显差异。两组间放疗时间无显著差异。因此，我们建议控制胶质母细胞瘤的理想照射剂量 (硼 n-α 反应的物理剂量) 应大于 15 Gy (表 18.2)。

表 18.2 临床结果与肿瘤体积照射剂量的比较 ($n=105$, 1977~1997)

患者存活	照射剂量/Gy	照射时间/min
10 年以上 ($n=6$)	18.2 ± 3.3	240 ± 66
5 年以上 ($n=11$)	12.4 ± 3.5	210 ± 76
3 年以上 ($n=12$)	9.8 ± 5.0	252 ± 61
3 年以下 ($n=76$)	9.9 ± 6.0	231 ± 84

注：照射剂量由硼 n-α 反应的物理剂量来表示。

我们以前报道过伽马射线在 BNCT 中不起重要作用。伽马射线和 X 射线代表低 LET 值的稀疏电离辐射 (伽马射线，LET $= 0.3$ keV/μm；250 kV X 射线，LET $= 0.3$ keV/μm)，但这两个重电荷粒子具有较高的 LET 值 (α 粒子，1.47 MeV，射程 $= 7.5$ μm，平均 LET $= 196$ keV/μm；Li$^+$, 0.84 MeV，射程 $= 5.2$ μm，平均

LET = 162 keV/μm，因此，重电荷粒子的生物效应与低 LET 辐射的生物效应有显著不同。对于成功的 BNCT，必须在肿瘤细胞中积累足够数量的 ^{10}B，并且必须将足够剂量的热中子照射到肿瘤细胞上并被 ^{10}B 吸收。当 LET 约为 100 keV/μm 时，RBE 最高。重电荷粒子的电离辐射效应是否归因于电离辐射后 DNA 的双链断裂，目前尚不清楚。因此，为了正确评估 BNCT 中的递送剂量，有必要区分重粒子和伽马射线的物理剂量。

18.4 未来战略

为了正确评价 BNCT 中递送的剂量，必须区分重粒子的物理剂量和伽马射线的物理剂量。为了评估 BNCT 的有效性和促进有效的照射计划，还需要估计和比较肿瘤区、临床靶区和计划靶区中带电粒子的物理剂量。我们预计，在未来，随着利用超热中子射束照射与神经外科相结合的治疗策略的进一步进展，照射剂量将得到很好的调整，从而优化恶性脑肿瘤患者的治疗效果。因此，近期 BNCT 的趋势是回归旧策略，即增加肿瘤总照射量（包括伽马射线）。这种策略可能是一种传统的方法。

参考文献

[1] Mulhern KR et al (2004) Late neurocognitive sequelae in survivors of brain tumors in childhood. Lancet Oncol 5: 399-408

[2] Sweet HW, Javid M (1952) The possible use of neutron-capturing isotopes such as boron-10 in the treatment of neoplasm. I. Intracranial tumor. J Neurosurg 9: 200-209

[3] Hatanaka H, Nakagawa Y (1994) Clinical results of long-surviving brain tumor patients who underwent boron neutron capture therapy. Int J Radiat Oncol Biol Phys 28: 1061-1066

[4] Kegeji T et al (2001) Optimal timing of neutron irradiation for boron neutron capture therapy after intravenous infusion of sodium borocaptate in patients with glioblastoma. Int J Radiat Oncol Biol Phys 51: 120-130

[5] Nakagawa Y (1994) Boron neutron capture therapy: the past to the present. Int J Radiat Oncol Biol Phys 28: 1217

[6] Nakagawa Y, Hatanaka H (1997) Boron neutron capture therapy-clinical brain tumor study. J Neurooncol 33: 105-115

[7] Nakagawa Y et al (2003) Clinical review of Japanese experience with boron neutron capture therapy and a proposed strategy using epithermal neutron beams. J Neurooncol 62: 87-99

[8] Kageji T et al (2006) Boron neutron capture therapy using mixed epithermal and thermal neutron beams in patients with malignant glioma—correlation between radiation

dose and radiation injury and clinical outcome. Int J Radiat Oncol Biol Phys 65: 1446-1455

[9] Kageji T et al (2006) Correlation between BNCT radiation dose and histopathological findings in BSH-based intra-operative BNCT for malignant glioma. Adv Neutron Capture Ther 2006: 35-36

第六部分
临床应用

第 19 章　BNCT 临床试验：一项具有挑战性的任务

安德烈·维蒂格和沃尔夫冈·A. G. 索尔文

19.1　简　　介

在肿瘤学领域，科学家们正在不断寻找创新的、更有效的、毒性更小的治疗方法，以改善局部肿瘤的控制、患者的生存和生活质量。硼中子俘获疗法 (BNCT) 是实现这一目标的一种创新方法。

在积极的临床前研究之后，临床试验是创新方法发展过程中必不可少的，以证明一种新的治疗方法是安全有效的。为了确保对研究对象的保护，临床试验的进行受到基于国际准则的国家法律的严格管制。这些复杂的规则最初是为研究新药而制定的，但已经扩展到医药产品和人类的治疗程序，包括"先进疗法"。开发新疗法的试验策略已经为药物制定了良好的标准。然而，缺乏一个明确的临床试验设计来测试和实施二元治疗模式，如 BNCT[1]。

传统疗法与 BNCT 的主要区别如下：

(1) BNCT 的治疗理念与传统疗法有着根本的不同。目前的放射肿瘤学技术通过对肿瘤施加尽可能适形的射线 (通过"弹道"精度实现对肿瘤的选择性损伤) 来优化剂量分布。相反，BNCT 可以照射一个很广的区域，在那里可以看到微小的病灶。对肿瘤细胞的选择性损伤不是通过初级射束的直接作用来实现的，而是通过中子俘获反应在 ^{10}B 原子存在的地方释放高 LET 粒子来实现的。只有当 ^{10}B 原子被一种特殊的化合物输送到肿瘤上，用热中子照射时才会产生治疗效果 [1,2]。

安德烈·维蒂格（✉）
德国，马尔堡，马尔堡–菲利普斯大学，放射治疗和放射肿瘤学系
e-mail: andrea.wittig@uni-due.de

沃尔夫冈·A. G. 索尔文
德国，埃森，D-45122，杜伊斯堡-埃森大学，埃森大学医院
放射肿瘤科，中子俘获团队
e-mail: w.sauerwein@uni-due.de

(2) BNCT 治疗原理的二元性要求研究一种对靶向肿瘤细胞敏感的化合物，但是没有自身的治疗效果。这种硼载体必须像所有其他研究药物一样经过标准的临床试验；然而，采用传统的方法来测试这种化合物并不严格适用[1]。

(3) 缺少处方和报告照射剂量的标准，以及报告硼和/或硼化合物浓度和分布的标准。测量硼浓度和硼分布的方法各不相同，终点也不同。所有这些方法都提供了有价值但往往根本不同的信息，而且不容易比较。此外，并非所有这些方法对临床决策都有价值，例如，因为它们要求太高，而且需要几天到几周的时间才能得出结果。

(4) BNCT 使用的照射束不是为临床实践而建立的，它会产生复杂的剂量分布，包括高和低 LET 成分。

(5) 到目前为止，BNCT 所必需的超热中子射束只能由核反应堆产生。这涉及使用非临床应用的技术设备，因此可能需要特殊许可。

(6) 大多数照射设施不是基于医院的，也不是位于医疗环境中，而是位于研究场所，例如研究反应堆。

(7) 到目前为止，用于 BNCT 的照射设施和射束不仅与传统放疗的设施和射束有很大的不同，而且 BNCT 所用的射束之间也各不相同。这些差异使进行多中心试验复杂化，然而多中心试验在 BNCT 发展过程中的某个阶段却是必要的。

(8) 尽管有大量的临床前研究，但数据往往缺乏一致性和可比性。早期的临床前和临床研究并不是按照今天的标准（如 GMP）进行的；因此，必须谨慎地解释这些研究的结果，尤其是在用于开发试验概念的基准时。

(9) 到目前为止，商业公司对 BNCT 的药物开发和技术开发表现出了适度的兴趣，因为与目前的标准治疗方法相比，该方法的优越性还远远没有得到评判。然而，药物开发通常由制药行业进行，需要专门的设施和资金。

(10) 由于治疗原理的特殊性，BNCT 临床试验的设计受到 BNCT 高度复杂和跨学科性质的挑战，BNCT 需要中子物理、硼化学、放射生物学、放射肿瘤学、专业分析方法和药理学等领域的专业知识。这类知识通常只在选定的学术机构才能获得。BNCT 还需要专家（如核物理学家）的专业知识，他们不习惯于在医学领域工作，甚至不习惯于临床试验。

(11) 由于 BNCT 只能在选定的机构提供，患者接受治疗通常要长途旅行，这使得及时、合格和有充分记录的招募以及患者随访的问题复杂化。在一些临床项目中可以建立跨国界的合作，但这需要尊重所有相关国家的国家法律，有时也会存在语言障碍，特别是对患者而言。

这些方面使得 BNCT 的临床试验成为科学家和监管机构面临的一项具有挑战性的任务。创新的临床试验设计必须结合创新的组织和管理理念以及严格的质量保证来应对这些挑战。此外，还需要对所有相关工作人员进行深入培训。多学科和国际合作是非常可取和经济的。

在过去的几年里，我们已经努力开发了临床试验策略，以使 BNCT 成熟为一种治疗方式。以下章节描述了应对所述挑战的想法和可能的解决方案。

19.2　临床试验设计

癌症临床试验包括不同阶段的研究。在成功的临床前研究之后，通过一系列的临床试验来评估一种新的治疗方法，以测试其安全性和有效性。涉及新药的临床试验通常分为四个组成阶段[3]。开发过程通常要经过所有四个阶段，如果成功地通过了第 0~Ⅲ 阶段，一种药物将被国家监管机构批准用于普通人群。由于 BNCT 的二元性质，我们建议调整这些测试阶段，如表 19.1 所示，以严格遵循既定标准，但还要考虑 BNCT 的特殊需求。

表 19.1　BNCT 中新开发的 ^{10}B 化合物的临床研究阶段

阶段	主要终点
0_{DRUG} 期 ("转化研究")	作为亚治疗剂量、药代动力学、药效学原理的第一个人类证据，化合物传递的 ^{10}B 在肿瘤中的选择性累积 (替代终点)
I_{DRUG} 期	药物在 (接近) 治疗剂量下的耐受性和安全性，该化合物在肿瘤和正常组织中选择性累积 ^{10}B，药代动力学，药效学
I_{BNCT} 期	该化合物与中子照射 (BNCT) 组合的耐受性和安全性，剂量探索首先用亚治疗剂量，再递增剂量 (化合物剂量和/或照射剂量的剂量递增)
II_{BNCT} 期	BNCT 在药物治疗剂量和照射剂量下的疗效，最佳剂量 (药物和照射) 的确定，抗肿瘤效果
III_{BNCT} 期	BNCT 与标准治疗的疗效比较

19.2.1　临床前研究

临床试验的设计和实施必须依赖临床前的数据。因此，临床前阶段对新治疗方案的成功具有决定性意义。

在任何新的治疗方法用于患者的研究之前，必须在细胞培养物和动物身上进行试验。药物开发包括发现化合物的整个过程以及通过所有必要的临床前试验 (第 0 阶段：化合物合成、表征、分析；第 Ⅰ 阶段：短期毒性研究、首次动物药物研究、完整的化学评估、处方前研究、确定毒性和药理作用的体外和体内试验、遗传毒性、药物吸收、代谢物的代谢和毒性、药物和代谢物的排泄速度；第 Ⅱ 阶段：开始人体试验)，然后才允许对人体进行研究。必要的临床前试验是高度标准化的，受法律管制，通常由制药行业进行。只有当这些研究表明这种治疗是安全的，它才会在临床试验中对患者进行测试。

化合物巯基十一氢十二硼酸钠 (BSH，$Na_2{}^{10}B_{12}H_{11}SH$)[4] 和 L-对-硼苯基丙氨酸 (BPA，$C_9H_{12}{}^{10}BNO_4$)[5] 早在这些严格的法规出台之前就已经开发和测试过了。因此，关于这两种化合物的早期临床前和临床研究结果必须谨慎解释，一些基本信息仍然缺失，例如，关于两种化合物代谢的信息。尽管有这些事实，今天，这两种化合物通常被允许在临床试验中用作实验药物，因为在人类身上已经有了相当多的信息 (见第 8 章)。

如果在学术环境中设计和测试用于 BNCT 的新的化合物，强烈建议在开发的早期阶段按照既定的临床前测试规则进行测试，否则对有希望的化合物的进一步研究将严重延迟。

19.3　临床研究

19.3.1　第 0 期

第 0 期临床试验通常研究一种新药在非常小的亚治疗剂量下的药效学和药代动力学。

对于 BNCT，在机理证据的意义上，还应测试化合物在所选肿瘤实体中的选择性摄取。替代终点 (^{10}B 浓度) 极大地促进了测试过程。然而，这并不意味着需要一个标准的第 I 阶段试验来评估 BNCT 中药物和照射的联合毒性。这一点尤其正确，因为不均匀 ^{10}B 分布和含有低和高 LET 成分的照射的综合生物效应可以在涉及照射的试验中单独进行研究[1]。

试验设计简化了在开发早期对这些特性的测试，从而避免了昂贵的 BNCT 试验中的治疗失败，这涉及对患者进行照射[2]。这种试验设计的一个例子是 EORTC 试验 11001，这是一项前瞻性转化研究/第一阶段临床试验。该试验旨在通过证明巯基十一氢十二硼酸钠 (BSH) 或对硼苯基丙氨酸 (BPA) 或两种化合物[2,6]的选择性摄取，来确定可使用 BNCT 治疗的肿瘤实体。在这种试验中注射的药物量必须低于预期的毒性事件剂量。然而，毒性评估是此类试验的决定性部分。在没有治疗意图的早期临床试验中，必须将患者数量控制在最低限度。患者数量少，只允许描述性统计，这在第 I 阶段临床试验中也很常见。

包括转化研究在内的试验有时被称为第 V 期。

19.3.2　第 I 期

第 I 期试验旨在研究更多患者 (20~100 人) 的药物警戒性和剂量范围 (通常为亚治疗剂量)。

在 BNCT 中，首先，应进行 I 期 (I_{DRUG}) 试验，以测试药物在 (接近) 治疗剂量下的耐受性和安全性，并应加深对 ^{10}B 在肿瘤和正常组织中选择性累积的认识，因为这对副作用起决定性作用。进一步的终点是新药物的药代动力学 (尤其是药物应用和照射的时机) 和药效学。

在随后的 I_{BNCT} 期试验中，首先评估新化合物与中子照射 (BNCT) 组合的耐受性和安全性。该试验还旨在首先使用亚治疗剂量进行剂量探索，递增剂量，而药物和/或照射剂量都可能增加，并应根据药物的特性作出决定。

19.3.3 第 II 期

第 II 期试验研究一种新药在治疗剂量下是否有效。疗效通常在 50~300 名患者中进行测试。

因此，BNCT 的 II 期试验将确定 BNCT 治疗在药物的治疗剂量和治疗的照射剂量下的抗肿瘤效果。在本阶段研究的特定设计部分，仍需确定最佳剂量 (关于药物和照射) 和时间。在 BNCT 的临床研究中，这一阶段的试验通常被设计成病例系列，在选定的一组患者中，用相应的药物测试 BNCT 的安全性和活性。

19.3.4 第 III 期

第 III 期通常是随机对照的多中心试验，以确定新疗法与目前的治疗标准相比在一个大的群体 (200~3000 或更多) 中的治疗效果。

因此，III 期试验将研究 BNCT 的治疗效果，并将其与目前的"金标准"抗癌治疗进行比较。目前，世界范围内与 BNCT 有关的研究尚未进入这一阶段。由于患者数量多，持续时间长，以及治疗设施的差异，这种试验将是最昂贵和最耗时的。在进行多中心试验之前，需要解决有关描述 ^{10}B 浓度和 ^{10}B 分布以及处方和报告照射剂量的国际标准的问题。在比较不同中心的结果时，仍然会存在照射射束的差异，应予以考虑。在目前设施很少的情况下，进行第 III 期试验几乎是不可能的；因此，开发基于医院和基于加速器的新设备是朝着该方法的临床发展迈出的决定性一步。

为参考试验方法，可查阅以下网站：

https://gcp.wiki/

https://www.eortc.org/

19.4 法律法规

所有临床试验必须符合国际指南，如《国际人类用药药品注册技术要求协调会议指南》[7]，例如《良好临床实践规则》(《指南 E6(R1)》)，以及所有适用的指令和国家法律，例如《欧盟药品管理条例》[8] (《美国食品和药品管理局同等监管指南》)[9]。临床试验由适当的监管机构密切监督。

根据我们的经验，在编写试验方案和进行试验的过程中，特别是在建立跨国科学合作的情况下，将监管当局纳入试验概念的讨论是非常有益的。在制定规章和行政规则之前所需的时间不可低估，而且可以通过与监管当局的持续合作来缩短。

强烈建议在 ClinicalTrials.gov 进行注册，这是美国国立医学图书馆在国立卫生研究院运行的最大的临床试验注册和临床试验可搜索数据库。

19.5 伦理行为

每项临床试验必须遵守伦理规则 (如赫尔辛基宣言)，并且在进行试验之前必须得到伦理委员会的批准。从伦理上讲，每个患者在被纳入试验之前都必须得到详细的知情同意。

通常，纳入 BNCT 临床试验中的受试者都处于特殊情况下 (威胁生命的疾病，有时是生命的末期，患者出于利他主义的原因参与研究)，这可能导致伦理问题，过去研究小组/伦理委员会对这些问题的回答截然不同。当 BNCT 仍然是一种实验性的治疗选择时，尤其会出现这样的问题，因为 BNCT 在某些概念中包含可能导致严重副作用的程序，例如特殊的外科手术、肝移植、再照射和大量预治疗的患者。

在进行非常早期的临床试验时也存在伦理问题，包括风险效益比和缺乏治疗意图。患者的风险可以通过非常有限的药物接触来降低，这低于无明显不良反应水平 (NOAEL= 无任何毒性的最高给药剂量)，而有关药代动力学和分布的重要机理和数据仍然可以获得。这些数据有助于设计更详细的试验，这些试验是基于早期的临床数据而不是动物模型[2]。

每个临床研究小组和每个研究人员都有责任与当地伦理委员会合作，按照国际标准，以尽可能最好和最负责任的方式规划和开展此类试验，以确保受试者的权利和安全得到保护。这还包括对所有程序进行的仔细记录，即使患者住得很远，也要对他们进行仔细随访，并及时公布结果。

19.6 安全和质量保证

以上提到的一些挑战可以通过实施严格的质量保证体系来面对，然而这在所有的临床试验中都是必不可少的。

临床试验方案在计划、执行、评估和发布临床试验的过程中起着重要作用。该方案用于确认所有研究人员的试验设计和遵守情况，即使在不同的中心或国家进行。该方案包括试验设计和知情同意书，并且界定了统计能力。美国、欧盟、日本、加拿大和澳大利亚的临床试验方案的格式和内容已经标准化，以遵循国际人类用药药品注册技术要求协调会议 (ICH) 发布的《良好临床实践指南》(《指南 E6(R1)》)[7]。

大多数的放射治疗设施不是以医院为基础的，也不是位于医疗环境中，而是在研究场所，这些设施必须配备患者治疗所需的所有医疗设备，以处理医疗紧急情况。此外，医务人员和非医务人员必须接受相应的培训，以管理定期和紧急治疗。必须与研究地点附近的学术医院进行良好合作，并签订有关患者运输的协议。

培训员工对于理解所有相关学科的特定术语和需求也至关重要，例如医务人员、医学物理学家、核物理学家、反应堆操作员，以及某些情况下的保安人员。

建立以研究为导向的协调和支持结构可能有助于跨国界进行试验。由于有BNCT经验的科学团体相当少，而且随着监管要求的不断提高，如果BNCT要得到进一步发展，科学家之间的合作就变得极为重要。最重要的是对所有参与的科学家进行系统地培训和继续教育，不仅是临床研究人员，而且还包括其他学科的科学家。这样的培训确保了科学合理和安全的患者治疗以及可靠的随访调查。

参 考 文 献

[1] Wittig A, Collette L, Moss R, Sauerwein WA (2009) Early clinical trial concept for boron neutron capture therapy: a critical assessment of the EORTC trial 11001. Appl Radiat Isot 67(7-8 Suppl): S59-S62

[2] Wittig A, Collette L, Appelman K, Buhrmann S, Jackel MC, Jockel KH et al (2009) EORTC trial 11001: distribution of two ^{10}B-compounds in patients with squamous cell carcinoma of head and neck, a translational research/phase 1 trial. J Cell Mol Med 13(8B): 1653-1665

[3] Sauerwein W, Zurlo A (2002) The EORTC Boron Neutron Capture Therapy Group: achievements and future perspectives. Eur J Cancer 38 Suppl 4 S31-34

[4] Soloway AH, Hatanaka H, Davis MA (1967) Penetration of brain and brain tumor. VII. Tumor binding sulfhydryl boron compounds. J Med Chem 10: 714-717

[5] Snyder HR, Reedy AJ, Lennarj WJ (1958) Synthesis of aromatic boronic acids. Aldehyde boronic acids and a boronic acid analog of tyrosine. J Am Chem Soc 80: 835-838

[6] Wittig A, Malago M, Collette L, Huiskamp R, Buhrmann S, Nievaart V et al (2008) Uptake of two ^{10}B-compounds in liver metastases of colorectal adenocarcinoma for extracorporeal irradiation with boron neutron capture therapy (EORTC Trial 11001). Int J Cancer 122(5): 1164-1171

[7] ICH. http://ec.europa.eu/enterprise/pharmaceuticals/eudralex/eudralex_en.htm. Accessed on 2012

[8] European Commission. The rules governing medicinal products in the European Union. http://ec.europa.eu/enterprise/pharmaceuticals/eudralex/eudralex_en.htm. Accessed on 2012

[9] U.S. Food and Drug Administration, regulatory guidance. Research List of Guidance Documents.
http://www.fda.gov/Drugs/GuidanceComplianceRegulatoryInformation/Guidances/ucm310704.htm. Accessed on 2012

第 20 章 多形性胶质母细胞瘤的外束 BNCT 治疗

山本哲也和松村明

20.1 简 介

临床资料显示,外照射 BNCT 对新诊断的 GBM 在肿瘤切除后有较好的辅助治疗作用。为了提高 BNCT 的疗效,本章对 BNCT 的剂量、给药方式的优化、不同硼传递剂的联合应用、BNCT 与其他治疗方式的联合应用进行了研究。从这些临床报告中可以清楚地看出,无论通过随机试验或采用前瞻性病例对照方法,都需要更好的循证数据。

20.2 新诊断 GBM 的多模式治疗

GBM 是一种常见的成人难治性恶性脑肿瘤,肿瘤生长迅速,侵袭周围正常脑组织。尽管最近在包括手术、放疗和化疗在内的多模式治疗方面取得了进步,但 GBM 很容易复发,并且总生存时间 (OS) 的中位数持续低于 1.5 年。

一些新出现的治疗方法已经为 GBM 患者取得了小的生存效益,但 OS 仍然不到 2 年。利用 5-氨基乙酰丙酸荧光、神经导航和术中磁共振成像 (MRI) 的图像引导手术可以更完整地切除肿瘤的对比增强部分,从而延长术后生存时间[1,2]。与单纯放疗相比,替莫唑胺与标准光子放疗同时使用和辅助使用具有显著的生存优势,且附加毒性最小。替莫唑胺联合放疗组的中位 OS 为 14.6 个月,单纯放疗组为 12.1 个月[3]。接受替莫唑胺加放疗的患者中大约有 25%存活了 24 个月。贝伐单抗是抗血管内皮生长因子的人源化免疫球蛋白 G1 单克隆抗体,与伊立替康

山本哲也 (✉)
日本,茨城,筑波市,305-8575,天王台 1-1-1 号
筑波大学,医学院,神经外科和放射肿瘤学系
e-mail: yamamoto.neurosurg@gmail.com

松村明
日本,茨城,筑波市,305-8575,天王台 1-1-1 号
筑波大学,医学院,神经外科系

联合治疗恶性胶质瘤具有活性。最近的一些研究表明,贝伐单抗和伊立替康联合治疗复发性 GBM 是一种有效的治疗方法,具有中等毒性 [4-6]。

20.3 BNCT 的基本原理

总剂量为 45~60 Gy 的术后分次光子照射的随机试验表明生存时间显著延长 [7-12]。然而,失败模式分析显示 80%~90% 的局部复发率是由于在 2~3 cm 的距离内有微小的侵袭细胞 [13,14]。在一些剂量递增研究中看到了良好的结果,这些研究涉及使用额外的立体定向放射外科治疗、分次质子束照射或其他适形放射治疗技术对主要肿瘤肿块进行剂量递增,而不是对浸润区域进行剂量递增 [15-19]。菲茨克 (Fitzek) 等人报道了用光子和质子加速分割的剂量为 90 Gy 时,中心病灶的肿瘤控制率非常高,将 GBM 患者的中位生存时间 (MST) 延长到 20 个月。然而,复发通常发生在 70~80 Gy 的体积中,放射性坏死也经常发生 [19]。

毫无疑问,外束光子照射无法解决微观入侵的 GBM 细胞 [20]。大范围的治疗足以覆盖对健康脑组织的微观侵袭,如手术切除或高剂量照射,不可避免地会导致某种程度的治疗后神经损伤 [21]。

目前迫切需要一种方法,在这种不治之症中,能够将肿瘤细胞选择性高剂量放射治疗扩大到包括微观侵袭的靶区,同时避免对周围正常脑组织的辐射损伤。

20.4 技术方面

1) 硼化合物

目前有两种硼传递剂 (BPA 和 BSH) 可供选择,并已用于新近诊断的 GBM 的 BNCT 临床试验。除了在 EORTC 第 I 期试验 11961 外,BPA 已用于所有近期的 GBM 外照射临床 BNCT 试验,在 11961 试验中,连续 4 天在 4 个 BNCT 分次治疗之前给予 BSH[22,23]。BSH 介导的 BNCT 在中子照射期间的平均血硼剂量为 30 μg/g,而 BPA 介导的 BNCT 使用 10~30 μg/g 的血硼剂量 (表 20.1)。

由于增殖细胞中氨基酸转运率的提高,BPA 通过肿瘤细胞膜的转运非常活跃 [34,35]。虽然 BPA 的摄取高度依赖于单个肿瘤,但在新诊断的 GBM 的 ^{18}F-BPA-PET 研究中,肿瘤与正常组织 BPA 摄取比率 (2.1~7.1) 得到了证实 [32]。尿结晶、少尿、肾功能衰竭、发热可能是 BPA 注射液的不良反应。

BSH 生物分布研究表明,BSH 分布的主要模式是通过破坏的血脑屏障从血液向肿瘤组织的被动扩散。据报道,在接受 BSH 介导的 BNCT 治疗的人类患者中,肿瘤–血硼浓度比为 0.5~1.0[22,36]。据报道,血管刺激、发热、皮肤反应 (红斑) 和外周血管收缩可能是 BSH 注射液的不良反应 [22,33]。

表 20.1 目前或近期完成的新诊断 GBM 的体外外射束 BNCT 临床试验总结

试验 (文献)	被评估患者数量 (年份), 中位年龄	硼药: 剂量, 输液时间	平均血硼水平 (^{10}B) /(μg/g)	正常大脑剂量^a (峰值)/Gy /(平均值)/Gy	最小肿瘤剂量 GTV^a /Gy	中位生存/月	中子照射 (光子照射)	反应堆
BNL, I/II 期 [24,25]	53(1994~1999), (单射野 56.5 岁)	BPA: 250~330 mg/kg, 2 h	12~16	(8.4~14.8) /(1.8~8.5)	18~55 (53 名受试者中 38 人的数据)	13 (1 野: 14.8, 2 野: 12.1, 3 野: 11.9)	单分次 (无光子)	BMRR, BNL, 美国
哈佛/MIT, I 期 [26,27]	20(1997~1999)^b, 56 岁	BPA: 250~350 mg/kg, 1~2 h	10~12	(8.7~16.4) /(2.7~7.4)	7.3~24.8	12	1 或 2 个分次 (无)	MITR-II, M-67, MIT, 美国
EORTC 11961, I 期 [23]	26(1997~2002), 58 岁	BSH: 100 mg/(kg·min)	30^c	8.6~11.4 Gy (物理硼剂量)/无数据	无数据	13.2(10.4 Gy 队列)^d	4 个分次 (无)	HFR, 佩腾, 荷兰
赫尔辛基大学和 VTT, I/II 期 [28,29]	30(1999~2005) 55.5 岁 18 人	BPA: 290~500 mg/kg, 2 h	无数据	(8.1~13.5) /(3~6)	无数据	21.9(450 mg/kg 队列)	单分次 (无)	FiR-1, 赫尔辛基, 芬兰
Studsvik, II 期 [30]	29(2001~2003), 53 岁	BPA: 900 mg/kg, 6 h	24.7	(7.0~15.5) /(3.3~6.1)	15.5~54.3	14.2^e	单分次 (无)	Studsvik AB, 瑞典
NRI Rez, I 期 [31]	5(2001~)	BSH: 100 mg/kg, 1 h	~20 ~ 30	14.2 以上 /2 Gy	无数据	无数据	单分次 (无)	LVR-15, NRI Rez, 捷克
大阪医学院, II 期 [32]	10(方案 1: 2002~2004), 59 岁	BPA: 250 mg/kg, 1 h BSH: 100 mg/kg, 1 h	61 人使用 BPA 和 BSH	处方峰值剂量 13 Gy 以上	16.3~63.0	14.1	单分次 (无)	KUR, KURRI 和 JRR-4, JAEA, 日本
	11(方案 2: 2004~2006), 47.5 岁	BPA: 700 mg/kg, 6 h BSH: 100 mg/kg, 1 h		处方峰值剂量 15 Gy 以上	26.9~65.4	23.5	单分次 (20~30 Gy/10~20 次)	
筑波大学和 JAEA, I/II 期	8(1998~2007), 65 岁	BPA: 250 mg/kg, 1 h BSH: 5 g/人, 1 h	BSH 34.6, BPA 17.4	(8.4~14.1) /(2.5~3.4)	15.5~42.5	27.1/11.9	单分次 (30Gy)/ 15 次或 30.6 Gy/17 次	JRR-4, JAEA, 日本

注: a. 加权剂量 D_{wi}.
b. 包括两个黑色素瘤。患者在 MITR-II 行 BNCT, FCB 不包括在内;
c. 连续 4 天, 第一天 100 mg/kg, 足以在治疗的第 2~4 天将平均血液浓度保持在 30 μg/g;
d. 第三剂量组的平均存活时间;
e. 从 BNCT 治疗开始计算生存时间。从组织学诊断 BNCT 治疗的平均间隔时间为 40 天。

2) 超热中子

超热 (高能) 中子束是外照射、闭颅 BNCT 的必要条件，并首先在 BNL 上得到应用。超热中子在头皮和颅骨组织中被调节成热 (低能) 中子，可被 ^{10}B 核更有效地俘获。在芬兰 BNCT 中心的 FiR-1 临床反应堆、美国麻省理工学院的 MITR-Ⅱ、荷兰佩滕的高通量反应堆 (HFR)、瑞典的斯图兹维克 (Studsvik) 设施、捷克共和国 Rez 核研究所的 LVR-15 反应堆、JAEA 的 JRR-4 和日本京都大学反应堆 (KUR) 等核设施上，进行了超热中子束的 GBM 临床试验[37]。

3) BPA 输注时间延长

临床前数据表明，较长的输注时间可以改善 BPA 介导的 BNCT 肿瘤中硼积聚的均匀性[35,38,39]。瑞典的一项临床试验采用了长时间输注法 (900 mg/kg，持续 6 h)，血液中的平均硼浓度为 24.7 μg/g[30]。

在大阪医学院的一项试验中也采用了长时间的输注法 (700 mg/kg，持续 6 h)[32]。

4) 分次治疗

使用大鼠脊髓模型和犬脑模型进行的实验研究表明，BNCT 的分次治疗会对中枢神经系统 (CNS) 产生轻微的保护作用[40,41]。BNCT 在 BMRR、FiR-1 和斯图兹维克 (Studsvik) 设施中使用 BPA，在 LVR-15 使用 BSH，在 JRR-4 和 KUR 使用 BSH 和 BPA。分次治疗可以改善硼分布的均匀性，缩短相对较长的照射时间。在佩滕 (Petten) 的 EORTC 试验 11961 中，使用 4 个分次治疗进行中子照射，在每个分次治疗之前连续 4 天输注 BSH。在哈佛–麻省理工学院的试验中，使用两个连续几天输注 BPA 的分次治疗[37]。

5) 联合用药

宫武 (Miyatake) 将 BPA 和 BSH 联合应用于 GBM 的临床 BNCT，目的是使这些不同的化合物在肿瘤细胞的不同亚群中积累[42]。硼化合物的联合使用是基于实验数据的，实验数据显示肿瘤细胞周期依赖性的不同摄取特征[34,35]。在早期尝试联合使用 BPA 和 BSH 时，估计的硼剂量成分大部分来自 BPA。静脉注射 BSH (100 mg/kg) 后再注射 BPA (250~700 mg/kg) 未造成严重的药物相关毒性。该方法还需进一步优化，并对联合用药与单独用药进行比较研究。

6) 附加光子照射

实验数据表明，BNCT 和光子照射的结合会显著提高生存率[43]。在临床情况下，正常脑处方峰值剂量为 13~15 Gy，在 BSH/BPA 介导的 BNCT 后，进行额外的分次光子照射，剂量为 20~30 Gy[32,33]。两种不同的方案对少数患者的耐受性良好，无严重急性或亚急性不良事件。虽然不确定附加光子照射是否能在 BNCT 的临床反应中起作用，但对两个不同方案的两个小队列的存活率似乎是有利的 (中位 OS 为 23.5 和 27.1 个月)。需要进一步优化研究。

7) 空腔充气法

在麻省理工学院的早期试验中,一个充气气球被用来促进热中子输运到肿瘤床的深部边缘[44,45]。这一观点在日本术中 BNCT 被广泛采用。利用这一思想,在外束 BNCT 中尝试了空气填充法,通过脑室贮液囊 (Ommaya reservoir) 将脑脊液置换为空气[32]。

8) BPA-PET

在 BNCT 的剂量规划中,需要确定肿瘤中 ^{10}B 的浓度。^{18}F-标记正电子发射断层摄影术 (PET) 可用于计算 BPA 的病变与正常组织 (L/N) 比率,以估计肿瘤剂量,并确定患者是否适合 BNCT[46]。^{18}F-BPA-PET 和 ^{11}C-MET-PET 在肿瘤摄取方面存在明显的线性相关关系,而 ^{11}C-MET-PET 在癌症诊断方面得到了更广泛的研究,包括 GBM[47]。利用 PET 数据,在不久的将来,更精确的剂量学可以将肿瘤和正常大脑的临床反应和照射剂量联系起来。

20.5 临床应用

外照射束 BNCT 于 1994 年启动,在 BMRR 上使用 BPA-F 和超热中子。在这项临床 I/II 期试验中,使用 1、2 或 3 个照射野对 53 个 GBM 患者进行照射,以评估外照射 BNCT 的安全性和有效性[24,25]。静脉注射 250~330 mg/kg BPA 剂量的 BPA-F 2 h,未发现严重不良事件。在接受 330 mg/kg BPA 治疗的患者中发现尿液中存在 BPA 的沉淀物,这表明存在肾功能异常的潜在风险,说明给予 BPA-F 的量是有限制的。基于合作组通用毒性标准和放射治疗肿瘤组 (RTOG)/EORTC 早期和晚期放射相关发病率标准[25],17 名接受 2 个射野治疗的受试者中有 1 名和使用 3 个射野治疗的 10 名受试者中有 4 名具有 3 级放射毒性 (嗜睡伴或不伴有运动无力、表达性失语、耳毒性)。脑平均剂量为 8 Gy 或较大体积的大脑接受剂量超过 10 Gy 似乎是急性和亚急性中枢神经系统毒性的决定因素[24,48]。一组患者的最佳中位生存时间为 14.8 个月。尽管 53 名受试者的 13 个月生存时间与传统的分次光子照射和替莫唑胺治疗相似[3],但 GBM 患者对单次 BPA 介导的 BNCT 的首次应用耐受性良好。

1996~1999 年,哈佛大学/麻省理工学院进行了一项由 BPA 介导的针对 GBM 的 BNCT 临床试验,根据肿瘤的大小和位置,采用 1 次或 2 个分次连续 2 天和 1~3 个射野[26]。分次治疗的目的是改善 ^{10}B 分布,使其更均匀,通过分次光子成分,在一定程度上有助于保留正常脑组织,并分割在 MITR-II 上相对较长的照射时间。静脉注射 250 mg/kg 的 BPA 历时 1 h,300 mg/kg 历时 1.5 h,350 mg/kg 历时 1.5 h,未发现任何不良事件。对于体积 >60 cm^3 的肿瘤,观察到日本癌症研究所 (NCI) 通用毒性标准 (第 2 版) 3 级或更高症状的发生率为 67%,提示与

20.5 临床应用

颅内压增高有关，而体积 <60 cm³ 的发生率为 19%。第一阶段试验的中位生存期为 12 个月。

1997 年在荷兰佩滕照射设施开始了 BSH 介导的 BNCT I 期试验 (EORTC 试验 11961)。连续 4 天使用 4 个分次进行照射。四次应用 BSH，在整个照射时间内，剂量达到 30 ppm ^{10}B。第 1 天，所有患者接受 100 mg-BSH/kg-BW。四个患者队列接受照射剂量增加。在这项 I 期试验中，剂量处方为热中子通量的最大值，在观察期至少为 6 个月后，下一个队列的剂量增加了 10%。起始剂量设定为 D_B = 8.6 Gy、D_p = 0.6 Gy、D_n=0.9 Gy 和 D_γ = 5.8 Gy。最后一组受试者 D_B = 11.4 Gy，D_p = 0.9 Gy，D_n = 1.2 Gy，D_γ = 7.7 Gy。未观察到与剂量相关的副作用，也未达到照射剂量限值。平均存活期是：第一个剂量组为 10.4 个月，第二个剂量组为 11.3 个月，第三个剂量组为 13.2 个月，第四个剂量组为 11.3 个月[23,49]。该研究给出了以 100 mg/kg 的剂量率和 1 mg/(kg·min) 的输注剂量率进行 BNCT 分次应用的可行性和安全性。

Rez 的核研究所 (NRI) 研究人员在 2001 年开始了 BSH 介导的 BNCT I 期试验 (输注 100 mg-BSH/kg)。BNCT 耐受性好，毒性较小。虽然没有最终报告，但进展的中位时间和总生存率比常规治疗的预期要短[31,50]。

在斯图兹维克 BNCT 设施的 II 期研究中，29 名 GBM 患者接受了 900 mg/kg BPA-F 的 6 h 输注[30,51]。用两个射野进行中子照射。大脑的峰值和平均加权吸收剂量 D_w 分别为 7.0～15.5 Gy 和 3.3～6.1 Gy。肿瘤体积和靶区体积 (肿瘤加水肿加 2 cm 边缘) 的最小剂量分别为 15.4～54.3 Gy 和 8.8～30.5 Gy。4 名患者出现 WHO 3～4 级毒性事件，包括癫痫发作、血尿、血栓形成和红斑。BNCT 治疗至肿瘤进展的中位时间为 5.8 个月，BNCT 后的中位生存时间为 14.2 个月。

在大阪医学院[32]进行的试验中，前 10 名 GBM 患者在 1 h 内输注 100 mg/kg 的 BSH 和 250 mg/kg 的 BPA (方案 1)，后 11 名患者在 6 h 内注射 100 mg/kg 的 BSH 和 700 mg/kg 的 BPA (方案 2)。方案 2 采用每日 2 Gy 的 XRT，总剂量为 20～30 Gy。在治疗方案 1 和方案 2 中，确定了中子照射时间，以将大脑的峰值剂量分别限制在 13 Gy 和 15 Gy。除了在所有患者中发现的脱发外，没有严重的急性毒性报告。方案 1 和方案 2 的平均寿命为 15.6 个月，方案 2 的平均寿命为 23.5 个月。

在赫尔辛基大学中心医院和芬兰国家技术研究中心 (VTT) 进行的芬兰 I/II 期试验中，12 名 GBM 患者使用两个射野在 2 h 内注入 290 mg/kg 的 BPA[28,29]。后续患者的 BPA 剂量从 330 mg/kg (n = 1) 增加到 360 mg/kg (n = 3)、400 mg/kg (n = 3)、450 mg/kg (n = 3) 和 500 mg/kg (n = 8)。最大耐受剂量在 BPA-F 剂量水平在 500 mg/kg 时达到，出现 3 级 (n = 2) 和 4 级 (n = 1) 中枢神经系统毒性。290 mg/kg、(330 mg/kg)/(360 mg/kg)、400 mg/kg、450 mg/kg

和 500 mg/kg 的 BPA 剂量组的 OS 中值分别为 13.4 个月、11.0 个月、16.9 个月、21.9 个月和 14.7 个月。因此，450 mg/kg 的剂量水平被发现是进一步研究新诊断的 GBM 的最佳 BPA 剂量。

筑波大学和德岛大学在日本原子能研究所的 JRR-4 上进行的试验中，8 名受试者在 1 h 内注入 250 mg/kg 的 BPA，在 1 h 内注入 5 g 的 BSH (英文原文为 "BSH/kg")[33]。所有患者在完成 BNCT 后接受额外的光子照射，以定义 T2 加权 MRI 图像的信号异常。BPA-F 联合 BSH 输注耐受性良好，未观察到 BNCT 相关的严重急性毒性 (3 级或 4 级)。中位 OS 和进展时间分别为 27.1 个月和 11.9 个月。1 年和 2 年生存率分别为 87.5% 和 62.5%。临床经验总结见表 20.1。

20.6 与其他治疗方法比较

外照射 BNCT 的临床试验表明，进展的中位时间为 6~12 个月，中位生存时间为 12~27 个月。所有 10 年来的临床数据均采用非随机序列。临床资料表明，外束 BNCT 对新诊断的 GBM 在肿瘤切除术后有较好的治疗效果。为了提高 BNCT 的疗效，本章对硼传递剂的用量和给药方式的优化、不同硼剂的联合应用、BNCT 与其他治疗方式的联合应用进行了研究。尽管早期外照射 BNCT 与替莫唑胺常规放疗的生存时间差别不大[3]，但近期外照射 BNCT 的最佳生存数据似乎与近期高剂量放射治疗研究的最佳结果相当，平均存活时间为 19~26 个月[15-17,19,52,53]。

尽管 BNL 的体外射束 BNCT 试验已经过去了 15 年，但 GBM 的生存效益仍然存在争议。没有前瞻性的随机试验，也没有根据英国国家卫生服务系统分类为 A 级研究的研究报告。已经进行了八项前瞻性 B 级研究。八项研究中的四项，即使是在患者群体的亚组中，也表明外照射 BNCT 可以提高新诊断 GBM 的生存率。在这八项研究中，有四项主要的 I 期试验未能证明生存期延长，但只证明了适度的毒性。从这些临床报告中可以明显看出需要更好的数据，比如通过随机试验或采用前瞻性病例对照方法。

参 考 文 献

[1] Stummer W, Pichlmeier U, Meinel T et al (2006) Fluorescence-guided surgery with 5-aminole- vulinic acid for resection of malignant glioma: a randomized controlled multicentre phase III trial. Lancet Oncol 7: 392-401

[2] Nimsky C, Ganslandt O, von Keller B, Fahlbusch R (2006) Intraoperative visualization for resection of gliomas: the role of functional neuronavigation and intraoperative 1.5 T MRI. Neurol Res 28: 482-487

[3] Stupp R, Mason WP, van den Bent MJ et al (2005) Radiotherapy plus concomitant and adjuvant temozolomide for glioblastoma. N Engl J Med 352: 987-996

[4] Vinjamuri M, Adumala RR, Altaha R et al (2009) Comparative analysis of temozolomide (TMZ) versus 1, 3-bis (2-chloroethyl)-1 nitrosourea (BCNU) in newly diagnosed glioblastoma multiforme (GBM) patients. J Neurooncol 91: 221-225

[5] Ali SA, McHayleh WM, Ahmad A et al (2008) Bevacizumab and irinotecan therapy in glioblastoma multiforme: a series of 13 cases. J Neurosurg 109: 268-272

[6] Vredenburgh JJ, Desjardins A, Herndon JE 2nd et al (2007) Bevacizumab plus irinotecan in recurrent glioblastoma multiforme. J Clin Oncol 25: 4722-4729

[7] Walker MD, Alexander E Jr, Hunt WE et al (1978) Evaluation of BCNU and/or radiotherapy in the treatment of anaplastic gliomas: cooperative clinical trial. J Neurosurg 49: 333-343

[8] Walker MD, Green SB, Byar DP et al (1980) Randomized comparisons of radiotherapy and nitrosoureas for the treatment of malignant glioma after surgery. N Engl J Med 303: 1323-1329

[9] Kristiansen K, Hagen S, Kollevold T et al (1981) Combined modality therapy of operated astrocytomas grade III and IV: confirmation of the value of postoperative irradiation and lack of potentiation of bleomycin on survival time: a prospective multicenter trial of the Scandinavian Glioblastoma Study Group. Cancer 47: 649-652

[10] Sandberg-Wollheim M, Malmstrom P, Stromblad LG et al (1991) A randomized study of chemotherapy with procarbazine, vincristine, and the lomustine with and without radiation therapy for astrocytoma grade 3 and/or 4. Cancer 68: 22-29

[11] Anderson AP (1978) Postoperative irradiation of glioblastomas. Results in a randomized series. Acta Radiol Oncol Radiat Phys Biol 17: 475-484

[12] Bleehen NM, Stennning SP (1991) A Medical Research Council trial of two radiotherapy doses in the treatment of grades 3 and 4 astrocytoma. Br J Cancer 64: 769-774

[13] Gasper LE, Fisher BJ, Macdonald DR et al (1992) Supratentorial malignant glioma: patterns of recurrence and implications for external beam local treatment. Int J Radiat Oncol Biol Phys 24: 55-57

[14] Oppitz U, Maessen D, Zunterer H et al (1999) 3D-recurrence-patterns of glioblastomas after CT-planned postoperative irradiation. Radiother Oncol 53: 53-57

[15] Tanaka M, Ino Y, Nakagawa K et al (2005) High-dose conformal radiotherapy for supratentorial malignant glioma: a historical comparison. Lancet Oncol 6: 953-960

[16] Nwokedi EC, DiBase SJ, Jabbour S, Herman J, Amin P, Chin LS et al (2002) Gamma knife stereotactic radiosurgery for patients with glioblastoma multiforme. Neurosurgery 50: 41-47

[17] Baumert BG, Lutterbach J, Bernays R et al (2003) Fractionated stereotactic radiotherapy boost after post-operative radiotherapy in patients with high-grade gliomas. Radiother Oncol 67: 183-190

[18] Souhami L, Seiferheld W, Brachman D et al (2004) Randomized comparison of stereo-

tactic radiosurgery followed by conventional radiotherapy with carmustine to conventional radiotherapy with carmustine for patients with glioblastoma multiforme: report of Radiation Therapy Oncology Group 93-05 protocol. Int J Radiat Oncol Biol Phys 60: 853-860

[19] Fitzek MM, Thornton AF, Rabinov JD et al (1990) Accelerated fractionated proton/photon irradiation to 90 cobalt gray equivalent for glioblastoma multiforme: results of a phase II prospective trial. J Neurosurg 91: 251-260

[20] Halperin EC, Burger PC, Bullard DE (1988) The fallacy of the localized supratentorial malignant glioma. Int J Radiat Oncol Biol Phys 15: 505-509

[21] Sullivani FJ, Herscher LL, Cook JA et al (1994) National Cancer Institute (phase II) study of high-grade glioma treated with accelerated hyperfractionated radiation and iododeoxyuridine: results in anaplastic astrocytomas. Int J Radiat Oncol Biol Phys 30: 583-590

[22] Hideghety K, Sauerwein W, Wittig A et al (2003) Tissue uptake of BSH in patients with glioblastoma in the EORTC 11961 phase I BNCT trial. J Neurooncol 62: 145-156

[23] Wittig A, Hideghety K, Paquis P et al (2002) Current clinical results of the EORTC-study 11961. In: Sauerwein W, Moss R, Wittig A (eds) Research and development in neutron capture therapy. Monduzzi Editore, Bologna, pp 1117-1122

[24] Diaz AZ (2003) Assessment of the results from the phase I/II boron neutron capture therapy trials at the Brookhaven National Laboratory from a clinician's point of view. J Neurooncol 62: 101-109

[25] Chanana AD, Capala J, Chadha M et al (1999) Boron neutron capture therapy for glioblastoma multiforme: interim results from the phase I/II dose-escalation studies. Neurosurgery 44: 1182-1193

[26] Busse PM, Harling OK, Palmer MR et al (2003) A critical examination of the results from the Harvard-MIT NCT program phase I clinical trial of neutron capture therapy for intracranial disease. J Neurooncol 62: 111-121

[27] Palmer MR, Goorley JT, Kiger WS III et al (2002) Treatment planning and dosimetry for the Harvard-MIT phase I clinical trial of cranial neutron capture therapy. Int J Radiat Oncol Biol Phys 53: 1361-1379

[28] Joensuu H, Kankaanranta L, Seppälä T et al (2003) Boron neutron capture therapy of brain tumors: clinical trials at the Finnish facility using boronophenylalanine. J Neurooncol 62: 123-134

[29] Kankaanranta L, Koivunoro H, Kortesniemi M et al (2008) BPA-based BNCT in the treatment of glioblastoma multiforme: a dose escalation study. In: Zonta A, Altieri S, Roveda L, Barth R (eds) Proceedings of the 13th International Congress on Neutron Capture Therapy "A new option against cancer". ENEA, Italian National Agency for New Technologies, Energy and the Environment. ISBN: 88-8286-167-8, Florenz, pp. 30-32

[30] Henriksson R, Capala J, Michanek A et al (2008) Boron neutron capture therapy

(BNCT) for glioblastoma multiforme: a phase II study evaluating a prolonged high-dose of boronopheny- lalanine (BPA). Radiother Oncol 88: 183-191

[31] Burian J, Marek M, Rataj J et al (2002) Report on the first patient group of the phase I BNCT trial at the LVR-15 reactor. In: Sauerwein W, Moss R, Wittig A (eds) Research and development in neutron capture therapy. Monduzzi Editore, Bologna, pp 1107-1112

[32] Kawabata S, Miyatake S, Kuroiwa T et al (2008) Boron neutron capture therapy for newly diagnosed glioblastoma. J Radiat Res (Tokyo) 50: 51-60

[33] Yamamoto T, Nakai K, Kageji T et al (2009) Boron neutron capture therapy for newly diagnosed glioblastoma. Radiother Oncol 91: 80-84

[34] Ono K, Masunaga SI, Suzuki M et al (1999) The combined effect of boronophenylalanine and borocaptate in boron neutron capture therapy for SCCVII tumors in mice. Int J Radiat Oncol Biol Phys 43: 431-436

[35] Yoshida F, Matsumura A, Shibata Y et al (2002) Cell cycle dependence of boron uptake from two boron compounds used for clinical neutron capture therapy. Cancer Lett 87: 135-141

[36] Soloway AH, Hatanaka H, Davis MA (1967) Penetration of brain and brain tumor. VII. Tumorbinding sulfhydryl boron compounds. J Med Chem 10: 714-747

[37] Coderre JA, Turcotte JC, Riley KJ et al (2003) Boron neutron capture therapy: cellular targeting of high linear energy transfer radiation. Technol Cancer Res Treat 2: 1-21

[38] Joel DD, Coderre JA, Micca PL, Nawrocky MM (1999) Effect of dose and infusion time on the delivery of p-boronophenylalanine for neutron capture therapy. J Neurooncol 41: 213-221

[39] Smith D, Chandra S, Barth R et al (2001) Quantitative imaging and microlocalization of boron-10 in brain tumors and infiltrating tumor cells by SIMS ion microscopy: relevance to neutron capture therapy. Cancer Res 61: 8179-8187

[40] Morris GM, Coderre JA, Hopewell JW et al (1997) Response of the central nervous system to fractionated boron neutron capture irradiation: studies with borocaptate sodium. Int J Radiat Biol 71: 185-192

[41] Coderre JA, Morris GM, Micca PL et al (1995) Comparative assessment of single-dose and fractionated boron neutron capture therapy. Radiat Res 144: 310-317

[42] Miyatake S, Kajimoto Y, Kawabata S et al (2005) Modified boron neutron capture therapy for malignant gliomas performed using epithermal neutron and two boron compounds with different accumulation mechanisms: an efficacy study based on findings on neuroimages. J Neurosurg 103: 1000-1009

[43] Barth RF, Grecula JC, Yang W et al (2004) Combination of boron neutron capture therapy and external beam radiotherapy for brain tumors. Int J Radiat Oncol Biol Phys 58: 267-277

[44] Sweet WH, Soloway AH, Brownell GL (1963) Boron-slow neutron capture therapy of gliomas. Acta Radiol 1: 114-121

[45] Yamamoto T, Matsumura A, Yamamoto K et al (2002) In-phantom two-dimensional

thermal neutron distribution for intraoperative boron neutron capture therapy of brain tumours. Phys Med Biol 47: 2387-2396

[46] Imahori Y, Ueda S, Ohmori Y et al (1998) Positron emission tomography-based boron neutron capture therapy using boronophenylalanine for high-grade gliomas: part II. Clin Cancer Res 4: 1833-1841

[47] Nariai T, Ishiwata K, Kimura Y et al (2008) PET pharmacokinetic analysis to estimate boron concentration in tumor and brain as a guide to plan BNCT for malignant cerebral glioma. In: Zonta A, Altieri S, Roveda L, Barth R (eds) Proceedings of the 13th international congress of neutron capture therapy. A new opinion against cancer. ENEA, Roma, pp 244-247

[48] Coderre JA, Hopewell JW, Turcottea JC et al (2004) Tolerance of normal human brain to boron neutron capture therapy. Appl Radiat Isot 61: 1083-1087

[49] Vos MJ, Turowski B, Zanella FE et al (2005) Radiologic findings in patients treated with boron neutron capture therapy for glioblastoma multiforme within EORTC trial 11961. Int J Radiat Oncol Biol Phys 61: 392-399

[50] Honová H, Safanda M, Petruzelka L et al (2004) Neutron capture therapy in the treatment of glioblastoma multiforme. Initial experience in the Czech Republic. Cas Lec Cesk 143: 44-47

[51] Capala J, Stenstam BH, Sköld K et al (2003) Boron neutron capture therapy for glioblastoma multiforme: clinical studies in Sweden. J Neurooncol 62: 135-144

[52] Shrieve DC, Eben A, Black PM et al (1999) Treatment of patients with primary glioblastoma multiforme with standard postoperative radiotherapy and radiosurgical boost: prognostic factors and long-term outcome. J Neurosurg 90: 72-77

[53] Gannett D, Stea B, Lulu B et al (1995) Stereotactic radiosurgery as an adjunct to surgery and external beam radiotherapy in the treatment of patients with malignant gliomas. Int J Radiat Oncol Biol Phys 33: 461-468

第 21 章 基于硼酸钠 (BSH) 的术中 BNCT 临床结果

影治照喜、中川佳宣和熊田博明

21.1 简 介

1951 年和 1952 年,在布鲁克海文石墨反应堆和布鲁克海文医学研究反应堆,以及 1959~1962 年在麻省理工学院反应堆进行了 BNCT 的临床试验[3]。所用的作为硼载体的硼化合物是硼酸和硼酸盐。临床结果令人沮丧:没有一个患者存活超过 1 年。血液和正常脑组织中硼含量高导致急性脑肿胀和迟发性脑坏死等严重并发症[3]。1968 年,畠中 (Hatanaka) 在日本引进了 BSH 作为硼载体,1968~1998 年,170 多名颅内恶性肿瘤患者,尤其是 GBM,接受了联合 BSH 和纯热中子束 BNCT 治疗[4,5,12,13]。为了使 BNCT 成为一种有用的治疗手段,对硼化合物进行生物学和临床评价是至关重要的。GBM 位于距大脑表面 4 cm 深度内的患者的临床结果良好[4,5]。然而,对于肿瘤位于较深区域的患者,由于中子注量不能充分输送到深部区域,这些方法并不令人满意。因此,一些国际机构开发了超热中子束以改善中子的输送。在日本原子能研究所 (JAERI) 和京都大学反应堆实验所 (KURI) 单独引入超热中子束之前,在 1998 年 BNCT 中采用了混合超热中子束和热中子束。使用混合中子束可以改善深部热中子分布,从而提高 BNCT 的治疗效果。自 1998 年以来,我们使用混合超热中子束和热中子束进行了基于 BSH 的

影治照喜 (✉)
日本,德岛 770-8503,库本町 3-18-15,德岛大学,医学院,神经外科
e-mail: kageji@clin.med.tokushima-u.ac.jp

中川佳宣
日本,香川 765-0051,国立香川儿童医院,神经外科
e-mail: ynakagawa0517@yahoo.co.jp

熊田博明
日本,东海,筑波大学,医学院,生物医学系
email: kumada.hiroaki@jaea.go.jp

术中 BNCT。在中子照射期间，使用插入的金丝来测量肿瘤组织周围和进入肿瘤组织的中子通量。利用从脑表面、肿瘤中心和侵犯区域等各个点获得的中子通量数据，我们可以分析每个点的实际照射剂量。有了这些精确的照射剂量数据，我们就可以研究每一位接受 BNCT 治疗的患者的临床过程。

虽然金线测量可以评估实际的照射剂量，但它们无法提供关于在其他地点所传递的剂量的信息；因此，这种方法无法提供有关其他感兴趣地点的实际最大和最小照射剂量的信息。因此，开发了一种新的 BNCT 剂量评估系统，即日本原子能研究所 (JAERI) 计算剂量测定系统 (JCDS)；它允许在计算机断层扫描 (CT) 和磁共振成像 (MRI) 扫描上评估 BNCT 的照射剂量[8,9]。此外，它有助于在照射过程中获得与中子射束端口相对应的头部位置和角度。用于 BNCT 剂量评估的 JCDS 自 2001 年开始临床应用。

21.2 最先进的治疗方法

多形性母细胞瘤 (GBM) 肿瘤细胞深入周围脑组织，甚至可能到达对侧半球。经过十年的深入研究，这些细胞仍然对包括手术、化疗、放射、免疫和基因治疗在内的所有当前形式的治疗极为抗拒。尽管采用了多种治疗方式的积极治疗，中位生存期和 5 年生存率分别为 9~10 个月和 5% 以下[2,11]；新的抗癌药物替莫唑胺 (TMZ) 改善了临床结果。TMZ 和放疗 (RT) 与单纯放疗的随机临床试验表明，联合治疗的中位生存期为 14.6 个月，单纯放疗的 GBM 患者的中位生存期为 12.1 个月[1,15]。放疗加 TMZ 组 2 年生存率为 26.5%，单纯放疗组为 20.4%。

21.3 BNCT 的基本原理

硼中子俘获疗法 (BNCT) 使用硼-10(^{10}B)(n, α) 反应产生重带电粒子[10]。它是一种很有前途的肿瘤组织选择性照射方法。BNCT 涉及 ^{10}B 核与热中子 (n_{th}) 的核反应。在这个反应中，硼原子核按照 ^{10}B + n_{th} ⟶ [^{11}B] ⟶ ^{4}He + ^{7}Li + 2.31 MeV 分解为 α-氦 (^{4}He) 和锂 (^{7}Li) 粒子。密集的电离粒子具有足够的生物学效应，而且射程短，4~9 μm，几乎等于肿瘤细胞的大小。如果硼化合物选择性地积聚在肿瘤细胞中，选择性靶向肿瘤细胞的反应可能构成高效的治疗方法。由于 BNCT 提供了选择性杀伤肿瘤细胞而不损害邻近正常脑组织的可能性，它可能是胶质母细胞瘤的最佳治疗方法，GBM 对健康的正常组织具有高度侵袭性[3,4,13]。

21.4 技术方面

21.4.1 剂量规划

基于 BNCT 的照射剂量,我们将 BNCT 的新概念应用于硼 n-α 反应的物理照射剂量。为了比较两种重带电粒子的辐射效应,评价 BNCT 的效果,我们测定了硼 n-α 反应的物理剂量。为了确定正确的靶点,有必要对所有患者进行诊断和 MRI 随访。肿瘤区体积 (GTV) 剂量被定义为肿瘤体积中心的物理剂量,与钆增强 MRI 上的增强区域一致。临床靶区体积 (CTV) 剂量定义为肿瘤腔底部 2~3 cm 处的物理剂量,与 T2 加权 MRI 高强度区最深边缘一致。血管体积 (VV) 剂量是指大脑表面附近正常皮质血管内皮细胞吸收的物理剂量。

用物理硼剂量 (金丝,Gy)、物理硼剂量 (JCDS,Gy)、加权硼剂量 (JCDS,Gy(w)) 和加权总剂量 (JCDS,Gy(w)) 分析 BNCT 照射剂量。

21.4.2 患者和方案

入选本研究时,患者必须满足以下所有标准:年龄在 70 岁以下,胶质瘤级别为 III~IV 级,无严重系统性疾病,根据人体机能状态量表 (karnofsky performance scale,KPS),总体情况良好,KPS>70。

1968~1998 年使用的方案 (P1998) 中的照射剂量 (即硼 n-α 反应的物理剂量),规定处方最大 GTV 剂量为 15 Gy。2001 年,采用了一种新的剂量递增方案 (P2001,$n = 11$);规定处方 GTV 和 CTV 的最小剂量分别为 15 Gy 和 18 Gy。在两种方案中,最大 VV 剂量限制在 15 Gy 以下。我们还引入了一种新的剂量规划方法,即 P2001 中的 JAERI 计算剂量测定系统 (JCDS)。

21.4.3 基于 BSH 的术中 BNCT (IO-BNCT) 程序

为了提高中子对脑组织的穿透能力,并将足够大剂量的热中子束送入靶点,我们在 BNCT 前 2~3 周尽可能多地切除肿瘤并准备一个空腔。BSH 在 500 ml 生理盐水中稀释,渗透压调整为 370,在中子照射前 12~15 h 通过快速静脉输液在 1 h 内给药 (80~100 mg-BSH/kg-BW)。患者在 BNCT 当天被送到反应堆。患者在全身麻醉下,皮瓣重新开放,骨瓣去除。在预先准备好的肿瘤腔中放置一个充有空气的硅橡胶薄气球,这样在中子照射期间保持腔的大小并改善了中子分布。我们将几根金丝插入肿瘤组织和/或肿瘤组织周围测量中子通量。在整个头部用无菌塑料布覆盖以防止感染后,患者被移入照射室。同步的中子射束监测装置连接在大脑表面。患者在远程控制全身麻醉下,头部被固定到中子端口。就在中子照射开始前,取肿瘤组织和血液样本测量硼浓度;在照射过程中,我们使用瞬发伽马能谱仪进行分析。为了监测每个关注点的准确中子通量,将反应堆切换至全功率后,每隔 15~30 min 将先前插入的金线拉出 [7,13,14]。

21.5 结　果

21.5.1 热中子和基于 BSH 的 IO-BNCT(1977~1997)

我们回顾性地分析了日本 1978~1997 年使用热中子和基于 BSH 的 IO-BNCT，包括治疗的 105 例胶质瘤患者的 n-α 反应合适的照射剂量。其中 6 例 (5.7%) 存活 10 年以上，11 例 (10.5%) 存活 5 年以上。估计的 GTV 剂量在 10 年存活者中明显较高。另一方面，寿命超过 3 年的患者和存活不足 3 年的患者之间的剂量没有显著差异 [13,14] (表 21.1)。

表 21.1　1978~1997 年 105 例胶质瘤患者接受热中子和 BSH-BNCT 治疗后 GTV 剂量与生存率的关系

生存期	GTV 剂量/Gy	照射时间/min
>10 年 ($n=6$)	$18.2 \pm 3.3^*$	240 ± 66
>5 年 ($n=11$)	$12.4 \pm 3.5^{**}$	210 ± 76
>3 年 ($n=12$)	9.8 ± 5.0	252 ± 61
<3 年 ($n=76$)	9.9 ± 6.0	231 ± 84

注：GTV 剂量——用金丝测量硼 n-α 反应的物理剂量；
* $p < 0.01$；
** $p < 0.05$。

当 105 名患者根据存活时间是否更长 (第 1 组，$n=29$) 或少于 3 年 (第 2 组，$n=76$) 进行分组时，我们注意到存活时间较长的患者接受的 GTV 照射剂量明显高于对照组。II 级胶质瘤患者为 (11.4 ± 4.6) Gy (第 1 组) 和 (7.1 ± 3.0) Gy (第 2 组)；III 级胶质瘤患者为 (15.3 ± 7.4) Gy (第 1 组) 和 (10.5 ± 8.5) Gy (第 2 组)；胶质母细胞瘤 (IV 级) 患者为 (15.6 ± 3.1) Gy (第 1 组) 和 (9.5 ± 5.9) Gy (第 2 组)。在 III 级和 IV 级，第 1 组和第 2 组的 GTV 照射剂量有显著的统计学差异。同样，无论胶质瘤的级别如何，暴露于较高肿瘤体积照射剂量的患者的生存期更长 [13,14] (表 21.2)。

表 21.2　1978~1997 年 105 例经热中子和基于 BSH 的 IO-BNCT 治疗的胶质瘤患者 GTV 剂量、胶质瘤分级与生存率的关系

胶质瘤分级	生存期 >3 年 ($n=29$)	生存期 <3 年 ($n=76$)
II 级	(11.4 ± 4.6) Gy($n=10$)	(7.1 ± 3.0) Gy($n=5$)
III 级	(15.3 ± 7.4) Gy*($n=13$)	(10.5 ± 8.5) Gy($n=11$)
IV 级	(15.6 ± 3.1) Gy**($n=6$)	(9.5 ± 5.9) Gy($n=60$)

注：照射剂量——在 CT 和 MRI 显示的肿瘤最深处，将计算的硼 n-α 反应的物理剂量作为最小 GTV 剂量；
* $p < 0.01$；
** $p < 0.01$。

21.5.2 超热中子和基于 BSH 的 IO-BNCT (1998~2004)

1998~2004 年，应用超热中子束和基于 BSH 的 IO-BNCT 治疗神经胶质瘤。用 JCDS 测量分析照射剂量。根据 1998 年和 2001 年方案分别治疗了 8 名和 11 名患者。我们回顾性地评估了 P1998 和 P2001 方案中最大脑表面血管体积 (VV) 剂量，以及肿瘤 (GTV) 和靶点 (CTV) 的最小照射剂量。尽管 P2001 的最小 GTV 和 CTV 剂量值为 P1998 的 1.1~1.4 倍，但差异无统计学意义 (表 21.3)。

表 21.3　19 例超热中子和基于 BSH 的 IO-BNCT 患者金丝 BNCT 照射剂量及 JCDS 测量值

	P1998	P2001
(a) 最大脑表面 VV (血管体积) 剂量		
物理硼剂量 (金丝, Gy)	11.38 ± 4.20	14.40 ± 3.45
物理硼剂量 (JCDS, Gy)	11.60 ± 4.29	14.71 ± 3.67
加权硼剂量 (JCDS, Gy(w))	29.01 ± 10.72	36.78 ± 9.16
加权总剂量 (JCDS, Gy(w))	34.76 ± 13.49	43.61 ± 10.27
(b) 最小肿瘤区体积 (GTV) 剂量		
物理硼剂量 (金丝, Gy)	18.00 ± 2.45	20.52 ± 5.31
物理硼剂量 (JCDS, Gy)	16.92 ± 2.30	19.31 ± 6.62
加权硼剂量 (JCDS, Gy(w))	42.29 ± 5.75	48.27 ± 16.54
加权总剂量 (JCDS, Gy(w))	48.05 ± 6.06	55.10 ± 17.67
(c) 最小临床靶区体积 (CTV) 剂量		
物理硼剂量 (金丝, Gy)	13.26 ± 2.93	11.62 ± 2.93
物理硼剂量 (JCDS, Gy)	13.00 ± 6.99	10.84 ± 6.99
加权硼剂量 (JCDS, Gy(w))	32.49 ± 7.05	27.11 ± 17.47
加权总剂量 (JCDS, Gy(w))	38.25 ± 7.07	33.94 ± 18.49

在 P2001 早期，3 例患者在 BNCT 后一周内发生急性放射性损伤，导致全身性惊厥。这可归因于过量的剂量进入大脑表面。在 (15.8 ± 1.4) Gy 时，有急性放射损伤的患者的最大 VV 剂量约为无急性辐射损伤患者的 1.3 倍 ((12.6 ± 4.3) Gy)；但差异无统计学意义 ($p = 0.1925$，表 21.4)。在 P2001 后期，我们降低了 VV 剂量，这一时期的 6 例患者均无急性放射性损伤。延迟性放射损伤以神经功能恶化为特征，在 BNCT 术后 3~6 个月出现；在 P1998 患者中有 1 例 (13%) 发生，P2001 患者中有 6 例 (55%) 发生。VV 最大剂量在有延迟辐射损伤的患者中为 (13.8 ± 3.8) Gy，在无延迟辐射损伤的患者中为 (13.2 ± 4.8) Gy ($p = 0.9079$，表 21.4)[7]。

所有 19 例患者的平均诊断后随访期为 26 个月 (5~90 个月)。在进行最新的分析 (2008 年 10 月 1 日) 时，19 名患者中有 16 人死亡。死因为脑脊液播散 4 例，肿瘤侵犯脑干 (中枢神经系统) 1 例，脑脊液和中枢神经系统均播散 1 例，局部复发及脑脊液播散 1 例；4 例疑似局部复发或放射性坏死 (无组织病理学证实) 死亡, 伤口感染 2 例, 明显转移 2 例, 死因不明 1 例。16 例患者中 6 例 (38%) 在原发部位无局部复发, 死亡原因为脑脊液和/或中枢神经系统播散。

表 21.4 19 例超热中子和基于 BSH 的 IO-BNCT 患者的放射性损伤与脑表面血管体积剂量

(a) 每个方案的辐射损伤频率			
方案	P1998		P2001
急性损伤	0 (0%)		3 (27%)
迟发性损伤	1 (13%)		6 (55%)
(b) 脑表面血管体积 (VV) 剂量与放射性损伤			
	辐射损伤 (+)	辐射损伤 (−)	p 值
急性损伤	(15.8 ± 1.4)Gy	(12.6 ± 4.3)Gy	0.1925
迟发性损伤	(13.8 ± 3.8)Gy	(13.2 ± 4.8)Gy	0.9079

在五个验尸患者中, 没有一例在原发部位出现局部肿瘤再生, 2 例仅表现为放射性坏死, 而没有肿瘤细胞。另外三个有残留的肿瘤细胞。2 例脑脊液播散, 肿瘤细胞遍布蛛网膜下腔, 另 1 例肿瘤细胞通过胼胝体和大脑脚从肿瘤腔底部大量侵入同侧和对侧半球及脑干[6]。

如表 21.5 所示, 存活超过 2 年的患者的最大、最小和平均 GTV 剂量值显著高于未存活的患者。长期存活者和非长期存活者的平均 GTV 剂量分别为 (26.4 ± 8.8) Gy 和 (20.4 ± 3.9) Gy。此差异有统计学意义 ($p = 0.0152$)。然而, 最大 GTV 剂量 ($p = 0.1146$) 和最小 GTV 剂量 ($p = 0.1456$) 无显著统计学差异。为了确定这些患者受侵区域的照射剂量, 我们比较了他们的 CTV 值。我们发现存活超过 2 年的患者的最大、最小和平均 CTV 剂量高于未存活的患者; 但是, 差异没有统计学意义 (最大 CTV 剂量, $p = 0.0096$; 最小 CTV 剂量, $p = 0.8846$; 平均 CTV 剂量, $p = 0.1293$)[7]。

表 21.5 GBM 患者长期存活者和非长期存活者的照射剂量

	长期存活者 ($n = 4$)	非长期存活者 ($n = 12$)	p 值
肿瘤区体积 (GTV) 剂量 (金丝物理剂量, Gy)			
最大值	30.0 ± 10.9	22.4 ± 4.6	0.1146
最小值	23.1 ± 7.3	18.1 ± 3.2	0.1456
平均	26.4 ± 8.8	20.4 ± 3.9	0.0152
临床靶区体积 (CTV) 剂量 (金丝物理剂量, Gy)			
最大值	20.2 ± 5.2	14.7 ± 3.8	0.0966
最小值	12.7 ± 2.1	12.2 ± 3.2	0.8846
平均	16.5 ± 2.8	13.6 ± 3.0	0.1293

17 例 GBM 患者诊断后的中位生存时间 (MST) 为 17.4 个月。6 例经 P1998

治疗的 GBM 患者，诊断后 MST 估计为 15.5 个月，1 年生存率为 66.7%，2 年内无一例存活。相比之下，所有 11 例接受 P2001 治疗的 GBM 患者的诊断后 MST 估计为 19.5 个月，其 1 年、2 年和 3 年生存率分别为 63.6%、32.7% 和 32.7%。3 例 GBM 患者在确诊后存活 3 年以上 (图 21.1)。

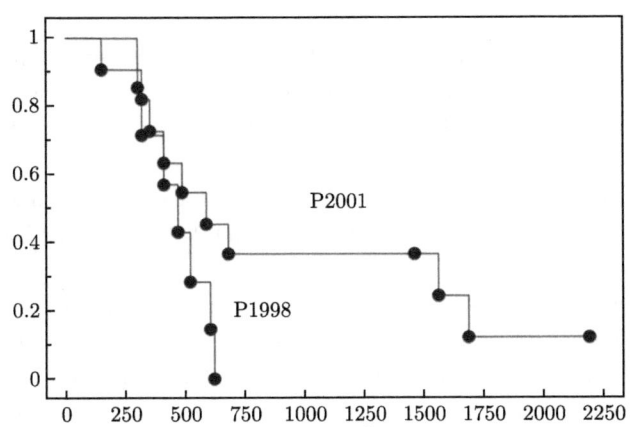

方案	患者人数	MST/月	1年/%	2年/%	3年/%
P1998	6	15.5	66.7	0	0
P2001	11	19.5	63.6	32.7	32.7

图 21.1　胶质母细胞瘤患者接受超热中子和基于 BSH 的 IO-BNCT 治疗后的中位生存时间 (MST)

21.6　证据水平

我们的 BNCT 临床研究相当于英国国家医疗服务体系的 "B 级"。

21.7　进一步发展

我们已经转移到非手术的 BNCT，联合使用两种不同的硼化合物，即 BSH 和 BPA。我们相信这些临床数据，如基于 BSH 的 IO-BNCT 的照射剂量等，可以为非手术的 BNCT 提供依据。

参　考　文　献

[1] Athanassiou H, Synodinou M, Maragoudakis M et al (2005) Randomized phase II study of temozolomide and radiotherapy compared with radiotherapy alone in newly diagnosed glioblastoma multiforme. J Clin Oncol 23: 2372-2377

[2] Davis FG, Freels S, Grutsch J et al (1998) Survival rates in patients with primary malignant brain tumors stratified by patient age and tumor histological type: an analysis based on surveillance, epidemiology, and end results (SEER) data. J Neurosurg 88: 1973-1991

[3] Hatanaka H (1986) Introduction. In: Hatanaka H (ed) Boron neutron capture therapy for tumors. Nishimura, Niigata, pp 1-28

[4] Hatanaka H, Kamano S, Amano K et al (1986) Clinical experience of boron-neutron capture therapy for gliomas. A comparison with conventional chemo-immuno-radiotherapy. In: Hatanaka H (ed) Boron neutron capture therapy for tumors. Nishimura, Niigata, pp 349-379

[5] Hatanaka H, Nakagawa Y (1994) Clinical results of long-surviving brain tumor patients who underwent boron neutron capture therapy. Int J Radiat Oncol Biol Phys 28: 1061-1066

[6] Kageji T, Nagahiro S, Uyama S et al (2004) Histopathological findings in autopsied glioblastoma patients treated by mixed neutron beam BNCT. J Neurooncol 68: 25-32

[7] Kageji T, Nagahiro S, Matsuzaki K et al (2006) Boron neutron capture therapy using mixed epithermal and thermal neutron beams in patients with malignant glioma—correlation between radiation dose and radiation injury and clinical outcome. Int J Radiat Oncol Biol Phys 65: 1446-1455

[8] Kumada H, Yamamoto K, Matsumura A et al (2004) Verification of the computational dosimetry system in JAERI (JCDS) for boron neutron capture therapy. Phys Med Biol 49: 3353-3365

[9] Kumada H, Yamamoto K, Nakai K et al (2004) Improvement of dose calculation accuracy for BNCT dosimetry by the multi-voxel method in JCDS. Appl Radiat Isot 61: 1045-1050

[10] Locher GL (1936) Biological effects and therapeutic possibilities of neutron. Am J Roentgenol 36: 1-13

[11] Mehta MP, Masciopinto J, Rozental J et al (1994) Stereotactic radiosurgery for glioblastoma multiforme: report of a postoperative study evaluating prognostic factors and analyzing longterm survival advantage. Int J Radiat Oncol Biol Phys 30: 541-549

[12] Nakagawa Y (1994) Boron neutron capture therapy: the past to the present. Int J Radiat Oncol Biol Phys 28: 1217

[13] Nakagawa Y, Hatanaka H (1997) Boron neutron capture therapy—clinical brain tumor study. J Neurooncol 33: 105-115

[14] Nakagawa Y, Pooh K, Kobayshi T et al (2003) Clinical review of Japanese experience with boron neutron capture therapy and a proposed strategy using epithermal neutron beams. J Neurooncol 62: 87-99

[15] Stupp R, Mason WP, van den Bent MJ et al (2005) Radiotherapy plus concomitant and adjuvant temozolomide for glioblastoma. N Eng J Med 352: 987-996

第 22 章 BNCT 治疗恶性脑膜瘤

川端信司和宫武伸一

22.1 简 介

恶性脑膜瘤 (MM) 的治疗非常困难。据报道，在一系列与此肿瘤相关的患者中，5 年内 MM 复发率为 78%~84%[4,12]，患者的中位生存期为 6.89 年。初次手术后复发的晚期死亡率为 69%[12]。虽然已经报道了一些治疗复发性 MM 的方法，但还没有一种标准的治疗方法。

本章提出了一种新的放射治疗方式，硼中子俘获疗法 (BNCT)，用于 MM 的治疗。BNCT 治疗 MM 的基本机理是，在用正电子发射断层扫描术 (PET) 进行的初步研究中，在 MM 中观察到相对较高的硼苯丙氨酸 (BPA) 积累。第一例接受 BNCT 治疗的 MM 患者在 BNCT 治疗后立即出现肿块的急剧萎缩，延长了生存期[16]。因此，我们将这种新的治疗方法应用于一系列 MM 患者，他们的影像学改善在文献中有报道[9]。

这一章描述了我们用 BNCT 治疗 MM 的临床经验，以及患者的典型反应、临床过程和治疗后的问题。

22.2 患者和方法

从 2005~2008 年，我们对 14 例 MM 患者进行了 22 轮 BNCT 治疗。在一些病例中有意地采用重复性 BNCT。14 例经组织学诊断为间变性脑膜瘤 9 例，乳头状脑膜瘤 2 例，横纹肌样脑膜瘤 1 例，肉瘤 1 例，非典型脑膜瘤 1 例。除 1 个病例外，其他均为复发病例，曾接受过重复性手术及常规 X 射线放疗 (XRT)，伴有或无立体定向放射外科 (SRS) 治疗。

患者在中子照射前接受 ^{18}F-BPA-PET 以评估 BPA 的分布，并估计肿瘤中的硼浓度。这里，BPA 是用于治疗的硼化合物之一，如上所述。肿瘤/正常脑 (T/N)

川端信司和宫武伸一 (✉)
日本，大阪 569-8686，高崎市，大垣町 2-7 号，大阪医学院，神经外科系
e-mail: neu070@poh.osaka-med.ac.jp

摄取 BPA 的比率可以从这项研究中估算出来，并根据这个 T/N 比率制定剂量计划，如前所述 [8]。分别在京都大学反应堆 (KUR)、日本原子能研究所反应堆 (JRR-4) 和芬兰研究反应堆 (FiR-1) 对这些患者进行了 14、7 和 1 轮 BNCT 治疗。在所有三个原子反应堆中，中子源都使用了超热射束。用 5 g BSH 和 500 mg/kg-BW 的 BPA 进行 11 轮 BNCT。用 5 g BSH 和 700 mg/kg-BW 的 BPA 进行 7 轮 BNCT。单用 500 mg/kg-BW 或 700 mg/kg-BW 的 BPA 进行 4 轮 BNCT。在中子照射前 12 h 静脉注射 BSH，在中子照射之前和期间给予 BPA 2~3 h。

中子照射时间的确定，以正常大脑不超过 15 Gy-Eq 或头皮不超过 12 Gy-Eq 作为限制条件。这里，Gy-Eq (Gy 即 Gray) 是指生物等效的 X 射线剂量，可以对 BNCT 的总辐射产生等效的影响。中子照射不需要开颅和麻醉。治疗后，精确地重新估计给予剂量。治疗后每隔 2~3 个月进行一次 MRI 或 CT 增强扫描。

22.3 结　　果

22.3.1 每位患者的 BNCT 参数

14 例患者中有 13 例在中子照射前接受了 BPA-PET 研究。通过 PET 研究确定的这一系列 ^{18}F-BPA 的 T/N 比值为 2.0~5.0。T/N 比值的平均值为 3.9，标准差为 0.9。总体肿瘤体积 (GTV) 的最大肿瘤剂量为 (76.6 ± 24.9) (平均值 ± SD) Gy-Eq，最小肿瘤剂量为 (24.0 ± 12.2) Gy-Eq，最大 (峰值) 脑剂量为 (11.0 ± 2.0) Gy-Eq，所有病例在治疗后立即出现增强体积缩小。14 例患者首次 BNCT 后中位生存时间为 13.8 ± 6.4 个月，5 例患者仍存活。

22.3.2 代表性病例

病例介绍 (在应用 BNCT 时，病例号按顺序分配给 MM 患者)。

病例 2

一位 48 岁女性，在过去 2 年中因病理诊断为间变性脑膜瘤而接受了 5 次手术，并接受了 60 Gy 的 XRT 和 1 次 SRS 治疗。在每一次手术中，术后的神经影像均未发现残留肿瘤。她被介绍到我们的诊所是因为右顶叶和枕部有无法控制的病变，如图 22.1 所示。我们将第一次 BNCT 应用于明显的右顶叶和枕部病变。第一次 BNCT 后，原顶枕部病变在观察期内不断缩小。在第一次 BNCT 后 4 个月，因为在小脑和皮肤下出现了新的病变，她接受了额外的 BNCT 治疗 (第二次和第三次)。如图 22.1 所示，这些 BNCT 显示 GTV 显著降低。不幸的是，我们因原发性脑膜瘤的系统性转移而失去了这个患者。这些转移灶在随访的全身 F-BPA-PET 中显示，如图 22.2 所示。这些 PET 图像显示颈部淋巴结转移，胸部椎旁转移，右肾旁转移，盆腔巨大肿块。

22.3 结 果

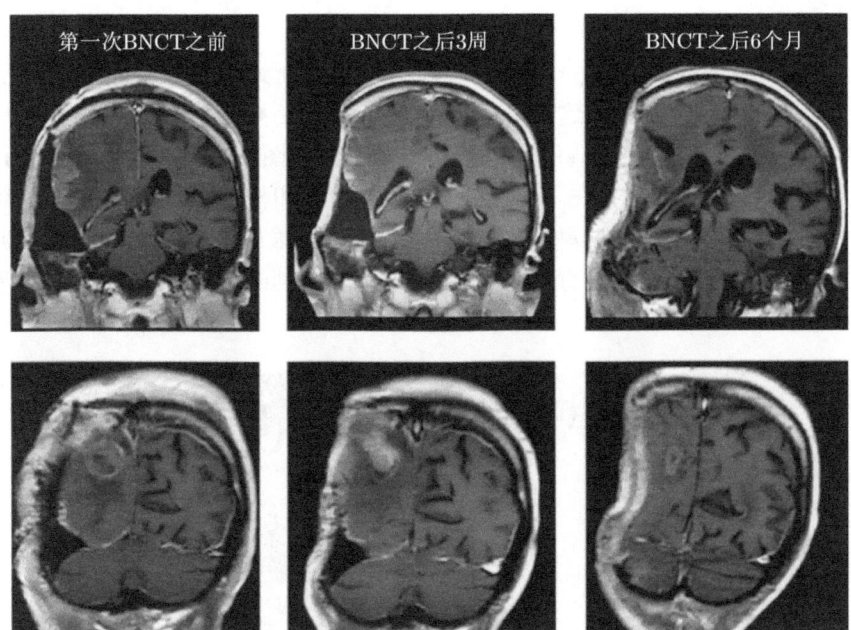

图 22.1 病例 2 的 Gd 增强 T1 加权图像序列变化。左、中、右列分别显示第一次 BNCT 术前、术后 3 周和术后 6 个月行 MRI 检查

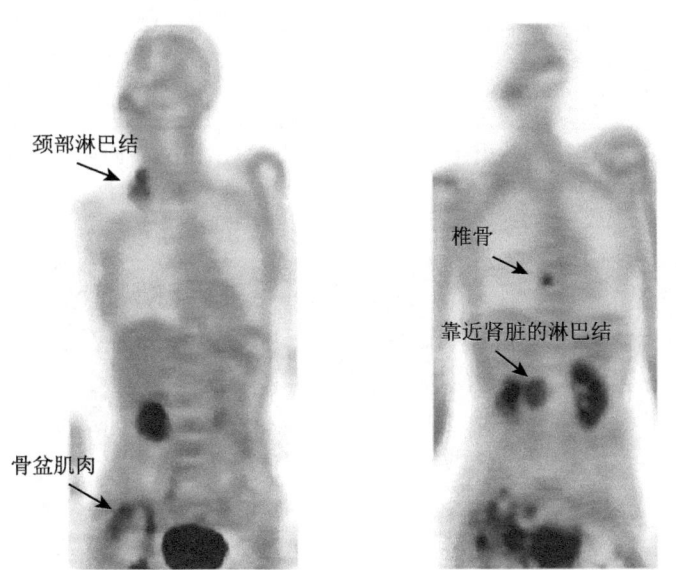

图 22.2 第一次 BNCT 后 10 个月进行全身 F-BPA-PET 检查。PET 图像显示示踪剂聚集在颈部和靠近肾脏的淋巴结、椎骨和骨盆肌肉，表明原发肿瘤的全身转移。然而，原发性颅内病变仅表现为微弱的积聚

病例 10

一位 62 岁男性，在过去两年中，因组织学诊断为间变性脑膜瘤而接受了三次 50 Gy 的 XRT 治疗。在这个病例中，BNCT 在治疗后没有明显的肿块尺寸的缩小，但是在 BNCT 后 6 周肿瘤肿块的增强减弱 (图 22.3)。然而，BNCT 术后 2.5 个月肿块变大，在治疗 6 个月后，肿块的大小和核心再次自发缩小，病灶周围水肿减少 (图 22.3)。在这种情况下，BNCT 可以很好地控制局部肿块；但是我们失去了这个患者，因为脑脊液播散而导致无法控制的、分流无效的脑积水，如图 22.4 所示。

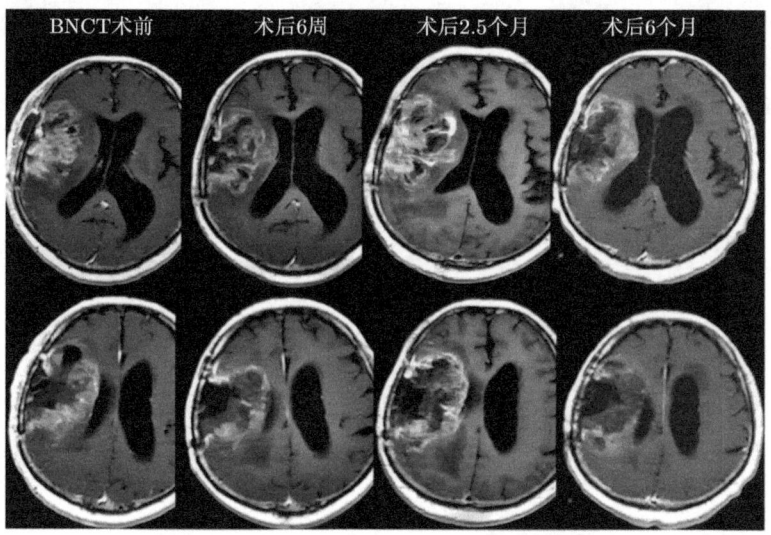

图 22.3　病例 10 的 Gd 增强 T1 加权图像序列变化。从左至右，四列分别显示 BNCT 术前、术后 6 周、术后 2.5 个月和术后 6 个月行 MRI 检查

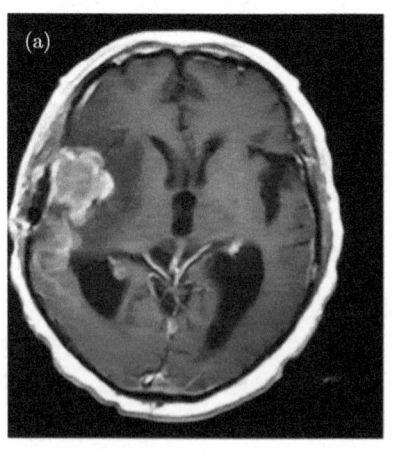
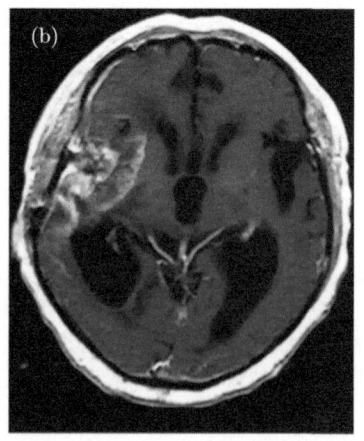

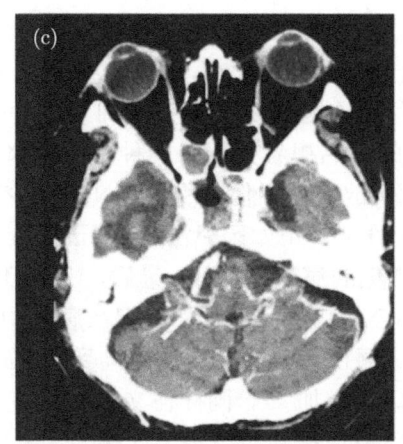 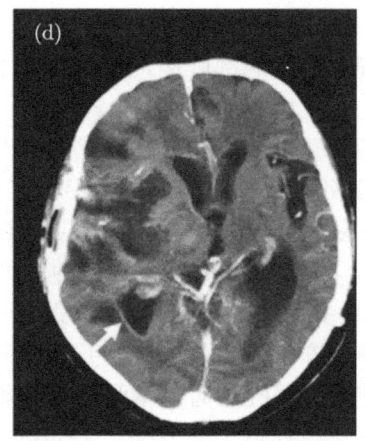

图 22.4 恶性脑膜瘤病例 10 因脑脊液播散引起脑积水。(a), (b)BNCT 术前及术后 6 个月行 Gd 增强 MRI 检查。在 (b) 中，观察到肿瘤缩小和脑室扩张。(c), (d) BNCT 术后 9 个月 CT 增强扫描。白色箭头显示软脑膜和脑室壁增强，表明原发肿瘤的脑脊液播散

22.4 讨 论

如前所述，恶性脑膜瘤的临床特征是侵袭性和高复发倾向。只有根治性切除才是恶性脑膜瘤预后良好的有效标志[12]。一般来说，脑膜瘤本身就被认为是放射不敏感的[14]，而放射治疗对恶性脑膜瘤的影响是有争议的[6]。即使有 SRS，恶性脑膜瘤的 5 年生存率和无进展生存率分别只有 40% 和 26%[11]。此外，一旦肿瘤复发，局部肿瘤控制就很困难[13]。事实上，我们系列中的大多数患者在短期的临床过程中接受了重复的外科手术切除，尽管可能存在将无法控制的病例介绍到我们研究所的偏向。

这里只有一篇关于 BPA-PET 研究恶性脑膜瘤的报告[5]。以上报告显示恶性脑膜瘤中 BPA 的 T/N 比值为 2.5~3.5。正如我们之前报道的[8]，在我们的一系列复发病例中接受 BNCT 治疗的恶性胶质瘤患者中，通过 BPA-PET 研究确定的 T/N 比值几乎与当前复发恶性脑膜瘤的 T/N 比值相同。即使在复发性胶质瘤中，所有病例在 BNCT 后都有影像学改善[8,10]，因此从这个角度来看，恶性脑膜瘤也可能是一个很好的候选者。

除了我们的出版物[9,16]外，文献 [15] 中只发表了一篇报告。斯坦斯塔姆(Stenstam) 等人报告了 2 例经 BNCT 治疗的 MM，病变反应良好[15]。不仅他们的病例报告，而且我们目前的病例系列也显示了 MM 对 BNCT 的良好反应，尽管根据"牛津循证医学中心证据水平和推荐等级"，我们目前的病例系列应该被判定为 C 级。

我们在 22.3 节 (病例 2 和 10) 介绍了两个具有代表性的病例。两例 BNCT 均能很好地控制局部肿瘤，但病例 2 因全身转移而死亡，病例 10 因脑脊液播散而死亡。在我们目前的 14 个病例中，有 5 个患者还活着。我们失去了三个全身转移患者和三个脑脊液播散患者。我们的一名患者死于另一种死亡原因 (合并胃癌)，一名死于局部肿瘤进展，另一名死于放射性损伤。引入 BNCT 治疗的 MM 几乎全部复发。因此，辐射损伤应该牢记在心。正如冈萨雷斯 (Gonzalez) 等人[3]报道的那样，贝伐单抗可能对这种不可避免的病理学有效。最后，让我们强调，即使在 MM 中，"假性进展" 通常发生在 BNCT 之后，正如我们在病例 10 中报告的那样[7]。在恶性胶质瘤的治疗中，假进展已被公认并被广泛接受，即放化疗后，尤其是使用替莫唑胺时，增强区的体积短暂增加[2]。同样在文献中，假进展通常发生在强化治疗后[1]。因此，在 BNCT 中观察到的假进展证明了这种独特的粒子照射的强度。我们还需要记住这一病理生理学，不应误诊为局部肿瘤进展。这些问题对于进一步开发 BNCT 治疗 MM 具有重要意义。

参考文献

[1] Brandsma D, Stalpers L, Taal W et al (2008) Clinical features, mechanisms, and management of pseudoprogression in malignant gliomas. Lancet Oncol 9: 453-461

[2] Chamberlain MC, Glantz MJ, Chalmers L et al (2007) Early necrosis following concurrent Temodar and radiotherapy in patients with glioblastoma. J Neurooncol 82: 81-83

[3] Gonzalez J, Kumar AJ, Conrad CA et al (2007) Effect of bevacizumab on radiation necrosis of the brain. Int J Radiat Oncol Biol Phys 67: 323-326

[4] Jaaskelainen J, Haltia M, Servo A (1986) Atypical and anaplastic meningiomas: radiology, surgery, radiotherapy, and outcome. Surg Neurol 25: 233-242

[5] Joensuu H, Kankaanranta L, Seppala T et al (2003) Boron neutron capture therapy of brain tumors: clinical trials at the Finnish facility using boronophenylalanine. J Neurooncol 62: 123-134

[6] Mahmood A, Caccamo DV, Tomecek FJ et al (1993) Atypical and malignant meningiomas: a clinicopathological review. Neurosurgery 33: 955-963

[7] Miyatake SI, Kawabata S, Nonoguchi N et al (2009) Pseudoprogression in boron neutron capture therapy for malignant gliomas and meningiomas. Neuro Onocol 11(4): 430-436

[8] Miyatake S, Kawabata S, Kajimoto Y et al (2005) Modified boron neutron capture therapy for malignant gliomas performed using epithermal neutron and two boron compounds with different accumulation mechanisms: an efficacy study based on findings on neuroimages. J Neurosurg 103: 1000-1009

[9] Miyatake S, Tamura Y, Kawabata S et al (2007) Boron neutron capture therapy for malignant tumors related to meningiomas. Neurosurgery 61: 82-90, discussion-1

[10] Miyatake S, Kawabata S, Yokoyama K et al (2009) Survival benefit of Boron neutron capture therapy for recurrent malignant gliomas. J Neurooncol 91: 199-206

[11] Ojemann SG, Sneed PK, Larson DA et al (2000) Radiosurgery for malignant meningioma: results in 22 patients. J Neurosurg 93(Suppl 3): 62-67

[12] Palma L, Celli P, Franco C et al (1997) Long-term prognosis for atypical and malignant meningiomas: a study of 71 surgical cases. J Neurosurg 86: 793-800

[13] Salazar OM (1988) Ensuring local control in meningiomas. Int J Radiat Oncol Biol Phys 15: 501-504

[14] Simpson D (1957) The recurrence of intracranial meningiomas after surgical treatment. J Neurol Neurosurg Psychiatry 20: 22-39

[15] Stenstam BH, Pellettieri L, Sorteberg W et al (2007) BNCT for recurrent intracranial meningeal tumours—case reports. Acta Neurol Scand 115: 243-247

[16] Tamura Y, Miyatake S, Nonoguchi N et al (2006) Boron neutron capture therapy for recurrent malignant meningioma. Case report. J Neurosurg 105: 898-903

第 23 章 髓内脊髓胶质瘤的可行性研究

中井庆和松村明

23.1 简 介

脊髓肿瘤是发生在脊髓内或邻近脊髓的病变。他们被认为是定位在轴内，可以是原发性或转移性。脊髓肿瘤相对少见，占中枢神经系统肿瘤的 2%。发生在脊髓内的肿瘤称为髓内肿瘤，其中三分之一位于髓内室 [1,2]。脊髓具有小直径内存在完整的神经元轴突的特征。由于脊髓通路中断，远端可能产生神经功能障碍。患者的主要主诉是持续疼痛、感觉障碍和肌肉无力。

髓内肿瘤多为胶质瘤、室管膜瘤或星形细胞瘤。脊髓室管膜瘤的预后明显好于幕上和幕下肿瘤，尤其是在完全切除的情况下。据麦克奎尔 (McGuire) 等人报道，55 例脊髓室管膜瘤患者中，5 年生存率为 86.6%。当不能实现完全切除时，手术后放疗可能是有用的，但早期和延迟复发都可能发生。脊髓星形细胞瘤与颅内星形细胞瘤相似，其病理特征可预测其临床病程：长期存活与肿瘤分级有关。最近的一份报告显示脊柱间变性星形细胞瘤患者的中位总生存期为 72 个月，5 年生存率为 59%，胶质母细胞瘤患者的中位总生存期为 9 个月 [4]。目前尚无随机资料支持对未完全切除的低度恶性肿瘤患者采用分次放疗，但所有高级别肿瘤患者均应接受术后放疗。

BNCT 在各种恶性肿瘤中已作评估，但没有报告描述其应用于脊柱肿瘤。本模拟的目的是阐明单次或分次 BNCT 治疗脊柱恶性肿瘤的可行性。

23.2 最先进的治疗方法

MRI 扫描和神经系统检查对于术前诊断和治疗计划是必要的。脊柱肿瘤的最初治疗是手术切除。

中井庆（✉）和松村明
日本，茨城 305-8575，筑波市，天王台 1-1-1，筑波大学，医学院，神经外科系
e-mail: knakai@md.tsukuba.ac.jp

在室管膜瘤的病例中，手术后放疗的价值是有争议的，并且没有随机试验的支持。报告了几个病例系列；一篇论文表明手术后放疗似乎不能防止脊髓室管膜瘤的局部复发或疾病进展[5]。另一篇报道说，增加手术后放疗可使半数以上残留脊髓室管膜瘤患者实现长期肿瘤控制[6]。对于脊髓室管膜瘤患者 (包括间变性室管膜瘤的病例) 单独行次全切除或活检后，一种常见的放射治疗方法是 50 Gy，25 个分次[7]。

对于星形细胞瘤，低度星形细胞瘤表现出非侵袭性的临床行为，而间变性星形细胞瘤或胶质母细胞瘤的生存率较低。不管治疗方法如何，胶质母细胞瘤的存活期通常不到一年[4]。恶性星形细胞肿瘤虽然积极切除，但效果不佳，因此建议在手术前进行活检。尽管缺乏支持脊髓恶性星形细胞瘤分次放射治疗的随机资料，但未完全切除的低级别肿瘤和所有高级别肿瘤均应接受手术后放疗。

神经系统的放射毒性可分为三个阶段：急性 (照射过程中)、早期延迟 (照射后数周至 3 个月) 和延迟反应 (超过 3 个月)。脊髓放射损伤最突出的是一种自限性暂时性脊髓病和更严重的慢性进行性脊髓病。急性脊髓毒性很少见。然而，暂时性脊髓病可能在延迟期发展。从大量患者中获得的证据表明，常规分次照射 50 Gy 后，脊髓病的发病率低于 0.5%。预计在 5 年内引起 5% 脊髓病风险的剂量的最佳估计值为每天分次 2.0 Gy 的剂量，共计约为 60 Gy 剂量[10,11]。1991 年美国国家癌症研究所特别工作组的报告得出结论，超过耐受剂量在 5 年后引发 5% 的风险 (TD 5/5) 与脊柱长度相关，比如 50 Gy 对应长度为 5 cm 和 10 cm，47 Gy 对应长度为 20 cm[12]。立体定向放射治疗技术在脊柱病变治疗中的应用受到了限制，因为肿瘤的靶向性要求脊柱被固定在一个大的支架上，并且夹在棘突上。最近，图像引导无框架立体定向放射外科系统 (赛博刀) 允许脊柱病变的治疗，但迄今为止还没有大量的经验表明脊柱放射外科已经开发出了最佳剂量[13,14]。

23.3 BNCT 的基本原理

传统的外照射放疗缺乏精确性，无法将大的照射剂量传送到脊髓附近。利用 BNCT 实现肿瘤靶向大剂量照射，有望更有效、更安全地治疗脊髓等系列器官。

23.4 技术方面和结果

23.4.1 前后和后前照射

首先，我们使用 JAEA 计算剂量测定系统 (JCDS) 为三种不同情况的脊髓肿瘤制定了治疗方案。JCDS 是由日本原子能研究所开发和改进的 BNCT 模拟系统[15,16]。利用医学 CT 和 MRI 图像建立三维模型。我们将假设的脊髓肿瘤定义为侵犯颈髓。JCDS 需要用户定义的参数，即硼浓度、相对生物有效性 (RBE) 值和所选硼化合物的复合生物有效性 (CBE) 因子。本研究以硼苯基丙氨酸 (BPA) 为硼携带剂。计算中使用了 3.5 MW 的 JRR-4 超热射束模式、12 cm 准直器和氟化锂屏蔽模块。首先，我们将射束方向定义为 (1) 前后 (AP) 和 (2) 后前 (PA)。模拟中使用的值汇总在表 23.1 中，三维模型如图 23.1 所示。每个疗程的正常组织剂量限制设置为低于 9.0 Gy (分次)。在对射束和靶区模型进行 MCNP 计算后，对 JCDS 的输出进行可视化和分析。

表 23.1　RBE、CBE 和用于模拟的硼浓度

	硼浓度	RBE、CBE
肿瘤	42	3.8
正常组织	12	1.35
脊髓	12	1.35
黏膜	12	4.9
骨	0	

注：硼化合物为 BPA；肿瘤/正常组织比率 (T/N) 为 3.5。

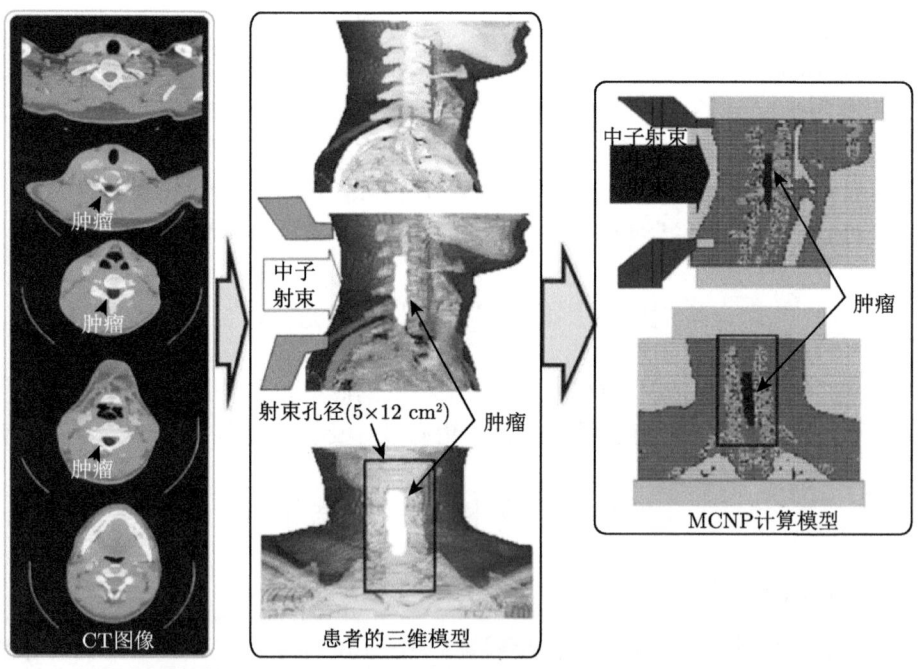

图 23.1　脊髓肿瘤模型的建立。左：CT 图像序列和假想肿瘤；中：模型的三维重建；右：用于 MCNP 计算的体素模型

23.4 技术方面和结果

表 23.2 总结了对门照射的肿瘤剂量和正常组织剂量。第一次照射为前后 (AP)，第二次照射为后前 (PA)。AP+PA 意味着 AP 和 PA 的照射为 2 分次照射。简单的对置双野照射实现肿瘤最小剂量 28.0 Gy，正常脊柱最大剂量 7.3 Gy，皮肤最大剂量 7.4 Gy。在 AP 和 PA 照射下，热中子通量分别为 1.98×10^9 和 1.73×10^9。AP 和 PA 照射时的照射时间分别为 30 min 和 38 min；这是在没有全麻的情况下可以忍受的时间。AP+PA 照射的射束中心轴的剂量分布和剂量剖面如图 23.2 所示。

表 23.2 模拟剂量汇总

		AP+PA	AP	PA	RL	LR	L45	R45	L45+R45+PA
照射时间/min		30+38	30	38	40.3	35.7	37.1	36.9	27+28.4+28.6
肿瘤剂量/Gy	最大	34.7	22.4	20.5	16.9	15.5	20.1	22.2	38.7
	平均	32.0	16.1	15.9	10.7	8.8	13.7	14.3	36.0
	最小	28.0	11.3	11.3	6.5	4.3	9.4	9.8	31.0
正常组织/Gy	最大	10.0	9.0	9.0	10.0	10.0	10.0	10.0	10.0
脊髓/Gy	最大	7.3	4.6	4.2	3.5	3.2	4.0	4.4	8.1
皮肤/Gy	最大	7.4	7.0	7.4	8.5	8.0	7.9	8.0	6.4
热中子通量/($\times10^9$ n/(cm²·s))	最大		1.98	1.73	1.98	2.26	1.97	1.99	
热中子注量/($\times10^{12}$ n/cm²)	最大	4.24	4.01	4.09	4.80	4.84	4.40	4.40	3.97

注：AP 前后照射，PA 后前照射，RL 从右向左，LR 从左向右，L45 左前斜 45°，R45 右前斜 45°。

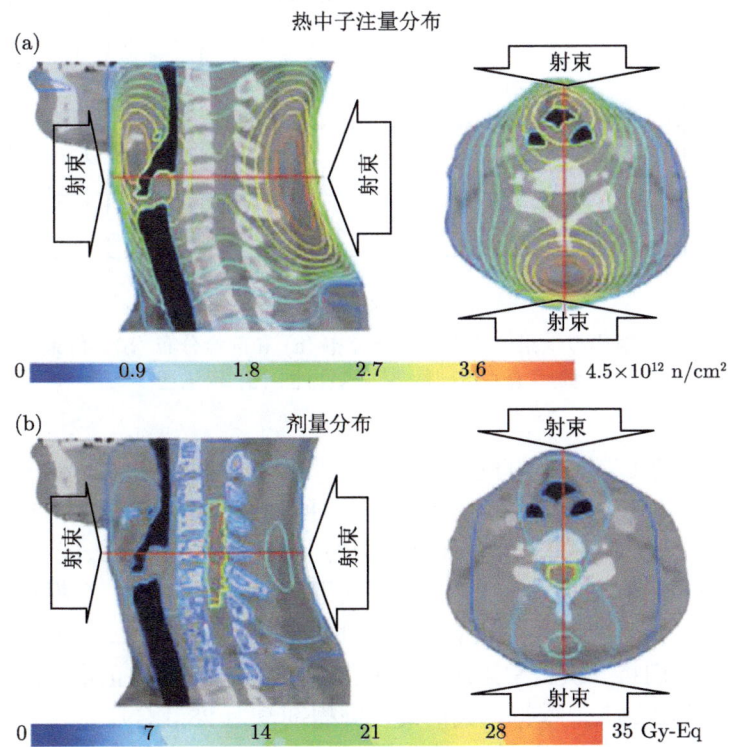

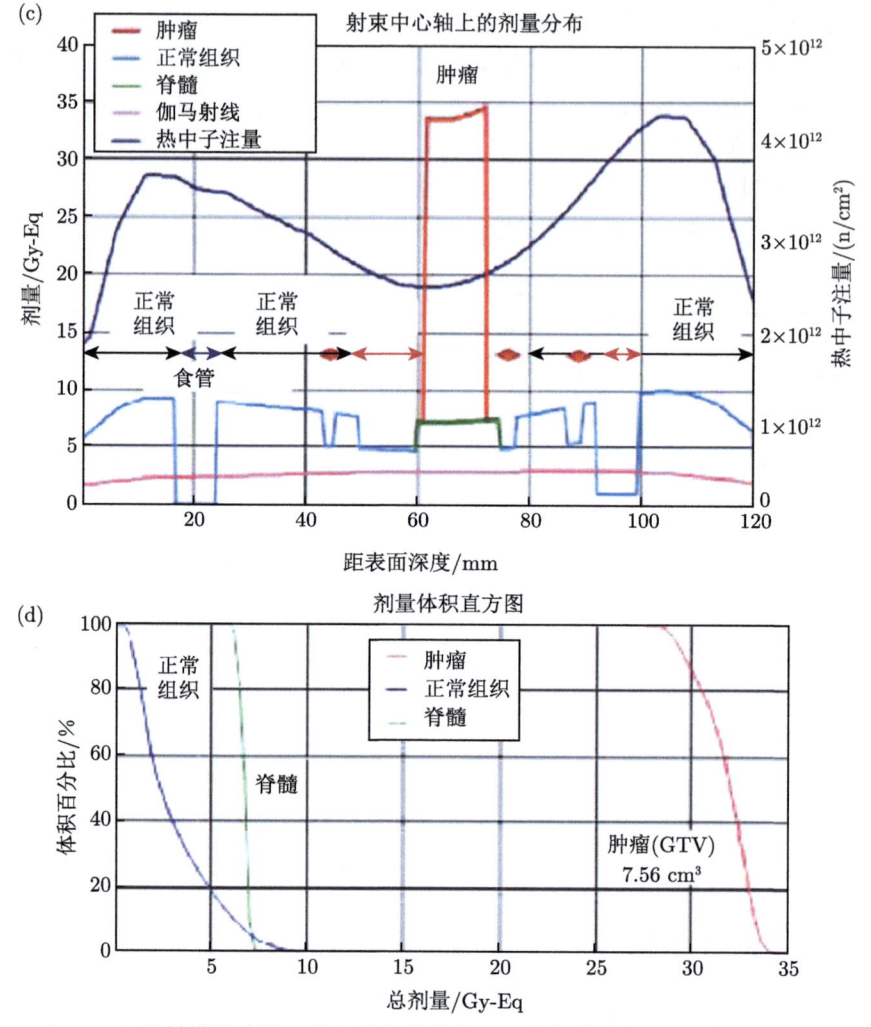

图 23.2　AP+PA 照射模拟结果。热中子注量分布 (a) 和剂量分布 (b)、射束中心轴上的剂量曲线 (c) 和剂量–体积直方图 (d) 示意图

结果表明 BNCT 治疗脊髓恶性肿瘤是可行的。科德尔 (Coderre) 等人报告了大鼠脊髓病发病率的剂量相关变化；作者通过腹腔注射 BPA 给药后确定 ED_{50} 为 13.8 Gy，在 11 Gy 以下未发现脊髓损伤[17]。莫里斯 (Morris) 等人报告了大鼠脊髓的剂量反应和辐射损伤[18]。作者使用静脉注射 BPA。根据这些数据，静脉注射 BPA 后接受照射，大鼠脊髓轻瘫的 ED_{50} 为 12.9 Gy。在 10%～20% 的安全裕度下，我们将一次正常组织照射的上限设为 9 Gy，将正常组织总剂量设为 10 Gy。在这个限制下，模拟得到的最小肿瘤剂量为 28.0 Gy。

23.4 技术方面和结果

分次照射可减少正常组织损伤，集中肿瘤剂量，适合于脊髓肿瘤的 BNCT 治疗。与单次照射相比，2 分次对门照射仅使正常组织剂量增加 10%，而肿瘤最小剂量增加一倍以上。

23.4.2 横向和斜向照射

为了减少鼻腔、口腔、咽部黏膜剂量，我们设计了两个相反的横向照射方向 (RL 和 LR，从右到左和从左到右) 和三射束照射、斜射和 PA 投射 (图 23.3)。表 23.2 显示了 RL、LR、R45 和 L45 (右前斜 45° 和左前斜 45°) 射束方向的模拟结果。采用 PA、R45 和 L45 方向模拟了三束照射。由于射束端口与患者肩部的干扰，侧向照射受到限制，需要在 JRR4 上使用扩展的准直器，导致中子通量较低，照射时间较长。三束照射肿瘤最小剂量 36.0 Gy，正常脊柱最大剂量 8.1 Gy，皮肤最大剂量 6.4 Gy。射束方向避开鼻、口、咽腔。但颈动脉和静脉也包括在照射野内 (图 23.3)。在 PA、L45 和 R45 照射方向的照射时间分别为 27 min、28 min 和 28 min。三束照射轴向切片的剂量分布如图 23.3 所示。多射束方向治疗需要重复 BPA 给药和中子照射。因此，BNCT 操作变得更加复杂，但剂量曲线显示 BNCT 对脊柱肿瘤患者的可行性。

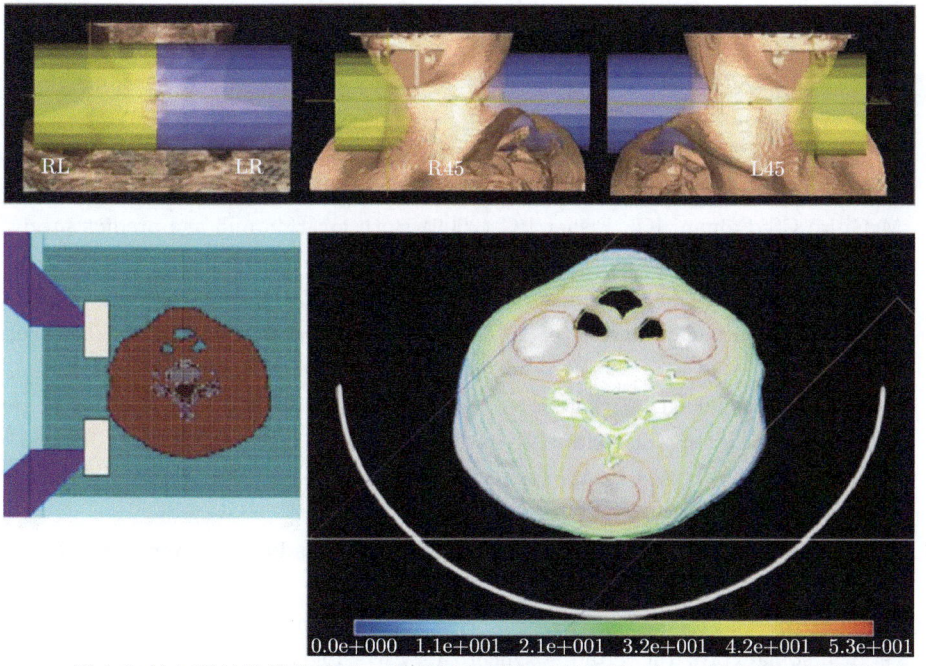

图 23.3 横向和斜向照射的模拟结果。横照射和斜照射示意图 (上)、射束端口轴向图 (左下) 和三束照射的剂量分布

这项研究的一个局限性在于硼的分布。我们假设肿瘤硼浓度为 42 ppm，正常组织浓度为 12 ppm。然而，脊髓血管系统或组织灌注情况与脑组织不同，硼化合物的药代动力学可能不同。通过 ^{18}F-BPA-PET 研究确定 BPA 的药代动力学，并通过实验确定我们在这里使用的假定值是很重要的。

23.5 证据水平

临床前评估。D 类：没有明确批判性评价的专家意见，或基于生理学、实验研究或第一性原理的观点。由英国国家医疗服务体系定义。

23.6 进一步发展

我们需要明确硼在脊柱肿瘤中的分布，并计划研究脊柱肿瘤患者的 BPA-PET 扫描。由于脊柱是许多肿瘤类型的常见转移部位，因此需要对脊髓外肿瘤进行模拟。为了避免辐射场中的黏膜反应，在进一步的临床前模拟设计中应借鉴头颈部肿瘤的经验。

参 考 文 献

[1] Kim MS et al (2001) Intramedullary spinal cord astrocytoma in adults: postoperative outcome. J Neurooncol 52(1): 85-94

[2] Reimer R, Onofrio BM (1985) Astrocytomas of the spinal cord in children and adolescents. J Neurosurg 63(5): 669-675

[3] McGuire CS, Sainani KL, Fisher PG (2009) Both location and age predict survival in ependymoma: a SEER study. Pediatr Blood Cancer 52(1): 65-69

[4] McGirt MJ et al (2008) Extent of surgical resection of malignant astrocytomas of the spinal cord: outcome analysis of 35 patients. Neurosurgery 63(1): 55-60; discussion 60-61

[5] Sgouros S, Malluci CL, Jackowski A (1996) Spinal ependymomas-the value of postoperative radiotherapy for residual disease control. Br J Neurosurg 10(6): 559-566

[6] Whitaker SJ et al (1991) Postoperative radiotherapy in the management of spinal cord ependymoma. J Neurosurg 74(5): 720-728

[7] Shaw EG et al (1986) Radiotherapeutic management of adult intraspinal ependymomas. Int J Radiat Oncol Biol Phys 12(3): 323-327

[8] Marcus RB Jr, Million RR (1990) The incidence of myelitis after irradiation of the cervical spinal cord. Int J Radiat Oncol Biol Phys 19(1): 3-8

[9] McCunniff AJ, Liang MJ (1989) Radiation tolerance of the cervical spinal cord. Int J Radiat Oncol Biol Phys 16(3): 675-678

[10] Jeremic B, Djuric L, Mijatovic L (1991) Incidence of radiation myelitis of the cervical spinal cord at doses of 5500 cGy or greater. Cancer 68(10): 2138-2141

[11] Fowler JF et al (2000) Clinical radiation doses for spinal cord: the 1998 international questionnaire. Radiother Oncol 55(3): 295-300

[12] Emami B et al (1991) Tolerance of normal tissue to therapeutic irradiation. Int J Radiat Oncol Biol Phys 21(1): 109-122

[13] Nelson JW et al (2008) Stereotactic body radiotherapy for lesions of the spine and paraspinal regions. Int J Radiat Oncol Biol Phys 73(5): 1369-1375

[14] Gerszten PC, Welch WC (2004) Cyberknife radiosurgery for metastatic spine tumors. Neurosurg Clin N Am 15(4): 491-501

[15] Kumada H et al (2004) Verification of the computational dosimetry system in JAERI (JCDS) for boron neutron capture therapy. Phys Med Biol 49(15): 3353-3365

[16] Kumada H et al (2004) Improvement of dose calculation accuracy for BNCT dosimetry by the multi-voxel method in JCDS. Appl Radiat Isot 61(5): 1045-1050

[17] Coderre JA et al (1995) Comparative assessment of single-dose and fractionated boron neutron capture therapy. Radiat Res 144(3): 310-317

[18] Morris GM et al (2002) Long-term infusions of p-boronophenylalanine for boron neutron capture therapy: evaluation using rat brain tumor and spinal cord models. Radiat Res 158(6): 743-752

第 24 章 BNCT 治疗晚期或复发性头颈癌

粟饭原辉人和森田伦正

24.1 简　　介

头颈部癌 (HNC) 约占所有癌症的 10%，其中约 90% 为鳞状细胞癌 (SCC)。手术是治疗可切除原发部位癌症的主要手段。然而，由于头颈部具有许多重要的生理和美容功能，手术的主要缺点是患者的生活质量下降，尤其是对于晚期 T 期癌症。另一方面，不能切除的癌症患者是放射治疗或放化疗的候选者。虽然这些疗法对鳞状细胞癌是有效的，但由于周围正常组织对再放射疗法 (reradiation therapy, re-RT) 的耐受性，对这些治疗后复发的鳞状细胞癌进行再放射治疗是很困难的。此外，这些鳞状细胞癌也可能显示出抗辐射性。T3~4 晚期非 SCC，如腺癌、黏液表皮样癌和腺样囊性癌，也表现出抗辐射性和化疗耐药性。BNCT 是一种高线性能量转移 (LET) 辐射和肿瘤选择性放疗，对周围正常组织无严重损伤。BNCT 对不能手术的局部晚期头颈癌患者可能是有效和安全的，即使在先前的放疗部位复发。

24.2 最先进的治疗方法

24.2.1 局部晚期和复发性鳞状细胞癌

接受姑息性化疗和/或放疗的 69 例晚期/复发性头颈部鳞状细胞癌患者，报道的肿瘤有效率和中位生存期分别约为 30% 和 6~10 个月[1]。105 例复发性 HNC 患者接受 re-RT 治疗后的 2 年无局部进展生存率和总生存率分别为 42% 和 37%[2]。

24.2.2 头颈部非鳞状细胞癌，无恶性黑色素瘤

手术后放疗使 100 例非鳞状细胞癌患者的局部控制率从 75% 提高到 83%，如患有大唾液腺的黏液表皮样、腺样囊性、腺泡细胞和腺管上皮等癌[3]。在 70 例

粟饭原辉人 (✉) 和森田伦正
日本，冈山，川崎医学院，耳鼻咽喉、头、颈外科
e-mail: aiteru@med.email.ne.jp; nori.morita@gmail.com

可切除的 T3~4 期大唾液腺非鳞状细胞癌患者中，术后放疗使 10 年局部控制的估计值提高到 63%。

24.3 BNCT 的基本原理

BNCT 应用于头颈部肿瘤有几个优点。第一，头颈部有许多重要的生理和美容功能。手术对晚期或复发性头颈癌患者的生活质量有很大的影响。因此，器官保存是最重要的事情之一。第二，有许多鳞状细胞癌患者在手术和放化疗等强化治疗后复发，局部晚期非鳞状细胞癌无法通过常规癌症治疗加以控制。第三，由于头颈部癌症存在于表浅部位，并且距离皮肤表面不太远，因此可以使用超热中子束对靶点给予治愈性剂量。

24.3.1 ^{18}F-BPA-PET 研究

在所有患者行 BNCT 前，通过 ^{18}F-BPA-PET (fluorine-18 标记的 BPA 正电子发射断层摄影术) 对肿瘤和周围正常组织中 BPA (对-硼苯丙氨酸) 的积聚进行成像和定量分析[5]。

在静脉注射 ^{18}F-BPA 后 40 min，测定肿瘤与血液、正常组织与血液和肿瘤与正常组织 (T/N) 的 ^{18}F-BPA 强度的比值。SCC 与非 SCC 患者的 T/N 比值如图 24.1 所示。

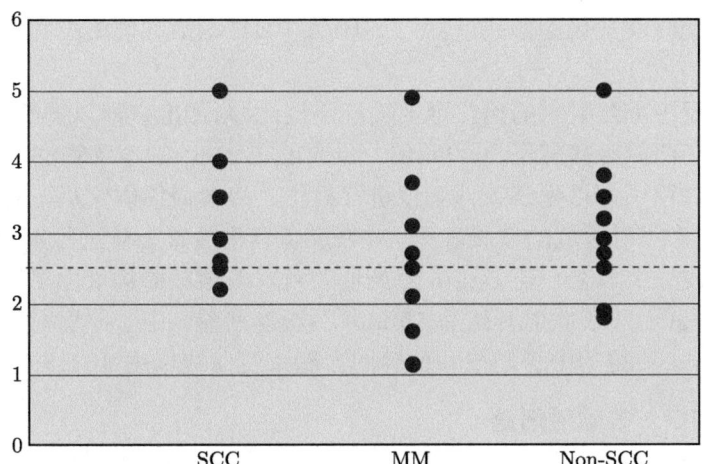

图 24.1　川崎医学院 (KMS) ^{18}F-BPA-PET 组数据。2003 年 10 月至 2007 年 9 月，11 例复发性鳞状细胞癌和 8 例非鳞状细胞癌患者入组 ^{18}F-BPA-PET 研究。SCC 组与非 SCC 组 T/N 比值无明显差异。11 例鳞状细胞癌和 13 例非鳞状细胞癌中各有 10 例的 T/N 值达到 2.5 及以上，行 BNCT 治疗

24.4 技术方面和临床应用

24.4.1 BNCT 适应证

(1) 新诊断的 T3/T4 晚期和复发性头颈癌。

(2) 利用超热中子束,肿瘤的最大深度在距离皮肤表面 5 cm 的深度内,以达到靶区的治愈性剂量。

(3) T/N 比值大于 2.5。根据 ^{18}F-BPA-PET 的结果计算 T/N 比值。

(4) 患者及其家属同意实施 BNCT。

(5) BNCT 是由我们的医学伦理委员会批准的。

24.4.2 治疗流程

在 BNCT 之前,对患者进行 CT 扫描,使用配备有日本原子能研究所的计算剂量测定系统 (JCDS)[6] 剂量规划软件的计算机工作站,给患者制定治疗计划。

BPA (L-异构体,^{10}B 富集度 > 95%) 的总剂量为 500 mg/kg-BW。在中子照射前 2 h,开始静脉注射 200 mg/(kg-BW·h) 的 BPA。为监测血液中硼的浓度,从开始给药到中子照射结束,每隔 1 h 取一次静脉血样本。血液中的硼浓度通过瞬发伽马射线分析和/或电感耦合等离子体原子发射光谱 (ICP-AES) 进行测量。绘制血硼浓度随时间变化的曲线。用 ^{18}F-BPA-PET 测定肿瘤组织和正常组织的硼浓度。

患者在反应堆照射室的治疗台上进行定位,并附加准直器以屏蔽正常组织,然后用超热中子照射肿瘤部位,并以 100 mg/(kg-BW·h) 的速率输注 BPA[7]。所有患者在照射过程中都以坐姿或仰卧位进行摆位。患者最终固定后,将热释光剂量计 (TLD) 附于照射区域的皮肤表面,并在准直器中放置金丝进行剂量测定。我们在照射野内皮肤上放置一层 5 mm 厚的明胶片,以增加肿瘤表面的照射剂量。中子通量 (n/(cm²·s)) 在照射开始后 15 min 用金丝测量。中子照射时间是根据照射开始后 15 min 测得的中子通量和估算的血硼浓度曲线,用 JCDS 确定的。

24.4.3 BNCT 的照射剂量

头颈癌的 BNCT 是使用我们团队的反应堆超热中子束,采用单次 (芬兰团队采用两个分次 [8]) 照射进行的。肿瘤的控制剂量计划在 20 Gy (加权剂量) 以上,肿瘤周围正常组织的最大剂量不超过 15 Gy。这些数值是由 JCDS 根据中子照射时的血硼平均水平计算的,并用金丝直接测量肿瘤部位的中子通量。这些治疗剂量是通过 BNCT 适应证中的第 (2) 和 (3) 条实现的。

24.5 结 果

24.5.1 川崎医学院的观察结果

复发性鳞状细胞癌 10 例，复发性非鳞状细胞癌 7 例 (腺样囊性癌 2 例，腺癌 1 例，乳头状腺癌 2 例，黏液表皮样癌 1 例，未分化癌 1 例)，新诊断为 T4 晚期非鳞状细胞癌 3 例 (腺样囊性癌 2 例，腺泡细胞癌 1 例) 于 2003 年 10 月至 2007 年 9 月接受 BNCT 治疗。中位随访时间为 15.9 个月 (3~56 个月)。20 例 BNCT 后局部反应如下：11 例临床完全缓解 (CR)。图 24.2 所示为复发性鳞状细胞癌患者治疗前及治疗后 5 个月的 CT 和 ^{18}F-BPA-PET 图像，显示为 BNCT 后 CR。7 例部分缓解 (PR)，2 例无变化。有效率 [(CR+PR)/总病例数] 为 90%[9]。所有患者均未出现严重的急性或慢性正常组织反应 (超过 RTOG/EORTC 评分的 II 级)。10 例患者 BNCT 后 3~20 个月 (中位数 11.6 个月) 死亡，主要死因为远处转移。

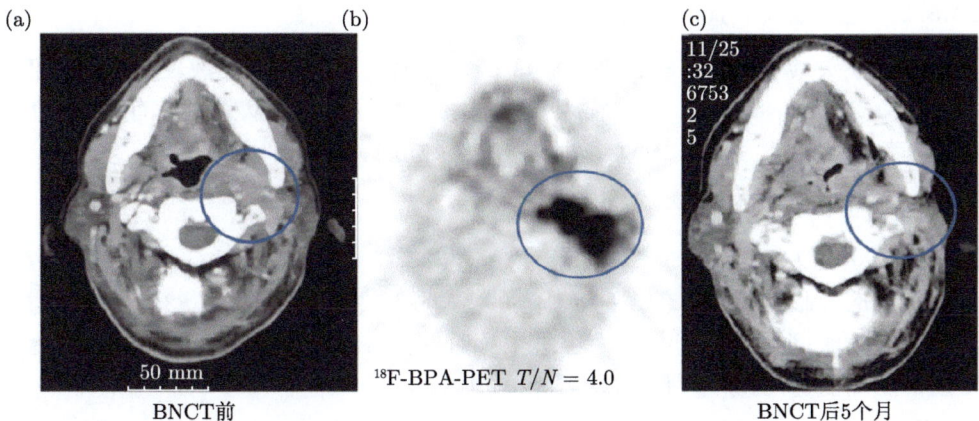

图 24.2 复发性原发未知鳞状细胞癌。全剂量常规放疗联合化疗后肿瘤复发。(a) CT 显示左咽旁间隙复发肿瘤，如圆圈所示。(b) ^{18}F-BPA-PET 研究表明 T/N 比为 4.0。(c) BNCT 后 5 个月肿瘤完全消失。不幸的是，这个患者在 BNCT 术后 2 年死于远处转移。然而，未观察到局部复发

所有患者的 1 年和 2 年总生存率分别为 53.8% 和 32.3%，1 年和 2 年无病生存率分别为 34.2% 和 0%。然而，1 年和 2 年无局部进展生存率分别为 58.8% 和 47.7%(图 24.3)。新诊断为 T4 晚期非鳞状细胞癌的 3 例患者在 BNCT 后 3 个月内均显示原发灶完全缓解。三位患者的 1 年无局部进展生存率为 100%，18 个月时的总生存率为 100%。

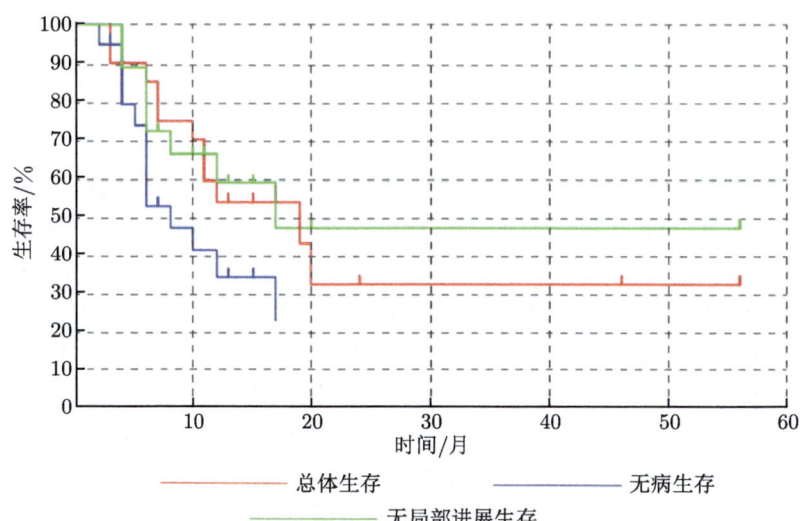

图 24.3　Kaplan-Meier 生存曲线。两年无局部进展生存率和总生存率分别为 47.7% 和 32.3%

24.5.2　在大阪大学获得的结果

复发性头颈癌 6 例（鳞状细胞癌 3 例，肉瘤 1 例，腮腺黏液表皮样癌 1 例）。6 例 BNCT 后局部反应：1 例临床 CR，4 例 PR，1 例疾病进展。有效率 80%。4 名患者在 BNCT 后 2~10 个月死亡（中位数 6.7 个月）[10]。

24.5.3　赫尔辛基的结果

2003 年 12 月至 2005 年 12 月，12 名患者接受 BNCT 治疗。12 例 BNCT 后局部反应：临床 CR 7 例，PR 3 例，疾病稳定 2 例。有效率 83%。疾病进展的中位持续时间为 9.8 个月，中位总生存时间为 13.5 个月。5 例（41%）患者无复发，平均随访 14.0 个月（12.8~19.2 个月）[8]。

结论

BNCT 治疗头颈部复发性鳞状细胞癌和局部晚期非鳞状细胞癌是一种很有前途的方法，可在以下情况使用：

(1) 肿瘤最大深度在距皮肤表面 5 cm 以内。

(2) T/N 比大于 2.5，根据 ^{18}F-BPA-PET 的结果计算得到 T/N 比值。

BNCT 增加了这些患者局部控制的机会。然而，患者死亡的主要原因是远处转移，与传统的癌症治疗相比，BNCT 的总生存率没有明显提高。高风险患者应考虑 BNCT 与化疗的联合应用，以提高总体生存率。

24.6 证据水平

证据等级 (LOE): 三级;
英国国家医疗服务体系: D 级。

24.7 进一步发展

在日本, 从 2012 年底开始, 将使用基于加速器的中子源对头颈癌行 BNCT。

参考文献

[1] Worden FP, Moon J, Samlowski W, Clark JI, Dakhil SR, Williamson S, Urba SG, Ensley J, Hussain MH (2006) A phase II evaluation of a 3-hour infusion of paclitaxel, cisplatin, and 5-fluorouracil in patients with advanced or recurrent squamous cell carcinoma of the head and neck. Cancer 107: 319-327

[2] Lee N, Chan K, Bekelman J, Zhung J, Narayana A, Wolden S, Shah J, Kraus D, Pfister D, Zelefsky M (2007) Salvage re-irradiation for recurrent head and neck cancer. Int J Radiat Oncol Biol Phys 68: 731-740

[3] Fu KK, Leibel SA, Levine ML, Friedlander LM, Boles R, Phillips TL (1977) Carcinoma of the major and minor salivary glands. Cancer 40: 2882-2890

[4] Chen AM, Granchi PJ, Garcia J, Bucci MK, Fu KK, Eisele DW (2007) Local-regional recurrence after surgery without postoperative irradiation for carcinomas of the major salivary glands. Int J Radiat Oncol Biol Phys 67: 982-987

[5] Imahori Y, Ueda S, Ohmori Y, Sakae K, Kusuki T, Kobayashi T, Takagaki M, Ono K, Ido T, Fujii R (1998) Positron emission tomography-based boron neutron capture therapy using boronophenylalanine for high-grade gliomas: part II. Clin Cancer Res 4: 1833-1841

[6] Kumada H, Yamamoto K, Torii Y (2001) Development of computational dosimetry system and measurement of dose distribution in water head phantom for BNCT in JAERI. In: Proceeding of the 2000 workshop on utilization of research reactors. JAERI-Conference 2001, Taejon, 2001, pp 357-362

[7] Ono K, Masunaga S, Kinashi Y, Nagata K, Suzuki M, Sakurai Y, Maruhashi A, Kato I, Nakazawa M, Ariyoshi Y, Kimura Y (2006) Neutron irradiation under continuous BPA injection for solving the problem of heterogenous distribution of BPA. In: Nakagawa Y, Kobayashi T, Fukuda H (eds) Advances in neutron capture therapy. International Society for Neutron Capture Therapy, Kagawa, pp 27-30. ISBN 4-9903242-0-X

[8] Kankaanranta L, Seppälä T, Koivunoro H, Saarilahti K, Atula T, Collan J, Salli E, Kortesniemi M, Uusi-Simola J, Mäkitie A (2007) Boron neutron capture therapy in the treatment of locally recurred head and neck cancer. Int J Radiat Oncol Biol Phys 69: 475-482

[9] Aihara T, Hiratuka J, Nishiike S, Morita N, Uno M, Sakurai Y, Maruhashi A, Ono K, Harada T (2006) Using BPA alone for boron neutron capture therapy of recurrent head and neck malignancies. In: Nakagawa Y, Kobayashi T, Fukuda H (eds) Advances in neutron capture therapy. International Society for Neutron Capture Therapy, Kagawa, pp 5-6. ISBN 4-9903242-0-X

[10] Kato I, Ono K, Sakurai Y, Ohmae M, Maruhashi A, Imahori Y, Kirihata M, Nakazawa M, Yura Y (2004) Effectiveness of BNCT for recurrent head and neck malignancies. Appl Radiat Isot 61: 1069-1073

第 25 章 BNCT 在甲状腺癌中的应用研究

马里奥·A. 皮萨雷夫、玛丽亚·A. 达格罗萨和吉列尔莫·J. 尤文纳尔

25.1 简　　介

甲状腺癌可发展为分化型、未分化型或间变型。分化型,如乳头状癌或滤泡癌,通常预后相对良好。因为几乎所有人都能正常摄取碘,因此外科甲状腺切除术是以治疗剂量的碘 (^{131}I) 完成的。在许多情况下,这些形式都得到了很好的控制,肿瘤得到了完全缓解。在其他情况下,预后不是很好。这种病理学的未分化甲状腺癌 (UTC) 形式或某些分化形式的复发已失去其集聚放射性碘的能力,因此这种卤素的治疗剂量已不起作用。这些最后的形式是非常具有侵略性的,在诊断后相当短的时间就引起致命的结果。因此,正在探索新的治疗方法,以便为这些患者提供更好的未来。由于分子生物学的进步,新的化学治疗化合物已经被开发出来,目前正在一些临床试验中进行研究。此外,我们几年前就开始研究 BNCT 应用于这些疾病治疗的可能性 [1,2]。

25.2 实验性"体外"研究

我们从分析培养的甲状腺细胞对一种含硼化合物 p-硼苯丙氨酸 (BPA) 的吸收开始。结果表明,未分化癌细胞系比人甲状腺滤泡腺瘤细胞或正常腺体细胞具有更高的摄取率。当我们比较间变性癌的增殖期细胞和静止期细胞时,BPA 摄取量是相同的。这个数据非常有趣,因为它与通常只有增殖细胞才有反应的肿瘤对放疗的反应不同 [3]。

马里奥·A. 皮萨雷夫 (✉)
阿根廷, 布宜诺斯艾利斯, Av Libertador 8250 (1429), 国家原子能委员会, 放射生物学部
阿根廷, 布宜诺斯艾利斯, 布宜诺斯艾利斯大学, 医学院, 人类生物化学系
e-mail: pisarev@cnea.gov.ar

玛丽亚·A. 达格罗萨和吉列尔莫·J. 尤文纳尔
阿根廷, 布宜诺斯艾利斯, Av Libertador 8250 (1429), 国家原子能委员会, 放射生物学部
阿根廷, 布宜诺斯艾利斯, 里瓦达维亚 1917 (1033), 阿根廷国家研究委员会
e-mail: dagrosa@cnea.gov.ar; juvenal@cnea.gov.ar

25.3 实验性"体内"研究

下一步是建立动物模型。NIH 裸鼠移植同一细胞系。这种肿瘤生长非常活跃，在一些动物的肺部转移被证明类似于人类的 UTC 行为。当用 ICP-AES 法检测 BPA 的生物分布时，我们可以再次观察到肿瘤比正常组织（如原甲状腺、种植体远端皮肤和其他器官）摄取更多的 BPA。然而，被癌细胞侵袭的移植体周围皮肤，其 BPA 浓度高于其他正常组织。只有排出 BPA 的肾脏的硼含量高于其他组织。时间进程研究表明，BPA 在肿瘤细胞中的浓度峰值与注入化合物的量有关。当给药剂量为 350 mg/kg 时，峰值出现在 60 min 后，而在 600 mg/kg-BW 的静脉注射中，峰值出现在 90 min 后。计算两种剂量的肿瘤与正常组织的硼比率，结果再次证明肿瘤选择性摄取硼的比率大于 3。总硼含量在 18~24 ppm[3,4]。肿瘤的大量摄取可能会重新激活新陈代谢。三岛 (Mishima) 等人 [5] 表明，使用 ^{18}F 标记的 BPA，肿瘤的净结合率比正常组织高 4 倍。分析了 BPA 在胶质母细胞瘤细胞系 GS-9L 和成纤维细胞系 V79 中的转运机制。这一结果支持了 BPA 由 L-氨基酸转运系统转运的假设 [6]。

我们在小鼠中进行了完整的 BNCT 治疗。像以前一样，小鼠被移植了肿瘤。14 天后，它们被运送到距离布宜诺斯艾利斯以南 1500 km 的巴里洛切原子能中心。在经过 24 h 恢复后，给小鼠注射 BPA，麻醉，并接受适当的中子束照射。只有肿瘤区域暴露，而身体的其他部分被屏蔽。测量肿瘤的生长情况，以确定对完整治疗的反应。以下面几组小鼠作为对照：① 未经治疗，注射了 BPA；② 接受照射，无 BPA；③ 完全不治疗或注射；以及 ④ BPA + 照射。所有动物都存活下来，没有毒性反应。结果表明，未经照射的小鼠肿瘤稳步生长。无 BPA 而接受照射的小鼠生长开始减慢，几天后又恢复到其他对照组的斜率曲线上。接受 BNCT 治疗的小鼠有两种类型的反应。初始肿瘤尺寸较大的动物肿瘤生长明显停止，但没有完全消失，而初始尺寸较小的小鼠在病理组织学上治愈，50％的小鼠移植区域被纤维化组织替代。这些研究是由额外的实验证实的。肿瘤反应与彗星分析法确定的 DNA 损伤程度和总物理吸收剂量成正比，呈显著正相关 [7]。众所周知，辐射对 DNA 的损伤和细胞修复的能力取决于辐射的质量。高 LET 辐射（α 粒子和重离子）在生物学上比低 LET（伽马射线或 X 射线）更有效，因为它会导致 DNA 损伤更加复杂和难以修复 [8]。

为了进一步优化令人鼓舞的结果，我们开始研究将 BPA 与另一种硼化合物硼化卟啉 (BOPP) 相结合。在携带胶质瘤细胞系的动物身上进行的研究表明，注射 BOPP 可引起显著的硼摄取。BOPP，4-双-(α, β-二氢氧化乙基) 氘卟啉 (4-bis-(α, β-didihidroxyethyl)-deutero-porphyrin) IX 是卡尔 (Kahl) 于 1989 年合成的一种含硼卟啉，每分子有 40 个硼-10 原子，而 BPA 分子中只有一个原子[9]。将移植了 UTC 细胞的小鼠注射 BOPP (由美国加州大学旧金山分校的 S. B. 卡尔教授提供)，通过腹腔注射或静脉注射给药。然而，在我们的模型中，与正常组织相比，给药 1 天后，我们未能观察到选择性硼摄取。因此，对另一方案进行了分析。在 BPA 前 1~7 天经静脉注射 BOPP，BPA 给药 60 min 后测硼摄取量。我们观察到，注射 BOPP 后 5 天和注射 BPA 后 60 min 的组合，硼摄取量为 45 ppm，比单独使用 BPA 获得的结果翻了一番[10]。接下来，这些动物像之前的研究一样，用巴里洛切核反应堆 (RA6) 的中子束照射。在 3 个月内对动物进行随访，在组织学上观察到 100%的小鼠肿瘤进展完全停止，肿瘤细胞完全消失。亚细胞研究表明 ^{10}B 集中在线粒体中[11]。

在我们实验室的另一组研究中，证明了注射烟酰胺 (NA) 可显著增加正常和甲状腺肿的大鼠对 ^{131}I 治疗的放射敏感性。这种效应与甲状腺血流量增加有关。NA 同时导致 eNOS 合成酶表达增加和过氧化物生成，这是组织损伤的原因[12]。研究了 NA 对硼摄取的可能作用，证明它不影响肿瘤对硼的吸收，NA 已用于接受常规外照射的头颈部肿瘤患者，取得了令人鼓舞的结果[13]。当在 BPA+ 照射前 3 天给予 NA 时，观察到治疗结果略有改善的趋势。通过半胱氨酸蛋白酶-3 活性测定来确定肿瘤标本中的细胞凋亡，结果表明，在三个 BNCT 组中 (单独 BPA 和与 NA 或 BOPP 合用)，BNCT (BPA+NA) 组在照射后 24 h 及 1 周后均有明显增加。TUNEL 分析证实了这些结果。我们可以得出结论，尽管烟酰胺联合 BPA 在早期会引起细胞凋亡的增加，但只有联合使用 BPA 和 BOPP 后的照射组才能够显著改善治疗响应[11]。

这些令人鼓舞的结果促使我们研究更大的动物。犬可以呈现自发性未分化甲状腺癌 (UTC)，其行为与人类肿瘤相似，由于气管受压而引起呼吸困难，并在身体其他部位产生了转移。我们在布宜诺斯艾利斯大学兽医学学院研究了 8 只有手术指征的犬的 BPA 摄取情况，并事先获得了主人的知情同意。麻醉动物，60 min 内注入 BPA 果糖溶液，然后运至手术室。每 15 min 取一次血样，手术期间取正常甲状腺和肿瘤区域样本，测量硼浓度和组织病理学。肿瘤组织中的硼浓度高于血液和正常甲状腺，但呈零散分布。当考虑到组织病理学时，每个肿瘤的不同区域被分为均匀或不均匀，后者包括肿瘤细胞坏死区域，还有纤维化和脂肪组织。细胞质量、活细胞数量与硼吸收之间有明显的相关性。因此，我们可以得出结论，BNCT 对犬 UTC 的治疗可能是有效的[14]。

25.4 放射生物学研究

为了将 BNCT 应用于肿瘤治疗，需要考虑许多因素。它们不仅包括肿瘤的大小和形状，要使用的硼化合物及其在肿瘤区域的吸收和持续时间，还有肿瘤的放射生物学特性。使用中子射束的相对生物效应因子 (RBE)，以及将射束与硼化合物结合起来的复合生物有效因子 (CBE)，来获得总的物理吸收剂量。这些放射生物学因素允许与常规治疗或其他中子束进行比较。与麻省理工学院 (美国，马萨诸塞州，剑桥) 合作，对 ARO 细胞进行了一系列研究。细胞与单独 BPA 或 BPA+BOPP 的混合物进行孵育，并用中子或 X 射线以递增剂量方式照射。用菌落形成法评价生物终点 (新细胞的产生)，得到 BPA 和 BPA+BOPP 的 CBE 值分别为 3.9 和 2.6。组合用药得到的值与加性值一致。对于中子束，给出的 RBE 数值为 1.2[15]。

我们还通过细胞因子阻断微核试验 (CBMN) 和细胞存活率比色法 (MTT) 评价了 BNCT 的体外损伤机制。还计算了中子射束的相对生物效应因子 (RBE) 以及 BPA 和 BOPP 的复合生物效应因子 (CBE) 的值。微核双核 UTC 细胞的频率和微核双核细胞的 MN 数在 2 Gy 左右呈剂量依赖关系。对伽马射线的反应明显低于其他治疗。单用中子和中子 + BOPP 的照射曲线无明显差异，且 DNA 损伤程度较中子 + BPA 低。在所有治疗中，观察到存活分数随着物理剂量的变化而降低。我们还观察到中子和中子 + BOPP 没有显著差异，BPA 是更有效的化合物。根据 CBMN 和 MTT 分析计算出的 RBE 和 CBE 因子分别给出以下值：射束 RBE，4.4 ± 1.1 和 2.4 ± 0.6；BOPP 的 CBE 分别为 8.0 ± 2.2 和 2.0 ± 1；BPA 的 CBE 分别为 19.6 ± 3.7 和 $3.6 + 1.3$。这些值代表了在生物模型中获得的 RA-3 (Ezeza 核反应堆) 的第一个实验值，并将有助于将来将 BNCT 应用于 UTC 的剂量学实验研究[16]。

25.5 临床研究

布宜诺斯艾利斯七家医院的研究和伦理委员会制定并批准了一项人类生物分布研究方案，随后得到阿根廷公共卫生部的批准。在每个病例中，还获得了患者签署的知情同意书。这些研究正在进行中，到目前为止已经分析了三名患者，但还需要进一步的研究才能得出结论。

德国也进行了类似的研究。维蒂格 (Wittig) 等人[17]分析了分化型甲状腺癌复发患者和 UTC 患者的硼摄取情况。手术前 60 min 内输注 50 mg/kg-BW 的 BSH，瘤/血比为 0.9，瘤/肌肉比为 1.9。输注 BPA (100 mg/kg-BW) 时，瘤/血比在 1.7 左右，肿瘤/正常组织比在 0.9 左右。这些作者的结论是 BNCT 对复发分化型甲状腺癌可能没有帮助[17]。同时，2003年9月在日本，1例复发性甲状腺乳头状癌患者接受 BNCT 治疗。未观察到不良反应，患者存活长达18个月[18]。

25.6 最新进展

除 UTC 外，人类分化型甲状腺癌的复发有时以缺乏碘摄取的更具侵略性的形式发生。

这些研究的目的是评价 BNCT 治疗分化型甲状腺癌的可能性。这些肿瘤通过手术和 ^{131}I 治疗得到了很好的控制，但是，有些患者对这种治疗没有反应。在体外和移植分化型甲状腺癌细胞系的裸鼠体内分析了 BPA 的摄取情况。硼在不同细胞系中的细胞内浓度和生物分布研究显示了这种肿瘤对 BPA 摄取的选择性[19]。

在其他研究中，我们评估了 BNCT 诱导的 DNA 损伤的细胞反应机制。甲状腺癌细胞用 ^{10}BPA 或 ^{10}BOPP 孵育，用热中子照射。分析存活率、细胞周期分布及 p53 和 Ku70 的表达。每个照射组观察到不同的细胞反应。中子+BOPP 组 Ku70 的降低可能在辐射增敏中起作用[20]。

致谢：我们实验室的原始研究得到了阿根廷国家研究委员会 (CONICET)、阿根廷国家科学技术局 (FONCyT)、布宜诺斯艾利斯大学和原子能委员会的资助。所有作者都是来自 CONICET 的资深研究人员。

参 考 文 献

[1] Ain KB (1998) Anaplastic thyroid carcinoma: behavior, biology, and therapeutic approaches. Thyroid 8: 715-726

[2] Chandrakanth A, Ashok RS et al (2006) Anaplastic thyroid carcinoma: biology, pathogenesis, prognostic factors and treatment approaches. Ann Surg Oncol 13: 1-12

[3] Dagrosa MA, Viaggi M, Kreimann E, Garavaglia R, Farías S, Agote M, Cabrini RL, Juvenal G, Pisarev MA (2002) Selective biodistribution of p-borophenylalanine by undifferentiated thyroid carcinoma for boron neutron capture therapy (BNCT). Thyroid 12(1): 7-12

[4] Viaggi M, Dagrosa MA, Gangitano D, Belli C, Larripa I, Cabrini R, Pisarev M, Juvenal G (2003) A new animal model for human undifferentiated thyroid carcinoma. Thyroid 13: 529-536

[5] Mishima Y, Imahori Y, Honda C, Hiratsuka J, Ueda S, Ido T (1997) In vivo diagnosis of human melanoma with positron emission tomography using specific melanoma-seeking ^{18}F-DOPA analogue. J Neurooncol 33: 163-169

[6] Wittig A, Sauerwein WA, Coderre JA (2000) Mechanisms of transport of p-boronophenylalanine through the cell membrane in vitro. Radiat Res 153: 173-180

[7] Dagrosa MA, Viaggi M, Longhino J, Calzetta O, Cabrini R, Edreira M, Juvenal G, Pisarev M (2003) Experimental application of boron neutron capture therapy (BNCT) to undifferentiated thyroid carcinoma (UTC). Int J Radiat Oncol Biol Phys 57(4): 1084-1092

[8] Rydberg B (1996) Clusters of DNA damage induced by ionizing radiation: formation of short DNA fragments. II. Experimental detection. Radiat Res 145: 200-209

[9] Kahl SB, Koo MS (1992) Synthesis and properties of tetrakiscarborane-carboxylate esters of 2, 4-bis (-dihydroxyethyl) deuteroporphyrin IX. In: Allen BJ, Moore DE, Harrington BV (eds) Progress in neutron capture therapy for cancer. Plenum Press, New York, pp 223-226

[10] Dagrosa MA, Viaggi M, Jiménez Rebagliati R, Batistoni D, Kahl SB, Juvenal G, Pisarev M (2005) Biodistribution of boron compounds in an animal model of undifferentiated thyroid cancer for boron neutron capture therapy. Mol Pharm 2(2): 152-156

[11] Dagrosa MA, Thomasz L, Longhino J, Perona M, Calzetta O, Blaumann H, Jiménez Rebagliati R, Cabrini RL, Kahl SB, Juvenal GJ, Pisarev MA (2007) Optimization of the application of boron neutron capture therapy (BNCT) to the treatment of undifferentiated thyroid cancer (UTC). Int J Radiat Oncol Biol Phys 69(4): 1059-1066

[12] Agote M, Viaggi M, Kreimann E, Krawiec L, Dagrosa MA, Juvenal GJ, Pisarev MA (2001) Influence of nicotinamide on the radiosensitivity of normal and goitrous thyroid in the rat. Thyroid 11: 1005-1009

[13] Horsman MR, Siemann DW, Chaplin DJ et al (1997) Nicotinamide as a radiosensitizer in tumor and normal tissues: the importance of drug dose and timing. Radiother Oncol 45: 167-174

[14] Dagrosa MA, Viaggi M, Jimenez Rebagliati R, Castillo VA, Batistoni D, Cabrini RL, Castiglia S, Juvenal GJ, Pisarev MA (2004) Biodistribution of p-borophenylalanine (BPA) in dogs with spontaneous undifferentiated thyroid carcinoma (UTC). Appl Radiat Isot 61(5): 911-915

[15] Dagrosa MA, Chung Y, Riley K, Binns P, Kahl S, Pisarev M, Coderre J (2006) Compound biological effectiveness (CBE) factors in human undifferentiated thyroid cancer (UTC). Advances in Neutron Capture Therapy. Proceedings of ICNCT 12, Takamatsu, Kagawa, 2006, pp 157-160

[16] Dagrosa M, Crivello M, Thorp S, Perona M, Pozzi E, Casal M, Cabrini R, Kahl S, Juvenal G, Pisarev M (2008) Radiobiological studies in a human cell line of undifferentiated thyroid cancer. Proceedings of 13 ICNCT, Florence, 2008, pp 337-340

[17] Wittig A, Sheu Y, Kaiser GM, Lang S, Jöckel H, Moss R, Stecher-Rasmussen F, Rassow J, Colette L, Sauerwein W (2008) New indications for BNCT? Results from the EORTC trial 11001. Proceedings of 13 ICNCT, Florence, 2008, pp 39-42

[18] Hiratsuka J, Morita N, Aihara T, Imajo Y, Maruhashi A, Ono K (2006) First clinical trial of boron neutron capture therapy for thyroid cancer. Advances in Neutron Capture Therapy. Proceedings of ICNCT 12, Takamatsu, Kagawa, 2006, pp 7-9

[19] Dagrosa MA, Carpano M, Perona M, Thomasz L, Nievas S, Cabrini R, Juvenal G, Pisarev M (2011) Studies for the application of boron neutron therapy to the treatment of differentiated thyroid cancer. Appl Radiat Isot 69: 1752-1755

[20] Perona M, Pontigia O, Carpano M, Thomasz L, Thorp S, Pozzi E, Simian M, Kahl SB, Juvenal G, Pisarev N, Dagrosa A (2011) Un Vitro studies of cellular response to DNA damage induced by boron neutron capture therapy. Appl Radiat Isot 69: 1732-1738

第 26 章 恶性黑色素瘤

平冢纯一和福田宽

26.1 简 介

1972 年，三岛 (Mishima) 和他的同事 (神户大学小组) 发起了一项关于硼中子俘获疗法 (BNCT) 治疗恶性黑色素瘤的实验研究。他们建议利用黑色素瘤细胞的特异性黑色素合成活性来治疗恶性黑色素瘤。为此，他的小组重新评估了 ^{10}B-对–硼苯丙氨酸 (BPA)。经过 15 年的基础研究，该团队于 1987 年开始使用 BPA 进行皮肤黑色素瘤 BNCT 的临床试验[1–12]。由于硼传递剂和低能中子束技术的改进，世界上开始了数项针对黑色素瘤的 BNCT 临床试验：1994 年在麻省理工学院针对皮肤黑色素瘤和 1996 年针对脑内黑色素瘤进行了临床试验 (哈佛/麻省理工小组)[13–15]，2002 年在佩滕的高通量反应堆 (佩滕/埃森小组)[16,17]，2003 年在阿根廷的 RA-6 反应堆治疗皮肤黑色素瘤 (阿根廷小组)[18,19]，2003 年在日本 KUR 和 JRR-4 研究头颈部黏膜黑色素瘤 (川崎小组)[20]。BNCT 治疗的黑色素瘤患者数量远少于胶质母细胞瘤，因为手术切除被认为是治疗黑色素瘤最有效和可治愈的治疗方法。关于 BNCT 治疗皮肤和黏膜恶性黑色素瘤的局部疗效和生存率的报道很少。每个小组都有各自的方案和主要终点。第 27 章总结了目前的临床结果。

26.2 最先进的治疗方法

根据美国国家癌症研究所 (NCI) 的治疗指南，临床和组织学因素以及病变的解剖位置对恶性黑色素瘤的预后有影响。外科切除仍是治疗原发性皮肤黑色素瘤

平冢纯一 (✉)
日本，冈山 701-0192，川崎医学院，放射肿瘤学系
e-mail: hiratuka@med.kawasaki-m.ac.jp

福田宽
日本，仙台，980-8575，东北大学，发展、衰老和癌症研究所，核医学和放射科
email: hiro@idac.tohoku.ac.jp

的主要方法，其目的是利用足够的切缘完全切除原发部位的病变，以提供持久的局部疾病控制。淋巴结和 (或) 全身转移的风险随着原发灶厚度的增加而增加。因此，对于布雷斯洛厚度为 2 mm 的黑色素瘤患者，如果前哨淋巴结在显微镜下或宏观上呈阳性，则应考虑彻底的淋巴结清扫。对于布雷斯洛厚度大于 4 mm 的黑色素瘤患者，应考虑使用大剂量干扰素进行辅助治疗，与观察结果相比，干扰素可提高无复发生存率和总生存率 (OS)[21]。然而，已经扩散到远处的黑色素瘤很少能用标准疗法治愈。头颈部黏膜黑色素瘤的治疗尚未标准化。如果原发性病变可切除，手术通常是首选治疗方法。放射治疗是一种有价值的选择，尤其是对于转移性黑色素瘤患者、无法手术的患者，对于有大面积面部病变的患者，可能涉及广泛的外科手术切除和广泛的面部重建，导致严重的功能和美容问题，或拒绝手术的患者 [22]。由于黑色素瘤放疗的适应证非常有限，关于原发性黏膜黑色素瘤的疗效的报道很少 [23]。辅助放疗可以用来控制局部疾病，特别是对于手术边缘可疑的患者。

许多研究所报告了使用 Cf-252 中子近距离放疗 [24] 或质子放疗 [25] 的临床结果，通过这些方法可以将高剂量的辐射传递到靶区。由于 II 期或更高阶段黑色素瘤治疗失败率很高，在可能的情况下，探索辅助化疗和/或生物治疗或免疫治疗的临床试验是新诊断患者的适当选择。评估的选项包括，例如，达卡巴嗪 (DTIC)、替莫唑胺和癌症疫苗。

26.3 BNCT 的基本原理

皮肤黑色素瘤的首次 BNCT 应用必须被视为该模式的"原理证明"。在标准疗法治疗后，晚期或复发性头颈部黏膜黑色素瘤面临不同的情况，没有有效的治疗方法。BNCT 作为头颈部黏膜黑色素瘤的抢救性治疗有许多优点。第一，头颈部有许多重要的生理和美容功能。因此，治疗后的生活质量对头颈部肿瘤患者的生活质量有很大的影响。当 ^{10}B 选择性地积聚在肿瘤细胞中时，这些细胞可以被热中子照射破坏而不会对周围正常组织造成严重损伤。从理论上讲，BNCT 可以被认为是一种理想的局部治疗方法，因为受照射的正常组织的结构和功能得到了保留，而外科手术由于功能和美学问题而对术后生活产生了负面影响。第二，由于位于头颈部的肿瘤靠近皮肤表面，因此可以利用超热中子射束对靶区实施治愈性的照射剂量。超热中子射束相比热中子射束的优点是它能在形成热中子峰值之前穿透人体组织几厘米。因此，用超热中子射束治疗深部肿瘤是可能的。第三，许多黑色素瘤位于头颈部的患者无法通过常规的癌症治疗加以控制。第四，^{18}F-BPA-PET 研究能够鉴别因选择性摄取 ^{18}F-BPA 而可以接受 BNCT 治疗的患者 [20]。

26.4 黑色素瘤和 BPA

最初，BPA 的发展是基于这样一个推论：由于黑色素的生物合成需要酪氨酸作为前体，这种氨基酸的硼化形式可能会被黑色素瘤细胞选择性地吸收[6]。已经证明 p-BPA 选择性地在黑色素瘤细胞中蓄积，并且一些体内外研究也支持这种假设，即这种化合物被黑色素瘤细胞以类似于酪氨酸的方式吸收。三岛等人在实验动物和临床患者身上使用该化合物作为黑色素瘤 BNCT 的俘获剂[7-9]。通过 ^{11}B-NMR 研究，他们发现黑色素单体、黑色素聚合物形成的中间产物和 BPA 可以在溶液体系中形成化学复合物[2]。作者认为 BPA 与黑色素单体之间的复合物的形成在黑色素瘤细胞选择性积聚 BPA 中起着重要作用。

然而，科德尔 (Coderre) 等人[26] 报道说，这种化合物在体内也被非色素性肿瘤选择性摄取，包括小鼠乳腺肿瘤和大鼠胶质肉瘤。他们认为，p-BPA 的吸收还有其他机制，这些机制与黑色素合成无关，并且 p-BPA 在快速生长的动物肿瘤中的积累可能是由于对蛋白质合成所需氨基酸的代谢需求。研究表明，p-BPA 不仅可以作为酪氨酸类似物进行黑色素合成，而且可以作为氨基酸类似物进行转运[27,28]。

最近，这种化合物也被用于脑肿瘤[29] 和头颈部恶性肿瘤[30,31] 的 BNCT。

26.5 技术方面

(1) BPA 在盐水中很难溶解，在中性 pH 条件下可与果糖络合溶解[3]。静脉注射 BPA 果糖复合物 2～3 h 并采血样。

(2) 建造中子准直器，使用厚度为 10 mm 的含 ^{6}Li 热塑性塑料来屏蔽正常组织 (图 26.1)。

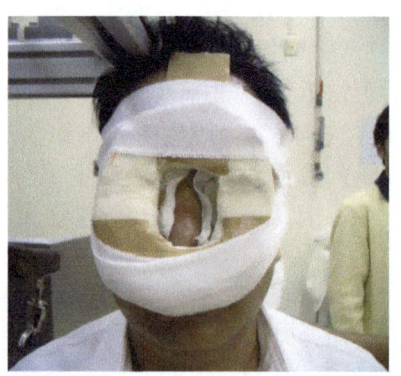

图 26.1　BNCT 治疗鼻腔黑色素瘤中用含 ^{6}Li 热塑性塑料 (10 mm 厚) 的中子准直器屏蔽正常组织 (病例 3)

26.5 技术方面

(3) 最终摆位并将患者固定到照射束端口 (图 26.2)。

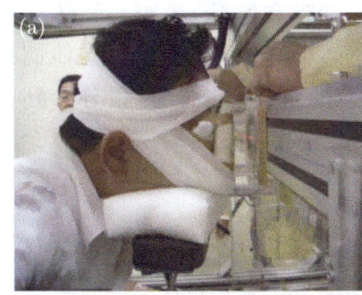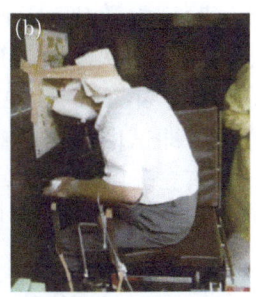

图 26.2 患者 (a) 模拟定位和 (b) 最终固定到照射束端口 (病例 3)

(4) 将热释光探测器 (TLD) 和金丝连接到照射野内的皮肤上进行剂量测定。照射开始后 15 min 用金丝测量中子通量。选择 10 mm 厚的 LiF 板作为准直器材料,以保护正常组织免受中子照射。照射野定义为临床靶区体积外放 1~2 cm 的安全边缘。

(5) 剂量处方。所有剂量均使用 RBE 和 CBE 因子以加权 (Gy(w)) 单位表示 [32]。为了用一个通常的光子当量单位来表示 BNCT 的总剂量,以便与传统的光子照射进行比较,对于肿瘤和每个危及的正常组织,每个高 LET 剂量成分 (物理剂量单位为 Gy) 乘以实验确定的生物有效因子 (RBE 和 CBE)。总光子等效 BNCT 剂量可表示为生物效应校正的物理吸收剂量分量之和。哈佛大学/麻省理工学院在颅内黑色素瘤 BNCT 试验中使用的生物有效性因子为:对于快中子和热中子为 3.2,$^{10}B(n,\alpha)^7Li$ 反应为 1.3,伽马射线为 1.0。在四肢皮肤黑色素瘤的病例中,快中子、热中子和 $^{10}B(n,\alpha)^7Li$ 反应的值为 4.0,伽马射线的值为 0.5。表 26.1 列出了在日本 BNCT 临床试验中选择使用的生物有效因子 [快中子和热中子的 RBE,$^{10}B(n,\alpha)^7Li$ 反应的 CBE]。中子照射时间从 20 min 到 60 min 不等,这取决于血硼水平、肿瘤深度以及对最近的关键器官的限制剂量。无论肿瘤内 ^{10}B 浓度如何,各小组均以周围正常组织的最大耐受剂量照射肿瘤。

表 26.1 KUR 和 JRR-4 上 BNCT 期间计算等效光子剂量时使用的生物效应因子

剂量分量	生物有效性因子 (CBE* 或 RBE**)
$^{10}B(n,\alpha)^7Li$ 反应 [BPA]	肿瘤 (黑色素瘤) CBE = 3.8
	正常皮肤的 CBE = 2.5
	正常黏膜的 CBE = 4.9
	中枢神经系统 CBE = 1.35
热中子	RBE = 3.0
快中子	RBE = 3.0
伽马射线	RBE = 1.0

注:*CBE 为复合生物效应因子;
**RBE 为相对生物效应因子。

(6) 剂量分割。BNCT 通常实施一个单次的剂量分割。一些小组描述了 BNCT 分次治疗的益处。哈佛大学/麻省理工学院和佩滕/埃森小组均采用连续两天的两个分次治疗。这需要第二次注射 BPA 以提供第二次剂量。他们采用两个分次治疗方法的基本原理是，第二次 BPA 给药可以促成硼重新分布到在第一个分次中错过的肿瘤细胞中，即试图提高肿瘤细胞杀伤的均匀性。在每个治疗日执行一个照射野的治疗。在第二天的照射中，可以纠正可能由于第一天中 ^{10}B 浓度的分歧而导致的照射野的剂量不足或过量 [17]。

26.6 临床应用

一般来说，以下准则用于确定患者是否符合 BNCT 适应证：
- 病理证实的恶性黑色素瘤患者；
- 传统癌症治疗后复发的黑色素瘤患者；
- 肾功能和肝功能正常的患者；
- 无严重伴发疾病的患者；
- 血液学数据在正常范围内；
- 预期总寿命 ≥ 1 年，PS ≥ 2 的患者 (PS：活动状态，即体能评分)；
- 签署书面知情书同意进行 BNCT 的患者。

除上述的准则 [17] 外，转移性黑色素瘤 BNCT 的 EORTC 试验 11011 包括以下准则：

(1) 建议放疗的病灶必须是脑转移瘤或头颈部、四肢软组织转移瘤。
(2) 病变必须能用核磁共振扫描测量。
(3) 事先未对拟用 BNCT 照射的部位进行放射治疗。
(4) 患者必须已经从先前的抗癌治疗的毒副作用中恢复过来了。

日本的临床试验方案入组准则包括摄取 ^{18}F-BPA 的 $T/N \geq 2.5$。

26.7 结　果

26.7.1 皮肤黑色素瘤

26.7.1.1 神户大学小组

从 1987 年 7 月到 2005 年 4 月，24 例患者接受 BNCT 治疗。在神户系列中，患者被给予 170～210 mg/kg-BW 的 BPA 3～5 h，并用热中子射束照射。他们的 BNCT 程序的细节已在其他地方报道 [12]。总之，无论肿瘤内 ^{10}B 浓度如何，本小组均以 18 Gy (w) 剂量照射肿瘤周围皮肤，这是正常皮肤的最大耐受剂量。通过

26.7 结 果

测量血液中的 ^{10}B 浓度 (ppm) 和皮肤与血液中的平均 ^{10}B 浓度比 (系数为 1.3),对皮肤产生 18 Gy (w) 剂量的中子注量进行优化。

24 例患者,男 10 例,女 14 例,年龄 48~85 岁,平均 67 岁。患者特征见表 26.2。靶区为原发灶 20 例,转移灶 4 例。黑色素瘤类型:肢端皮损性黑色素瘤 (ALM) 13 例,结节性黑色素瘤 (NM) 6 例,恶性黑色素瘤 (LMM) 5 例。至于肿瘤部位,脚底 14 例,面部 6 例,腿部 2 例,手指 2 例。本地响应如表 26.2 所示。肿瘤吸收剂量为 18.6~68.5 Gy (w)。原发灶和转移灶的完全消退率分别为 75% (15/20) 和 50% (2/4)。在原发性病变中,根据黑色素瘤的类型,NM 的 CR 率为 33% (2/6),而非 NM(ALM+LMM) 的 CR 率为 83% (15/18)。在随访期间(随访期:4~15 年),17 个 CR 病灶均无局部复发。CR 在非 NM 中的比例较高,而在 NM 中的比例较低。NM 中的不良反应有许多可能的原因。最有可能的解释是黑色素瘤中的硼浓度低于假设。因为在中子照射期间不可能直接测量肿瘤中的 ^{10}B 浓度,所以使用预先确定的肿瘤与血液中的 ^{10}B 浓度比为 3.0[12]。这个值是根据手术患者的测量数据得出的,但是这个比值的变化非常大 (3.40±0.83),最低测量值是 1.3。反应不良的第二个原因可能是 NM 和非 NM 之间的辐射敏感性不同。约翰逊 (Johanson) 等人 [34] 注意到 NM 与 LMM 在生物学和放疗反应方面完全不同。另一个解释是在结节性黑色素瘤最深处的照射剂量比估计值更低。将金丝和金箔放在黑色素瘤的表面可以精确地测定每名患者的照射到肿瘤上的中子通量。然而,在厚层黑色素瘤的最深处,特别是结节型,很难获得准确和近似的中子通量。在神户大学研究小组治疗 NM 患者时,诸如 JCDS 和 SERA 等计算剂量学系统、^{18}F-BPA-PET 研究以及超热中子束等在日本都还没有。目前,由于这些方法可以应用于 BNCT 对抗 NM,因此响应可能会大大改善。所有病例的 5 年特定病因存活率为 60%,原发性黑色素瘤患者为 75%。术后 3 年内 4 例转移瘤患者均死于全身转移。皮肤吸收剂量为 12.0~37.1 Gy (w)。根据不良反应通用术语标准 3.0 版 (CTCAE v.3.0),2、16、3 和 3 例患者的副作用分别为 1 级、2 级、3 级和 4 级。24 例患者中 18 例皮肤损伤可耐受 (小于 2 级)。特别是,5 例面部黑色素瘤治愈后,面部皮肤没有任何美容或功能问题。虽然有 6 例患者超过了可耐受的皮肤损伤水平,但其中 3 例 (皮肤吸收剂量:15.7 Gy (w)、24.0 Gy (w)、37.1 Gy (w)) 用抗辐射性皮炎的药物均获治愈。其余 3 例 (皮肤吸收剂量:22.3 Gy (w)、23.4 Gy (w)、29.2 Gy (w)) 出现严重皮肤损伤,导致植皮。

表 26.2 肿瘤特征与肿瘤反应率

		患者人数	CR/%	非 CR
原发/转移	原发	20	15 (75)	5
	转移	4	2 (50)	2

续表

类型		患者人数	CR/%	非 CR
类型	NM	6	2 (33)	4
	ALM 和 LMM	18	15 (83)	3
肿瘤部位	脚底	14	10 (71)	4
	面部	6	5 (83)	1
	腿部	2	1 (50)	1
	手指	2	1 (50)	1

注：NM 代表结节性黑色素瘤；ALM 代表肢端皮损黑色素瘤；LMM 代表恶性黑色素瘤；CR 代表完全消退。

26.7.1.2 哈佛–麻省理工学院小组

在麻省理工学院 (MIT)，黑色素瘤 BNCT 临床试验已于 1994 年开始用于皮肤黑色素瘤，1996 年开始用于脑内黑色素瘤。1994 年 9 月至 1996 年 5 月，他们进行了皮肤黑色素瘤 BNCT 临床试验。四名四肢皮肤黑色素瘤患者接受 BPA 治疗，作为 I 期试验的一部分，旨在研究 BNCT 术后的正常组织反应。BPA 以 400 mg/kg 口服制剂进行给药。在反应堆上，在中子照射之前抽取了一个血样。取肿瘤组织和正常组织切片，测定细胞内 ^{10}B 浓度。根据血液、肿瘤和正常组织样本的 ^{10}B 分析结果，计算出每分次向正常组织输送 2.5 Gy (w) 剂量所需的超热中子注量。每名患者接受 4 个每日分次的处方剂量 (分次剂量为 2.5 Gy (w))，正常组织的标称总剂量为 10 Gy (w)。本试验旨在将总剂量从 10 Gy (w) 增加到 12 Gy (w)。试验中使用的生物有效因子 (RBE 和 CBE) 对快中子、热中子和 ^{10}B(n,α)^{7}Li 反应为 4.0，伽马射线为 0.5。没有观察到硼化合物毒性，到目前为止，也没有辐射引起的正常组织反应或任何其他与口服高剂量硼化合物或中子照射有关的不良事件。

虽然技术上不属于 I 期试验的一部分，但研究了肿瘤对 BNCT 的局部反应，令人欣慰的是，所有可评估的患者即使在最低剂量水平下也至少有部分反应。3 例患者在照射区内复发。获得完全病理响应的一名患者在该部位仍然没有疾病[13,14]。

26.7.1.3 佩滕–埃森小组

佩滕和埃森小组于 2002 年在佩滕的高通量反应堆 (HFR) 启动了针对黑色素瘤的 EORTC 第一阶段试验 11011。本试验的主要目的是评估 BNCT 在恶性黑色素瘤转移患者中的治疗活性、有效性和安全性。BNCT 用超热中子束进行两个分次治疗。每名患者在每次照射前接受 350 mg-BPA/kg-BW 的 BPA 果糖复合物。经中心静脉导管静脉滴注 90 min，注射结束后开始照射。

第二个目的是测量组织和单个细胞内随 BPA 传递的硼浓度。肿瘤和周围健康组织的样本是在 BNCT 照射前进行的计划性手术中收集的。该试验包含一个

26.7 结 果

可选的生物分布子研究,如果可手术的转移瘤在 BNCT 之前被移除,则进行该研究。如果患者参与了子研究,在手术前 90 min 内给药 350 mg-BPA/kg-BW。在组织取样前 120 min,通过中心静脉导管进行输液。手术切除了一个可手术的转移瘤。不能手术的转移瘤用 BNCT 治疗。用激光 SNMS、TOF-SIMS 和 EELS 观察了硼的微观分布。这项研究的概念是在与哈佛大学-麻省理工学院小组密切合作下提出的。对于弥漫性脑转移瘤,用 5 束不同方向的照射束均匀照射全脑。处方剂量是加权剂量 D_w,全脑平均剂量为 7 Gy,但不超过 22 Gy 皮肤剂量 $D_{w(皮肤)}$ 和 8 Gy 视交叉剂量。在计算神经组织剂量时,假设肿瘤是正常脑组织的一部分,而肿瘤组织没有特殊的因子用于此特定目的。处方剂量最好是连续 2 天分两次执行,但在 3 天内实施这种两分次治疗也是可以接受的。在每个治疗日执行一个射野。在照射的第一天,射野由 ^{10}B 浓度的分歧而导致的剂量不足或过量可以在照射的第二天得到纠正。

有 4 名患有多发性脑转移的患者入组。所有患者均完成方案治疗。两名患者接受了生物分布研究。硼浓度为 55.2~72.3 ppm (肿瘤与血液比:3.4~4.3)。这个小组报告说 BPA 的药代动力学可以用一个二室模型非常精确地预测。

在所有患者中,以两个连续的分次用不同方向的 5 个照射束均匀地照射整个大脑。作为初步结果,1 例患者在第一个分次中输注 BPA 后出现绝对性心律失常。一些患者在 BNCT 后几天出现癫痫发作。

在所有病例中,他们观察到部分响应或放疗体积没有改变,但是没有一个患者存活超过 3 个月[16,17]。

26.7.1.4 阿根廷小组

2003 年阿根廷启动采用 BNCT 治疗皮肤黑色素瘤的 I/II 期临床方案,计划招募 30 名患者入组。该方案旨在评估 BNCT 治疗四肢皮肤黑色素瘤的有效性和毒性。以 14 g/m² 的剂量静脉注射 BPA 果糖复合物 90 min。皮肤被认为是急性和晚期毒性的危及器官。无论肿瘤内硼浓度如何,均以皮肤最大耐受剂量为处方剂量。在预先计划的剂量测定中,对硼的生物分布进行测量。每隔 10 min 或 15 min 取一次血样,持续约 300 min。BPA 给药结束后 1 h,对正常皮肤和肿瘤进行针刺活检。

治疗 3 例 (6 次照射) 多发性皮下皮肤转移,化疗后进展,其他器官未见转移的患者。患者注射 BPA 果糖复合物,并在 RA-6 设施的超热 (热和超热混合) 中子束中照射。6 次照射的皮肤剂量为 16.5~24 Gy (w)。剂量按加权剂量计算。计算肿瘤剂量时考虑肿瘤与血液中硼浓度比 =3.5。至少随访 10 个月,大多数治疗的黑色素瘤都有客观的肿瘤响应。在接受高剂量 (43~57 Gy (w)) 的患者中,三分之一的患者的所有结节均出现完全消退 (CR)。2 例患者出现 1 级 RTOG/EORTC 皮肤急性反应,1 例完全消退患者出现 3 级皮肤急性反应。未观察到后期毒性[18,19]。

26.7.2 黏膜黑色素瘤 (川崎小组)

根据皮肤黑色素瘤的几种治疗方案,自 2003 年以来,川崎医学院小组 (川崎小组) 开始使用超热射束治疗头颈部黏膜黑色素瘤患者。

这个小组在他们的研究方案中增加了 ^{18}F-BPA-PET 的检查。患者的 BNCT 合适性和剂量计算基于 ^{18}F-BPA-PET 结果[20]。从 2006 年开始,以 500 mg/kg 的剂量注射 BPA,最初 2 h 以 200 mg/(kg·h) 的速率注射,随后的 1 h 内速率降至 100 mg/(kg·h),中子辐照是在最后 1 h 内进行的。中子照射完成时血液中的硼浓度平均保持在照射开始时 ^{10}B 浓度的 96%。吸收剂量的优化是基于测量的血硼浓度和中子通量。根据^{18}F-BPA-PET 研究获得的比值,通过平均血硼水平和用金丝测量肿瘤部位获得的中子通量计算正常组织和黑色素瘤的吸收剂量。如果由于肿瘤变薄或肿瘤体积小而无法通过 ^{18}F-BPA-PET 研究获得肿瘤/正常组织 (T/N) 比值,则用福田 (Fukuda) 等人[12] 报道的数值代替,其 T/N 比约为 3.0。这个值是基于皮肤黑色素瘤患者的数据。假设黏膜黑色素瘤的 T/N 比率与皮肤黑色素瘤的 T/N 比率几乎相同。以眼部吸收总剂量 11 Gy (w) 为剂量限制因子,有 5 例患者眼部进入了照射野。其治疗策略的关键在于,无论肿瘤中的 ^{10}B 浓度如何,我们总是以周围正常皮肤的最大耐受剂量 (18 Gy (w)) 照射肿瘤。正常皮肤、黏膜和眼睛的最大剂量分别不超过 18 Gy (w)、18 Gy (w) 和 11 Gy (w)。使用 JCDS (JAERI 计算剂量测定系统) 在日本原子能研究所 (JAERI) 的 JRR-4 上以及使用 SERA 在京都大学反应堆实验所 (KURI) 的 KUR 上进行剂量计算和治疗计划评估。

从 2005 年 8 月到 2007 年 11 月,11 例黏膜黑色素瘤患者接受 BNCT 治疗。表 26.3 和表 26.4 总结了患者描述、肿瘤特征和临床结果。

表 26.3 患者特征

患者序号	年龄/性别	肿瘤部位	分期	过去的治疗	硼 T/N 比
1	55/男	鼻腔	rT1	手术 + 化疗	3
2	74/女	鼻腔	rT1	手术 + 化疗	3
3	73/男	鼻腔	T1	化疗	3
4	66/男	颈淋巴结	N2b	外科 (原发)	3
5	71/女	鼻腔	rT4	手术 + 化疗	3.1
6	64/男	上颌窦	rT2	手术 + 化疗	2.7
7	69/男	上颌窦	T4	化疗	3.7
8	74/女	鼻腔	rT1	手术 + 化疗	3
9	69/男	鼻腔	rT1	手术 + 化疗 + 放疗	2.5
10	72/男	颈淋巴结	N2a	手术 + 化疗	2.5
11	73/女	小阴唇	T2	化疗	3

注:T/N 比为肿瘤与正常组织硼浓度的比值。

26.7 结　果

表 26.4　治疗实施和结果

患者序号	肿瘤剂量 (平均/最小)/Gy	正常组织剂量/Gy	肿瘤响应	并发症 (CTCAE v.3.0 版)	局部控制/月	结果
1	18.9/16.1	9.6(眼部)	CR	二级	40+	40/活着
2	35.9/29.6	10.3(眼部)	PR	一级	23	32/活着
3	40.2/24.0	10.0(眼部)	CR	一级	18	32/活着
4	33.8/23.0	8.2(皮肤)	PR	二级	18+	18/DOC(肝转移)
5	41.2/19.0	10.1(眼部)	CR	一级	10+	10/DOC(脑转移)
6	24.0/21.1	15.1(口腔黏膜)	PR	一级	9+	9/DOC(脊髓转移)
7	54.6/23.3	16.6(口腔黏膜)	NC	一级	12	22/活着
8	35.9/29.6	10.3(眼部)	PR	一级	10	22/活着
9	38.3/27.2	16.4(口腔黏膜)	CR	一级	3	7/DOC(肺转移)
10	74.0/23.4	19.0(皮肤)	PR	一级	2	6/DOC(脑转移)
11	32.0/25.6	14.0(黏膜)	CR	二级	13+	13/DOC(肺转移)

注：CR 代表完全消退；PR 代表部分消退；NC 代表无反应；DOC 代表死于癌。

11 例患者，男 7 例，女 4 例，年龄 55～74 岁，平均 69 岁。靶区为 9 个原发灶和 2 个转移灶。原发性黑色素瘤 9 例，鼻腔 6 例，上颌窦 2 例，小阴唇 1 例。两名颈淋巴结转移的患者已经接受原发性黑色素瘤切除术，而颈淋巴结是唯一的病灶，因此他们被纳入本试验。所有患者接受 BNCT 作为复发性黏膜黑色素瘤的挽救治疗。

26.7.2.1　局部控制

几乎所有的患者都对 BNCT 有反应。5 例完全缓解 (CR), 5 例部分缓解 (PR), 1 例无效。

五分之三的 CR 患者未观察到局部复发。五分之二的 PR 患者未观察到再生。

在 6 例局部复发的患者中，这些局部复发发生在 BNCT 术后 2 年内，尽管其中一些患者有良好的初始反应。

26.7.2.2　并发症

最常见的急性副作用是放射性黏膜炎和放射性皮炎。无严重急性反应 (3 级以上)，术后数月内无症状。

在分析的时间内，没有一名幸存者出现晚期反应 (随访期：22～40 个月)。急性毒性和迟发毒性是可以接受的。

26.7.2.3　存续

11 例患者中有 6 例在 BNCT 后 6～18 个月死于远处转移，4 例存活者有局部复发。显示 CR 的 5 例患者中目前只有一名还活着，没有局部或远处转移的迹象。

就局部控制而言，这一结果表明，即使肿瘤反应显示放射学或内镜下 CR 仍有活的癌细胞留在靶区，而且单凭一次 BNCT 很难完全治愈黏膜黑色素瘤。可能有必要增加另一种治疗方法以达到病理完全治愈。从理论上讲，解决这个问题有三种策略。

第一种是在第一次 BNCT 后 3~6 个月进行第二次 BNCT，即使没有发现肿瘤再生的迹象。这种治疗方案与芬兰 BNCT 小组治疗局部复发的头颈部癌相似[36]。他们进行了两次 BNCT 治疗，间隔 3~5 周。二是在 BPA 中加入 BSH。这种组合是由小野 (Ono) 提出的[37]，可以弥补彼此的弱点。该方案已由脑胶质瘤 BNCT 小组执行[29]。第三是增加三维适形放疗、质子束照射或同期化疗。进一步的长期随访需要评估最有效的方法，以达到病理完全局部治愈。

图 26.3 显示了他们治疗方案中的病例 5 在 JRR-4 上治疗的临床结果。这个病例是一个患者在手术和化疗后，右鼻腔复发黑色素瘤。尽管靶区病变有 CR，但患者在 BNCT 后 10 个月死于脑转移。在 BNCT 治疗的部位未观察到局部复发。

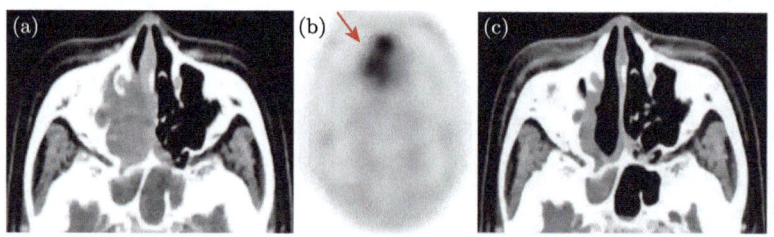

图 26.3　黏膜恶性黑色素瘤 1 例。71 岁。切除和化疗后 6 个月右鼻腔复发。她拒绝再次手术。(a) 显示在 BNCT 之前 CT 检查结果，肿瘤占据了右鼻腔；(b) T/N 比为 3.1，BNCT 于 2006 年 8 月实施；(c) 显示 BNCT 后 4 个月的 CT 检查结果，尽管靶区病变有 CR，但 BNCT 术后 10 个月死于脑转移，无局部复发

26.8　证据水平

根据英国国家医疗服务体系，BNCT 治疗黑色素瘤的证据等级为 C 级。本章的临床结果不是随机对照临床试验、回顾性队列研究或病例对照研究的结果。

26.9　进一步发展

尽管 BNCT 作为一种局部的肿瘤治疗方法，使一些患者在常规治疗后能够治愈复发或残留的黑色素瘤，但 BNCT 的实际效果无法作为一线治疗对新诊断的病变进行评估。根据黑色素瘤 BNCT 的经验，一个新的方案正在考虑中。

此方案适用于将 BNCT 作为黑色素瘤的新辅助治疗，随后进行手术。如果 BNCT 后病变显示 CR，则应仔细随访，不需手术。如果未观察到 CR，将按计划进行手术。

BNCT 的病理反应可以通过手术来评估，病理结果将为癌细胞存在的位置和方式提供非常重要的信息。

参 考 文 献

[1] Mishima Y (1973) Neutron capture treatment of malignant melanoma using ^{10}B-chlorpromazine compound. In: McGovern VJ, Russell P (eds) Pigment Cell, vol 1, Mechanisms in Pigmentation. S. Karger, Basel, pp 215-221

[2] Fukuda H, Kobayashi T, Matsuzawa T et al (1987) RBE of a thermal neutron beam and the ^{10}B(n,α)^{7}Li reaction on cultured B-16 melanoma cells. Int J Radiat Biol 51:167-175

[3] Yoshino K, Suzuki K, Mori Y et al (1989)Improvement of solubility of p-boronophenylalanine by complex formation with monosaccarides. Strahlenther Onkol 165:127-129

[4] Hiratsuka J, Kono M, Mishima Y (1989) RBEs of thermal neutron capture therapy and ^{10}B(n,α)^{7}Li reaction on melanoma-bearing hamsters. Pigment Cell Res 2:352-355

[5] Mishima Y, Ichihashi M, Hatta S et al (1989) New thermal neutron capture therapy for malignant melanoma: melanogenesis-seeking ^{10}B molecule-melanoma cell interaction from in vitro to first clinical trial. Pigment Cell Res 2:226-234

[6] Mishima Y, Honda C, Ichihashi M et al (1989) Treatment of malignant melanoma by single neutron capture treatment with melanoma-seeking ^{10}B-compound. Lancet II:388-389

[7] Hiratsuka J, Fukuda H, Kobayashi T et al (1991) The relative biological effectiveness of ^{10}B-neutron capture therapy for early skin reaction in the hamster. Radiat Res 128:186-191

[8] Fukuda H, Hiratsuka J, Honda C et al (1994) Boron neutron capture therapy of malignant melanoma using ^{10}B-paraboronophenylalanine with special reference to evaluation of radiation dose and damage to the normal skin. Radiat Res 138:435-442

[9] Mishima Y (1996) Selective thermal neutron capture therapy of cancer cells using their specific metabolic activities—Melanoma as prototype Cancer. In: Mishima Y (ed) Neutron Capture Therapy. Plenum Press, New York, pp 1-26

[10] Yoshino K, Mishima Y, Kimura M et al (1997) Capture of p-boronophenylalanine in malignant melanoma cells by complex formation with melanin monomers, DOPA, DHI and DHICA. BPA trapping mechanism. In: Larsson B, Crawford J, Weinreich R (eds) Advances in Neutron Capture Therapy. Elsevier Science, Amsterdam, pp 234-238

[11] Fukuda H, Honda C, Wadabayashi N et al (1999) Pharmacokinetics of ^{10}B-p-boronophenyla lanine in tumors, skin and blood of melanoma patients: a study of boron neutron capture therapy for malignant melanoma. Melanoma Res 9:75-83

[12] Fukuda H, Hiratsuka J, Kobayashi T et al (2003) Boron neutron capture therapy (BNCT) for malignant melanoma with special reference to absorbed doses to the normal skin and tumor. Australas Phys Eng Sci Med 26:78-84

[13] Madoc-Jones H, Zamenhof R, Solares G et al (1996) A phase-Idose escalation trial of boron neutron capture therapy for subjects with metastatic subcutaneous melanoma of

the extremities. In: Mishima Y (ed) Cancer Neutron Capture Therapy. Plenum Press, New York, pp 707-716

[14] Busse PM, Zamenhof R, Madoc-Jones H et al (1997) Clinical follow-up of patients with mela noma of the extremity treated in a phase I boron neutron capture therapy protocol. In: Larson B, Crawford J, Weinreich R (editors) Advances in Neutron Capture Therapy, Volume I: 60-64

[15] Palmer MR, Goorley JT, Kiger WS III et al (2002) Treatment planning and dosimetry for the Harvard-MIT PhaseIIclinical trial of cranial neutron capture therapy. Int J Radiat Oncol Biol Phys 53:1361-1379

[16] Sauerwein W, Zurlo A (2002) The EORTC boron neutron capture therapy (BNCT) group: achievements and future projects. Eur J Cancer 38:S31-S34

[17] Wittig A, Sauerwein W, Moss R, et al. Early phaseIstudy o BNCT in metastatic malignant melanoma using the boron carrier BPA (EORTC protocol 11011). In advances in Neutron Capture Therapy 2006 (Y. Nakagawa, T Kobayashi and H Fukuda Ed.) 284-287. (Proceedings of ICNCT-12), 2006

[18] Gonzales SJ, Bonomi MR, Santacruz GA et al (2004) First BNCT treatment of a skin melanoma in Argentina: dosimetric analysis and clinical outcome. Appl Radiat Isot 61:1101-1105

[19] Roth BM, Bonomi MR, Gonzalez SJ, et al (2006) BNCT clinical trials of skin melanoma patients in Argentina. Proceedings of ICNCT-12. Edited by Nakagawa Y, Kobayashi T and Fukuda H: 14-17

[20] Morita N, Hiratsuka J, Kuwabara C, et al. (2006) Successful BNCT for patients with cutaneous and mucosal melanomas: Report of 4 cases. Proceedings of ICNCT-12. Edited by Nakagawa Y, Kobayashi T and Fukuda H: 18-20

[21] Kirkwood JM, Strawderman MH, Ernstoff MS et al (1996) Interferon alfa-2b adjuvant therapy of high-risk resected cutaneous melanoma: the Eastern Cooperative Oncology Group Trial EST 1684. J Clin Oncol 14(1):7-17

[22] Geara FB, Ang KK (1996) Radiation therapy for malignant melanoma. Surg Clin North Am 76(6):1383-1398

[23] Harwood AR, Cummings BJ (1982) Radiotherapy for mucosal melanomas. Int J Radiat Oncol Biol Phys 8:1121

[24] Vtyurin BM, MedvedevVS AnikinVA et al (1994) Neutron branchytherapy in the treatment of melanoma. Int J Radiat Oncol Biol Phys 28:703-709

[25] Umebayashi S, Uyeno K, Tsujii H et al (1995) Proton radiotherapy for malignant melanoma of the skin. Dermatology 190:210-213

[26] Coderre JA, Glass JD, Fairchild RG et al (1990) Selective delivery of boron by the melanin precursor analogue p-boronophenylalanine to tumors other than melanoma. Cancer Res 50: 138-141

[27] Papaspyrou M, Feinendegen LE, Müller-Gärtner H-W (1994) Preloading with L-tyrosine increases the uptake of boronophenylalanine in mouse melanoma cells. Cancer Res

54(24):6311-6314

[28] Wittig A, Sauerwein WA, Coderre JA (2000) Mechanisms of transport of p-Boronophenylalanine through the cell membrane in vitro. Radiat Res 153(2):173-180

[29] Miyatake S, Kawabata S, Kajimoto Y et al (2005) Modified boron neutron capture therapy for malignant gliomas performed using epithermal neutron and two boron compounds with different accumulation mechanisms: an efficacy study based on findings on neuroimages. J Neurosurg 103:1000-1009

[30] Kato I, Ono K, Sakurai Y et al (2004)Effectiveness of BNCT for recurrent head and neck malignancies. Appl Radiat Isot 61:1069-1073

[31] Aihara T, Hiratsuka J, Morita N et al (2006) First clinical case of boron neutron capture therapy for head and neck malignancy. Head Neck 28:850-855

[32] Coderre JA, Morris GM (1999) Review; The radiation biology of boron neutron capture therapy. Radiat Res 151:1-18

[33] Coderre JA, Hopewell JW, Turcotte JC et al (2004) Tolerance of normal human brain to boron neutron capture therapy. Appl Radiat Isot 61:1083-1087

[34] Johanson CR, Harwood AR, Cummings BJ et al (1983) 0-7-21 Radiotherapy in nodular melanoma. Cancer 51:226-232

[35] Ono K, Masunaga S, Kinashi Y et al (2006) Neutron irradiation under continuous BPA injection for solving the problem of heterogenous distribution of BPA. Proceedings of ICNCT-12. Edited by Nakagawa Y, Kobayashi T and Fukuda H: 27-30

[36] Kankaanranta L, Seppala T, Koivunoro H et al (2007) Boron neutron capture therapy in the treatment of locally recurred head and neck cancer. Int J Radiat Oncol Biol Phys 69:475-482

[37] Ono K, Masunaga S, Suzuki M et al (1999) The combined effect of boronophenylalanine and borocaptate in boron neutron capture therapy for SCCVII tumors in mice. Int J Radiat Oncol Biol Phys 43:431-436

第 27 章 中子俘获疗法在局部复发性乳腺癌中的应用

柳卫宏宣

27.1 简　介

乳腺癌的发病率在不断增加，因此制定复发病例的治疗方案也越来越重要 [1,2]。在原发病灶切除后，乳腺癌可在局部 (胸壁 23%，局部淋巴结 19%) 和远处 (骨 23%，肺 18%，肝 4%) 复发。治疗局部复发可以采取治愈性或姑息性治疗，以避免出血、溃疡形成和难闻气味的产生。

硼中子俘获疗法 (BNCT) 的细胞毒性作用是由于 ^{10}B 与热中子 ($^{10}B + {^1}n \longrightarrow {^7}Li + {^4}He(\alpha) + 2.31$ MeV (93.7%)/2.79 MeV (6.3%)) 之间的核反应。由此产生的锂离子和 α 粒子是高线性能量转移 (LET) 粒子，它们产生了巨大的生物效应。它们在组织中的短射程 (5~9 μm) 将辐射损伤限制在中子照射时硼原子所在的细胞。

27.2 最先进的治疗方法

在乳腺癌的治疗中，确立了联合化疗与放射疗法的方法。建议局部晚期乳腺癌患者行乳腺切除术后进行序贯化疗和放疗。马西莫 (Massimo) 等人报道说，第一个试验评估了 5-氟尿嘧啶、阿霉素和环磷酰胺 (FAC) 作为诱导化疗，随后进行放疗和进一步的辅助化疗 (FAC 或环磷酰胺、甲氨蝶呤和 5-氟尿嘧啶 (CMF) 的辅助化疗)；第二个试验采用相同的诱导化疗方案，接着是乳房切除术、辅助 FAC 和放疗。卡梅隆 (Cameron) 等人报道称，在乳腺癌患者的肿瘤中人表皮生长因子受体 2 型 (HER2) 过度表达，在单克隆抗体曲妥珠单抗的临床试验中，靶向 HER2

柳卫宏宣

日本，东京 113-8656，文京区，本乡 7-3-1，东京大学，工程研究生院，核工程与管理系

日本，东京，东京大学医院，医学与工程合作单位

日本，神奈川市，科林多诊所，外科和消化科

e-mail: yanagie@n.t.u-tokyo.ac.jp

被明确证明是有效的[3]。盖尔 (Geyer) 等人报道,对曲妥珠单抗、蒽环类和紫杉烷类治疗方案无效的转移性疾病患者,在卡培他滨中添加拉帕替尼可延长疾病进展时间和无进展生存期[4]。

放射治疗通常用于局部控制乳腺癌[5-8]。乳房切除术后胸壁耐受性低,放疗后可出现皮肤溃疡和骨坏死。因此,建议治疗复发的剂量为 40~50 Gy。乳腺癌术后局部复发的治疗是以根治性手术和术后辅助放疗实现局部控制为基础的。乳房切除术后放射治疗 (PMRT) 在改善局部控制和长期生存方面的有效性已被证实。PMRT 的目的是预防胸壁肿瘤的复发和远处转移,从而延长无瘤生存期。钟 (Chung) 报道保乳手术 +PMRT 的乳腺内复发率为 2%~10%,仅保乳手术的乳腺内复发率为 15%~40%。在局部复发风险为 10% 的患者中,PMRT 的生存优势已得到证实。当使用 PMRT 时,仔细的治疗计划,特别是心脏剂量,对于减少治疗的严重后期影响至关重要[9]。最近的前瞻性试验表明,PMRT 联合全身化疗对局部复发和生存率都有好处。根据指南和建议,PMRT 被认为是超过 4 个腋窝淋巴结阳性患者的标准辅助治疗。平冈 (Hiraoka) 等人报道,将手术后放疗剂量增加到 66 Gy 似乎有利于以下患者:那些疾病对化疗反应不佳的患者;那些边缘状态为阳性、接近阳性或未知的患者;以及那些 <45 岁的患者[10]。慕尼黑理工大学放射治疗系与 FRM I 合作,多年来一直在管理一个用于肿瘤治疗的快中子照射设施。对于各种类型的近表面肿瘤,特别是头颈部和某些乳腺肿瘤,对于 X 射线治疗具有高抵抗力的肿瘤,如恶性黑色素瘤,已经取得了非常有希望的结果;中子治疗常常显示出惊人的成功率。到目前为止,已经有 700 多名患者在 FRM I 上接受了快中子治疗。FRM II 的慕尼黑裂变中子治疗设施的新射束用于治疗生长缓慢和/或分化良好的肿瘤,如腺样囊性癌和缺氧性肿瘤。一般来说,所有浅部肿瘤病变,如耳鼻喉部肿瘤、淋巴结转移或各种癌症疾病的皮肤转移,以及乳腺癌的胸壁转移,都被认为适合中子照射[11]。

27.3　BNCT 和临床应用的基本原理

在复发性乳腺癌中,一些保留乳腺手术后的患者表现出与炎性癌症相似的进展。沃尔什 (Walshe) 等人报道,炎性乳腺癌 (IBC) 是原发性乳腺癌最具侵袭性的表现,与非 IBC 相比,IBC 具有独特的临床特征 (红斑、发热、橘皮样、乳腺肿大和乳腺触诊时的弥漫性硬结)、进展迅速、生存率差[12]。

诊断后立即复发的较高风险和软组织复发的独特模式有力地支持了马西莫 (Massimo) 的假设,即这些患者在临床诊断时已经发展成微转移性疾病[13]。局部复发性乳腺癌的治疗目的是:① 抑制肿瘤复发,治疗疾病,这是非常困难的 (罕见病例);② 局部控制胸壁溃疡形成、出血和难闻气味等。全身化疗和激素治疗对恢复患者生活质量、延长患者生存期具有重要意义。BNCT 对放疗后局部大面积复发 (有或无乳房切除术) 可能具有重要意义。BNCT 应用于复发和晚期乳腺癌 (包括炎性乳腺癌样类型) 的好处是：BNCT 是一种细胞水平上的选择性治疗，如果硼原子在癌细胞中积聚，那么就很容易进入到炎性乳腺癌中，它们以一个细胞为单位向邻近组织扩散。BNCT 被认为是局部复发乳腺癌的理想治疗方法，对传统的综合治疗 (包括放疗) 具有耐受性。加藤 (Kato) 等人首次使用 BSH 和 BPA 治疗复发性腮腺癌，爱原 (Aihara) 和平冢 (Hiratsuka) 等人使用 BPA 进行 BNCT 治疗复发性头颈癌 [14,15]。他们报告了极好的初步结果，治疗后患者生活质量有所改善。

27.4 技 术 方 面

(1) 复发性乳腺癌患者在中子照射前接受 ^{18}F-BPA-PET 研究以进行剂量估算，并获得肿瘤与正常组织硼浓度比 (T/N 比) 用于 BNCT 剂量评估。根据 BNCT 对头颈部腺癌的诊断结果，建议 T/N 比值大于 2.5。

(2) 复发性乳腺癌患者在 BNCT 前 1 天到达 JRR4 或 KUR。患者分别使用 JCDS 或 SERA 剂量测定系统进行模拟。确定照射位置和射束方向。

(3) 在 BNCT 前，以果糖溶液 (500 mg/(kg-BW·6 h)) 给患者滴注对硼苯丙氨酸 (^{10}BPA)。

(4) BNCT 使用 JRR4 (3.5 MW) 或 KUR (5.0 MW) 的超热射束进行照射。在模拟中，肿瘤最深部的剂量和正常皮肤及脂肪组织的剂量分别为 20 Gy 以上和 10 Gy 以下。

(5) 患者在 BNCT 后被转移到最近的合作医院休息 1~2 天。

(6) 患者回到家乡医院持续随访。

27.5 结 果

我们基于 MRI 图像使用 JCDS 对一名部分切除保留乳腺的复发乳腺癌患者进行了 BNCT 模拟，并使用京都大学反应堆的乳腺模型评估了水平照射位置的中子通量测定，也评价了日本原子能研究所的中子通量测定。

27.5.1 乳腺癌 BNCT 的体模模型估计

模型的准备：我们使用了一个体模状的乳腺 (高 4 cm，宽 12 cm)，因为乳腺切除术后的放射治疗通常从水平方向进行，以避免对肺和心脏的毒性，并且胸壁直接中子照射可能导致肺和心脏功能障碍。金线和 TLD 连接在离体模正面 2 cm 的范围内 (图 27.1)。

27.5 结 果

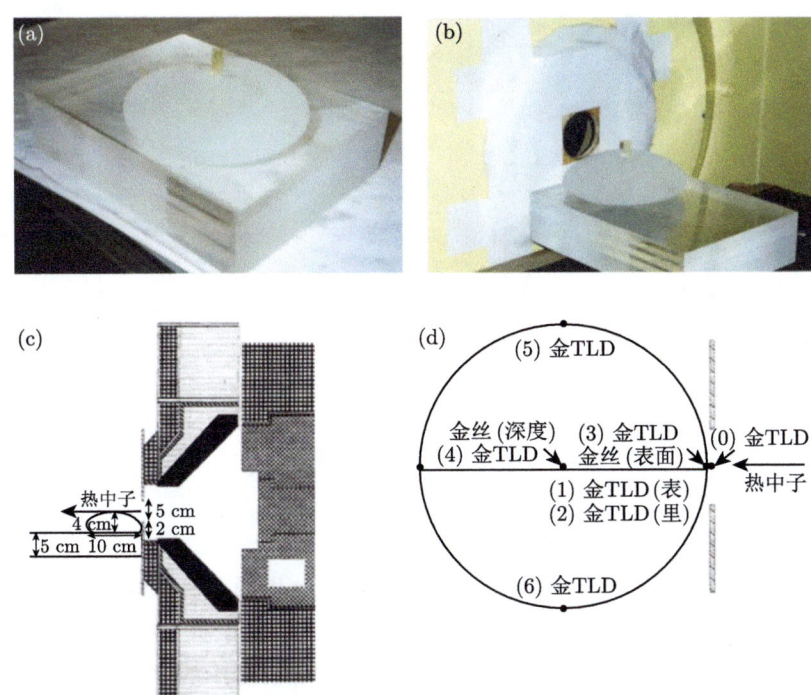

图 27.1 采用乳腺体模模型评估 BNCT。(a) 乳腺体模；(b) 在 KURR 热中子射束端口照射体模模型；(c) KURR 上乳腺体模模型实验布置；(d) 金丝位置和体模模型上的 TLD

中子照射：我们使用热中子模式 (OO-0011) 对体模模型进行剂量测定[16,17]。照射是在京都研究堆 (KKR) 的中子照射设施上进行的。照射采用 LiF 准直 (Φ 5 cm)。用金丝测量热中子通量，用 TLD 测量伽马剂量率。中子梯度的测量值取决于离模型表面的距离。

使用乳腺体模评估 BNCT：BNCT 的临床前试验在大阪市熊取町的京都大学反应堆 (KUR) 进行。采用热中子照射模式 (OO-0011)。

估计如下：肿瘤的位置估计为乳腺的上外侧位置；热中子通量在体模表面为 5.16×10^8 n/(cm²·s) (图 27.2)。在本评估中，^{10}B 浓度估计为 30 ppm，硼浓度的肿瘤/血液比为 3，硼浓度的皮肤/血液比为 1.2，肿瘤 RBE 为 3.8，皮肤 RBE 为 2.5。在 KUR 上，热中子照射 1 h，血 ^{10}B 浓度为 30 ppm 时，肿瘤 RBE 剂量和皮肤 RBE 剂量分别为 47 Gy 和 12.4 Gy。利用空隙和 LiF 准直的热中子照射可以选择性地聚焦到靶区射野，使邻近器官的照射剂量最小。

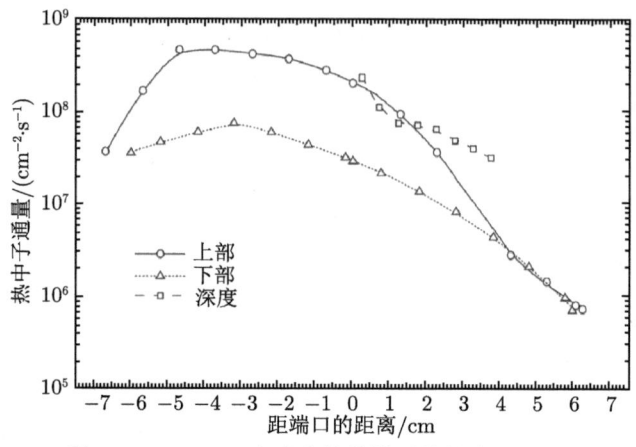

图 27.2 KURR 上乳腺体模模型的热中子通量

27.5.2 乳腺癌 BNCT 的 JCDS 模型估计

用 JAERI 计算剂量学系统 (JCDS) 对乳腺癌患者的中子剂量测定：对一名左乳腺残留浸润性复发肿瘤患者进行 BNCT 模拟。LiF 准直用于选择性照射肿瘤，同时避免损伤邻近的正常器官 (肺、心脏)。JRR4 的中子束设施可以用超热中子射束进行硼中子俘获治疗。为了支持超热中子射束 BNCT 的治疗计划，研制了 JAERI 计算剂量学系统 (JCDS)，它可以通过模拟来估计患者头部的辐射剂量分布。我们将此 JCDS 应用于评估这个病例的中子剂量学。熊田 (Kumada) 等人报道，JCDS 是一种利用 CT 扫描和 MRI 图像建立患者头部三维模型的软件，它通过蒙特卡罗程序 MCNP 自动计算大脑中的中子通量和伽马射线剂量分布来生成输入数据文件。它通过使用 MCNP 计算结果在头部模型上显示这些剂量分布[18]。JCDS 具有以下优点：① 从 CT 和 MRI 数据可以很容易地获得患者头部的详细 3D 模型；② 三维头部图像可编辑，模拟手术后头部的状态；③ JCDS 可为患者设置系统提供信息，方便快速、准确地定位放疗患者。

我们使用超热中子射束在 BNCT 条件下用 JCDS 进行剂量测定 (图 27.3)。为了减少皮肤副作用，皮肤 RBE 剂量限制为 10 Gy。肿瘤 RBE 最小剂量为 16.6 Gy，平均肿瘤 RBE 剂量为 46.5 Gy，最大肿瘤 RBE 剂量为 64.3 Gy。中子射束的二维分布显示，中子束的峰值与肿瘤部位相吻合 (图 27.4 和图 27.5)。对于圆形乳腺，中子射束的分布有从肿瘤部位向邻近组织稍微移动的趋势。为了校准肿瘤的射束峰值，需要改变射束端口的大小和射束的方向，并在肿瘤邻近部位增加一些空隙。

27.5 结 果

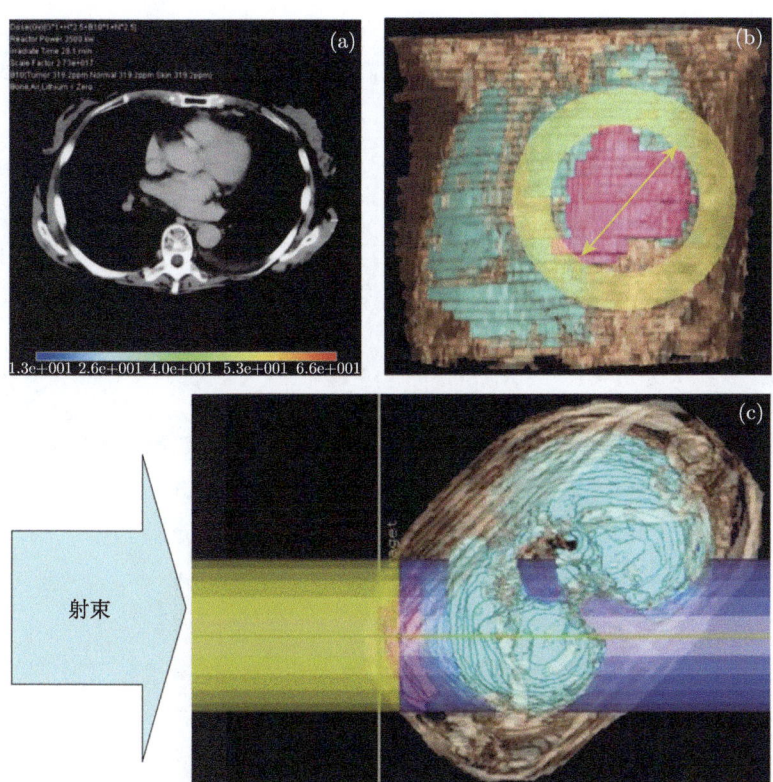

图 27.3 左侧复发乳腺癌患者的 JCDS 模拟。(a) 残留左乳腺复发肿瘤的 CT 扫描；(b) 患者三维模型，正面视图，条件：准直距离 JRR4 射束端口 12 cm；(c) 矢状面照射设置

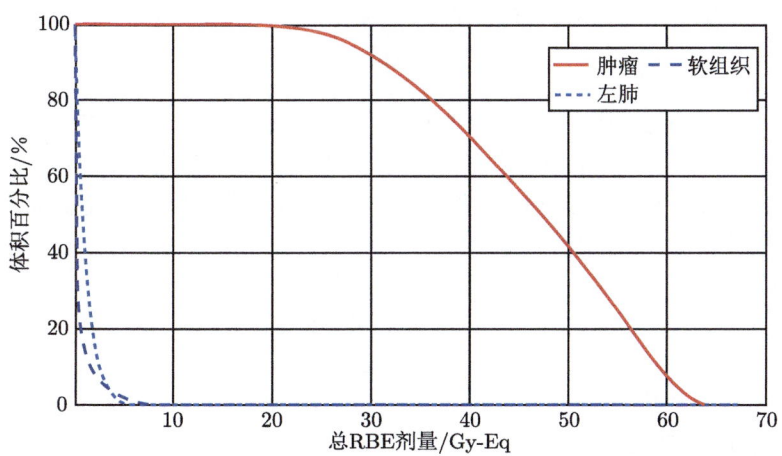

图 27.4 1 例复发性左乳腺癌患者生物等效总剂量直方图

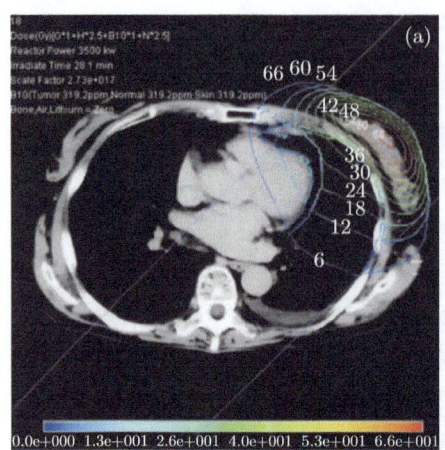
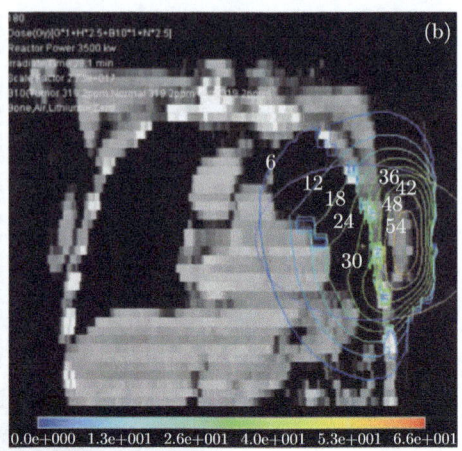
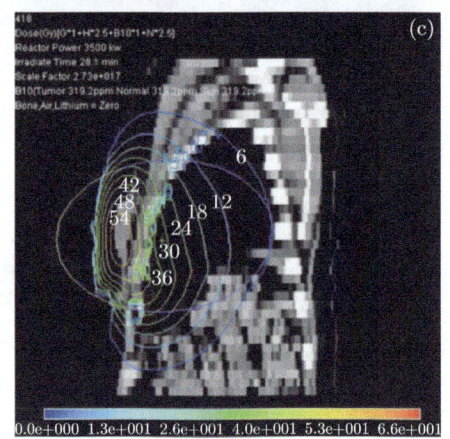

图 27.5　用 JCDS 评估 JRR4 超热中子束的二维分布。(a) CT 图像上的肿瘤 RBE 剂量测定；(b) 正面视图；(c) 侧视图

我们将 JCDS 应用于 BNCT 的超热中子剂量测定、中子束方向设置和患者定位[19,20]。我们还评估了超热中子剂量以减少对皮肤的副作用。高分辨率全身剂量学系统，如 JCDS 和 SERA，对于评价热/超热中子剂量学以及 BNCT 在复发或晚期乳腺癌中的应用非常有用。

27.6　证据水平

没有在复发性乳腺癌患者上执行 BNCT，因此根据英国国家医疗服务体系类别，证据等级为 D 级。

27.7 未来发展

我们希望开始将 BNCT 应用于复发和晚期乳腺癌患者。

我们利用患者数据库对复发性肿瘤的中子照射剂量进行了估算。照射方向由 JCDS 或 SERA 模拟确定,并限制正常组织 RBE 剂量。如果复发肿瘤局限于胸壁,BNCT 通常是在限制正常组织 RBE 剂量 (如肺、心脏、皮肤和脂肪组织) 的前提下从正面进行。我们也希望用 ^{18}F-BPA-PET 根据今堀 (Imahori) 的方法来测量 ^{10}BPA 在乳腺癌中的累积 [21]。

对于复发性乳腺癌 (包括妊娠期乳腺癌) 来说,多学科的治疗是必要的,但一些患者出现了耐药情况。最近,里奇 (Rich) 等人报道,由于 DNA 损伤检查点的激活增加,癌症干细胞或肿瘤起始细胞表现出对辐射的抵抗力。缺氧和干细胞维持途径可能为改善癌症患者治疗提供治疗靶点 [22]。BNCT 应用于复发和晚期乳腺癌 (包括炎性乳腺癌) 的好处是,它是一种细胞水平上的选择性治疗,如果硼原子在癌细胞中积聚,它们很容易侵入炎性乳腺癌并以细胞为单位扩散到邻近的组织。BNCT 被认为是治疗局部复发性乳腺癌的理想疗法,这些癌症对传统的综合疗法 (包括放疗) 具有耐受性。我们的目标是开发一种在乳腺癌细胞中选择性积累的硼传递系统 [23-27]。

参考文献

[1] Nielsen HM, Overgaard M, Grau C, Jensen AR, Overgaard J (2006) Loco-regional recurrence after mastectomy in high-risk breast cancer-risk and prognosis. An analysis of patients from the DBCG 82 b&c randomization trials. Radiother Oncol 79(2):147-155

[2] Bristol IJ, Woodward WA, Strom EA, Cristofanilli M, Domain D, Singletary SE, Perkins GH, Oh JL, Yu TK, Terrefe W, Sahin AA, Hunt KK, Hortobagyi GN, Buchholz TA (2008)Locoregional treatment outcomes after multimodality management of inflammatory breast cancer. Int J Radiat Oncol Biol Phys 72(2):474-484

[3] Cameron DA, Stein S (2008) Drug insight: intracellular inhibitors of HER2 — clinical development of lapatinib in breast cancer. Nat Clin Pract Oncol 5(9):512-520

[4] Geyer CE, Forster J, Lindquist D, Chan S, Romieu CG, Pienkowski T, Jagiello-Gruszfeld A, Crown J, Chan A, Kaufman B, Skarlos D, Campone M, Davidson N, Berger M, Oliva C, Rubin SD, Stein S, Cameron D (2006) Lapatinib plus capecitabine for HER2-positive advanced breast cancer. N Engl J Med 355(26):2733-2743

[5] Ballo MT, Strom EA, Prost H, Singletary SE, Theriault RL, Buchholz TA, McNeese MD (1999) Local-regional control of recurrent breast carcinoma after mastectomy: does hyperfractionated accelerated radiotherapy improve local control? Int J Radiat Oncol Biol Phys 44(1):105-112

[6] Liao Z, Strom EA, Buzdar AU, Singletary SE, Hunt K, Allen PK, McNeese MD (2000) Locoregional irradiation for inflammatory breast cancer: effectiveness of dose escalation

in decreasing recurrence. Int J Radiat Oncol Biol Phys 47(5):1191-1200

[7] Touboul E, Buffat L, Belkacémi Y, Lefranc JP, Uzan S, Lhuillier P, Faivre C, Huart J, Lotz JP, Antoine M, Pène F, Blondon J, Izrael V, Laugier A, Schlienger M, Housset M (1999) Local recurrences and distant metastases after breast-conserving surgery and radiation therapy for early breast cancer. Int J Radiat Oncol Biol Phys 43(1):25-38

[8] Willner J, Kiricuta IC, Kölbl O (1997)Locoregional recurrence of breast cancer following mastectomy: always a fatal event? Results of univariate and multivariate analysis. Int J Radiat Oncol Biol Phys 37(4):853-863

[9] Chung CS, Harris JR (2007) Post-mastectomy radiation therapy: translating local benefits into improved survival. Breast 16(Suppl 2):S78-S83

[10] Hiraoka M, Mitsumori M, Shibuya K (2002) Adjuvant radiation therapy following mastectomy for breast cancer. Breast Cancer 9(3):190-195

[11] Wagner FM, Kneschaurek P, Kastenmüller A, Loeper-Kabasakal B, Kampfer S, Breitkreutz H, Waschkowski W, Molls M, Petry W (2008) The munich fission neutron therapy facility MEDAPP at the research reactor FRM II. Strahlenther Onkol 184(12):643-646

[12] Walshe JM, Swain SM (2005-2006) Clinical aspects of inflammatory breast cancer. Breast Dis 22:35-44

[13] Cristofanilli M, Valero V, Buzdar AU, Kau SW, Broglio KR, Gonzalez-Angulo AM, Sneige N, Islam R, Ueno NT, Buchholz TA, Singletary SE, Hortobagyi GN (2007) Inflammatory breast cancer (IBC) and patterns of recurrence, understanding the biology of a unique disease. Cancer 110(7):1436-1444

[14] Kato I, Ono K, Sakurai Y, Ohmae M, Maruhashi A, Imahori Y, Kirihata M, Nakazawa M, Yura Y (2004) Effectiveness of BNCT for recurrent head and neck malignancies. Appl Radiat Isot 61(5):1069-1073

[15] Aihara T, Hiratsuka J, Morita N, Uno M, Sakurai Y, Maruhashi A, Ono K, Harada T (2006) First clinical case of boron neutron capture therapy for head and neck malignancies using ^{18}F-BPA PET. Head Neck 28(9):850-855

[16] Sakurai Y, Kobayashi T (2000) Characteristics of the KUR heavy water neutron irradiation facility as a neutron irradiation field with variable energy spectra. Nucl Instrum Meth A 453:569-596

[17] Sakurai Y, Kobayashi T, Ono K et al (2002) Study on accelerator-base neutron irradiation field aiming for wider application in BNCT—spectrum shift and regional filtering. In: Sauerwein W (ed) Research and development in neutron capture therapy. Monduzzi Editore, Bologna, pp 259-263

[18] Yanagie H, Sakurai Y, Ogura K, Kobayashi T, Furuya Y, Sugiyama H, Kobayashi H, Ono K, Nakagawa K, Takahashi H, Eriguchi M (2007) Evaluation of neutron dosimetry on pancreatic cancer phantom model for application of intraoperative boron neutron-capture therapy. Biomed Pharmacother 61(9):505-514

[19] Kumada H (2001) The development of a computational dosimetry system for BNCT

at JRR-4. In: Hawthorne MF (ed) Frontiers in neutron capture therapy. Kluwer, New York, pp 611- 614

[20] Yanagie H, Kumada H, Sakurai Y, Nakamura T, Furuya Y, Sugiyama H, Ono K, Takamoto, S, Eriguchi M, Takahashi H (2009) Dosimetric evaluation of neutron capture therapy for local recurrenced breast cancer. Appl Radiact Isot 67(7-8 Supp):S63-66

[21] Imahori Y, Ueda S, Ohmori Y, Sakae K, Kusuki T, Kobayashi T, Takagaki M, Ono K, Ido T, Fujii R (1998) Positron emission tomography-based boron neutron capture therapy using boronophenylalanine for high-grade gliomas: part I. Clin Cancer Res 4:1825-1832

[22] Rich JN (2007) Cancer stem cells in radiation resistance. Cancer Res 67(19):8980-8984

[23] Yanagie H, Ogata A, Sugiyama H, Eriguchi M, Takamoto S, Takahashi H (2008) Application of drug delivery system to boron neutron capture therapy for cancer. Expert Opin Drug Deliv 5(4):427-443

[24] Yanagie H, Tomita T, Kobayashi H, Fujii Y, Takahashi T, Hasumi K, Nariuchi H, Sekiguchi M (1991) Application of boronated anti-CEA immunoliposome to tumour cell growth inhibition in in vitro boron neutron capture therapy model. Br J Cancer 63(4):522-526

[25] Yanagie H, Tomita T, Kobayashi H, Fujii Y, Nonaka Y, Saegusa Y, Hasumi K, Eriguchi M, Kobayashi T, Ono K (1997) Inhibition of human pancreatic cancer growth in nude mice by boron neutron capture therapy. Br J Cancer 75(5):660-665

[26] Wei Q, Kullberg EB, Gedda L (2003) Trastuzumab-conjugated boron-containing liposomes for tumor-cell targeting; development and cellular studies. Int J Oncol 23(4):1159-1165

[27] Yanagie H, Kobayashi H, Takeda Y, Yoshizaki I, Nonaka Y, Naka S, Nojiri A, Shinnkawa H, Furuya Y, Niwa H, Ariki K, Yasuhara H, Eriguchi M (2002) Inhibition of growth of human breast cancer cells in culture by neutron capture using ^{10}B-containing liposomes. Biomed Pharmacother 56:93-99

第 28 章 肝转移癌

A. 宗塔、L. 罗维达和 S. 阿尔泰里

28.1 简 介

28.1.1 BNCT 概述

BNCT 是治疗癌症的一种新的治疗方法,它是几十年前,大约在 20 世纪中叶被构想出来的,但是还没有找到它的"理想"适应证。它有一些积极的特点:事实上,与成功战胜癌症相比,它不是一个高度复杂的过程,也不是特别昂贵。消极方面,BNCT 需要多学科的方法来解决临床病例中涉及的微妙问题。它的基础是使用热中子或超热中子,目前这些中子只由核反应堆产生,因此并非到处都有。外科医生和放射治疗师之间的严格合作是必需的,尤其是在治疗某些部位肿瘤时。

然而,BNCT 的这些积极和消极特征之间的平衡并不能完全评判 BNCT 在确切定义其治疗作用时遇到的困难。在我们看来,更多的是关于 BNCT 在通常使用中的临床情况。对于 BNCT 来说,与任何其他全新的治疗方案一样,最吸引人的应用领域是治疗那些没有其他治疗方法的疾病,并且在这种情况下可以最好地利用这些方法的优点。

一种新的癌症治疗工具应根据三个主要标准进行评价:有效性、选择性和特异性。当一种疗法能够杀死所有的肿瘤细胞群时,它被认为是有效的;当它能够

A. 宗塔
意大利,帕维亚,IRCCS 圣马特奥医院,外科
e-mail: zontaris@libero.it

L. 罗维达
意大利,卡坦扎罗,Fond. "T. Campanella",癌症卓越中心,肿瘤外科组
e-mail: roveda.l@libero.it

S. 阿尔泰里 (✉)
意大利,帕维亚,帕维亚大学,物理系
意大利,帕维亚,国家核物理研究所 (INFN) 帕维亚分部
e-mail: saverio.altieri@pv.infn.it

将其作用限制在机体的病变部位时,它是选择性的;如果在限定的作用范围内,它只能够杀死肿瘤细胞,那么它就是一种特异性疗法。例如,外科手术具有效率高、选择性好、特异性差的特点;实体瘤化疗无选择性、特异性一般、疗效合理;传统放疗受无特异性、中等选择性和可变疗效的影响。从这一点来看,BNCT 理想情况下具有完全的特异性(如果硼的摄取仅限于肿瘤细胞),而且,理论上,当根据适当的适应证来利用其肿瘤靶向能力时,BNCT 也是具有高度选择性和有效性。

BNCT 最佳适应证的临床条件是肿瘤细胞对无毒硼化合物的摄取能力增强,且仅限于具有以下特征的器官:其正常细胞不能富集同一化合物,且病变器官可完全暴露于均匀中子通量场中。这样,不仅可以用相同的吸收剂量治疗病变器官的一部分,而且可以治疗整个体积中的已知和未知的肿瘤结节,这仅仅取决于硼在其细胞中达到的浓度。

28.2 肝转移癌作为治疗靶点

28.2.1 选择的理由

肝转移,当扩散到所有肝叶时,是肿瘤学中的一个重大问题,至少有两个原因:其发生率高和对常用抗肿瘤方法的抗拒。

28.2.2 发病率

在欧洲和美国,转移癌是肝脏中最大的恶性肿瘤。

肝脏可以被认为是一个过滤器,可以过滤所有的内脏血液,并净化其中的异常内容物,具有生化的和微粒的性质。从腹部原发性肿瘤中脱落出来的细胞被动穿过狭窄的肝窦通道,它们在那里更容易被阻止,停留更长时间。由于这些原因,肝转移在胆囊、胰腺、结肠和胃肿瘤患者中更为常见。在这些部位,肝脏累及的病例比例从 50% 到 80% 不等。然而,其他部位的原发性肿瘤也达到了类似的发病率。其中最主要的肿瘤是支气管肺癌、乳腺癌、卵巢癌和黑色素瘤。实际上,在大多数恶性肿瘤中,肿瘤细胞脱落是一种早熟和持续的现象。值得注意的是,在相当数量的病例中,即使在死后检查中,肝脏中也发现了不明原发肿瘤的转移。这组病例的发病率不低于结直肠肿瘤[1]。

对于其他肿瘤,肝转移的发生率较低,这表明肝定植不仅仅是由细胞大小和血管间隙之间的机械阻碍引起的。窦状内皮细胞受体与肿瘤细胞膜成分之间的化学联系是众所周知的,其重要性已经得到充分证明和强调[2]。这可以解释在一些非内脏肿瘤中观察到的肝转移频率的巨大变化。甲状腺肿瘤的发病率特别低。

在肿瘤的自然病史中,肝脏累及是一个相对较晚的现象,与疾病临床演变过程中的严重恶化相吻合。在原发性肿瘤诊断时,当肝定植明显时,通常区分同步转移和后发的异时转移。这两组患者的预后不同，因为在同步病变中，即使治疗，肿瘤性疾病也更具侵袭性，生存期更短。

28.2.3 肝内定位

肝转移通常发生在右叶。这是因为它的血流更高、更直接，且右门静脉分支与门静脉主干的方向几乎相同，而左分支的分离是有角度的。

关于转移瘤的数目，区分单侧多发和双侧多发（或弥漫性）结节是有用的。

在每个肝叶，结节的位置可以是中央（甚至是肝门旁）、外周或包膜下（甚至是突出的），其切除所引起的外科问题当然是不同的，但是，毫无疑问，特别是在弥漫性结节的情况下，除了可识别的病变外，还存在其他显微镜下病灶。

28.2.4 肝转移与淋巴结转移

由于某些尚不清楚的原因，在大多数内脏肿瘤中，肝脏内血源性转移瘤的形成和通过淋巴引流进入淋巴结并不同步进行。肝脏肿瘤累及较大的患者可能只表现出轻微的局部扩散到靠近原发肿瘤的淋巴站；相反，其他有一级和区域淋巴结转移的重大疾病的患者从未经历过肝转移，至少在临床上是这样。这些差异在临床演变的早期阶段更为常见，因为在晚期，相应的病理模式趋于重叠。因此，在某些内脏肿瘤患者，尤其是结直肠癌患者中，我们可以预期早期的"仅肝"转移疾病，尤其是当局部淋巴结累及很小时。在这些病例中，当原发性肿瘤被彻底切除，并有精确的局部和区域淋巴结护理时，对病变肝脏采取积极的治疗方法是非常合理的。

28.2.5 肝转移癌治疗的实际情况

肝转移癌的治疗还远没有统一，治疗该病的最佳选择也是一个争议的来源。在试图区分普遍接受的患者和有争议的患者时，应明确区分手术方法可行的患者与其他患者。切除术是治疗恶性肝肿瘤唯一有效的方法，但 70% 以上的病例不适用。

转移性结肠癌和直肠癌的肝切除与 20%~51% 的患者 5 年生存率相关[3]。许多因素造成了这种数据的巨大变化。毫无疑问，随着病变的多样性、广泛的肝脏累及和肝功能不全的迹象，晚期疾病的患者预后较差[4]。为了量化可能的临床结果，一个基于切除后肝脏体积的指标（"未来肝脏剩余部分"，FLR）已经被详尽阐述并被证明是有效的。在正常肝脏患者中，所需的最低 FLR 为 25%；接受过强化化疗或患有糖尿病、脂肪肝或肝纤维化的患者，最低 FLR 为 40%；肝硬化患者为 50%~60%。因此，患者群体的身体素质直接影响允许的切除类型和手术入路的结果。然而，对于后者的判断必须考虑到未经治疗的肝转移的自然病史总是令人沮丧的，这类患者的中位生存期不到 2 年，5 年生存期是例外。另一个被广泛认可的因素是外科医生的经验和用于治疗的结构[5]。对肿瘤疾病的积极态度无疑是有益的[6]。肝外疾病并不意味着肝切除，只要根治性手术可行。此外，重复的肝切除是可能的，其结果与初次肝切除的结果相当。然而，许多机构不会手术治疗五个或更多的双侧肝转移患者[7]。

对于小转移瘤，无论是解剖性肝叶切除术还是楔形切除术，显然不影响生存率。然而，对于巨大的单侧转移瘤或多发性单侧结节，肝叶切除术更有效。

鉴于肝转移瘤手术治疗的优先性，对其他治疗方案的兴趣主要集中在对不可切除的转移瘤患者有用或术后能够保证额外效益的方案上。治疗肝转移瘤的其他主要方法依次为：化疗、全身给药或肝动脉灌注 (HAI) 和各种局部消融术。

全身化疗。尽管其广泛应用于腹部癌肝转移患者的治疗，但全身化疗方案仍产生了较低的反应率和对生存率的微小益处。大多数试验涉及的药物是 5-氟尿嘧啶 (5-FU) 或其活性代谢物 5-氟脱氧尿苷 (5-FUDR)。该产品提供的中位生存期可能与其他较新的药物有关，为 10~17 个月[8,9]。文献报道的客观有效率在 20% 范围内。使用 Lederfolin(欧洲) 和/或左旋咪唑 (美国) 可以提高此比率。当存在受体时，可通过向血管内皮生长因子添加单克隆抗体来获得进一步的增量[10]。然而，在治疗过程中选择了明显耐药的克隆细胞，因此在化疗的后期，肿瘤结节不受控制的扩散经常发生在肝外，如在腹膜腔、肾上腺和肺部。

全身化疗也被用于新辅助方案，即在肝转移瘤外科治疗之前，对严重肝功能障碍的患者先进行，以改善他们的临床状况而为以后的外科侵入治疗提供帮助。

肝动脉灌注化疗。在肝转移治疗的传统药理学方法的变体中，通过肝动脉提供区域性药物输注。这可以通过外科手术完成，在剖腹手术时将一根小导管插入胃十二指肠动脉，并将其推进到肝总动脉。胃十二指肠动脉与幽门和十二指肠球部的所有分支均与远端相连。胆囊切除术也建议避免化学性胆囊炎。最近，在放射学上，利用 Seldinger 技术，通过经皮股动脉穿刺在腹股沟放置导管系统，并将导管的远端推入肝动脉或分支。近端连接到位于皮下且易于通过皮肤穿刺进入的端口。输液流速由肝外动脉灌注泵控制。这种化疗方式的合理性是肝转移瘤的大部分血供来自肝动脉循环。事实上，动脉内化疗与全身化疗相比，有效率提高 (62%)。肝动脉灌注在延长患者生存期方面的作用是有争议的，文献中有肯定的[11,12]和否定的答案[13,14]。这种化疗方法作为完全外科切除术的辅助手段已经被采用，并证明了在统计学上显著提高生存率的益处[15]。使用高全身清除率药物 (如 5-FUDR 和 5-FU) 进行肝灌注的另一个重要优点是，由于没有全身化疗副作用，患者感觉更好。相反，肝动脉灌注的局部和区域毒性是不容忽视的：胃炎/十二指肠炎甚至溃疡 (21%)、胆汁硬化 (21%) 和最重要的化学性肝炎 (71%)，后者是由于缺血以及胆管和间质组织对药物的炎症反应的综合作用。可以通过调节剂量和流速方案来改善这些副作用[16]。

局部消融。这一术语用于指一系列旨在通过物理手段（热、冷）或化学物质（乙醇、甲醛）实现肿瘤原位破坏的方法。高水平的能量通过电极或细套管针型探针，经皮插入并通过超声（US）或计算机断层扫描（CT）引导，将高水平的能量输送到肝内肿瘤靶区。烧蚀程度通常由超声监控。最广泛使用的手术是射频、低温、激光或微波消融、乙醇注射和高强度聚焦超声应用。对于所有这些技术，其局限性在于难以处理大量、特殊部位或尺寸的结节。由于血液的热沉积效应，靠近主要肝血管的肿瘤可能达不到足够低或足够高的温度。此外，靠近肝脏外表面或靠近重要胆管的位置也可能引起担忧。在这些病例中，术中使用局部消融被证明是更有效和更安全的。大结节的治疗效果可能不一致，因此复发的可能性很高。将探针置入肿瘤内可能会导致细胞在手术结束后抽出时溢出到腹腔。

尽管单个治疗的转移瘤有良好的局部控制，但生存效益却难以证明。局部肿瘤进展，肝内和肝外肿瘤复发是常见的。3年生存率在37%~58%，5年生存率在7%~30%[17]。对局部肿瘤消融术的结果进行客观的比较评估是困难的，因为它们很大程度上取决于每个患者以前的病史、选择标准、执行者的能力和经验、所采用的技术、不同疗法的重叠等等。在所有这些因素中，选择偏差是最重要的。然而，一些研究已经描述了局部消融延长这类患者的生存期[18]，因此局部消融术仍然是无法切除的肝转移患者的一种选择。

28.2.6 肝转移患者的真实结果：基于个人经验对当前治疗方法的事实评价

考虑到所有治疗肝转移瘤的可能性，我们有大量优秀的临床回顾。然而，其中许多研究集中在如何从单一治疗方案的应用中获得最佳效果。这显然排除了那些不太可能有积极结果的患者（如老年人、疾病晚期患者等）。因此，以结果最大化为目标会带来否定一些小的好处的风险，例如有限的生存时间，给那些没有其他希望的患者。如果我们想为每一位患者尽一切可能，那么我们就不得不考虑到所有治疗方法对大系列同质治疗的患者的现实意义，做到"千方百计"。为了达到这一目标，我们重新检查了在将近15年的时间里（1989年1月至2003年3月）在本院观察到的所有肝转移病例。我们现在提议的调查符合以下准则：

- 患者序列是连续的（不接受初步选择）。
- 所有接受手术的患者均由同一名外科医生（AZ）进行手术。
- 手术入路总是高度侵入性的。
- 尽可能进行根治性手术。
- 肝脏切除术也可用于姑息性治疗（减瘤）。
- 外科手术始终是首选（从不采用术前化疗方案）。
- 只要达到最大计划剂量，动脉内和/或全身化疗通常用于术后疗程或作为手术的替代方案。

28.2 肝转移癌作为治疗靶点

- 在规划药理学和外科手术入路时，基本条件差不如局部禁止情况重要。
- 轻微的腹膜癌不是手术的绝对禁忌证。

本次回顾性调查的综合结果可概括如下 (其中，图表中的 "n" 表示患者人数)。

肝转移患者共 526 人，其中 303 人来自结直肠癌。临床病例按原发肿瘤分布见表 28.1。平均而言，有 20% 的患者因多种原因而未能参加调查。

表 28.1　在我院治疗的转移到肝脏的恶性肿瘤

肿瘤	原发肿瘤		入组的患者	
	n	%	n	%
结肠直肠	303	58	257	61.5
胃	76	14	55	13.1
胰腺	70	13	48	11.5
胆道系统	26	5	22	5.3
未识别的原发	17	3	10	2.4
肾与膀胱	10	2	7	1.7
乳房	9	2	9	2.1
卵巢	7	1.4	6	1.4
神经内分泌	4	0.8	2	0.5
支气管性	4	0.8	2	0.5
总计	526	100	418	100

在最具代表性的肿瘤中，转移主要是同步的 (表 28.2)。

表 28.2　同步转移与异时转移

肿瘤	同步转移		异时转移		总计 n
	n	%	n	%	
结肠直肠	198	65.3	105	34.7	303
胃	68	89.5	8	10.5	76
胰腺	66	94.3	4	5.7	70
胆道系统	24	92.3	2	7.7	26
未识别的原发	8	47.1	9	52.9	17
肾与膀胱	1	10	9	90	10
乳房	—	—	9	100	9
卵巢	3	42.9	4	57.1	7
神经内分泌	4	100	0	0	4
支气管性	1	25	3	75	4
总计	373		153		526
%		71		29	

就肝转移的分类而言，我们使用了热纳里 (Gennari) 及其同事提出的肿瘤分级和疾病固有分期[19,20]。该系统基于影像学研究的结果，如超声、CT 或磁共振 (RM) 成像，能够识别肿瘤结节，记录其大小和位置，并估计与疾病有关的肝脏体积百分比。通常很容易获得这些数据的可靠知识，可能通过手术探查证实。从

它们的简单组合中，我们得到了一个被证明对评估预后和计划治疗有用的分期系统（表 28.3）。

表 28.3　肝转移瘤的热纳里（Gennari）分级及分期（稍加修改）

H1	肝脏累及 ≤ 25%	
H2	25% ≤ 肝脏累及 ≤ 50%	
H3	肝脏累及 ≥ 50%	
s	孤立性转移	
m	多发性转移灶仅局限于一个肝叶	
b	双侧转移	
分期		
I	H1 s	
II	H1 m, b	H2 s
III	H2 m, b	H3 s, m, b
IV	(a) 轻微腹内肝外疾病（腹腔镜检查）	
	(b) 肝外疾病	

我们对患者实施的治疗程序见表 28.4。

表 28.4　肝转移瘤的治疗（526 例患者）

A 组：预期治愈性手术	大肝切除术（半肝切除术、肝叶切除术、三节段切除术）	10%	总的手术切除方法占 60%
	小型肝解剖切除术（双节段切除术，节段切除术）	19%	
	楔形切除-结节切除术	18%	
B 组：姑息性手术（减瘤）	非解剖切除术	13%	
C 组：非切除方法	外科插管植入术（用于动脉内化疗，有时除了外科肝切除术外）	24.7%	
	术中射频消融术	2%	总的非手术方法占 40%
D 组	原发肿瘤切除、肝转移瘤无创治疗	38%	

现在分别考虑到结直肠癌转移到肝脏的大病灶，特别是结节的肝内分布，我们观察到一个孤立的大结节患者的频率很低，多个双侧转移的发生率更高（表 28.5）。

表 28.5　结直肠癌肝转移。数量/例和肝内分布（303 例患者）

结节数	单侧/%	双侧/%
1	17	1
2	5	4
3	2	4
多重	5	62

28.2 肝转移癌作为治疗靶点

通过对结直肠癌肝转移的热纳里 (Gennari) 分类，我们发现了 Ⅲ 期和 Ⅳ 期的发病率最高，即在疾病最晚期，肝脏累及高于 25%，多处病灶和/或肝外转移扩散 (表 28.6)。

表 28.6 结直肠癌肝转移患者按 Gennari 分类的肿瘤分级分组和分期 (257 例患者)

肝转移 (H)	%	分期	%
H1 s	16.2	Ⅰ	12.1
H1 m	9.4	Ⅱ	15.2
H1 b	8.2		
H2 s	1.6		
H2 m	3.2	Ⅲ	44.5
H2 b	38.1		
H3 b	23.3	Ⅳ a	15.2
		Ⅳ b	13
		总计 Ⅳ	28.2

为了使一系列患者尽可能具有可比性和同质性，我们根据治疗类型对他们进行分组 (从 A 到 D 分为四组)。治疗方案的选择是根据患者的局部或总体情况，自动选择患者的起始状态，使患者始终获得最高的根治选择。因此，获得的结果取决于所采用的治疗方法的不同疗效和疾病的不同严重程度，但在每个组中，最后一种情况的可变性最小。表 28.7 报告了四组治疗之间的数值分布。表 28.8 提供了所有患者和同步或异时转移患者的中位生存率，以及 A 组患者的相应数据。

表 28.7 大肠癌肝转移的治疗 (257 例患者)

治疗组	n	%
A 组：预期治愈性肝切除术	98	38
B 组：姑息性肝切除术	36	14
C 组：动脉插管	49	19
D 组：转移瘤无创治疗	74	29

表 28.8 结直肠癌肝转移患者的中位生存期 (单位：月)

所有患者	11.7	治疗的 A 组患者	16.0
同步转移瘤患者	10.33	同步转移瘤患者	12.0
异时转移瘤患者	14.26	异时转移瘤患者	17.0

各治疗组患者的生存曲线如图 28.1(a) 所示，但采用对数秩检验时，这组数据的差异在统计学上并不显著。相反，当我们比较同步与异时 (图 28.1(b)) 或双侧与单侧转移 (图 28.1(c)) 或肝转移数目 (>3 与 ≤3) (图 28.1(d)) 时，生存时间有非常显著的差异。

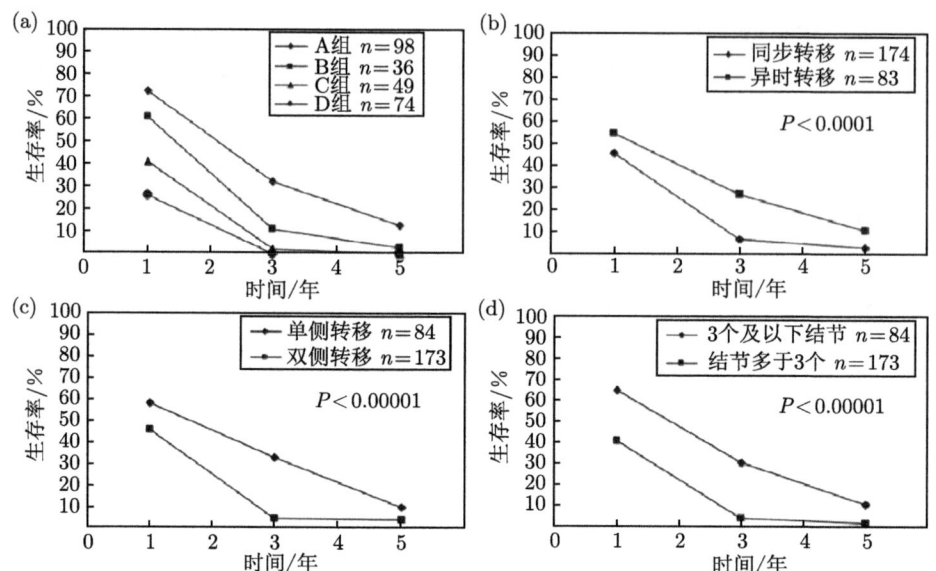

图 28.1 结直肠癌肝转移 (图中 "n" 表示患者人数, 下同)。患者的生存曲线图: (a) 按治疗组 (见正文); (b) 取决于转移的类型 (同步与异时); (c) 与肝内转移扩散有关 (单侧与双侧), 以及 (d) 根据转移的数量 (3 个或更少与多于 3 个)

此外, 有或无腹膜癌 (图 28.2(a)) 的患者之间的生存率差异, 或者接受预期根治性肝切除、且手术标本边缘经病理检查证实无肿瘤 (图 28.2(b)) 的患者之间的生存率差异, 具有高度显著性。

通过使用 Gennari 分类系统, 我们再次获得了 H1 与 H2+H3 肝肿瘤类型患者生存率的显著差异 (图 28.2(c)), 以及 I+II 期与 III+IV 期患者的生存率 (图 28.2(d))。

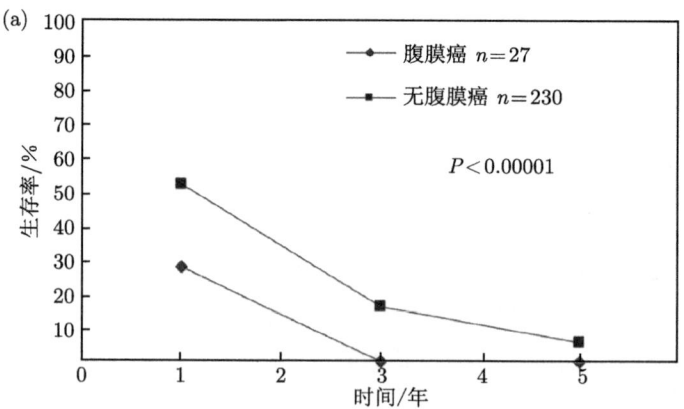

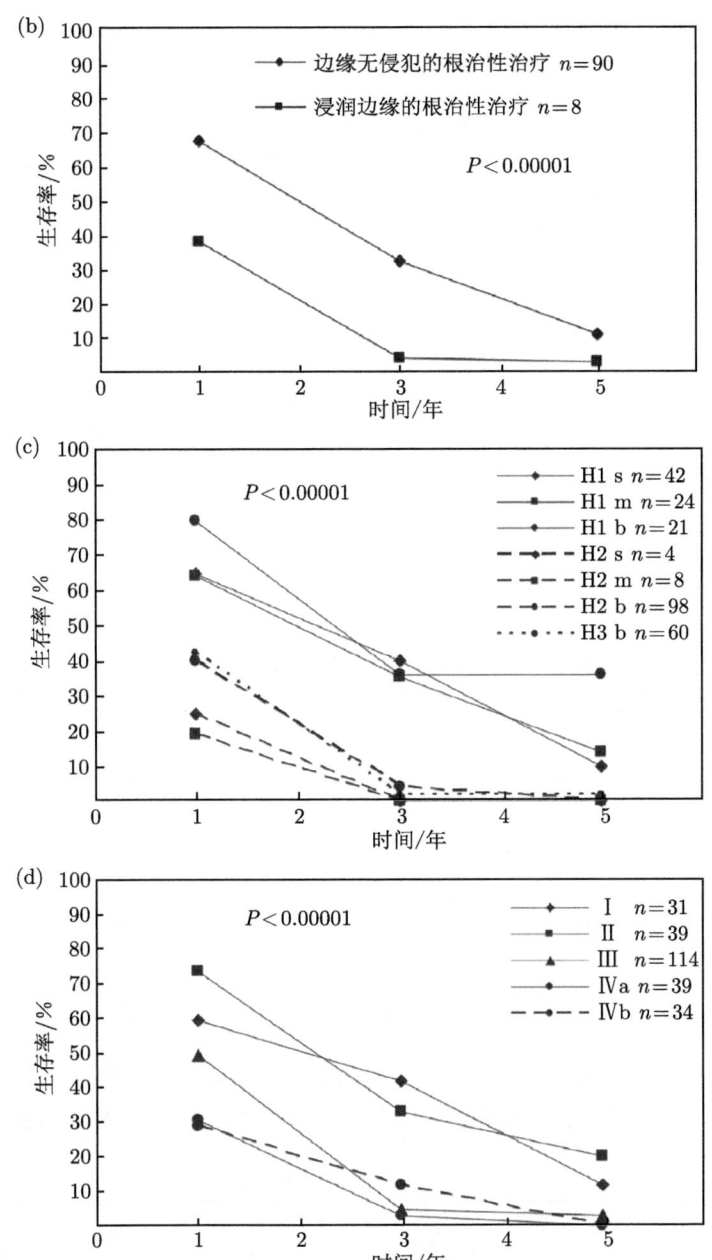

图 28.2 结直肠癌肝转移。患者的生存率：(a) 有或没有腹膜癌；(b) 与切除标本边缘是否存在肿瘤有关；(c) 根据肝脏肿瘤分级或 (d) 疾病分期 (Gennari 分类系统) 对患者进行分组

简要考虑到胃癌肝转移，表 28.9 总结了该患者队列的特点。不到一半的患者接受了肝转移治疗，只有三分之一的患者可以接受切除术 (表 28.10)。由于该病

具有高度侵袭性，患者的中位生存率明显低于结直肠癌转移瘤（表 28.11）。A 组仅在临床病例中观察到 1 例术后存活 5 年的患者。

表 28.9 胃癌肝转移

患者人数	76	入组的患者人数	55
转移瘤类型	同步 87%	单边的	25%
	异时 13%	双边的	75%
根据 Gennari 分类的普遍模式		肿瘤分级：H2 b	50%
		疾病分期：	Ⅲ 46%
			Ⅳ a 34%

表 28.10 胃癌肝转移瘤的治疗（55 例患者）

治疗组	n	%
A 组：预期治愈性肝切除术	6	11
B 组：姑息性肝切除术	12	22
C 组：动脉插管	7	13
D 组：转移瘤无创治疗	30	54

表 28.11 胃癌肝转移患者的中位生存期 （单位：月）

所有患者	7.16
同步转移瘤患者	6.56
异时转移瘤患者	11.28

表 28.12 总结了我们在胰腺肿瘤亚组中观察到的令人沮丧的结果。

表 28.12 胰腺癌肝转移

患者人数	70	入组的患者	48 (69%)	A 组	6 (12%)
转移瘤类型	同步：44 (92%)	中位生存期/月	所有患者：3.46		
	异时：4 (8%)		A 组：5.67		

9 名妇女患有乳腺癌肝转移，她们都被招募参加调查。表 28.13 列出了这个亚组的特点，我们采用的治疗程序，以及关于患者中位生存率的结果。

表 28.13 乳腺癌肝转移

患者人数	9	平均年龄	57.6 年
转移瘤类型	异时[a]：9 (100 %)	治疗类型：	A 组：67%
			B 组[b]：33%
转移瘤个数	3 或以下：4 (44%)	中位生存期/月	所有患者：31
	大于 3：5 (56%)		A 组：36
			B 组：7.9

注：a 原发肿瘤术后平均无病时间：35.75 个月；b 所有病例中肝门淋巴结均呈阳性。

28.2.7 结论性评论

这项调查的目的是提供一个真实的轮廓，我们可以提供给来自各种原发性肿瘤肝转移患者真正的治疗可能性。这里所指的是直到几年前还存在的一种状况，但我们认为最近的变化并不显著。我们在处理这样一个有争议的问题时遇到的困难主要是临床人群和治疗方案都非常不同。为了至少部分地克服这些障碍，我们试图在没有任何预防性选择的情况下收集大量病例，并采用严格的手术方案。考虑到最好的治愈机会通常是通过手术来保证的，所以只要有可能就进行手术，目的是根治性或姑息性的。当辅以动脉内和/或全身化疗时，减瘤被认为是一种真正的治疗选择。

我们得到的结果基本上取决于原发肿瘤的类型、转移性疾病的表现形式和肝内扩散模式，以及总的健康状况。胰腺和胆道的原发性肿瘤，以及累及肝脏体积25%以上的同时性、双侧、多发性转移，最多可进行姑息性切除，预后最差，生存时间最短。在临床上，腹水和/或黄疸的出现是最不吉利的征兆。相反，结直肠肿瘤局部生长受限，只有少数异时肝转移灶集中在一个肝叶，在健康状况良好的患者中，当切除是可能的，并且是真正根治性的，活检物没有病变边缘时，即使不是例外，也有更有利的病程。

然而，我们不能忘记，除了这两种相反的情况，确实存在一个亚组的患者：这在数字上具有重要意义，包括一些年轻人，健康状况良好，已经为原发性肿瘤(也许是结直肠癌)进行了根治性手术，但有多个分散的肝转移，且已经被证实化疗耐药。这些患者在没有任何可靠治疗的情况下都会死亡，因为由于疾病的肝内扩散类型，手术被排除在外；射频消融只能暂时缓解病情，化疗已经被证明无效。这对任何肿瘤治疗师来说都是一个巨大的挑战，迫切需要一个新的解决方案来解决这一问题。

28.3 BNCT 应用于肝脏肿瘤的技术方面：科学和临床问题

永远记住，只有保留 BNCT 的特异性和选择性的优良特性，BNCT 才能获得有效性，我们提出了一个治疗肝脏弥漫性肿瘤的理论方案，即对肝转移瘤进行硼富集，然后在适当的核反应堆设施中，对移植的器官进行照射。治疗后，器官被重新植入患者体内，从而保护整个身体免受任何辐射副作用，并确保所有结节和肝脏内孤立的肿瘤细胞得到治疗。治疗程序的四个阶段是：

- 癌细胞摄取 ^{10}B 化合物，使肿瘤细胞中的 ^{10}B 含量最低为 40 ppm，肿瘤细胞与正常细胞之间的浓度比至少为 3。
- 手术隔离肝脏，并在 ^{10}B 摄取后用冷冻的无硼灌注溶液清洗肝脏，以保护器官免受常温缺血，清除血液成分，从而避免对血管结构造成非特异性辐射损伤的风险。
- 通过将隔离器官浸入适当的中子场而不是射束中，用热中子进行体外肝脏照射。
- 照射后的肝脏与供体组织重新连接。

为了把这项工程变成一个治疗方案，有必要解决几个问题并澄清一些有问题的方面。我们在这项准备工作中使用的方法将在下文中根据所需能力的主要性质在不同的章节中给出。

28.3.1 物理关注点

在中子场内照射移植肝脏所面临的与物理学有关的主要课题如下：
(1) 中子场的设计、实现和表征。
(2) 治疗计划的计算。
(3) 建立生物样品中硼浓度测量及空间分布成像系统。

28.3.2 照射设施和治疗计划

一个理想的治疗方案，能够利用 BNCT 的能力治疗弥漫性恶性肿瘤，必须给肿瘤提供致死剂量，而不管其在器官内的空间分布。同时，治疗方案必须使正常细胞吸收的剂量尽可能低，而且无论如何，要低于它们的耐受水平。这个目标可以通过在器官内部创造尽可能均匀的热中子场来达到。根据被照射器官的尺寸和特征，可以使用不同能量和几何形状的中子源[21,22]。在帕维亚(Pavia)，弥散性肝转移瘤是使用在研究核反应堆 Triga Mark II 的热柱内获得的中子流来治疗的，该反应堆的运行功率为 250 kW。该设施的设计是通过蒙特卡罗研究获得的，特别是通过使用输运程序 MCNP 进行的计算[23]。图 28.3 显示了反应堆内建造的肝脏辐照设施的方案[24,25]。在这个位置，肝脏沉入一个热中子场，从各个方向照射器官。

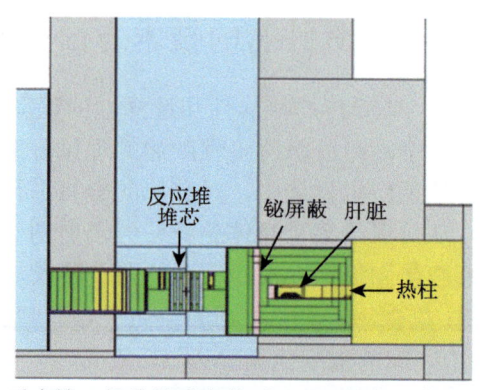

图 28.3 Triga Mark II 反应堆一部分的垂直截面：可见堆芯、在热柱中辐照位置的肝脏模型以及插入的降低堆芯伽马辐射的铋屏

28.3 BNCT 应用于肝脏肿瘤的技术方面：科学和临床问题

用两个总厚度为 20 cm 的铋屏来降低来自堆芯的 γ 本底。在辐照通道中，用活化法 (Au、Cu、Al、Ni 等金属箔和线) 测量中子通量；用 BeO 热释光剂量计 (TLD) 测量伽马剂量。表 28.14 列出了肝脏照射位置的空气中测量结果。

表 28.14 肝照射位置空气中的中子通量和 γ 剂量

$\Phi_{th}/(cm^{-2}\cdot s^{-1})$	<0.2 eV	1.4×10^{10}
$\Phi_{epi}/(cm^{-2}\cdot s^{-1})$	0.2 eV~0.5 MeV	3.3×10^{7}
$\Phi_{fast}/(cm^{-2}\cdot s^{-1})$	>3.5 MeV	2.0×10^{6}
$\Phi_{fast}/(cm^{-2}\cdot s^{-1})$	>8.2 MeV	9.4×10^{4}
$D_{\gamma}/(Gy\cdot cm^{2})$	1.6×10^{-13}	

为了研究器官内的剂量分布，我们建立了一个移植肝的特氟龙体模。它由一个 6 cm 高的球冠组成，圆形底座的半径为 15 cm，填充有肝等效溶液[24]。与原位器官下表面相对应的模型基底向下水平放置，以模拟孤立肝脏的载入平面。模型沿 X、Y 和 Z 轴配备细铜线，如图 28.4 所示，并在肝脏位置进行照射。照射后，将铜线切割成 0.5 cm 长的铜线，用锗探测器测定铜 (^{64}Cu) 的活度。然后使用 Westcott 公式[25,26]评估热中子通量。在 MCNP 输入中对同样的模型进行了再现。器官体积被分成 $1\times 1\times 1$ cm^3 的立方体体素，在 $Z=1$ cm、2 cm、3 cm、4 cm、5 cm 处沿垂直轴 (Z 轴) 创建体素网格 (图 28.4)。

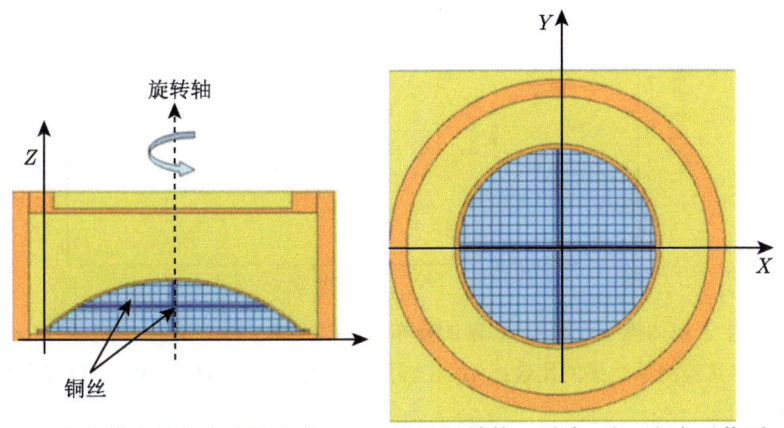

图 28.4 肝体模在特氟龙支架内的 MCNP 几何结构，垂直 (左) 和水平截面 (右)。
可见 1 cm^3 体素和热中子测量用铜线

然后将在体模上获得的实验通量值与分析的铜线对应的体素通量计算结果进行比较。热中子通量沿 X 轴的分布，包括实验和计算，如图 28.5(a) 所示。

蒙特卡罗计算与实验测量结果吻合良好，但中子通量分布并不均匀，因为主要沿纵向 X 轴方向，"肝溶液"剧烈改变了中子通量的行为。最大和最小热中子通量值之比为 $\Phi_{max}/\Phi_{min}=r\approx 4$。为了使通量分布更加均匀，器官在整个照射时间内旋转 180°。这种旋转的影响如图 28.5(b) 所示,其中热中子通量沿 X 轴分布,对于每个网格,距底座 1~5 cm。因此,最大值和最小值之间的比率降低到 $r = 2.31$。

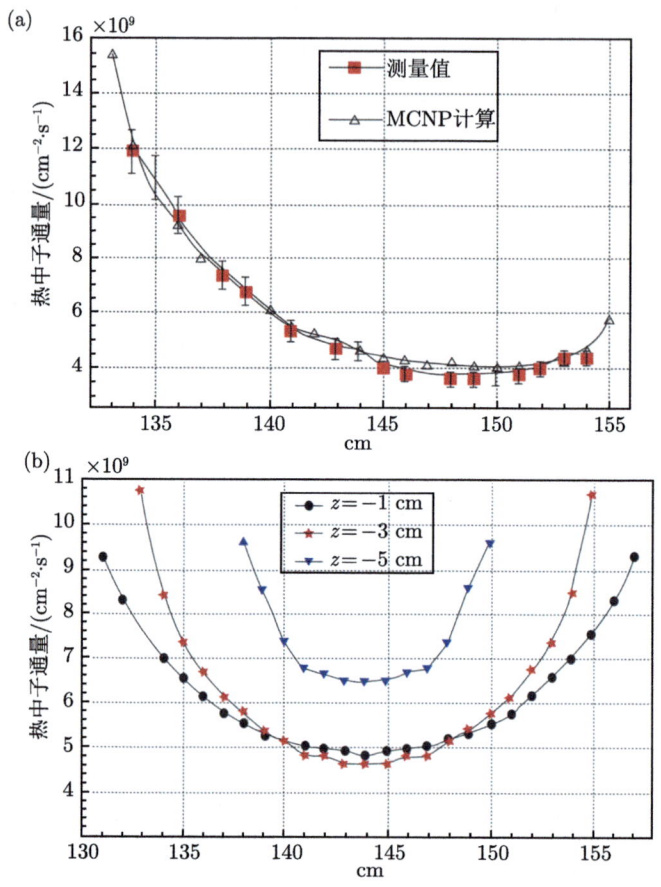

图 28.5 热中子在体模中沿纵向 X 轴的分布,体模充满了肝脏溶液。(a) 在 $Z = 3$ cm 处 MCNP 计算与实验测量结果的比较;(b) 在辐照时间的一半时旋转 180° 后计算出的通量分布

为了了解热中子通量均匀性如何影响肝脏内的剂量分布,在上述肝脏模型中计算了剂量-体积直方图 (DVH)。

利用体模每个体素的热中子通量,计算了氮 (^{14}N(n,p)^{14}C) 和硼 (^{10}B(n,α)^{7}Li) 反应对吸收剂量的贡献。超热中子通量 ($E_n > 0.2$ eV) 比热中子通量低两个数量级,因此忽略了超热中子和快中子对弹性散射的贡献。

对于计算,假设了以下条件:

(1) 健康肝脏中的 ^{10}B 浓度 CH = 8 ppm;

28.3 BNCT 应用于肝脏肿瘤的技术方面：科学和临床问题

(2) 肿瘤中 ^{10}B 浓度 CT = 50 ppm；

(3) 一个适合在器官内部位置独立地传递最小热中子注量 $\Psi = 4 \times 10^{12}$ cm^{-2} 的辐照时间 T_{irrad}。

为了评估照射时间，假设肿瘤位于热通量最小的体素中，因此，$T_{\text{irrad}} = 4 \times 10^{12}/\Phi_{\min}$。然后使用方程 $D_{\text{vox-}i} = (D_N + D_B \times \text{CH}) \times \Phi_i \times T_{\text{irrad}}$ 计算每个体素的剂量 $D_{\text{vox-}i}$，其中 D_N 和 D_B 分别是来自氮 (重量的 3%) 和硼 (1 ppm) 的剂量。最后，构建剂量直方图，加权每个体素中的剂量贡献，因子为：$w_i = \text{Vol}_{\text{vox-}i}/\text{Vol}_{\text{liver}}$。该直方图的积分函数表示 DVH。这些计算结果如图 28.6(a) 中的 a1 所示。给肿瘤的剂量在 15~35 Gy 变化，而正常组织吸收的剂量在 3~7 Gy。从图 28.6(b) 中的 b1 中的 DVH 可以推断出吸收不同剂量值的健康器官的比例。黑色虚线 a2 和 b2 表示不同的热柱布置，这将使肝脏模型内的热中子通量分布更加均匀，如文献 [27] 所述。

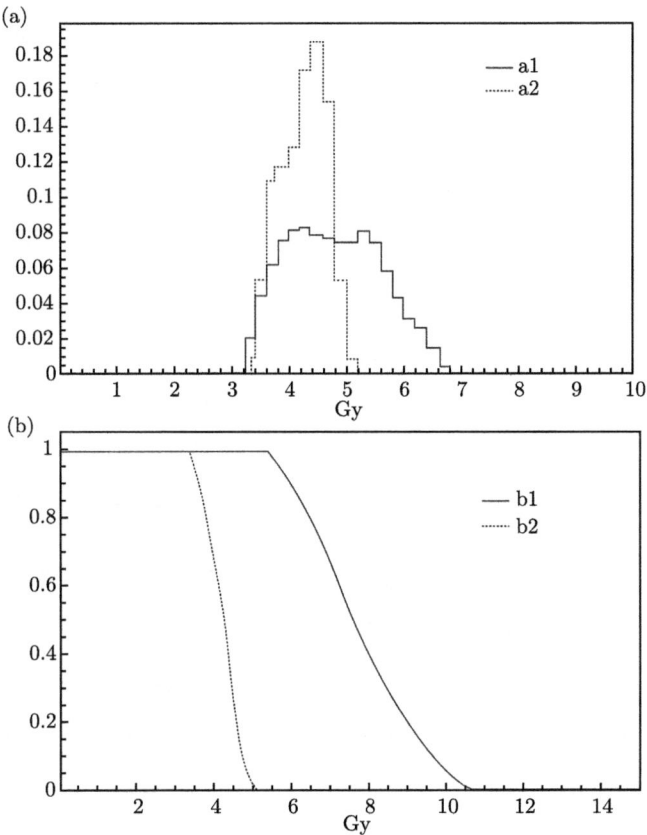

图 28.6 (a) 吸收剂量和 (b)DVH 的直方图。实线 (a1 和 b1) 表示用于患者治疗的设施，如图 28.1 所示。虚线 (a2 和 b2) 指的是不同的热柱布置，这将使器官模型中的热中子通量分布更加均匀 [27]

在这两名患者的治疗中，肝脏被放置在两个无菌的特氟龙袋中，带有冷冻的 UW 溶液，然后放置在一个刚性的特氟龙运输箱中。选择刚性容纳箱的厚度是为了保护器官免受机械冲击和确保适当的热隔离。容纳箱先在 4 ℃ 下冷却，然后保持在相同的温度，在其盖上放置一层干冰。实验测定了干冰的量，以使肝脏保持在 4℃ 左右的恒定温度下至少 1 h。对于两名接受治疗的患者，从外科手术移植到将肝脏送回医院进行再植入之间的时间约为 45 min，用两个热电偶与装有肝脏的特氟龙袋子 (一个在顶部，一个在底部) 接触，监测器官温度。

对每个患者，都要评估一个合适的治疗方案。从 CT 扫描数据出发，设计了考虑器官尺寸的几何模型，并计算了其内部中子通量分布。照射时间固定为：在器官模型的一个参考点上递送中子注量 $\Psi = 4 \times 10^{12}$ cm^{-2}。两个患者的照射时间约为 10 min。参考点的吸收剂量由关系式 $D_{H,T}(Gy) = 3.6 + 0.32 C_{H,T}$ (ppm) 计算，其中 $C_{H,T}$ 分别代表健康组织和肿瘤组织中的硼浓度。硼苯丙氨酸 (BPA)-果糖溶液输注开始后 1 h 和 2 h，使用 α 谱仪方法[28]测量两对肿瘤和健康样本的硼浓度。在先前用于剂量计算的关系式中，等于 3.6 的项表示当不含硼的肝脏以 $\Psi = 4 \times 10^{12}$ cm^{-2} 的注量暴露于中子辐照场时，健康组织和/或肿瘤吸收的剂量；超过 70% 的来源于伽马辐射 (三种组分：在照射位置没有肝脏情况下的伽马本底为 0.64 Gy，由肝脏中存在的氢 ^{1}H(n,γ)^{2}H 和氯 ^{35}Cl(n,γ)^{36}Cl 反应产生的剂量分别为 1.948 Gy 和 0.144 Gy)。剩下的 30% 是由氮的反应 ^{14}N(n,p)^{14}C 贡献的。γ 剂量的值被高估了，因为它是在假设肝脏各点的电子平衡条件下评估的。

表 28.15 报告了治疗前采集的样本中的硼浓度值，以及在 $\Psi = 4 \times 10^{12}$ cm^{-2} 注量下，肿瘤和健康组织在参考点的吸收剂量；输送到器官其他部位的健康组织的剂量分布应类似于图 28.6 中的 a1、b1 所示的分布。

表 28.15 在两个治疗患者的正常肝脏和肿瘤中，硼浓度和在参考点中子注量 $\Psi_n = 4 \times 10^{12}$ cm^{-2} 产生的吸收剂量值

	硼浓度/ppm		吸收剂量/Gy	
	第一个患者	第二个患者	第一个患者	第二个患者
肿瘤	47±2	45±5	18±1	18±1
肝脏	8±1	8±1	6±0.3	6±0.3
肿瘤/肝脏	5.9	5.6	3	3

28.3.3 测量硼浓度

生物样品中硼浓度的测量是基于对硼的俘获反应中发射的带电粒子的谱分析。从器官中提取的组织样本被冷冻在液氮中，用低温恒温器切成 70 μm 厚的薄片，然后放置在聚酯薄膜圆盘上。为了进行测量，每个圆盘都放在一个固态硅

探测器前面，并暴露在热中子流中。浓度的计算是选择一个只由反应 $^{10}B(n,\alpha)^7Li$ 产生的 α 粒子形成的谱区域。

随着肿瘤的扩散，健康组织的样本可能含有肿瘤结节，而肿瘤样本可能包含部分健康或坏死组织 (图 28.7)。

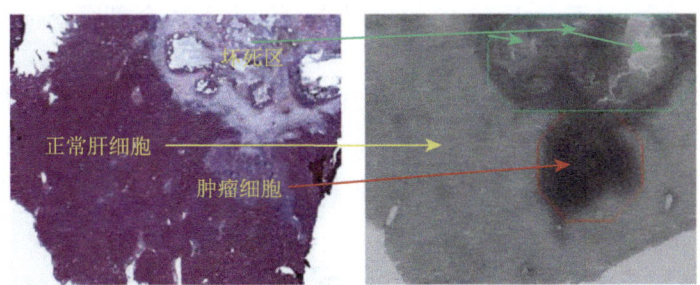

图 28.7 图 (左) 人体肝转移瘤标本的切片 (标准苏木精–伊红染色) 和 (右) 相应的中子放射自显影图像。在几毫米的距离内，正常肝细胞、坏死区和肿瘤细胞同时出现。中子放射自显影显示肿瘤内硼浓度高于正常肝细胞

为了正确评估肿瘤和正常细胞中浓度之间的比值 $T = C_T/C_H$，必须分析样品的组织学成分。为此，每次测量都要从健康样本和肿瘤样本中获取三个薄片。第一个用于测量如上所述的硼浓度，第二个用于组织病理学分析，最后一个用于通过中子放射自显影进行硼成像 [27]。这样，就可以收集有关组织形态、硼的空间分布和定量浓度的信息。使用该方法，测量人类样品 (表 28.15) 和从大鼠模型获得的动物样品中的硼浓度。

28.3.4 生物关注点

这里将提到几个问题和研究方法：通过计划的实验来确定新的 BNCT 应用的理论基础、优化肝脏的体外照射以及扩展其适应证，所有这些都是我们所关注的。

临床靶点的选择。基于以上讨论的原因，我们开展了结直肠癌肝转移的 BNCT 治疗研究。因为市场上有同基因大鼠 (BD-IX) 和一个名为 DHD/K12/TRb (DHD) 的细胞系，该细胞系是通过口服 1,2-二甲基肼在 BD-IX 大鼠体内化学诱导的结肠腺癌中建立起来的 [29]，在这种情况下，选择这种细胞系受到了青睐。然而，我们认为某些类型的原发性肝肿瘤也可以从 BNCT 治疗中获益。

用于体外 ^{10}B 选择性摄取研究的癌细胞培养。我们的所有数据都是使用 DHD 细胞系获得的，该细胞系在 HAM'S F10 和 DMEM(1:1, v/v) 的混合物 (添加 10% 胎牛血清和庆大霉素 (40 mg/ml)) 组成的培养基中以单层形式生长。当细胞处于指数生长期时，培养基中含有不同浓度的 ^{10}B 载体 [30]。接触时间是一个值得注意的变量。

在**繁殖**结束时，因为我们想模拟一个被隔离的器官的状况，这个器官将被清洗干净，以清除血液和硼的含量。去除富硼 (^{10}B) 培养基，回收细胞并在无硼培养基中洗涤。然后将一部分细胞低温冷藏在液氮中进行细胞内 ^{10}B 测定。在我们所有的实验中，我们使用了 ^{10}BPA 作为硼载体，浓度在 10~160 ppm (或 μg/ml)。研究了两种不同培养时间 (4 h 和 18 h) 的影响。细胞 ^{10}B 含量通过质谱法 ICP-MS 或 α-能谱法测定[31]。

细胞内两种相反现象的体外评价：^{10}**B 含量的储存和丢失**。在任何浓度下，细胞内的 ^{10}B 含量都高于培养基中的 ^{10}B，因此 ^{10}B 在细胞内的积累似乎是通过一种主动的转运机制介导的。随着接触时间的增加，细胞内 ^{10}B 浓度也有轻微增加 (图 28.8(a)、(b))。

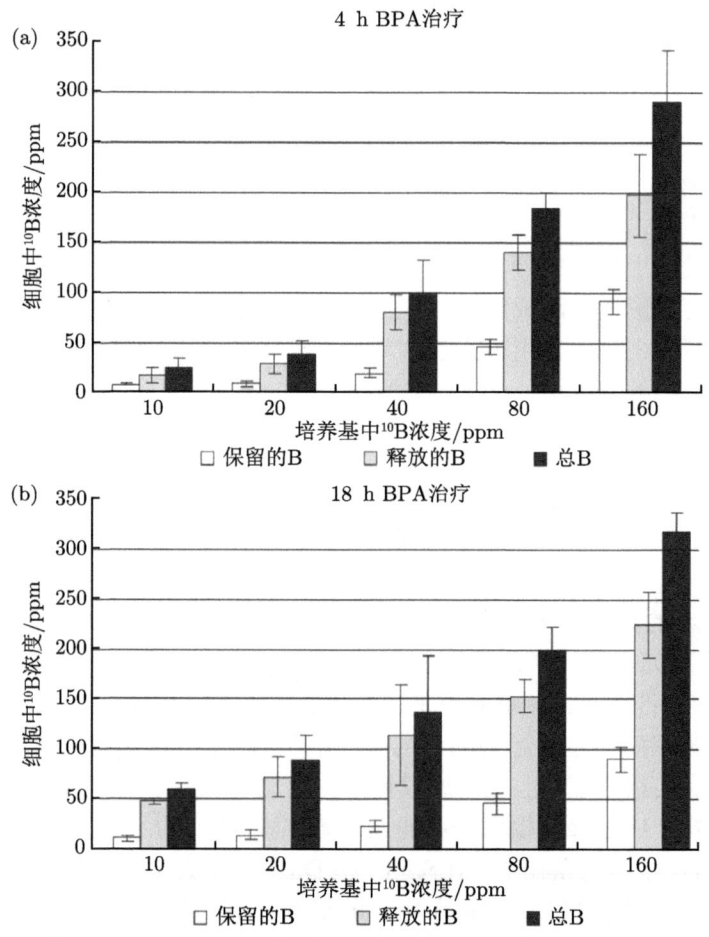

图 28.8 细胞内 ^{10}B 浓度与培养基中 ^{10}B 浓度的函数关系。总硼含量、保留量和释放量分别为：细胞与含硼培养基接触 (a) 4 h 后和 (b) 18 h 后

28.3 BNCT应用于肝脏肿瘤的技术方面：科学和临床问题

肿瘤吸收硼的研究很复杂，因为细胞中的 ^{10}B 有两种形式，即紧密结合和松散结合：后一种形式实际上可以通过将细胞暴露在缺乏 ^{10}B 的介质中而丢失。^{10}B 松散结合部分的释放是很重要的，因为如果它发生在肝脏清洗之后，它会降低中子照射肿瘤的效率，并使剂量计算不正确。

因此，细胞内总 ^{10}B 浓度是两个部分的总和：释放的和保留的。第一部分是在孵育后从培养基中除去 ^{10}B 载体，由三次细胞洗涤液中 ^{10}B 含量的总和来确定；另一部分是通过分析洗涤后获得的细胞颗粒中的 ^{10}B 含量来评估的。

培养后，研究了松散结合部分（或洗脱物）的释放[32]，在两种温度（37 ℃ 和 4 ℃）和两种细胞培养方式下维持 ^{10}B-富集细胞培养，即黏附在底物上或在培养基中重新悬浮。细胞悬浮液中的洗出现象更为明显，在 4 ℃ 时大大减少（图 28.9 (a)、(b)）。

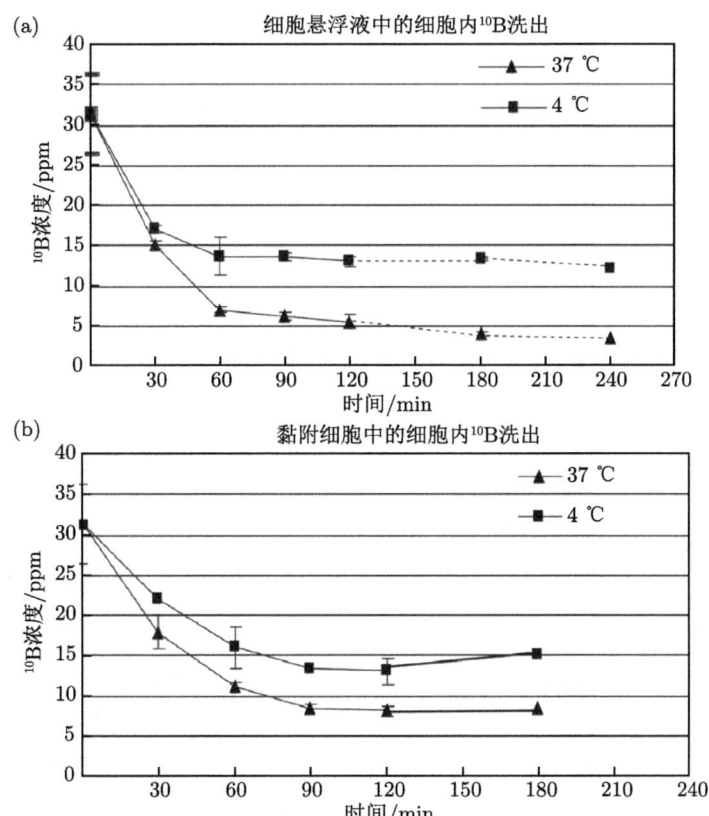

图 28.9 通过在 4 ℃ 和 37 ℃ 下将载硼细胞置于无硼培养基中，洗出细胞内的 ^{10}B 物质：(a) 悬浮液中培养的 DHD 细胞；(b) 黏附在底物上的同一类型细胞

细胞辐射损伤的体外评价。为了研究这个问题，我们通过 DNA 流式细胞仪

分析，评估了 BNCT 治疗后的细胞周期改变和 DNA 损伤[33]。流式细胞术是一种流式细胞分析技术，能够测量荧光探针所能检测到的物理或化学特性。它的一个主要应用是细胞 DNA 含量分析，其结果是一个直方图，它提供了研究群体的细胞周期和倍体状态的信息 (图 28.10)。

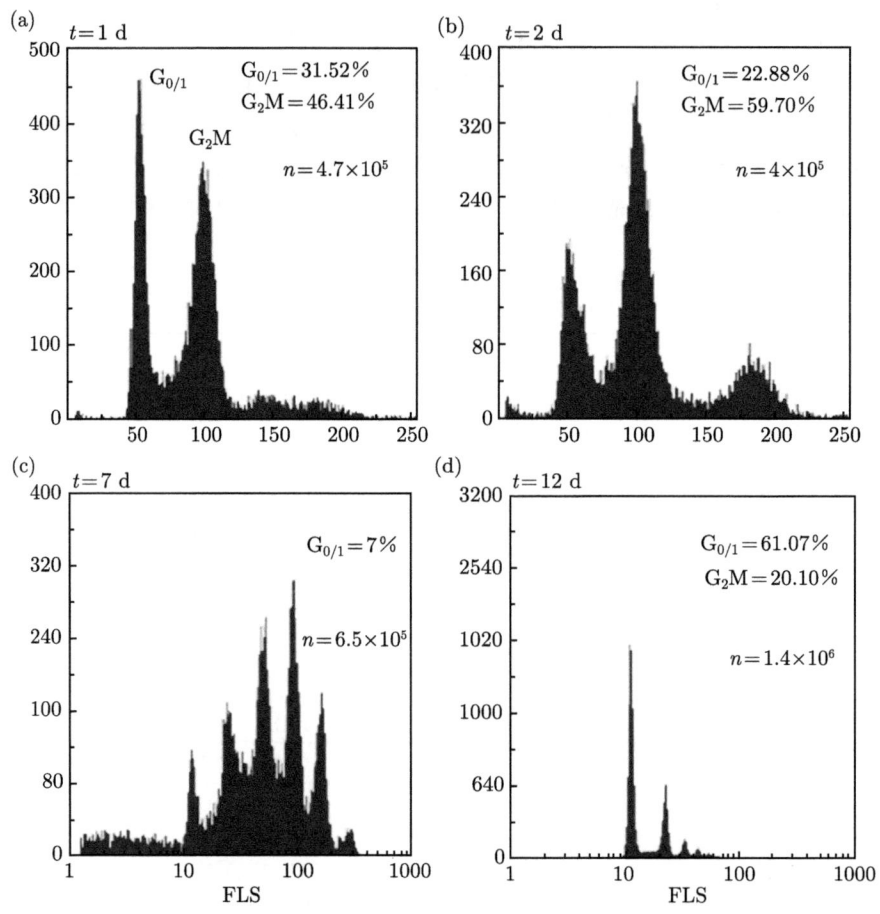

图 28.10 BNCT 治疗后不同时间 ((a)、(b)、(c)、(d) 分别为 1、2、7 和 12 天) DHD 细胞体外培养的流式细胞 DNA 直方图。$G_{0/1}$ 表示与培养物中所有细胞相关的静止或合成前细胞的细胞分数；G_2M 是分裂的二倍体细胞部分。在第 1 天，分析给出了一个几乎正常的结果。接下来几天的柱状图显示细胞 DNA 的损伤越来越严重，出现非整倍体，细胞碎片过多，n 值下降 (每个烧瓶回收的细胞数)(来自宗塔等人的著作[33])

此外，细胞增殖能力的评估是通过测试细胞集落形成率完成的。

大鼠肝转移瘤的诱导。转移瘤和正常组织中的 ^{10}B 载入和分布。BD-IX 雄性大鼠在全麻下脾内注射从同基因 DHD 株获得的 2×10^7 个细胞，可诱发多发性，有时甚至是连续性的肝转移。在注射过程中，门静脉的左支被夹紧；这样，每只动物都会提供肿瘤 (来自右叶) 和健康肝组织 (来自左叶) 的样本。在手术的最后，大鼠行脾切除术。

15 天后，再次麻醉相同的动物，使用美国北卡罗来纳州罗利市 BBI 公司提供的 ^{10}BPA-HCl 果糖复合物，通过阴茎背静脉缓慢 (5 min) 注射剂量为 300 mg-BPA/kg-BW，BPA-F 的 ^{10}B 富集度超过 95% (100 mg BPA 与 2 ml 0.3 mol/l 果糖溶液混合；pH 值调整为 7.4～7.5，使用 2 mol/l NaOH 溶液)。

在特定时间 (通常是注射 ^{10}B 溶液后 1 h、2 h、4 h、6 h、8 h 和 12 h) 全麻下处死大鼠；取下的肝脏带一小部分门静脉和相应的主动脉，用 5% 葡萄糖溶液冲洗这些最后的血管，并冷冻。将肿瘤组织和正常肝组织切成薄片，进行组织学分析，以评估每个样本中的肿瘤百分比 [34]。用 α 谱仪方法测定肿瘤和健康肝脏中硼浓度的结果如图 28.11(a) 所示；肿瘤和健康肝脏中硼浓度的比值如图 28.11(b) 所示；在 1～5 h 的时间间隔内，该比值大于 4；在 2～4 h 达到约 6 的值。

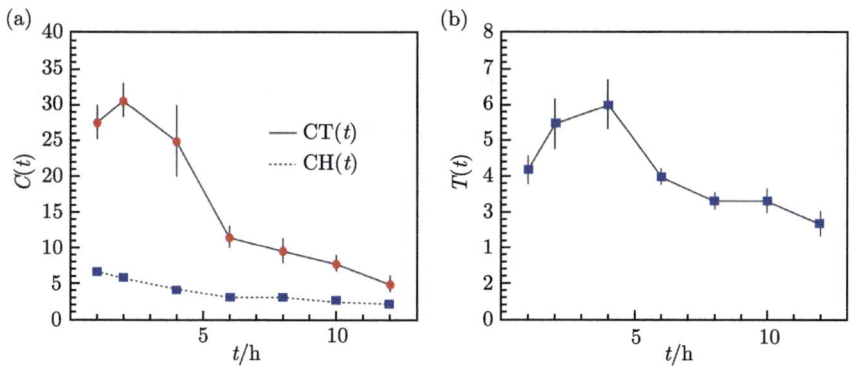

图 28.11 在动物模型中测量硼浓度。对 100 只大鼠进行了分析。(a) 在肿瘤和健康肝脏中，硼浓度作为 BPA 输注与动物牺牲之间时间间隔的函数。(b) 肿瘤和健康肝脏中的硼浓度比

大鼠实验性肝转移瘤的 BNCT 研究。在 BD-IX 系大鼠中诱导肝转移瘤，并如上所述注射 BPA-F 溶液。2～4 h 后，将动物处死，肝脏在 4 ℃ 下清洗和冷藏后，在反应堆热柱中辐照，直到达到 7×10^{12} cm^{-2} 的中子注量 (12 min)。同时，在全麻下对同基因或同种异体 (Lewis 或 Wistar Furth) 受体大鼠进行肝切除术 (这最后一批大鼠对手术压力的抵抗力更强)。然后在全麻下，将分离的辐照后肝脏原位移植到受体大鼠体内。肝移植通常是根据修改的 Kamada 方法进行的 [35]。我们感谢美国明尼苏达州罗切斯特市梅奥诊所的弗格森小姐，感谢她对大鼠肝脏移植的宝贵建议和个人贡献。

在项目的这一部分，我们必须克服几个技术难题。举个例子，我们计划了 60 个实验，这样，程序的每个重要阶段都可以有自己的控制。供体动物均为 BD-IX 系大鼠。实验动物分为两组：A 组为 16 只健康大鼠，B 组为 44 只肝转移大鼠。

每组动物按治疗类型分层：仅肝移植；或 ^{10}BPA 静脉输注 + 肝移植；或 ^{10}BPA 输注 + 中子照射 + 肝移植 (表 28.16)。在治疗的大鼠中，有些因术中死亡或存活时间太短 (手术结束后 <3 h) 而被丢弃。剩下的大鼠用两种方法中的一种进行评估：它们要么在预先设定的时间进行形态学研究 (如果是同种异体受体，则不迟于 6 天，以避免排斥反应的干扰作用)，要么一直跟踪到死亡 (仅限同基因受体)，注意它们的存活时间 (表 28.17)。对正常组织和肿瘤组织标本进行光镜和电镜分析，证实 BNCT 的高度特异性和有效性 [34,36−38]。

表 28.16 大鼠离体肝脏 BNCT。实验组动物分布

治疗	0 肝移植	1 ^{10}BPA 输注 + 肝移植	2 ^{10}BPA 输注 + 中子照射 + 肝移植	总计
A 健康大鼠	11	3	2	16
B 肝转移大鼠	2	7	35	44
总计	13	10	37	60

表 28.17 大鼠离体肝脏 BNCT。不同治疗和 BNCT (表 28.16) 后的生存结果，其中 "d" 表示"天"，"h" 表示"小时"

治疗	0	1	2 (BNCT)
A			
总计	11	3	2
丢弃的			
操作中死亡	2	1	1
存活时间 <3 h	—	—	—
评价的			
	4	1	1
被杀死的	(2d-3d-6d-53d)	(3d)	(1d)
(在第几天)	5	1	—
存活	(1d-2d-2d-64d-68d)	(2d)	
(天数)			
B			
总计	2	7	35
丢弃的	1	1	17
操作中死亡	0	0	9
存活时间 <3 h	1	1	8
评价的	1	6	18
	0	0	6
被杀死的			(3d-3d-4d-4d-5d-6d)
(在第几天)	1	6	12
存活	(6d)	(8h-1d-2d-2d-14d-59d^a)	(4h-4h-4h-4h-4h-8h-8h-1d-1d-1d-2d-4d)
(数天或数小时)			

注：a 死因是肿瘤的扩散。

28.3.5 手术关注点

如前所述，从外科角度来看，体外肝 BNCT 的程序基本上包括一个肝脏自体移植，因为需要在冲洗和冷冻后将分离的器官移到核反应堆中，其无肝期延长。在项目筹备阶段要达到的目标基本上如下。

自体肝移植的实验方法。在全麻和无菌条件下，对 58 头兰洛斯种 (Landrance) 大白猪 (体重 (35±4) kg) 进行自体肝移植。为了优化手术结果，对手术技术的几种变化进行了测试，基本上包括三个连续阶段：

- 通过解剖与周围结构的所有连接来隔离肝脏，但保留血管 (门静脉、肝动脉、肝下腔静脉、肝上腔静脉) 和胆道 (胆总管) 连接。
- 通过分割上述连接来移除肝脏。用威斯康星大学 (UW) 冷冻溶液灌注肝脏，然后在冷藏箱 (4 ℃) 中保存 2~3 h。同时，通过颈动脉切开术，用离心泵 (Biomedicus Inc. 提供) 以高流速从下腔静脉 (仅尾端至肝脏) 和门静脉主干至上腔静脉 (在胸廓水平处插管) 维持活跃的体外循环。
- 将肝脏移植到同一"供体"动物体内，并与前文提到的四条血管和胆管吻合。

在猪上的训练对我们的外科技术的改进是非常重要的。此外，它证明在这种情况下，静脉体外循环可以持续 8 h 甚至更长时间，而不需要静脉注射肝素。

无肝猪的存活率。特别关注的是如何确定猪在没有肝脏的情况下存活的最长时间。为此，我们对 20 头大白猪进行了肝切除术。在整个手术过程中直至动物死亡，监测动脉压和酸碱平衡，同时缓慢注入电解质平衡溶液。必要时，通过补充不同体积的 $NaHCO_3$ 等渗溶液纠正酸失衡。在肝切除术结束时，通过将肝下下腔静脉、门静脉和肝上下腔静脉的残端与上翻的涤纶 en-Y 人造血管端部吻合，建立一个短的内腔静脉和门腔静脉旁路。自无肝期以来，使用少量吸入剂 (氟烷) 很容易维持其麻醉状态。

这些实验让我们学会了如何管理麻醉，以及如何在无肝的情况下定义"平均生存时间"。结果是 (8±3) h，但两个动物的"最大存活时间"为 24 h[36]。

无 BNCT 的患者自体肝移植。在开展体外 BNCT 项目临床应用前，还对 8 例严重肝脏恶性或良性肿瘤性疾病患者进行了肝脏自体移植。在所有这些病例中，由于肿瘤的体积、数量或局限性，传统的肝切除术无法进行。在根治性手术中，可能需要重建重要的肝内结构，通过采用自体肝移植程序，在低温和无血的肝脏 (体外再建术) 上更容易完成。

这项技术可以按照两种方式进行。其中一种被称为"离体自体移植"，即肝脏被完全隔离并从患者身上移除。在另一种外科技术"原位自体移植"中，肝脏被隔离，但只有肝上腔静脉中断，而门静脉、肝动脉、胆总管和肝下腔静脉均被夹紧，但没有被解剖，只是在门静脉上开了一个小孔，用于引入冲洗导管。

这八个患者的临床经验很有意义。我们没有手术死亡病例，只有一例手术后死于肝功能不全 (切除结束时，我们能保存的肝脏健康部分太小，无法支持所有肝功能)。第一个患者在 18 年后仍然活着，没有疾病。然而，五分之三的肝脏恶性肿瘤患者复发。表 28.18 列出了临床病例的一些细节。

表 28.18 在 BNCT 应用之前的自体肝移植

诊断结果	自体移植类型	存活期 (自体移植后)	存活或死因
HCC(纤维板层肝细胞癌)[a]	非原位	18 年	还活着
结肠癌转移	原位	3 年 1 个月	复发
HCC(小梁变异)	原位	1 年 8 个月	复发
结肠癌转移	原位	12 天	肝衰竭
结肠癌转移	原位	2 年 5 个月	复发
局灶性结节性增生	原位	9 年	还活着
海绵状血管瘤	原位	8 年 8 个月	还活着
结肠癌转移	原位	1 年 6 个月	复发

注：a 同时施行胰十二指肠切除术 (Whipple 手术) 治疗急性出血性胰腺炎。

28.4 临床应用

28.4.1 准备工作

在完成了我们项目的实验阶段后，我们决定测试提议的程序的临床影响。根据意大利关于创新治疗方案的规章制度，有三个组织必须批准该项目在患者身上的应用。他们依次是：我们医院的伦理委员会，它的医学和科学管理者，以及意大利卫生部。

首先，我们制定了一个非常详细的实验方案，涉及到中子辐照载硼肿瘤组织和体外培养肿瘤细胞，以及对正常细胞和肿瘤细胞的影响。该方案还包括对无菌方法的准确描述，帕维亚圣马特奥医院药理学部门将遵循该方法制备无菌无热原 p-^{10}BPA-F 静脉输液溶液。还有一份所需要的手术器械的清单，手术阶段和范围的定时描述，以及隔离器官从医院转移到核反应堆和返回过程中的步骤和负责人的详细列举。救护车要经过的街道由警察封锁，禁止其他车辆通行。

根据我们之前的实验研究，治疗的适应证仅限于来自已彻底切除的结直肠癌的弥漫性不可切除肝转移的患者，并且已证实化疗无效。候选人应年轻 (<55 岁)，仅肝转移，无重要器官和功能损害。特别是，任何先前的肝炎、腹水或黄疸的患者将不被接受。半乳糖清除量 (GEC) 作为肝功能试验，应相当好 (>40%；正常值 >70%)。另外两个排除标准是苯丙酮尿症 (因为 ^{10}B 载体 BPA 的化学性质) 和先前的腹部放疗。

临床试验申请很难获得伦理委员会的批准。经过了两年多的激烈争论，两位候选人都去世了。最后，作为一种富有同情心的治疗行为，同意了一个患者。其他组织很快就批准了。

对于第二个患者，应用了同样的程序，但这次更快一些。

28.4.2 手术

2001 年 12 月，我们开始了 BNCT 在离体肝脏的体外应用。程序基本上包括三个阶段。

在早期手术阶段，进行了广泛的肋下剖腹术，在中线向颅侧延伸。我们很快就彻底探查了先前结肠切除术的部位、局部和远端淋巴结、所有腹膜器官和腹膜外脏器的可触及部分。所有可疑病变均切除，等待病理结果后再继续手术。术中用微量气体造影剂进行紫外线扫描，可以精确地绘制肝脏肿瘤的定位图。胆囊切除术后，肝背韧带被切断。下腔静脉在尾侧和颅侧至肝脏的水平上进行解剖，并用两条带子环绕。结肠静脉的一个直的部分隔离到系结肠中，外周端扎起来，一个细套管插入静脉，朝向肝脏。此时，^{10}B 载体 BPA 的输注可以从 300 mg/kg-BW 开始。例如，对于体重 70 kg 的男子，在 2 h 内通过输送泵注入 720 ml 0.14 mol/l 的 $^{10}BPA-F$ 溶液。因此，泵速将设定为 360 ml/h。

在灌注开始后 1 h 和结束时，我们收集肿瘤和正常肝组织样本进行 ^{10}B 测量，并评估同一组织学标本中正常肝组织上肿瘤细胞的比率。当硼浓度达到满意的比例后，我们继续下一步的手术步骤：分离腹股沟处的左股静脉和胰尾尾端的肠系膜下静脉，并将其连接到配备有生物泵的体外循环系统。因此，从人体膈下部分采集的血液可以通过先前隔离的插了套管的左腋静脉重新注入颅侧。现在除了血管和胆管连接外，所有肝脏与周围结构的连接都被切除了。开始肝门腔静脉体外循环，最后一个连接点被夹紧并切断。这样可以完成肝切除术。

放射治疗阶段：在工作台上，用几升冷冻的 UW 溶液清洗分离的肝脏，并放入两个无菌的特氟龙袋中和一个装有温度探针的刚性特氟龙运输箱中。肝脏随后从医院运到邻近的 Triga Mark II 核反应堆。在中子照射过程中，连续监测肝脏温度和中子注量。预计辐照持续时间约为 10 min。在辐照期间，肝脏被安置在一个特氟龙盒子中，其中的干冰块提供了良好的温度控制 (温度不得超过 10 ℃)。在中子治疗结束时，仍被包裹在袋子里的肝脏被带回手术室，小心地进行无菌提取，并用冷冻的 UW 溶液再次清洗。

随后手术阶段：将肝脏与患者的血管和胆管残端重新连接。第一个吻合术在肝上下腔静脉的水平上进行；第二个在肝下腔静脉末端之间。如果后者间隔太远，建议插入一段涤纶管假体。然后，门静脉端重新连接，停止体外循环，恢复正常循环。

动脉吻合术采用显微外科技术，尼龙 7/0 断续缝合；胆道连续性重建采用端到端共管吻合术，采用之前引入的 Kehr 型引流管。手术完成后，将进行一次新的术中超声扫描，以确认所有主要血管中没有栓塞或血栓形成。

第一位患者为 48 岁男性，患有 14 个同步双侧肝转移病灶，根据 UICC-TNM 肿瘤分类，来自 7 个月前已切除的 pT3 G2 N1 M1 型乙状结肠腺癌。在一个完整的标准化疗疗程结束时，肝脏状况和临床状况出现恶化。GEC 为 63%。手术总持续时间 21 h。肿瘤组织和正常肝组织中的 ^{10}B 浓度分别为 (47±2) ppm 和 (8±1) ppm。BPA 灌注时，全身血和门静脉血中 ^{10}B 浓度分别为 (7.1±0.1) ppm 和 (10.3±1) ppm。中子照射持续时间为 11 min，无肝脏时间为 5 h 30 min，在此期间，术野出血是主要问题。总输血支持量为：59 单位浓缩红细胞，其中 20 单位在手术 (d.o.) 中使用，39 单位在随后的 2 天内 (p.o.)；35 单位新鲜冰冻血浆，8 d.o. 和 27 p.o.；15 单位来自机采血浆，11 d.o. 和 4 p.o.；使用细胞保存器 (血液学) 从术野回收 4560 ml 血液，并作为自体填充红细胞重新注入患者体内。

第二位患者也是男性，39 岁，于 2003 年 7 月接受体外肝 BNCT 治疗，患有 11 个大小不同的同步肝转移病灶，来自 10 个月前已根治性手术切除的 pT3 G2 N1 M1 型直肠腺癌。在他的临床表现中，有三个方面值得注意：肝功能差 (GEC 58%)，肝右动脉起源于肠系膜上动脉导致的血管异常，以及扩张型心肌病 (心搏击量为 40%) 导致的心功能低下。由于最后一个原因，化疗方案已经停止。与第一个患者相比，尽管血管异常的手术矫正增加了难度，但手术的持续时间较短 (18 h 40 min)，然而无肝脏的时间更长 (6 h 10 min)。肿瘤组织和正常组织中的 ^{10}B 浓度与第一个病例相同。在这两个患者中，我们使用了一段涤纶假体，以方便腔静脉的重新连接。

28.4.3 术后随访

手术后立即出现了一系列症状，我们认为这是**中子辐照后综合征**的表现。症状的描述当然是不完整的，因为患者是在控制性通气全麻下出现的。它们都是临床和血液化学性质，特征为肝肾功能不全，黄疸高达 25 mg/dl，短暂性无尿 (前 2 周)、意识模糊、巨大的面部水肿和弥漫性皮下浸渗、横纹肌溶解症和深度乏力。一些血液化学数据如图 28.12 所示。两名患者都出现了上述反常现象，在时间上表现出相同的关联，并逐渐向完全康复的方向发展 [33]。

28.4 临床应用

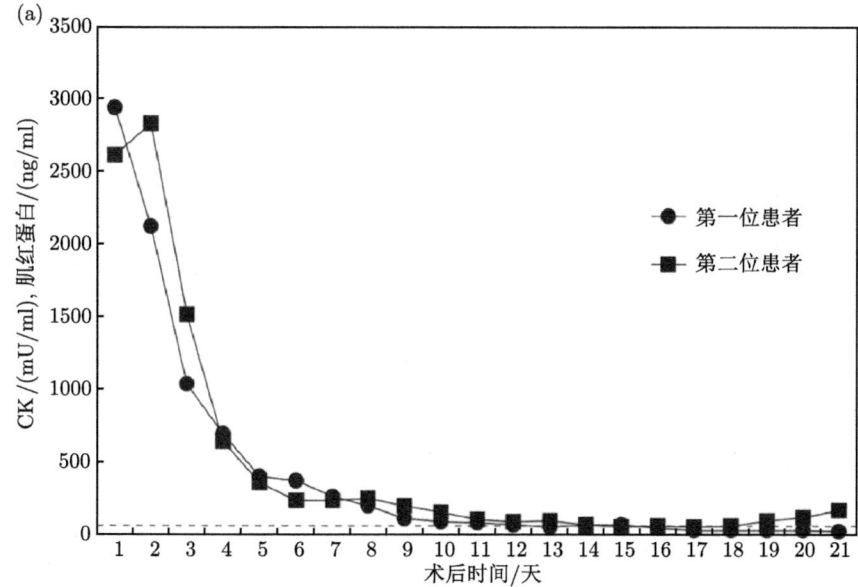

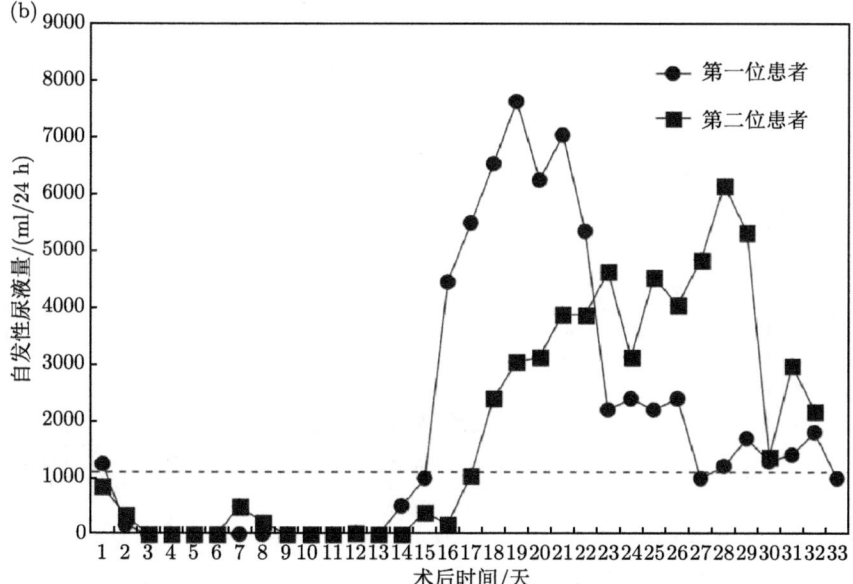

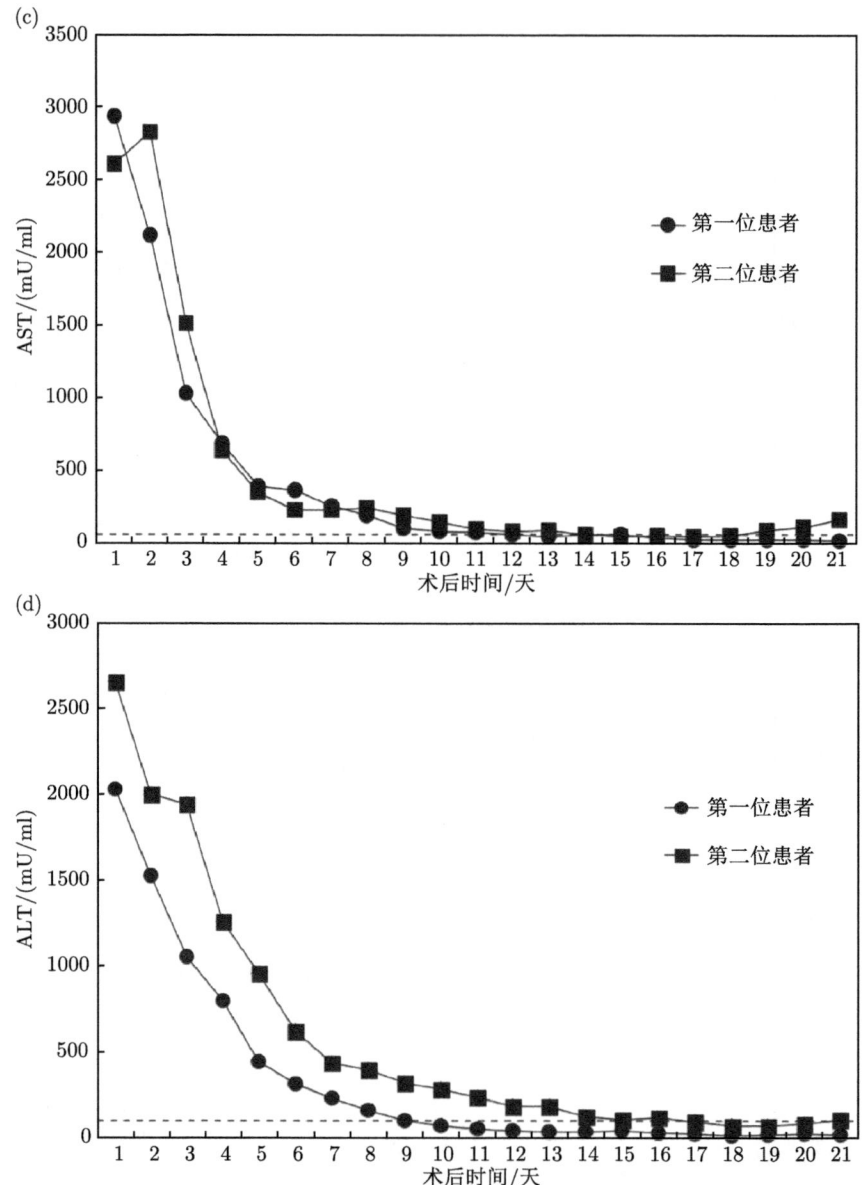

图 28.12 两例患者手术后行肝外 BNCT 治疗早期 (术后 3 周),部分血液化学检查及肾功能检查。虚线表示参考值。(a) 血清中肌酸激酶 (CK) 浓度 (参考值:55~170 mU/ml) 和肌红蛋白 (仅第二例患者;正常情况下血液中不存在,ng/ml);(b) 自发性尿液量 (正常值:1200 ml/24 h);(c) 血清中微粒体酶天冬氨酸转氨酶 (AST) 的浓度 (参考值:7~40 mU/ml) 和 (d) 丙氨酸转氨酶 (ALT) (参考值:7~40 mU/ml)(来自宗塔等人的著作 [33])

在这种复杂紊乱的发病机制中,一个共同点似乎是内皮屏障通透性的严重改变，正如在受试者注射肿瘤坏死因子等细胞因子后的一些实验中所看到的 [39]。这种综合征可能是由于手术操作和转移瘤的中子照射导致大量细胞因子的突然释放。这一观点也得到了仅对第二名患者有临床意义的某些细胞因子的血液评价结果的支持 (图 28.13)。

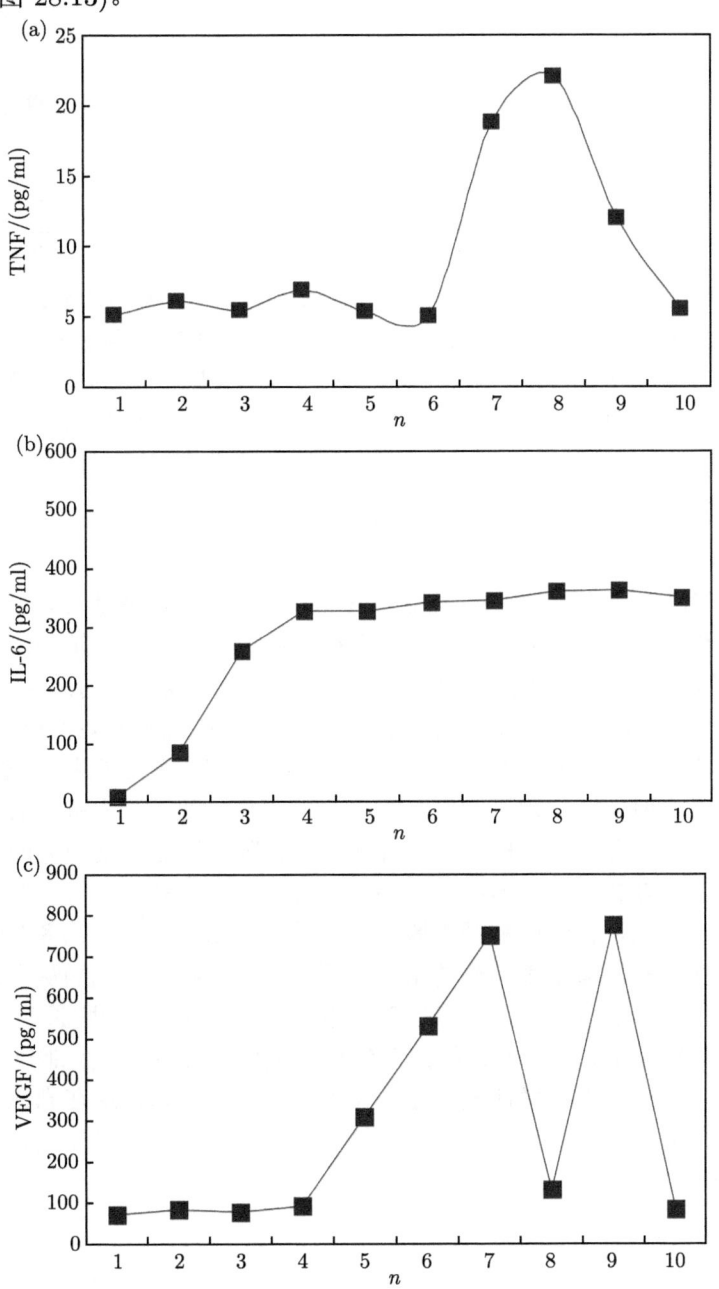

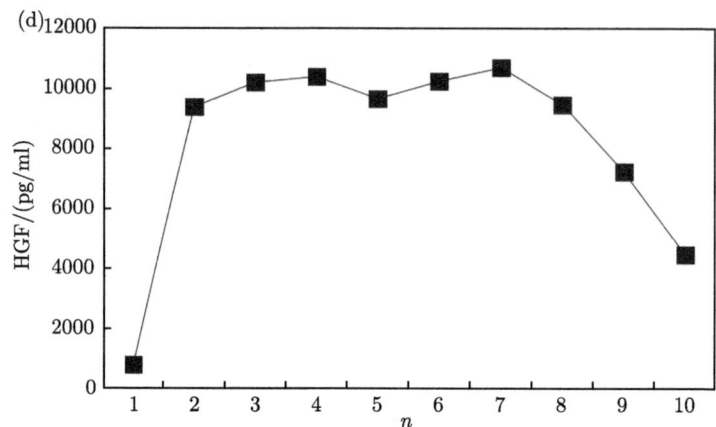

图 28.13 一些临床感兴趣的细胞因子值,仅在 BNCT 后 48 h 内对第二例患者依次进行分析: $n=1$ 为再次手术值; $n=2$ 为 ^{10}BPA 灌注结束, $n=3$ 和 4 为无肝期; $n=5\sim9$ 为肝重连后 0 h、2 h、4 h、6 h、8 h 的样本; $n=10$ 与术后第二天有关。(a) 肿瘤坏死因子 (TNF); (b) 白细胞介素 6 (IL-6); (c) 血管内皮生长因子 (VEGF); (d) 肝细胞生长因子 (HGF)

28.5 结　　果

BNCT 对分离肝脏的早期肿瘤效应在第二例患者中最为明显,而晚期效果则出现在第一例患者身上。事实上,两个患者在治疗后的前 3 周有相似的术后过程,放射学证据显示先前转移的部位有大面积坏死,并且没有术前肿瘤积聚的证据。由于这个原因,我们认为隐蔽的、微观扩散的肿瘤细胞也被有效治疗(图 28.14 和图 28.15)。大约在第 1 个月结束时,与放疗后综合征的恢复期相一致,其中第 2 名患者,患有心脏病,出现肝动脉血栓形成的迹象,随后因心脏充血性衰竭,他在术后第 33 天死亡。尸检时,我们得到了所有肝转移瘤凝结型大面积坏死的宏观和微观证据。在组织学标本中,其他三个方面值得注意[33]。库普弗 (Kupffer) 细胞大量广泛增生,白细胞和肝细胞有明显的吞噬激活迹象。在多个转移性结节的外围,存在具有轻微增殖活性的重要肿瘤细胞需要解释。我们认为这些细胞是自灭过程的形态学表现,与坏死和凋亡一起,是辐射诱导的细胞长期损伤的原因。选择一个肿瘤细胞群,由于核结构的亚致死性损伤,它失去了大部分的增殖潜能,然后逐渐消失。组织形态学研究的第三个方面是胶原沉积,这在光镜和电镜研究中都很明显,而且是早期现象。这可以解释两个患者的肝纤维化没有功能损害或没有演变为肝硬化。

28.5 结　果

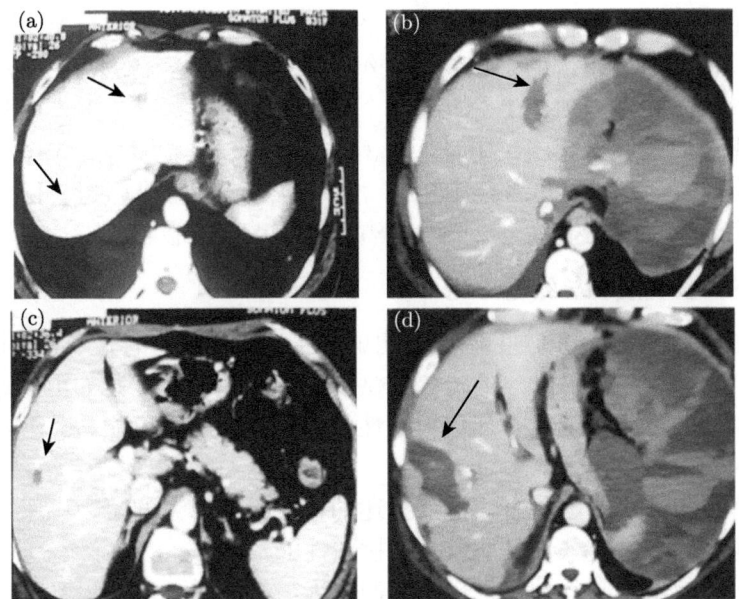

图 28.14　第一例患者肝脏 CT 图像上体外 BNCT 早期影响。(a)、(c) 术前 CT：肝转移瘤 (箭头)；(b)、(d) 治疗后 7 天，几乎相应的 CT 扫描中转移灶向坏死的演变 (如箭头所示)(来自宗塔等人的著作 [33]，修改)

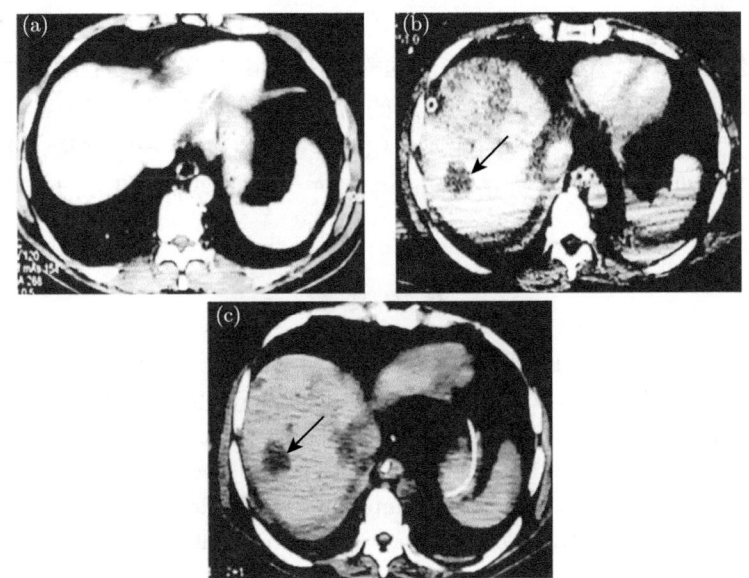

图 28.15　第二例患者肝脏 CT 图像比较。(a) 术前扫描，未能识别出转移病变；(b) 在 BNCT 后 10 天和 (c) 在 BNCT 后 21 天。坏死损伤的局部区域 (箭头) 可能是有效治疗的"隐性"浸润肿瘤的见证 (来自宗塔等人的著作 [33])

与此相反，第一个患者在术后一年半的时间里平安无事，肝脏坏死的影像学征象逐渐消失，取而代之的是正常的肝组织。GEC 改善 (73%)。生活质量非常好，所以他也结了婚。BNCT 术后 20 个月，肿瘤复发，邻近肝左叶外部。手术切除后，患者完全康复。BNCT 术后 33 个月，出现其他复发，5 个月后接受化疗和进一步的减瘤手术。患者在 BNCT 术后 44 个月死于腹腔癌。除了最后几个月，他的生活质量一直很好——一个充满希望和积极的患者。

28.5.1 进一步发展和总结性评论

体外 BNCT 在离体肝脏的临床应用证明了该方法的可行性、高效性、特异性和选择性。它为继发性肝肿瘤的治疗提供了一个新的治疗方案。由于弥漫性化疗耐药肝转移瘤的临床情况没有任何根治性的选择，因此不可能与其他治疗方法进行比较。

然而，在本项目的当前阶段，所描述的程序对于患者的耐力、医生的组织能力和临床医生的工作投入都是非常具有挑战性的。

步骤可以改进，必须加以优化。我们认为，绝对需要进一步研究的问题有：

- 揭示照射后综合征的真正性质和控制它的最佳方法；
- 深入了解 BNCT 术后复发的病因，并将其降至最低；
- 使步骤中要求最高的手术阶段更容易、更快。

我们已经在这个方向上进行了大量的实验，并且对一些概念和建议已经进行了详细阐述 [30,32,40]。找到所有这些问题的解决方案可能需要时间和努力，但这是将我们的实验项目变成可靠和广泛使用的治疗工具的先决条件 [41]。当然，在我们通往这个目标的道路上，重要的加速作用可能来自于如下一些结果，诸如发现新的、更特殊的 ^{10}B 载体，或创造出用于中子产生的床旁加速器，且考虑了它们的医学用途。

参 考 文 献

[1] Edmondson HA, Peters RL (1982) Neoplasms of the liver. In: Schiff L, Schiff ER (eds) Diseases of the liver, 5th edn. JB Lippincott Company, Philadelphia, pp 1101-1157

[2] Quigley JP, Sullivan LM, DeMarinis CM et al (1988) Functional role of specific secreted and cell surface molecules in tumour cell invasion and metastasis. In: Bock G, Whelan J (eds) Metastasis. Ciba foundation symposium 141. Wiley, Chichester, pp 22-47

[3] Rodgers MS, McCall JL (2000) Surgery for colorectal liver metastases with hepatic lymphnode involvement: a systematic review. Br J Surg 87:1142-1155

[4] Rosen ChB, Donohue JH, Nagorney DM (1995) Liver resection for metastatic colonic and rectal carcinoma. In: Cohen AM, Winawer SJ (eds) Cancer of the colon, rectum and anus. McGraw-Hill Inc, New York, pp 805-821

[5] Grundmann RT, Hermanek P, Merkel S et al (2008) Arbeitsgruppe workflow diagnostik und therapie von lebermetastasen kolorektaler karzinome. Zentralbl Chir 133:267-284

[6] Heslin MJ, Medina-Franco H, Parker M et al (2001) Colorectal hepatic metastases: resection, local ablation, and hepatic artery infusion pump are associated with prolonged survival. Arch Surg 136:318-323

[7] Yan TD, Padang R, Morris DL (2006) Longterm results and prognostic indicators after cryotherapy and hepatic arterial chemotherapy with or without resection for colorectal liver metastases in 224 patients: longterm survival can be achieved in patients with multiple bilateral liver metastases. J Am Coll Surg 202:100-111

[8] Saltz LB, Cox JV, Blanke C et al (2000) Irinotecan plus fluorouracil and leucovorin for metastatic colorectal cancer. Irinotecan Study Group. N Engl J Med 343:905-914

[9] Douillard JY, Cunningham D, Roth AD et al (2000) Irinotecan combined with fluorouracil compared with fluorouracil alone as first-line treatment for metastatic colorectal cancer: a multicentre randomised trial. Lancet 355:1041-1047

[10] Hurwitz H, Fehrenbacher L, Novotny W et al (2004) Bevacizumab plus irinotecan, fluorouracil, and leucovorin for metastatic colorectal cancer. N Engl J Med 350:2335-2342

[11] Balch CM, Urist MM, Soong SJ et al (1983) A prospective phase II clinical trial of continuous FUDR regional chemotherapy for colorectal metastases to the liver using a totally implantable drug infusion pump. Ann Surg 198:567-573

[12] Harmantas A, Rotstein LE, Langer B (1996) Regional versus systemic chemotherapy in the treatment of colorectal carcinoma metastatic to the liver: is there a survival difference? Metaanalysis of the published literature. Cancer 78:1639-1645

[13] Chang AE, Schneider PD, Sugarbaker PH et al (1987) A prospective randomized trial of regional versus systemic continuous 5-fluorodeoxyuridine chemotherapy in the treatment of colorectal liver metastases. Ann Surg 206:685-693

[14] Rougier P, Laplanche A, Huguier M et al (1992) Hepatic arterial infusion of floxuridine in patients with liver metastases from colorectal carcinoma: long-term results of a prospective randomized trial. J Clin Oncol 10:1112-1118

[15] Kemeny N, Huang Y, Cohen AM et al (1999) Hepatic artery infusion of chemotherapy after resection of hepatic metastases from colorectal cancer. N Engl J Med 341:2039-2048

[16] Kemeny NE, Seiter K (1995) Hepatic arterial chemotherapy. In: Cohen AM, Winawer SJ (eds) Cancer of the colon, rectum and anus. McGraw-Hill Inc, New York, pp 831-843

[17] McKay A, Dixon E, Taylor M (2006) Current role of radiofrequency ablation for the treatment of colorectal metastases. Br J Surg 93:1192-1201

[18] Navarra G, Ayav A, Weber JC et al (2005) Short- and long-term results of intraoperative radiofrequency ablation of liver metastases. Int J Colorectal Dis 20:521-528

[19] Gennari L, Doci R, Bozzetti F et al (1985) Proposal for staging liver metastases. In: Hellman K, Eccles SA (eds) Treatment of metastases. Problems and prospects. Taylor

& Francis, London, pp 37-40

[20] Gennari L, Doci R, Bozzetti F et al (1986) Proposal for staging liver metastases. Recent Results Cancer Res 100:80-84

[21] Nievaart VA, Moss RL, Kloosterman JL et al (2006) Design of a rotating facility for extracorporal treatment of an explanted liver with disseminated metastases by boron neutron capture therapy with an epithermal neutron beam. Radiat Res 166:81-88

[22] Miller M, Quintana J, Ojeda J et al (2008) New irradiation facility for biomedical applications at the RA-3 reactor thermal column. Appl Radiat Isot. doi:10.1016/j.apradiso.2009.03.107

[23] Briesmeister JF (ed) (2000) MCNP—a general Monte Carlo n-particle transport code. Version 4c LA-13709-M Los Alamos National Laboratory

[24] Bortolussi S, Altieri S (2007) Thermal neutron irradiation field design for boron neutron capture therapy of human explanted liver. Med Phys 34:4700-4705

[25] Westcott CH, Walker WH, Alexander TK et al. (1958) Effective cross section and cadmium ratios for the neutron spectra of thermal reactors. In: Proceedings international conference on the peaceful uses of atomic energy, Geneva, P/202 70 (1959 New York)

[26] Westcott CH (1960) Effective cross section of well moderated thermal reactor spectra. Report AECL No. 1101

[27] Altieri S, Bortolussi S, Bruschi P et al (2008) Neutron autoradiography imaging of selective boron uptake in human metastatic tumours. Appl Radiat Isot 66:1850-1855

[28] Wittig A, Michel J, Moss RL et al (2008) Boron analysis and boron imaging in biological materials for boron neutron capture therapy (BNCT). Crit Rev Oncol Hematol 68:66-90

[29] Martin MS, Bastien H, Martin F et al (1973) Transplantation of intestinal carcinoma in inbred rats. Biomedicine 12:555-558

[30] Ferrari C, Clerici AM, Mazzini G et al (2006) The BNCT resistant fraction of cancer cells: an in vitro morphologic and cytofluorimetric study on a rat coloncarcinoma cell line. In: Nakagawa Y, Kobayashi T, Fukuda H (eds) Advances in neutron capture therapy 2006. In: Proceedings 12th international congress on neutron capture therapy, Takamatsu, 2006, p 98-101

[31] Pinelli T, Zonta A, Altieri S et al (2002) Taormina: from the first idea to the application to the human liver. In: Sawerwein W, Moss R, Wittig A (eds) Research and development in neutron capture therapy. Proceedings 10th international congress on neutron capture therapy, Essen, 2002, p 1065-1072

[32] Ferrari C, Clerici AM, Zonta C et al (2008) Boron neutron capture therapy of liver and lung coloncarcinoma metastases: an in vitro survival study. In: Zonta A, Altieri S, Roveda L et al. (eds) A new option against cancer. Proceedings 13th international congress on neutron capture therapy, Florence, 2008, p 331-336

[33] Zonta A, Prati U, Roveda L et al (2006) Clinical lessons from the first applications of BNCT on unresectable liver metastases. J Phys Conf Ser 41:484-495

[34] Roveda L, Prati U, Bakeine J et al (2004) How to study boron distribution in liver

metastases from colorectal cancer. J Chemiother 16(Suppl 5):15-18

[35] Steffen R, Ferguson DM, Krom RAF (1989) A new method for orthotopic liver transplantation with arterial cuff anastomosis to the recipient common hepatic artery. Transplantation 47: 166-168

[36] Pinelli T, Altieri S, Fossati F et al. (2001) Operative modalities and effects of BNCT on liver metastases of colon adenocarcinoma. A microscopical and ultrastructural study in the rat. In: Hawthorne MF et al. (eds) Frontiers in neutron capture therapy. Proceedings 8th international congress on neutron capture therapy, Los Angeles, 2001, p 1427-1440

[37] Nano R, Barni S, Gerzeli G et al (1997) Histiocytic activation following neutron irradiation of boron-enriched rat liver metastases. Ann N Y Acad Sci 832:274-278

[38] Nano R, Barni S, Chiari P et al (2004) Efficacy of boron neutron capture therapy on liver metastases of colon adenocarcinoma. Optical and ultrastructural study in the rat. Oncol Rep 11:149-153

[39] Michie HR, Manogue KR, Spriggs DR et al (1988) Detection of circulating tumor necrosis factor after endotoxin administration. N Engl J Med 318:1481-1486

[40] Roveda L, Zonta A, Staffieri F et al (2009) Experimental modified orthotopic piggy-back liver autotransplantation. Appl Radiat Isot. doi:10.1016/j.apradiso.2009.03

[41] Zonta A, Pinelli T, Prati U et al (2009) Extra-corporeal liver BNCT for the treatment of diffuse metastases: what was learned and what is still to be learned. Appl Radiat Isot. doi:10.1016/ j.apradiso.2009.03.087

第 29 章 BNCT 治疗儿童恶性脑肿瘤

中川佳宣和影治照喜

29.1 简介

儿童恶性脑肿瘤的理想治疗方法应该是对发育中的中枢神经系统造成尽可能少的损害。然而，存活下来的儿童常有肿瘤侵犯脑实质、颅内压升高、手术切除损伤、化疗引起的神经毒性、放射治疗的晚期效应等问题。放射治疗尤其能改善临床结果，但也会增加生活质量差和慢性神经认知功能缺陷的风险。放射治疗的晚期效应已被跟踪，并通过 CT 或 MRI 进行表征 (图 29.1)。然而，放射治疗技术的进步为降低神经认知后遗症的发生率提供了希望，从而使人们更多地关注癌症治疗的后期效应。硼中子俘获疗法 (BNCT) 是一种很有前途的肿瘤组织选择性放

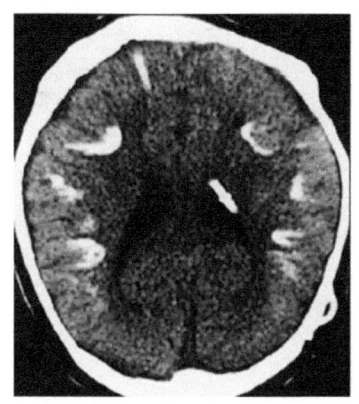 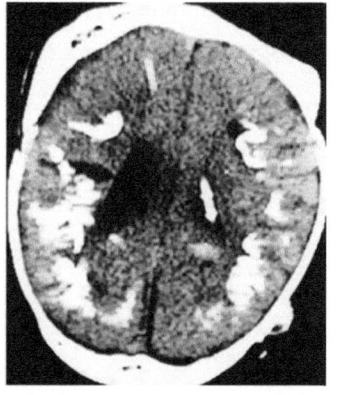

图 29.1 一名 2 岁女孩患有基底神经节脑肿瘤，接受常规放射治疗 (54 Gy)。常规放疗后 6 年 (左) 和 10 年 (右) CT 随访显示脑实质内明显钙化。这个患者有明显的智力迟钝

中川佳宣 (✉)
日本，香川 765-0051，香川国立儿童医院，神经外科
e-mail: ynakagawa0517@yahoo.co.jp

影治照喜
日本，德岛 770-8503，库本町 3-18-15，德岛大学，医学院，神经外科
e-mail: kageji@clin.med.tokushima-u.ac.jp

射治疗方法。热中子被 ^{10}B 核俘获，它分解成两个重粒子，α 粒子 (^{4}He) 和反冲锂-7 (^{7}Li)。这些密集的电离粒子具有很高的生物效率和短的路径长度，几乎等于肿瘤细胞的大小。如果硼化合物选择性地积聚在肿瘤细胞中，核反应产生的粒子就可以选择性地杀死肿瘤细胞，而不会对正常脑组织造成严重损害。因此，BNCT 被认为是恶性脑肿瘤的最佳治疗方法，尤其对于肿瘤疑似侵犯了尚在儿童期患者的健康正常脑组织。

29.2 热中子束治疗

从 1968 年到 2005 年，共有 183 例恶性脑肿瘤患者接受了以 BSH 为基础的术中 BNCT。BSH ($Na_2B_{12}H_{11}SH$) 用作硼载体。在中子照射前 12~15 h 通过快速静脉输注给药 1 h。在 BNCT 当天，患者被送到反应堆 (KUR 或 JRR4)，然后在全麻下对其进行开颅手术，重新打开皮肤和骨骼。在反应堆满功率运行 15~20 min 后，将先前插入肿瘤组织周围的金丝拔出，以测量每个感兴趣点的准确中子通量。然后中子束直接照射病灶。1998 年，一种混合超热中子束和热中子束取代了热中子束，以改善深部病变的中子束输送 (基于 BSH 的术中 BNCT 使用混合中子束)。JAERI 计算剂量学系统 (JCDS) 于 2002 年开发并应用于 BNCT 照射剂量分析。利用中子通量、照射时间和肿瘤内硼浓度，回顾性地估算了在金丝每一点上硼 n-α 反应的物理照射剂量。Gd-MRI 以肿瘤区体积 (GTV) 为增强区，T2-MRI 以临床靶区体积 (CTV) 为高强度区。比较有或无残留肿瘤细胞的患者的 BNCT 照射剂量。

这项重要的临床试验显示，与先前报道的结果相比，有显著改善，并记录了选定的恶性脑肿瘤患者的长期无复发生存率。18 岁以下 29 例，5 岁以下 11 例 (图 29.2)。4 例胶质母细胞瘤 (GBM)，9 例间变性星形细胞瘤 (包括少星形胶质

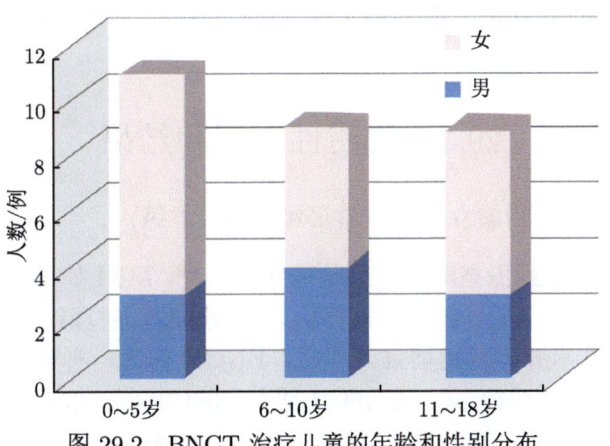

图 29.2　BNCT 治疗儿童的年龄和性别分布

细胞瘤和室管膜瘤)、7 例原始神经外胚层肿瘤 (PNET)、6 例脑桥胶质瘤和 1 例间变性室管膜瘤 (图 29.3)。与临床结果相关的最重要因素是硼 n-α 反应的物理照射剂量。为了避免放射性坏死,还计算了总的照射剂量和伽马射线 [4,5]。脑组织中产生的高 LET 粒子包括 $^{10}B(n,\alpha\gamma)^7Li$、$^{14}N(n,p)^{14}C$ 和 $^{17}O(n,\alpha)^{14}C$ 的重电荷粒子和 $^1H(n,\gamma)^2D$ 产生的反冲氘核。

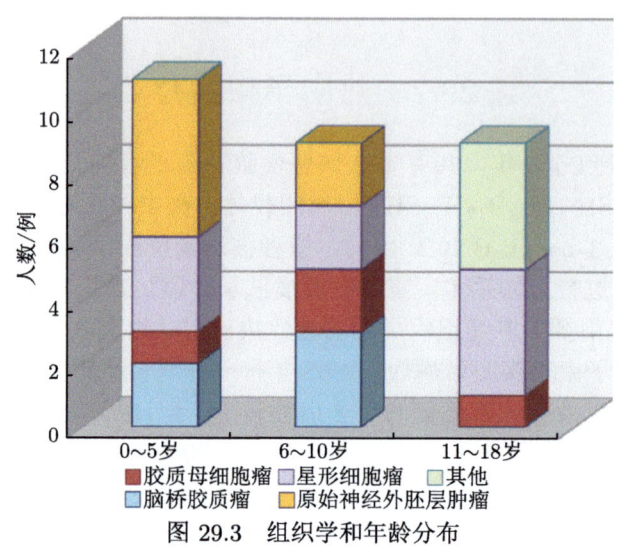

图 29.3 组织学和年龄分布

然而,吸收剂量主要由两个反应组成:$^{10}B(n,\alpha)^7Li$ 和 $^{14}N(n,p)^{14}C$。物理照射剂量的估算公式如下:

$$D = (6.78E - 14 \times N + 7.43E - 14 \times B) \times \Phi$$

式中,D 为物理剂量 (Gy);Φ 为中子注量 (n/cm^2);N 为氮浓度 (%,$N = 2\%$);B 为硼浓度 (ppm)。

29.3 说明性案例和结果

29.3.1 病例 1:14 月龄女婴小脑星形细胞瘤 (3 级)

患者的母亲注意到步态障碍伴小脑性共济失调。MRI 显示后颅窝有一个巨大的环状肿瘤 (图 29.4(a))。患者接受了手术切除肿瘤。病理诊断为 3 级星形细胞瘤。随访 MRI 显示肿瘤残留增强。此后,BNCT 作为一种额外的治疗手段被讨论。根据 1992 年制定的方案,在 KUR 进行 BNCT (图 29.5)。这个患者是当时接受 BNCT 治疗的年龄最小的患者。自 BNCT 以来,她至今既没有经历任何神

29.3 说明性案例和结果

经认知后遗症,也没有受到中子束照射的功能损害(图 29.4(b))。她目前在大学学习兽医学(表 29.1)。

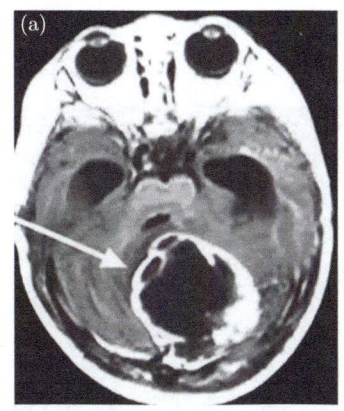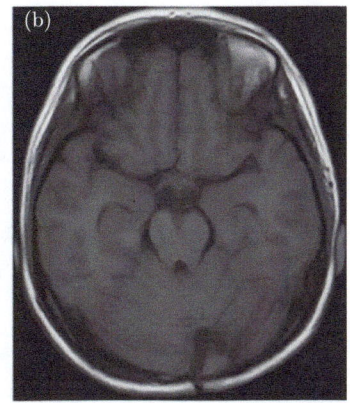

图 29.4 MRI (a) BNCT 前 (b) BNCT 后 15 年。箭头指示环状肿瘤

射野尺寸	8×10 cm²
点1的中子通量	7.1×10⁸ n/(cm²·s)
点2的中子通量	3.0×10⁸ n/(cm²·s)
硼浓度	
肿瘤组织	28.6 ppm
血液	15.1 ppm
T/B	1.8
照射时间	192 min
点1的照射剂量	9.7 Gy

热中子射束

点1: ①
点2: ②

图 29.5 照射计划和详细日期

表 29.1 BNCT 术后 10 年以上 7 例患者的临床结果分析

案件编号	BNCT 时年龄/岁	组织学	教育阶段	BNCT 后几年	结果
1	1	星形细胞瘤 (G3)	大学生	17	很好,ND
2	1	间变性室管膜瘤	小学学生	10	很好,癫痫
3	5	星形细胞瘤 (G3)	初中生	14	残疾,运动无力
4	7	星形细胞瘤 (G3)	高中毕业	16	很好
5	8	星形细胞瘤 (G3)	大学毕业	18	很好
6	11	少星形细胞瘤	大学毕业	28	很好
7	17	星形细胞瘤 (G3)	高中毕业	15	很好

29.3.2 病例 2：1 岁女孩间变性室管膜瘤

患者表现为严重的头痛和呕吐。增强 MRI 显示右额叶有巨大肿块 (图 29.6)。根据 1997 年制定的方案，在全麻下进行部分切除术后实施基于 BSH 的术中 BNCT。病理诊断为间变性室管膜瘤。

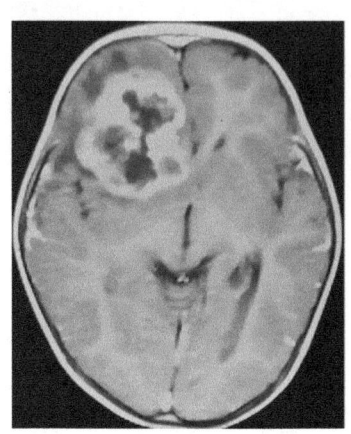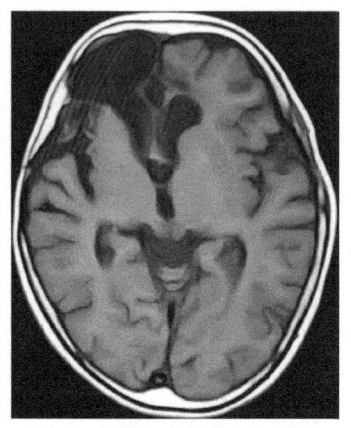

图 29.6　BNCT 前 (左)，BNCT 后 1 年 (右)

患者静脉注射总剂量为 136.4 mg/kg 的 BSH。照射时间 162.0 min，血硼浓度 23.0 ppm，肿瘤硼浓度 28.0 ppm。脑表面最大血管剂量为 17.60 Gy (w)。伽马剂量为 5.30 Gy (w)。肿瘤区体积 (GTV) 中最小的硼物理剂量和加权总剂量 (硼和伽马) 分别为 19.83 Gy 和 54.88 Gy (w)。CTV (临床靶区体积) 中的最低硼物理剂量和加权总剂量 (硼和伽马) 分别为 14.11 Gy 和 40.58 Gy (w)。

BNCT 术后 1 年出现短暂性左偏瘫。MRA 及血管造影显示右侧大脑中动脉有烟雾现象。间接搭桥术后短暂发作得到控制。BNCT 术后 9 年 MRI 未见肿瘤复发或脑萎缩。

29.4　临 床 结 果

29 例患者中有 7 例在 BNCT 后存活超过 10 年 (表 29.1)。只有 1 例患者出现了放射性坏死，并患有偏瘫和神经认知后遗症。在另一位患者的随访 MRA 上观察到的烟雾病可能是由 BNCT 引起的。其余 5 例患者 BNCT 损伤较小。其中一人目前在读大学，另外两名患者大学毕业。BNCT 可代替传统的放射治疗，适用于儿童，尤其是 3~5 岁以下儿童的恶性脑肿瘤。虽然 BNCT 在原发部位可以实现局部控制，但在胶质母细胞瘤和 PNET 患者中，阻止脑脊液播散仍有困难。

参 考 文 献

[1] Mulhern KR et al (2004) Late neurocognitive sequelae in survivors of brain tumors in childhood. Lancet Oncol 15:399-408

[2] Hatanaka H, Nakagawa Y (1994) Clinical results of long-surviving brain tumor patients who underwent boron neutron capture therapy. Int J Radiat Oncol Biol Phys 28:1061-1066

[3] Nakagawa Y (1994) Boron neutron capture therapy: the past to the present. Int J Radiat Oncol Biol Phys 28:1217

[4] Nakagawa Y, Hatanaka H (1997) Boron neutron capture therapy-clinical brain tumor study. J Neurooncol 33:105-115

[5] Nakagawa Y et al (2003) Clinical review of Japanese experience with boron neutron capture therapy and a proposed strategy using epithermal neutron beams. J Neurooncol 62:87-99

[6] Kageji T et al (2006) Boron neutron capture therapy using mixed epithermal and thermal neutron beams in patients with malignant glioma—correlation between radiation dose and radiation injury and clinical outcome. Int J Radiat Oncol Biol Phys 65:1446-1455

[7] Kageji T et al (2006) Correlation between BNCT radiation dose and histopathological findings in BSH-based intra-operative BNCT for malignant glioma. Advances in Neutron Capture Therapy 2006:35-36

第 30 章 血管成形术后血管再狭窄的预防

鹤田和太郎、山本哲也和松村明

30.1 简 介

动脉硬化闭塞引起的急性心肌梗死和脑梗死是人类死亡的主要原因。在缺血性心脏病的情况下，由于经皮冠状动脉介入治疗的成功发展，外科血管重建的适应证已经大大减少。而广泛应用的经皮腔内血管成形术 (PTA) 和支架置入术的创伤小得多，与手术治疗冠状动脉狭窄相比，30%~60%的病例发生再狭窄 [5]。对于颈动脉狭窄的治疗，颈动脉内膜切除术 (CEA) 已成为随机对照试验的金标准 [13,22]。最近，颈动脉支架术 (CAS) 已被证明对 CEA 高危患者有益 [28]，并有望在不久的将来得到广泛应用。然而，不少于 5%的病例 [11,12,17] 和 10%~40%的颅内动脉狭窄病例 [1,8,19] 仍会发生再狭窄。再狭窄的机制似乎涉及内膜增生 [6,7]，而内膜增生又是血管平滑肌细胞 (VSMC) 迁移和增殖以及外膜细胞的迁移和肌纤维母细胞变性所致。抑制内膜增生对预防再狭窄具有重要意义。尽管药物洗脱支架或近距离放射治疗等多种方法已被引入并被证明对抑制内膜增生有效，但再狭窄仍然是血管成形术的主要临床问题。

30.2 预防再狭窄的方法

放射治疗是预防冠状动脉 PTA/支架置入术后再狭窄的一种方法，美国食品药品监督管理局已批准使用 β 或伽马射线进行近距离放疗 [15,21,26,27]。尽管随着各种设备和技术的发展，对正常结构和有限路径长度导致的剂量不稳定的质疑已

鹤田和太郎、松村明
日本，茨城 305-8575，筑波市，天王台 1-1-1 号，筑波大学，综合人文科学研究生院，临床医学研究所，神经外科系
e-mail: wataro@cf6.so-net.ne.jp；a-matsumur@md.tsukuba.ac.jp

山本哲也 (✉)
日本，筑波市，筑波大学，综合人文科学研究生院，临床医学研究所，神经外科与放射肿瘤学系
e-mail: tetsuya@md.tsukuba.ac.jp

经得到改善,但如果不长期使用抗血小板治疗,则有可能发生晚期完全冠状动脉闭塞[9]。此外,必须重新配置使用伽马放射源的导管插入术实验室。近年来,药物洗脱支架在预防冠状动脉 PTA/支架术后再狭窄方面显示出了巨大的前景,据报道其再狭窄率不到 10%。药物洗脱支架涂有抗增殖剂,这些药物会在几个月内逐渐释放到血管组织中。虽然在一些临床试验中已经报道了良好的结果[3,4],但是在使用药物洗脱支架时仍然存在长期的安全性问题。有报告警告晚期血栓形成,支架内新生内膜的缺乏,导致慢性血栓闭塞[23]。由于支架内内膜的形成受到涂层剂的干扰,暴露的支架是血栓形成的一个来源,因此使用这些设备的患者需要长期使用抗血小板药物。实验上,有报道说,光动力疗法与光敏化合物,如卟啉可以防止再狭窄[2,14]。尽管有这些预防再狭窄的方法,但是,再狭窄仍然是血管成形术一个主要的、未解决的问题。在放射治疗方面,应注意正常结构和不稳定剂量的照射。还有一种预防再狭窄的潜在方法,BNCT (硼中子俘获疗法) 是本研究的重点。考虑到硼化合物被纳入动脉组织,并且在受损内膜中比正常组织更多,BNCT 可能对预防再狭窄有效 (图 30.1)。由于高 LET 粒子在组织中的路径长度有限 (5~9 μm),因此硼粒子的破坏作用仅限于含硼细胞。因此,从正常结构损伤的角度来看,BNCT 可能优于 β 或伽马射线近距离放疗。

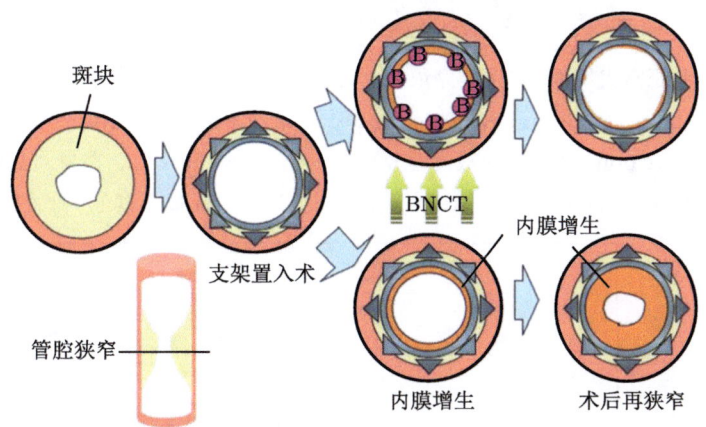

图 30.1 BNCT 预防再狭窄的潜在应用。这个简图说明了我们的假设。如果我们能够找到与动脉组织特别是受损内膜结合的硼化合物,BNCT 可能对内膜增生有预防作用

30.3 BNCT 预防再狭窄的应用

30.3.1 血管组织中的硼浓度

我们测量了静脉注射硼化合物后大鼠动脉组织、静脉组织和其他正常结构中的硼浓度,即 BSH 100 mg/kg 或 BPA 果糖复合物 250 mg/kg。动脉组织中 BSH

的硼浓度高于除肾脏外的其他正常组织（图 30.2），在 2 h 为 28.6 ppm 和 3 h 为 32.0 ppm。BSH 在动脉组织中的动脉与血液浓度比率高于 BSH 在静脉中的静脉与血液浓度比率。静脉组织中 BPA 在 2 h(23.7 ppm) 和 3 h(12.3 ppm) 的硼浓度远高于除肾脏外的其他正常组织 (图 30.3)。BPA 在静脉组织中的静脉与血液浓度比率高于 BPA 在动脉组织中的动脉与血液浓度比率。这些结果表明，BSH 比 BPA 更适合靶向受损动脉组织。我们测量了大鼠颈动脉血管成形术模型受损血管中的硼浓度。右颈动脉球囊成形术后，静脉注射 BSH 100 mg/kg。分别于术后 1 h、2 h、3 h 取双侧颈动脉测硼浓度。给予 BSH 后受损动脉组织中的硼浓度高于 1 h 时正常动脉组织中的硼浓度 (图 30.4)。

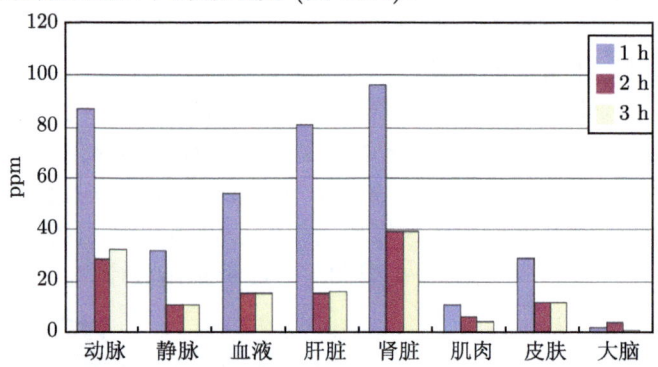

图 30.2 血管和正常组织中 BSH 的硼浓度。给药后 1 h、2 h、3 h，正常动脉组织中硼浓度分别为 86.8 ppm、28.6 ppm 和 32.0 ppm。在正常静脉组织中，浓度分别为 31.7 ppm、10.6 ppm 和 11.2 ppm。动脉/血液比率分别为 1.63、1.86 和 2.12。静脉/血液比率分别为 0.61、0.74 和 0.74。动脉组织中 BSH 的硼浓度在 2 h 和 3 h 高于其他 (除肾脏外) 正常组织

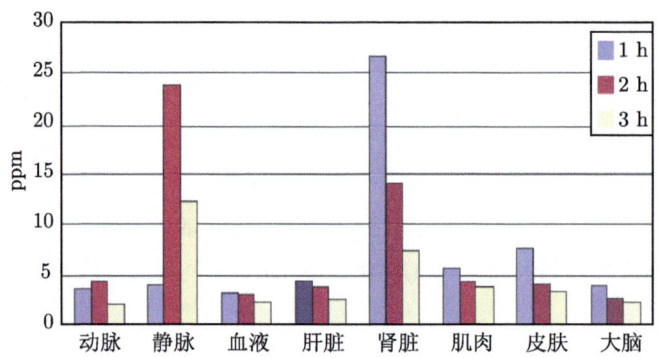

图 30.3 BPA 在血管和正常组织中的硼浓度。BPA 给药后 1 h、2 h 和 3 h，正常动脉组织中的硼浓度分别为 3.7 ppm、4.4 ppm 和 2.1 ppm。在正常静脉组织中，浓度分别为 4.0 ppm、23.7 ppm 和 12.3 ppm。动脉/血液比率分别为 1.15、1.36 和 0.92。静脉/血液比率分别为 1.24、7.96 和 5.12。BPA 在静脉组织中的硼浓度在 2 h 和 3 h 显著高于其他 (除肾脏外) 正常组织

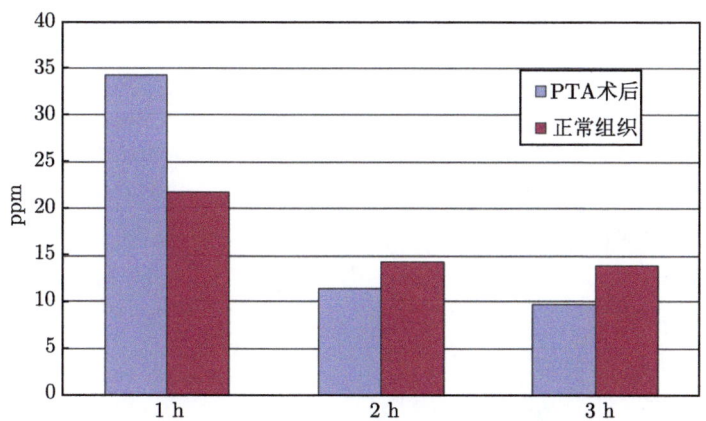

图 30.4 血管成形术后模型颈动脉的硼浓度。受损动脉组织 1 h BSH 的硼浓度为 34 ppm，高于同期正常组织中的 22 ppm。2 h 和 3 h 的浓度没有显著差异

30.3.2 预防再狭窄的疗效

为了评估 BNCT 和 BSH 在大鼠颈动脉血管成形术后模型中是否能抑制狭窄[24]，将大鼠分为两组 (每组 $n = 2$ 只动物)：一组给予 BSH，另一组给予生理盐水作为对照。中子照射前 1 h 静脉注射 BSH (100 mg/kg) 或生理盐水。在这项研究中，受损动脉中 BSH 的硼浓度在 1 h 时为 34 ppm。本研究中使用的 BSH 剂量为 100 mg/kg，与 BNCT 用于胶质母细胞瘤的剂量相同。中子照射前 48 h 行球囊血管成形术。这是因为血管平滑肌细胞转化为增殖表型[10]，这是内膜增生的主要原因，通常发生在球囊血管成形术后 2~3 天，在大鼠 PTA 模型中，伴随着平滑肌细胞的积聚[24]。需要进一步研究这种治疗的计划，以提高其疗效。

在日本原子能研究所 JRR-4 的 2 MW 运行条件下，用热中子射束模型 I (混合超热中子束) 进行了 3 min 的中子照射。高 LET 组分物理剂量 $(D_B + D_N)$ 为 9.01 Gy，伽马射线剂量为 1.98 Gy。治疗后 14 天，BSH 组内膜增生明显减轻 (图 30.5 和图 30.6)。以前的报告表明，用伽马射线照射大鼠颈动脉需要 5~15 Gy 的单次照射来抑制内膜增生[16,18]。在我们的伽马照射研究中，需要 5 Gy 以上的照射。由于本实验中用 TLD 测量的照射大鼠颈部皮肤的伽马射线剂量为 1.98 Gy，小于 2 Gy，因此可以评价 α 射束的疗效。14 天时内膜增生减轻，不良反应不明显。在血管成形术后再狭窄等"非恶性"病变的治疗中，必须避免放疗的不良反应，因此应进一步研究预防内膜增生的最小剂量和周围正常结构的耐受剂量。此外，还应研究长期有效性和安全性。

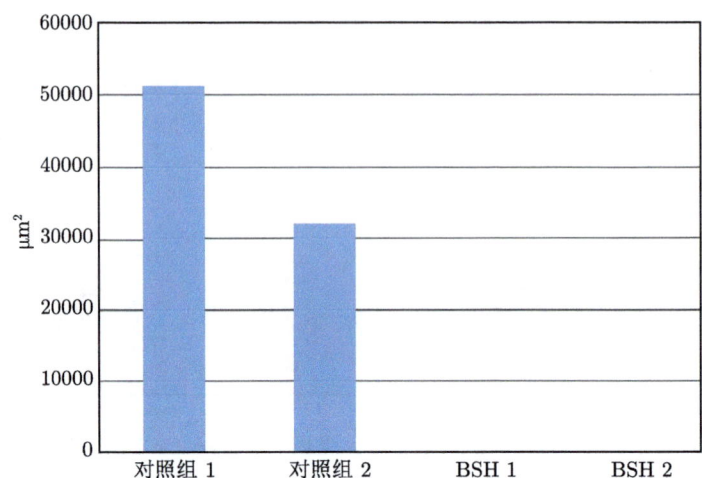

图 30.5　BNCT 预防内膜增生的作用。用 Keyence-Biozero 体积软件测量了损伤动脉内弹性层内 3 mm、4 mm、5 mm 处内膜增生面积。平均使用三个数据点进行评估。治疗 14 天后，BSH 组内膜增生明显减轻

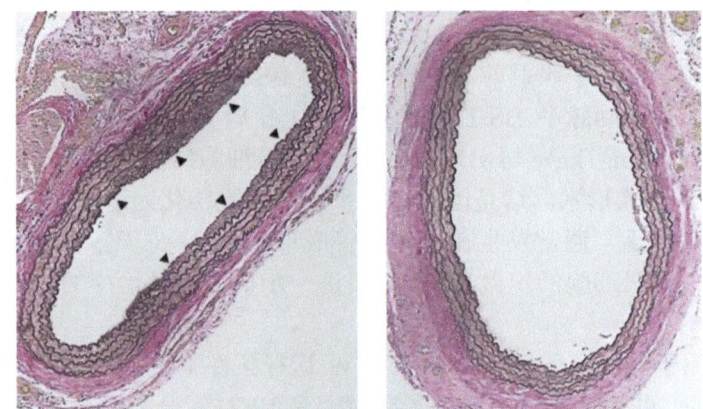

图 30.6　中子照射后 14 天大鼠颈动脉血管成形术后模型的组织学标本 (elastica-van-Gieson 染色)。左图：对照组，内腔 (箭头) 可见内膜增生。右图：BSH 组，内膜增生明显减轻

30.4　展　　望

现在转向其他化合物,用于光动力疗法的卟啉被认为与平滑肌细胞结合,产生内膜增生[2,14]。关于硼化卟啉 (BOPP),尽管史蒂芬 (Stephen) 等人报道,BOPP 给药后静脉组织中的硼浓度约为 30 ppm[20],目前还没有关于 BOPP 在动脉组织中分布的报道。动脉组织中 BOPP 的分布也需要研究。关于硼的掺入,靶向给药系统 (DDS) 有潜力。我们以前报道过阿霉素脂质体主动靶向化疗预防再狭窄

的研究。这个系统是通过内膜中表达的 E-选择素蛋白和脂质体表面糖链之间的相互关系来控制的 [25]。含硼脂质体的 DDS 有可能优先向血管成形术损伤的内膜输送硼。

结论

再狭窄仍然是血管成形术的主要缺陷,尽管药物洗脱支架和近距离放疗的引入改善了再狭窄率。药物洗脱支架的晚期血栓形成、正常结构的照射和近距离放疗剂量的不稳定一直是未解决的问题。我们对大鼠颈动脉模型的初步研究表明,BNCT 基于损伤内膜的选择性照射在预防血管成形术后再狭窄中的应用是可能的。在 BNCT 用于临床预防支架置入术后再狭窄之前,需要进一步研究硼在血管和正常结构中的分布,开发合适的硼化合物,并评估 BNCT 预防再狭窄的耐受性。

参 考 文 献

[1] Albuquerque FC et al (2003) A reappraisal of angioplasty and stenting for the treatment of vertebral origin stenosis. Neurosurgery 53:607-616

[2] Arakawa K et al (2002) Sonodynamic therapy decreased neointimal hyperplasia after stenting in the rabbit iliac artery. Circulation 105:149-151

[3] Babapulle MN, Eisenberg MJ (2002) Coated stents for the prevention of restenosis: part 1. Circulation 106:2734-2740

[4] Babapulle MN, Eisenberg MJ (2002) Coated stents for the prevention of restenosis: part 2. Circulation 106:2859-2866

[5] Bauters C et al (1996) Mechanism and prevention of restenosis: from experimental models to clinical practice. Cardiovasc Res 31:835-846

[6] Bruneval P et al (1986) Coronary artery restenosis following transluminal coronary angioplasty. Arch Pathol Lab Med 110:1186-1187

[7] Carson SN et al (1981) Experimental carotid stenosis due to fibrous intimal hyperplasia. Surg Gynecol Obstet 153:883-888

[8] Chastain HD II et al (1999) Extracranial vertebral artery stent placement: in-hospital and follow up results. J Neurosurg 91:547-552

[9] Costa M et al (1999) Late coronary occlusion after intracoronary brachytherapy. Circulation 100:789-792

[10] Fortunato JE et al (1998) Irradiation for the treatment of intimal hyperplasia. Ann Vasc Surg 12:495-503

[11] Koebbe CJ et al (2005) The role of carotid angioplasty and stenting in carotid revascularization. Neurol Res 27(Suppl 1):53-58

[12] Levy EI et al (2005) Frequency and management of recurrent stenosis after carotid artery stent implantation. J Neurosurg 102:29-37

[13] North American Symptomatic Carotid Endarterectomy Trial Collaborators (1991) Beneficial effect of carotid endarterectomy in symptomatic patients with high-grade carotid stenosis. N Engl J Med 325(7):445-453

[14] Nyamekye I et al (1995) Photodynamic therapy of normal and balloon-injured rat carotid arteries using 5-amino-levulinic acid. Circulation 91:463-468

[15] Raizner AE et al (2000) Inhibition of restenosis with β-emitting radiotherapy: report of the Proliferation Reduction with Vascular Energy Trial (PREVENT). Circulation 102:951-958

[16] Sarac TP et al (1995) The effects of low-dose radiation on neointimal hyperplasia. J Vasc Surg 22:17-24

[17] Setacci C et al (2003) Determinants of in-stent restenosis after carotid angioplasty: a casecontrol study. J Endovasc Ther 10:1031-1038

[18] Shimotakahara S et al (1994) Gamma irradiation inhibits neointimal hyperplasia in rats after arterial injury. Stroke 25:424-428

[19] SSYLVIA Study Investigators (2004) Stenting of symptomatic atherosclerotic lesions in the vertebral or intracranial arteries (SSYLVIA): study results. Stroke 35:1388-1392

[20] Stephen BK et al (1996) Cancer neutron capture therapy. Plenum Press, New York

[21] Teirstein PS et al (2000) Three-year clinical and angiographic follow-up after intracoronary radiation. Result of a randomized clinical trial. Circulation 101:360-365

[22] The Asymptomatic Carotid Atherosclerosis Study Group (1989) Study design for randomized prospective trial of carotid endarterectomy for asymptomatic atherosclerosis. Stroke 20:844-849

[23] The BASKET-LATE-Study (2006) Basel stent cost-effectiveness trial – late thrombotic events trial. Herz 31:259

[24] Tsuruta W et al (2007) Simple new method for making a rat carotid artery postangioplasty stenosis model. Neurol Med Chir (Tokyo) 47:525-529

[25] Tsuruta W et al (2009) Application of liposomes incorporating doxorubicin with sialyl Lewis X to prevent stenosis after rat carotid artery injury. Biomaterials 30:118-125

[26] Waksman R et al (2000) Intracoronary β-radiation therapy inhibits recurrence of in-stentrest enosis. Circulation 101:1895-1898

[27] Waksman R et al (2000) Intracoronary γ-radiation therapy after angioplasty inhibits recurrence in patients with in-stent restenosis. Circulation 101:2165-2171

[28] Yadav JS et al (2004) Protected carotid-artery stenting versus endarterectomy in high-risk patients. N Engl J Med 351(15):1493-1501

第 31 章 硼中子俘获滑膜切除术

杰奎琳 · C. 扬

31.1 简 介

类风湿关节炎（RA）是一种慢性自身免疫性疾病，影响 1%～2% 的成年人[1]。虽然它是一种可能影响许多器官的全身性疾病，但其主要特征是进行性、变形性，其特征是滑膜内的一种炎症反应。滑膜是关节囊的内层，除了覆盖骨骼末端的关节软骨外，滑膜遍布关节的各个部位。类风湿关节炎患者的滑膜出现严重水肿和发炎，导致相当大程度的疼痛和运动范围的减少。如果不进行治疗，炎症通常会导致进行性关节破坏和畸形，最终导致不同程度的能力丧失[1]。

类风湿关节炎的治疗包括各种减轻滑膜炎的药物，对大多数患者来说，这种方法能有效缓解症状。然而，对于数量可观的患者，一个或多个关节仍无反应，需寻求其他方法来治疗发炎的滑膜。外科手术切除滑膜（"滑膜切除术"）是通过开放手术或关节镜下多个小切口进行的。这两种手术都能切除 80% 的滑膜，并在 70%～80% 的病例中缓解症状[2-4]。虽然术后 6 个月内滑膜会重新生长，但其益处可持续约 5 年。然而，炎症最终会复发。

或者，可以将发射 β 射线的放射性核素注入滑膜附近的流体空间（"放射性滑膜切除术"）。临床上使用了各种放射性核素，60%～70% 患者的缓解期与手术滑膜切除术后观察到的相似[5-7]。发现在临床上对缓解症状有效，在一次给药过程中，放射性核素活度对滑膜产生剂量为 60～100 Gy[6,8]。这一剂量远大于肿瘤单次放疗的靶区剂量，但由于放射滑膜切除术的目标是滑膜**功能性**细胞死亡，而不是增殖细胞死亡，因此这一剂量是必要的。(增殖细胞死亡，仅涉及克隆原性的丧失，是肿瘤放射治疗的目标，基本上在低一些的剂量下发生[9]。)

与放射性滑膜切除术相关的一个重要问题是放射性物质从关节外泄出可能导致健康组织受到辐射。一些研究者报道了接受 ^{198}Au 或 ^{90}Y 核素滑膜切除术的患

杰奎琳 · C. 扬
美国，马萨诸塞州，剑桥，麻省理工学院，核科学与工程系和生物工程系
e-mail: jcyanch@mit.edu

者染色体畸变水平的增加 [10,11]。虽然 ^{90}Y 新制剂的引入和半衰期较短的放射性核素和大颗粒载体的使用降低了关节渗漏的程度,但对使用 β 射线发射体的滑膜切除术造成的长期后遗症的担忧仍然存在。

31.2 硼中子俘获滑膜切除术

硼中子俘获滑膜切除术 (BNCS) 被认为是一种无须注入放射性物质的放射性滑膜切除术的方法 [12]。这是一个由两部分组成的程序 (图 31.1),包括将硼标记物质直接注入关节空间,然后使用低能中子束进行联合照射。

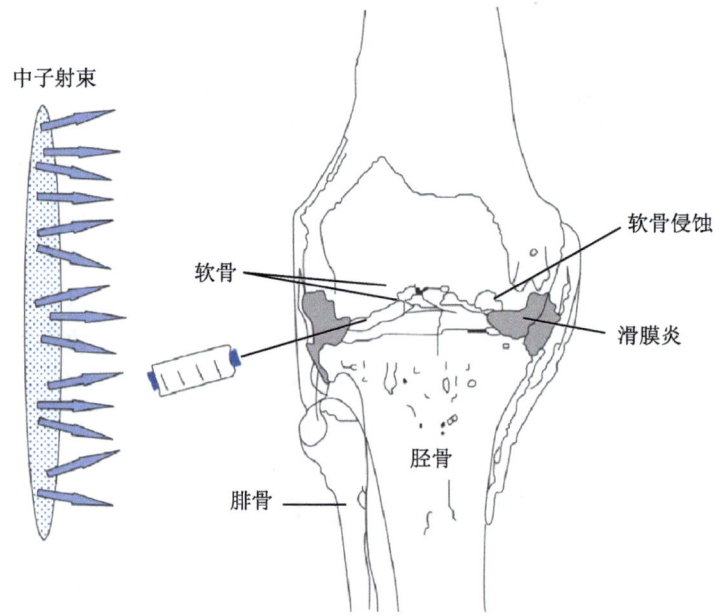

图 31.1 硼中子俘获滑膜切除术的示意图,显示了人类类风湿膝关节的冠状视图,膝关节是人体最大的关节。在类风湿膝关节中,关节间隙因滑液增多而增大,在本例中,滑膜组织增厚,滑膜组织已开始侵蚀邻近关节软骨。对于 BNCS,一种硼标记的化合物将通过标准的侧向方法直接注入关节间隙。然后用低能中子束照射关节

局部给药比全身给药具有明显的优势。首先,关节内直接注射含硼药物会导致滑膜组织中的硼 (^{10}B) 含量高,比 BNCT 中的浓度高出一个数量级。较大的硼水平会导致对关节进行中子照射时的高辐射剂量,这表明可以很容易地达到 100 Gy 的目标剂量。其次,由于入射束中有较大比例的中子与硼发生俘获反应,因此可以放宽对中子束纯度的要求,因为射束中来自快中子或光子的健康组织总剂量将较低。再次,避免全身硼标记化合物给药,降低了患者其他部位中子俘获剂量的可能性,这可能是中子流经患者屏蔽或中子在关节组织内散射造成的。

31.3 BNCS 的开发

31.3.1 初步化合物研究

一小部分硼标记化合物已被评估为 BNCS 的候选化合物。初步研究评估了人体关节炎滑膜体外样品不同配方中硼的吸收[13,14]。化合物与手术时从接受滑膜切除术或关节置换术的 RA 患者膝关节获得的滑膜共孵育。培养后，冲洗样品，在新鲜培养基中培养不同时间，然后使用瞬发伽马中子活化分析 (PGNAA) 评估整体硼含量。用这种方法评估的最有希望的化合物是十二氢十二硼酸钾 ($K_2B_{12}H_{12}$)，一种多面体闭式硼烷离子的盐形式。在含有该化合物的培养基中培养人类类风湿滑膜，测量到的滑膜硼含量为培养基中浓度的 40%～60%。随后在无硼培养基中孵育的不同时间表明，化合物 (~75%) 在最初 30 min 内显著洗出。此后，进一步培养不会导致滑膜组织中的化合物进一步流失[15]。

然而，体内的情况提供了在体外冲洗研究中无法获得的组织的其他复合排出途径。例如，在成形的滑膜中有丰富的血管。因此，采用关节炎动物模型进行体内摄取研究[15]。新西兰兔的抗原诱导性关节炎 (AIA) 模型与人类类风湿关节炎有着密切的相似性，已被广泛应用于 β 粒子辐射滑膜切除术的药物评价。一旦兔发生滑膜炎，就向关节内注射 $K_2B_{12}H_{12}$ (含 5000 ppm 或 150000 ppm 的 ^{10}B)。在注射后的不同时间处死动物，解剖滑膜和其他组织，在盐水中冲洗，并通过 PGNAA 评估硼摄取情况[15]。

结果表明，在预期的中子照射持续时间内滑膜硼含量极高，在注射后 5～25 min，滑膜硼的平均浓度为 19000 ppm (基于 150000 ppm 的初始局部注射)。还观察到 $K_2B_{12}H_{12}$ 不会留在关节中，因为在 1～4 h 后没有可测量到的硼[15]。然而，在足够长的时间内，滑膜硼水平非常高，该化合物用于评估 BNCS 程序的有效性，在 31.3.5 节叙述。

31.3.2 中子束设计

BNCS 的中子束设计与 BNCT 不同，是疾病的许多特征和最佳的硼给药途径所造成的。第一，关节的滑膜非常接近皮肤表面，通常在几毫米到 1.5 cm 的范围内，但却延伸到整个关节周围。第二，考虑治疗的大多数关节都与身体内的放射敏感器官保持一定距离。因此，剂量限制组织可能是与受照射关节有关的组织，特别是局部皮肤和骨表面 (因为化合物渗漏不是一个重要的问题)。第三，如上所述，将含硼化合物直接注入关节腔的能力导致照射时靶组织中的硼含量较高。这意味着更多的入射中子注量会发生硼中子俘获事件。更有效地使用中子通量意味着治疗剂量可以非常迅速地递送。因此，对中子束纯度的要求可以放宽，因为射束中来自快中子和光子的健康组织总剂量 (仅随照射时间变化) 将较低。

详细的束流设计、建造和测试已与世界各地的各种中子源一起进行[12,16-22]。设计基于人体关节的模型，通常是指关节或膝关节，并进行辐射传输计算，以评估不同中子谱对关节的剂量学效应(假设滑膜硼浓度不同)。已经设计了基于加速器产生的中子反应[12,16-18]、核反应堆[19,20]和同位素源(^{252}Cf[21]和PuBe[22])的中子射束，并且在某些情况下，在体模或动物研究中得到实验验证。虽然配置和尺寸有所不同，但用于BNCS射束设计的慢化剂和反射材料与BNCT射束成形的材料没有区别。石墨或铅与轻水、重水、聚乙烯、铝和FLUENTAL的组合可以产生具有有利治疗参数的中子射束。

BNCS的射束设计有一个重要方面与BNCT有很大的不同，这源于靶区组织的位置。在BNCS中，滑膜炎不是只在关节的一个位置，而是位于大致相似的深度，围绕整个关节的骨表面末端。因此，中子束的设计必须能使治疗剂量到达一个较浅的深度，但要围绕整个关节。这可以通过在关节后面和侧面放置散射材料来实现[17,18,20]。离开关节的中子有机会散射回组织中，为在关节周围的滑膜中的硼俘获中子提供了额外的机会。中子在低Z材料中的散射是各向同性的，这将提高散射回关节的概率。石墨、铍、D_2O和聚乙烯等已经过评估，并且在无侧反射或背向反射的情况下，治疗参数的改善大致相似：治疗时间缩短为原来的$1/2 \sim 1/3$，覆盖皮肤和骨骼表面的剂量减少为原来的一半左右[17,18,20]。更高Z值的材料，比如铅，效果较差。

31.3.3 BNCS 患者全身剂量

尽管BNCS没有使用放射性物质，但由于受影响关节的中子照射，患者将经历全身辐射剂量。许多膝关节BNCS的屏蔽配置已经通过实验和蒙特卡罗模拟在拟人体模中进行了评估[17]。最有效的配置是将慢化剂/反射组件嵌入由硼化聚乙烯制成的屏蔽墙中，并在患者腿部周围添加屏蔽材料。对于19000 ppm的滑膜硼水平，患者经过屏蔽，滑膜接受100 Gy的有效剂量(假设^{10}B反应产物、中子和光子的辐射权重因子分别为4.0、3.8和1.0)，则全身剂量的范围从1.3 mSv (对于基于4 MeV ^{9}Be(p,n)反应的"软"束) 到7.2 mSv (对于基于2.6 MeV的^{9}Be(d,n)反应的"硬"束)。模拟表明，大部分全身剂量是由于中子进入关节，然后散射到身体其他部位[17]；很难在不降低向靶区输送中子的情况下减少这一剂量成分(作为比较，1年自然本底辐射的全球平均剂量约为2.4 mSv)。全身评估的验证实验采用热释光剂量计和气泡探测器，并使用代表躯干和一条腿的两个装满水的水箱。总地来说，屏蔽和非屏蔽结构的测量有效剂量的当量剂量与预测值在系数2范围内一致[17,23]。

31.3.4 钆中子俘获滑膜切除术的潜力

在滑膜切除术中，^{157}Gd替代硼作为中子俘获剂的可行性已经通过蒙特卡罗模拟研究进行了检验[24]。^{157}Gd 最初似乎是硼的一个有吸引力的替代品，因为它具有较大的俘获截面，相对于 ^{10}B 的较大的 Q 值 (7.9 MeV 与 2.8 MeV 相比)，以及 ^{157}Gd 富集化合物的现成可用性。^{157}Gd 的热中子俘获反应产生 ^{158}Gd*，^{158}Gd* 通过内部跃迁和内部转换而去激发，从而发射出能量高达数 MeV 的伽马射线和转换电子。

利用基于 ^{9}Be(p,n) 反应的慢化中子束，吉尔加 (Gierga) 等人比较了 Gd-NCS 和 B-NCS 的治疗时间、治疗比率和全身防护剂量[24]。研究结果表明，在滑膜切除术中使用 ^{10}B 作为中子俘获剂明显优于 ^{157}Gd。使用慢化 ^{9}Be(p,n) 束进行 ^{157}Gd 治疗的时间大约要长 27 倍。这是钆中子俘获反应与硼中子俘获反应的两个特点的结果。第一，虽然在热能下的 ^{157}Gd 俘获截面是 ^{10}B 的 60 倍，但这个比值随着能量的增加而迅速减小，例如，在 10 keV 下，这个比值只有 2 倍。第二，尽管 ^{157}Gd 捕获反应的 Q 值比 ^{10}B 中的 Q 值大三倍多，但反应产物、它们在组织中的射程和它们的 LET 有很大的不同。在 ^{157}Gd 反应中产生的大多数光子离开靶组织时没有产生就地沉积剂量，但对患者产生了显著的健康组织剂量。结果表明，在入射束能量范围内，俘获截面的总增加量不足以克服光子长平均自由程引起的就地反应能量沉积少的问题。因此，Gd-NCS 的治疗时间比使用慢化 ^{9}Be(p,n) 束的 BNCS 需要的时间长得多。较长的治疗时间会导致患者其他部位的剂量大大增加，这主要是由于体内中子相互作用产生的 ^{1}H(n,γ)^{2}H 反应[24]。

31.3.5 BNCS 在动物模型中的疗效

在关节炎的动物模型中，已经检验了硼中子俘获反应在消融炎症滑膜方面的功效[25]。将含有 150000 ppm^{10}B 的 0.25 ml 富硼-10 (100%) 十二氢十二硼酸钾 ($K_2B_{12}H_{12}$) 溶液注入新西兰白兔的膝关节，新西兰白兔因 AIA 手术而出现滑膜炎。使用麻省理工学院实验室的串联静电加速器，利用 1.5 MeV ^{9}Be(d,n) 中子产生反应进行了中子照射。加速器靶位于重水慢化剂内，该慢化剂被石墨包围，用于中子反射和进一步的慢化。膝关节定位在两个石墨侧面反射体之间。

这项研究是一项剂量递增研究，目标剂量在 8.0～810 Gy。(辐射加权因子如上所述。注意，没有与滑膜消融术相关的放射生物学数据或与 BNCS 相关的其他终点来估计 BNCS 中遇到的不同辐射类型的辐射权重因子值。因此，在剂量递增研究的靶剂量计算中使用了 BNCT 中使用的加权因子值。显然，对于 BNCS 使用 BNCT 加权因子仅代表粗略的近似值。)考虑到 $K_2B_{12}H_{12}$ 从关节处快速流出(如 31.3.1 节所述)，每个剂量组的照射时间保持恒定 (25 min)，通过改变加速器电流以达到目标剂量。在 72 h 或 14 天观察 BNCS 的作用。对整个膝关节解剖、固定、切片，并采用苏木精和伊红染色进行组织学分析。采用盲法，对载玻片进行检查和评分，以确定滑膜组织炎症和坏死的证据，以及对关节软骨和其他结构的影响。

对滑膜组织学结果的评估表明，滑膜组织坏死 (图 31.2) 与剂量增加有明显的相关性 ($p<0.001$)[25]。因此，可以得出结论，BNCS 实际上是一种有效的炎症滑膜的消融方法。未观察到对上覆皮肤或囊外组织的不良反应。然而，在接受最高剂量的动物中有软骨损伤 (无细胞性) 的迹象。由于 AIA 模型本身会导致软骨的最终破坏，随后进行了一项研究，专门评估了 BNCS 对正常兔膝关节软骨的影响[25]。将非关节炎动物照射 25 min 至 40 Gy 或 80 Gy。72 h 时的组织学评估显示所有样本的软骨细胞坏死，表明硼化合物通过软骨基质扩散。在这些原理证明研究中使用的化合物是一种低分子量的溶质，可以迅速扩散到关节组织中。因此，它很快进入滑膜并在短时间停留后离开关节，正如上文所述的体外冲洗和体内摄取研究所观察到的 (31.3.1 节)。这一特性有明显的优点；然而，它也会导致分子进入软骨基质。中子照射后 72 h，整个软骨都观察到软骨细胞的死亡[25]。因此，虽然 $K_2B_{12}H_{12}$ 用于 BNCS 在滑膜消融术中明显有效，并且在原理证明研究中具有重要价值，但这种化合物不太可能成为临床应用的候选药物。

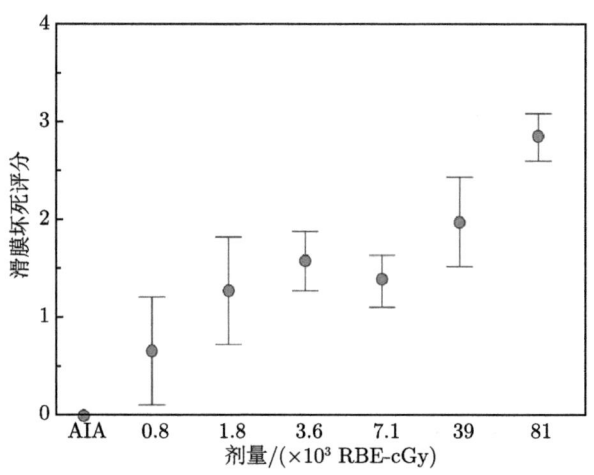

图 31.2 新西兰兔经不同总照射剂量 BNCS 治疗后 AIA 膝关节解剖标本滑膜坏死评分。坏死的评估标准为 0~4：0 (无坏死)、1 (高达 25% 的组织是无细胞的或含有皱缩细胞和残骸)、2 (50% 的组织坏死)、3 (75% 的组织坏死) 和 4 (样品完全坏死)。如上所示，BNCS 照射组织的剂量与坏死之间的相关性具有统计学意义 ($p<0.001$)(参考文献 [25] 中的图)

31.4 BNCS 的进一步发展

BNCS 已被证明是一种有效的手段，解决与类风湿关节炎疼痛和残疾相关的滑膜炎。在世界各地的不同中心已经开发出了各种适合于临床治疗人类关节的中子束。然而，像 BNCT 一样，将这种实验方法应用于临床需要进一步开发和测试合适的硼化合物。含硼脂质体 [26] 和碳硼烷衍生物 [27,28] 正在开发中，是可能的候选化合物。对于 BNCS，有用的化合物可能是那些根据大小不会进入软骨基质中的化合物。由于软骨的有效孔径为 1.5～3 nm，因此高分子量化合物或直径稍大于此尺寸的小颗粒可能是一种成功的策略。

参 考 文 献

[1] Tehlirian CV, Bathon JM (2008) Rheumatoid arthritis A. Clinical and laboratory manifestations. In: Klippel JH, Stone JH, Crofford LJ, While PH (eds) Primer on the rheumatic diseases, 13th edn. Springer, New York

[2] Ishikawa H, Osamu O, Hirohata K (1986) Long-term results of synovectomy in rheumatoid patients. J Bone Joint Surg 68A:198-205

[3] Matsui N, Taneda Y, Ohta H, Itoh T, Tsuboguchi S (1989) Arthroscopic versus open synovectomy in the rheumatoid knee. Int Orthop 13:17-20

[4] Klug S, Wittmann G, Weseloh G (2000) Arthroscopic synovectomy of the knee joint in early cases of rheumatoid arthritis: follow-up results of a multicenter study. Arthroscopy 16:262-7

[5] Kresnik E, Mikosch P, Gallowitsch HJ, Jesenko R, Just H, Kogler D, Gasser J, Heinisch M, Unterweger O, Kumnig G, Gomez I, Lind P (2002) Clinical outcome of radiosynoviorthesis: a meta-analysis including 2190 treated joints. Nucl Med Commun. 23(7):683-8

[6] Deutsch E, Brodack JW, Deutch KR (1993) Radiation synovectomy revisited. Eur J Nucl Med 20:1113-1127

[7] Delbarre F, Menkes CJ (1974) Non-surgical synovectomy in rheumatoid arthritis. Results obtained by radio-synoviorthesis. Adv Clin Pharmacol 6:134-139

[8] Nemec HW, Fridrich R (1977) Retention and dosage in radiation synovectomy with yttrium-90-silicate colloid. Nuklearmedizin 16:113-118

[9] Hall EJ (1994) Radiobiology for the radiologist, 4th edn. J.B. Lippincott Company, Philadelphia, p 30

[10] de la Chapelle A, Oka M, Rekonen A, Ruotsi A (1972) Chromosome damage after intra-articular injections of radioactive yttrium. Ann Rheum Dis 1:508-12

[11] Lloyd DC, Reeder EJ (1978) Chromosome aberrations and intra-articular yttrium-90. Lancet 1:617

[12] Yanch JC, Shortkroff S, Shefer RE, Johnson S, Binello E, Gierga D, Jones AG, Young G, Vivieros C, Davison A and Sledge C (1999) Boron Neutron Capture Synovectomy: Treatment of Rheumatoid Arthritis Based on the $^{10}B(n,\alpha)^{7}Li$ Nuclear Reaction. Medical Physics, (26)3:364-375

[13] Johnson LS, Yanch JC, Shortkroff S, Sledge C (1996) Temporal and spatial distribution of boron uptake in excised human synovium. In: Mishima Y (ed) Cancer neutron capture therapy. Plenum Press, New York, pp 183-188

[14] Binello E, Yanch JC, Shortkroff S, Vivieros C, Yound G, Jones AG, Sledge CB, Davidson A (1997) In vitro analysis of 10B uptake for boron neutron capture synovectomy. In: Advances in neutron capture therapy, vol II. Elsevier, Amsterdam, pp 609-613

[15] Yanch JC, Shortkroff S, Shefer RE, Binello E, Gierga D, Jones AG, Young G, Vivieros C, Blackburn B (2001) Progress in the development of boron neutron capture synovectomy for the treatment of rheumatoid arthritis. In: Hawthorne MF, Shelly K, Wiersema RJ (eds) Frontiers in neutron capture therapy. Kluwer Academic, New York, pp 1389-1397

[16] Binello E, Ly A, Yanch JC, Shortkroff S (1996) Monte Carlo Investigation of Optimal Neutron Beam Energy for Boron Neutron Capture Synovectomy. Radiation Protection and Shielding (American Nuclear Society, La Grange Park, IL) Vol. 2, 659-664

[17] Gierga DP, Yanch JC, Shefer RE (2000) Development and construction of a neutron beam line for accelerator-based boron neutron capture synovectomy. Medical Physics, 27(1): 203-214

[18] Verbeke JM, Chen AS, Vujic JS, Leung K (2001) Optimization of Beam-Shaping Assemblies for BNCS Using the High-Energy Neutron Sources D-D and D-T, Nuclear Technology 134(3), 278-293

[19] Berlizov AM, Razbudey VF, Shevchenko YB, Tryshyn VV (2006) Prospects of Neutron Capture Synovectomy at Thermal Nuclear Reactors. Nuclear Physics and Atomic Energy, 1, p 67-72

[20] Wu J, Chang SJ, Chuang KS, Hsueh YW, Yeh KC, Wang JN, Tsai WP (2007) Dose evaluation of boron neutron capture synovectomy using the THOR epithermal neutron beam: a feasibility study. Phys Med Biol. 52(6):1747-1756

[21] Abdalla K, Naqvi AA, Maalej N, Elshahat B (2010) Dose calculation from a D-D-reaction-based BSA for boron neutron capture synovectomy. Appl Radiat Isot. Apr-May;68(4-5): 751-754

[22] Vega-Carrillo HR, Manzanares-Acuña E (2003) Neutron Source for Boron Neutron Capture Synovectomy. Alasbimn Journal 5(21)

[23] Gierga, DP (2001) Neutron Delivery for Boron Neutron Capture Synovectomy. Ph.D. dissertation, Massachusetts Institute of Technology

[24] Gierga DP, Yanch JC, Shefer RE (2000) An investigation of the feasibility of gadolinium for neutron capture synovectomy. Medical Physics, 27(7):1685-1692

[25] Shortkroff S, Binello E, Zhu X, Gierga D, Thornhill TS, Shefer R, Jones AG, Yanch JC (2004) Dose Response of the AIA Rabbit Stifle Joint to Boron Neutron Capture Synovectomy. Nucl. Med. Biol. 31(5):663-670

[26] Watson-Clark RA, Banquerigo ML, Shelly K, Hawthorne MF, Brahn E (1998) Model studies directed toward the application of boron neutron capture therapy to rheumatoid arthritis: Boron delivery by liposomes in rat collagen-induced arthritis. PNAS 95(5)2531-2534

[27] Valliant JF, Schaffer P (2001) A new approach for the synthesis of isonitrile carborane derivatives. Ligands for metal based boron neutron capture therapy (BNCT) and boron

neutron capture synovectomy (BNCS) agents. J Inorg Biochem. 85(1):43-51

[28] Valliant, JA, Schaffer P, Britten JF, Davison A, Jones AG, Yanch JC (2000) The synthesis of corticosteroid-carborane esters for the treatment of rheumatoid arthritis via boron neutron capture synovectomy. Tetrahedron Letters, 41:1355-1358

第七部分

组织和管理

第 32 章 核研究反应堆上开展 BNCT 的管理问题

沃尔夫冈·A. G. 索尔文和雷·莫斯

32.1 简　　介

目前在世界范围内，BNCT 在应用于患者时仍被视为临床研究，因此必须充分考虑并遵守所有法律和制度要求，这可能因国家而异。然而，这些原则是国际公认的，在为 BNCT 选择合作伙伴时，必须确保每个人都遵守监管要求。此外，必须强调的是，在 BNCT 中，使用非常规照射束将给监管当局带来额外的挑战。不可低估接受试验方案所需的时间。强烈建议在可能建造 BNCT 设施的早期讨论期间就开始这些程序。从一开始就必须与监管机构密切合作。

本章描述了组织结构、执行治疗所涉及的任务、许可程序和质量管理的各个方面，所有这些都必须由制定 BNCT 计划的团体考虑。

32.2 BNCT 设施的跨学科合作

从原则上讲，在世界范围内，BNCT 在人类患者中的应用需要多机构、多学科的合作，一旦一组研究人员（通常与研究反应堆直接相关）决定研究实施患者治疗的可能性，就应立即启动合作。通过治疗患者，每个个体参与者和机构都将承担高的责任和由此产生的责任相关的风险。这种情况只能通过合同协议来处理，合同必须明确规定所有合伙人的责任和任务。

沃尔夫冈·A. G. 索尔文（✉）
德国，埃森，D-45122，杜伊斯堡–埃森大学，埃森大学医院，放射肿瘤科，中子俘获团队
e-mail: w.sauerwein@uni-due.de

雷·莫斯
荷兰，佩滕，LE 1755，韦斯特杜伊因韦格 3 号，欧盟委员会，联合研究中心，能源与运输研究所
e-mail: raymond.moss@ec.europa.eu

32.3 核部分

反应堆的所有者除了"正常"的任务和职责外,还有对患者的特殊责任和义务。业主必须意识到,当一名患者在反应堆接受治疗时,反应堆就变成了一种医疗器械,为业主的正常核活动增加了一个不同的维度。反应堆的所有者为所有同事提供基础设施,使他们能够执行任务。必须安装通信结构,以保证定期交换关于合作各个方面的信息,特别是关于可能影响治疗的所有变化的信息。

反应堆业主负责反应堆、中子的输送、BNCT 设施和设施周围的工作环境,即安保、辐射防护和安全。反应堆所有人确保这些设施正常运行,相关工作条件符合公认标准,并确保设施的质量保证、测量和数据呈现 (例如,检查、瞬发伽马射线分析、剂量测定等) 符合可接受标准。

此外,反应堆所有者负责设施的维护与保养,确定反应堆的时间表,在反应堆运行中断时,通知所有 BNCT 工作人员。对于照射束本身,反应堆所有者负责过滤中子束设施的状态和运行,包括安全仪表、联锁系统、过滤器系统和不同的闸门 (如适用)。

如果在治疗过程中可使用设备测量血液中的硼浓度,例如,瞬发伽马射线设备或 ICP-OES,则必须对该设备进行维护,并对其正确功能进行控制和记录。

32.4 医疗部分

患者的治疗只能与医院和有能力的医务人员一起进行。建议医院必须有学术背景,有经验,在肿瘤学方面有良好的声誉。

32.4.1 放射治疗

NCT 是放射治疗中最复杂的形式之一。因此,当启动 BNCT 项目时,放射肿瘤科的参与是强制性的。如果所涉及的放射治疗师已经有一些使用 (快) 中子治疗患者的经验,将是一个很大的优势,虽然这不是强制性的。还必须考虑到 BNCT 并不是目前放疗研究的主流。事实上,BNCT 的高度复杂性要求临床医生能够安全地将 BNCT 应用于患者之前,在准备和获得足够知识方面付出巨大的努力和更长的时间。由于没有一个真正的 BNCT 临床培训可以容易地提供给一个愿意从 BNCT 开始的放射肿瘤学家,因此情况更加困难。

负责 BNCT 的放射肿瘤学家的主要任务是组织一个医疗 (管理) 结构,允许患者在一个非医疗环境 (可能远离医院) 进行照射,并将包括对工作人员的培训。负责医疗工作的人员必须获得在研究反应堆中实施 BNCT 的法律和道德许可以及执照。其他任务包括确定临床研究和患者治疗的结构和组织,指定和提供医疗设备，组织供应必要的医用耗材和药物，协调根据批准的方案进行的治疗，向患者提供有关治疗的适当信息，并获得签署的知情同意书。

对于患者治疗，医疗负责人将为治疗计划准备所有相关的临床数据，并批准最终的治疗计划；决定向患者施用硼化合物的时间和量；从患者身上采集血液样本，例如，使用瞬发伽马分析或 ICP-OES 进行硼浓度测量；负责对患者进行照射的定位；对患者开始照射的时间和持续时间负责；开始进行照射，并在反应堆场所对患者的福利负全责 (包括伴随疾病和出现的急性症状)。

32.4.2 医学物理学

医学物理学家的作用是保证医用电离辐射的质量和安全。医学物理学家通过提供所有必要的物理和技术数据来支持医生完成其治疗患者的任务，以执行安全和精确的治疗，并控制与患者治疗相关的所有技术设备。欧盟第 97/43/EU-RATOM 指令 (1997 年 6 月 30 日) 描述了这项工作的一些方面。医学物理学家和反应堆物理学家之间的合作是治疗 BNCT 患者的先决条件。反应堆物理学家通常不会满足法律要求来接管患者治疗的责任。

医学物理学家的主要任务是一步一步地确定和描述满足治疗方案要求所需的剂量测定；定义和描述治疗的所有医学物理方面的质量保证；参与所有患者的治疗；负责治疗计划的计算；使用治疗计划系统进行质量控制计算；根据照射前后血液中的硼浓度计算给患者的实际剂量，并记录所有操作以及测量和计算中获得的数据，这些数据必须由参与医院存档。

32.4.3 制药学

可用于 BNCT 的含硼化合物是实验药物，未经负责新药的国家机构的特别许可，不得使用。为了处理这些问题，必须有经验丰富的药剂师和设备齐全的药房参与。药房组织药品供应。供应公司必须按照良好的生产规范 (GMP) 生产该化合物，该规范包括药品主文件和最终产品及其中间体的制备和质量控制的书面程序。所有行动必须按照法律要求进行记录。

32.4.4 其他医学学科

BNCT 的实施不仅需要上述专家，还需要外科医生，他们对患者进行选择、手术、准备和随访；熟悉该程序的麻醉师、病理学家和诊断放射科医生；护士照顾患者，救护车司机送患者上下反应堆。

32.5 辐射防护

根据国家核能法，患者的治疗以及人员可能接触电离辐射的潜在情况要求，许可证持有人 (反应堆的) 必须确保对所有人员，包括外部工作人员进行辐射防护和监测，采取并遵循正确的辐射防护措施。

在 BNCT 过程中，患者和辅助治疗工具，如面罩和治疗台，都会产生放射性。因此，应在治疗后定期对患者和周围环境进行测量，检查并记录在适当的表格上。为了改善患者和工作人员的辐射防护，应定期对照射束进行全面的表征 (使用活化箔、电离室、TLD)。

辐射防护包括向所有工作人员发放个人剂量计 (类型：通用剂量计)，向放射治疗师发放指形或环形剂量计，向分类为访客的参与者发放笔式剂量计，例如护士和患者亲属。此外，有必要测量和记录进出反应堆的所有材料，并对用于患者治疗的所有材料进行活化测量。患者是例外情况，不需要向患者发放个人剂量计。然而，在治疗之后，应该监测患者的放射性。建议为 BNCT 成立一个地方辐射防护委员会。委员会的首要任务是定期审查和建议用于 BNCT 的辐射防护方法。

32.6　BNCT 设施的监管事务和许可

要在核研究反应堆中进行 BNCT，必须获得国家卫生部或同等机构的批准。由于通常没有执行 BNCT 的法规或指南，因此有必要获得一个完整的、多功能的授权，涵盖批准、文件和基础设施需求，以便有充分的理由获得执行 BNCT 的特殊许可证。通常必须解决的问题如下：

- 反应堆相关：将反应堆作为患者治疗设施发放许可证；为该设施发放许可证，该设施不属于医院的一部分，准许用于对患者进行照射，并在反应堆现场获得核安全和常规安全方面的当地批准。
- 治疗方案相关：协调不同国家不同伦理委员会的不同观点 (如适用)；根据欧洲药品管理局 (EMEA)[2] 发布的相关 ICH 指南[1]，获得不同评审委员会对研究方案的批准，并处理非注册药物在研究方案中的使用问题。
- 患者相关：为患者购买保险，并为患者照料、旅行和护理建立当地基础设施，包括所有预期的紧急情况。
- 人员和机构相关：许可 (外国) 医生治疗患者；描述所有参与者的任务，制定适当的协议和合同来定义这些结构，并应用合适的患者和工作人员的辐射防护规则，与所有相关方签订合同 (如适用)。

32.7　保　　险

必须特别注意至少为以下方面建立保险范围：核事故；临床试验中患者的保险；反应堆工作人员与患者互动/参与患者治疗的责任；在反应堆工作的医院工作人员的责任；对所需的其他专家的责任，这些专家不是医院或反应堆的工作人员；

医院工作人员前往反应堆和在反应堆工作期间的事故保险，以及医院和反应堆之间的患者的事故保险。

32.8 BNCT 的质量保证

全世界所有进行临床试验的 BNCT 设施目前都位于一个核研究反应堆内。然而，不管怎么说，它们都是放射治疗单位。在欧洲，它们必须符合欧盟理事会关于健康保护的指令 97/43/EURATOM，该指令规定放射治疗质量保证计划必须保证辐射装置的性能和安全性，包括定期测试性能特性(质量控制)。因此，作为许可程序的一部分，需要 QA 程序，或至少有文件记录的程序，其中某些性能特性的测试，包括所有剂量学方面的测试，以及治疗计划，作为标准操作程序或类似认可的程序记录下来。此外，BNCT 还需要硼化药物，到目前为止，这些药物还没有商业化。这就引入了与药品相关的附加监管和质量要求。此外，BNCT 仍然是一种实验性治疗，这一事实要求在临床试验中遵循专门的质量管理程序。这方面需要强调。

32.9 放射治疗质量保证国际标准

BNCT 的执行要求应用核研究反应堆、辐射防护和放射治疗的安全和质量保证的国家和国际规则。核反应堆部分以及辐射防护的各个方面都得到了很好的定义和理解，尽管反应堆安全的具体要求体现在设计和安全方面的考虑已超出了基于加速器设施的要求。然而，放射治疗的既定标准和规则在 BNCT 中的应用具有挑战性，很少有出版物专门针对这一主题[3-5]。目前尚无专门针对 BNCT 的国际标准；因此，尽可能将类似的规则从传统放疗转移到 BNCT 是一项非常重要的任务。这项工作应与国家监管机构和监督机构密切合作[6]。

建议建立符合国际电工委员会出版物或适用国家标准的最新概念和法规的安全规定和功能特性的质量保证[7-10]。以下 IEC 标准和技术报告将有助于指导。

安全方面

IEC 60601-2-1 Ed.2:1998，医用电气设备-第 2-1 部分：1～50 MeV 范围内电子加速器安全的特殊要求[11]。本国际标准规定了制造商在设计和制造用于放射治疗、设备型式试验和现场试验的电子加速器时应遵守的要求。

性能方面

验收试验：IEC 60976:2007，《医用电气设备 医用电子加速器 功能特性》。IEC 60976[12] 适用于医疗电子加速器，用于治疗目的，以及人类医疗实践。它描述了制造商在医用电子加速器的设计和制造阶段要进行的测量和试验程序，但没有规定在买方现场安装后要进行的验收试验。IEC 60976 引入了一个重要方面，它认识到在评估性能时必须考虑到试验方法的不准确。在本标准中，假设照射设施具有等中心机架，而 BNCT 中并非如此。然而，明确指出，如果设备是非等中心的，性能描述和试验方法可能需要适当调整。

一致性试验：IEC/TR 60977 Ed.2.0:2008，《医用电气设备　医用电子加速器—功能特性指南》[13]。医用电子加速器应用于医疗领域。它包括增加与过去几年引进的几种相对新技术有关的性能指南，包括动态束流传输技术，如移动束放射治疗、调强放射治疗、图像引导放射治疗和可编程楔形射野，以及立体定向放射治疗/立体定向放射外科和某些电子成像设备的使用，当然没有提到 BNCT。

数据传输和数据处理，坐标和比例尺

IEC 61217 Consol. Ed. 1.2:2008，《放射治疗设备　坐标、运动和刻度》。IEC 61217 [14] 适用于与远程放射治疗过程相关的设备和数据，包括与放射治疗计划系统、放疗模拟器、等中心伽马射线治疗设备、等中心医用电子加速器和相关非等中心设备相关的患者图像数据。这个国际标准提出的问题对 BNCT 非常重要，尤其是当医院的系统 (CT、MRI、治疗模拟器) 用于在反应堆为 BNCT 做准备时。

放射治疗计划系统 (RTPS)

(RTPS):IEC 62083 Ed. 1.0:2000，《医用电气设备　放射治疗计划系统的安全要求》[15]。RTPS 主要是一种软件应用程序，本标准的目的是确定软件的功能、相关文档和测试的要求。本标准适用于 RTPS 的设计、制造和一些安装方面。

治疗室

IEC/TR 61859 Ed. 1.0:1997，《放射治疗室设计指南》[16]。本技术报告仅适用于确保放射治疗设备使用期间患者、操作员和其他人员安全的安装方面。所考虑的安装是指位于放射治疗设备上的装置，该设备可传送用于治疗目的的电离辐射；在设计 BNCT 的照射室时应考虑到这一点。

质量控制程序，特别是医用电子加速器。在国际上被采用如上面引用的 IEC 出版物。BNCT 必须遵循相同或类似的程序。此外，在遵循这些程序的过程中，将提高 BNCT 设施辐射测量的信心和保证，从而提高给予患者剂量的准确性。

关于与射束校准和患者剂量测定 (功能特性) 相关的质量控制程序，可以说，尽管 BNCT 的剂量学相对更复杂，与医用电子加速器相关的许多性能和安全特性显示出对照射和操作参数的依赖性，而这些参数与 BNCT 设施无关。事实上，BNCT 设备的质量控制所涉及的参数比加速器少 [3]。因此，建立 BNCT 质量控制程序比建立医用电子加速器的质量控制程序更为简单。拉索 (Rassow)[3] 详细介绍了医用电子加速器和 BNCT 设备的性能和安全特性的比较，尤其是在剂量传递和抗杂散辐射方面。对于核研究反应堆，不应像医用电子加速器那样，在验收试验期间进行一次且仅进行一次的初始测量。由于束流特性受到堆芯配置变化的影响，例如，燃料装载和实验装置，因此需要一种更实用的方法，即必须在每个患者治疗前后进行定期测量。

32.9.1 标准操作程序

如果不是强制性的，强烈建议必须编写标准操作程序 (SOP)，该程序逐步地描述有关 BNCT 执行和实施临床试验的所有相关程序。他们将遵循良好的临床实践指南 [2,17]。所有 SOP 应收集在一个档案中，该档案必须随时可供每位员工使用。

结论

BNCT 具有危险性，如果应用不当，有可能对患者造成损害。BNCT 试验在一个核研究反应堆中进行，除了在非医院环境下进行外，人们知道反应堆会给一些人带来恐惧。这两个方面都可能导致额外的安全相关问题。因此，最重要的是，除了设计一个最佳的实体设施外，还必须特别注意在正常规则之外提供安全保障的管理结构。这包括严格的质量管理 (QM) 程序，保证治疗的可靠性和安全性 [7-10,18]。因此，质量管理是一项强制性任务。为了获得可相互比较的程序，建议在设计 BNCT 设施的质量管理结构时遵循国际标准。EN ISO 9001(2008) 是达到国际标准并有可能成为经过许可的质量管理体系的最便捷的方法。后一方面将成为多中心临床试验时的一个重要问题。

参 考 文 献

[1] International conference on harmonisation of technical requirements for registration of pharmaceuticals for human use (ICH). http://www.ich.org/

[2] European Medicines Agency (EMEA) (2002) Guideline for good clinical practice, ICH harmonised tripartite guideline (CPMP/ICH/135/95). http://www.ema.europa.eu/ema/index.jsp?curl=pages/regulation/general/general_content_000429.jsp&mid=W-C0b01ac0580029590

[3] Rassow J, Stecher-Rasmussen F, Voorbraak W, Moss R, Vroegindeweij C, Hideghéty K, Sauerwein W (2001) Comparison of quality assurance for performance and safety characteristics of the facility for boron neutron capture therapy in Petten/NL with medical electron accelerators. Radiother Oncol 59:99-108

[4] IAEA-TECDOC-1223 (2001) Current status of neutron capture therapy. International Atomic Energy Agency, Vienna, May 2001

[5] Daquino GD, and Voorbraak, WP, (2008) A Review of the Recommendations for the Physical Dosimetry of Boron Neutron Capture Therapy (BNCT), EUR 23632 EN, ISBN 978-92-79-10868-6, European Communities

[6] Sauerwein W, (2009) Regulatory affairs and licensing for a BNCT facility, in: W. Sauerwein and R Moss (Eds.), Requirements for Boron Neutron Capture Therapy (BNCT) at

a Nuclear Research Reactor, EUR 2383 EN, ISBN 978-92-79-12431-0, European Communities, 15-18

[7] Sauerwein W, Hideghéty K, Rassow J Moss RL, Stecher-Rasmussen F, Heimans J, Gabel D, De Vries MJ, Paquis P, Touw DJ and the EORTC BNCT Study Group (2001) Boron neutron capture therapy: An interdisciplinary co-operation, in: IAEA-TECDOC-1223 "Current status of neutron capture therapy", International Atomic Energy Agency, Vienna, 96-107

[8] Sauerwein W, Moss R L, Hideghéty K, Stecher-Rasmussen F, De Vries M J, Paquis P, Vandertop W P, Van Loenen A C, Zurlo A, Rassow J and the EORTC BNCT Study Group (2001) Quality management for BNCT at the High Flux Reactor HFR Petten, in: Gabriele P, Corno S E, Scielzo G (Eds.), BNCT Radioterapia per cattura neutronica del boro: stato dell'arte. Edizioni MAF Servizi, Torino, 27-31

[9] Sauerwein W, Rassow J, Stecher-Rasmussen F. (2009) Quality assurance for BNCT, in: W. Sauerwein and R. Moss (Eds.), Requirements for Boron Neutron Capture Therapy (BNCT) at a Nuclear Research Reactor, EUR 2383 EN, ISBN 978-92-79-12431-0, European Communities

[10] Sauerwein W, Moss R, Rassow J, Stecher-Rasmussen F, Hideghéty K, Wolbers JG, Sack H (1999) Organisation and management of the first clinical trial of BNCT in Europe (EORTC Protocol 11961). Strahlenther. Onkol. 175:108-111

[11] Moss RL, Watkins P, Vroegindeweij C, Stecher-Rasmussen F, Huiskamp R, Ravensberg K, Appelman K, Sauerwein W, Hideghéty K, Gabel D. (2001) The BNCT facility at the HFR Petten: Quality assurance for reactor facilities in clinical trials, in: IAEA-TECDOC-1223 "Current status of neutron capture therapy", International Atomic Energy Agency, Vienna, 268-274

[12] IEC 60601-2-1 International Standard (1998) Safety of medical electrical equipment, Part 2-1: Particular requirements for electron accelerators in the range 1 MeV to 50 MeV, International Electrotechnical Commission, Geneva. Ed.2: 1998-06, 1-131, International Electrotechnical Commission, Central Office Geneva http://www.iec.ch

[13] IEC 60976 International Standard (2007) Medical electrical equipment — Medical electron accelerators – Functional performance characteristics. International Electrotechnical Commission, Central Office Geneva http://www.iec.ch

[14] IEC/TR 60977 Ed. 2.0 Technical Report (2008) Medical electrical equipment— Medical electron accelerators – Guidelines for functional performance characteristics. International Electrotechnical Commission, Central Office Geneva http://www.iec.ch

[15] IEC 61217 Consol. Ed. 1.2 International Standard (2008) Radiotherapy equipment— Coordinates, movements and scales. International Electrotechnical Commission, Central Office Geneva http://www.iec.ch

[16] IEC 62083 Ed. 1.0 International Standard (2000) Medical electrical equipment – Requirements for the safety of radiotherapy treatment planning systems. International Electrotechnical Commission, Central Office Geneva http://www.iec.ch

[17] IEC/TR 61859 Ed. 1.0 Technical Report (1997) Guidelines for radiotherapy treatment rooms design. International Electrotechnical Commission, Central Office Geneva http://www.iec.ch

[18] Bohaychuk W, Ball G, (1994) Good Clinical Research Practices, An indexed reference to international guidelines and regulations, with practical interpretation. Hampshire, UK: GCRP Publications

索 引

A

癌症临床试验, 347
爱达荷州国家实验室 (INL), 273
安全联锁装置, 34
安全性, 348

B

巴里洛切核反应堆 (RA6), 395
巴里洛切原子中心, 6
靶材料, 44
靶区, 286
摆位, 31
半导体探测器, 237
半乳糖清除量 (GEC), 448
保险, 488
苯丙酮尿症, 448
比释动能因子 kerma, 275
标准操作程序 (SOP), 491
标准多维离散纵坐标程序, 220
标准偏差, 280
表皮生长因子受体 (EGFR), 97
箔材, 224
卟啉 CuTCPH, 319
不良事件, 141
不确定度, 244
布鲁克海文石墨研究反应堆, 3
布鲁克海文医学研究反应堆, 3
部分缓解 (PR), 389

C

采集血液样本, 487
参考条件, 247
仓鼠颊囊鳞状细胞癌, 323
仓鼠颊囊模型, 323, 324
超热中子, 215
超热中子射束, 253
超热中子射束伽马射线特性, 310
超热中子束, 313, 355
超热中子源, 5
超热中子照射设备, 32
超声, 428
巢式碳硼烷脂质体, 102
成对电离室, 248
成对离子室, 228
弛豫时间, 206
充气辐射探测器, 228
处方, 260
处方剂量, 407
川崎医学院, 389
串联静电四极 (TESQ) 加速器, 48
串列加速器, 44, 48
磁共振成像 (MRI), 169
次临界裂变组件 (SCM), 62

D

大阪大学, 390
大阪医学院, 357
大肠癌肝转移, 431
大鼠 9L 胶质肉瘤模型, 323
大鼠肝脏移植, 445
大鼠肝转移瘤的诱导, 444
大鼠脊髓的剂量反应, 382
大鼠脊髓模型, 133, 320
大鼠离体肝脏 BNCT, 446
大鼠脑肿瘤模型, 133, 136
大唾液腺非鳞状细胞癌, 387
带电粒子, 42
单壁碳纳米管 (SWCNT), 96
单侧多发, 426
单次静脉注射, 116, 119
单射野治疗方案, 289
胆囊切除术, 449
蛋白质组, 181

索 引

蛋白质组学, 182
氮剂量, 280
等剂量等值线, 289
等离子体原子发射光谱法, 123
等效光子剂量, 310
低 LET 辐射, 325
递送吸收剂量, 244
第 0 期, 348
第 I 期, 348
第 II 期, 349
第 III 期, 349
碘化油, 97
电负性效应, 79
电感耦合等离子体原子发射光谱法 (ICP-AES), 159
电感耦合等离子体质谱法 (ICP-MS), 159
电离能, 75
电离室, 23
电子能量损失光谱法, 166
电子能量损失谱仪, 122
定时控制, 24
定位, 31, 487
动脉吻合术, 450
动物模型, 394
动物肿瘤模型, 321
毒副作用, 118
毒性, 116
对门照射, 381
多发性肝癌, 98
多尖点等离子体源, 57
多面体闭式硼烷离子, 475
多面体硼烷, 87
多群截面, 277
多室药代动力学模型, 294
多维蛋白质识别技术 (MudPIT), 168
多形性母细胞瘤 (GBM), 364
多叶准直器, 288
多中心试验, 349

E

恶性黑色素瘤, 5, 400, 405
恶性胶质瘤, 4, 353
恶性脑瘤, 3
恶性脑膜瘤 (MM), 371
恶性脑肿瘤, 352, 461
儿童恶性脑肿瘤, 460
儿童脑瘤, 5
二硫化物 BSSB, 119
二室模型, 139, 407
二维凝胶电泳, 181
二元形式的放射治疗, 1

F

反冲质子, 308
反复给药, 118
反射体, 47
反应产物, 2
反应堆物理学家, 487
放热反应, 45
放射滑膜切除术, 473
放射生物学效应, 309
放射性坏死, 338, 339, 464
放射性损伤, 376
放射肿瘤学家, 486
非参考条件下, 247
非弹性散射, 217
非典型脑膜瘤, 371
分化胶质瘤, 335
分化型甲状腺癌, 396
芬兰 I/II 期试验, 357
芬兰国家技术研究中心 (VTT), 357
芬兰研究反应堆 (FiR-1), 372
峰值吸收剂量率, 23
敷贴器, 68
辐射防护, 487
辐射防护委员会, 488
辅助治疗工具, 488
附加光子照射, 355
附加准直器, 388
复发性非鳞状细胞癌, 389
复发性鳞状细胞癌, 389
复发性黏膜黑色素瘤, 409

复发性乳腺癌, 415
复发性头颈癌, 390
复合生物效应因子, 309
副作用, 3
富集度, 132
腹腔注射, 121

G

伽马刀, 335
伽马射线, 22
钆中子俘获滑膜切除术, 476
盖革–米勒探测器, 23
甘露醇溶液, 137
肝癌, 61
肝动脉灌注化疗, 427
肝毒性, 118
肝功能, 448
肝内分布, 430
肝切除, 426
肝脏坏死, 456
肝脏弥漫性肿瘤, 435
肝脏自体移植, 447
肝肿瘤, 60, 97
肝转移, 425
肝转移癌, 425
肝转移瘤的治疗, 430
高、低 LET 辐射之间的相互作用, 325
高 LET 剂量分量, 326
高纯锗 (HPGe) 伽马能谱系统, 225
高的线性能量转移特性, 1
高分辨率 α 径迹放射自显影 (HRAR), 160
高分子量化合物, 479
高频高压加速器, 48
高通量反应堆 (HFR), 6
高线性能量转移, 215
高压液相色谱法, 114
镉差法, 217
镉差技术, 282
个人剂量计, 488
骨瓣, 365
关节炎的动物模型, 477

关节炎动物模型, 475
光子, 250
光子和快中子污染, 244
光子剂量, 67
过滤器, 244
过热成核探测器, 235

H

含硼氨基酸, 93
含硼单克隆抗体, 97
含硼胆固醇衍生物, 103
含硼核苷, 93
含硼碳水化合物, 94
含硼叶酸受体, 99
含硼脂质体, 479
荷兰佩滕照射设施, 357
核磁共振 (NMR), 168
核反应, 1, 42
核截面数据, 277
核内定位, 122
黑色素瘤 BNCT, 402
黑色素瘤 BNCT 临床试验, 406
横纹肌样脑膜瘤, 371
鲎试剂, 114
鲎试剂试验, 131
滑膜功能性细胞死亡, 473
滑膜硼水平, 475
滑膜切除术, 48, 473
滑膜消融术, 477, 478
滑膜炎, 478
坏死, 477
环硼氮烷, 80
患者定位, 292
回顾性分析, 295
回旋加速器, 47, 49
混杂效应, 327
活化箔, 23
活化测量, 227
活化探测器, 248

J

基于反应堆的超热中子束, 316

索 引

基于加速器的 BNCT(AB-BNCT), 41
基于加速器的超热中子射束, 8
基于加速器慢化的超热中子束, 316
激发态, 46
激光后电离二次中性质谱, 163
激光器, 25
急性反应, 409
急性放射性损伤, 367
脊髓放射损伤, 379
脊柱放射外科, 379
计分网格, 281
计划系统校准, 281
计算机断层扫描, 428
计算剂量测定系统 (JCDS), 364
剂量测定, 216, 247
剂量处方, 291, 403
剂量分割, 404
剂量计算引擎, 276
剂量评估, 261
剂量–体积直方图 (DVH), 287
剂量限制性毒性, 125
剂量折减系数, 309
加速器中子源, 31
甲状腺癌, 393
间变性脑膜瘤, 371
间变性室管膜瘤, 464
间接搭桥术, 464
监管机构, 349, 485
减瘤腔, 337
健康组织耐受性, 118
胶原沉积, 454
胶质母细胞瘤, 3, 115, 122, 335
结肠癌, 102
结肠切除术, 449
结节, 426
结节性黑色素瘤, 405
结晶, 142
结直肠癌, 6
结直肠癌肝转移, 430, 431
解谱, 218

金箔, 224, 405
金门法, 114
金属硼化物, 81
金丝, 364, 365, 388, 403, 405
金样品, 217
紧凑型中子发生器 (CNS), 62
进行体外肝脏照射, 436
进展时间, 358
近距离放射治疗, 67
浸润区域, 353
浸润性肿瘤细胞, 335
京都大学反应堆实验所 (KURI), 408
京都大学反应堆 (KUR), 355
颈部淋巴结转移, 372
颈动脉内膜切除术 (CEA), 466
颈动脉支架术 (CAS), 466
颈淋巴结转移, 409
颈髓, 380
静电加速器, 47, 49
静脉注射, 97
局部给药, 474
局部控制, 409
局部晚期和复发性鳞状细胞癌, 386
局部消融, 428
局部肿瘤控制率, 321
聚变, 45
聚变反应, 54
聚变反应率, 56

K

抗肿瘤效果, 349
抗肿瘤作用, 125
克隆细胞存活水平, 325
空腔充气法, 356
口服, 138
口腔黏膜, 321
库普弗 (Kupffer) 细胞, 454
跨学科合作, 485
快中子, 22, 215, 251
快中子治疗设施 FRM Ⅱ, 7
扩张型心肌病, 450

L

劳伦斯伯克利国家实验室, 55
类风湿关节炎 (RA), 473
离体肝脏, 449
离体自体移植, 447
离子诱导电子图像 (IIEI), 163
离子源, 55, 59
锂靶, 44, 48
粒子加速器, 41
连续能量截面, 277
联合用药, 355
良好的实验室规范 (GLP), 115
两室模型, 120
裂变产物, 66
裂变计数器, 23
裂变室, 233
裂变转换射束 (FCB), 28
临床靶区体积 (CTV), 365
临床培训, 486
临床前试验, 347
临床试验, 348
临床试验注册和临床试验可搜索数据库, 350
临床调试, 247
临床验收试验, 245
淋巴结转移, 426
鳞状细胞癌, 390
铃木交叉偶联, 89
铃木偶联, 88
瘤/血比, 123
卤化硼, 78
伦理规则, 350
裸鼠移植黑色素瘤, 136

M

麻省理工学院, 32
麻省理工学院研究反应堆 (MITR), 27
麦克斯韦谱, 65
慢化体, 46
蒙大拿州立大学 (MSU), 273
蒙特卡罗方法, 247

蒙特卡罗辐射输运方法, 285
蒙特卡罗技术, 220
弥漫性, 426
弥漫性恶性肿瘤, 436
弥漫性脑转移瘤, 407
弥漫性星形细胞瘤, 121
弥漫性硬结, 415
密封轴向式 D-T 中子发生器, 57
模拟, 382
模拟器, 26, 292
模拟室, 292

N

耐受性, 348
脑/血比, 124
脑积水, 374
脑脊液播散, 367, 374, 376, 464
内膜增生, 469
内皮屏障通透性, 452
能谱修正装置, 221
能谱转换系统, 288
拟人体模, 282
黏膜黑素瘤, 408
黏液表皮样癌, 389
凝胶剂量计, 248
凝胶探测器, 235

O

欧洲癌症研究和治疗组织, 6, 110

P

帕维亚 (Pavia), 436
硼包封脂质体, 99
硼苯丙氨酸, 5
硼苯基丙氨酸 (BPA), 127
硼苯基丙氨酸果糖络合物 (BPA-F), 128
硼成像, 166, 173
硼-氮化合物, 79
硼分布, 163
硼和硼化合物定量分布, 157
硼化吖啶 (WSA1), 100

硼化卟啉 (BOPP), 394, 470
硼化菲啶 (WSP1), 100
硼化合物, 2
硼化聚酰胺树枝状大分子, 96
硼化学, 76
硼化原卟啉 (BOPP), 94
硼化脂质体, 101
硼剂量, 261, 262, 278
硼浓度, 2, 121, 123, 440
硼浓度测量, 487
硼浓度之比, 293
硼氢化物, 85
硼砂, 77
硼酸, 2, 77
硼酸钠, 111
硼酸盐, 78
硼团簇, 83
硼烷, 82
硼-氧化合物, 76
硼中子俘获滑膜切除术 (BNCS), 474
硼中子俘获疗法 (BNCT), 1
硼缀合生物复合物, 96
皮瓣, 365
皮肤, 318
皮肤的最大耐受剂量, 404
皮肤黑色素瘤, 404, 407, 408
皮肤坏死, 318
平均 CTV 剂量, 368
平均存活时间, 358
平面概率密度函数, 274

Q

奇异值分解, 293
气体填充探测器, 23
鞘内注射, 97
氢剂量, 279
清华开放池式反应堆 (THOR), 6
巯基十一氢闭式十二硼酸钠, 111
巯基十一氢十二硼酸二钠, 4
巯基十一氢十二硼酸钠 ($Na_2{}^{10}B_{12}H_{11}SH$; $Na_2{}^{10}BSH$), 92

曲妥珠单抗, 414
全身毒性, 125
全身麻醉, 365
全身转移, 376
缺电子, 73

R

热纳里 (Gennari) 分级及分期, 430
热释光剂量计 (TLD), 24, 234, 388
热释光探测器, 403
热原, 114, 131
热中子, 22, 215, 251
热中子剂量, 278
热中子散射处理, 277
人工氨基酸探针, 196
人类分化型甲状腺癌, 397
人体关节的模型, 476
人体机能状态量表, 365
日本原子能反应研究所堆 (JRR-4), 372
肉瘤, 371
乳房切除术, 415
乳剂, 98
乳头状脑膜瘤, 371
乳头状腺癌, 389
乳腺癌 BNCT, 416
乳腺癌肝转移, 434
乳腺体模评估, 417
软骨基质, 479
瑞典斯图兹维克, 316

S

腮腺黏液表皮样癌, 390
赛博刀, 379
三室开放模型, 124
三维计算模型, 285, 287
三维建模技术, 273
三维数字化仪, 293
三维团簇, 82
三中心键, 83
闪烁探测器, 234
射频 (RF) 等离子体中子发生器, 54

射频电源, 56
射频四极加速器, 49
射频消融, 435
射束表征, 247
射束递送系统, 22
射束监测器, 24, 34, 245
射束监测器单位, 247
射束监测器计数, 284
射束监测系统, 23
射束孔径, 26
射束设计, 21
射束特性, 21
射束源项, 274
射束整形组件 (BSA), 46
射束整形组件设计, 62
射野, 290
身辐射剂量, 476
深层肿瘤, 5
深度-剂量曲线, 246
神经系统的放射毒性, 379
肾脏系统, 119
生产规范 (GMP), 487
生存率, 358, 369
生物学效应, 244
湿性脱皮, 318, 319
示踪剂动力学模型, 195
试验 11011, 406
室管膜瘤, 379
手术隔离肝脏, 435
输运计算, 277
术中 BNCT (IO-BNCT), 365
术中放疗, 4
束流穿透性, 288
双侧多发, 426
双侧转移, 430
双相清除动力学, 139
水体模, 249, 282
瞬发伽马射线分析, 158
瞬发伽马射线能谱仪, 115
瞬发伽马射线设备, 486

斯图兹维克 BNCT 设施, 357
苏木精和伊红染色, 477
随机对照, 349
髓母细胞瘤, 3
髓内肿瘤, 378

T

钛靶, 59
碳化硼, 81
碳硼烷, 88, 95
碳硼烷衍生物, 479
特异性, 424
体内试验, 132
体素模型, 269
体外克隆细胞, 322
体外试验, 132
替莫唑胺, 352, 358
同步双侧肝转移, 450
同步转移, 429
同轴型 D-D 中子发生器, 60
铜四苯基碳芳基卟啉 (CuTCPH), 318
统一体素模型, 273
头颈部癌 (HNC), 386
头颈部非鳞状细胞癌, 386
头颈部鳞状细胞癌, 122

W

瓦特谱, 65
完全缓解 (CR), 389
晚期反应, 409
晚期终点, 318
危及器官, 286, 287, 407
未分化癌, 389
未分化癌细胞系, 393
未分化甲状腺癌 (UTC), 393
胃癌肝转移, 433
污染水平, 23
无病生存率, 389
无肝, 447
无肝脏时间, 450
无肝猪的存活率, 447

索 引

无局部进展生存率, 389
无菌塑料布, 365
五硼酸钠, 3

X

西妥昔单抗, 97
吸热反应, 42, 44
吸收剂量, 245
吸收剂量分布, 244, 264
稀疏电离辐射, 339
细胞靶向, 324
细胞存活率比色法, 396
细胞存活曲线, 316, 325
细胞因子, 453
细胞因子阻断微核试验, 396
线性二次 (LQ) 模型, 311
腺癌, 389
腺样囊性癌, 389
相对生物效应 (RBE), 308
相空间文件, 274
小硼分子, 92
小鼠肠隐窝试验, 311
校准, 230
校准因子, 250
心血管系统, 119
新西兰白兔, 477
新型小型 (30 kW) 反应堆, 27
新诊断, 352
新诊断 GBM, 352
信噪比 (SNR), 204
星形细胞瘤, 462
修复动力学参数, 315
选择性, 424
血管靶向, 324
血管成形术后再狭窄, 469
血管内皮, 319
血管平滑肌细胞 (VSMC), 466
血管体积 (VV), 365
血管照射剂量, 339
血管组织中的硼浓度, 467
血浆蛋白结合, 120

血脑屏障 (BBB), 115
血脑屏障破坏, 137
血硼半衰期, 120
血硼浓度, 125, 134, 293, 464
血硼浓度测量, 158
血硼浓度曲线, 294, 388
血液学和代谢毒性, 126
血液中的硼浓度, 388

Y

亚砜产物, 119
亚致死辐照损伤的修复, 316
亚致死损伤修复, 315
亚致死性损伤, 454
烟雾现象, 464
烟酰胺, 395
炎性乳腺癌, 415
炎症滑膜, 478
药代动力学, 120, 124
液态锂靶, 49
液相色谱串联质谱 (LC-MS/MS), 184
医学物理学家, 487
乙状结肠腺癌, 450
异时转移, 429
异种移植物, 321
抑制内膜增生, 466
铟箔, 218
硬化, 288
优化, 290
优势比, 30, 246
优势深度, 30, 246
油包水 (WOW) 乳状液, 98
有效性, 424
预防再狭窄, 467
原位自体移植, 447
源项定义, 283
源项模型, 282
远程监控, 293
远处转移, 389

Z

早期终点, 318

长期毒性, 119
长期无瘤生存率, 322
照射室, 24
蒸镀, 48
正常组织的最大剂量, 388
正常组织效应, 318
正电子发射断层扫描, 141
正电子发射断层摄影术 (PET), 170
肢端皮损性黑色素瘤, 404
脂质体硼转运系统, 98
直肠腺癌, 450
直线加速器, 47
质量保证 (QA), 253
质量管理程序, 489
质量管理结构, 491
质子反冲能谱仪, 232
质子剂量, 67, 262
治疗车, 26
治疗计划, 436
治疗计划系统 (TPS), 252
治疗计划质量保证, 291
治疗室, 292
致突变性, 119
中国仓鼠卵巢细胞, 119
中枢神经系统, 319
中位 OS, 358
中位生存时间, 368
中位数, 389
中心轴百分比深度剂量, 252
中子比释动能因子, 278
中子产额, 43
中子发生器, 45
中子分布, 363
中子俘获放射照相术, 161
中子俘获截面, 1, 75
中子俘获增强快中子疗法, 7
中子辐照后综合征, 450
中子–光子射束, 244
中子活化能谱法, 217, 218
中子剂量, 67, 261

中子截面, 276
中子能量效应, 22
中子能谱, 22, 60, 61
中子射束特性, 30
中子照射时间, 372
中子注量, 67
中子转换靶, 32
中子准直器, 402
肿瘤/血液硼比值, 101
肿瘤的控制剂量, 388
肿瘤模型, 116
肿瘤硼浓度, 464
肿瘤区体积 (GTV), 286, 365
肿瘤学, 486
肿瘤与血液比, 407
肿瘤与血液硼浓度比, 133
肿瘤组织学, 121
重电荷粒子, 339
转移铁蛋白 (TF), 100
准直器, 25, 244
自发裂变, 65
自给能中子探测器, 238
自屏蔽效应, 219
自体肝移植的实验方法, 447
自由空气, 246
总等效光子剂量, 308
总光子剂量, 278
总加权剂量, 265
总硼浓度, 131
总生存率, 389
总体肿瘤体积 (GTV), 372
总吸收剂量, 262, 265
组织病理学, 118
组织成分, 276
组织等效体模, 246, 248
组织分布, 121
组织硼浓度, 293
组织学分析, 477
最大耐受辐射剂量, 125
最大耐受剂量, 407

最大脑表面血管体积 (VV), 367
最大血管剂量, 464
最佳剂量, 349
最小 GTV 剂量, 368
最小二乘法, 221, 293
最小剂量最大化, 288
最小照射剂量, 367
坐标变换, 293

其 他

BALB/c 小鼠, 102
BD-IX 大鼠, 441
Be 靶, 46, 49
BHK-21 细胞, 98
BMRR, 356
B-NCS, 477
BNCT 的蛋白质组学, 184
BNCT 的法规或指南, 488
BNCT 的治疗理念, 345
BNCT 剂量测定的国际实施规程, 6
BNCT 设施, 486
BPA-PET, 356
BPA 的排泄, 134
BPA 的生产, 128
BPA 毒理学, 134, 141
BPA 分布, 140
BPA 果糖输液溶液的详细制备程序, 129
BPA 介导, 356
BPA 临床试验, 137
BSH 的生产, 113
BSH 药剂学手册, 111
BUGLE[54] 截面库文件, 226
CBE(复合生物效应), 280
Cereport, 137
Cf-252 近距离放疗, 69
CT 扫描, 388
CuTCPH, 321, 323
DGIP, 291
DHD 细胞系, 441
DICOM 格式, 286
DRF, 309

DVH, 289
EORTC 试验 11961, 355
EORTC 试验 11001, 126
EORTC 试验 11001 和 11011, 110, 130
EORTC 试验 11961, 119, 357
F98 细胞, 97
Fluental^{TM}, 61, 223
GB-10, 323
GB-10 和 BPA 联合介导, 324
GBM 临床试验, 355
Gd-157 微丸, 69
Gd-NCS, 477
GdNCT, 210
HER2, 414
HVJ 包膜 (HVJ-E), 98
ICP-AES, 394
ICP-OES, 123, 486
IEC 标准, 489
JAEA 计划系统 JCDS, 275
JAEA 计算剂量测定系统, 379
JAERI 计算剂量测定系统, 408
JAERI 计算剂量学系统 (JCDS), 418
JCDS, 388, 408
JRR-4, 358, 400
KB 鳞状上皮癌细胞, 99
KUR, 400
LET 值, 339
L-p-BPA 的生物分布, 133
L-氨基酸转运系统, 127
L-对-硼苯基丙氨酸, 92
L 或 A 氨基酸转运系统, 132
L-异构体, 132
MacNCTPlan, 286
MCNP, 60, 220, 276
MITR-II, 356
MRI 造影剂, 210
NCTPlan, 286
NCT 治疗计划系统, 269
PET 成像探针 [^{18}F]FBPA, 199
PGRA, 131

RBE(相对生物效应), 280
RTOG/EORTC 评分, 389
SCC-Ⅶ 细胞, 98
SERA(放射治疗应用的模拟环境), 273
seraMC 输运模块, 273
T3/T4, 388
T4 晚期非鳞状细胞, 389
TIFF 格式, 286
Triga Mark Ⅱ 核反应堆, 449
TRIGA™ 反应堆, 223
U-373MG 细胞, 94
UW 溶液, 449
V79 细胞, 311, 312, 325

VX-2 兔肝肿瘤模型, 98
^{1}H NMR, 209
5-氟尿嘧啶 (5-FU), 427
5-氟脱氧尿苷 (5-FUDR), 427
^{10}B MRI, 208
^{10}B NMR, 209
^{11}B MRI, 207
^{18}F-BPA-PET, 387, 388, 390, 408
[^{18}F]FBPA 的 D-和 L-异构体, 194
[^{18}F]FBPA-PET, 193, 198
[^{18}F]FBPA 的 T/N, 198
[^{18}F]FBPA 的放射合成, 193